硅橡胶
及其应用

Silicone rubber and its application

赵陈超　章基凯　编著

化学工业出版社

·北京·

硅橡胶是一类高性能特殊材料，也是近年来发展较快应用较广的新材料之一，一直受到广泛关注。本书较为全面、系统地介绍了硅橡胶各方面的内容，在阐述硅橡胶和制备的一般知识与基本理论的基础上，深入而系统地介绍了硅橡胶、改性硅橡胶的制备方法、性能与应用等。全书共九章，包括概述、硅橡胶生胶合成、热硫化型硅橡胶、缩合型室温硫化硅橡胶、加成硫化型硅橡胶、改性硅橡胶、特殊用途硅橡胶、硅橡胶密封和胶黏剂、硅橡胶的应用、硅橡胶性能及其相关硅橡胶方面论述等。

本书内容详实丰富，文字浅显，选材新颖，既有一定的理论深度，更有较强的实用性、知识性和手册性，是从事硅橡胶研究与开发、生产与应用的科技工作者的有益的参考书，具有很好的参考价值和指导意义，并可作为大专院校的参考书。

图书在版编目（CIP）数据

硅橡胶及其应用/赵陈超，章基凯编著．—北京：
化学工业出版社，2015.8（2023.8重印）
ISBN 978-7-122-23541-1

Ⅰ.①硅…　Ⅱ.①赵…②章…　Ⅲ.①硅橡胶
Ⅳ.①TQ333.93

中国版本图书馆 CIP 数据核字（2015）第 068025 号

责任编辑：仇志刚　　　　　　　　　装帧设计：刘丽华
责任校对：吴　静

出版发行：化学工业出版社（北京市东城区青年湖南街 13 号　邮政编码 100011）
印　　装：北京虎彩文化传播有限公司
787mm×1092mm　1/16　印张 23¼　字数 609 千字　2023 年 8 月北京第 1 版第 9 次印刷

购书咨询：010-64518888　　　　　　售后服务：010-64518899
网　　址：http://www.cip.com.cn
凡购买本书，如有缺损质量问题，本社销售中心负责调换。

定　　价：98.00 元

前言

聚硅氧烷是第一个在工业上获得应用的元素高分子，也是元素有机高分子领域中发展最快的一个分支。自20世纪40年代问世以来，有机硅就以其独特的结构而具有许多优异的性能，如良好的耐高低温性、耐候性、防潮、绝缘、介电性、生理惰性、透气性、表面疏水性以及较低的表面张力、玻璃化温度等，广泛地应用于电子、电气、交通、纺织、造纸、皮革、食品、医药、卫生等部门，是一种很有发展前途的新型绿色材料，其中硅橡胶是绿色材料中的佼佼者。

随着聚合理论和聚合技术的发展，作为有机硅系中的重要产品之一——硅橡胶受到了国内外学者的高度重视。1945年，热硫化型二甲基硅橡胶首先问世，是应用最早的一类橡胶，它是以高摩尔质量的线型聚二甲基硅氧烷为基础聚合物（生胶），混入补强填料及硫化剂（有机过氧化物）等，在加热、加压下硫化成弹性体；到20世纪50年代中期，先后开发出了双组分及单组分室温硫化型（RTV）硅橡胶，它是以端羟基二甲基硅氧烷为基础聚合物，混入多官能交联剂、催化剂、填料及添加剂后，在室温（或遇湿）下，即可交联成弹性体；进入20世纪60年代，又增添了一种档次较高的硅橡胶——加成型液体硅橡胶，它是以含乙烯基的聚硅氧烷为基础聚合物，以含Si—H键的聚硅氧烷为交联剂，在铂系催化剂作用下，发生氢硅化加成反应，交联成弹性体；20世纪70年代以来的硅橡胶技术进展已有专文评述，相关的理论研究也得到了发展。硅橡胶发展至今已有许多品种，广泛用作胶黏剂、密封剂、防护涂料、灌封和制模等材料，可做各种形状的密封圈、垫片、管、电缆，也可做人体器官、血管、透气膜以及橡胶模具、精密铸造的脱模剂等，在各行各业中都有它的用途。

当前，国外硅橡胶已进入走向未来开发的新阶段，新的应用领域、应用技术开发仍在不断深入，其技术发展方向是高性能化、高功能化和复合化，通过配合技术的进步和添加新的添加剂，通过共聚、共混等改性技术实现有机聚合物与硅橡胶的复合。笔者在长期从事有机硅产品技术开发和实践中深刻体会到：有机硅材料是一种应用性十分强的、以应用技术为中心的新型合成材料，它需要长期技术积累和多专业人才的联合攻关，特别是研究生产与应用单位的联合攻关，才能取得重大成就。因此，研究生产与应用单位专业科技人员专业理论水平和技术素质的提高显得格外重要，编写和提供专业书刊是有效途径之一。

本书以笔者在长期技术积累的基础上、编写和整理以往编写发表的资料和文章、并参考了近年来国内外有关硅橡胶合成及硅橡胶应用技术的专著及论文编写而成，比较全面阐述和总结了各种类型硅橡胶合成与应用技术，试图为从事硅橡胶合成与应用技术开发这一领域工作的人们提供参考与帮助。

在编写过程中，杨富文、蒋耀华为本书提供的部分热硫化硅橡胶资料，武汉大学张先亮教授对本书提出了宝贵意见，笔者表示衷心感谢。

硅橡胶作为一个新型的高科技材料，其品种层出不穷，应用技术日新月异，限于编者水平和时间仓促，书中不妥和疏漏在所难免，敬请同行专家和广大读者补充和指正，不胜感谢。

编者
2015 年于上海

目录

第7章　硅橡胶密封、胶黏剂　　　　　　　　278

第8章　硅橡胶在生命科学、宇宙工业、汽车工业的应用　　　　330

第 9 章 各类型硅橡胶主要品种性能与指标

第1章
概　述

　　橡胶是一类具有高弹性的高分子化合物，可分为天然橡胶和合成橡胶两大类。天然橡胶主要由橡胶树割取的橡浆（即"胶乳"）经加工而成。合成橡胶由多种单体经聚合反应而得。未经硫化的橡胶，称为"生橡胶"，经硫化加工后而成"硫化橡胶"，俗称熟橡胶。橡胶广泛用于制造轮胎、电线和电缆等的绝缘部分及其他橡胶制品。因此橡胶是一种具有优良绝缘性能的高分子材料。

　　硅熔点为 1420℃，是世界上分布最广的元素之一，地壳中约含 21.75%（质量分数），主要以二氧化硅和硅酸盐的形式存在，自然界中常见的化合物有石英石、长石、云母、滑石粉等耐热难熔的硅酸盐材料。二氧化硅熔点为 1710℃。硅和碳在元素周期表中同属ⅣA族的元素，因此碳、硅两元素具有许多相似的化学性质。最早的研究工作是将硅与碳相类比，一些科学工作者热心追求硅取代碳的分支化学，或结合起来的硅-碳化学。初期研究的是寻找带硅-碳键的化合物的途径和方法，这种键在任何天然物质中是没有已知模型的。天然的硅的化合物是以硅酸盐的形式存在的，是几千年来人类最早利用的一种原料。凡是含 Si—C 键的化合物通称为有机硅化合物，习惯上也常把那些通过氧、硫、氮等使有机基与硅原子相连接的化合物也当作有机硅化合物。

　　有机硅橡胶（即聚有机硅氧烷）是含 Si—O—Si 链、硅原子上至少连接一个有机基团

（$\begin{bmatrix} \overset{R}{\underset{R'}{|}} \\ -Si-O \end{bmatrix}$ 结构单元，R、R′是烷基或芳基）接成主链的高聚物。Silicone 一词，有关词典译

为（聚）硅氧烷，通式为 R_2SiO_2 与酮 R_2CO 相对应。还有的译为"硅珙"，用它泛指含 Si—C 键的单体或聚合的有机硅化合物，有时用作各类有机硅聚合物的集合名词；也有狭义地用来指含 Si—O—Si 键的有机硅聚合物，其中硅原子通过氧原子而相互连接起来，没有被氧

占用的硅的化合价被至少一个有机基团所饱和。其线型聚硅氧烷含有关 1000 多个 $\begin{bmatrix} \overset{R}{\underset{R'}{|}} \\ -Si-O \end{bmatrix}$

单元，称为硅橡胶。少于 1000 个 $\begin{bmatrix} \overset{R}{\underset{R'}{|}} \\ -Si-O \end{bmatrix}$ 单元的封端线型聚硅氧烷称为油状流体（硅油），

如 $Me_3SiO[\overset{R}{\underset{R'}{-Si-O}}-]_n OSiMe_3$ 。具有高度交联网状结构的聚有机硅氧烷，是以 Si—O 键为分子

主链，并具有高支链度的有机硅聚合物，称为有机硅树脂，又称硅树脂，结构式如下所示：

$$\underset{\underset{Me}{|}}{\overset{\overset{Ph}{|}}{Si}}-O-\underset{\underset{Me}{|}}{\overset{\overset{Me}{|}}{Si}}-O-\underset{\underset{X}{|}}{\overset{\overset{H}{\overset{|}{O}}}{Si}}-O\Big]_n$$

Ph 代表苯基，Me 代表甲基，X 代表交联的基团，n 代表聚合度。将这种化合物称为聚有机硅氧烷比硅拱更为确切。本书将着重介绍有机硅橡胶，简称硅橡胶。

硅橡胶发展于 20 世纪 40 年代，国外最早研究的品种是二甲基硅橡胶。1944 年前后由美国 Dow Corning 公司和 General Electric 公司各自投入生产。我国在 20 世纪 60 年代初期研究成功并投入工业化生产。现在生产硅橡胶的国家除我国外，还有美国、英国、日本、俄罗斯和德国等，品种牌号有 1000 多种。

以硅氧键（—Si—O—Si—）为骨架组成的聚硅氧烷，是有机硅化合物中为数最多、研究最深、应用最广的一类，占总用量的 90％以上。有机硅产品含有 Si—O—Si 键，在这一点上基本与形成硅酸和硅酸盐的无机物结构单元相同；同时又含 Si—C 键（烃基），而只有部分有机物的性质，是介于有机和无机聚合物之间的聚合物。由于这种双重性，使有机硅聚合物除具有一般无机物的耐热性、耐燃性及坚硬性等特性外，又有绝缘性、热塑性和可溶性等有机聚合物的特性，因此被人们称为半无机聚合物。由于有机硅产品兼备了无机材料与有机材料的性能，因而硅橡胶具有比其他有机聚合物更高的热稳定性和较高的抗氧化性。在广泛温度范围里，和其他烃类聚合物相比，硅橡胶能保持初始的物理性质。它的侧链是与硅原子相连接的碳氢或取代碳氢有机基团，这种基团可以是甲基、不饱和乙烯基（摩尔分数一般不超过 0.005）或其他有机基团，硅氧键键能达 370kJ/mol，比一般的碳碳结合键能（240kJ/mol）要大得多，这种低不饱和性的分子结构和键能，使硅橡胶具有优良的耐热老化性和耐低温、难燃、耐紫外线和臭氧侵蚀。因此硅橡胶硫化后具有最广的工作温度范围（—100～350℃），耐高低温性能优异，此外，还具有优良的热稳定性、电绝缘性、憎水、耐候性、耐臭氧性、透气性、很高的透明度、撕裂强度、优良的散热性以及优异的粘接性、流动性和脱模性，一些特殊的硅橡胶还具有优异的耐油、耐溶剂、耐辐射、耐服饰、无毒无味、生理惰性及在超高低温下使用等优异特性，广泛运用于电子电气、国防军工、医疗卫生、建筑、化工、纺织、轻工、工农业生产及人们的日常生活中。应用有机硅的主要功能包括：密封、封装、黏合、润滑、涂层、层压、表面活性、脱膜、消泡、发泡、交联、防水、防潮、惰性填充等。并且随着有机硅数量和品种的持续增长，应用领域不断拓宽，形成化工新材料界独树一帜的重要产品体系，许多品种是其他化学品无法替代而又必不可少的。

1.1 硅橡胶的结构单元

硅橡胶的骨架是由与石英相同的硅氧烷键（—Si—O—Si—）构成的一种无机聚合物，故其具有耐热性、耐燃性、电绝缘性、耐候性等特点。但是，由于石英不易成型加工，完全不含加热软化的可塑性因素，并且完全达到了三元结构的极限，因此，它具有极高的熔点。而硅树脂，由于在硅氧烷键的 Si 原子上结合了 CH_3 和 C_6H_5，以及 OCH_3、OC_2H_5、OC_3H_7 等有机基团，而且以直链状的二元结构置换部分三元结构，因而易加热流动、易溶于有机溶剂，对基材具有亲和性，使用很方便。氧原子的自由化合价决定每个硅氧烷单元的官能度，因此有机硅氧烷单元有单、双、三和四官能的。无官能的分子 R_4Si 不能作为高聚物的结构单元。构成硅橡胶的基本结构单元主要有 4 种，其结构、表达式、官能度、R/Si

比和标记见表 1-1，而 M 单元或 D 单元是必须具备的成分。其中，在这些结构单元上连接有机基团 R 为 H 或有机基，如 CH_3（Me）、C_2H_5（Et）、C_3H_7（Pr）、$CH=CH_2$（V）、C_6H_5（Ph）等。在这些单元中，组成三元结构的 T 单元和 Q 单元是必须具备的成分。通过与 D 单元和 M 单元的组合，可制备出各种性能的聚有机硅氧烷。根据三元结构（T）的含量、有机基（R）的类型、反应性官能团的数量（OH、OR、不饱和基、氨基等），所得的产物具有从液状至高黏度油状，直至固体的各种形态。

表 1-1　硅橡胶的基本结构单元

结构	表达式	官能度	R/Si 比	标记
R‖R—Si—O‖R	$R_3SO_{1/2}$	1	3	M
R‖O—Si—O‖O	R_2Si	2	2	D
R‖O—Si—O‖O	$RSiO_{3/2}$	3	1	T
O‖O—Si—O‖O	SiO_2	4	0	Q

　　硅橡胶硫化前呈线型分子结构（可以含有支链），硫化后呈立体网状结构。其线型链段基本结构是二甲基硅氧烷链节（Me_2SiO），也可以含有二苯基硅氧烷链节（Ph_2SiO），也可以含甲基苯基硅氧烷链节（PhMeSiO），还可以是氰乙基甲基硅氧链节[（$NCCH_2CH_2$）MeSiO]、三氟丙基甲基硅氧烷链节（$F_3CCH_2CH_2MeSiO$）等。支化或交联点是甲基硅倍半氧结构或二氧化硅结构（实际上是一个硅原子与另外四个硅原子共用四个氧原子形成 Si—O—Si 键）。通过乙烯基加成交联硫化的硅橡胶，其交联点结构是硅亚乙基硅结构：Si—CH_2CH_2—Si，每个硅原子再分别和三个氧原子键连。通过乙烯基加成硫化的硅橡胶，则其交联点结构则可能是硅丙基硅或硅丁基硅结构。

　　MQ 硅树脂，意指由单官能链节（Me_3SiO，即 M）与四官能链节（SiO_2，即 Q）构成的硅树脂；MDQ 硅树脂，则指由单官能链节、双官能链节和四官能链节构成的硅树脂。

　　仅由 Q 单元构成的聚合物，通常作为硅树脂的一个结构单元使用。而以 Na 盐形态存在的水玻璃和以乙氧基（OC_2H_5）部分封端的聚硅酸乙酯只不过是作为特殊例子使用的。M 单元可称为链终止剂，它具有调节分子量大小的调节剂的作用。仅由 D 单元构成的硅油及橡胶是人们所熟知的。不同硅氧烷单元能够自结合和相互结合，组成多种多样的有机硅化合物。

　　聚有机硅氧烷属于有机硅化合物这一类别，其特点是分子中至少有一个直接的 Si—C 键。硅的其他种类有机化合物，如硅酸酯、异氰酸硅烷、异氰酸基硅烷、异硫氰酸基硅烷、酰氧基硅烷等，都不包含直接的 Si—C 键，其中的碳只是经过氧才连接到硅上的。主要硅的有机化合物的族系见表 1-2。

表 1-2　硅的有机化合物的族系

有机(基)硅化合物 (含 Si—C 键)		有机氧基硅化合物 (无 Si—C 键)		其他硅的有机化合物 (无 Si—C 键)
单体	聚合物	单体	聚合物	异氰基硅烷 异氰酸基硅烷 异硫氰酸基硅烷 酰氧基硅烷
有机硅烷 有机卤硅烷 有机烷基硅烷等	聚有机硅氧烷 聚有机硅烷 聚有机硅氮烷 聚有机硅硫烷等	有机氧基硅烷 (原硅酸酯)	聚有机氧基硅氧烷 (聚硅酸酯)	

1.2　硅橡胶的分类

硅橡胶是最重要的有机硅产品之一,硫化前为高摩尔质量的线型聚硅氧烷,硫化后为网状结构的弹性体。其优异性能主要也是源于线型聚硅氧烷的化学结构,即由于主链由 Si—O—Si 键组成而具有优异的热氧化稳定性、耐候性以及良好的电性能。由于硅橡胶制品具有优异的综合性能,故已在航空、宇航、电气、电子、化工、仪表、汽车、机械等工业以及医疗卫生、日常生活各个领域获得了广泛的应用。

硅橡胶有以下多种分类方法。

1.2.1　按主链结构不同划分

按硅橡胶中分子链组成可分为纯硅橡胶和改性有机硅橡胶两大类。

(1) 纯硅橡胶　纯硅橡胶为典型的聚硅氧烷结构,其侧基为甲基、苯基、乙烯基等有机基。根据硅原子上所连的有机取代基的种类不同,纯硅树脂又可以细分为:甲基硅橡胶、甲基乙烯基硅橡胶、甲基苯基乙烯基硅树脂、亚苯基和苯醚基硅橡胶等。

纯硅橡胶主要是由 MeSiCl$_3$、Me$_2$SiCl$_2$、PhSiCl$_3$、Ph$_2$SiCl$_2$ 等单体来制备的。根据使用目的,采用一种单体或几种单体混合水解缩聚或先经烷氧基化、后水解缩聚制备。水解缩聚时,单体的取代基将影响到橡胶的性能。苯基的引入不仅能改进硅橡胶的耐热性、弹性、与颜料的配伍性,也能改进它与有机树脂的配伍性及与基材的黏附力;乙烯基、羟基等活性基团容易受催化剂的作用,能得到可在较低温度下固化的硅橡胶。

(2) 改性硅橡胶　为了改进纯硅橡胶的性能,扩大应用领域,对硅橡胶进行改性,常以物理或化学的方法用有机聚合物对硅橡胶改性,或将碳官能基链段引入聚硅氧烷分子的侧基中,改变产物的分子结构或聚集状态,可显著提高硅橡胶的性能。改性硅橡胶则是杂化了热固性等有机树脂的聚硅氧烷或者是使用其他硅氧烷及碳官能硅烷(硅氧烷)改性的聚硅氧烷。

用化学方法,采用新的单体,与硅氧烷共聚,制成一类兼具两者特性的新材料,这是有机硅工业一个新的发展点,已做了大量有效的工作。在实际应用中,大多采用有机高分子与硅橡胶共混的物理方法来达到改善胶料性能的目的。

如:三氟丙基甲基乙烯基硅橡胶、腈硅橡胶、硅氮橡胶、硅橡胶/三元乙丙橡胶(EPDM)的共混,硅橡胶/丙烯酸橡胶(ACM)的共混和硅橡胶/聚烯烃(POE)的共混。

1.2.2　按照硅橡胶硫化反应机理不同划分

按照交联固化反应机理方式的不同,硅橡胶分为有机过氧化物引发自由基交联硫化型

（简称加热硫化型）、缩合反应型（简称室温硫化型）、铂催化加成反应型三大类。硫化型是目前工业化生产的硅橡胶的主要固化机理。

（1）缩合反应型 缩合反应是早已被利用的最普通的固化反应机理，是以端羟基二甲基硅氧烷为基础聚合物，混入多官能交联剂、催化剂、填料及添加剂后，在室温（或遇湿）下，交联成弹性体。目前多数硅橡胶品种有脱酮肟型、脱醇型、脱丙酮型、脱乙酸型、脱胺型、脱酰胺型六种类型，聚合交联而成网状结构，特殊的还使用脱水反应、脱氢反应，这是硅橡胶固化所采取的主要方式。虽然缩合反应形成的新硅氧烷键仍能发挥硅橡胶本来的耐热性、强度高、黏结性好、成本低的特点，但固化时，由于副产的低分子气体放出时会使固化橡胶层形成气泡、孔隙且有有机溶剂挥发出来污染环境、官能团的量难控制、贮存稳定性差、回黏、难干燥等缺点，因此大多作为表面防护涂料、密封剂、胶黏剂、灌封和制模材料等使用。

反应机理：

$$\text{>SiOH} + \text{HOSi<} \xrightarrow{-H_2O} \text{>Si—O—Si<}$$

$$\text{>SiOH} + \text{ROSi<} \xrightarrow{-ROH} \text{>Si—O—Si<}$$

$$\text{>SiOH} + \text{HSi<} \xrightarrow{-H_2} \text{>Si—O—Si<} \quad 等$$

缩合型单组分室温硫化硅橡胶的硫化反应靠空气中的水分进行引发。

缩合型双组分室温硫化硅橡胶的硫化反应不是靠空气中的水分，而是靠催化剂来进行引发。通常是将硅生胶、填料、交联剂作为一个组分包装，催化剂单独作为另一个组分包装，或采用其他的组合方式，但必须把催化剂和交联剂分开包装。无论采用何种包装方式，只有当两种组分完全混合在一起时才开始发生固化。

（2）过氧化物固化 采用含高摩尔质量的双键的线型聚二甲基硅氧烷为基础聚合物（生胶）、利用有机过氧化物为固化引发剂，混入补强填料及硫化剂（有机过氧化物）等，在加热加压下硫化成弹性体，是使有机硅聚合物固化的另一途径。这时所使用的过氧化物的分解温度决定橡胶的固化温度。所以，当橡胶在低于过氧化物分解温度的条件下贮存时，稳定性良好。但必须部分接触空气才能阻止贮存期间产品的固化。可用于线圈浸渍漆、胶黏剂、层压板等。

$$\text{>SiCH=CH}_2 + \text{CH}_3\text{Si<} \longrightarrow \text{>Si(CH}_2\text{)}_3\text{Si<}$$

$$\text{>SiCH}_3 + \text{CH}_3\text{Si<} \xrightarrow{-H_2} \text{>SiCH}_2\text{CH}_2\text{Si<}$$

（3）铂加成反应 加成型硅橡胶则是以含乙烯基的聚硅氧烷为基础聚合物，以含氢聚硅氧烷作为交联剂，在铂系催化剂的作用下，发生硅氢化加成反应，交联成弹性体。其固化机理是通过含 Si—V 键的硅氧烷与含 Si—H 键的硅氧烷在铂催化剂作用下发生氢硅化加成反应而交联，从而达到固化的目的。加成型有机硅树脂以液态的形式存在，不使用任何有机溶剂来溶解，不含有机溶剂，与缩合型硅橡胶相比较，加成型硫化硅橡胶具有固化交联反应不产生副产物、无低分子物脱出、不副产气体、无污染、可深层硫化、操作时间可控制、固化条件温和、不影响电气性能、固化成膜时不产生气泡和砂眼、允许大量连续操作施工、介电性能优良、线收缩率低等优点。

$$\text{>SiCH=CH}_2 + \text{HSi<} \xrightarrow{Pt} \text{>SiCH}_2\text{CH}_2\text{Si<}$$

1.2.3 按照硅橡胶硫化温度不同划分

硅橡胶按其硫化温度不同可分为：高温（加热）硫化型硅橡胶（HTV）、室温硫化型硅橡胶（RTV）两大类。无论哪一种类型的硅橡胶，硫化时都不发生放热现象。高温硫化硅橡胶是高分子量的聚硅氧烷（分子量一般为40万～80万），主要用于制造各种硅橡胶制品；RTV硅橡胶一般分子量较低（3万～6万），是20世纪60年代问世的一种新型有机硅弹性体，与HTV硅橡胶相比，无需混炼和加热（加压）成型等工艺过程，具有制备简单、使用方便、种类繁多、适用面广、可现场就地成型等优点。近年来，RTV硅橡胶发展迅速，其产量已远超过HTV硅橡胶，主要是作为胶黏剂、密封剂、防护涂料、灌封材料或制模材料使用。

高温硫化型硅橡胶按所用单体成分不同可分为，二甲基硅橡胶（MQ，原材料生产产品）、甲基乙烯基硅橡胶（VMQ，综合应用，压缩性能良好）、甲基乙烯基苯基硅橡胶PVMQ（耐低温、耐辐射）、三氟丙基甲基乙烯基硅橡胶（化工合成，温度范围－62～191℃）、腈硅橡胶、亚苯基和亚苯醚基硅橡胶等。

ASTM D-1418应用缩写为：

Q——相关联替代官能团的小聚合物链的硅橡胶；

MQ——只在主链含甲基相关官能团的硅弹性体；

PVMQ——含苯基、乙烯基、甲基官能团的硅橡胶；

VMQ——含乙烯基、甲基官能团的硅橡胶；

FVMQ——含氟烷基、乙烯基、甲基官能团的硅橡胶；

PMQ——在主链上含甲基、苯基官能团的硅橡胶。

ASTMD-2000中的种类与应用缩写（第一个字母表示温度范围，第二个字母表示对ASTM 3#油的耐膨胀性能）：

FC——高强度硅橡胶；

FE——高强度和高耐热硅橡胶；

FK——氟硅烷硅橡胶；

G——总体应用于高温的硅橡胶。

室温硫化型又分缩聚反应型和加成反应型。室温下能硫化的硅橡胶，通常其分子链两端含有羟基、乙烯基等活性基团，分子量比较低，有单组分室温硫化硅橡胶和双组分室温硫化硅橡胶两种。

1.2.4　按照产品的形态不同划分

硅橡胶在没有固化前称为生胶，具有原液状（又称无溶剂树脂）、混炼胶（固体状）或将橡胶溶于溶剂中的溶剂型、水基型、乳液型等。

1.2.5　按照产品的组成不同划分

按其包装方式可分为双组分和单组分两种类型室温硫化硅橡胶。

（1）单组分室温固化液体硅橡胶　缩合型的单组分液体硅橡胶（RTV-1）：脱醋酸型、脱醇型、脱肟型、脱酰胺型、脱胺型、脱酮型。

加成型的单组分液体硅橡胶（LTV-1）是近年来快速发展的新型产品。

（2）双组分室温固化液体硅橡胶　缩合型的双组分液体硅橡胶（RTV-2）：脱醇型、脱氢型、脱水型、脱羟胺型。

加成型的双组分液体硅橡胶（LTV-2）：凝胶型和橡胶型。

注：RTV表示室温硫化橡胶，是英文字母Room Temperature Vulcanized的缩写。

LTV表示低温硫化橡胶，是英文字母Liquid（或指LOW）Temperature Vulcanized的

缩写。此种硅橡胶因为在稍高于室温的温度下硫化能够取得更好的效果，所以又称低温硫化硅橡胶，但属于室温硫化硅橡胶的范畴。

1.2.6 按照产品的特性不同划分

以生胶或硫化胶形式出售，一般配制成具有各种特性的胶料供用户选择，按特性不同可分成下列几类。

(1) 通用型（一般强度型）　采用乙烯基硅橡胶与补强剂等组成，硫化胶物理机械性能属于中等强度，拉伸强度 $4.9 \sim 6.9 \mathrm{MPa}$（$5 \sim 7 \mathrm{kgf/cm^2}$），伸长率为 $200\% \sim 300\%$，是用量最多、通用性最大的一类胶料。

(2) 高强度型　采用乙烯基硅橡胶或低苯基硅橡胶，以比表面积较大的气相法白炭黑或经过改性处理的白炭黑作补强剂，并通过加入适宜的加工助剂和特殊添加剂等综合性配合改进措施，改进交联结构（产生集中交联），提高撕裂强度，这种胶料的拉伸强度为 $7.8 \sim 9.81 \mathrm{MPa}$（$80 \sim 100 \mathrm{kgf/cm^2}$），扯断伸长率为 $500\% \sim 1000\%$，撕裂强度 $29.4 \sim 49 \mathrm{kN/m}$。

(3) 耐高温型　采用乙烯基硅橡胶或低苯基硅橡胶，补强剂的种类和耐热添加剂经适当选择，可制得耐 $300 \sim 350 ℃$ 高温的硅橡胶。

(4) 低温型　采用低苯基硅橡胶，脆性温度达 $-120 ℃$，在 $-90 ℃$ 下仍具有弹性。

(5) 低压缩永久变形型　主要采用乙烯基硅橡胶，以乙烯基专用的有机过氧化物作硫化剂，当压缩率为 30% 时，在 $150 ℃$ 下压缩 $24 \sim 72 \mathrm{h}$ 后的永久变形为 $7.0\% \sim 15\%$（普通硅橡胶为 $20\% \sim 30\%$）。

(6) 电线、电缆型　主要采用乙烯基硅橡胶，选用电绝缘性能良好的气相法白炭黑为补强剂，具有良好的挤出工艺性能。

(7) 耐油、耐溶剂型　主要采用氟硅橡胶，一般分为通用型和高强度型两大类。

(8) 阻燃型　采用乙烯基硅橡胶，添加含卤或铂化合物作阻燃剂组成的胶料，具有良好的抗燃性。

(9) 导电型　采用乙烯基硅橡胶，以乙炔炭黑或金属粉末作填料，选择高温硫化或加成型硫化方法，可得到体积电阻率为 $2.0 \sim 100 \Omega \cdot \mathrm{cm}$ 的硅橡胶。

(10) 热收缩型　乙烯基硅橡胶中加入具有一定熔融温度或软化温度的热塑性材料，硅橡胶胶料的热收缩率可达 $35\% \sim 50\%$。

(11) 免二段硫化型　采用乙烯基含量较高的乙烯基硅橡胶，通过控制生胶和配合剂的 pH 值，加入特殊添加剂制得。

(12) 海绵型　在乙烯基硅橡胶中加入亚硝基化合物、偶氮和重氮化合物等有机发泡剂，可制得发泡均匀的海绵。

除此之外，国外尚有导热型硅橡胶、荧光型硅橡胶及医用级混炼胶等品种出售。

随着硅橡胶用途的不断开发，胶料的品种牌号日渐增多，过多的牌号会造成生产、贮运和销售工作的混乱。有些厂已相应地将多个品种分成几种典型的基础胶和几种特性添加剂（包括颜料、硫化剂等）出售，使用者根据需要，按一定配方和混合技术分别配伍，即得最终产品。

这种方法不但使品种简单明了，而且生产批量大，质量稳定，成本降低，也提高了竞争力。

硅橡胶的品种和分类的体系图如图 1-1 所示。

各类硅橡胶使用的聚硅氧烷（基础聚合物）的主要规格见表 1-3。此外，还有一类聚硅氧烷与有机聚合物通过共聚或共混得到的硅橡胶。

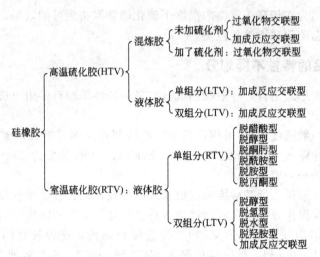

图 1-1 硅橡胶分类

表 1-3 硅橡胶使用的聚硅氧烷（基础聚合物）的主要规格

聚硅氧烷规格	高温硫化硅橡胶	室温硫化（缩合）硅橡胶	加成硫化硅橡胶
外观	半固态	液态	液态
黏度(25℃)/mPa·s	约 2×10^7	200～10000	$5 \times 10^3 \sim 1 \times 10^4$
摩尔质量/($\times 10^4$g/mol)	40～80	1～10	1～10
聚合度/($\times$1000)	5～10	0.1～1.0	0.1～1.0
交联机理	有机过氧化物加热硫化	室温缩合（或加成）硫化	中温加成反应

1.3 硅橡胶的性能

1.3.1 硅橡胶组成与性能的关系

硅橡胶是一种直链状的高分子量（148000 以上）的聚有机硅氧烷，它的结构形式与硅油类似，其通式如下：

$$R'-\underset{\underset{R}{|}}{\overset{\overset{R}{|}}{Si}}-O\left[\underset{\underset{R}{|}}{\overset{\overset{R}{|}}{Si}}-O\right]_n\underset{\underset{R}{|}}{\overset{\overset{R}{|}}{Si}}-R'$$

通式中，n 代表链段数，R′ 是烷基或烃基，R 通常是甲基，但也可引入其他基团，如乙基、乙烯基、苯基、三氟丙基等，以改善和提高某些性能。例如，用苯基取代一部分甲基，可以改进硅橡胶低温时的柔曲性和耐辐射性；引入少量乙烯基可以改善硅橡胶的硫化性能和压缩永久变形；三氟丙基的存在可以使硅橡胶具有良好的耐油性能；含氰基的硅橡胶与氟硅橡胶一样，能耐非极性溶剂；在硅橡胶的硅氧烷主链中引入一定量的亚苯基后，可将机械强度从 110kgf/cm² 提高到 170～180kgf/cm²，耐热性也有所提高。因此，根据硅原子上所连接的有机基团不同，硅橡胶可有二甲基硅橡胶、甲基乙烯基硅橡胶、甲基苯基硅橡胶、氟硅橡胶、腈硅橡胶、乙基硅橡胶以及亚苯基硅橡胶等许多品种。

无论哪一种类型的硅橡胶，硫化时都不发生效热现象。高温硫化硅橡胶是高分子量的聚有机硅氧烷（分子量一般为 40 万～80 万）；室温硫化硅橡胶一般分子量较低（分子量在

3万～6万），在分子链的两端（有时中间也有）各带有一个或两个官能团，在一定条件下（空气中的水分或适当的催化剂），与这些官能团可发生反应，从而形成高分子量的交联结构——硅橡胶。高温硫化硅橡胶和室温硫化硅橡胶的典型性能分别见表1-4和表1-5。

表1-4　高温硫化硅橡胶的典型性能

性　质	数　值
硬度（邵尔A）	45～70
拉伸强度/MPa	77
伸长率/%	500～700
撕裂强度/MPa	20～30
压缩永久变形（25℃,22h）/%	4～5
硬化温度/℃	−70
最大工作温度范围/℃	−60～260
张力永久变形/%	5～15
介电常数（100Hz）	2.8
介电损耗角正切（100Hz）	0.0008

表1-5　室温硫化硅橡胶的典型性能

性　质		数　值
相对密度		1.12～1.50
硬度（邵尔A）		30～60
拉伸强度/MPa		28～56
伸长率/%		100～400
撕裂强度/MPa		3～20
最大工作温度范围/℃		315
线性收缩率（25℃）/%	24h后	0～0.3
	7d后	0.1～0.6
热导率/[W/(m·℃)]		0.00052～0.00075
体积热膨胀系数/℃$^{-1}$		0.000325～0.000750

硬度可在20°～90°范围内调整，但通常在40°～60°时综合物性的平衡最好。拉伸强度为50～120kgf/cm²（1kgf/cm² = 98.0665kPa），伸长率为200%～800%，撕裂强度为10～40kgf/cm（1kgf=9.80665N）。这样大的物性差别主要是由交联结构、填充剂的种类及数量引起的。

硅橡胶具有天然橡胶及其他合成橡胶所不具备的优点，它是由构成硅橡胶分子链的—Si—O—键的性质所决定的。表1-6、表1-7具体列出了聚有机硅氧烷的基本物性。

硅橡胶具有很高的热稳定性和优异的低温性能，能在−60～260℃温度范围内保持柔软性、回弹性、表面硬度和力学性能。此外，它们还具有优良的电绝缘性、耐候性、耐臭氧和透气性，而且无毒无味。一些特殊结构的硅橡胶还有优异的耐油、耐溶剂、耐辐射等特性。

表 1-6 链状聚有机硅氧烷的性质 (一)

项　　目		聚二甲基硅氧烷	聚 3,3,3-三氟丙基甲基聚硅氧烷
相对密度(25℃)		0.978	1.30
折射率(25℃)		1.4035	
表面张力/(dyn/cm)[①]		21.5	28.7
流动活化能 E_V/kcal[②]		3.8	
黏度温度系数		0.61	0.87
膨胀系数/℃$^{-1}$		0.00096	0.000949
热导率/[W/(m・℃)]		0.00038	
比热容/[J/(kg・℃)]	40℃	0.355	
	100℃	0.370	
	200℃	0.390	
凝聚能/(cal/cm³)		54	
一次转化温度/℃		−55	−59
玻璃化温度/℃		−123	

① 1dyn/cm＝10^{-3}N/m。

② 1kcal＝4186.8J。

表 1-7 链状聚有机硅氧烷的性质 (二)

项　　目		聚二甲基硅氧烷	聚 3,3,3-三氟丙基甲基聚硅氧烷
透湿系数[①]/(gmm/m²・24h)		100	50
压缩率/%	500kgf/cm²	4.46	
	3000kgf/cm²	13.84	
	10000kgf/cm²	23.04	
	40000kgf/cm²	33.5	
介电强度/(kV/25mm)		37.5	0.06
体积固有电阻率/Ω・cm		2×10^{14}	1.5×10^{11}
介电常数(100Hz)		2.76	7.35
介质损耗角正切(100Hz)		0.00008	

① 填充二氧化硅。

下面分别介绍硅橡胶的各种性能。

1.3.2 耐高、低温性能

硅橡胶高聚物分子是由 Si—O（硅-氧）键交替连成的链状结构，其主要组成是高摩尔质量的线型聚硅氧烷。由于 Si—O—Si 键是其构成的基本键型，硅原子主要连接甲基，侧链上引入极少量的不饱和基团，分子间作用力小，分子呈螺旋状结构，甲基朝外排列并可自由旋转，其构成聚硅氧烷主链的 Si—O—Si 键与一般的高分子化合物的 C—C 键及 C—O 键不同，其键能约为后者的 1.3 倍，键角和键长也较大，且因其独特分子结构，因此聚硅氧烷显示出更高的热稳定性、柔软性、电绝缘性和化学稳定性等，使得硅橡胶比其他普通橡胶具有更好的很高热稳定性。此外，与碳原子相比，硅原子的金属性较强，电负性弱，以至于Si—O—Si 键中约有 50% 以离子键的形式存在，如表 1-8 所示。

表 1-8 Si—O 结合键与 C—O 及 C—C 结合键的比较

键	键角/(°)	键能/(J/mol)	结合距离/10^{-10} m	离子结合性/%	电负性
Si—O—Si	130～160	4.52×10^5	0.164	50	Si:1.90
C—O—C	110	3.58×10^5	0.143	22	C:2.55
C—C—C	110	3.55×10^5	0.154	0	C:2.55

由表1-8可看出其键能大是耐热性能的根本原因。如在侧基中引入苯基等基团后，其耐温性可达约400℃，但如有机硅弹性体中含有5％的KOH时，其在125℃时就开始分解，因此在制备有机硅涂层剂时，必须将残留的催化剂等杂质除尽，以保证涂层胶可在250～300℃的环境下长期使用。

耐热性：硅橡胶比普通橡胶具有好得多的耐热性，可在150℃下几乎可永久使用而无性能变化；可在200℃下连续使用10000h；在350℃下亦可使用一段时间。燃烧时生成不燃的二氧化硅而自熄，释放出二氧化碳和水，毒性很低。广泛应用于要求耐热的场合：热水瓶密封圈、压力锅圈耐热手柄。

硅橡胶在不同温度下的连续使用寿命如表1-9所示，提供了硅橡胶足以优于其他弹性体的一种证明。

表 1-9 硅橡胶的使用环境温度与寿命

使用温度/℃	寿命(保持原来伸长率的50％时的寿命)
-50～90	相当长
90	40 年
120	10～20 年
150	5～10 年
205	2～5 年
260	3 个月～2 年
260～315	7 天～2 个月
315～370	6h～7 天
375～427	10min～2h
427～482	2～10min

硅橡胶最显著的特性是它们的高温稳定性，可在180℃并有空气存在的环境中长期使用。若选择适当的填充剂和高温添加剂，其使用温度可高达375℃，并可耐瞬间数千摄氏度的高温。据估计，普通硅橡胶在120℃下使用寿命可达20年，在150℃下可达5年。

硅橡胶的热老化主要是通过侧链甲基的氧化及主链硅氧烷键的断裂进行的。所以一方面，硅橡胶的耐热性取决于它的侧链。而另一方面，主链的断裂（也可称为密封耐热性），它同氧化老化有所不同，它和主链的柔软性、端基的存在有关，而且水、酸、碱等的存在对链的断裂有显著的促进作用。

硅橡胶在常温下的物理强度比其他有机橡胶差些，但在高温条件下，它的强度却是最优的。比如，硅橡胶在150℃下加压70h后的压缩永久变形仅为7％～10％。这种低的压缩永久变形是用作在高温下使用的O形圈、垫片和垫圈等密封件和辊筒的良好材料。此外，特种硅橡胶还可具有耐辐射性能，例如，苯基硅橡胶具有优良的耐高温辐射性能，在γ射线高达$1×10^9$R时仍能保持弹性。通用型硅橡胶的热性能同其他有机橡胶的比较见表1-10和表1-11。

表 1-10 各类橡胶的耐高温等级比较

耐温等级/℃	胶种
70	天然橡胶、异戊二烯橡胶、丁苯橡胶、顺丁橡胶
100	氯丁橡胶、丁腈橡胶、聚硫橡胶
150	丁基橡胶、三元乙丙橡胶、氯磺化聚乙烯橡胶、氯乙醇橡胶
175	丙烯酸酯橡胶
200～250	硅橡胶、氟橡胶

表 1-11 天然橡胶与合成橡胶性能比较

橡胶种类	拉伸强度/MPa（常温）	拉伸强度 121℃	拉伸强度 205℃	耐磨耗性	耐油性	硬度	生橡胶相对密度	最高使用温度/℃	最低使用温度/℃	常温耐臭氧性/(150 mg/kg)	伸长率/%（常温）	伸长率/% 121℃	伸长率/% 205℃	撕裂强度/(9.8N/cm)	150℃的寿命
硅橡胶	3.4~13.7	60	28	良	良	20~95	0.98	260	−73	14天以上	100~800	350	200	7~40	可连续使用
天然橡胶	9.8~27.4	125	9	优	不好	20~100	0.93	116	−35	立刻老化	700	500	80	54	立刻老化
丁苯橡胶	9.8~27.4	84	12	优	不好	40~100	0.94	94	−40	立刻老化	300~700	250	60		立刻老化
丁基橡胶	14.7~19.6	70	25	良	不好	30~100	0.92	94	−52	7天	500~700	250	80	90	立刻老化
硝基橡胶	3.9~29.4	50	9	优	优	30~100	1.00	121	−15	1h	400~600	120	20	2~7	立刻老化
氯丁橡胶	9.8~27.4	100	13	优	优	20~90	1.23	121	−40	24h	60~700	350	0~100	54	立刻老化
多硫橡胶	3.9~8.8	50	<2	良	优	20~80	1.34	100		8h	200~400	140	<25		立刻老化
氟橡胶（Kel-F）	13.7~19.6	21~56	11~21	良	优	60~90	1.44	200	−40	14天以上	400	100~350	50~160	27	可连续使用
聚氨酯橡胶	29.4~49	130	14	优	良	55~100	1.05	80	−20	8h	400~750	300	140	45~130	几分钟
丙烯酸类橡胶	3.4~14.7	90	16	良	优	40~100	1.10	150~200	−23	1h	100~400	400	150		可连续使用

耐寒性：由于硅橡胶的分子结构呈螺旋状，柔顺性特别好，聚硅氧烷具有很低的玻璃化温度和脆化温度。它比天然橡胶或其他的合成橡胶具有较低的脆化点：普通橡胶的脆化点为−30~−20℃，硅橡胶的脆化点是所有橡胶中最低的，所以它具有内在的低温弹性。一般来说，通用型硅橡胶的脆化点位于−60~−50℃，经改性后的产品可耐−80℃，特殊配方的硅橡胶脆化点可达到−115℃。

硅橡胶的耐寒性与低温弹性不是通过加入增塑剂来提高的，而是靠改变聚硅氧烷的分子结构来实现的。在聚合物分子中引入一小部分苯基可改进硅橡胶的低温弹性。低苯基硅橡胶的玻璃化温度为−120℃，其硫化胶在−100~−70℃的低温下仍具有较好的弹性，并可以在−90℃下保持弹性。详见表1-12。

表 1-12 不同硅橡胶低温弹性

硅橡胶类型	脆化温度（ASTM D746)/℃	硬化温度(杨氏模量）（ASTM D797)/℃	回缩温度(ASTM D1329-60)/℃
通用型硅橡胶	−73	−55	−55
高强度硅橡胶	−78	−60	−60
耐低温硅橡胶	−118	−115	−116
氟硅橡胶	−68	−59	−57

图 1-2 所示为各种硅橡胶与天然橡胶和合成橡胶在低温下性能比较。

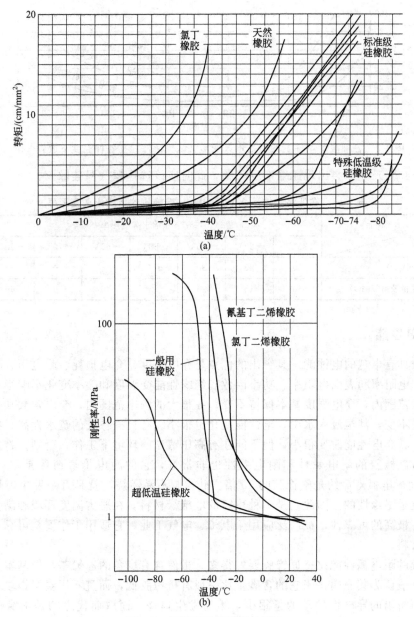

图 1-2 低温对橡胶性能的影响

1.3.3 耐压缩永久变形

在高温和低温下，硅橡胶都具有抗压缩形变性能并保持良好的弹性。在加热条件下发生压缩永久变形的橡胶密封圈材料中，形状恢复的好坏是特别重要的。

硅橡胶的压缩永久变形在−60～250℃的温度范围内是稳定的。虽然普通合成橡胶在接近室温的环境中压缩永久变形的程度比较小。但随着温度的变化，合成橡胶的压缩永久变形将明显增大。

通常，有机硅橡胶需要进行二次硫化处理。特别是在制造有低压压缩永久变形需要的制品时，推荐进行二次硫化处理，另外还必须选择最宜的硫化剂。

各种温度条件下硅橡胶的压缩永久变形情况见图 1-3 和表 1-13。在特殊情况下，如在低

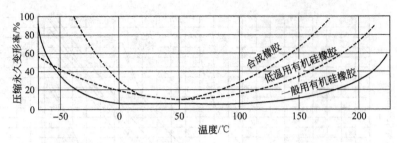

图 1-3　各种温度条件下的压缩永久变形（试验条件：在各种温度下放置 22h）

温（低于−40℃）下，会出现压缩形变问题，此时应该选择超低温硅橡胶。

表 1-13　在低温下加压 22h 后 Silastic 硅橡胶的压缩永久变形率

项目　　　　　硅橡胶	压缩永久变形率/%							
	23℃	−35℃	−40℃	−50℃	−60℃	−70℃	−80℃	−90℃
通用硅橡胶（VMQ）	10	25	30	100	—	—	—	—
耐极低温度硅橡胶（PVMQ）	10	15	25	35	40	50	60	100

1.3.4　电性能

硅橡胶具有卓越的电性能。其突出的优点是介电强度、介电损耗、耐电压、耐电弧、耐电晕、体积电阻率和表面电阻率、功率因数和绝缘性能受温度和频率变化影响很小。在一个很宽的温度范围内，介电强度基本保持不变；在很大的频率范围内，介电常数和介电损耗角正切也几乎不变，甚至浸入水中，电性能变化也很小。有机硅橡胶的疏水性高，在潮湿的环境下工作，其介电性能改变很小，但不能在有高压蒸汽的环境下工作，否则，将发生水解和解聚作用。硅橡胶的耐电晕性和耐电弧性也非常好，它的耐电晕寿命约是聚四氟乙烯的1000 倍；而耐电弧寿命约是氟橡胶的 20 倍。硅橡胶不易燃烧，就是万一发生燃烧，生成的二氧化硅也是绝缘性的。因此它是一种稳定的电绝缘材料，在恶劣温度环境和满负荷工作的条件下具有极高的可靠性，被广泛应用于电子、电气工业，它适用于作安全可靠的电线、电缆的蒙皮材料。

硅橡胶的耐电弧性能比普通橡胶要好得多，虽然含有少量的乙烯基，但基本上仍属于饱和橡胶，一般认为其原因在于它的含碳量比一般有机橡胶低，而且不用炭黑作填料，故由于电弧放电而析出的导电性的碳的量很少，不易发生焦烧，而取而代之的是绝缘性的二氧化硅，在高压场合使用十分可靠。硅橡胶的电性能见表 1-14。而聚硅氧烷中侧基的极性也会影响相对介电常数和体积电阻率（表 1-15）。

表 1-14　硅橡胶的电性能

测试项目	结果
电气强度/(V/mil)(1/4in 电极,以 500V/s 的速度快速提压,样品厚度 1/16in)	450～600
相对介电常数	2.9～3.6
介电损耗角正切	0.0005～0.2
体积电阻率/Ω·cm	$8×10^{13}～2×10^{15}$
表面电阻率/Ω·cm	$1×10^{12}～1×10^{14}$

续表

测试项目		结果
绝缘电阻/Ω		$1 \times 10^{13} \sim 1 \times 10^{14}$
耐电弧性/s	≥	180(丁基橡胶则为72)
介电强度/(kV/m)		18~36
介电常数(50Hz/25℃)		2.7~3.3
耐电晕性(3kV下的寿命)/h	>	35600(PP仅为24)
耐漏电起痕性能(蚀深度/mm)		0.064(丁基橡胶则为0.342)
抗爬电性/min		10~30(特殊可达3.5kV/6h)

注：1in=0.0254m；1mil=25.4×10⁻⁶m。

表1-15 聚硅氧烷[Me₃SiO（MeRSiO）ₙSiMe₃]中侧基R的极性
对相对介电常数和体积电阻率的影响

R	相对介电常数(100Hz)	体积电阻率/Ω·cm
$n-C_8H_{17}-$	2.38	1.5×10^{15}
$n-C_4H_9-$	2.54	1.1×10^{14}
Me—	2.76	1.0×10^{15}
Ph—	3.03	5.0×10^{13}
H—	3.18	2.9×10^{14}
$CF_3(CH_2)_2-$	6.84	7.2×10^{12}
$p-NO_2C_6H_4-$	19.28	—

图1-4~图1-7分别表示典型的硅橡胶胶料的介电强度与温度关系、介电常数与频率的关系、功率因数与频率关系、体积电阻率与温度的相互关系。

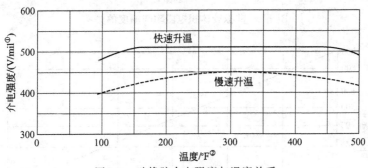

图1-4 硅橡胶介电强度与温度关系

①1mil=25.4×10⁻⁶m；②$t/℃=\frac{5}{9}$（$t/℉-32$）。

任何电绝缘材料的介电强度都随测试样品的厚度改变而改变。对于一个厚度为10mil的硅橡胶样品，介电强度一般为1000V/mil，但是如果样品的厚度为200mil，介电强度一般就是300V/mil。绝缘强度的变化与硅橡胶样品厚度的关系如图1-8所示。

橡胶的抗电晕性见表1-16。

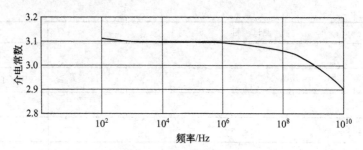

图 1-5 硅橡胶介电常数与频率的关系

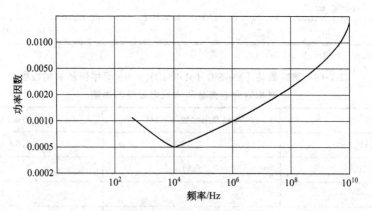

图 1-6 硅橡胶功率因数与频率的关系

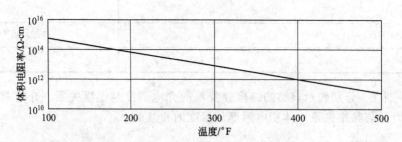

图 1-7 硅橡胶体积电阻率与温度的关系

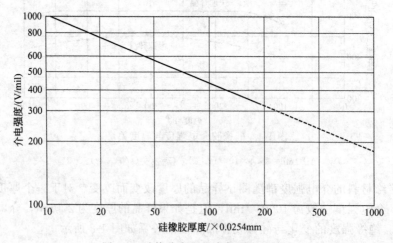

图 1-8 硅橡胶介电强度与厚度的关系

表 1-16 各类橡胶的抗电晕性

材料名称	3kV 时的寿命/h
聚乙烯橡胶	24.0
聚四氟化乙烯橡胶	33.5
三醋酸酯纤维橡胶	36.5
聚乙烯对苯二酸酯橡胶	50.0
聚酯清漆橡胶	22.0
油变性苯酚树脂橡胶	55.0
环氧树脂清漆橡胶	65.5
沥青底漆原油清漆橡胶	81.0
有机硅橡胶	<35600

橡胶的抗电弧性见表 1-17。

表 1-17 各类橡胶的抗电弧性

材料名称	ASTM 法/s
布补强材料苯树脂橡胶	4.5
氯磺化聚乙烯橡胶	5.2
异丁橡胶	72
乙酰苯橡胶	<180
氯丁橡胶	8.5
环氧树脂橡胶	184
聚酯树脂橡胶	134
四氟化乙烯橡胶	165~185
有机硅橡胶	<180

硅橡胶与合成橡胶在不同温度下的体积电阻率变化比较见图 1-9。

1.3.5 耐候性

硅橡胶主链为—Si(R)$_2$—O—Si(R)$_2$—，无双键存在，因此不易被氧、紫外线和臭氧所降解氧化，其硅-氧键的键长大约是碳-碳键键长的 1.5 倍，相比其他高分子合成材料硅橡胶具有更好的耐候性和耐辐照能力。因此，所以，长期在室外使用不会发生老化，力学性能和电性能基本无变化，不发生龟裂，耐气候老化性能十分优良。理论寿命可达数十年之久，一般认为硅橡胶在室外使用可达 20 年以上。表 1-18 是各种橡胶在常温、150×10^{-6} 臭氧和张力下的寿命。

表 1-18 各种橡胶耐候寿命比较

橡胶种类	耐候寿命
丁苯橡胶	立即破坏
丁腈橡胶	1h
丙烯酸酯橡胶	1h
聚硫橡胶	8h
聚氨酯橡胶	8h
氯丁橡胶	24h
丁基橡胶	7d
氯磺化聚乙烯橡胶	超过两周
氟橡胶	超过两周
硅橡胶	数月

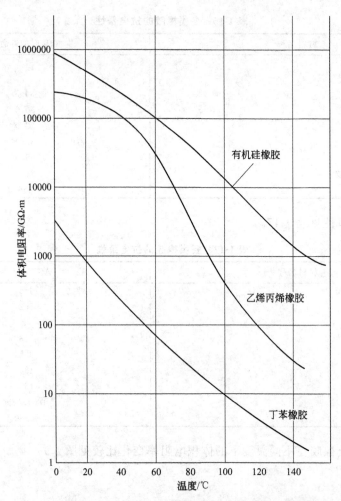

图 1-9　硅橡胶与合成橡胶不同温度下的体积电阻率变化比较

　　硅橡胶的耐候性在两个地方进行测试：美国的南佛罗里达和密歇根中部地区。所有的测试样品都按照 ASTM D 518 进行制备和包装，因此，样品处于应力状态，朝南，并向上倾斜以完全受到各种因素的冲击。

　　在佛罗里达的气候老化试验结果见表 1-19。硅橡胶耐老化试验后力学性能测试结果见表 1-20。

表 1-19　硅橡胶样品的耐候观测报告 （佛罗里达测试站）[1]

测试时间/月	日照时间/h	外观
234	27799	微观表面检测

① 采用 ASTM D 518 中的方法 A 和 B 来测试样品。

表 1-20　硅橡胶样品耐候老化后力学性能的变化

测试方法	ASTM D 518,方法 A				ASTM D 518,方法 B			
	耐候时间/年							
力学性能	1	2	5	20	1	2	5	20
硬度	3～−6	2～−6	8～−9	7	1～−8	−3～−16	5～−8	2
拉伸强度/%	8～−25	4～−22	22～−27	−31	0～−23	−8～−40	−14～−54	−41
伸长率/%	4～−28	14～−34	−55		4～−40	0～−45	−24～−50	−60

1.3.6 物理机械性能

硅橡胶的分子量即使达到 50 万～70 万时，其柔性仍远较其他有机橡胶为好，这是由于它的甲基是绕 Si－轴旋转运动，氢原子占有相当广阔的量，因而与相邻分子的距离较大，分子间相互吸引力较小，正是由于其分子间的作用力较小，故没有配合填充剂的硫化胶拉伸强度很低，尚不足 1MPa，伸长率 50%～80%。

添加填充剂的硅橡胶的相对密度随品种的不同一般在 1.1～1.6 之间，硬度在 25～75（邵尔 A）之间，拉伸强度从几十至 105kgf/cm²，伸长率在 1000% 以内，这些性能可因产品需要不同而加以调整。

几种不同用途硅橡胶的物理机械性能示于表 1-21。

表 1-21 几种不同用途硅橡胶的物理机械性能

分类	聚合物类型 ASTMD1418	硬度 (邵尔 A)	拉伸强度 /MPa	伸长率 /%	撕裂强度 /(kN/m)	压缩永久变形 /%	
一般用途	VMQ(脆化点－73℃)	33 47 69	6.20 7.82 7.85	570 570 480	13.13 14.00 13.00	22h/177℃	22 23 21
低温型	PVMQ(脆化点－116℃)	40 48	7.20 8.68	500 730	— 36.2	70h/100℃	16 16
高强度型	VMQ	32 47 72	9.13 8.62 9.13	1020 820 500	32.5 33.8 35.0	22h/177℃	48 42 34
高抗撕型	VMQ	55 70	10.0 7.58	775 550	48 52.5	22h/177℃	30 40
低压缩永久变形型	VMQ	41 52 67	3.79 5.93 6.41	330 320 185	6.8 11.7 13.7	22h/177℃	10 11 12
不用二段硫化型	VMQ	40 55 85	6.37 4.30 7.41	480 190 100	— — —	22h/177℃	21 16 13
电线电缆用	VMQ	52 67	9.30 9.00	450 350	— 21.9		— —
耐燃料油、耐溶剂型	FVMQ(脆化点－66℃)	55 60	7.35 7.70	200 200	9.63 12.25	22h/177℃	20 20

硅橡胶通常能在较高温度下长期使用，各种聚合物在 1000h 热空气老化条件下的最大连续使用温度见图 1-10。

在高温条件下，硅橡胶性能保持率高。在 100℃，其拉伸强度保持率为 59%，伸长率保持率为 82%，100% 定伸模量保持率为 71%。

其性能和温度的关系见图 1-11。

虽然硅橡胶在常温下的物理机械性能比通用橡胶低，但在 150℃ 的高温下，其物理机械性能远远优于通用橡胶。通用橡胶虽然在常温下的压缩永久变形值很小（约 10%），但温度升高后其压缩永久变形值猛增。各种橡胶的压缩永久变形对比见图 1-12。

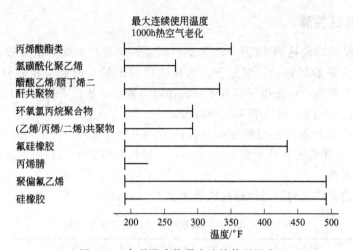

图 1-10　各种聚合物最大连续使用温度

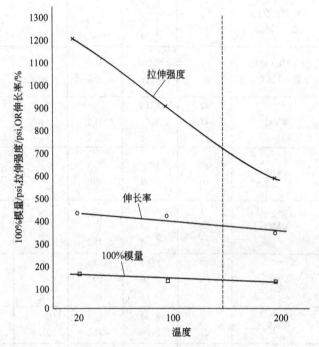

图 1-11　硅橡胶性能与温度的关系

（注：1psi=6.895kPa）

在各种合成橡胶中，硅橡胶是属于压缩永久变形最好的一类橡胶，它从低温至高温在很宽的温度范围内都保持良好的特性。其压缩永久变形随着生胶、填充剂、硫化剂的种类及硫化条件的变化而变化，其中生胶的种类影响很大，含乙烯基的生胶是最有效的。硫化剂常采用烷基系氯化物，它们可充分进行后硫化，而且效果也好。图 1-13 示出了温度同压缩永久变形的关系，图 1-14 示出了时间变化同压缩永久变形的关系。

聚硅氧烷具有可压缩性，最大可压缩 20%，这在应用上很不利。比如在制动应用中，液压油吸收了冲击，致使刹车不灵。

硅橡胶是理想的减震材料，它在−54～150℃的范围内在传递性或共振频率方面的变化

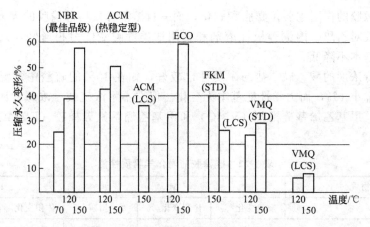

图 1-12　各种橡胶的压缩永久变形对比

NBR—丁腈橡胶；ACM—丙烯酸酯橡胶；ECO—氯醇橡胶；FKM—氟橡胶；

VMQ（STD）—标准的甲基乙烯基硅橡胶；LCS—低压缩形变品级

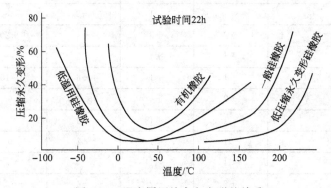

图 1-13　温度同压缩永久变形的关系

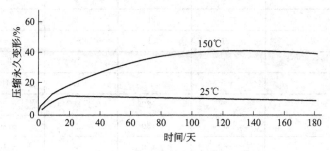

图 1-14　时间变化同压缩永久变形的关系

很小，而且其动态吸附特性也不随硅橡胶的老化而变化。这一优异的性质与其易加工成各种形状相结合，使硅橡胶成为有效的控制噪声和振动的理想材料。

　　虽然硅橡胶的补强效率远较其他橡胶为高，且经多年来的研究改进，现今已有很大的发展，但硅橡胶的机械强度，耐磨性仍较一般有机橡胶为差，在配料的各组分选择适宜的情况下，硅橡胶硫化胶的机械强度可以获得较高的水平，如甲基乙烯基硅橡胶的硫化胶，在某些配方中其拉伸强度可达 11～13MPa，撕裂强度可达 343～686N/cm。

1.3.7　耐化学物质性能

　　一般说来，硅橡胶具有良好的耐化学物质、耐燃料油及油类的性能。

溶剂对硅橡胶的作用主要是膨胀和软化，而一旦溶剂挥发后硅橡胶的大多数原始性能又恢复了。硅橡胶对乙醇、丙酮等极性溶剂和食用油类等耐受能力相当好，只引起很小的膨胀，力学性能基本不降低。

硅橡胶对低浓度的酸、碱、盐的耐受性也较好，如在10%的硫酸中常温浸渍7天，体积和质量变化都小1%，而力学性能基本无变化。但它不耐浓硫酸、浓碱和四氯化碳、甲苯等非极性溶剂。甲基乙烯基硅橡胶（VMQ）和甲基乙烯基氟硅橡胶（FVMQ）的耐化学物质性能见表1-22。

表1-22　硅橡胶的耐化学物质性能

化学物质		VMQ			FVMQ	
		质量变化/%	体积变化/%	硬度增减/%	体积变化/%	硬度增减/%
酸	浓硝酸	+10	+10	−30	+5	0
	7%硝酸	<1	<1	−2	0	0
	浓硫酸	分解	分解	分解	分解	分解
	10%硫酸	<1	<1	−2	0	0
	浓醋酸	+2	+3	−4	+20	—
	5%醋酸	+4	+4	+8	—	—
	浓盐酸	+1	+1	−6	+10	−5
	10%盐酸	+2	+4	−4	0	−5
	3%盐酸	+2	+4	−2	0	−5
碱	20%氢氧化钠	<1	<1	−2	0	−5
	2%氢氧化钠	<1	<1	−2	0	−5
	浓氨水	+2	+2	−4	+5	−5
	10%氨水	+3	+2	−6	0	−5
盐	10%氯化钠	<1	<1	−2	—	—
	2%碳酸钠	<1	<1	0	—	—
溶剂	乙醇	+5	+6	−10	+5	0
	丙酮	+5	+15	−15	+180	−20
	二甲苯	+75	+120	−30	+20	−10
	汽油(车用)	+65	+130	−25	+20	−12
	汽油(航空用)	+60	+110	−30	+10	−5
	矿物油精	+65	+110	−30	0	0
	四氯化碳	+130	+110	−25	+20	−5
液压油	Hollingshead H−3	+4	+5	−10	—	—
	Hollingshead H−3	+9	+12	−15	—	—
	Skydrol	+4	+4	−8	+25	−10
	Skydrol[a]	+7	+8	−10	—	—
油类	蓖麻油	<1	<1	−4	—	—
	猪油	<1	<1	−4	—	—
	亚麻子油	<1	<1	−2	—	—

续表

化学物质		VMQ			FVMQ	
		质量变化/%	体积变化/%	硬度增减/%	体积变化/%	硬度增减/%
油类	矿物油	+5	+6	−6	—	—
	ASTM1#油[b]	+3	+5	−6	0	−5
	ASTM3#油	+20	+31	−20	−5	−5
	硅油,4200cP[c]	+9	+10	−12	0	−5
其他	水	<1	<1	<1	0	0
	3%过氧化物	<1	<1	<1	0	0
	Pyranol 1476	+4	+4	−8	—	—

注：1. a—100℃×70h；b—149℃×70h；c—49℃×7天。

2. $1cP=10^{-3}Pa\cdot s$。

几种溶剂和聚合物溶度参数列于表1-23。

表1-23 几种溶剂和聚合物溶度参数

溶剂	$\sigma/(cal/cm^3)^{1/2}$	聚合物	$\sigma/(cal/cm^3)^{1/2}$
正己烷	7.24	BunaN	9.4
CCl$_4$	8.58	GRS	8.1
2-丁酮	9.04	天然橡胶	8.3
苯	9.15	聚异丁烯	8.1
丙酮	9.71	聚二甲基硅氧烷	7.5
甲醇	14.5	Teflon	6.2
		聚氨酯	10.0
		PE	7.9

注：溶度参数$\sigma=\sqrt{内聚能密度}=(\Delta E/V)^{1/2}=4.1(\gamma/V^{1/3})^{0.4}$。

其中聚二甲基硅氧烷与正己烷溶度参数相近。因此，正己烷为聚二甲基硅氧烷的良溶剂。聚二甲基硅氧烷在各种溶剂中的溶胀体积见表1-24。

表1-24 聚二甲基硅氧烷在各种溶剂中的溶胀数据

溶剂	σ	S_w	静电作用	溶剂选择性
全氟甲基环己烷	6.0	3.7	W	X
八甲基环四硅氧烷	6.3	178.2	W	X
2,2,4-三甲基戊烷	6.6	201.8	W	X
正己烷	7.3	222.2	W	X
正庚烷	7.5	225.1	W	X
二异丁酮	7.8	139.4	M	
甲基环己烷	7.8		W	X
醋酸甲基戊基酯	8.0	206.6	M	
环己烷	8.2	164.1	W	X
醋酸异内酯	8.4	145.2	M	
甲基异丁酮	8.4	126.5	M	
甲基戊基酮	8.5	106.7	M	

溶剂	σ	S_w	静电作用	溶剂选择性
四氯化碳	8.6	214.8	W	
正丙基苯	8.6	185.0	W	X
乙酸溶纤剂	8.7	19.4	M	
乙基苯	8.8		W	X
丁基溶纤剂	8.9	15.4	M	
甲苯	8.9	169.0	W	X
邻二甲苯	9.0	151.5	W	X
醋酸乙烯酯	9.1	110.3	M	
苯	9.2	147.2	W	X
氯仿	9.3	201.1	M	
甲基乙基酮	9.3	89.9	M	
二氯乙烯	9.8	44.8	W	
二氧杂环己烷	9.9	37.9	M	
环己酮	9.9	38.4	M	
邻二氯苯	10.0	58.4	M	
二丁醇	10.8	51.7	S	X
正丁醇	11.4	26.3	S	X
正丙醇	11.9	31.2	S	X
Acetonitrile	11.9	3.3	M	
乙醇	12.7	10.3	S	X
甲醇	14.5	2.2	S	X
IPA	11.5			

注：1. S_w=吸收的溶剂体积/干样品体积×100。
　　2. W=弱，M=中，S=强。

硅橡胶与其他橡胶耐化学物质性能比较见图 1-15。各种橡胶在不同液体中浸泡的体积变化见表 1-25。

表 1-25　各种橡胶在不同液体中浸泡的体积变化比较（浸泡 168h）

液体的种类	温度/℃	氰基丁二烯橡胶			氯丁二烯橡胶	天然橡胶	丁苯橡胶	异丁橡胶	有机硅橡胶	氯磺酰化聚乙烯橡胶
		28%	33%	38%						
汽油	50	15	110	6	55	250	140	240	260	85
ASTM1# 油	50	−1	−1.5	−2	5	60	12	20	4	4
ASTM3# 油	50	10	3	0.5	65	200	130	120	40	65
柴油	50	20	12	5	70	250	150	250	150	120
橄榄油	50	−2	−2	−2	27	100	50	10	4	40
猪油	50	0.5	1	1.5	30	110	50	10	4	45
甲醛	50	10	10	10	25	6	7	0.5	1	1.2
乙醇	50	20	20	18	7	3	−5	2	15	5
甘油	50	0.5	0.5	0.5	2	0.5	0.5	−0.2	1	0.5
乙醚	50	50	30	20	95	170	135	90	270	85
甲基乙酮	50	250	250	250	150	85	80	15	150	150

续表

| 液体的种类 | 温度/℃ | 氰基丁二烯橡胶 | | | 氯丁二烯橡胶 | 天然橡胶 | 丁苯橡胶 | 异丁橡胶 | 有机硅橡胶 | 氟磺酰化聚乙烯橡胶 |
		28%	33%	38%						
三氯乙烯	50	290	230	230	380	420	400	300	300	600
四氯化碳	50	110	75	55	330	420	400	275	300	350
苯	50	250	200	160	300	350	350	150	240	430
阿尼林油	50	360	380	420	125	15	30	10	7	70
苯酚	50	450	470	510	85	35	60	3	10	80
环己二醇	50	50	40	25	40	55	35	7	25	20
蒸馏水	100	10	11	12	12	10	2.5	5	2	4
海水	50	2	3	3	5	2	7	0.5	0.5	0.5

1.3.8 透气性

聚硅氧烷类化合物的主链结构与硅酸盐相同，由硅氧键连接而成。而硅原子上又接有烷基、苯基等构成的侧链，故其具有半无机半有机的高分子构造。由于硅氧键键长较长，Si—O—Si 键键角大，原子与原子之间的距离较长，具有较大的自由度；以六甲基二硅氧烷为例，Si—O 键键长为 1.63，Si—O—Si 键键角为 130°。且硅氧键又是具有 50% 离子键特征的共价键（共价键具有方向性，离子键无方向性），这就使得硅氧烷链旋转自由，并可以多方向进行，自由空间增大，相对来说空间密度下降，它对气体的良好溶解性，使得硅橡胶具有极好的透气性。聚硅氧烷类化合物，不像聚乙烯、聚丙烯类纯有机系高分子化合物那样容易结晶化。因此，极容易透过氧气、氮气甚至水蒸气等气体分子，用其处理后的纤维制品具有良好的通气透湿性。如把有机硅弹性体制成薄

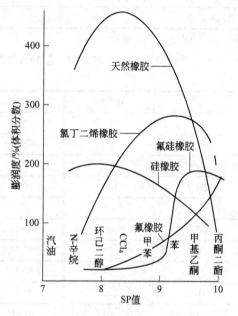

图 1-15 溶剂的溶度参数（SP 值）和各种橡胶的膨润度的关系

膜，可测得其具有很快的气体渗透速率，在室温下，对空气中氮、氧、二氧化碳等气体的透过率比天然橡胶高 30～50 倍。各种聚合物的氧气渗透率见表 1-26，硅橡胶薄膜比普通橡胶及塑料打蜡膜具有更好的透气性。特别值得提出的是硅橡胶对不同的透气率有很强的选择性，如对二氧化碳透过性为氧气的 5 倍左右。表 1-27 是不同气体通过硅橡胶薄膜的渗透率。根据硅橡胶的这些特性，它可制成水中呼吸的人工鳃、气体交换膜医用品、人造器官，也可用它来浓缩或分离气体，而且还可用于农副产品的保鲜等。当然，由于高透气性，它不能被用作惰性气体的导管。

表 1-26 各种聚合物薄膜的氧气渗透率

单位：×10^{-9} cm³·cm/（s·cm²·cmHg）

聚合物	氧气渗透率
二甲基硅橡胶	60.0
氟硅橡胶	11.0
腈硅橡胶	8.5

续表

聚合物	氧气渗透率
天然橡胶	2.4
聚乙烯(低密度)	0.8
丁基橡胶	0.14
聚苯乙烯	0.12
聚乙烯(高密度)	0.10
聚氯乙烯	0.014
尼龙-6	0.004
聚对苯二甲酸乙二酯	0.0019
聚四氟乙烯	0.0004

注：1cmHg=1333.32Pa。

表 1-27　含 33%二氧化硅的甲基硅橡胶膜的透气性

单位：$\times 10^{-9} cm^3 \cdot cm/(s \cdot cm^2 \cdot cmHg)$

气体	透气性	气体	透气性	气体	透气性
H_2	65	N_2O	435	$n\text{-}C_6H_{14}$	940
He	35	NO_2	760	$n\text{-}C_8H_{18}$	860
NH_3	590	SO_2	1500	$n\text{-}C_{10}H_{22}$	430
H_2O	3600	CS_2	9000	HCHO	1110
CO	34	CH_4	95	CH_3OH	1390
N_2	28	C_2H_6	250	$COCl_2$	1500
NO	60	C_2H_4	135	丙酮	586
O_2	60	C_2H_2	2640	吡啶	1910
H_2S	1000	C_9H_8	410	苯	1080
Ar	60	$n\text{-}C_4H_{10}$	900	苯酚	2100
CO_2	325	$n\text{-}C_5H_{12}$	2000	甲苯	913

硅橡胶对气体的渗透性比有机橡胶更好，见表 1-28。

表 1-28　几种弹性体室温下对不同气体和 200℃ 下对空气的透气性

项目 弹性体	透气率/[$10^{-7} \cdot cm^3/(cm^2 \cdot cmHg \cdot s)$]					
	H_2	CO_2	N_2	O_2	空气	空气(200℃)
通用硅橡胶(VMQ)	47.8	232.2	20.0	43.8	25.6	74.0
耐极低温度硅橡胶(PVMQ)	37.7	156.9	15.0	33.4	18.0	—
氟硅橡胶(FVMQ)	13.5	51.4	4.0	8.13	4.84	—
丁基橡胶	—	—	0.025	0.098	0.02	10.0
聚氨酯橡胶	—	—	—	0.080	0.05	熔化
天然橡胶	—	—	0.48	1.30	0.67	26.2

这些数值代表了 14.7psi（1psi=6894.76Pa）下标准气体在 1s 内透过面积为 1cm²，厚度为 1cm 的膜时的渗透量。

1.3.9 耐蒸汽性

蒸汽也能使硅橡胶的性能降低，其本质是主链的断裂反应。水解断裂反应会因温度的升高和离子性试剂的存在而变得明显，而填充剂的纯度和催化剂残渣量对其影响也很大。为了提高硅橡胶的耐蒸汽性，可采用使填充剂疏水化和提高交联密度等方法，但应尽量避免在2MPa以上的高压水蒸气下使用硅橡胶。其这种特性，硅氧烷-乙丙橡胶共混物的共硫化胶为最佳。

硅橡胶的吸水性也较大。随着空气中相对湿度的提高，硅生胶中含水量呈线性增加的趋势（图1-16）。当水太多时，硅橡胶分子吸附的水分就会析出，硅橡胶就由透明变为不透明。混炼胶中的水分还会对挤出制品的质量产生不良的影响，比如产生表面起泡等。

通常，不加压的情况下硅橡胶几乎不受游离蒸汽湿气的影响。当蒸汽处于较低或中等压力情况下也是如此。然而随着蒸汽压力的上升，对橡胶的力学性能的影响就逐渐变大（表1-29）。因此，硅橡胶不推荐长期使用在蒸气压超过50psi的场合中。

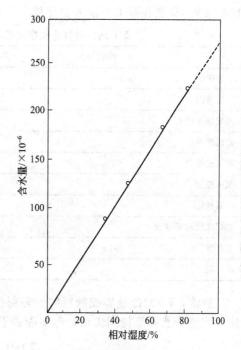

图1-16 硅生胶中的含水量与相对湿度的关系

表1-29 接触蒸汽后通用型Silastic硅橡胶的性能

接触条件	膨胀率/%	(邵尔A-2)硬度,变化度数
14天/5psi(0.034MPa)	3	−5
14天/10psi(0.069MPa)	—	−5
14天/20psi(0.138MPa)	4	−8
7天/50psi(0.345MPa)	9	−17
7天/100psi(0.689MPa)	13	−35
3天/50psi(0.345MPa)	2	−4
1天/100psi(0.689MPa)	3	−8

1.3.10 耐辐射性

辐射与热老化一样能改变硅橡胶的性质。当总辐射剂量增加时，橡胶的硬度增加；拉伸强度是先增加，然后迅速下降；伸长率则会下降。

如果辐射为轻度或中度时，辐射的直接效应与辐射水平总量成比例。而在高辐射水平下，热效应会引起其他变化。

硅橡胶具有优良的耐氧、耐臭氧和耐紫外线照射等性能，因此，长期在室外使用不会发生龟裂现象。一般认为硅橡胶在室外使用可达20年以上。表1-30是各种橡胶在常温、

$150×10^{-6}$ 臭氧和张力下的寿命比较。

表 1-30 各种橡胶在常温、$150×10^{-6}$ 臭氧和张力下的寿命比较

橡胶种类	耐用寿命
丁苯橡胶	立即破坏
丁腈橡胶	1h
丙烯酸酯橡胶	1h
聚硫橡胶	8h
聚氨酯橡胶	8h
氯丁橡胶	24h
丁基橡胶	7d
氯磺化聚乙烯橡胶	超过两周
氟橡胶	超过两周
硅橡胶	数月

通常，PVMQ 基础胶胶料的耐辐射性是 VMQ 的 2～3 倍（见表 1-31）。同其他材料相比，该值虽然不是特别优良，但却能适于要有耐热性的耐辐射用途。

表 1-31 硅橡胶的耐辐射性

放射剂量/rad[①]	VMQ		PVMQ	
	伸长率/%	拉伸强度/psi	伸长率/%	拉伸强度/psi
未照射	200	1200	600	1200
$5×10^6$	130	1000	450	1100
$5×10^7$	50	900	225	900
$1×10^8$	20	600	75	850

① 1rad＝10mGy。

特种硅橡胶还具有耐辐射性能，例如，含有苯基的硅橡胶的耐辐射大大提高，亚苯基硅橡胶具有优良的耐高温辐射性能，γ 射线高达 $1×10^8$ R（$1R＝2.58×10^{-4}$ C/kg）时仍能保持弹性。

1.3.11 生理惰性

有机硅主链由 Si—O—Si 原子键合而成，硅（Si）原子上除与甲基（CH_3）连接外还可引入其他的氨基、甲氧基等。这种既有无机硅氧结构，又有有机基团的分子结构，是一种典型的半无机高分子物，正是由于这种分子结构的特点，使它成为特种高分子材料。从生理学角度看，有机硅材料是已知的最无活性的化合物之一，并具有其他聚合物所不具有的阻燃性和生物惰性，是目前所有微生物或生物学过程都不能新陈代谢有机硅材料。

只要正确选择有机硅弹性体的交联、催化体系，经过充分硫化后的硅橡胶是无臭、无味、无毒，十分耐生物老化，有很好的生物相容性，对人体基本无害，对环境也基本没有不良影响，与机体组织反应轻微，具有优良生理惰性和生理老化性。能用 γ 射线和环氧乙烯消毒，埋入动物体中也完全没有毒性，无排异反应，并具有较好的抗凝血性能，所以也可大量用于食品及医疗等方面。

1.3.12 低表面活性

典型的硅橡胶即聚二甲基硅氧烷，Si—O 链较长（0.163nm），且 Si—O—Si 键角较大

（130°），取向自由度大，因而聚硅氧烷链很柔顺，而且呈一种螺旋形分子构型，Si—O 链朝向螺旋轴，与硅原子相连的—CH$_3$，则指向外侧，而 Si—O 键又是一个弱的偶极（Si$^{\delta+}$—O$^{\delta-}$），螺旋中的每一个偶极都对应着一个极性相反的补偿偶极，当无外界作用时，非极性的有机基因（—CH$_3$）被推向外，—CH$_3$ 取向于表面，其分子间的作用力比烃类要弱得多，因而具有良好的回弹性，同时指向螺旋外的甲基可以自由旋转出。因此，比同分子量的烃黏度低，表面张力弱，表面能小，成膜能力强。因而使硅橡胶具有独特的表面性能，如疏水、消泡、泡沫稳定、防黏、润滑、上光等各项优异性能。聚硅氧烷与碳链聚合物骨架柔顺性比较见表 1-32。

表 1-32　表面活性材料对比

性能	碳氢化合物	有机硅	氟碳化合物
低表面能	+	++	+++
取向灵活性	+	+++	+
多样性化学品	+	++	+
热稳定性	+	++	++
成本	+++	++	+

有机硅与碳链化合物的比较如表 1-32 所示。有机硅在日用化妆品行业用量大，如洗发、护肤等。虽然价格比普通矿物油高 10 倍，但效果好，相当于降低了成本，仍然被广泛使用。各种聚合物的表面能如表 1-33 所示。

表 1-33　各种聚合物的表面能

聚合物	表面张力/(mN/m)
聚二甲基硅氧烷	21～22
聚三氟丙基甲基硅氧烷	21～22
聚甲基苯基硅氧烷	26
聚苯乙烯	33～35
聚氯乙烯	39
聚乙烯	31
聚乙烯醇	37
聚偏二氯乙烯	40
聚丙烯酰胺	35～40
聚丙烯酸酯	35
聚对苯二甲酸乙二醇酯	43
聚甲基丙烯酸甲酯	33～44
聚四氟乙烯	18.5
聚六氟丙烯	16.2～17.1
聚三氟乙烯	22
聚偏氟乙烯	25
羊毛	45
淀粉	39
纤维素	44
Amylose	37

高分子聚合物主链的柔顺性通常由围绕主键旋转的能量来衡量。在 PVC 中，围绕 C—C 键旋转所需能量为 13.76kJ/mol；在 PTFE 中，这个能量为 19.6kJ/mol；而在二甲基硅油中几乎是零，这表明硅油的旋转实际上是自由的。优异的柔顺性使得硅油分子间作用力比烃

要低得多，因此硅油比同摩尔质量的碳氢化合物（如矿物油）黏度低，表面张力弱。二甲基硅油表面张力是矿物油的 1/2，水的 1/4。较低的表面张力使硅油广泛应用于消泡、防黏、润滑、上光等。

1.4 硅橡胶技术发展趋势

当前，世界有机硅材料技术发展的方向是高性能、多功能和复合化。通过配合技术的进步和添加新的添加剂，以及改变交联方式、共聚、共混等改性技术实现有机聚合物与有机硅材料复合，是当前有机硅技术发展的重要方向。科技工作者们根据需要通过下列几种途径设计出各种不同分子结构的有机硅产品，满足不同场合特别是高科技发展的需要。

近几年来，尽管有机硅产品越来越多，然而归结起来，新型有机硅材料应用开发所采用的新技术主要有 3 个方面。

1.4.1 交联方式

室温硫化硅橡胶其传统方式是利用硅醇基和烷氧基的缩合反应，而利用乙烯基和氢的加成反应的开发带来了很大的技术进步。加成反应可控制固化速率且无副产物生成，所以提高了制品的电性能和耐热性等物性。如日本东丽有机硅公司由含 Si—H 键的有机硅氧烷与乙烯基有机硅氧烷制得聚硅氧烷；美国 GE 公司采用新型零价镍配合物催化剂研制的加成型硅橡胶；美国 3M 公司研制的 Si—H 键化合物与烯键化合物的加成制品。这些新产品的某些物理性能得到了明显提高。在缩合反应方面，也开发出用于单组分室温硫化硅橡胶的各种交联剂。在原有醋酸型、酮肟型和醇型交联剂的基础上，开发了能使硅橡胶模量低、伸长率大的氨氧型和酰胺型交联剂；进而又开发了毒性小、固化快、在高温下不分解的丙酮型交联剂。例如日本公布的 TSE39X 系列产品就是改进后得到的一种无腐蚀快干密封剂。近年来，以硅氢加成交联发展起来的液体硅橡胶特别引起人们重视。它是由分子量大小不等，从数千至一二十万的乙烯基生胶和含 Si—H 键百分之十几摩尔的硅氢油以及催化剂及填料所组成。这种混料的黏度较小，生胶有一部分为乙烯基封端，硅氢油也有 Si—H 键封头。在末端的 SiVi 和 SiH 活性比较大，反应快，因此在交联时还有链增长反应，使分子量又有提高，强度加大，所要填料须反复处理，充分除去表面羟基。根据成品要求，黏度可控制在 100~300Pa·s，送入泵式螺杆机，注射压力在 10~200kgf/cm²，胶料通过螺杆混合加热硫化成型挤出，螺杆受热反应很快，有单组分和双组分，目前用得最多的是双组分。液体硅橡胶拉伸强度可达 8~9MPa，伸长率 500%~600%，撕裂强度 30~40kgf/cm，它生产效率高，每台机器一年可生产 10^6 个部件，对小零件的制作可降低 1/4 成本，所以液体硅橡胶近几年发展很快。

以快速固化、节约能源为目的，国外正在加速研究通过电子束（EB）和紫外线（UV）固化的交联方式。电子束交联不会带来任何杂质，并可在室温下进行深层次的反应。国外用电子束交联方式已制备性能较佳的高强度硅橡胶，其拉伸强度为 10MPa，伸长率 500%，撕裂强度 25kN/m，最高选 43kN/m。但电子束需要电子加速器等大型设备，非一般单位有能力购置。近年来活跃起来的是光交联，光交联以紫外线为能源，设备简单，操作费用低，每摩尔光子（365nm）只需 10 多美分，就可以获得面积 0.5m²、厚 100μm 的高分子交联。更有意义的是光交联速度快，在室温下可以让带状、线状样品迅速固化，如光缆和胶带纸等，它还可以定域反应，使在掩膜下 1μm 宽的线带固化。可用于复印和半导体电路的光刻，是非常有前景的交联方法。聚硅氧烷的光交联，一种是在它的分子中引入光敏基团，借这些光敏基团的互助结合而形成交联；另一种是本身没有光敏基团，只有乙烯基之类的官能团，借光敏引发剂（如 Benzoin 之类），它见光分解生成自由基，引起交联。

1.4.2 聚合物的化学改性

在硅氧烷的主链上引入长链烷基以及氨基、羟基、巯基、氰基、环氧基、聚醚基等有机官能团，形成的改性硅油被赋予特殊的界面活性。例如引入氨基的硅氧烷用作发型定型，引入聚酰亚胺的有机涂料可用作大规模集成电路结点涂料和纯化膜。近年来，硅烷化技术在有机合成中极为活跃。它使原来难以实现的有机合成得以进行，因而引起了人们合成含有不同键的有机硅化合物的兴趣。最近又出现了称为共混聚合物的制品，有机硅和乙丙橡胶的改性橡胶就是一例，它作为弥补两者不足的材料引起人们的重视。特别值得指出的是，把聚硅氧烷和有机高分子以化学键或其他稳定的方式结合起来。可把聚二甲基硅氧烷（PDMS）的某些特征引入有机高分子得到新的聚合物，用于高分子的改性，同时也可以促进有机硅工业的发展。由于 PDMS 的链很柔软，它上面的官能基团活性又比较大，容易和各类高分子反应。因此，近几年来。聚硅氧烷与有机高分子相结合的研究蓬勃发展，文献很多，可看成发展的一个主要趋势。

（1）增强塑料　引进少量 PDMS，改进工程塑料（如尼龙、聚碳酸酯等）的韧性，提高冲击强度，同时也能改进机械加工的精密度。

（2）增强橡胶　在硅橡胶中引入少部分（<20%）热塑性高分子代替二氧化硅等无机填料，可制成热塑性弹性体（TPE），可用塑料方法加工成型，强度也可以提高很多。

（3）改进表面性能　在某些高分子（如环氧树脂、天然橡胶、聚酰亚胺等）中引入 PDMS，即使数量仅为 1%～3%，也可使其表面性能改观，从亲水变为疏水，加工时容易脱模，还可以改进润滑性能，使摩擦系数降低，在摩擦时不容易氧化破坏。

（4）制备分离膜　PDMS 的透气率比其他高分子高一两个数量级，但它的强度差，不能单独作膜，和其他高分子结合解决了支撑问题，其选择系数也可提高。

（5）制备液晶骨骼　在聚氢甲基硅氧烷上，通过硅氢加成反应接上各种液晶基团以制备高分子化的液晶，使相变温度加宽，晶态比较稳定，某些液晶的化学效应也明显起来。

（6）降低加工温度　有些高分子如聚酰亚胺、聚芳酯等熔点很高，加工时有热分解，引入 PDMS 可降低其加工成型温度。

（7）医用材料　有机硅在医用材料方面应用广泛多样。

1.4.3 配合技术和新型添加剂

开发配合技术、加工技术和添加新的添加剂。配合技术的进步和添加新的添加剂赋予功能性的实例越来越多。例如添加炭黑开发了导电硅橡胶，从而开发了电子计算机键盘、数字钟表控制器、电视接触电路开关、电磁干扰屏蔽、汽车点火电缆、玻璃纤维等具有多种用途的产品。特殊加工技术进而开发了各种导向部件和负压元件等散热板和润滑脂。液体注射成型（LIMS）和就地成型（FIPG）加工技术的最新发展，它们分别在双组分和单组分的室温硫化硅橡胶的加工中体现出更大的优越性。同时，真空浇注成型和超高频连续挤出成型（UHF）等先进的加工技术已得到开发和应用。

通过添加新的添加剂改变或提高某些有机硅产品性能近年来也取得十分有实用价值的成果。如抑制侧甲基氧化反应发生和进一步清除硅羟基引起的主链降解是提高高温硫化硅橡胶和室温硫化硅橡胶在热空气中稳定性的两个重要方面。目前国内外都采用添加不同类型添加剂的方法提高硅橡胶热稳定性方面，都取得比较好的效果。如美国 DC、GE 公司采用添加两种或两种以上复合金属化合物，使硅橡胶在275℃左右也能长期使用；中国科学院北京化学研究所采用添加硅氮环体或聚合体，以消除硅橡胶端羟基和水引发的主链降解，能有效提高硅橡胶在封闭体系内的热稳定性；上海高分子材料研究开发中心和上海爱世博有机硅材料有限公司采取添加自行创新合成的特殊高分子化合物，在高温场合下（250℃以上），能产生离子，多次阻止自由基氧化和再氧化，最终形成热稳定的产物．有效阻止硅橡胶侧链的热高温降解，使硅橡胶的耐热时间（在250～350℃下）提高2～5倍，经北京航空材料研究院应用，将它加入二甲基室温硫化硅橡胶中，在特定硫化体系中，经300℃、600h长时间热空气考核，仍未失去弹性，已投入实际应用。另外，还通过在高温硫化硅橡胶中添加极少量的有机硅抗黄变剂和在环氧树脂中加入不超过1％特殊有机硅聚合物，分别达到抗黄变和改变环氧树脂表面性能（不黏其他材料以及光滑等）、达到内脱模等目的。

特别值得指出的是．有机硅工业不同于通用合成材料，通用合成材料是以原料制造工艺、大型生产技术及产品加工为中心发展的，而有机硅工业则是以产品开发为中心发展的。以日本为例，三十多年来一直采用直接法合成硅单体。据称生产工艺变化不大，而有机硅技术重点主要在于产品应用、有机基团引入聚合物结构、交联技术和配合技术等方面。

总体上来说，有机硅材料技术的发展趋势主要体现在有机硅化合物以及有机硅高分子功能化的实现，具体主要包括以下诸方面的微观技术手段。

① 变换硅氧烷分子结构，例如变换分子的大小、形状（线状，分枝状）、交联密度等。

② 改变结合在硅原子上的有机基团，例如烷基（甲基、乙基多碳基）、苯基、乙烯基、氢基、聚醚基等。

③ 选择不同的固化方法，例如过氧化物固化、脱氢反应、脱水反应、加成反应，脱醇反应、脱酮肟反应、紫外线固化、电子束固化等。

④ 采用有机树脂改性（共聚、混合），例如环氧、醇酸、聚醚、丙烯酸等。

⑤ 选择不同填料，例如金属皂、二氧化硅、炭黑、氧化钛等。

⑥ 选择各种不同二次加工技术，例如乳液、溶液脂、炼胶、胶黏带等。

⑦ 采用各种共聚技术，如本体聚合、嵌段聚合、乳液聚合等。

参 考 文 献

[1] 章基凯．精细化学品系列丛书之一：有机硅材料 [M]．北京：中国物资出版社，1999．

[2] 幸松民，等．有机硅合成工艺及产品应用 [M]．北京：化学工业出版社，1995．

[3] 徐全祥．合成胶粘剂及其应用．沈阳：辽宁科学技术出版社．1985．

[4] 罗运军．有机硅树脂及其应用 [M]．北京：化学工业出版社，2002．

[5] 张启富，黄建中．有机涂层钢板 [M]．北京：化学工业出版社，2003．

[6] 马庆麟．涂料工业手册 [M]．北京：化学工业出版社，2001．

[7] 周宁琳．有机硅聚合物导论 [M]．北京：科学出版社，2000．

[8] 刘国杰．现代涂料工艺新技术 [M]．北京：中国轻工业出版社，2002．

[9] 冯圣玉，张洁，李美江，朱庆增．有机硅高分子及其应用 [M]．北京：化学工业出版社，2004．

[10] 钱知勉．塑料性能应用（修订版）．上海：上海科学技术文献出版社，1987．

[11] 欧阳国恩．实用塑料材料学．长沙：国防科技大学出版社，1991．

[12] 王孟钟，黄应昌．胶粘剂应用手册 [Z]．北京：化学工业出版社，1987．

[13] 李士学．胶粘剂制备及应用．天津：天津科学技术出版社，1984．

[14] 殷立新，徐修成．胶粘基础与胶粘剂．北京：航空工业出版社，1988．

[15] 黎碧娜等．日用化工最新配方与生产工艺．广州：广东科技出版社，2001．

[16] 李子东．实用胶粘技术．北京：新时代出版社，1992．

[17] 马长福．实用粘接技术460问．北京：金盾出版社，1992．

[18] 马长福．实用粘接技术800问．北京：金盾出版社，1992．

[19] 电子工业常用胶粘剂. 编写组编. 电子工业常用胶粘剂. 北京：国防工业出版社，1981.

[20] 徐全祥. 合成胶粘剂及其应用. 沈阳：辽宁科学技术出版社，1985.

[21] 张桂秋. 实用化工产品配方大全. 南京：江苏科学技术出版社，1994.

[22] 蔡辉，闫逢元，等. 环氧树脂研究与应用进展 [J]. 材料导报，2003，17 (2)：46.

[23] 邓如生. 共混改性工程塑料 [M]. 北京：化学工业出版社，2003.

[24] 晨光化工研究院有机硅编写组. 有机硅单体及聚合物 [M]. 北京：化学工业出版社，2000.

[25] 刘国杰，耿耀宗. 涂料应用科学与工艺学. 北京：中国轻工业出版社，1994.

[26] 闫福安，富仕龙，张良均，樊庆春. 涂料树脂合成及应用 [M]. 北京：化学工业出版社，2008.

[27] 朱洪法. 100 种精细化工产品配方与制造. 北京：金盾出版社，1994.

[28] 高南. 特种涂料 [M]. 上海：上海科学技术出版社，1986.

[29] 高丰. 国外有机硅树脂及其耐热涂料进展 [J]. 化工新型材料，1986，14 (10)：1-4.

[30] 周菊兴，董永祺. 不饱和聚酯树脂生产及应用 [M]. 北京：化学工业出版社，2004.

[31] 章基凯，有机硅材料技术发展动向 [J]. 化学世界，2003，10

[32] 章基凯，有机硅产品发展动态与建议 [R]. 北京：有机氟硅材料工业协会专家委员会，2004.

[33] 日本熊田等著. 有机硅最新应用技术.

第2章
硅橡胶生胶合成

1945 年，高温硫化二甲基硅橡胶首先问世。它是以高摩尔质量的线型聚二甲基硅氧烷为基础聚合物（生胶），混入补强填料及硫化剂（有机过氧化物）等，在加热、加压下硫化成弹性体。随后，相继推出硫化活性高及压缩永久变形小的甲基乙烯基硅橡胶；耐高、低温的甲基苯基乙烯基硅橡胶及耐溶剂的甲基三氟丙基硅橡胶。由于高温硫化硅橡胶的加工方法与一般橡胶相同，即生胶、补强填料、增量填料、湿润剂、改性添加剂等需在辊筒上经过塑化，混入硫化剂及出片等操作，而后加热、加压硫化成硅橡胶制品。故高温硫化硅橡胶又称作混炼型硅橡胶。20 世纪 50 年代中期，先后开发出了双组分及单组分室温硫化型（RTV）硅橡胶。它是以端羟基二甲基硅氧烷为基础聚合物，混入多官能交联剂、催化剂、填料及添加剂后，在室温（或遇湿）下，即可交联成弹性体。进入 20 世纪 60 年代，又增添了加成型液体硅橡胶，它是以含乙烯基的聚硅氧烷为基础聚合物，以含 Si—H 键的聚硅氧烷为交联剂，在铂系催化剂作用下，发生氢硅化加成反应，交联成弹性体。20 世纪 70 年代以来的硅橡胶技术进展已有专文评述。

硅橡胶问世半世纪多以来，无论其性能与应用均已有了长足的进展。仅以硅橡胶的力学性能为例，补强前的聚二甲基硅氧烷，由于分子间内聚能密度低，硫化后的拉伸强度仅达 $0.3\sim0.5MPa$。通过对生胶的改进（引入乙烯基及苯基，并提高摩尔质量），使用补强填料及特殊补强填料以及改进混配技术等，现在拉伸强度已超过 13MPa；再如，早期硅橡胶的撕裂强度只有 10kN/m，现在已达到 50kN/m。当前开发中的有机嵌段及杂化改性橡胶，不仅耐油、耐溶剂及阻燃性有了不同程度的改善，而且拉伸强度还可超过 15MPa，撕裂强度也将超过 50kN/m。

2.1 有机聚硅氧烷合成方法

有机聚硅氧烷的制备方法可分为聚合反应和缩聚反应两大类。聚合反应就是将环硅氧烷通过各种手段变为线型聚硅氧烷的过程，其中可分为催化聚合、乳液聚合、热聚合和辐射聚合等。缩聚反应通常分为水解法缩聚和非水解法缩聚。水解法是指有机硅烷的硅官能基通过水解缩聚后形成大分子量的聚硅氧烷的方法；非水解缩合是指含有相同官能团或不同官能团硅烷（其中一个须含 Si—O 键）之间通过相互缩合形成 Si—O—Si 键，以及某些含硅碳键化合物，通过硅碳键的断裂而形成 Si—O—Si 键，制得硅氧烷的方法。

2.1.1 水解缩聚法

硅官能有机硅烷的水解首先经过硅醇，硅醇脱水缩合后得到硅氧烷。由此，硅醇是由硅官能有机硅烷经过水解制备有机硅氧烷的中间体，水解过程是硅烷变成硅氧烷工序中的一个特别重要的步骤。硅官能硅烷水解反应，可用以下各式表示：

$$R_3SiX + H_2O \longrightarrow R_3SiOH + HX$$

$$R_2SiX_2 + 2H_2O \longrightarrow R_2Si(OH)_2 + 2HX$$

$$RSiX_3 + 3H_2O \longrightarrow RSi(OH)_3 + 3HX$$

式中，R 为烷基、芳基、链烯基、芳烷基；X 为卤素、烷氧基、酰氧基等。

不同官能度的硅醇脱水后，生成相应的硅氧烷，如下式所示：

$$2R_3SiOH \xrightarrow{-H_2O} R_3SiOSiR_3$$

$$nR_2Si(OH)_2 \xrightarrow{(n-1)H_2O} HO[R_2SiO]_nH$$

$$nRSi(OH)_3 \xrightarrow{-\frac{3n}{2}H_2O} \left[RSiO_{1.5}\right]_n$$

有机硅醇缩合反应速率随硅原子上羟基数目增加而加快，随有机取代基的位阻增加而变慢。

2.1.1.1 有机氯硅烷的水解缩合

（1）双官能氯硅烷的水解缩合 Me_2SiCl_2 水解时，根据操作方法和条件的不同，会生成各式各样的化合物，其中主要产物为环型的硅氧烷（含量为 $20\%\sim50\%$，质量分数）和线型 α,ω-二羟基聚二甲基硅氧烷（含量为 $50\%\sim80\%$），反应式可表示如下：

$$2Me_2SiCl_2 + 3H_2O \longrightarrow Me_2SiCl(OH) + Me_2Si(OH)_2 + 3HCl$$

$$nMe_2Si(OH)_2 \longrightarrow \begin{cases} (Me_2SiO)_n + H_2O \\ HO(Me_2SiO)_nH + (n-1)H_2O \end{cases}$$

反应机理可表示如下：

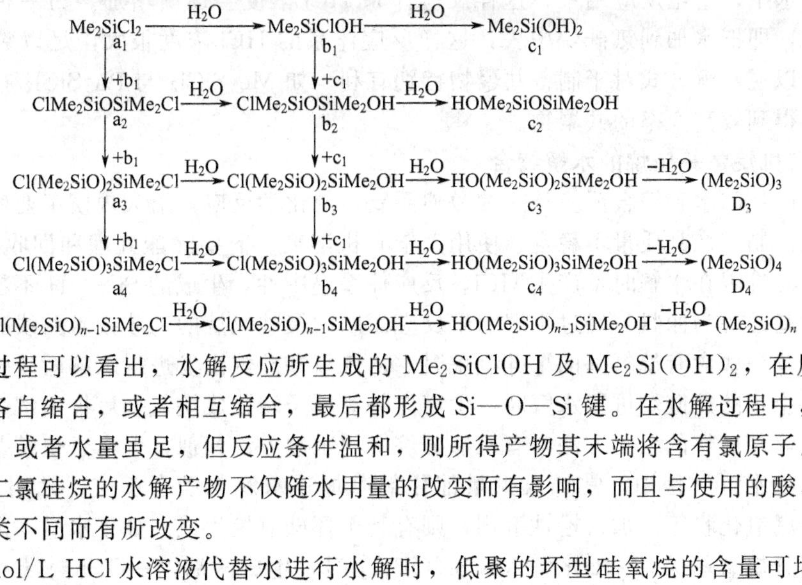

由反应过程可以看出，水解反应所生成的 $Me_2SiClOH$ 及 $Me_2Si(OH)_2$，在质子酸的作用下，或者各自缩合，或者相互缩合，最后都形成 Si—O—Si 键。在水解过程中，如果所用的水量不足，或者水量虽足，但反应条件温和，则所得产物其末端将含有氯原子。

二烷基二氯硅烷的水解产物不仅随水用量的改变而有影响，而且与使用的酸、碱、助剂和溶剂的种类不同而有所改变。

当用 6mol/L HCl 水溶液代替水进行水解时，低聚的环型硅氧烷的含量可增加到大约 70%；相反，若用 $50\%\sim85\%H_2SO_4$ 代替水来水解二甲基二氯硅烷时，仅产生含少量环体的高摩尔质量的聚硅氧烷，原因是 H_2SO_4 对缩聚有促进作用。

而当在碱存在条件下，水解 $(C_2H_5)_2SiCl_2$ 和 $(CH_3)_2SiCl_2$ 时，前者只能获得 $(C_2H_5)_2Si(OH)_2$，而后者可以获得 $HOSi(CH_3)_2OSi(CH_3)_2OH$。有些不易水解的氯硅烷，如 $(CF_3C_6H_4)_3SiCl$，只有在碱存在条件下才能水解。过量的碱会加速水解时的缩合反应。因此，把有机氯硅烷加到过量的碱溶液中时，得到的基本上是高摩尔质量的聚硅氧烷，原因是产生的盐有盐析作用，硅二醇浓度相对增加，有利于分子间缩合而成大分子。

水解时是否有溶剂存在，对水解产物有很大的影响。如 $(CH_3)_2SiCl_2$ 在水中直接水解时，生成环状硅氧烷和线型硅氧烷二醇的混合物，但把 $(CH_3)_2SiCl_2$ 加到水与可溶于水的溶剂如四氢呋喃或二氧六环的混合物中时，却产生高产率的低摩尔质量的环状硅氧烷。在水解过程中，应用最广的是对氯硅烷呈惰性的、不混溶于水或微混溶于水的有机溶剂，如甲苯、二甲苯、二乙醚、二丁醚和三氯乙烯等。这是因为它们既是有机氯硅烷的良溶剂，又是产物的良溶剂，因此一方面有机氯硅烷能够充分稀释而水解，从而得到较好的分布；另一方面水解产物又能进入溶剂层而保护起来不受酸的水溶液作用。这样带羟基封端的硅氧烷相被稀释，分子内缩合胜过分子间结合倾向，环型化合物优先生成。

(2) 不同氯硅烷的共水解缩合　当两种氯硅烷在同一体系中进行共水解缩合时，所得产物随原料结构而定。若两者结构相差很大，如 $(CH_3)_3SiCl$ 和 Ph_3SiCl，前者水解速度甚快，缩合也快，所以主要产物为对称的二硅氧烷。如要得到较多的不对称二硅氧烷，则需多加 Ph_3SiCl。

要想用共水解缩合来制备共聚物时，一般要求两种氯硅烷的结构相近，其水解速度近似。不同卤硅烷水解速率顺序如下：

$$\ce{>Si-I} > \ce{>Si-Br} > \ce{>Si-Cl} > \ce{>Si-F}$$
$$RSiCl_2 > R_2SiCl_2 > R_3SiCl$$
$$Me_2SiCl_2 > Et_2SiCl_2 > Ph_2SiCl_2$$

水解方式不同，对水解产物也有影响。连续法进行水解时，将氯硅烷和水按计算量混合，此时反应体系 pH 值较稳定，故反应比较均匀，形成的环体也较多；若用间歇法，即将氯硅烷加到水中，直至反应结束，这样反应体系 HCl 浓度会逐渐增加。另一种方法，所谓逆水解方式，即把水加到氯硅烷中去，这样反应体系的 HCl 浓度很大，足以裂解一般的硅氧烷键。所以逆水解方式对于制备共聚物特别有利，如 Me_2SiCl_2 与 Ph_2SiCl_2 在一起进行逆水解，即可得到较高产率的共聚物。

2.1.1.2　有机烷氧基硅烷的水解缩合

由于氯硅烷的水解缩合反应是一种激烈而复杂的化学反应，给大规模工业生产带来了生产工艺较难控制、产品质量不稳定、使用大量有机溶剂、需要除酸处理和回收溶剂等问题。有机烷氧基硅烷因在水解时不产生 HCl，反应体系呈中性，生成的 Si—OH 不易再缩合。近年来以烷氧基硅烷为原料，经过水解缩聚反应而制的聚硅氧烷的工艺技术路线获得较快的发展。如需制备一些含有烷氧基的聚硅氧烷时，从烷氧基硅烷出发进行水解就较为方便。有些碳官能基不稳定的氯硅烷进行水解时，也需先将氯原子转化成烷氧基后再水解。

有机烷氧基硅烷的水解方法与有机氯硅烷所用水解方法相似，但由于烷氧基硅烷的水解活性较低，在水解过程中，常加入少量催化剂以加速水解与缩合反应。常用催化剂有酸、碱、盐、金属氧化物等。加入惰性溶剂，则有利于环硅氧烷生成。如果水量不足，在聚合物链中会有部分烷氧基保留。如水解 $Me_2Si(OEt)_2$ 时，生成两端以—OEt 封端的双（二甲基乙氧基硅氧基）聚二甲基硅氧烷，其中硅原子最多可至 11 个。

$$
\begin{array}{ccccccc}
& \text{Me} & & \text{Me} & & \text{Me} & \\
& | & & | & & | & \\
\text{EtO} - & \text{Si} - & \text{O} - & (\text{Si} - & \text{O})_n - & \text{Si} - & \text{OEt} \\
& | & & | & & | & \\
& \text{Me} & & \text{Me} & & \text{Me} & \\
& | & & | & & | & \\
& \text{Me} & & \text{Me} & & \text{Me} & \\
& | & & | & & | & \\
\text{EtO} - & \text{Si} - & \text{O} - & (\text{Si} - & \text{O})_n - & \text{Si} - & \text{OEt} \\
& | & & | & & | & \\
& \text{OEt} & & \text{OEt} & & \text{OEt} &
\end{array}
$$

部分水解 $MeSi(OEt)_3$ 时，同样产生 α,ω-双（甲基二乙氧基硅氧烷）聚甲基乙氧基硅氧烷。

2.1.1.3 其他硅官能有机硅烷的水解缩合

酰氧基硅烷的水解反应与烷氧基硅烷的水解相似，但更易于水解，在无催化剂存在的温和条件下就能进行。在无机酸、碱、碱金属羧酸盐等催化下，反应更快。但由于乙酰氧基硅烷水解所产生的副产物乙酸不是强酸，因此不能立即催化 Si—OH 缩合形成 Si—O—Si 键。由于所生成的酸腐蚀性很弱，因此常用这种化合物处理织物、纸张，使其在材料表面上形成一层聚硅氧烷薄膜，同时不致损坏原材料。

2.1.2 非水解缩聚法

非水解缩合是指含有相同官能基团或不同官能基团硅烷（其中一个须含 Si—O 键）之间通过相互缩合形成 Si—O—Si 键，以及某些含硅碳键化合物，通过硅碳键的断裂而形成 Si—O—Si 键，制得硅氧烷的方法。由于反应是在无水或不产生水的条件下进行，故称之为非水解缩合法，又称为杂官能团缩合法，简称杂缩法。如酰氧基硅烷与氧硅烷反应；酰氧基硅烷与乙氧基硅烷的反应；氯硅烷与乙氧基硅烷的反应等。可用一般式表示：

$$\text{>Si—X} + \text{YOSi<} \longrightarrow \text{>SiOSi<} + \text{XY}$$

式中　X——卤素、氢、烷氧基、氨基、酰氧基、酰胺基等；
　　　Y——氢、碱金属、烷基或酰基等。

2.1.3 开环聚合法

在聚硅氧烷的合成中，催化重排或开环聚合是工业上和实验室中使用最多的方法，可通过调节环硅氧烷和封端剂（如六甲基二硅氧烷，MM）的化学计量比很好地控制分子量。主要有阴离子催化开环和阳离子催化开环两种聚合方法。

硅氧烷中硅原子电负性小，易为碱性物质进攻；氧的电负性大，易为酸性物质进攻。硅-氧键有 50% 的离子性，所以硅氧烷环体可被酸或碱引发开环聚合。聚合是按离子机理进行的。

聚合过程由 4 个阶段组成：

① 聚合引发阶段，形成反应中心；

② 链增长阶段；

③ 链终止阶段（活性中心消失）；

④ 链转移形成新的活性点。

在通常情况下，硅氧烷的开环聚合是一种平衡化反应。活性中心首先进攻有张力的环硅氧烷，使之形成线型硅氧烷。随后活性中心以同等机遇进攻无张力的环硅氧烷及线型大分子硅氧烷中的 Si—O 键。当无张力环硅氧烷进行聚合时，由于环或线型链中的硅氧键键能基本相同，活性中心既可进攻硅氧烷中的硅氧键，开环聚合成高摩尔质量的线型聚合物；亦可进攻已形成的线型分子中的硅氧键，发生大分子断链降解，使聚硅氧烷分子分布达到平衡状态。这就是硅氧烷的平衡化反应：

$$环硅氧烷 \longleftrightarrow 线型硅氧烷$$

2.2 有机聚硅氧烷合成方法工艺过程

以 Si—O—Si 为主链的有机硅聚合物可以通过各种途径制备。但目前工业生产中普遍采用的是简单、易行又较经济的方法：砂石或二氧化硅还原为单体硅→于 300℃温度下，以铜作催化剂，硅与甲基氯化物相互作用→形成甲基氯化硅的混合物（单官能单体、双官能单体、三官能单体等有机氯硅烷单体）→通过蒸馏分离出二甲基氯化硅→二甲基氯化硅水解成硅烷又迅速合成为线型或环型硅氧烷→线型硅氧烷在氢氧化钾（KOH）的帮助下，形成四元双甲基环状体（D_4）→在催化剂存在下，D_4 聚合、链终止，最终形成有机聚硅氧烷。其合成工艺流程如下：

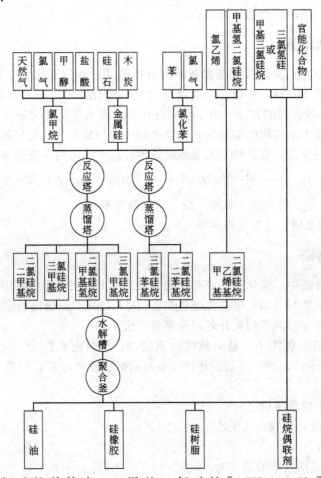

常用的有机氯硅烷单体有：二甲基二氯硅烷 $[(CH_3)_2SiCl_2]$、三甲基氯硅烷 $[(CH_3)_3SiCl]$、甲基氢二氯硅烷 $[(CH_3)HSiCl_2]$、甲基三氯硅烷 (CH_3SiCl_3)、苯基三氯硅烷 $(C_6H_5SiCl_3)$、二苯基二氯硅烷 $[(C_6H_5)_2SiCl_2]$、苯基甲基二氯硅烷 $(C_6H_5CH_3SiCl_2)$、甲基乙烯基二氯硅烷 $[(CH_3)(CH_2\!=\!CH)SiCl_2]$、二甲基乙烯基氯硅烷 $[(CH_3)_2(CH_2\!=\!CH)SiCl]$。

2.3 硅橡胶生胶合成

2.3.1 硅橡胶生胶合成原理

根据硅橡胶的品种要求：将一种或几种有机硅氯烷，先经水解缩合，制成硅氧烷低聚物，用作制备生胶主链的原料；再将$(CH_3)_3SiCl$或$(CH_3)_2(CH_2\!=\!CH)SiCl$水解缩合制成$(CH_3)_3SiOSi(CH_3)_3$或$(CH_3)_2(CH_2\!=\!CH)SiOSi(CH_2\!=\!CH)(CH_3)_2$等中间体、封端剂；将这些原料经酸、碱催化平衡聚合或共聚合制成相应的硅橡胶。最后再将催化剂中和或分解得到规定的硅橡胶。

以合成甲基乙烯基生胶为例，合成过程的基本化学反应表示如下：

① 氯硅烷水解

$$(CH_3)_2SiCl_2+H_2O\longrightarrow[(CH_3)_2SiO]_{3\sim10}+HO[(CH_3)_2SiO]_nH+HCl$$

$$(CH_3)(CH_2\!=\!CH)SiCl_2+H_2O\longrightarrow$$
$$[(CH_3)(CH_2\!=\!CH)SiO]_{3\sim10}+HO[(H_3)(CH_2\!=\!CH)SiO]_nH+HCl$$

$$2(CH_3)_3SiCl+H_2O\longrightarrow(CH_3)_3SiOSi(CH_3)_3$$

② 裂解重排，精制环体

$$[(CH_3)_2SiO]_{3\sim10}+HO[(CH_3)_2SiO]_nH\xrightarrow{KOH}[(CH_3)_2SiO]_{3\sim7}$$

$$[(CH_3)(CH_2\!=\!CH)SiO]_{3\sim10}+HO[(CH_3)(CH_2\!=\!CH)SiO]_nH\xrightarrow{KOH}$$
$$[(CH_3)(CH_2\!=\!CH)SiO]_{3\sim5}$$

③ 催化平衡制备生胶

$$(CH_3)_3SiOSi(CH_3)_3+n/4[(CH_3)_2SiO]_4+m/4[(CH_3)(CH_2\!=\!CH)SiO]_4\xrightarrow{OH^-\text{或}H^+}$$
$$(CH_3)_3SiO[(CH_3)_2SiO]_n[(CH_3)(CH_2\!=\!CH)SiO]_mSi(CH_3)_3$$

2.3.2 合成硅橡胶的主要工序

2.3.2.1 水解缩合工序

水解缩合是合成有机硅聚合的最重要工序。通常，水解缩合过程是将甲基氯硅烷、甲基苯基氯硅烷按规定比例与甲苯、二甲苯等溶剂均匀混合，在搅拌下缓慢加入到过量的水中（或水与其他溶剂中）进行水解。水解时保持一定温度，水解完成后静置至硅醇和酸水分层，然后放出下层酸水，再用水将硅醇洗至中性。水解工艺流程示意图，见图 2-1。

硅烷水解后，生成硅醇，除继续缩聚成线型或支化低聚物外，分子本身也可自行缩聚成环体。环体的形成消耗了组分中的官能团（羟基），减少了各组分分子间共缩聚的机会，故不利于均匀共缩聚体的生成。水解后组分中环体众多，分子结构的不均匀性越大，最后产品的性能相差越大。

水解后各组分分子间的共缩聚和分子本身自缩聚反应是一种彼此竞争的关系，若在单位体积内各组分分子浓度大，分子间距离小，彼此碰撞的机会多，各组分分子及其官能基团彼此碰撞而反应机会也多，共缩聚就占优势；若单位体积内分子浓度低，各组分分子间距离大，彼此碰撞机会少，分子本身含有的官能基团反应的机会相对地增多，分子本身自缩聚的反应就占优势。

有机硅环体的生成，是一定链长的硅醇内羟基基团彼此反应、本身自缩聚的结果。如环体中分子链间内应力愈小，环体就愈稳定，生成量也愈多。如二甲基二氯硅烷水解时，有三

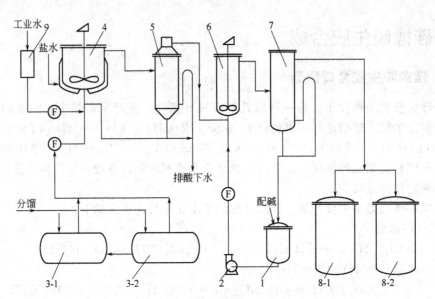

图 2-1　水解工艺流程示意图

1—碱贮罐；2—泵；3—二甲基二氯硅烷贮槽；4—水解釜；5—酸分层器；6—中和器；
7—碱分层器；8—水解物贮罐；9—过滤器；F—流量计

环体、四环体、五环体等生成，其中四环体量较多。

二甲基二氯硅烷水解物是制取纯 D_3、D_4、D_5 的基础原料。一般条件下，该水解物的黏度越高，其中所含的线型体含量就越多，所以根据不同的需要，二甲水解过程中水解物的黏度是一个控制指标，如直接就用水解物作为原料来制取高摩尔质量的端羟基聚二甲基硅氧烷，此时水解物的黏度要求就要高些，因为黏度高线型体的含量就高。而作为制取纯 D_3、D_4、D_5 的水解物原料，该水解物的黏度就要求低许多，这样在后道工序中就会节约很多能耗。

各种单体共水解时，虽然配方一样，往往由于控制的水解条件不同，水解产物的组分和环体生成量相差很大。

影响水解反应的主要因素有单体结构、水的用量、介质的 pH 值和水解温度等。

2.3.2.2　裂解重排的精制环体工序

裂解重排过程就是将二甲水解物在碱性催化剂条件下进行裂解重排反应，以制得含 D_4 80% 左右和 D_3 5%、D_5 15% 左右的裂解物（此裂解物如果未知组分含量在控制范围内，可以作为直接用于配制缩合型室温硫化硅橡胶），裂解反应过程中含 $(CH_3)_3SiO_{1.5}$ 或 Si—H 键的硅氧烷成为硅醇钾盐留于釜底。裂解工艺流程示意图，见图 2-2。

裂解常用的碱性催化剂是氢氧化钾，由于反应条件和设备的特殊性，连续往裂解釜内直接加固体氢氧化钾不能实现，所以一般都是将氢氧化钾配制成一定浓度的溶液，然后再按一定的进料比连续加入到裂解釜内。

反应机理如下：水解物在碱性氢氧化钾的催化作用下，在线型体存在以下反应，即缩合、成环与开环平衡反应。

① 水解物与 KOH 发生端羟基置换反应，使二羟基封端的线状硅氧烷形成硅醇钾：

$$HO[(CH_3)_2SiO][(CH_3)_2SiO]_n[(CH_3)_2SiO]H + KOH \longrightarrow$$
$$HO[(CH_3)_2SiO][(CH_3)_2SiO]_n[(CH_3)_2SiO]K + H_2O$$

② 在硅醇钾作用下发生缩合反应，形成长链高分子聚合物。

$$\underset{}{}[(CH_3)_2SiO]OK + HO[(CH_3)_2SiO]\underset{}{} \longrightarrow \underset{}{}[(CH_3)_2SiO]O[(CH_3)_2SiO]\underset{}{} + KOH$$

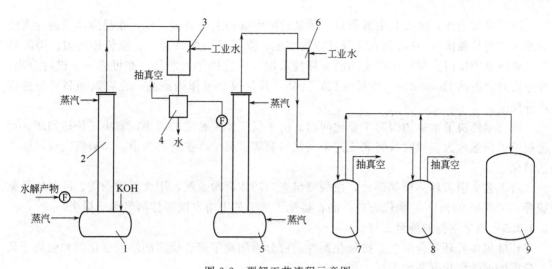

图 2-2 裂解工艺流程示意图

1—裂解釜；2—裂解柱；3,6—冷凝器；4—分水器；5—蒸馏柱；
7,8—八甲基环四硅氧烷计量罐；9—八甲基环四硅氧烷贮罐；F—流量计

③ 硅醇钾又是环硅氧烷开环聚合的引发剂，高聚物发生解聚反应，生成环硅氧烷，解聚反应和聚合反应是可逆反应。

$$HO[(CH_3)_2SiO][(CH_3)_2SiO]_n[(CH_3)_2SiO]K \rightleftharpoons [(CH_3)_2SiO]_n + KOH \quad n \geqslant 3$$

成环与开环平衡反应，线型体裂解重排成环体，是由于在聚硅氧烷分子链中，氧原子的孤电子对与邻近硅原子的 3d 空轨道配位，在催化剂和热作用下使 O—Si—O 键断裂所致。

④ 在温度较高的情况下，发生歧化反应，形成交联聚合物，使环体收率下降。

因此，裂解重排反应过程中同时存在上述反应，在反应中对裂解物组分影响最大的主要是③反应、是成环与开环的平衡反应、是裂解反应过程的主反应。由于反应的不断进行，要使反应向反应式的右边移动形成更多的环体，由平衡反应的规律可知就需破坏反应式的平衡，使反应向有利的方向移动；②反应是制取硅橡胶的主反应，但在裂解重排反应中属于副反应，应当尽量控制这类反应的发生，否则裂解釜就会出现挂胶严重、釜内反应较差等问题，这样不但增加能耗，而且裂解物质也没保证，抑制②反应的发生程度跟催化剂的使用量有直接的关系；由上面反应机理可知，①反应是基础反应，因此可以认为它是整个裂解重排反应过程的引发阶段。

由于裂解反应是二甲基硅氧烷的聚合与降解环化的可逆反应，所以只有将环硅氧烷不断移出反应体系，才能使反应不断向生成环硅氧烷方向移动。

目前，国内已采用溶剂法裂解氯硅烷水解物制备环硅氧烷的新工艺，解决了传统裂解工艺存在的问题。

将溶剂油作为热载体加入到裂解釜内，使反应体系黏度下降，传热均匀，没有局部过热现象，控制了歧化反应的发生。交联物明显减少，产品收率提高了 4%～6%。碱催化剂活性寿命延长，碱耗量仅为原来的十分之一。生产排渣周期提高 5～8 倍，另外由于体系黏度的减小，使分子扩散速度加快、环体蒸发速度加快，提高了单位设备产出率。

其工艺路线如下：

```
                残渣      D₃、D₅
                 ↑    ┌──────────→ 产品
                 │    │
水解物 → 脱氯 → 裂解 ──→ 环体 ──→ 精馏
                 │              │
                 ↓              ↓
        产品(D₄≈88%～92%)   产品(D₄≥98%)
```

经过脱氯处理，除去其中微量氯。脱氯后的水解物进行裂解反应，在反应体系内加入溶剂油（作为热载体），它可起到稀释反应物浓度、降低反应体系黏度、使传热均匀、消除局部过热现象的作用。裂解后产出的混合环硅氧烷，可直接作为产品，亦可进一步进行分离。经分离后获得纯 $D_4 \geq 98\%$（质量分数）产品，其他成分可作为产品，也可返回裂解釜进行重排反应。

该技术解决了水解物裂解工业化问题。由于反应体系黏度的减小，解决了传热问题，可将裂解釜任意放大。同时可将老工艺中蒸发、裂解、蒸干 3 步合并为由 1 步裂解完成，使工艺简化。

新工艺中引入环体精馏部分，使裂解出来的环体清澈透明，不含机械杂质、线状物及碱胶等；可获得 $98\% D_4$，替代进口产品；避免了老工艺中由水洗环体而带来的损失。

2.3.2.3 催化平衡的聚合工序

环硅氧烷开环聚合反应，按催化剂性质可分为阳离子聚合反应的酸性催化剂和阴离子聚合反应的碱性催化剂两大类。

酸性催化剂主要是硫酸，其缺点是洗涤聚合物、除去催化剂的过程很困难，工艺设备复杂。碱性催化剂主要优点是用量少，可以钝化或中和以终止反应。目前工业生产上，普遍采用四甲基氢氧化铵、氢氧化钾作催化剂，D_4（或 DMC）与乙烯基环硅氧烷低聚物，经开环聚合制取硅橡胶生胶。

（1）化学反应方程式

① 甲基封端型

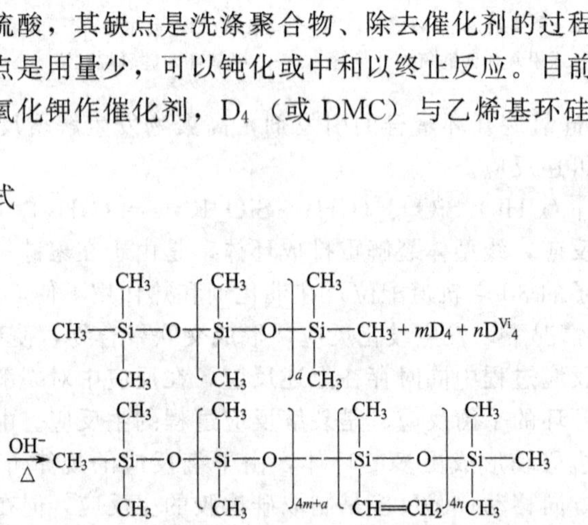

② 甲基乙烯基封端型

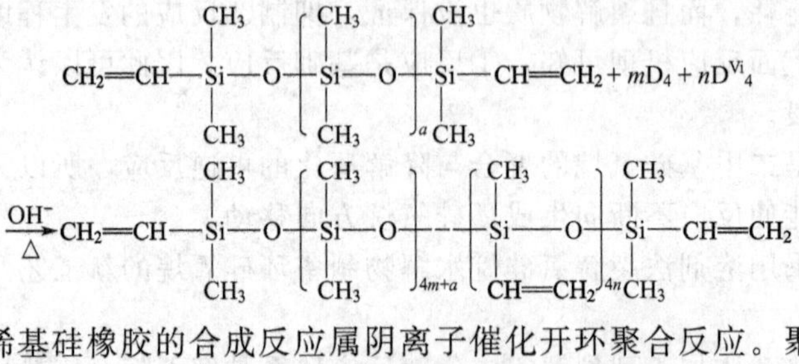

反应机理：乙烯基硅橡胶的合成反应属阴离子催化开环聚合反应。聚合过程由 4 个阶段组成：a. 引发阶段（形成活性中心）；b. 链增长阶段；c. 链终止阶段（活性中心消失）；d. 链转移形成新的活性点。反应开始时，在碱催化剂使用和加热下，环硅氧烷 Si—O—Si 链产生断裂（开环），生成链端含阴离子的线状聚硅氧烷低聚体，后进一步与环体反应，产生快速链增长，逐步成为高摩尔质量的线型聚硅氧烷。在链增长中形成的更大活性中心可以在遇到封端剂（或 H_2O）而终止反应，也可以继续与已形成的大分子链发生反应，使分子进行重排或重新变成环体。这一过程称为聚硅氧烷调聚反应平衡过程。在链增长和链转移中形成的活性中心，如通过加热使催化剂分解或被中和，活性中心消失，反应体系趋于稳定。

聚合过程的几个阶段可用反应式表述如下（以 KOH 催化为例）：

a. 引发阶段（形成活性中心）

$$D_4 + KOH \longrightarrow HO\!-\!\!\left[\!\!\begin{array}{c}Me\\ |\\ Si\\ |\\ Me\end{array}\!-\!O\right]_{\!3}\!\!-\!\!\begin{array}{c}Me\\ |\\ Si\\ |\\ Me\end{array}\!-\!O^-K^+$$

b. 链增长阶段（形成更大活性中心）

$$HO\!-\!\!\left[\!\begin{array}{c}Me\\ |\\ Si\\ |\\ Me\end{array}\!-\!O\right]_{\!3}\!\!-\!\begin{array}{c}Me\\ |\\ Si\\ |\\ Me\end{array}\!-\!O^-K^+ + D_4 \longrightarrow HO\!-\!\!\left[\!\begin{array}{c}Me\\ |\\ Si\\ |\\ Me\end{array}\!-\!O\right]_{\!7}\!\!-\!\begin{array}{c}Me\\ |\\ Si\\ |\\ Me\end{array}\!-\!O^-K^+$$

c. 链终止阶段（活性中心消失）

$$HO\!-\!\!\begin{array}{c}Me\ Me\\ |\ \ |\\ Si\!\sim\!Si\\ |\ \ |\\ Me\ Me\end{array}\!-\!O^-K^+ + H_2O \longrightarrow HO\!-\!\!\begin{array}{c}Me\ Me\\ |\ \ |\\ Si\!\sim\!Si\\ |\ \ |\\ Me\ Me\end{array}\!-\!OH + KOH$$

或者 $+ Me_3OH \longrightarrow HO\!-\!\!\begin{array}{c}Me\ Me\\ |\ \ |\\ Si\!-\!Si\\ |\ \ |\\ Me\ Me\end{array}\!-\!O\!-\!\begin{array}{c}Me\\ |\\ Si\\ |\\ Me\end{array}\!-\!Me + KOH$

d. 链的转移（形成更大活性中心）

$$HO\!-\!\!\begin{array}{c}Me\ Me\\ |\ \ |\\ Si\!\sim\!Si\\ |\ \ |\\ Me\ Me\end{array}\!-\!O^-K^+ + HO\!-\!\!\begin{array}{c}Me\ Me\\ |\ \ |\\ Si\!\sim\!Si\\ |\ \ |\\ Me\ Me\end{array}\!-\!OH + K^+O^-\!-\!\begin{array}{c}Me\\ |\\ Si\\ |\\ Me\end{array}\!\sim$$

或者大分子链也可以重排成环

$$HOSiO\!-\!SiO\!-\!SiO\!-\!SiO\!-\!SiO^-K^+ \longrightarrow$$

$$HO\!-\!\!\begin{array}{c}Me\ Me\\ |\ \ |\\ Si\!\sim\!Si\\ |\ \ |\\ Me\ Me\end{array}\!-\!O^-K^+ + \begin{array}{c}Me\ \ \ \ \ Me\\ |\ \ \ \ \ \ |\\ Me\!-\!Si\!-\!O\!-\!Si\!-\!Me\\ |\ \ \ \ \ \ |\\ O\ \ \ \ \ \ O\\ |\ \ \ \ \ \ |\\ Me\!-\!Si\!-\!O\!-\!Si\!-\!Me\\ |\ \ \ \ \ \ |\\ Me\ \ \ \ \ Me\end{array}$$

（2）主要原材料品种及要求

① 甲基环硅氧烷（D_4、DMC）。甲基乙烯基硅橡胶分子主链由环硅氧烷开环聚合而成，因此，环硅氧烷（D_4 和 DMC）是合成它的主要原料。D_4 的化学名称为八甲基环四硅氧烷，它的主要性能要符合国家标准 GB/T 20435—2006 规定的技术要求：

外观	无色透明油状液体
色度/Hazen 单位(铂-钴色号)	≤10
折射率(20℃)	1.3960～1.3970
D_4 的质量分数/%	≥99

DMC 是以 D_4 为主的二甲基硅氧烷混合环体，它的主要性能要符合国家标准 GB/T 20436—2006 规定的技术要求：

外观	无色透明油状液体
色度/Hazen 单位(铂-钴色号)	≤10
折射率(20℃)	1.3960~1.3970
总环体质量分数/%	≥99.5
六甲基二硅氧烷质量分数/%	≤0.01
酸(以 HCl 计)的质量分数/%	≤0.001

甲基环硅氧烷是有机硅的主要中间体，它的制造方法是以高效精馏得到的高纯二甲基二氯硅烷为原料，采用水解或恒沸酸水解制成水解料，然后进行中和，再在专用的裂解装置中在加热和抽真空的条件下，加入 KOH 溶液，使水解料进行重排（裂解），制成混合环体，再进行精馏而得到精单体（D_4 或 DMC）。

制备高摩尔质量（$40×10^4$～$80×10^4$ g/mol）的线型聚硅氧烷橡胶生胶，必须要有高纯度的原料，即甲基环体纯度必须符合橡胶级要求，达到：

a. 外观无色透明，无铁锈等机械杂质，原料呈中性；

b. 环体总含量≥99%，其中 D_4 含量≥85%，D_6 尽量少一些；

c. 三官能团链节 $MeSiO_{1.5}$（T）低于 0.02%，单官能团链节 Me_3SiO（M）低于0.01%，而 Si—H 键及 Si—OH 键的含量也越低越好。

生产中，一般通过色谱法来检验原料的纯度，并用小样聚合来检查环硅氧烷的纯度和聚合活性。实践证明：D_4 的纯度较高，色谱分析纯度可达 99.9%，小样聚合分子量可达 150万以上；DMC 的环体总纯度可达 99%，但小样聚合分子量只能达到 80 万～120 万。这表明，目前 DMC 和 D_4 的质量还存在一定差距。D_4、DMC 的聚合活性测试方法如下：用精度为 1g 的天称称取（150±1）g D_4（DMC）样品置于带加热的三口烧瓶中，搭好装置后，将系统升温，开启氮气阀门通氮气鼓泡，打开真空泵，抽真空脱水 2h，控制温度为（105±3）℃，真空度为−0.07MPa。停真空，升温至 110℃，用针管加入 0.4g 碱胶催化剂，用秒表测出加碱胶到物料开始变稠的时间即为反应活性时间（以 s 计算）。接着升温至（120±10）℃，保温 2h，进行聚合反应，结束后按标准方法测试分子量。D_4 的活性一般为 5～10s，而DMC 要达 8～15s。这很可能是因为 DMC 中存在着微量杂质或其他含酸物质所致。例如，在裂解二甲基二氯硅烷水介物和精馏裂解物时，因真空度不够而氧化产生的甲醛，就能与催化剂四甲基氢氧化铵发生反应而降低体系聚合活性。

从表 2-1 中原料纯度的分析结果可见，DMC 的纯度比 D_4 低，而含水量和硅羟基含量比较高。

表 2-1　DMC 纯度分析结果

样品来源	D_3 /%	D_4 /%	D_5 /%	总量 /%	H_2O /$×10^{-6}$	Si—OH /$×10^{-6}$
D_4	0.09	99.74	0.16	99.99	22	5
1# DMC	0.08	88.34	11.35	99.77	103	69
2# DMC	8.31	90.61	0.85	99.82	106	15

② 甲基乙烯基环硅氧烷（VMC）。甲基乙烯基硅橡胶合成中通过加入不同量的四甲基四乙烯基环四硅氧烷（简称乙烯基环体）而生产不同型号的生胶产品。甲基乙烯基四环体是一种由四环体、五环体、三环体和六环体组成的混合物。

分子式为$[(CH_2=CH)(CH_3)SiO]_4$

物化常数为：

熔点/℃　　 -44

闪点/℃　　 98

沸点/℃　　 $111\sim112$

相对密度 (d^{20})　　 $0.990\sim1.000$

a. 乙烯基环体的技术指标：

外观　　　 无色透明液体

四环体含量　　 $\geqslant95\%$

三环体含量　　 $\leqslant0.3\%$

五环体含量　　 $\leqslant5\%$

乙烯基含量　　 $\geqslant29.5\%$

b. 乙烯基环体的特性：带有乙烯基活性基团的环体或化学链节可和硅氢化合物在催化剂作用下发生加成反应；在甲基硅橡胶中引入乙烯基基团后，增加了反应基团和硫化交联点，使胶料提高了硫化反应活性，提高了胶料的物理机械性能；乙烯基四环体在催化剂作用下开环，并与其他有机硅中间体起镶嵌作用，形成高分子化学物。

c. 乙烯基环体的制法：工业上，乙烯基环体的合成是用乙炔与含氢单体在铂配合物催化下进行加成反应生成甲基乙烯基二氯硅烷，然后经水解，热裂解得混合环体，再经精馏制得精单体。

催化加成　　 $CH_3SiHCl_2+CH\equiv CH\longrightarrow CH_3CH_2=CHSiCl_2$

$\longrightarrow$水解，热裂解$\longrightarrow$ $(CH_3CH_2=CHSiO)_4$

$\longrightarrow$精馏$\longrightarrow$甲基乙烯基四环体精单体。

d. 乙烯基环体中三官能团检验方法：称取 $(150\pm1)g$ 纯 D_4 和 $(9\pm0.2)g$ 乙烯基环体，加入到 250mL 三口烧瓶中，升温至 (85 ± 5)℃，在 $-0.07\sim-0.065MPa$ 真空和通氮气鼓泡条件下，脱水 2h，再升温至 $(115+5)$℃，加入 0.4g 碱胶催化剂，保温聚合 2h，冷却后，取出胶料称取 $2\sim3g$ 放入锥形瓶中，加入 $100\sim150g$ 甲苯，在振动下溶解 $3\sim5h$，用 $4^\#$ 砂芯漏斗或纱网过滤，观察是否有苯中不溶的果冻状交联物存在。

乙烯基环体的加入量虽然很少 $(0.05\%\sim5\%)$，但纯度必须很高，否则将对合成反应和 VMQ 质量产生影响。对 VMC 的要求不仅外观应该无色透明无机械杂质，乙烯基含量 $\geqslant29.3\%$，而且三官能团的组分通过小试验证要达到要求。国内生产 VMC 的企业较多，生产所用原料和工艺路线有所不同，因而产品质量有一些差异。

甲基乙烯基环硅氧烷的用量可按下列公式进行计算（以摩尔分数表示）：

$$\frac{Vi}{Si}=\frac{W_{VID_4}/86}{\dfrac{W_{D_4}-W_{低}}{74}+\dfrac{W_{VID_4}}{86}}=M_{Vi}\%$$

式中　 W_{VID_4}——甲基乙烯基环体质量；

$\quad\quad W_{D_4}$——二甲基环硅氧烷 $(D_4$ 或 DMC) 质量；

$\quad\quad W_{低}$——脱水时蒸出的低沸物质量；

$\quad\quad Vi$——生胶中乙烯基物质的量；

$\quad\quad Si$——生胶中 Si 的物质的量；

$\quad\quad M_{Vi}$——100 个 Si 有若干个乙烯基基团；

$\quad\quad 86$——甲基乙烯基硅氧烷链节分子量；

74——二甲基硅氧烷链节分子量。

③ 生胶封端剂。生胶封端剂（分子量调节剂）又称为终止剂。在阴离子聚合反应过程中，为了控制聚合物的分子量，有时需要加入生胶封端剂。在聚合反应系统中，生胶封端剂是一类比较活泼的物质，它很容易和正在增长的大分子进行反应，将活性链终止，同时生胶封端剂分子本身又生成了新的阴离子基团，这种阴离子基团的活性和大分子相同或相近，因而可以继续引发聚合。加入生胶封端剂以后可降低聚合物的分子量，对聚合反应速率则没有太大的影响。

甲基乙烯基硅橡胶合成中用碱性催化剂进行环硅氧烷的开环聚合，必须注意聚合反应生成物的分子量调节，任何单官能化合物，其中包括水都是硅氧链的载体。但是，为了获得预定分子量的生胶，最适合的分子量调节剂是易于在环硅氧烷中均匀分散的六有机基二硅氧烷，常用的是下列结构的低黏度硅油：

$$CH_3—Si—O—\left(Si—O\right)_n—Si—CH_3 \quad n \leqslant 20$$

采用低黏度甲基硅油（5～10mPa·s）和低黏度乙烯基硅油（18～22mPa·s）作生胶链封端剂。封端剂加入量的多少是调节硅生胶分子量的主要手段，要经过生产实践不断调节，并熟练掌握。以乙烯基硅油为封端剂生产的生胶，在分子键端含有乙烯基，使硅橡胶在交联过程中减少悬挂链，这对硅橡胶性能改进有一定好处。乙烯基生胶生产中要求封端剂无杂质、黏度等指标要稳定，才能确保产品的质量。

分子量调节的准确度，还取决于外来的链载体存在。聚合用的环硅氧烷、分子量调节剂、催化剂都必须绝对无水，尽量控制在 30×10^{-6} 以下。工业上，一般都采取聚合前先将反应混合物共沸干燥（脱水）的方法。

生胶封端剂用量公式：

$$W_w = \left(\frac{1}{M_2} - \frac{1}{M_1}\right) W \times M_3$$

式中　W_w——生胶封端剂用量；

　　　M_1——不加生胶封端剂时，所得生胶的分子量；

　　　M_2——要求控制的分子量；

　　　M_3——生胶封端剂的分子量；

　　　W——环硅氧烷的用量。

④ 催化剂及中和剂。生胶合成中可以使用的碱性催化剂有碱金属氢氧化物、碱金属硅醇盐、四甲基氢氧化铵、四丁基氢氧化磷等。国外工业生产普遍使用 KOH，我国目前多采用四甲基氢氧化铵，应用最广的催化剂是硅氧烷醇钾和硅氧烷醇四甲基铵。前者用 KOH 与环硅氧烷在加热条件下制备，后者用四甲基氢氧化铵与环硅氧烷在加热和抽真空条件下制备，制成的硅氧烷醇四甲基铵被称为"碱胶"。其中，硅氧烷醇钾便宜易得，工业应用也最成熟，但它的催化活性较低，一般要在 140～160℃下反应数小时才能完成平衡，反应后要将 KOH 中和掉装置也较复杂，而且用 CO_2 中和时产生的 K_2CO_3 结晶析出还可能影响生胶的透明度。

硅氧烷醇四甲基铵的活性要高得多，在 D_4 开环聚合反应中的催化活性是 KOH 的 150 倍。在 90～110℃具有很好的聚合催化作用，反应 1～2h 就可以基本平衡。四甲基氢氧化铵虽然较贵，但加入量只需 3×10^{-5}～5×10^{-5}，对成本影响不大。反应完成后，只要提高温度到 130℃ 以上，Me_4NOH 就能很快分解为三甲胺和甲醇，失去催化作用，通过脱低分子时排除。

$$Me_4NOH \xrightarrow{>130℃} Me_3N + MeOH$$

因此，这种催化剂也被称为"暂时性催化剂"，无需中和工序。这种暂时性催化剂十分适合于连续聚合工艺，并在聚合过程中较易控制生胶的分子量。但四甲基氢氧化铵分解后，在脱低分子工艺必须严格，将 Me_3N 尽量抽除干净，否则生胶中残留的 Me_3N 使使是 $10\mu L/L$ 以下也可能使胶出现鱼腥臭味或致使橡胶制品发黄，并有毒性，使应用受到一定限制。而且由于四甲基氢氧化铵一般先由氯甲烷与三甲胺反应制得 $(CH_3)_4NCl$，残存在生胶中的氯离子和碱金属还将使硅橡胶生胶解聚并影响透明度。四甲基氢氧化铵的制法最好采用碘甲烷法或 $(CH_3)_4NCl$ 电解法及离子交换法，以控制氯离子含量小于 50×10^{-6}，碱金属含量小于 5×10^{-6}。

我国硅橡胶的工业化生产中主要采用 Me_4NOH 作催化剂。而国外公司多数采用硅醇钾盐或其他化合物为催化剂，如表 2-2 所示。

表 2-2 各公司生胶合成使用催化剂情况表

公司(单位)名称	催化剂	中和方法
美国 DC 公司	硅氧烷醇钾	二氧化碳
美国 GE 公司	硅氧烷醇钾	磷酸酯
日本信越	硅氧烷醇钾	二氧化碳
德国 Wacker	氧化磷腈	叔胺醇
德国 Bayer	硅氧烷醇金色	二氧化碳
中国晨光、东爵	硅氧烷醇四甲基铵	加热分解

碱胶制法：四甲基氢氧化铵一般是含有约 50% 结晶水的固体。少量水分的存在会影响它的催化活性，并降低所合成聚硅氧烷的摩尔质量，因此使用时必须除去。为了使用方便，计量准确，常先将其与 D_4 或 DMC 反应制成四甲基氢氧化铵硅醇盐（简称碱胶），以四甲基氢氧化铵硅醇盐作为环硅氧烷聚合的催化剂使用。其反应示意图如下：

$$\frac{1}{4}nD_4 + Me_4NOH \xrightarrow{70\sim80℃} Me_4NO\left(\underset{\underset{CH_3}{|}}{\overset{\overset{CH_3}{|}}{Si}}-O\right)_n H$$

根据已有的文献和专利报道，制备 Me_4NOH 碱胶的过程如下：含 50% 结晶水的四甲基氢氧化铵与 D_4 或 DMC 按 $(CH_3)_4NOH$ 含量 2%～10% 的比例投入带有搅拌或氮气鼓泡的反应器中，在 40～50℃，抽真空、搅拌下反应半小时，而后再升温至 80～90℃，真空度控制在 -0.07～$-0.06MPa$，不断蒸出水分，脱除体系中水分，反应物黏度逐渐增大至黏稠状，经 4～5h 反应，反应物黏度开始下降并成透明黏稠，就可以冷却出料，即得四甲基氢氧化铵硅醇盐（碱胶），分析其含量后，密封贮存备用。注意密闭贮存，避免接触空气，因空气中的 CO_2 会使催化剂失效。

为了得到高活性碱胶，在制备过程中温度的控制尤为重要，在刚开始脱水的过程中温度不要超过 60℃，以防 Me_4NOH 的缓慢分解。另外，由于碱胶中残余的水分会降低所合成硅橡胶生胶的分子量，因而在四甲基氢氧化铵除水过程中可以适当延长真空脱水的时间，以尽可能地降低体系内水分的含量。

用 $(CH_3)_4NOH$ 碱胶作催化剂合成硅橡胶，催化剂用量一般为环硅氧烷及止链剂总量

的 $0.08‰\sim0.1‰$。碱胶催化剂用量计算公式：

$$X = \frac{C\%(W_{D_4} - W_{低})}{A\%}$$

式中　X——碱胶用量；

　　　C——催化剂用量；

　　　$A\%$——碱胶中催化剂含量；

　　　W_{D_4}——聚合时环硅氧烷及封端剂用量；

　　　$W_{低}$——脱水时蒸出的低分子质量。

另一种暂时性催化剂为四丁基氢氧化磷，它在聚合后升温至 $130℃$ 以上也被迅速分解成完全中性的三丁基氧磷 $(C_4H_9)_3PO$ 及正丁烷 C_4H_{10} 得到聚合物无臭味，无色透明非常稳定，残留在生胶中的 $(C_4H_9)_3PO$ 是热稳定剂，又无毒性，对产品应用有利。

⑤ 主要原材料的消耗定额，见下表：

单位：kg/t

原料名称	规格	110-1	110-2
D_4	苯中全溶，聚合鉴定 $M_n \geqslant 40$ 万	1070	1070
D_4^{Vi}	乙烯基含量 29.6%	2.3	2.3
生胶封端剂	$2\sim6$ mPa·s 低黏度硅油	适量	适量
$(CH_3)_4NOH$	含量 50%cP	0.35	0.35

2.4　硅橡胶生胶的种类及制备方法

2.4.1　二甲基硅橡胶

二甲基硅橡胶是分子以 Si—O 键为主链，侧基全部由甲基组成的聚硅氧烷，其结构式如下：

$$CH_3-\underset{\underset{CH_3}{|}}{\overset{\overset{CH_3}{|}}{Si}}-O-\underset{\underset{CH_3}{|}}{\overset{\overset{CH_3}{|}}{Si}}-O-\underset{\underset{CH_3}{|}}{\overset{\overset{CH_3}{|}}{Si}}-CH_3$$

与二甲基硅油一样，惟聚合度高得多。它是最早合成和使用的通用硅橡胶生胶，其外观为无色透明弹性体，呈半固态状，相对密度约为 0.98，折射率为 1.4035，具有耐水、耐臭氧、耐电弧、耐电晕和耐气候老化等优点。在 $-60\sim250℃$ 温度范围内使用，能保持良好的弹性，具有一般硅橡胶的特性。因此，广泛用作电子电气元件的灌注和密封材料，仪器仪表的防潮、防震、耐高低温灌注和密封材料。也可用于制造模具，用于浇铸聚酯树脂、环氧树脂和低熔点合金零部件，也可用作齿科的印模材料。

由于硅原子上连接的全为惰性的甲基，故硫化活性低，通常用活性较高的有机过氧化物进行硫化。硫化胶力学性能较差，高温永久压缩变形大，不宜于制厚制品，厚制品硫化比较困难，内层亦易起泡，耐热性也差等缺点，目前已很少使用，基本上已被甲基乙烯基硅橡胶所取代，只少量用于某些膏状物载体或织物涂覆，涂布在棉布、纸袋上，可做成用于输送黏性物品的输送带和包装袋。

2.4.2　甲基乙烯基硅橡胶

乙烯基生胶是在甲基硅橡胶的基础上，分子侧链或端基引进少量 [$0.05\%\sim2\%$（摩尔分数）〕乙烯基而形成的，是目前较常用的一种硅橡胶。其结构式如下：

① 甲基封端型

$$CH_3-\underset{\underset{CH_3}{|}}{\overset{\overset{CH_3}{|}}{Si}}-O-\left[\underset{\underset{CH_3}{|}}{\overset{\overset{CH_3}{|}}{Si}}-O\right]_m\left[\underset{\underset{CH=CH_2}{|}}{\overset{\overset{CH_3}{|}}{Si}}-O\right]_n\underset{\underset{CH_3}{|}}{\overset{\overset{CH_3}{|}}{Si}}-CH_3$$

② 乙烯基封端型

$$CH_2=CH-\underset{\underset{CH_3}{|}}{\overset{\overset{CH_3}{|}}{Si}}-O-\left[\underset{\underset{CH_3}{|}}{\overset{\overset{CH_3}{|}}{Si}}-O\right]_m\left[\underset{\underset{CH_3}{|}}{\overset{\overset{CH_3}{|}}{Si}}-O\right]_n\underset{\underset{CH_3}{|}}{\overset{\overset{CH_3}{|}}{Si}}-CH=CH_2$$

其中，$m=6000\sim11000$　$n=3\sim150$

由于硅橡胶大分子结构中引入少量乙烯基，极大地提高了硅橡胶硫化活性，故比甲基硅橡胶容易硫化，使得有更多种类的过氧化物可供硫化使用，并可大大减少过氧化物的用量，可大大改善硅橡胶的硫化加工性能和物理机械性能。它除具有二甲基硅橡胶一般特性外，还具有较宽的使用温度范围，可在$-60\sim260℃$范围内保持良好弹性，可使抗压缩永久变形性能获得显著的改进，较好的耐溶剂的膨胀性和耐高压蒸汽的稳定性以及优良的耐寒性等，而且又因为采用活性较低的过氧化物进行硫化，从而克服了硫化时产生气泡及橡胶稳定性差的弱点。故一般用甲基乙烯基硅橡胶可制作厚度较大的制品，因此极大地拓展了应用领域；其乙烯基的含量对硫化作用和硫化胶的耐热性有很大影响，含量少则不显著，含量过大（0.5%，摩尔分数）会降低硫化胶的耐热性；端乙烯基生胶的合成，使硫化胶微观分子中端基产生交联，减少了不稳定的"悬挂链"，因而不但性能更好，而且更适于人体材料的制造。

甲基乙烯基硅橡胶性能优异，合成工艺成熟，成本增加不多，因而成为目前用量最大、应用最广、最具有代表性的产品，除大量应用的通用型胶料外，各种专用性硅橡胶和具有加工特性的橡胶也都以它为基础进行加工配合，如高强度硅橡胶、低压缩永久变形硅橡胶、耐热导电硅橡胶、导热硅橡胶及简便操作不需后硫化的硅橡胶、颗粒硅橡胶和医用硅橡胶等。

甲基乙烯基硅橡胶在航空工业上，广泛用作垫圈、密封材料及易碎、防震部件的保护层；在电气工业中可作电子元件等高级绝缘材料、耐高温电位器的动态密封圈、地下长途通信装备的密封圈；在医学上，由于甲基乙烯基硅橡胶对人体的生理反应小、无毒，故用作外科整形、人造心脏瓣膜、血管等。

我国甲基乙烯基硅橡胶于1965年由上海树脂厂和四科院化学研究所共同研究成功并投入生产，产品牌号110-1、110-2、110-3。国内外生产甲基乙烯基硅橡胶的厂商和产品型号见表2-3。

表 2-3　国内外生产甲基乙烯基硅橡胶的厂商和产品型号

国别	厂商	产品型号
中国	东爵精细化工（南京）公司	110-1s,110-2s,110-3s,110-4s,110-5s,110-6s,10-7s,110-8(s表示乙烯基封端)
	蓝星星火化工厂	110-1,110-2,110-3,110-4,110-5,110-6,110-7,110-0
	浙江新安化工集团公司	110-1,110-2,110-3
	晨光化工研究院	110-1,110-2,10-3,GY-130,GY-131
日本	信越化学	KE75,KE77,KE78
	东芝	TSE-201
美国	Dow corning	DC-410,DC-430,Silastic430
	General Electric	SE-30,SE-33,SE-54
德国	Wacker chemie	PV(低乙烯基),HV(高乙烯基)

（1）产品技术指标 国家化工行业标准 HG/T 3312～3313—2000 规定：110 甲基乙烯基硅橡胶产品按其乙烯基含量不同分为 110-1、110-2 和 110-3 三种型号。每种型号按分子量大小又分为 A 和 B 两种牌号。产品外观为无色透明，无机械杂质。理化性能符合表 2-4 要求。

表 2-4 生胶成品质量指标（化工部标准 HG2-1493）

型号 项目 指标		110-1	110-2	110-3
外观		无色透明无机械杂质		
分子量/万		50～80	45～70	65～85
挥发分(150℃,3h)/%	<	3.0	3.0	3.0
乙烯基含量/%(摩尔分数)		0.07～0.12	0.13～0.22	0.13～0.22
甲苯中溶解性		全溶	全溶	全溶

蓝星公司江西星火化工厂的甲基乙烯基硅橡胶企业标准的技术指标如表 2-5 所示。

表 2-5 110 甲基乙烯基硅橡胶企业标准的技术指标

项目 指标 型号	外 观	分子量/×10⁴	乙烯基含量/%	挥发分/%
110-0	无色透明、无机械杂质	45～70	0.03～0.07	≤2.5
110-1	无色透明、无机械杂质	45～70	0.08～0.12	≤2.5
110-2	无色透明、无机械杂质	45～70	0.13～0.18	≤2.5
110-3	无色透明、无机械杂质	45～70	0.19～0.24	≤2.5
110-4	无色透明、无机械杂质	45～70	0.25～0.35	≤2.5
110-5	无色透明、无机械杂质	45～60	0.6～0.7	≤2.5
110-6	无色透明、无机械杂质	45～60	0.9～1.1	≤2.5
110-7	无色透明、无机械杂质	45～60	1.9～2.1	≤2.5

它在国家行业标准的基础上增加了低乙烯基和高乙烯基的型号，因而具有更大的适应性。国内各公司产品的技术指标基本相近。

（2）甲基乙烯基硅橡胶生胶的合成方法 热硫化硅橡胶生胶聚合过程包括原料计量、脱水、配料、聚合、催化剂分解、脱低分子、冷却、出料等操作。聚合工艺路线可分为间歇法、半连续法和连续法流程。

无论采用哪种聚合工艺路线，在聚合前要求物料绝对干燥，其方法都是采用在干燥氮气鼓泡下共沸蒸馏出一部分环体混合物（5%～10%）或用分子筛干燥处理。以国内工业生产中连续化工艺为例，流程示意如图 2-3 所示。

合格的 D_4 经计量过滤后放入脱水釜中，进行第一次脱水（为保证连续聚合，脱水釜两台交替使用）。脱水釜夹套通入经水预热器预热的水，加热到 48～50℃，减压下（真空度 −1.3kPa），通入经干燥器干燥的氮气鼓泡搅拌脱水 3h，然后再在脱水釜中加入共聚的甲基乙烯基环硅氧烷或甲基苯基环硅氧烷及占环体总量 0.01%～0.02% 的催化剂——碱胶和适

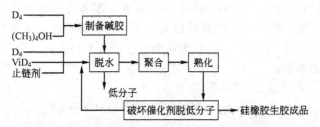

图 2-3 甲基乙烯基硅橡胶生胶的合成工艺流程

量的止链剂——低黏度硅油，再在同样条件下进行第二次脱水 1h。脱水完毕后釜内通干燥氮气解除真空，夹套通水冷却至室温。两次共沸蒸馏出的水及质量为总量 5%～10% 的 D_4 冷凝后收集，分出水分后返回脱水釜作为原料重复使用。

将聚合釜、物料管、熟化器先抽真空，并加热干燥，然后用干燥氮气将脱水釜压力维护在 50～100kPa（表压）下启动计量泵，将脱水后物料以一定速度连续加到温度为 (95±20)℃ 带有搅拌的聚合釜中，在聚合釜中停留 1h 后打开阀门，边加料边出料进入温度为 (115±2)℃ 的熟化器中，停留 2～2.5h，使在熟化器中反应物分子量接近控制值，然后进入脱低分子器。聚合釜、熟化器夹套都用蒸汽加热。

脱低分子器上部列管加热器用导热油作载体加热，其温度保持在 100～200℃，下部夹套用蒸汽加热，控制真空度 ≤-1.3kPa。物料在这里分解催化剂并闪蒸出低沸物，由螺杆出料器连续冷却出料，流入包装桶。

低沸物量为反应物的 12.5%～14%，其组成大致是：D_4 51.5%，D_5 31%，D_6 8.5%，D_7～D_9 9%。经冷凝器冷凝收集，经处理后可以掺混到原料 D_4 中再用于生胶制造，也可用于生产硅油。

① 间歇法。使用间歇法时，选用一台大体积（8～12m³）的带搅拌器的反应釜，将脱水、聚合、中和催化剂及脱除低分子等操作，在一台设备中进行，制备完成后，将产物压入贮存器冷却，准备送往混炼胶装置进一步加工或包装出厂。间歇法工艺流程短，设备台数少，但存在搅拌功率大、能耗高、生产效率低等缺点，GE、信越等公司采用的是间歇法。

② 静态混合连续法。使用静态混合连续法生产热硫化硅橡胶的新技术。该技术将静态混合器组成反应器，闪蒸脱分子器和逆向螺杆挤出机结合起来。该工艺具有设备简单、投资少、功力消耗少、产品质量高等优点，在国内得到广泛应用。

DMC ┐
VMC ┤
封端剂 ├→ 脱水釜 → 计量泵 → 静态混合器 → 脱低分子器 → 出料
催化剂 ┘

该工艺先使物料在低温下（40～45℃）抽真空脱水，然后加入催化剂及其他配合剂，搅拌均匀，用柱塞泵连续送入静态混合器进行预热和聚合反应，通过控制反应条件完成调聚过程，再经加热破坏催化剂和脱除低分子，用逆向旋转螺杆挤出机出料。静态混合器由多节预热筒和反应筒组成，筒内装有静态混合单元（片状波纹填料）。该单元的选择和组装必须合理，使物料轴向和径向助力平衡，达到静态混合的目的。

③ 釜式反应半连续法。近年来，国内一些公司通过吸收先进技术，自主开发了双釜式反应半连续法合成热硫化硅橡胶新工艺。该技术采用 2 台反应釜分别进行聚合反应，反应完成后，物料通过双釜轮流切换连续进入闪蒸脱低分子器和螺杆出料机，形成连续法生产。生产设备中原料贮槽、计量槽、过滤器、反应釜、脱低分子器、出料机等全部用不锈钢材料制

作，以保证产品质量；聚合反应釜用热油或蒸汽加热，装备有特殊形式的搅拌器。该工艺具有操作稳定，容易掌握，能耗低，产品质量高，装置能力便于放大等优点。目前釜式反应半连法单套生产线能力已达 5000t/a。将我国高温胶生产技术提高到一个新水平。

工艺流程方框图如下：

$$
\begin{array}{c}
\text{催化剂} \\
\downarrow
\end{array}
$$

乙烯基环体 VMC ── 过滤 → 脱水 → 聚合 → 破坏催化剂 → 脱低分子 → 出料 → 包装
D₄(DMC)──
封端剂──

（3）釜式反应　聚合工艺条件和过程。

① 脱水。热硫化硅橡胶制备过程中，原料 DMC 经打入计量槽计量后，首先经过滤以除去部分水分和杂质。然后进入脱水釜进行脱水。原料中存在的水分会破坏催化剂，使聚合反应受到影响，同时，水分也是封端剂，产生羟基封端的硅橡胶分子，影响产品质量。实践表明，原料经脱水后的含水量应控制在 50×10^{-6} 以内，才能顺利进行高分子聚合反应，因此，脱水工艺是必须严格掌握的。目前，采纳的脱水工艺有三种：a. 低温、高真空（40～45℃）；b. 中温、高真空（80～90℃）；c. 高温、低真空（105～110℃）。要根据具体情况选择。脱水时间一般为 2～3h。为了加强脱水效果，一般都要用干燥氮气鼓泡搅拌。

② 聚合和熟化。脱水后的物料用真空抽入聚合反应釜，加热并开动搅拌，先加入封端剂和乙烯基环体后，将物料搅匀并到达一定温度后才加入催化剂开始聚合反应。环硅氧烷在碱性催化下，温度＞95℃即可开始开环聚合，105～110℃为较佳聚合温度条件。硅橡胶在聚合过程中只放出少量热，因此聚合温度主要靠外部供热获得。环硅氧烷在引发以后，反应速度非常快，物料的黏度在几分钟迅速达到上百万厘泊（P，1P=0.1Pa·s），形成黏度高峰。由于高聚物的传热性很差，因此，传质和传热都十分困难，要做好匀质和匀热，必须靠加强搅拌。在反应过程中，采用点段式搅拌或连续搅拌是不可少的。这样，平衡反应才能达到最佳效果，产物分子量分布更加均匀。为了减少产物中的低分子，要适当调整反应温度，静态混合器"反应 2"的温度要升至大于 120℃，釜式反应后期也应有一个提高体系温度（＞120℃）的过程。聚合反应过程，一般维持 2～3h，物料即可达到平衡，在氮气压力作用下送往下工序。

③ 催化剂分解。反应完成后，物料经熟化器进入脱低分子器加热升温，以便分解催化剂。暂时性催化剂四甲基氢氧化铵留在物料中将十分有害，必须通过加热使其分解。物料进入脱低器的油加热器后，裂管中胶料的温度可达到 160～180℃，经停留足够的时间而达到完全分解。四甲基氢氧化铵的半衰期如下表：

分解温度/℃	分解速率常数/h⁻¹	半衰期/h
110	0.022	31.5
130	0.15	4.4
150	0.66	1.05

④ 脱低分子。硅橡胶在调聚反应中达到平衡后，其原料环硅氧烷转化率仅为 85% 左右，另有 15% 左右的环体存在胶中成为低分子，必须脱除。目前采用最普遍的方法是将加热分解催化剂后的物料，经过有众多小孔的花板被拉成细丝，进入闪蒸室，在加热和抽真空下，低分子物被抽出经冷凝收集。通过调整体系真空度和温度，可以控制胶料的低分子含量（挥发分值），以满足后期加工的需要。

脱除低分子的胶料进入螺旋出料机出料，经冷却后用塑料袋和纸箱包装。

配方实例：投料进口 D₄ 550kg，国产 DMC750kg，低分子 200kg，乙烯基四环体

2.2kg，低黏度乙烯基硅油（20CS）5.5kg，碱胶（3％浓度）2.5kg。按规定的工艺条件进行操作。制得的产品测试结果：外观无色透明胶状液体，分子量60万，乙烯基含量0.17％，挥发分1.8％。

（4）影响产品质量的因素分析

① 产品外观。甲基乙烯基硅橡胶的外观是无色透明、无机械杂质。经常易出现的问题是外观变黄。产生的原因一是原料的影响，DMC中如含铁质或呈酸性，极易腐蚀设备而影响产品。另一原因是低分子的反复使用，其中的三甲胺 $(CH_3)_3N$ 会累积而浓度增加，经加热氧化而产生黄色物质。

② 分子量大小及分布。分子量的大小对硅橡胶的物理机械性能和加工性有较明显的影响，一般可以通过调节配方达到目标值。而分子量的分布，一般要求要适中，尽量减少低聚物的含量，聚合度小于400的分子很少含乙烯基，不易产生交联点，残存于胶料中易使胶料发黏，使硫化胶强度降低。分子量分布的状况受反应温度（平衡温度），搅拌程度和催化剂加入量的影响。要合理选择工艺条件。

③ 挥发分。生胶若在120℃达到聚合平衡，其可挥发成分可达13％～14％。生胶中挥发分的高低取决于以下因素：脱低分子器的结构（包括花板孔径的大小），脱低分子器的真空度，花板上生胶的温度，生胶的摩尔质量等。一般采用真空度来调节生胶的挥发分。挥发分太大，硅橡胶制品收缩率大，逸出的气体还可能会损害周围的电子元件。挥发分太小，混炼胶加工时，不易吃粉，生产效率低，胶料流动性差。

④ 三官能链节的含量。生胶中的三官能链节会使线型分子形成支链。在生产过程中，如生胶中存在较多的三官能链节，花板会出现部分堵塞，胶料呈片状而不是呈细丝下落，花板压力升高，出胶速度变慢，从出胶机出口流出的胶料不光滑，有亮点。在相同配方下，生产的胶料分子量偏低。这种生胶在加工混炼胶时，吃白炭黑更困难，白炭黑分散均匀性较差，胶料强度偏低。

生胶中三官能链节的来源：一是原料甲基环硅氧烷（DMC）或甲基乙烯基环硅氧烷（VMC）带来的；二是封端剂带来的。用于制造低黏度硅油的六甲基二硅氧烷，由于其原料成分比较复杂，又不注意精制，因此，经常容易带进杂质。为避免生成更多的三官能链节，必须严格控制所有原料的质量。

⑤ 分子端羟基。理想的生胶分子是以二甲基乙烯基甲硅氧基封端的。但原料中的水分和SiOH基、碱胶、封端剂中的端羟基链节却会使生胶分子带上端羟基。带有较多端羟基的生胶在制造混炼胶时，会与白炭黑上的羟基发生反应，而使胶料加重结构化。带有大量端羟基的生胶加工性会变差，胶料表面发黏，在开炼机上黏辊，同时，还会使硫化胶黏模，降低生产效率和成品完好率。另外，大量羟基存在还会降低硫化胶的耐热性，其分解温度比完全甲基封端的胶要降低30～40℃。因此，必须尽量减少胶料中羟基封端的存在。国产生胶端羟基的来源之一是原料中的水分。采用合理的脱水条件可以达到降低端羟基的要求；另一方面，采用压缩冷冻法制成的氮气，含水量很低，不会给系统带进水分。但钢瓶氮气往往含有水分，要注意进行干燥。如何减少DMC中微量—OH封端的线型物以减少生胶中的羟基含量，这是提高热硫化硅橡胶质量的关键措施之一。为了判断生胶中羟基含量的多少，可以用下列方法进行测定：将生胶配成甲苯溶液，在此溶液中加入 $(MeO)_4Si$ 和缩合催化剂，生胶的端羟基将发生如下的缩合反应。

$$—SiOH+MeO— \longrightarrow —SiOSi—+MeOH$$

上述缩合反应使生胶的分子量增大，并形成支化或交联的分子，从而使溶液的黏度增加。测定溶液黏度的变化，以此来相对判断生胶的端羟基含量。

2.4.3 二甲基双苯基室温硫化硅橡胶

甲基双苯基室温硫化硅橡胶是一种由羟基封端的二甲基硅氧烷链节和二苯基硅氧烷链节组成的聚硅氧烷。其分子结构可表示如下：

$$
\text{HO}-\underset{\underset{CH_3}{|}}{\overset{\overset{CH_3}{|}}{Si}}-O\Big]_m\ \underset{\underset{C_6H_5}{|}}{\overset{\overset{C_6H_5}{|}}{Si}}-OH
$$

用环硅氧烷阴离子开环聚合的方法合成：链段中二甲基链段可由 D_4 开环而来，双苯基链段可由八苯基环硅氧烷开环而来。先由二甲基环四硅氧烷和八苯基环硅氧烷在四甲基氢氧化铵碱胶的催化下，进行碱催化重排反应。然后，进行 KOH 裂解分馏得到液态二甲基二苯基环硅氧烷混合环体。再将此混合环体与 D_4 进行碱催化重排成带有活性基聚合物体，然后加水降解成羟基封端的聚二甲基硅氧烷和二苯基硅氧烷。其反应如下：

第一步：

$$
\Big[\underset{\underset{CH_3}{|}}{\overset{\overset{CH_3}{|}}{Si}}-O\Big]_4\ \underset{\text{液态}}{}\ +\ \Big[\underset{\underset{C_6H_5}{|}}{\overset{\overset{C_6H_5}{|}}{Si}}-O\Big]_4\ \underset{\text{固态}}{}\ \xrightarrow[\text{碱催化聚合反应}]{\text{KOH硅醇盐}}
$$

$$
\Big[\underset{\underset{CH_3}{|}}{\overset{\overset{CH_3}{|}}{Si}}-O\Big]_m\ \Big[\underset{\underset{C_6H_5}{|}}{\overset{\overset{C_6H_5}{|}}{Si}}-O\Big]_n
$$
线型二甲基二苯基聚硅氧烷
$$
\xrightarrow[\text{（碱真空热催化裂解）}]{\substack{\text{KOH硅醇盐}\\ \text{碱真空催化重排化反应}}}
$$

$$
\Big[\underset{\underset{CH_3}{|}}{\overset{\overset{CH_3}{|}}{Si}}-O\Big]_x\ \Big[\underset{\underset{C_6H_5}{|}}{\overset{\overset{C_6H_5}{|}}{Si}}-O\Big]_y\ {}_{x+y=4}
$$
液态

二甲基二苯基环四硅氧烷混合环体（混合四环体），它对应下列各组分：

$$
x=1, y=3\quad \Big[\underset{\underset{CH_3}{|}}{\overset{\overset{CH_3}{|}}{Si}}-O\Big]_1\ \Big[\underset{\underset{C_6H_5}{|}}{\overset{\overset{C_6H_5}{|}}{Si}}-O\Big]_3
$$

$$
x=2, y=2\quad \Big[\underset{\underset{CH_3}{|}}{\overset{\overset{CH_3}{|}}{Si}}-O\Big]_2\ \Big[\underset{\underset{C_6H_5}{|}}{\overset{\overset{C_6H_5}{|}}{Si}}-O\Big]_2
$$

$$
x=3, y=1\quad \Big[\underset{\underset{CH_3}{|}}{\overset{\overset{CH_3}{|}}{Si}}-O\Big]_3\ \Big[\underset{\underset{C_6H_5}{|}}{\overset{\overset{C_6H_5}{|}}{Si}}-O\Big]_1
$$

第二步：

$$
\Big[\underset{\underset{CH_3}{|}}{\overset{\overset{CH_3}{|}}{Si}}-O\Big]_4\ +\ \Big[\underset{\underset{CH_3}{|}}{\overset{\overset{CH_3}{|}}{Si}}-O\Big]_x\ \Big[\underset{\underset{C_6H_5}{|}}{\overset{\overset{C_6H_5}{|}}{Si}}-O\Big]_y\ \xrightarrow[\substack{\text{碱催化聚合反应}\\ x+y=4}]{\text{四甲基氢氧化铵碱胶}}
$$

$$
(CH_3)_4NO-\underset{\underset{CH_3}{|}}{\overset{\overset{CH_3}{|}}{Si}}-O\Big]_m\ \underset{\underset{C_6H_5}{|}}{\overset{\overset{C_6H_5}{|}}{Si}}-O\Big]_n N(CH_3)_4\ \xrightarrow[\text{聚合体降解反应}]{\text{加}H_2O}\ \xrightarrow[\text{常压加热}]{\text{破坏催化剂}}
$$

$$\xrightarrow[\text{真空加热}]{\text{脱低沸物}} HO-\underset{\underset{CH_3}{|}}{\overset{\overset{CH_3}{|}}{Si}}-O\left[\underset{\underset{C_6H_5}{|}}{\overset{\overset{C_6H_5}{|}}{Si}}-O\right]_n OH$$

二甲基双苯基室温硫化硅橡胶除具有甲基室温硫化硅橡胶的优良性能外，比甲基室温硫化硅橡胶具有更宽的使用温度范围（—100～250℃），无色、无味、无毒流动液体，呈中性。使用时只要加入交联剂（正硅酸乙酯）和催化剂（二丁基二月桂酸锡）在室温就能硫化成橡胶。苯基含量在2.5％～5％的低苯基室温硫化硅橡胶（108-1）可在—90℃低温条件下保持弹性，是目前硅橡胶中低温性能最好的一个品种；苯基含量在10％～20％的室温胶具有很好的耐辐照、耐烧蚀和自熄性，若在其中加入一定量的耐热添加剂如Fe_2O_3，等可提高热老化性能，适用于250℃以上高温下使用或作耐烧蚀腻子涂层和包封材料等。因此是国防军工、电子行业不可缺少的。

2.4.4 甲基乙烯基苯基硅橡胶生胶(PVMQ)

甲基苯基乙烯基硅橡胶是在甲基乙烯基硅橡胶的分子链中引入甲基苯基硅氧链节或二苯基硅氧链节而得的产品。其分子结构可表示如下：

$$H_3C-\underset{\underset{CH_3}{|}}{\overset{\overset{CH_3}{|}}{Si}}-O-\underset{\underset{CH_3}{|}}{\overset{\overset{CH_3}{|}}{Si}}-O\left[\underset{\underset{C_6H_5}{|}}{\overset{\overset{CH_3}{|}}{Si}}-O\right]_y\left[\underset{\underset{CH=CH_2}{|}}{\overset{\overset{CH_3}{|}}{Si}}-O\right]_z\underset{\underset{CH_3}{|}}{\overset{\overset{CH_3}{|}}{Si}}-CH_3$$

或者是

$$H_3C-\underset{\underset{CH_3}{|}}{\overset{\overset{CH_3}{|}}{Si}}-O-\underset{\underset{CH_3}{|}}{\overset{\overset{CH_3}{|}}{Si}}-O\left[\underset{\underset{C_6H_5}{|}}{\overset{\overset{C_6H_5}{|}}{Si}}-O\right]_y\left[\underset{\underset{CH=CH_2}{|}}{\overset{\overset{CH_3}{|}}{Si}}-O\right]_z\underset{\underset{CH_3}{|}}{\overset{\overset{CH_3}{|}}{Si}}-CH_3$$

苯基硅橡胶20世纪50年代初由美国研制成功，前苏联也在1970年生产出苯基硅橡胶CKT B-803、CKT B-2-803、CKT B-210和CKB B-2103。我国上海树脂厂则在20世纪60年代中期研制出并中试成功PVMQ120-1和PVMQ120-2。

甲基苯基乙烯基硅橡胶可采用酸催化聚合法或碱催化聚合法制取，前者是二甲基二氯硅烷与甲基苯基二氯硅烷，在硫酸浓度为30％时进行共水解和聚合反应制得；后者是采用八甲基环四硅氧烷与八苯基环四硅氧烷的混合环体在碱性催化剂作用下聚合制得。若要制备二甲基二苯基乙烯基硅橡胶，可采用二甲基二苯基混合环体以及甲基乙烯基环四硅氧烷的混合物，在110℃下用$(CH_3)_4NOH$碱胶催化剂开环聚合而制得。

用环硅氧烷阴离子开环聚合的方法合成PVMQ：PVMQ链段中二甲基链段可由D_4开环而来，甲基乙烯基硅氧链段可由D_4^{Vi}开环而来，苯基链段可由甲基苯基环硅氧烷开环而来。环硅氧烷的制备通常采用氯硅烷的水解而获取，但由于苯基的空间位阻较大，甲基苯基二氯硅烷单独水解后的水解产物已经固态，无法使其参加后续的反应，因而需要使甲基苯基二氯硅烷和二甲基二氯硅烷按一定的比例先共水解，然后再裂解制得含二甲基硅氧链段的环状甲基苯基硅氧烷。其反应如下：

$$\underset{\underset{\text{（苯基）}}{}}{\overset{\overset{CH_3}{|}}{\underset{|}{Si}}}\xrightarrow[H_2O]{Me_2SiCl_2}\left\{\begin{array}{l}D_3^{Ph},D_4^{Ph},ect\\ HO-\left(\underset{\underset{\text{（苯基）}}{}}{\overset{\overset{CH_3}{|}}{Si}}\right)_m\left(\underset{\underset{CH_3}{|}}{\overset{\overset{CH_3}{|}}{Si}}-O\right)_n H\end{array}\right.$$

$$\text{HO}-\underset{\underset{\text{C}_6\text{H}_5}{|}}{\overset{\overset{\text{CH}_3}{|}}{\text{Si}}}-\text{O}\Big]_m\underset{\underset{\text{CH}_3}{|}}{\overset{\overset{\text{CH}_3}{|}}{\text{Si}}}-\text{O}\Big]_n\text{H} \xrightarrow{\text{KOH}} D_3^{\,Ph}, D_4^{\,Ph}, \text{ect}$$

在装有搅拌装置、加料漏斗及温度计的反应釜中，加入 100kg 水，在加料漏斗中装入摩尔比为 1∶1（体积比约为 33∶50）的二甲基二氯硅烷和甲基苯基二氯硅烷配成的混合液体。开动搅拌，缓慢地把加料漏斗中的液体加入到三口瓶内进行水解缩合，温度控制在 30℃ 左右。加完料后继续搅拌 30min，然后静置至分层，分出有机层。有机层用 KOH 水溶液洗一次，再用温水洗至中性或微碱性，得到含线型和环状硅氧烷的混合物。

将得到的含线型和环状硅氧烷的水解混合物置入有分馏塔的反应釜中，再加入水解物质量 0.5% 的粉末状 KOH。先在减压及 60℃ 左右脱水，待水解物透明后，升温至 90~100℃，继续聚合，反应物成胶状，得到含 Me_2SiO 链节的甲基苯基环状硅氧烷。

按配比量加入含 Me_2SiO 链节的环状聚甲基苯基硅氧烷、D_4、D_4^{Vi}，催化剂四甲基氢氧化铵 0.03% 和封端剂低黏度（MD_nM）甲基硅油用量 0.1%。在减压、通 N_2 条件下，升温保持 50℃ 脱水 30min，再升温至 100℃ 聚合 2h。结束反应后升温至 170~180℃ 减压条件下破坏催化剂及除低沸物，即得到甲基苯基乙烯基硅橡胶生胶。通过调节环状的聚甲基苯基硅氧烷与 D_4 的配比，可以制出不同苯基含量的 PVMQ。

这些性能随分子链中苯基含量的不同而有所变化，一般来说，根据硅橡胶中苯基含量（苯基与硅原子之比）的不同，可将其分为低苯基硅橡胶、中苯基硅橡胶、高苯基硅橡胶。

① 低苯基硅橡胶。苯基含量 $[C_6H_5/Si]$ 5%~15%（摩尔分数，下同），橡胶的硬化温度降到最低值（-115℃），使它具有最佳的耐低温性能，在 -100℃ 下仍具有柔曲弹力，且与所用苯基单体类型无关，是所有橡胶中低温性能最好的一种。

② 中苯基硅橡胶。苯基含量 $[C_6H_5/Si]$ 15%~25%，随着苯基含量的增加，分子链的刚性增大，其结晶温度反而上升。它具有卓越的耐烧蚀特性，一旦着火可以自熄。

③ 高苯基硅橡胶。苯基含量 $[C_6H_5/Si]$ 30%~50%，它具有优异的耐辐射性能，耐 γ 射线为 $1 \times 10^8 R$。一般说来，随着苯基含量的增加，硅橡胶分子链的刚性逐渐增大，硅橡胶的混炼工艺性能变差，耐低温性能逐渐下降，但随着苯基含量的增加，提高了硫化胶的耐燃性和耐辐照性。

其原因是，当橡胶发生结晶或接近于玻璃化转变点或者这两种情况重叠，均会导致橡胶呈现僵硬状态。在聚硅氧烷的侧基上引入适量的大体积的苯基团，使二甲基硅氧烷聚合物链结构的规整性受到破坏，则可降低聚合物的结晶温度，同时由于大体积基团的引入改变了聚合物分子间的作用力，故也可以改变玻璃化温度，扩大了该聚合物材料的低温应用范围。使其具有良好的耐低温性能。因此，甲基苯基乙烯基硅橡胶除了具有甲基乙烯基硅橡胶所有的压缩永久变形小、使用温度范围宽、抗氧化、耐候、防震、防潮和良好的电气绝缘性外，还具有卓异的耐低温、耐烧蚀和耐辐照等性能。低苯基硅橡胶兼有乙烯基硅橡胶的优点，而且成本也不很高，因此大有取代乙烯基硅橡胶的趋势。

苯基硅橡胶应用在要求耐低温、耐烧蚀、耐高能辐射、隔热等场合。中苯基和高苯基硅橡胶由于加工困难、物理机械性能较差，生产和应用受到一定限制。甲基苯基乙烯基硅橡胶是宇航工业、尖端技术和国民经济其他部门的重要材料之一，可供制作各种模压和挤出制品如用作航空工业的耐寒橡胶和用于耐烧蚀、耐热老化或耐辐射部位的密封圈、垫、管材和棒材等。

硅橡胶暴露于超低温度下不会发生永久性变化。当回到室温放置后，橡胶可重新获得其原有力学性能。然而，最重要的结论是，硅橡胶即使在大多数弹性体脆化并且易于弯曲断裂的温度下仍然保持柔韧，性能良好。

北京航空材料研究院、西北橡胶制品研究院对国产甲基乙烯基硅橡胶和苯基硅橡胶的耐寒性进行的对比试验表明：苯基硅橡胶具有良好的低温弹性，见表2-6。

表 2-6　几种硅橡胶性能比较

性　　能	VMQ 110-2	LPVMQ 120-1	MPVMQ 120-2
乙烯基含量/%	0.15	0.20	0.30
苯基含量/%	0	4.5	10
拉抻强度/MPa	8.40	8.02	8.45
伸长率/%	400	300	280
硬度(邵尔 A)	62	60	59
压缩耐寒系数			
-60℃	0.26	0.77	0.76
-70℃	0	0.67	0.69

从上表可见，苯基硅橡胶在-70℃下压缩耐寒系数在0.65以上，具有良好的低温弹性，而乙烯基硅橡胶在-70℃时压缩耐寒系数为0，低温性能较差。

苯基硅橡胶的制备对单体纯度要求较高，工艺技术条件比较严格，因而产品成本高，价格贵，限制了它的应用和发展。

国内外甲基乙烯基苯基硅橡胶生胶主要生产厂家及型号见表2-7。

表 2-7　国内外甲基乙烯基苯基硅橡胶生胶主要生产厂家及型号

国别	厂商	型　号
中国	上海树脂厂	120-1(低苯基),120-2(中苯基)
美国	Dow Corning	Silastic-440
	GE Silicone	SE-51,SE-52,SE-53,SE-54
	UCC	W-97
英国	ICI	E-350
俄国	喀山合成橡胶厂	CKT b-2101,CKT B-2103

国产甲基乙烯基苯基硅橡胶的技术指标如表2-8所示。

表 2-8　国产甲基乙烯基苯基硅橡胶的技术指标

型　号 指　标	上海树脂厂	
	120-1 (低苯基)	120-2 (中苯基)
外观	透明或带乳白色	
摩尔质量/(×10^4 g/mol)	45~80	40~80
挥发分(200℃×3h)/% ≤	3	4
苯中溶解性	全溶	全溶

型 号 指 标	上海树脂厂	
	120-1 （低苯基）	120-2 （中苯基）
酸碱性	中性	中性
苯基含量（C_6H_5/Si）/%	6.0～11.0	20.0～40.0
乙烯基含量（Vi/Si）/%	0.15～0.25	0.25～0.35

2.4.5 甲基乙烯基三氟丙基硅橡胶(氟硅橡胶 FVMQ)

氟硅橡胶最早于 1956 年由美国 Dow Corning 公司和空军部门研制开发，并应用于航空领域，随后前苏联、德国、日本等国先后开发出一系列产品，使得氟硅橡胶性能和质量得到了逐步的改进。我国最早于 1966 年由中科院、上海有机氟研究所和上海树脂厂共同协作制得相当于美国 LS-420 的氟硅橡胶生胶，并成功开发出性能优良的 SF 系列氟硅胶料。

氟硅橡胶是侧链引入氟代烷基的一类硅橡胶，其种类繁多，现已大规模生产的氟硅橡胶主要是以 γ-三氟丙基甲基硅氧烷为结构单体的聚合物。常用的氟硅橡胶为含有甲基、三氟丙基和乙烯基的氟硅橡胶，在乙烯基硅橡胶（乙烯基含量一般为 0.3%）的分子链中引入氟带烷基（一般为三氟丙基），称甲基乙烯基三氟丙基硅橡胶。其结构式可表示如下：

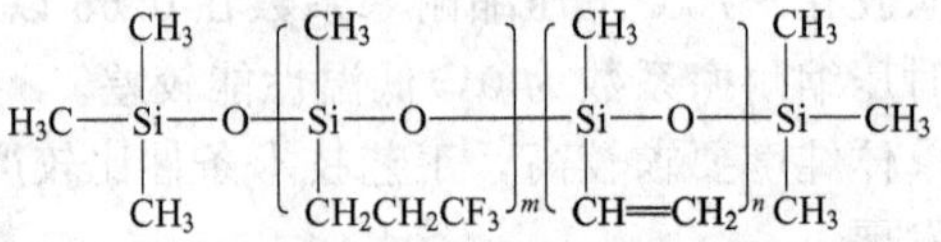

氟硅橡胶的合成是由三氟丙烯与甲基氢二氯硅烷在氯铂酸催化下加成制得甲基三氟丙基二氯硅烷，甲基三氟丙基二氯硅烷经水解裂解得到 1,3,5-甲基三氟丙基环三硅氧烷；然后，1,3,5-甲基三氟丙基环三硅氧烷加入封端剂在热碱催化下开环缩合成硅氟橡胶。反应式如下：

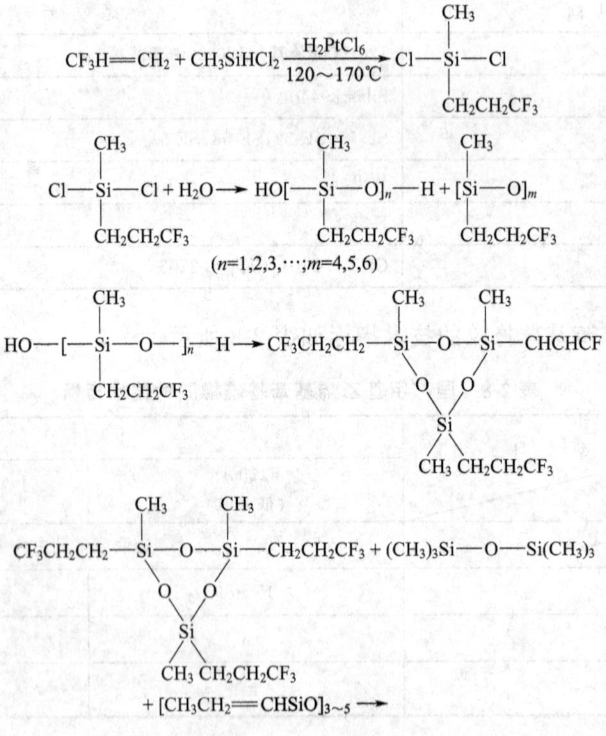

$$H_3C\!-\!\underset{\underset{CH_3}{|}}{\overset{\overset{CH_3}{|}}{Si}}\!-\!O\!-\!\underset{\underset{CH_3}{|}}{\overset{\overset{CH_3}{|}}{Si}}\!-\!O\!\left[\underset{\underset{CH_2CH_2CF_3}{|}}{\overset{\overset{CH_3}{|}}{Si}}\!-\!O\right]_m\!\left[\underset{\underset{CH=CH_2}{|}}{\overset{\overset{CH_3}{|}}{Si}}\!-\!O\right]_n\!\underset{\underset{CH_3}{|}}{\overset{\overset{CH_3}{|}}{Si}}\!-\!CH_3$$

将三氟丙基引入到硅氧烷侧链上，大大克服了硅橡胶的某些缺陷，从而具有一系列优良的性能。国产氟硅橡胶的技术要求（沪 Q/HG6-010-83）如表 2-9 所示。

表 2-9 国产氟硅橡胶的技术要求

项 目	FWVQ1401	FMVQ1402	FMVQ1403
外观	无色或微黄色半透明胶状,无机械杂质		
分子量/×10⁴	40～60	60～90	90～130
乙烯基链节含量/%	0.3～0.5	0.3～0.5	0.3～0.5
挥发分(100℃×0.5h)/%	<5	<5	<5
溶解性	丙酮或乙酸乙酯中全溶		
酸碱性	中性或微碱性		

国产氟硅橡胶性能见表 2-10。

表 2-10 国产氟硅混炼胶的性能

项 目	性 能
硬度(邵尔 A)	40～60
拉伸强度/MPa	7.5～10.38
伸长率/%	350～480
撕裂强度/(kN/m)	12.7～15.7
压缩永久变形(200℃×70h)/%	19
耐热老化(200℃×72h)	
伸长率变化率/%	−6～−7
介电强度/(kV/mm)	18

DC 公司的氟硅橡胶的物理机械性能如表 2-11 所示。

表 2-11 DC 公司的氟硅橡胶的物理机械性能

项 目	性 能
相对密度(25℃)	1.35～1.65
硬度(邵尔 A)	40～80
拉伸强度/MPa	5.6～9.3
伸长率/%	100～480
撕裂强度/(kN/m)	9.6～46
回弹性/%	15～40
压缩永久变形 （25℃）	
22h	6
6 个月	39
3 年	45

2.4.5.1 氟硅橡胶的性能

(1) 耐化学药品、耐溶剂和耐油性能　氟硅橡胶与甲基乙烯基硅橡胶相比，其耐溶剂、耐燃料油、耐润滑油、耐化学药品和耐油性极其优良。在相同介质、温度和时间下浸渍后，均显示优良的耐久性，它是目前唯一一种在−68～232℃的燃油介质下耐非极性的弹性体。氟硅橡胶耐甲醇汽油性也比较好，在甲醇/汽油混合体系中，经500h长时间浸渍后各项物性几乎没有变化。例如它对脂肪族、芳香族和氯化烃类溶剂、石油基的各种燃料油（1#油、3#油等）、润滑油、液压油以及某些合成油（二脂类润滑油、硅酸脂类液压油）在常温和高温下稳定性良好，这些是单纯的硅橡胶所不及的，此种硅橡胶在非极性溶剂中的膨胀率小。DC公司氟硅橡胶耐药品、耐溶剂和耐油性能见表2-12。

表 2-12　DC公司氟硅橡胶耐燃料、耐油、耐溶剂性

液　体	浸泡条件	硬度变化	体积变化/%	总体
ASTM1#油	3天/149℃	−5	0	A
ASTM3#油 S	3天/149℃	−5	+5	A
SAE10#油	3天/149℃	−5	0	A
粗油 7API	14天/135℃	−10	+5	A
粗油 315API	14天/135℃	−5	−2	A
汽油,低铅	24h/24℃	−12	+21	B
ASTM 燃料 B	3天/65℃	−5	+20	A
JP-4 燃料	3天/25℃	−5	+10	A
Skydrol500A 油	7天/49℃	−10	+25	C
Turbo 油 35#	3天/149℃	−10	+10	B
苯	7天/25℃	−5	+25	B
CCl$_4$	7天/25℃	−5	+20	B
乙醇	7天/25℃	0	+5	A
蒸汽	1天/100psi	−5	0	A
HCl(10%)	7天/25℃	−5	0	A
HNO$_3$(70%)	7天/25℃	0	+5	B
NaOH(50%)	7天/25℃	−5	0	A
H$_2$O$_2$(90%)	7天/65℃	0	+5	A
Ethylene glycol(50%)	7天/83℃	0	0	A
丙酮	7天/25℃	20	+180	C
甲醇	14天/25℃	10	+4	A

注：1psi=6894.76Pa。

(2) 耐热性能　氟硅橡胶兼有硅橡胶的耐高低温性能，其高温分解与硅橡胶一样，即有侧链氧化、主链断裂而引起各种复合反应。它的耐热性比一般硅橡胶稍差，分解温度约300℃，工作温度范围：−50～250℃，并放出有毒气体。但通过加入铁、钛、稀土氧化物等少量的热稳定剂可以得到改善。氟硅橡胶与甲基乙烯基硅橡胶的耐热性比较如表2-13所示。

含三氟丙基的氟硅橡胶保持弹性的温度范围一般为−50～200℃，耐寒性及热稳定性好，抗着火性也好，耐高低温性能较乙烯基硅橡胶差，且在加热到300℃以上时将会产生有毒气体。

表2-13 氟硅橡胶与甲基乙烯基硅橡胶的耐热性比较

品种	150℃/h	175℃/h	200℃/h
氟硅橡胶	20000	5000	4000
甲基乙烯基硅橡胶	31000	15000	10000

（3）耐寒性、电性能和耐辐射性能 氟硅橡胶与普通硅橡胶一样，耐低温性能良好。由于氟硅橡胶是以柔软的 Si—O 键为主链构成的线型聚合物，所以它的低温特性优于比以 C—C 键为主链的氟橡胶，它的脆性温度可达−85℃，而一般氟橡胶为−30℃。

氟硅橡胶的电性能和普通硅橡胶相近，但其特点是在高温、低温、潮湿、油、溶剂化学、药品、臭氧等苛刻条件下变化很小。

氟硅橡胶的耐辐射性能并不突出，但耐辐老化性能优于甲基乙烯基硅橡胶。

（4）物理机械性能 氟硅橡胶与普通硅橡胶一样，它的硫化胶物理机械性能不高，因此改善和提高氟硅橡胶的物理机械性能是一个重要的课题。

（5）其他性能 氟硅橡胶的耐气候性能非常优良，即使暴露5年后，仍保存有良好的性能。此外，氟硅橡胶的耐臭氧性、防霉性、生理惰性、抗凝血性也十分良好。

2.4.5.2 氟硅橡胶的加工

氟硅橡胶属固态物质，可塑度高，可直接用开炼机或密炼机进行混炼。其开炼加料和工艺过程如下：

生胶（氟硅橡胶＋少量硅橡胶）——→白炭黑＋结构控制剂＋加工助剂→切割，薄通多次→热处理→返炼，加硫化制→薄通，出片→停放待用。

采用密炼机密炼，可以提高生产效率，降低劳动强度，减少白炭黑飞扬。密炼加料顺序与开炼相同，但热处理在密炼机中同时进行。密炼时加料完成以后，要升温至160～180℃，并抽真空至−0.07～−0.06MPa，热处理1～1.5h。出料后，胶料要冷却停放12h以上，然后再返炼，在滤胶机用150～200目金属网过滤，包装待用。

胶料经停放后，出现结构化现象，凝胶含量增加，所以使用时必须进行返炼，胶料返炼要适度，做到柔软、表面光滑即可。如返炼过度，可能使胶料分子量下降，胶料发黏，对加工和产品质量不利。

氟硅橡胶硫化是分一段、二段两次完成的。一段硫化时间短（3～15min），仅能使制品达到定型。经过二段硫化（3～6h）后才能达到完全硫化，硫化胶的各种性能才能达到稳定。模压制品和挤出制品的一段硫化和二段硫化条件如表2-14和表2-15。

表2-14 模压制品一段硫化条件

制品厚度/mm	硫化温度/℃	硫化时间/min	硫化压力/MPa	硫化剂
≤1	120～130	5～10	10	BP、DCBP
1～6	125～135	10～15	15	BP、DCBP
6～13	125～135	15～30	15	BP、DCBP
13～25	155～160	30～60	15	DCP
13～25	165～170	30～60	15	DBPMH
25～30	165～170	60～120	15	DBPMH

表 2-15　挤出制品的一段硫化条件

产品类型	挤出成品厚度/mm	硫化温度/℃	硫化时间/min
纯　胶	0.9	250	15
纯　胶	1.6	250	21
纯　胶	5.1	250	48
纯　胶	8.5	250	100
纯　胶	12.7	250	120
纯　胶	24.4	250	120
电线芯直径/mm	1.8/1	260	45
包覆层厚度/mm	4.3/1	260	45

2.4.5.3　硅氟橡胶的应用

硅氟橡胶是兼具有硅橡胶和氟橡胶两者特性的强性材料，与甲基乙烯基硅橡胶相比，最大的特点是耐油、耐溶剂，优良的电性能及回弹性能和氟橡胶的特性——耐饱和蒸汽和高温抗降解性能；与氟橡胶相比，它的耐热、耐寒和压缩永久变形更优，而且，物性对温度的依赖很小，从高温到低温都显示出了优良的性能。因此，硅氟橡胶作为一种新的高性能材料正在广泛地被应用。

但与硅橡胶相类似，氟硅橡胶强度较差，表面能低，属于较难粘接的材料，具有加工困难等缺陷，另外随着三氟丙基的引入，给硫化造成困难，所以研究出合适的配方和加工工艺，提高胶料的使用性能，对氟硅橡胶的应用有着至关重要的作用。

氟硅橡胶在电绝缘性能方面较乙烯基硅橡胶差得多。在氟硅橡胶的胶料中加入适量的低黏度羟基氟硅油，胶料热处理，再加入少量乙烯基硅橡胶，可使工艺性能显著改善，有利于解决胶料黏辊和存放结构化严重等问题，能延长胶料的有效使用期。在上述氟硅橡胶中引入甲基苯基硅氧链节时，会有助于耐低温性能的改善，且加工性能良好，具有良好的挤出性能。

氟硅橡胶的应用主要在航天航空、电子通信、车辆船舶、精密仪器、石油化工和医疗卫生等领域。例如航空设备中的航空薄膜，静、动态密封件；超音速飞机整体油箱的密封、火箭、导弹、宇宙飞行、石油化工中用作与燃料油和润滑油接触整体油箱的衬里、密封、胶管、垫片、嵌缝、汽车发动机曲轴后密封圈、汽缸垫、燃油泵密封件、油箱盖垫圈、滤油器密封件、燃油泵隔膜，氟硅橡胶垫圈，垫片的黏结固定；硅橡胶和氟硅橡胶的黏合，以及化学工程和一般工业上耐燃料油；耐溶剂部位的黏结，也可用于制造耐腐蚀的衣服、手套以及涂料、胶黏剂等。

2.4.6　甲基三氟丙基室温硫化硅橡胶

（1）技术路线　以氟硅单体 D_3^F（3,3,3-三氟丙基、三甲基环三硅氧烷）为原料，以氢氧化钠为引发剂，在羟基氟硅油的存在下实施调节聚合，得到所需分子量的氟硅聚合物。

（2）反应机理

① D_3^F 阴离子开环聚合（链的引发和链增长）

$$xD_3^F + NaOH \longrightarrow H \underset{\substack{| \\ CH_3}}{\overset{\substack{CH_2CH_2CF_3 \\ |}}{\left(O - Si \right)}}_{3x} ONa$$

② 羟基氟硅油使聚合链转移

$$H+O-\underset{\underset{CH_3}{|}}{\overset{\overset{CH_2CH_2CF_3}{|}}{Si}}\big)_{3x}ONa + H+O-\underset{\underset{CH_3}{|}}{\overset{\overset{CH_2CH_2CF_3}{|}}{Si}}\big)_{y}OH \longrightarrow H+O-\underset{\underset{CH_3}{|}}{\overset{\overset{CH_2CH_2CF_3}{|}}{Si}}\big)_{3x+y}OH + NaOH$$

③ 平衡化反应

$$H+O-\underset{\underset{CH_3}{|}}{\overset{\overset{CH_2CH_2CF_3}{|}}{Si}}\big)_{3x+y}OH + NaOH \longrightarrow Na+O-\underset{\underset{CH_3}{|}}{\overset{\overset{CH_2CH_2CF_3}{|}}{Si}}\big)_{3x+y}OH + H_2O$$

④ 链终止反应

$$Na+O-\underset{\underset{CH_3}{|}}{\overset{\overset{CH_2CH_2CF_3}{|}}{Si}}\big)_{3x+y}OH + H_2O \longrightarrow H+O-\underset{\underset{CH_3}{|}}{\overset{\overset{CH_2CH_2CF_3}{|}}{Si}}\big)_{3x+y}OH + NaOH$$

$$NaOH + H^{\oplus}A \longrightarrow NaA + H_2O$$

（3）工艺流程

$$\left.\begin{array}{r}单体\\引发剂\\调节剂\end{array}\right\} \rightarrow 聚合 \rightarrow 中和 \rightarrow 洗涤 \rightarrow 脱挥发分 \rightarrow 成品$$

（4）工艺过程

① 聚合与中和。将 D_3^F 和羟基氟硅油按比例加入带有机械搅拌装置的聚合釜中，在 $50\sim60℃$ 及 $1.3\sim2.6kPa$ 下抽空脱水 1h，加入 $30\sim80\times10^{-6}$ 的氢氧化钠胶浆，搅拌 0.5h，使之混合均匀。升温至 $120℃$，聚合开始，当达到或接近预定黏度值时，即停止反应，降温至 $70\sim80℃$，加入与反应体系中的氢氧化钠等当量的乙酸水溶液，继续搅拌半小时。

② 水洗。搅拌下，经乙酸中和过的聚合物用 1.5 倍（净重）的乙酸乙酯溶解成均相，加入 2 倍（质量）的去离子水，剧烈搅拌半小时，使其充分混合，然后倒入分液漏斗，静置分层。分出的下层液体，在室温下用真空泵抽出溶剂，待溶液变稠后，逐步提高真空度，同时慢慢升温，待胶液变至均匀透明后降温。

③ 脱低沸物。将所得聚合物放入足够大的搪瓷盘中，放进真空干燥箱，升温并开启真空泵，至 $180℃$，$0.1kPa$ 下维持 $4\sim6h$ 后降温，关闭真空泵，切断电源。取出胶样，测试性能，满足指标要求，包装入库。

（5）影响因素

① PTFPMS 的制备技术主要有两种：一是在混合催化剂存在下，进行本体聚合然后出料（美国道康宁公司技术路线）；二是在催化剂、分子量调节剂存在下，进行本体聚合，然后经后处理再出料（上海三爱富公司技术路线）。这两种路线对比见表 2-16。

表 2-16　道康宁公司与三爱富公司技术路线对比

技术路线	美国道康宁公司	上海三爱富公司
出料方式	不经后处理直接出料	经后处理然后出料
优点	工艺简单	能改善产品外观,能改善产品耐腐蚀性
缺点	产品耐腐蚀性稍差	步骤较多,成本较高

在 PTFPMS 合成过程中，采用新的合成方法，加入分子量调节剂，使黏度控制较稳定，反应催化剂以钠胶代替锂胶，降低了聚合反应温度，增加了生胶后处理工艺，合成的 PTF-

PMS 生胶质量明显提高，硫化好，能稳定贮存。

② 分子量封端剂对聚合产物的影响。目前是以釜式反应为主制备含氟硅聚合物，该聚合方法的主要问题是聚合反应速率太快，含氟硅聚合物在聚合反应过程中，在很短的时间内，随着聚合物分子链的快速增长，黏度快速增加，使传质、传热变得非常困难，造成聚合物分子量难以控制、分子量分布宽的问题，影响氟硅橡胶的性能。

另外，3,3,3-三氟丙基甲基环三硅氧烷单体的聚合反应对单体的纯度要求非常高。当单体的纯度不能达到一定值（例如 99.0%）时，要么聚合反应不能进行，要么得到低分子量的聚合物。结果，不能采用甲基硅油、乙烯基硅油等分子量调节剂来控制聚合物的分子量和分子量分布。否则，这些分子量封端剂会起杂质的作用，影响聚合反应的进程和最终产品的性能。

经过大量实验研究发现，当在上述硅醇盐催化剂组分中加入选自甲基氟硅油、羟基氟硅油、乙烯基氟硅油的含氟有机硅低聚物时，形成的催化剂组合物可在含氟硅聚合物的合成过程中按需要控制该聚合物的分子量和分子量分布，同样重要的是，这些含氟有机硅低聚物不会影响共聚单体的聚合活性和最终产品的性能。

上述含氟有机硅低聚物在聚合反应中起分子量封端剂的作用，但是又不同于甲基硅油、乙烯基硅油等分子量封端剂，即它不会对聚合单体的聚合活性产生不利影响，也不会对最终产品的性能产生影响。

液体氟硅橡胶聚合反应过程及机理：在聚合反应开始时加入作为分子量封端剂的含氟有机硅低聚物，用以控制聚合物的分子量分布，使之不至于过宽，并向反应体系中加入碱金属硅醇盐催化剂组分，在一定温度、真空度下引发聚合反应。聚合反应的初期阶段，以 D_3^F 的开环聚合为主要反应。由于开环反应是放热反应，因此整个聚合体系的温度上升，聚合物分子量逐步增长。加入分子量调节剂的目的是控制 D_3^F 开环速度，以及适当控制聚合反应后期的缩聚反应速率，提高聚合物的搅拌混合质量，延长聚合反应时间，最终控制生成聚合物的分子量分布。

没有加入分子量封端剂，氟硅聚合反应速率太快，真正聚合时间一般为 10min 左右，分子量呈几何级数增长，一旦到达所需分子量，分子量难以控制，另外，聚合产物分子量分布宽，聚合产物的挥发分较高，不利于聚合产物的硫化加工。

加入作为分子量封端剂的含氟有机硅低聚物，聚合反应速率明显降低，分子量不是呈几何级数增长，也就是说用分子量调节剂能够控制聚合反应速率，从而可以延长聚合反应时间，能够间接调节氟硅聚合物的分子量。另外，加入分子量封端剂后，分子量分布较均匀。但是，分子量封端剂毕竟是小分子，过多使用虽然会使氟硅聚合物的分子量分布更加均匀，可是却会使聚合物硫化加工后的力学性能有所降低。

总之，在釜式反应过程中，加入分子量封端剂的氟硅聚合物分布的均匀性明显好于未加分子量调节剂的氟硅聚合物，并且更利于聚合物的硫化加工。为防止聚合物链中引入其他杂质，同时又保证聚合物为端羟基，加工时又采用脱小分子的缩合型硫化方法，因此采用羟基氟硅油作为黏度封端剂，得到效果如表 2-17 所示。

表 2-17 聚合物黏度、得率与分子量封端剂用量的关系

分子量封端剂（D_3^F）/%	0	4	5	6	7	8	10
聚合物黏度（25℃）/Pa·s	210	125	65	37	121	80	114
聚合物得率/%	83.4	85.0	89.3	79.2	90.4	87.8	85.6

从表 2-17 看出：分子量封端剂用量与聚合物的得率基本无关，而聚合物的黏度虽然差别很大，但无规律变化，说明聚合单体基本上都参加了聚合反应，进入了聚合物链。但是聚合物的端羟基在聚合催化剂 NaOH 的作用下，又发生了分子链间的缩合，使聚合物黏度进一步提高。

因聚合物的末端硅羟基（$\equiv$Si—OH）是一高活性基团，在一定的条件下会同时发生分子间或分子内的缩合反应，而这两个反应的比例呈无规律的变化，致使控制黏度困难，因此，不可能通过调节配方来达到控制黏度的目的，为此，我们采取直接方法。即直接测定反应过程中的黏度确定反应终点的办法，达到控制聚合物及其保持足够量交联活性端羟基的目的。实践证明，用直接法控制分子量，经过后面严格的后处理，可以得到所需黏度的聚合物，其分子量分布也较合理。

③ 聚合反应催化剂的选择。有机硅高分子聚合物的开环聚合一般都使用阴离子型催化剂，即碱性催化剂如季磷碱、季铵碱、碱金属的氢氧化物及其硅醇盐。其碱性强弱顺序如下：季磷碱＞季铵碱≥氢氧化铯（CsOH）＞氢氧化钾（KOH）＞氢氧化钠（NaOH）＞氢氧化锂（LiOH）。一般来说，碱性越强，开环聚合的温度越低，达到平衡的时间越短。采用氢氧化锂、氢氧化钠、氢氧化钾、四甲基氢氧化铵作为选择催化剂，为了使聚合反应能平稳地进行，一般都使用比较温和的催化剂如氢氧化锂或氢氧化钠。

以前都使用 MOH 作为碱性催化剂，此时使用的反应单体为纯度超过 99％，由于氢氧化锂使 D_3^F 开环聚合的温度为 $125 \sim 145℃$，在此温度及负压下，D_3^F 及其他单体极有可能被部分抽出，如果单体纯度再差一点，极有可能不聚合或生成低聚物。因此，在随后的实验中，选用 NaOH 作聚合催化剂组分，降低了聚合反应温度（聚合温度 $100 \sim 120℃$），降低成本，节约能源。

为了提高催化剂在 D_3^F 中的分散性，使聚合物的分子量分布比较均匀，便于精确和方便计量，通常把所述催化剂组分制成具有下列通式的硅醇盐形式：

$$NaO[\overset{\overset{\displaystyle CH_3}{|}}{\underset{\underset{\displaystyle CH_2CH_2CF_3}{|}}{Si}}-O]_{\overline{n}}Na$$

上述硅醇盐化合物可按如下反应方程制得：

$$D_3^F + NaOH \xrightarrow[\text{减压}]{\text{通 }N_2} NaO[\overset{\overset{\displaystyle CH_3}{|}}{\underset{\underset{\displaystyle CH_2CH_2CF_3}{|}}{Si}}-O]_{\overline{n}}Na$$

上述硅醇盐化合物是将高纯度（纯度＞99.5％）的氢氧化钠细粉与化学计量的经脱水处理的 D_3^F 相混合，在 90℃/10mmHg（1mmHg=133.322Pa）的条件下聚合 $5 \sim 30min$ 制得的。

表 2-18 催化剂的用量、聚合温度和聚合时间之间的关系（聚合物黏度 200Pa·s）

实验编号	催化剂名称	用量/×10^{-6}	聚合温度/℃	聚合时间/h
1	LiOH	50.5	$130 \sim 160$	$1.1 \sim 1.4$
2	NaOH	35.1	$105 \sim 130$	$0.5 \sim 1.0$
3	KOH	30.0	$80 \sim 105$	$0.5 \sim 1.0$
4	$(CH_3)_3NOH$	9.2	$20 \sim 50$	$0.1 \sim 0.3$

从表 2-18 可见，$(CH_3)_4NOH$ 的用量最少，聚合时间最短，NaOH 和 KOH，虽然聚合时间相近，但 KOH 的聚合温度要比 NaOH 的聚合温度低 $20 \sim 30℃$。LiOH 的聚合温度

最高，聚合时间最长。这四种催化剂的聚合速率以下列顺序递增：LiOH＜NaOH＜KOH＜(CH₃)₄NOH，而它们的碱性也以同样的顺序递增。虽然（CH₃)₄NOH 属于暂时性催化剂，但是它的聚合速率太快，聚合物的黏度难以控制，因此弃用；LiOH、NaOH、KOH 均属永久性催化剂。LiOH 反应时间长，温度较高，而 KOH 活性相对较高，聚合物黏度较难控制，因此，选择 NaOH 作为 PTFPMS 的聚合催化剂。

（6）产品性能指标　本产品为羟基封端的聚（3,3,3-三氟丙基甲基）环三硅氧烷，俗称液体氟硅橡胶，（简称 PTFPMS）化学结构式为：

$$\text{HO} \!-\!\! \left(\!\! \begin{array}{c} \text{CH}_2\text{CH}_2\text{CF}_3 \\ | \\ \text{Si} \!-\! \text{O} \\ | \\ \text{CH}_3 \end{array} \!\! \right)_{\!\!n} \!\!\! \text{H}$$

① 外观：透明无色或淡黄色黏稠液体，无明显可见的外来杂质。

② 挥发分：不大于 3%。

③ 黏度：

   A 型　1～40Pa·s

   B 型　60～250Pa·s

④ 拉伸性能：

（A 型）硫化后不同条件下的拉伸性能应符合以下要求

项目	指标
拉伸强度/MPa	
常温	≥1.8
180℃×72h（老化）	≥1.5
180℃×72h（2# 喷气燃料）	≥1.5
伸长率/%	
常温	≥200
180℃×72h（老化）	≥150
180℃×72h（2h 2# 喷气燃料）	≥150

⑤ 腐蚀性：对铝合金 LY-12CZ 去包铝不腐蚀。

2.4.7　亚苯基硅橡胶和苯醚基硅橡胶

（1）亚苯基硅橡胶　亚苯基硅橡胶是在聚硅氧烷主链上引入亚苯基的一类硅橡胶。其结构可表示为：

$$\text{H}_3\text{C} \!-\!\! \begin{array}{c} \text{CH}_3 \\ | \\ \text{Si} \\ | \\ \text{CH}_3 \end{array} \!\!-\! \text{Ar} \!-\!\! \begin{array}{c} \text{CH}_3 \\ | \\ \text{Si} \!-\! \text{O} \\ | \\ \text{CH}_3 \end{array} \!\!\Big]_x \!\!\! \begin{array}{c} \text{CH}_3 \\ | \\ \text{Si} \!-\! \text{O} \\ | \\ \text{C}_6\text{H}_5 \end{array} \!\!\Big]_y \!\!\! \begin{array}{c} \text{C}_6\text{H}_5 \\ | \\ \text{Si} \!-\! \text{O} \\ | \\ \text{CH}\!=\!\text{CH}_2 \end{array} \!\!\Big]_z \!\!\! \begin{array}{c} \text{CH}_3 \\ | \\ \text{Si} \!-\! \text{CH}_3 \\ | \\ \text{CH}_3 \end{array}$$

式中，Ar 为亚苯基或联亚苯基，$x:y=1:(2\sim5)$，$(x+y):z=1000:3$

亚苯基硅橡胶可用缩聚法生产，首先，甲基苯基二氯硅烷用乙醇醇解制成甲基苯基二乙氧基硅烷，然后甲基苯基二乙氧基硅烷用水/醇混合物在醋酐存在下催化水解，制得甲基苯基硅氧烷二醇；同时，用相近的方法制取乙烯基苯基硅二醇；最后用甲基苯基硅氧烷二醇，1,4-双（羟基二甲基硅烷）苯和乙烯基苯基硅二醇在（CH₃)₄NOH 作用下催化缩聚。

由于亚苯基的引入，因而使硅橡胶的耐辐射性能大大提高，同时因芳环的存在使分子链的刚性增大，柔顺性降低，玻璃化温度提高，耐寒性能下降，而拉伸强度则有所增高。亚苯基硅橡胶具有优良的耐高温、抗辐射性能，耐高温可达250～300℃，且有良好的介电性能和防潮防霉耐水蒸气等特性。在亚苯基硅橡胶的生胶组成中，当亚苯基含量为60％、苯基含量30％、甲基含量10％（乙烯基含量0.6％）时是适宜的，在这种情况下，硫化胶具有良好的综合性能。

室温硫化亚苯基硅橡胶是硅亚苯基硅氧烷聚合物，可适用原子能工业、核动力装置以及宇宙飞行等方面作为耐高温、耐辐射的粘接密封材料以及电机的绝缘保护层等。

亚苯基硅橡胶的突出优点是具有优异的耐高能射线性能。试验证明经受$1 \times 10^9 R \gamma$射线或1×10^{18}中子$/cm^2$的中子照射后，仍可保持橡胶弹性，比通用的甲基乙烯基硅橡胶大10～15倍，比高苯基硅橡胶大5～10倍。因此，可用于宇宙飞行、原子能工业和核动力装置等作为耐高温、耐高能辐射的粘接密封材料、电机的绝缘保护层、电缆、护套、垫圈以及热收缩管等。国产亚苯基硅橡胶于20世纪70年代由晨光化工研究院研究成功并投入中试。

亚苯基硅橡胶的缺点是低温性能不佳，脆性温度为－25℃，影响了它在某些方面的应用，亚苯醚基硅橡胶的低温性能则远，较亚苯基硅橡胶为好，脆性温度为－64～70℃。

（2）苯醚基硅橡胶　苯醚基硅橡胶是分子主链引入苯醚基和亚苯基基团的聚硅氧烷。其分子结构可表示为：

$$H_3C-\underset{\underset{CH_3}{|}}{\overset{\overset{CH_3}{|}}{Si}}-Ar-O-Ar-\underset{\underset{CH_3}{|}}{\overset{\overset{CH_3}{|}}{Si}}-O\left[\underset{\underset{CH_3}{|}}{\overset{\overset{CH_3}{|}}{Si}}-O\right]_x\left[\underset{\underset{C_6H_5}{|}}{\overset{\overset{C_6H_5}{|}}{Si}}-O\right]_y\left[\underset{\underset{CH=CH_2}{|}}{\overset{\overset{C_6H_5}{|}}{Si}}-O\right]_z\underset{\underset{CH_3}{|}}{\overset{\overset{CH_3}{|}}{Si}}-CH_3$$

苯醚基硅橡胶具有良好的力学性能，一般拉伸强度可达150～180kgf/cm²（即14.7～17.7MPa）远高于乙烯基硅橡胶强度，同时具有优良的耐辐射性能并优于亚苯基硅橡胶。它可耐长时间250℃热空气老化，老化后仍具有较高的强度。苯醚基硅橡胶的低温性能虽然比乙烯基硅橡胶差，但却远优于亚苯基硅橡胶。其介电性能与乙烯基硅橡胶接近，但苯醚基硅橡胶的耐油差，既不耐非极性的石油基油，也不耐极性的合成油（如4109双酯类合成润滑油、磷酸酯液压油）。总之，苯醚基硅橡胶与乙烯基硅橡胶相较具有较高的强度和抗辐射性能，相似的耐高温性能和介电性能，较差的低温性能、耐油性能和弹性。苯醚基硅橡胶具有良好的加工工艺性能，可用于制造特殊要求的模型制品和压出制品。国产苯醚基硅橡胶于20世纪70年代由武汉化工研究所研究成功并投入中试。

2.4.8　腈硅橡胶(NVMQ)

腈硅橡胶是无色透明高黏滞塑性线型高分子化合物，分子量在50万～80万之间，主链由硅和氧原子组成，与硅相连的侧基为甲基、乙烯基和氰基烷基。氰烷基可以是β-氰乙基或γ-氰丙基，前者可由甲基（2-氰乙基）环硅氧烷与八甲基环四硅氧烷及少量四甲基四乙烯基环四硅氧烷及少量封端剂在催化剂存在下，进行催化聚合来制取；后者可以由丙烯腈与含氢氯硅烷催化加成制得甲基氰烷基二氯硅烷，然后甲基腈硅烷二氯硅烷和二甲基二氯硅烷进行共水解，生成含腈烷的环状化学物，再在碱性催化剂作用下开环缩合成高聚物。含甲基、氰烷基和乙烯基的硅橡胶其结构式可表示如下：

$$\left[\underset{\underset{CH_2}{|}}{\overset{\overset{CH_3}{|}}{Si}}-O\right]_m\left[\underset{\underset{CH_2CHCN}{|}}{\overset{\overset{CH_3}{|}}{Si}}-O\right]_n\left[\underset{\underset{CH=CH_2}{|}}{\overset{\overset{CH_3}{|}}{Si}}-O\right]_p$$

腈硅橡胶的技术指标如表2-19所示。

表 2-19 腈硅橡胶的技术指标

型　　号	JHG-131-1	JHG-131-2
外观	无色透明、无机械杂质	
摩尔质量/×10⁴　　　　≥	50	50
氰乙基摩尔分数/%	20～25	45～50
乙烯基摩尔分数/%	0.13～0.22	0.13～0.22
挥发分(150℃×3h)/%	<3	<3
溶解性	苯中全溶	苯中全溶
pH 值	7	7

腈硅橡胶除具有一般硅橡胶耐高温、耐低温、耐气候、耐老化、耐臭氧等性能外，还具有耐油、耐非极性溶剂等特性，是一种耐高低温、耐油弹性体。

配合各种添加剂，腈硅橡胶可混炼成均相的胶料，在有机过氧化物作用下，可硫化成弹性橡胶制品。其硫化胶拉伸强度 7.0MPa；伸长率 200%；硬度（邵尔 A）60；拉断永久变形 0～1.5%；脆化温度 -75℃；耐油性（TC-1# 油 180℃×24h）增容 50%。可用作在 -60～+180℃下长期工作的耐油橡胶制品。

由于聚合物分子侧链中含有 β-氰乙基或 γ-氰丙基强极性基团，大大增加了分子链间作用力，除具有硅橡胶的耐光、耐臭氧、耐潮、耐高低温和优良的电绝缘性能外，腈硅橡胶的主要优点是耐油和耐溶剂的性能优异，提高了耐油、耐非极性溶剂性能，如耐脂肪族、芳香族溶剂的性能好，其耐油性能与普通耐油丁腈橡胶相接近，可用作油污染部件及耐油电子元件的密封灌注料。同时，由于引入一定量的氰烷基，破坏了聚合物结构的规整性，也大大改善了耐寒性。

氰烷基的类型及其含量，对性能影响很大，如含有 7.5%（摩尔分数）γ-氰丙基的硅橡胶，低温性能与低苯基硅橡胶相似（其玻璃化温度为 -114.5℃），耐油性比苯基硅橡胶好。随 γ-氰丙基含量增加至 33%～50% 时，则耐寒性降低，耐油性能提高，耐热为 200℃。用 β-氰乙基代替 γ-氰丙基能使腈硅橡胶的耐热性进一步提高，可耐 250℃ 热空气老化。因此，可做成耐油橡胶制品用于航空工业、汽车工业和石油工业上；也可作为高性能飞行器的环境密封剂及油箱密封剂，在 -54～200℃ 以上能保持密封。腈硅橡胶可用普通设备进行加工。国产腈硅橡胶于 20 世纪 70 年代由中科院化学所和吉林化工研究院共同研制成功并投入中试。

2.4.9　羟基封端的硅橡胶

羟基基封端的硅橡胶是指羟基封端的聚二有机硅氧烷，是一种新型的直链状高分子量的聚有机硅氧烷合成材料，其物理形态通常为可流动的液体或黏稠的膏状物，结构式为：

$$HO-\underset{\underset{CH_3}{|}}{\overset{\overset{CH_3}{|}}{Si}}-O-\underset{\underset{R}{|}}{\overset{\overset{CH_3}{|}}{Si}}-O-\underset{\underset{CH_3}{|}}{\overset{\overset{CH_3}{|}}{Si}}-OH \qquad n=400～150$$

式中，R 为甲基、苯基、三氟丙基等，分别对应甲基羟基硅橡胶、甲基苯基羟基硅橡胶和羟基氟硅橡胶。

化学名称为 α,ω-二羟基聚二甲基硅氧烷，习惯上将黏度为 2500mPa·s 以上的羟基聚硅氧烷称 107 硅橡胶。

本品为无色透明液体，具有优异的电绝缘性和耐高低温性，闪点高，凝固点低，可在 −50∼+250℃条件下长期使用，黏温系数小、压缩率大、表面张力低、憎水防潮性好、化学惰性、生理惰性。

羟基硅橡胶技术指标，表2-20为固化前，表2-21为固化后。

表2-20 固化前技术指标

外观	无色透明黏稠液体
黏度(25℃)/mPa·s	1500∼3000000
挥发分(150℃/3h)	≤1.5%
羟基含量/%	0.5∼3(与黏度有直接关系)
表面硫化时间	<2h

表2-21 固化后技术指标

外观	无色透明固体
硬度/(邵尔A)	>20
拉伸强度/(3.5kgf/m²)	>3.5
伸长率/%	100
脆性温度/℃	−60
体积电阻率/Ω·cm	≥110
介电常数(1mHz)	≤3.2
介电强度/(kV/mm)	≥13

本品除具有甲基硅油的一般性能外，还具有羟基的反应活性，可用它制成一些新的材料，或交联成弹性体（或膜体）。

羟基封端的硅橡胶是由硅氧烷单体聚合而成的、其分子两末端带有羟基的有机硅材料。即用八甲基环四硅氧烷（D_4）在酸或碱作用下开环加水降解而成；也可用硅橡胶在高压釜同加水、碱催化降解而成。近年来主要羟基硅橡胶的制备方法如下。

① 碱催化 Me_2SiCl_2 水解物平衡聚合法。采用价格较低的 Me_2SiCl_2 水解物替代 DMC（二甲基环硅氧烷）制备 107 胶（高摩尔质量的羟基甲基硅油），可降低室温硫化硅橡胶的生产成本。将 3500g Me_2SiCl_2 水解物置于反应瓶中，在 90℃脱水 1h，升温至 120℃时加入氢氧化钾，140℃聚合 4h，加入磷酸中和 15min，最后脱除低沸物可得 107 胶。

② 低摩尔质量 $HO(Me_2SiO)_nH$ 催化缩聚法。Me_2SiCl_2 水解物由低摩尔质量 $HO(Me_2SiO)_nH$ 与环硅氧烷组成，首先在减压条件下，蒸除环硅氧烷，使两者分离，然后将剩余的低摩尔质量 $HO(Me_2SiO)_nH$ 在 KOH 催化下进行缩聚可制备高摩尔质量的 107 胶。

③ 环硅氧烷与水的调聚反应。D_4 或 DMC 在碱性催化剂下发生聚合反应到一定程度后，将雾化水喷洒于聚合产物表面使之发生降解反应，得到羟基甲基硅油。将 D_4 加至反应釜，脱水后加入 Me_4NOH，在 110℃聚合 20min，待高聚物黏度达 530Pa·s 时，将液态水经雾化器雾化后在 8s 内喷洒于高聚物表面使之降解，继续搅拌 5min，真空脱除低沸物，即得 267kg 高摩尔质量的羟基甲基硅油。

④ 烷氧基硅烷水解缩合法。由 Me_2SiCl_2 直接水解缩合制低聚合度（$n<10$）的 $HO(Me_2SiO)_nH$ 比较困难，但由 $Me_2Si(OR)_2$（R 为 Me、Et）水解可得到良好收率的低聚合度 $HO(Me_2SiO)_nH$。采用烷氧基硅烷和水为原料，通过盐酸调节体系 pH 值为 3∼4。水

解反应结束后，向体系中加入 $Na(K)H_2PO_4/Na(K)_2HPO_4$ 水溶液调节体系 pH 值为 5～7。减压蒸除醇和水后，过滤，得到羟基封端硅油。产品的稳定性好，在 25℃下放置 7 天后，平均聚合度变化不大。$Me_2Si(OMe)_2$ 在 MgO 催化下水解可得到羟基质量分数为 11.5% 的甲基羟基硅油，且不含有二甲基环硅氧烷。$Me_2Si(OMe)_2$ 在 pH=4.2 的酸性条件下水解，采用 MgO 中和，也可得到低摩尔质量的羟基甲基硅油。

⑤ 羟基甲基苯基硅橡胶的制备可通过二羟基甲基苯基硅烷[$MePhSi(OEt)_2$ 水解物]、D_2 和 Me_4NOH 按比例加入反应瓶中，聚合结束后，通入一定量水蒸气，并保持反应物温度在 120～130℃，降解后即得。

⑥ 羟基氟硅橡胶主要通过甲基三氟丙基环硅氧烷在碱催化下与水反应而得。在 LiOH 及邻苯二甲酸二甲酯作用下，使[$—Me(CF_3CH_2CH_2)SiO$]$_3$ 与水在 80℃下开环聚合，得到黏度(25℃)为 17Pa·s 的 $HO[—Me(CF_3CH_2CH_2)SiO—]_nH$。将[$—Me(CF_3CH_2CH_2)SiO$]$_3$、$H_2O$、KOH 及助催化剂 $MeO(CH_2CH_2O)_3Me$ 在 35℃下反应 3h，而后加入硅基磷酸酯中和，得到黏度(25℃)为 1.36Pa·s 的 $HO[Me(CF_2CH_2CH_2)SiO]_nH$。

实例：直接使用四甲基氢氧化铵溶液作催化剂的改进工艺生产室温硫化硅橡胶，工艺流程如下：

$$催化剂溶液 \quad H_2O$$

$$DMC \rightarrow 脱水 \rightarrow 聚合 \rightarrow 降解 \rightarrow 破坏催化剂 \rightarrow 脱低沸物 \rightarrow 产品$$

将计量的 DMC 抽入反应釜中，升温至 85℃，真空脱除反应物内水分。直接向反应物中加入适量的四甲基氢氧化铵溶液催化剂，控制反应温度（95℃），使之发生聚合反应，当聚合物达到一定聚合程度后，向其中加入降解水降解，实现聚合物羟基封端，待聚合物达到预期分子量后，常压升温至 160℃，破坏催化剂；在真空度 0.096MPa 下，N_2 鼓泡，升温至 200℃，脱除反应物系中低沸物。冷却后出料包装。

改进前后工艺参数对比如表 2-22 所示。

表 2-22　改进前后工艺参数对比

工艺参数	改进前	改进后
催化剂类型	四甲基氢氧化铵硅醇盐	四甲基氢氧化铵溶液
投料量/kg	200	260
聚合温度/℃	85	95
降解温度/℃	85～130	95～130
生产周期/h	10	8
产量/kg	120	213
转化率波动范围/%	50～70	80～84
平均转化率/%	60	82
工艺操作评价	较难	较易

由于四甲基氢氧化铵是强碱，属极性物质，与反应单体不互溶，原生产时需制成硅醇盐使用，但硅醇盐的质量波动，直接影响聚合过程的操作，造成生产工艺难控制，且费时费工，操作控制要求高。为此，把四甲基氢氧化铵配成一定浓度的溶液，适时直接加入反应物中，加快搅拌速度，使其在体系内充分分散，起到均匀催化的作用，其优点主要有：简化工艺，省略了制作硅醇盐的过程；避免了因硅醇盐质量的波动而导致聚合反应的波动，使整个反应更易控制并方便了操作；能更好地发挥四甲基氢氧化铵的催化活性。因直接用四甲基氢

氧化铵作催化剂,是在较高的反应温度下进行,充分发挥了其催化活性,聚合反应速率更快,加之反应过程比较易控制,因而可缩短生产周期。

实际生产表明,聚合阶段反应体系所能达到的聚合程度,对转化率影响最大。如果聚合程度不够,则转化率偏低;而聚合程度太高,降解反应又较难进行。因此,在反应中既要获得适宜的聚合程度,又要使转化率达到相应的较高水平是本项控制的关键。在实际操作中,通过搅拌电机的电流大小来控制转化率完全可行,搅拌电机的电流与反应转化率的关系如图2-4所示。当聚合程度增加时,搅拌电机的电流逐渐增大,当聚合程度达到反应的最佳点时,设定热继电器保护装置自动断开,以此作为控制聚合程度的控制点,此时进行下一步的

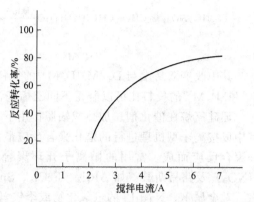

图 2-4 搅拌电机的电流与反应转化率的关系

降解反应。由于聚合度适宜,反应较易进行,可获得相对较高的转化率。此方法简单可靠,可以较容易地将反应的转化率控制在 82% 左右。

在室温硫化硅橡胶生产过程中,直接使用四甲基氢氧化铵溶液作催化剂,并增加了反应的投料量,从而简化了生产过程,提高了产品的稳定性。以搅拌电机的电流来控制反应的转化率,可以较容易地将反应的转化率控制在 82% 左右。改进后的生产工艺与原生产工艺相比较,缩短了生产周期,降低了设备损耗,提高了生产效率,使生产成本降低,操作更加简便,产品质量稳定可靠,收到了理想的效果。国产羟基封端二甲基硅橡胶于 20 世纪 60 年代分别由上海树脂厂和沈阳化工研究院研究成功并投入生产;国产羟基封端的二甲基二苯基硅橡胶于 20 世纪 70 年代由上海树脂厂研究成功并投入生产,产品牌号为 108-1、108-2。

室温硫化硅橡胶主要用于无线电,电子仪器,半导体元件,医疗器械的填孔嵌缝,涂布密封,浇铸定型和生产特殊用途的硅橡胶制品:

① 在 RTV 模具硅橡胶、消泡剂、聚硅氧烷玻璃胶中作主要原料;

② 室温硫化硅橡胶由于具有优异的仿真性,脱模性和极低的收缩率,并具有加工成型方便,以及耐热老化的特点,因此用来生产制模硅橡胶,俗称模具胶,特别适于制造精密模具和印模材料;

③ 由于硅橡胶具有高强度,低模量,高伸长率和高压缩强度,以及在恶劣环境中能保持优良的粘接力,因此用来生产建筑行业的嵌缝密封材料;

④ 利用硅橡胶优良的介电性能,良好的粘接强度,优良的化学稳定性,来生产硅橡胶密封/胶黏剂;

⑤ 硅橡胶具有良好的电气绝缘性和防水剂,可在无线电、电子仪器、半导体、电子计算机等电子元器件及组合件方面作绝缘防潮、防震、耐热的灌注密封材料;

⑥ 在汽车、机械、纺织、塑料、印刷行业方面作橡胶辊筒材料。

2.4.10 乙烯基聚硅氧烷

端乙烯基聚二甲基硅氧烷(Vi-PDMS)与端乙烯基聚甲基乙烯基硅氧烷(Vi-PMVS)是制备加成型硅橡胶的主要原料。其制备原理是利用四甲基二乙烯基二硅氧烷(双封头)、八甲基环四硅氧烷(D_4)、乙烯基环体(D_4^{Vi})在催化剂、加热或辐照作用下发生开环聚合反应,使 D_4 和 D_4^{Vi} 开环后的—$Si(Me)_2$—O—链节插入到双封端的两乙烯基之间,从而增

加了含乙烯基硅油的分子量，合成了端乙烯基聚二甲基硅氧烷（Vi-PDMS）和端乙烯基聚甲基乙烯基硅氧烷（Vi-PMVS），其反应方程式如下：

$$\frac{n}{4}[(CH_3)_2SiO]_4 + [CH_2=CH(CH_3)_2Si]_2O \xrightarrow{\text{催化剂}} CH_2=CH-Si-O-\left[Si-O\right]_n-Si-CH=CH_2$$

$$\quad\quad D_4 \quad\quad\quad\quad M^{Vi}M^{Vi} \quad\quad\quad\quad\quad\quad\quad\quad M^{Vi}D_nM^{Vi}$$

其中改变双封端与 $D_4/M^{Vi}D_nM^{Vi}$ 的投料比，可以制得不同分子量的乙烯基硅油；改变 D_4 和 $M^{Vi}M^{Vi}$ 的投料比可以制得不同乙烯基含量的乙烯基硅油。

环硅氧烷在催化剂、加热或辐照作用下，可以开环聚合得到高摩尔质量的线型硅氧烷，其中以按离子型机理进行的催化聚合反应最为重要。在催化剂催化下通过阳离子或阴离子开环聚合反应而成。常用的阳离子开环聚合反应的催化剂为强质子酸（如 H_2SO_4、HCl、HNO_3）及路易斯酸（如 $AlCl_3$、$FeCl_3$、$SnCl_4$ 等）；常用的阴离子开环聚合反应的催化剂有：碱金属 K、Na、Li 的氢氧化物或季铵氢氧化物等。

采用酸催化平衡法，产物需要多次水洗去酸，工艺过程烦琐复杂，在工业上应用不多，因此，多采用工艺相对简单的碱催化法。其中四甲基氢氧化铵 $[(CH_3)_4NOH]$ 因催化活性高且反应后可通过加热的方法除去而得到广泛的应用，聚合过程就是阴离子催化的开环聚合反应，即碱性催化剂（亲核试剂）的 OH^- 与 $[(CH_3)_2SiO]_4$ 中硅原子的 3d 轨道配位，导致 $[(CH_3)_2SiO]_4$ 内电子云密度重新分布，在加热条件下引起 Si—O—Si 键的断裂开环，生成链端含阴离子的线状硅氧烷低聚体，后者进一步与 $[(CH_3)_2SiO]_4$ 反应，使硅氧烷链逐步增长：

$$Me_4NOH + [(CH_3)_2SiO]_4 \longrightarrow HO-[(CH_3)_2SiO]_3-Si(CH_3)_2O^- + Me_4N^+$$

$$HO-[(CH_3)_2SiO]_3-Si(CH_3)_2O^- + [(CH_3)_2SiO]_4 \longrightarrow$$

$$HO-[(CH_3)_2SiO]_7-Si(CH_3)_2O^-$$

$$HO-[(CH_3)_2SiO]_n-Si(CH_3)_2O^- + [(CH_3)_2SiO]_4 \longrightarrow$$

$$HO-[(CH_3)_2SiO]_{n+4}-Si(CH_3)_2O^-$$

乙烯基硅油的制备：将新蒸馏的 D_4 加入到带搅拌器、回流冷凝管及温度计的三口烧瓶中，加热到 95℃（或 110℃），加入计量的端乙烯基硅油和 D_4^{Vi}；搅拌数分钟后，在常压且氮气保护下加入催化剂碱胶（碱胶的用量：以 Me_4NOH 计，为 D_4、D_4^{Vi} 和双封端质量的 200×10^{-6}）；加大通氮量，将温度维持在 95℃（或 110℃）至黏度不变为止；然后，迅速升温至 180℃，分解碱胶 $(CH_3)_4NOH$，通氮气以带走碱胶分解产生的三甲胺，直至体系呈中性为止；最后在 150℃、$-0.098MPa$ 条件下脱低沸物，剩下的即为产物乙烯基硅油。

图 2-5 为乙烯基硅油红外光谱表征。在波数为 $1000\sim1100cm^{-1}$ 处的强双吸收峰是—SiOSi—的特征峰；$1601cm^{-1}$ 和 $1598cm^{-1}$ 为—CH=CH_2 的伸缩振动吸收；$3056cm^{-1}$、$3059cm^{-1}$ 和 $3020cm^{-1}$ 为—CH=CH_2 中 C—H 的伸缩振动吸收；波数为 $1260cm^{-1}$ 附近尖锐的单吸收峰、$800cm$ 以附近强的单吸收峰，说明有—CH_3 基团；在 $3500\sim3700cm^{-1}$ 处有吸收峰，说明有羟基存在，这可能是由乙烯基硅油在放置过程中吸湿所造成的，从图上可以看出，该处吸收峰的强度很小，说明羟基的含量很少。

2.4.11 有机硅橡胶乳液

相对于传统的 RTV 硅橡胶，水基硅橡胶的发展比较缓慢。与传统的室温硫化硅橡胶不同，水基硅橡胶是硅橡胶的水分散体，它通过固化剂交联，水分蒸发后这些粒子不可逆地聚结成有机硅橡胶弹性体。

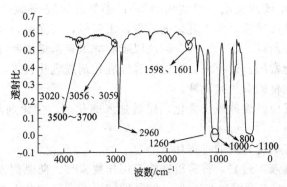

图 2-5　乙烯基硅油的红外吸收光谱

早在 1948 年，就出现了采用机械法制备聚硅氧烷乳液的报道；然而此方法只适合于乳化低摩尔质量的聚硅氧烷。1959 年，Hyde J F 等人报道了通过乳液聚合方法，将硅氧烷环状低聚物在强酸作用下聚合成高摩尔质量聚硅氧烷的方法；1966 年，Findlay D E 等人用具有乳化功能的烷基磺酸乳化硅氧烷环状低聚物，制成了高摩尔质量的聚硅氧烷乳液，同时还制备出交联的硅乳胶；1967 年，Cekada Jr J 制成了拉伸强度达 5.3MPa，伸长率达 1000% 的硅乳胶，其组分包括聚硅氧烷乳液、烷氧基硅烷交联剂、有机锡催化剂和硅树脂。20 世纪 70 年代，水基硅橡胶基本没有什么进展。1980 年，Johnson R O 等人通过向聚硅氧烷乳液加入胶体 SiO_2 和有机锡催化剂，制成性能较好的水基硅橡胶；由于过程简单，且获得的硅橡胶具有相对较高的拉伸强度（3MPa）和伸长率（500%～1000%），于是很快实现了商业化。水基硅橡胶产品先是以涂料形式出现，接着又以密封剂形式出现。

有机硅乳液的合成方法主要有两种：一种是本体聚合，继而用合成出的有机硅大分子与乳化剂和水作用，得到有机硅乳液。其优点是操作简单，生产方便，适于大规模生产。但对于高分子质量的有机硅大分子，因其本身黏度大而难以乳化，常会引起体系的不稳定。另一种是乳液聚合，即利用硅烷单体通过一步法来直接合成，通常用 D_3 或 D_4、乳化剂、催化剂、水等原料，在一定条件下进行乳液聚合而成。由于聚合和乳化是一步完成的，因而耗时短、效率高，对设备要求简单，操作方便，且所得的乳液稳定、颗粒均匀。此外，还可通过聚合反应条件的控制来实现合成产物的分子量可控，或通过共聚引入可进一步反应的活性基团或聚合物，赋予产物特殊的性能。这 2 种方法合成出的有机硅乳液，可分为常规有机硅乳液和功能有机硅乳液。常规有机硅乳液又可根据乳化体系的不同，分为阳离子型、阴离子型、非离子型、复合离子型等几种乳液；功能有机硅乳液则可根据功能基团种类的不同，分为氨基硅乳、羧基硅乳、环氧基硅乳、聚醚硅乳等。

2.4.11.1　机械乳化法

机械乳化法又称剪切乳化法，这种方法是先合成有机硅聚合物，然后将有机硅聚合物、乳化剂、增稠剂和水等物质在适当的生产设备中经剪切分散而制得聚合物乳液的一种方法，使有机硅聚合物分散到连续水相中，即成为一种外观乳白色的稳定乳液。

有机硅乳液的稳定性与所用乳化剂、乳化设备、温度、有机硅聚合物含量和规格等有关。机械乳化法得到的乳液，一般讲，稳定性较差。特别是对于摩尔质量较高的硅油，难以用机械方法使之变成稳定的乳液。

机械乳化法是用胶体磨、均质机或超声波等把油相打碎成小液滴均匀地分布到水相里。乳液的稳定性取决于微粒的直径、防止油相凝结的乳化剂、油相的黏度及比例。机械乳化法所用乳化剂主要是非离子型的。如：①脂肪醇聚氧乙烯醚；②烷基酚聚氧乙烯醚；③吐温

（聚氧乙烯失水山梨醇单硬脂酸酯、单油酸酯等）；④聚硅氧烷-环氧丙烷环氧乙烷嵌段共聚物等。通过乳化含氢硅油试验，作为乳化剂效果，①较好，②尚可，③较好，④好。使用混合型乳化剂时，①＋②尚可，①＋③好。因此以脂肪醇聚氧乙烯醚和吐温组成的复合型乳化剂乳化效果为好，较为常用。近年来，通过特殊的乳化剂或乳化技术，经机械乳化法也获得了非常稳定的、性能优良的有机硅乳液。

将一定摩尔质量反应性聚硅氧烷乳化，然后加入固化剂、催化剂及填料等，混合均匀，水分蒸发后即得弹性体。

机械乳化法制备有机硅乳液的过程如下。

（1）有机硅橡胶乳液　过去，将有机硅橡胶用作脱模剂、防黏剂或其他涂层时，先将有机硅橡胶以 5％～10％的浓度溶解在 95％～90％的如甲苯、汽油和石油醚等中，然后涂抹或喷涂在基材上，待溶剂挥发后，形成有机硅橡胶薄层，方能起到脱模或防黏等作用。这种使用方法不仅麻烦，而且由于用了大量的有机溶剂，因而产生了有毒有害气体，污染了环境，危害人体健康，并且也容易引起火灾。

工艺配方：

	配方 1	配方 2	配方 3	配方 4
硅橡胶（分子量 50 万）	8.75			
乙烯基硅橡胶（分子量 60 万）		5.8		
嵌段室温硫化硅橡胶（分子量 1 万～3 万）			13.3	
α,ω-端羟基室温硫化硅橡胶（分子量 1 万～5 万）				30
汽油（120#）	26.25	29.2		
烷基酚聚氧乙烯醚	3	3		
脂肪醇聚氧乙烯醚	2	2		
烷基苄基卤化铵水溶液			4	3
水	60	60	82.7	67

制备工艺：

配方 1、2 的制备工艺：分别按配方 1、2，将硅橡胶溶解在汽油中，与烷基酚聚氧乙烯醚和脂肪醇聚氧乙烯醚的水溶液一起加入到静态混合器和胶体磨中混合均化，在其强剪切力作用下，得油包水型的膏状物，然后将此膏状物加水至 1000％稀释，在（25±5）℃下，机械搅拌 2h，得到水包油型的有机硅橡胶乳液。室温稳定六个月。

配方 3、4 的制备工艺：分别按配方 3、4，将硅橡胶与烷基卤化铵水溶液一起加入到静态混合器和胶体磨中混合均化，待成油包水型的膏状物后，取出加水稀释至 1000 倍，在（25±5）℃下机械搅拌 2h，制得水包油型的有机硅橡胶乳液。室温稳定六个月。

（2）涂覆玻璃纤维布用水性硅橡胶乳液　涂覆玻璃纤维布用水性硅橡胶乳液由分子量为 50 万～80 万的线型聚硅氧烷硅橡胶、非离子型表面活性剂、非离子型浸润型分散剂和有机溶剂汽油等组成。

例 1. 操作步骤：

① 将 9％ GF-141 甲基乙烯基硅橡胶加入到 24％ 120# 汽油中，用高速搅拌器进行高速搅拌，得到油溶性的有机硅橡胶；

② 将油溶性的有机硅橡胶溶液静置 10min，再依次加入 2％烷基酚聚氧乙烯醚（OP-10）、3％过氧化苯甲酰、3％气相白炭黑（A-200）、1.5％脂肪醇聚氧乙烯醚（AEO-9）、

1.5%硅烷偶联剂（南大-42），用低速搅拌器搅拌0.5～1h；

③ 最后加入56%工业用水，再搅拌30min，制得稳定、均匀、水包油型的硅橡胶乳液。

例2. 操作步骤：

① 将10% 120-1苯基硅橡胶加入到26% 120#汽油中，用高速搅拌器进行高速搅拌，得到油溶性的有机硅橡胶；

② 将油溶性的有机硅橡胶溶液静置10min，再依次加入2%烷基酚聚氧乙烯醚（OP-10）、5%过氧化苯甲酰、5%气相白炭黑（A-200）、2%脂肪醇聚氧乙烯醚（AEO-9）、2%硅烷偶联剂（南大-42），用低速搅拌器搅拌0.5～1h；

③ 最后加入47%工业用水，再搅拌30min，制得稳定、均匀、水包油型的硅橡胶乳液。

（3）球形有机硅橡胶乳液　一种球体形状、不同外观形状的球形有机硅橡胶乳液的制造方法，其包括以下步骤：

① 甲基含氢硅油与端乙烯基硅油按2:100（质量比）混合得到硅油混合物；非离子表面活性剂与水按1:90（质量比）混合得到乳化剂液；所述甲基含氢硅油是指结构为 $Me_3Si—[OSiMe_2]_m—[OSiMeH]_n—OSiMe_3$、$m=40$、$n=40$ 的化合物，所述端乙烯基硅油是指结构为 $ViMe_2Si[OSiMe_2]_nOMe_2Vi$、$n=140$ 的化合物，所述非离子表面活性剂是脂肪醇聚氧乙烯醚；

② 步骤①制备的硅油混合物与乳化剂液按1:1的比例加入反应釜中，投入硅氢化催化剂 Pt-四甲基二乙烯基二硅氧烷络合物 $10×10^{-6}$（以铂计），在40℃下聚合反应24h，降至常温，加入占总反应物质量1%的乳化剂液，在30℃搅拌3h，得到预聚物乳液；

③ 步骤②得到的预聚物乳液与阴离子表面活性剂按100:1.35（质量比）混合，在30℃下搅拌2h，用盐酸或氢氧化钠10%水溶液调节反应物的pH值为7，得到球形有机硅橡胶乳液，上述阴离子表面活性剂是指具有亲水基团和亲油基团的阴离子化合物聚氧乙烯月桂醚硫酸钠。得到的球形有机硅橡胶乳液的主要单元链节是 $(R_a^1R_b^2SiO)_n$ [R^1＝甲基；R^2＝甲基；$a+b=2$，$a=1$，$n=30000～60000$]；

④ 其一般特性指标如下：

外观	乳白色液体
固体含量/%	50
固体形状	球形
固体粒径分布0.8～16μm	不定形物为0.3%～0.4%
存放期	6个月

机械乳化法不仅解决了硅橡胶的乳化问题，而且设备简单，乳化效率高，操作方便，适合大规模生产。由于使用大量的水为溶剂，不用或少用有机溶剂，所以大大减少了有毒有害气体，既减少改善了劳动保护条件，消除了生产安全隐患又减轻了对周围环境的污染，具有良好的经济效益和社会效益。

但一般说来，通过乳液聚合制备的乳液，其稳定性优于由机械乳化法制备的乳液。

2.4.11.2　乳液聚合法

在催化剂的作用下，以六甲基环三硅氧烷、八甲基环四硅氧烷或甲基环硅氧烷混合物和活性低聚物为原料，采用阴离子型、阳离子型、非离子型及两性离子型等多种不同的乳化剂，在一定的温度下发生聚合反应，制备高摩尔质量的反应型聚硅氧烷乳液，然后用碱或酸中和，再加入固化剂、催化剂、填料及颜料等，混合均匀；使用过程中，通过水分蒸发即得弹性体。所用固化剂、催化剂、填料等与传统的RTV硅橡胶大致相同。

以八甲基环四硅氧烷开环乳液聚合过程为例介绍。

八基环四硅氧烷环体中硅的电负性小，易被碱性物质进攻，而氧的电负性大，易被酸性物质进攻，所以八甲基环四硅氧烷可以被酸或碱引发开环聚合。但由于硅氧键发生均裂形成自由基所需要的能量很高，所以至今未见有自由基开环聚合。

八甲基环四硅氧烷在酸的催化下，进行阴离子乳液开环聚合的过程中，首先是八甲基四硅氧烷在酸的作用下开环，在末端形成活性中心，即链引发：

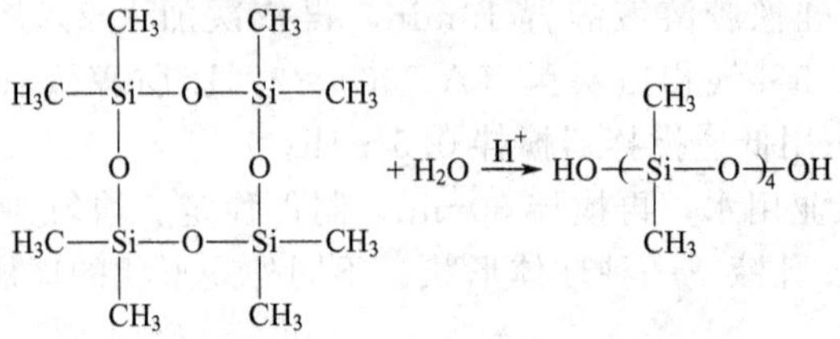

$$H_3C-\underset{\underset{\underset{CH_3}{|}}{\overset{\overset{CH_3}{|}}{Si}-O-Si}-CH_3}{\overset{|}{O}\qquad\overset{|}{O}} \quad + H_2O \xrightarrow{H^+} HO\left(\underset{CH_3}{\overset{CH_3}{|}}{Si}-O\right)_4 OH$$

然后八甲基环四硅氧烷与含有活性中心的硅氧烷低聚物反应，实现链的增长，即链增长：

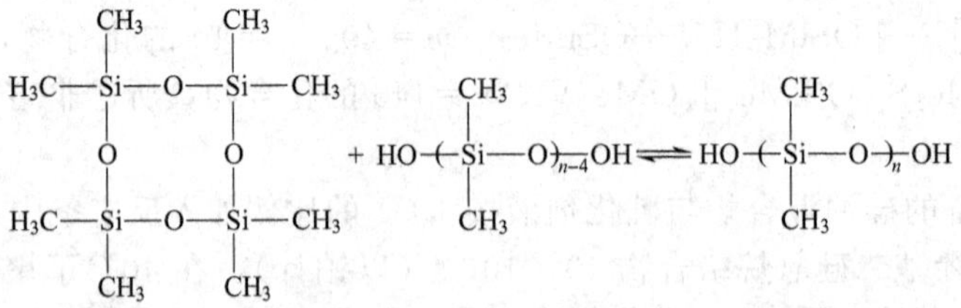

$$+ HO\left(\underset{CH_3}{\overset{CH_3}{|}}{Si}-O\right)_{n-4}OH \Longrightarrow HO\left(\underset{CH_3}{\overset{CH_3}{|}}{Si}-O\right)_n OH$$

随着反应的进行，低聚物的浓度增大，它们相互碰撞的概率增大而发生缩合反应，形成高分子量的聚硅氧烷。

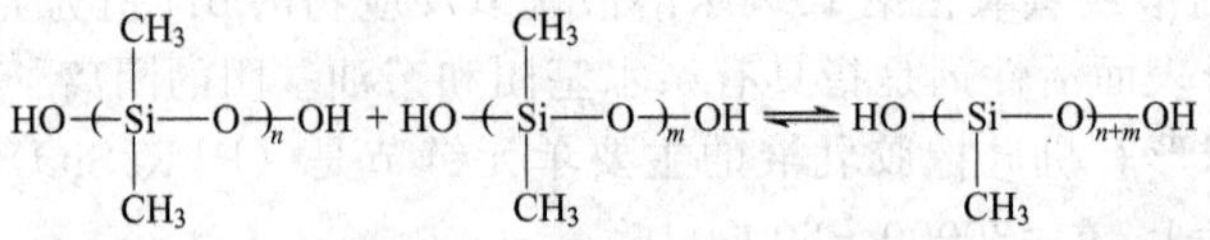

$$HO\left(\underset{CH_3}{\overset{CH_3}{|}}{Si}-O\right)_n OH + HO\left(\underset{CH_3}{\overset{CH_3}{|}}{Si}-O\right)_m OH \Longrightarrow HO\left(\underset{CH_3}{\overset{CH_3}{|}}{Si}-O\right)_{n+m} OH$$

在八甲基环四硅氧烷乳液开环聚合反应中，链引发反应和链增长反应决定了硅氧烷的转化率，聚合物的最终分子量则取决于低聚物之间的缩合反应。链引发和链增长的反应速率比低聚物之间的缩合反应要快得多，在八甲基环四硅氧烷转化率达到平衡以后，低聚物之间的缩合反应继续进行，最后不同分子量的聚硅氧烷之间达到平衡。

在反应过程中，硅羟基和乳化剂分子的亲水端基占据乳胶粒表面，硅羟基既可起助乳化作用，同时又是反应的活性中心，聚合反应是在接近乳液颗粒表面进行的。八甲基环四硅氧烷水解开环生成硅羟基后，有两条可能的途径使聚合物分子量增加：硅羟基之间直接缩合，或先和八甲基环四硅氧烷加成以后再彼此缩合成高聚物。

在硅氧烷乳液开环聚合初期，链引发反应和链增长反应是主要的，颗粒中的八甲基环四硅氧烷要扩散到颗粒表面和硅羟基进行加成，且体系中大多数乳液颗粒大小基本上是一样的，每个颗粒表面上硅羟基的数目和内部能容纳的八甲基环四硅氧烷的量或二甲基硅氧烷链段的数目大体上也一样，由于每个聚合物分子都有两个硅羟基，当一个乳液颗粒内部的八甲基环四硅氧烷以加成反应几乎完全消耗后，加成反应即停止了，颗粒内部的聚合物几乎有相同的分子量，且分子量分布比较窄，体系中聚合物物质的量的增加是由于新的乳液颗粒不断产生所致。

缩合反应发生在乳液颗粒表面的硅羟基之间，如图2-6所示，在反应过程中始终存在，反应初期聚合物链的端硅羟基被乳化剂的端基隔离开，不易发生缩合反应，随着聚合物数目的增加，乳化剂分子不足以将聚合物的端基完全隔开，因此邻近的两个聚合物的端硅羟基发生缩合反应，致使聚合物分子量剧增，分布也变宽。反应后期，缩合反应占主导地位，直到聚合物的分子量达到平衡。

乳液的制备方法有许多种。

方法1：将 2.46% 的 RQBr 和 1.23% 的 OP（非离子表面活性剂）装入反应瓶中，加入定量的蒸馏水（约总投料量的 70%），然后加入 D_4（约总投料量的 30%）；搅拌下程序升温：60℃×8h，70℃×3h，80℃×1h；最后加入醋酸，停止反应，制得二羟基封端聚硅氧烷乳液。

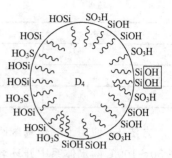

图 2-6 聚硅氧烷在乳液
表面缩聚模型

方法2：章基凯等人采用功能性高分子——强碱性苯乙烯系阴离子交换树脂与十二烷基苄基二甲基溴化铵，以它作为乳液聚合的催化剂与乳化剂，可制得半透明状呈蓝光稳定性甚好的乳液，即使不添加非离子表面活性剂也是如此，基本上不受十二烷基苄基二甲基溴化铵质量的影响。首先制备季铵碱溶液：配制 3.5% 十二烷基苄基二甲基溴化铵水溶液，然后加入一定量的强碱性阴离子交换树脂（离子交换树脂与十二烷基苄基二甲基溴化铵为 3:1），在一定温度下搅拌 2h，再重复一次，交换结束后，滤去离子交换树脂，即得季铵碱溶液。使用过的离子交换树脂可反复再生套用，但每一次使用前要测其交换量，当交换量下降多时，说明已污染，不可再用。其次是在装有搅拌、冷却器、温度计的三颈瓶中加 D_4 400g，交换液 200g，快速搅拌升温至 50℃维持 1.5h 后，升温至 70℃维持 1.5h，再升温至 85℃维持 4～5h，反应结束后，用 HAC 中和，制得半透明状呈蓝光稳定性甚好的乳液。

方法3：章基凯、孙纯中等人采用 DBDA 作乳化剂，D_4 在碱催化剂下开环聚合，制得稳定、高摩尔质量的聚二甲基硅氧烷阳离子乳液。其方法需通过如下 4 步操作。

步骤1：预制大小均匀的 RQBr 和 R^+OH^- 二元球形混合胶束。将计量 2/3 的 RQBr 装入反应瓶中，加入 40mL 蒸馏水；搅拌溶解后，加入能形成 RQ^+Br^- 和 RQ^+OH^- 二元混合胶束的 NaOH，加热至 50℃，反应 1～1.5h；再补加去离子水（加水量按阳离子乳液固含量为 33% 计），搅拌 0.5h，放置过夜。

步骤2：制备含 $HO(SiMe_2O)_n SiMe_2O^-Q^+R$ 活性链的三元混合活性增溶胶束。步骤1完成后，搅拌下加入占 D_4 总投料量 2%～4% 的 D_4，并在 1h 内升温至 60℃左右再反应 30min。

步骤3：控制反应温度和 D_4 加料速度，合成稳定的聚二甲基硅氧烷阳乳（固含量为 33%）。完成步骤2后，保持反应温度，搅拌下于 0.5h 内逐步加入余下的 D_4，再反应 4h 左右；最后加入余下的 1/3 RQBr，搅拌下逐步升温至高于反应温度 20～40℃，历时 2～3h 后降至反应温度，中和后停止反应。

步骤4：在碱催化剂存在下，合成稳定的高摩尔质量聚二甲硅氧烷阳离子乳液。按步骤3合成聚二甲基硅氧烷阳离子乳液，但不进行升温中和操作；然后将其分装于五个塑料瓶（编号为 1～5）中，放在恒温水槽中，在相同反应温度下进行缩合反应；每隔 24h 取出一瓶进行中和、破乳、分离、干燥，按常规方法用 GPC 测定其分子量及分布，其结果见表 2-23。由此可知，通过延长放置时间，可制得高摩尔质量有机硅阳乳。该方法的优点是可根据需要在一定范围内任意合成不同摩尔质量的有机硅阳乳；方法易行，可用于生产。

表 2-23 聚二甲基硅氧烷的分子量及其分布

样品编号	M_n/(g/mol)	M_w/(g/mol)	M_w/M_n
1	$3.29×10^4$	$5.18×10^4$	1.57
2	$7.76×10^4$	$13.20×10^4$	2.51

样品编号	$M_n/(g/mol)$	$M_w/(g/mol)$	M_w/M_n
3	$8.84×10^4$	$20.07×10^4$	2.30
4	$10.65×10^4$	$23.39×10^4$	2.31
5	$11.71×10^4$	$27.07×10^4$	2.31

方法 4：使用十二烷基苯磺酸钠为乳化剂、十二烷基苯磺酸（DBSA）为催化剂，对 D$_4$ 在 $50\sim100℃$ 的水体系中开环乳化聚合，可以得到颗粒度为 $500\sim5000Å$（$1Å=10^{-10}$ m）的阴离子羟基有机硅乳液。同样对于聚合物分子量的控制则比较容易，由温度来控制，只要通过硅氧烷、水和硅醇之间的平衡，控制温度即可，在 $25\sim90℃$ 之间可得到不同分子量（$49000\sim172000$）的羟基有机硅乳液（表 2-24）。

表 2-24　在乳液聚合中羟基硅油的黏度和分子量与反应温度的关系

反应温度/℃	聚合物黏度(25℃)[①]/Pa·s	聚合物分子量[②]
25	126	172000
30	588	150000
40	328	135000
50	120	110000
60	58	94000
70	19	71000
80	11350	62000
90	5240	49000

① Brookfield 黏度计测量。② 用 Barry 公式计算。

方法 5：制备非离子聚硅氧烷乳液。该乳液是由非离子乳化剂型如十二烷基聚氧乙烯基醚、Span、Tween 系列，在路易斯酸或碱为催化剂的条件下制得。非离子聚硅氧烷乳液由于不带电荷，比离子型硅乳具有更强的适应性，应用领域更宽，稳定性更好。因此，围绕非离子型有机硅乳液开展了大量的研究工作。如美国道康宁公司的 DC-346 就是一种非离子型有机硅乳液，不仅能赋予皮革原始的外观和手感，而且增强其防水性能，得到广泛的应用。瑞士汽巴嘉基公司生产的新产品 Ultrate FSA，是一种分子质量在 20 万以上的羟基封头聚二甲基硅氧烷的非离子型乳液，比美国道康宁公司的 DC-1111 阴离子型硅乳前进了一步。Revis 等以脂肪醇聚氧乙烯醚为乳化剂，有机硅醇钠盐为催化剂，进行 D$_4$ 的非离子型乳液聚合，得到粒径为 65nm 的有机硅乳液。并强调在非离子型乳液聚合中，不能采用脂肪酸酯型非离子表面活性剂；因为在聚合催化剂酸或碱的作用下，它们会发生水解反应，导致乳化性能改变或催化剂失效。Halloran 等以月桂醇聚氧乙烯醚为乳化剂，戊醇为助乳化剂，制得有机硅含量为 7.6% 乳液。南京师范大学研制的非离子羟乳，采用了聚氧乙烯基醚的磷酸酯和 HLB 值不同的非离子乳化剂聚合而成，稳定性高，可以用作合成纤维和各类纤维及织物的整理剂。但是，非离子型硅乳由于存在与基材作用力弱，容易迁移的缺点，限制了其使用范围。

方法 6：制备复合离子聚硅氧烷乳液。传统的乳液聚合得到的聚硅氧烷胶乳粒径较大、易漂油或聚沉，并且阴（阳）离子型有机硅乳液有电荷存在，导致稳定性差，且不耐电解质，有机硅聚合物容易从乳液中分离出来，浮在液面上，俗称"漂油"。为改善阴（阳）离子硅乳的稳定性，控制乳液的粒径，将阴（阳）离子表面活性剂与非离子表面活性剂和乳化助剂进行复配，以提高乳化性能，便可克服离子型乳化剂制备硅乳的缺点，使产物具有良好的耐热性、耐电解质性和耐冷冻性。同时，还可以改善非离子型乳化剂所制得的硅乳与基材结合力弱的问题，以达到综合的效果。如上海树脂厂于20世纪70年代采用阳离子与各种非离子复合乳液聚合方法研制成功并投入生产的 SAH-288A、B 高稳定性、漂油少的二甲基羟基硅油乳液。又如沈一丁等人在研究 D_4 离子型乳液稳定性过程中发现：单独采用离子型乳化剂，对 D_4 的乳液聚合的乳化效果不理想；加入 OP-10 非离子表面活性剂和十八醇助乳化剂，可以明显改善乳化效果，久置而不分层、不漂油。

在反应体系中必须加入非离子表面活性剂和助乳化剂，能提高乳液稳定性、防止乳胶颗粒的聚沉的机理为：非离子助乳化剂可显著降低乳胶粒表面的静电张力，同时离子型乳化剂的静电斥力和非离子型乳化剂水化层的体积效应协同作用，使生成的乳胶粒更稳定。

2.4.12 乙基硅橡胶

在聚硅氧烷侧链上引入乙基制得的二乙基硅橡胶，其突出的性能是耐寒性特别好，耐寒性优于二甲基硅橡胶和一般的甲基乙烯基硅橡胶。乙基含量越高，耐寒性越好。但乙基的反应活性比甲基大，因此，随乙基含量越大，耐热性随之下降。作为低温使用的乙基硅橡胶，以在聚合物中含有二乙基硅氧链节为8%（摩尔分数）为宜。乙基硅橡胶的使用温度一般为 $-70 \sim 200 ℃$。

2.4.13 硅氮橡胶

硅氮橡胶的主要优点是具有卓越的热稳定性，在 $430 \sim 480 ℃$ 不分解，有的甚至能耐 $500 ℃$ 以上的高温。硅氮橡胶的突出弱点是水解稳定性差，曾一度被认为没有发展前途。后来发现主链中引入环二硅氮烷的聚合物具有很好的热稳定性。用硅芳基改性的含环二硅氮烷的弹性体，在空气中加热到 $425 ℃$ 不失重，$570 ℃$ 时失重仅为 10%，且具有较好的水解稳定性。

2.4.14 甲基嵌段室温硫化硅橡胶

甲基嵌段室温硫化硅橡胶是甲基室温硫化硅橡胶的改性品种，它是由羟基封端的聚二甲基硅氧烷（107 胶）和甲基三乙氧基硅烷低聚物（聚合度 3~5）的共聚体。在二丁基二月桂酸锡的催化下，聚二甲基硅氧烷中的羟基和聚甲基三乙氧基硅烷中的乙氧基缩合生成三向结构的聚合体，经硫化后的弹性体比甲基室温硫化硅橡胶具有较高的机械强度和粘接力，可在 $-70 \sim 200 ℃$ 温度范围内长期使用。

甲基嵌段室温硫化硅橡胶具有防震、防潮、防水、透气、耐臭氧、耐气候老化、耐弱酸弱碱性能。它的电气绝缘性能很好，还具有很好的黏结性，而且成本低。因此，可广泛用于灌封、涂层、印模、脱模、释放药物载体等场合。用甲基嵌段室温胶灌封的电子元器件有防震、防潮、密封、绝缘、稳定各项参数等作用。把甲基嵌段室温胶直接涂布到扬声器上，可减少和消除扬声器的中频各点，经硫化后扬声器谐振频率性能可降低 20Hz 左右。在甲基嵌段室温胶中配合入一定量的添加剂后可用作纸张防黏剂。在食品工业的糖果、饼干传送带上涂上一层薄薄的甲基嵌段室温胶后，可改善帆布的防黏性能，从而改善了食品的外观，提高原料的利用率。

在甲基嵌段室温胶中加入适量的气相法白炭黑，可用于安装窗户玻璃、幕墙、窗框、预制板的接缝、机场跑道的伸缩缝。此外，还可作电子计算机存储器中磁芯和模板的胶黏剂，还可作导电硅橡胶和不导电硅橡胶的胶黏剂等。用甲基嵌段室温硫化硅橡胶处理织物可提高织物的手感、柔软和耐曲磨性。

参 考 文 献

[1] 章基凯. 精细化学品系列丛书之一：有机硅材料 [M]. 北京，中国物资出版社，1999.

[2] Haggerty W J, Jr Breed I. W. Interaction of Alkoxysitanes anti Acetoxysilanes. J. Org. Chem. , 1961, 26 (7): 2464-2467.

[3] Yasuaki Nakaido, Toshio Takiguchi, Notes-Some Properties and Reactions of Phenyl acetoxysilane [J] . J. Org. Chem, 1961, 26 (10): 4144-4145.

[4] Grubb W T. For acid-catalyzed siloxane formation [J] . J. miller. Chem. Soc. , 1954, 76: 3408.

[5] US, 197251, 1980.

[6] US, 842110, 1974.

[7] JP, 33-2149, 1958.

[8] GB 843273, 1960.

[9] 李勉. 二甲基二氯硅烷水解物裂解重排反应探讨 [J]. 杭州化工. 2008, 38 (4): 33-34.

[10] 王福民. 二甲基二氯硅烷水解物裂解新工艺产业化 [J]. 化工科技. 1998, 6 (4): 47-49.

[11] 黄文润. 氨基硅油与织物柔软剂 [J]. 有机硅材料及应用. 1998.

[12] 卿宁，田禾，张晓铭，周建华. 氨基聚硅氧烷的合成 [J]. 功能高分子学报，2000, 13 (4): 385-388.

[13] 周宁琳. 有机硅聚合物导论 [M]. 北京：科学出版社. 2000.

[14] 吴森纪. 有机硅及其应用 [M]. 科学技术文献出版社，1990; 170.

[15] 晨光化工研究院有机硅编写组. 有机硅单体及其聚合物 [M]. 北京：化学工业出版社，1986.

[16] 纪奎江译. 特种合成橡胶 [M]. 石油化学工业出版社，1970; 256.

[17] 冯圣玉，张洁，李美江，等. 有机硅高分子及其应用 [M]. 北京：化学工业出版社，2004

[18] 杜作栋，陈剑华，贝小来. 有机硅化学 [M]. 北京：高等教育出版社，1990.

[19] 黄文润. 有机硅材料的市场与产品开发 [J]. 有机硅材料及应用，1993，(2): 1-12.

[20] 韩冬梅，王聪敏. 高分子材料概论 [M]. 北京：中国石化出版社，2003.

[21] Boileu S. in McCrrath J E ed. Ring Opening Polymerization [M]. American Chemical Society Symposium, Washington. D. C., 1985, 23-25.

[22] Moller M, Siffrin S Q, Out GJ J, Boilau S. Preparation and properties of well defined mesomorphic organo-modified polysiloxanes [J]. Poly. Preprint, 1992, 33 (1): 176.

[23] 吕素芳，李美江，吴继荣，等. 环硅氧烷开环聚合的机理及动力学研究 [J]. 高分子通报，2008 (1): 61-62.

[24] 潘祖仁, 高分子化学 [M]. 北京：化学工业出版社，2003.

[25] 李宝莲. 八甲基环四硅氧烷聚合动力学 [J]. 有机硅材料及应用. 1998, 5: 1-4.

[26] 周安安. 有水条件下环硅氧烷开环聚合机理及动力学研究，浙江大学博士学位论文，2003.

[27] Winton Pabtode, Donald F Wilcock, Methylpolysiloxanes [J]. J. Am. Chem. Sot. 1946, 68 (3): 358-363.

[28] Frederick P Adams. Jack B Catmichael, Ronald J Zeman. Kinetics of norrequilibritutt mallylsiloxane polymerization and rearrangement [J]. J. Poly. Sci. A-l, 1967. 5 (41): 741-759.

[29] Morton A Ciolub, Jorge hleller, M Morton and E. E Bostick. Cyclohydrvchkxination of 3,4-polyisolxerte [J]. J. Poly. Sci. B, 1964, 2 (5): 523-527.

[30] Bischoff R. Polysioxanes in macomoleculararchitecture [J]. Prog. Polym. Sci. 1999, 24 (2): 185-219.

[31] Brown E D, Carmichael J B. Cyclic distribution in 3,3,3-trifluoropropylmethylsiloxane polymers. J. Polym. Sci. Polym. Lett. Ed., 1965, 3: 473-482.

[32] Wright P V, Semlyen J A. Equilibrium ring concentrations and the statistical conformations of polymer chains: Part 3. Substituent effects in polysiloxane systems. Polymer 1970. 11: 462-471.

[33] 张兴华，贝建中，刘香莺，杨亚君. 六甲基环三硅氧烷非平衡聚合的研究 [J]. 高分子通讯，1981, 4: 268-273.

[34] Pierce O R, Holbrook G W, Johannson O k Fhorosilicone Rubber. Ind. Eng. Chem., 1960, 52 (9): 783-784.

[35] Veith C. A., Cohen R. E.. Kinetic modelling and trifluoropropylmethylsiloxane polymerization, Journal of Polymer Chemistry. 1989, 27 (4): 1241-1258.

[36] 日本信越化学工业公司. 高强度氟硅橡胶—FE371 [J]. 橡胶参考资料，2001, 31 (10): 3.

[37] 通用电气硅橡胶公司. 通用电气推出液体自润滑氟硅橡胶 [J]. 有机硅氟资讯. 2002, (12)：11.

[38] 刘君, 苏正涛. 有机硅材料及应用. 1999, 13 (6)：13-15.

[39] 苏正涛. SKTFT-50 共聚氟硅橡胶的低温性能研究 [J]. 特种橡胶制品. 2003, 24 (2)：12-14.

[40] 福田健, 毕爱林. 氟硅橡胶的开发动向 [J]. 橡胶参考资料. 1998, 28 (4)：7-17.

[41] 中国科学院化学所, 氟硅橡胶的制备 (内部资料). 1965：73-75.

[42] 刘景先. 热硫化氟硅橡胶 [J]. 合成橡胶工业. 1989, 12 (4)：261-268.

[43] 俞槐根, 任连生. 用 ^{1}H-NMR 法表征氟硅橡胶的结构 [J]. 合成橡胶工业. 1992, 15 (4)：231.

[44] 陶惠芬. 室温硫化液体氟硅橡胶分子量及其分布的测定研究 [J]. 有机氟工业. 1994, (4)：38-40.

[45] 王春华. 高强度氟硅橡胶胶料的研制 [J]. 世界橡胶工业. 2002, 29 (6)：13-14.

[46] 彭文庆, 杨始燕, 邓小东, 等. 耐高温室温硫化氟硅橡胶 [J]. 高分子学报. 1999, (6)：715-719.

[47] 李光亮. 有机硅高分子化学 [M]. 科学出版社, 1998.

[48] Gee G. "Rings and Chains in Inorganic Polymers" in Inorgic Polymers, An International Symposium, Speciai Publi- cation No. 15, Sidney Press, 1961：67.

[49] Bailey D L O connor F M. US 3600418. 1971.

[50] 王秉昌. 氟硅橡胶的合成与进展. 有机氟工业. 1992, 6 (1)：21-24.

[51] 潘大海, 苏正涛. 羟基封端氟硅橡胶的制备 [J]. 特种橡胶制品. 1996, (2)：1-4.

[52] 来国桥, 幸松民. 有机硅产品合成工艺及应用 [M]. 北京：化学工业出版社, 2010.

[53] 郑瑞兵, 宋新锋, 朱晓英, 等. 以水解物为原料合成 107 硅橡胶的影响因素 [J]. 有机硅材料, 2008, 22 (5)： 309-331.

[54] 朱德洪, 魏宁波, 朱恩伟等. 一种综合利用有机硅水解料环线分离制备 107 胶的方法 [P]. CN 101173044A, 2008.

[55] 李志超, 蒲文伦, 刘媛. 一种生产 α, ω-羟基聚二甲基硅氧烷的方法 [P]. CN 101210074A, 2008.

[56] 李强, 黄光速, 江璐霞. 羟基聚甲基苯基硅氧烷的合成与表征 [J]. 合成橡胶工业, 2004. 27 (1)：10-12.

[57] 万长军. 室温硫化硅橡胶工艺改进分析 [J]. 广东科技, 2011 (18)：85-86.

[58] 许涌深, 唐士立. 反应性官能端基硅氧烷的合成与应用. 化工进展, 2001 (1)：31.

[59] Barrere M, Ganachaud F, Bendejacq D, et al. Anionic polymerization of octamethylcyclotetrasiloxane in miniemul- sion II. Molar mass analyses and mechanism scheme. Polymer, 2001, 42 (17)：7239.

[60] 胡友慧, 许新社. 乙烯基聚二甲基硅氧烷的合成与纯化 [J]. 高分子材料科学与工程, 2000, 16 (3)：67.

[61] Westinghouse Electric Int Co. Improvements in or relating to silicone compositions. GB 596 833. 1948.

[62] Hyde J F, Wehrly J R. Polymerization of organopolysiloxanes in aqueous emulsion. US 2 891 920. 1959.

[63] Findlay D E, Weyenberg D R. Method of polymerizing siloxanes and silcarbanes in emulsion by using a surface active sulfonic acid catalyst. US 3 294 725. 1966.

[64] Cekada JR J. Silicone rubber latexes reinforced with silsesquioxanes. US3 355 406. 1967.

[65] Johnson R O, Saam J C, Schmidt CM. Silicone emulsion which provides an elastomeric product and methods for prep- aration. US 4 221 688. 1980.

[66] Liles DT, Lefler Ⅲ HV. Silicone rubber lattices in water-based coatings. Mod Paint Coat, 1991, 81 (8)：46.

[67] Liles D T. Silicone rubber latex coating. Polym Mater Sci Eng, 1992, 66：172.

[68] 发明专利申请公开说明书 CN90100436. 7 有机硅橡胶乳液的制备方法.

[69] 发明专利申请公开说明书 CN200410014147. 2 涂覆玻璃纤维布用水性硅橡胶乳液.

[70] 发明专利审定授权说明书 CN200510034386. 9 球形有机硅橡胶制品及其制造方法.

[71] Breed L, Ellion R. Haggerty W, Jr Baiocchi F. Some Alkoxyorganosilanes [J]. J. Org. Chem, 1961, 26 (4)： 1303-1305.

[72] Grubb W T, Robert C O, Kinetics of the Polymerization of a Cyclic Dimethylsiloxane [J]. J. Am. Chem. Soc., 1955, 77 (6) 1405-1411.

[73] Wu T C, Hiri C A. Organosilicon chemistryl. Octaaryispiro pentasiloxanes [J]. J. Organametsl. Chem., 1968, 11： 17-25.

[74] 李红英. Poss/环硅氧烷阴离子开环共聚直接合成交联聚硅氧烷及其结构表征和性能研究. 北京化工大学博士学位 论文. 2006.

[75] Launer P L. in silicon compounds mgister and review [J]. USA：Petrarch Systems Ine. (Bristol, PA). 1987, 69.

[76] 马德柱, 何平笙, 等. 高聚物的结构与性能 [M]. 北京：科学出版社, 191-203.

[77] 皮逢春. 甲基苯基乙烯基硅橡胶工艺研究及应用 [J]. 特种橡胶制品. 1980 (2)：44.

[78] 黄文润. 氨基硅油与织物柔软剂 [J]. 有机硅材料及应用. 1998，5：16-18.

[79] 李美江，吕素芳，蒋剑雄，等. 甲基苯基二氯硅烷与苯基三氯硅烷共水解缩聚研究 [J]. 化工新型材料. 2007，11 (35)：57-59.

[80] Dallas T Hurd. Robert C Osthoff，Myron L Corrin. The Mechanism of the Base-cata Rearangement of Organopolysi-loxanes [J]. J. Am. Chem. Soc.，1954，76 (1)：249-252.

[81] 高家武主编. 高分子材料近代测试技术 [M]. 北京：北京航空航天大学出版，1994. 210-243.

[82] 魏伯荣，宋义虎. MPVQ 的低温性能研究 [J]. 高分子材料科学与工程，2005，21 (2)：217-219.

[83] 韩淑玉，雷育民. 国产苯基硅橡胶应用研究 [J]. 特种橡胶制品，1981 (3)：7.

[84] Davis W M. Szabo J P. Group contribution analysis applied to the Havriliak-Negami model for polyurethanes [J]. Computational and Theoretical Polymer Science，2007，38 (11)：9-15.

[85] 唐振华，谢志坚，曲亮靓等. 苯基含量对甲基乙烯基苯基硅橡胶性能的影响 [J]. 橡胶工业，2007，54：610-613.

[86] Andrianov，K A, Slonimskii C L, Zhdanov A A，ect. Some physical properties of phenyl silicone rubber，Polvm Sci，Part A 1，1972，10：23.

第3章
热硫化型硅橡胶

热硫化型硅橡胶（HTV）的制造一般分为三个阶段：一是由有机硅中间体作为原料合成分子量高（40万～80万）的线型聚硅氧烷（生胶），即有机硅产品中最重要的一类的硅橡胶；二是以生胶为骨架材料，加入适当的补强剂、结构控制剂、各类添加剂及硫化剂等助剂一起混炼，制成混炼胶；三是将混炼胶通过模压、挤出、注射成型等加工方式，在高温下硫化成各种弹性产品。

HTV制品具有优良的电绝缘性，抗电弧、电晕、电火花能力强，防水、防潮、抗冲击力、抗震性好，具有生理惰性、透气性等性能。主要用于航空、仪表、电子电气、航海、冶金、机械、汽车、医疗卫生等部门，可作各种形状的密封圈、垫片、管、电缆，也可作人体器官、血管、透气膜以及橡胶模具，精密铸造的脱模剂等。

3.1 品种及特性

热硫化型硅橡胶是应用最早的一类橡胶，发展至今已有许多品种。

3.1.1 二甲基硅橡胶

二甲基硅橡胶（dimethyl polysiloxane rubber）简称甲基硅橡胶，是硅氧烷主链的侧基全部由甲基组成的聚硅氧烷，为硅橡胶中最老的品种。在 $-60\sim250\,℃$ 温度范围内能保持良好弹性。由于其硫化活性低，工艺性能差，厚壁制品在二段硫化时易发泡，高温压缩变形大等缺点，目前除少量用于织物涂覆或某些膏状物载体外，已被甲基乙烯基硅橡胶所取代、商品牌号及其特性见表3-1。

表 3-1　二甲基硅橡胶的品种牌号及其特性

结构式	$CH_3-\underset{\underset{CH_3}{\vert}}{\overset{\overset{CH_3}{\vert}}{Si}}-O\left[\underset{\underset{CH_3}{\vert}}{\overset{\overset{CH_3}{\vert}}{Si}}-O\right]_n\underset{\underset{CH_3}{\vert}}{\overset{\overset{CH_3}{\vert}}{Si}}-CH_3$ $n=5000\sim10000$
特性	使用温度范围 $-60\sim250\,℃$
商品牌号	DC-401、SE-76、E-301、KE-76 CKT、101-1、101-2
生产国家	美国、英国、日本、前苏联、中国

3.1.2 甲基乙烯基硅橡胶

甲基乙烯基硅橡胶（methyl vinyl polysiloxane rubber）简称乙烯基硅橡胶，是在甲基硅橡胶的基础上，在分子侧链或端基引入少量乙烯基硅氧烷而形成，乙烯基含量一般为 $0.1\%\sim0.3\%$（摩尔分数），链节 $n=10\sim20$、分子量 $M=10000\sim50000$，使用温度范围 $-70\sim300℃$。其品种牌号及特性见表3-2。

表3-2 乙烯基硅橡胶的品种牌号及特性

商品牌号	生产国家
DC-410、DC-430 SE-31、SE-33 W-96	美国
E-302	英国
KE-77	日本
CKTB(含乙烯基0.1%) CKTB(含乙烯基0.5%)	前苏联
110-1(含乙烯基0.07%~0.12%) 110-2(含乙烯基0.13%~0.22%) 110-3(含乙烯基0.8%~1.1%)	中国

注：表中%均表示摩尔分数。

少量不饱和乙烯基的引入，极大地提高了硅橡胶的硫化活性，改善了硫化胶的物理机械性能，提高了胶料的弹性，降低了压缩永久变形，因此极大地拓展了应用领域。端乙烯基生胶的合成，使硫化胶微观分子中端基可产生交联，减少了不稳定的"悬挂链"，因而不但性能好，而且更适用于人体材料的制造。甲基乙烯基硅氧烷单元的含量对硫化作用和硫化胶耐热性有很大影响，含量过少则作用不显著，含量过大（达 0.5%）会降低硫化胶的耐热性。由于甲基乙烯基硅橡胶性能优异、合成工艺成熟、而成本增加不多，因而在硅橡胶生产中，甲基乙烯基硅橡胶是产量最大、应用最广、品种最多、最具有代表性的高温胶产品。除了大量应用的通用型胶料外，各种专用性硅橡胶和具有加工特性的硅橡胶（如高强度硅橡胶、低压缩永久变形硅橡胶、导电硅橡胶、导热硅橡胶以及不用二段硫化硅橡胶、颗粒硅橡胶等）也都以它为基础进行加工配合。

3.1.3 甲基乙烯基苯基硅橡胶

甲基乙烯基苯基硅橡胶（methyl vinyl phenyl polysiloxane rubber）简称苯基硅橡胶，它是在乙烯基硅橡胶的分子链中引入二苯基硅氧烷链节（或甲基苯基硅氧烷链节）而制成的。这是通过引入大体积的苯基来破坏二甲基硅氧烷结构的规整性，降低聚合物的结晶温度和玻璃化温度。其品种牌号及特性见表3-3。

表3-3 苯基硅橡胶的品种牌号及特性

特性	商品牌号	生产国家
低苯基橡胶(苯基含量:5%~15%)使用温度范围-100~150℃	DC-440,SE-51, SE-52,W-97,120-1	美国、中国
中苯基橡胶(苯基含量:15%~25%)耐烧蚀	120-2,E-350	中国、英国
高苯基橡胶(苯基含量:30%~50%)耐 γ 射线 2.58× 10^4C/kg	CKTΦB-803	前苏联

当苯基摩尔分数为0.05～0.10时（苯基与硅原子比）通称低苯基硅橡胶，此时，橡胶的硬化温度降到最低值（−115℃），使它具有最佳的耐低温性能，在−100℃下仍具有柔曲弹力。随着苯基含量的增加，分子链的刚性增大，其结晶温度反而上升。苯基摩尔分数在0.15～0.25时通称中苯基硅橡胶，具有耐燃特点。苯基摩尔分数在0.30以上时，通称高苯基硅橡胶，具有优良的耐辐射性能。苯基硅橡胶应用在要求耐低温、耐烧蚀、耐高能辐射、隔热等场合。中苯基和高苯基硅橡胶由于加工困难，物理机械性能较差，生产和应用受到一定限制。

3.1.4 甲基乙烯基三氟丙基硅橡胶

甲基乙烯基三氟丙基硅橡胶（methyl vinyl r-trifluoropropyl polysiloxane rubber）简称氟硅橡胶（fluoroailicone rubber），是在乙烯基硅橡胶的分子链中（乙烯基含量一般为0.3%左右）引入氟代烷基（一般为三氟丙基），主要特点是具有优良的耐油、耐溶剂性能（比乙烯基硅橡胶好得多）。例如，它对脂肪族、芳香族和氯化烃类溶剂、石油基的各种燃料油、润滑油、液压油以及某些合成油（如二酯类润滑油、硅酸酯类液压油）在常温和高温下的稳定性都很好。氟硅橡胶的耐温性能较乙烯基硅橡胶要差一些，工作温度范围为−50～250℃，在常温和高温下稳定性较好。

3.1.5 亚苯基硅橡胶和苯醚基硅橡胶

亚苯基硅橡胶和苯醚基硅橡胶（phenylene polysiloxane rubber and phenylatylene silicone rubber）是在分子链中含有亚苯基或苯醚基链节的新品种硅橡胶，是为适应核动力装置和导航技术的要求而发展起来的，其主要特性是拉伸强度较高，耐γ射线、耐高温（300℃以上），以及高温抗压缩变形有很大改进，但耐寒性不如低苯基硅橡胶。

3.1.6 腈硅橡胶

腈硅橡胶（nitril silicone rubber）主要是在分子链中引入含有甲基-β-氰乙基硅氧链节或甲基-γ-氰丙基硅氧链节的一种弹性体，其主要特点与氟硅橡胶相似，即耐油、耐溶剂并具有良好的耐低温性能。但由于在聚合条件下存在引起氰基水解的因素，因此生胶的重复性差，其应用发展受到一定限制。

3.1.7 硅硼橡胶

硅硼橡胶（boron silicone rubber）是在分子主链上含有十硼烷笼形结构的一类新型硅橡胶，具有高度的耐热老化性，可在400℃下长期工作，在420～480℃下可连续工作几小时，而在−54℃下仍能保持弹性。适于在高速飞机及宇宙飞船中作密封材料。美国在20世纪60年代末已有硅硼橡胶商品系列牌号，但70年代以后很少报道，其主要原因可能是胶料的工艺性能和硫化胶的弹性都很差，而且碳硼的合成十分复杂，毒性大，成本高。

3.2 高温硫化硅橡胶和配合剂

为了制得各种性能的混炼硅橡胶，往往需要十多种完全不同功能的配合剂，包括：生胶；补强填料；半补强填料和非补强填料；软化剂（或增塑剂）；结构化控制剂；粘接性赋予剂；内脱模剂；发泡剂；溶剂；着色剂；硫化剂；硫化促进剂；硫化延迟剂（防焦烧剂）等。

纯硅橡胶的强度很低，必须混入补强剂（填料）、硫化剂、结构化控制剂及其他特殊助剂，经混炼均匀制成混炼硅橡胶后，才能用一般橡胶的加工方法在加热加压下加工成各种硅橡胶制品。这些助剂统称为配合剂。由于硅橡胶生胶的化学结构和使用特点，一般有机橡胶使用的绝大多数配合剂不仅不能用于硅橡胶，而且对硅橡胶极为有害，因此，硅橡胶使用的配合剂都有特定的要求。在选择混炼硅橡胶配合剂或分析某些原材料对硫化胶性能的影响时，要考虑硅橡胶生胶的结构和制品的使用特点，配方设计应考虑以下几点。

① 硅橡胶分子结构为饱和度高的生胶，一般橡胶用的硫化剂不能使用，即不能用硫黄硫化，应采用有机过氧化物作硫化剂，利用其高温分解形成的自由基使硅橡胶分子侧链的有机基交联。由于硅橡胶使用有机过氧化物作硫化剂，因此胶料中不得含有能与过氧化物分解产物发生作用的活性物质（如不饱和的有机化合物、普通炭黑、某些有机促进剂和防老剂等），否则就会发生阻化作用，影响硅橡胶的硫化；另一方面，在某些物质存在下，过氧化物会发生离子型裂解，而不能生成引起硅橡胶交联的自由基，这样也影响硅橡胶的硫化。

② 硅橡胶制品一般在高温下（200～300℃）使用，其配合剂应在高温下保持稳定，要特别慎重使用有机配合剂，要考虑到其在高温下挥发、分解或炭化的可能性，通常选用无机氧化物作为补强剂。

③ 硅橡胶分子主链 Si—O 链的半离子键性，为非结晶结构，分子间的引力低，在微量酸或碱等化学试剂的作用下易引起硅氧烷键的裂解和重排，导致硅橡胶耐热性的降低。因此，在使用的配合剂中（特别是填料）要严格防止带入酸碱性杂质，同时还应考虑过氧化物分解后产生的酸性物质，以免影响硫化胶的性能。（硅橡胶为非极性橡胶）

为设计、制造出性能优异、符合各种用途的混炼胶必须首先了解各个组分的性能和作用。

3.2.1 生胶的选择

依据产品的性能和使用条件选择具有不同特性的生胶：对于使用温度要求一般（－70～250℃）的硅橡胶制品，都可采用乙烯基硅橡胶；当对制品的使用温度要求较高（－90～300℃）时，可采用低苯硅橡胶；当制品要求耐高低温又耐燃油和溶剂时，则应当采用氟硅胶。

硅生胶是混炼胶的骨架材料，不同品种生胶制得的混炼胶性能有很大差异。不同品种的混炼胶对生胶的要求也不同。决定生胶的基本性能是摩尔质量、乙烯基含量和挥发分三个指标。一般说，摩尔质量越高，硫化胶物理机械性能越好，但加工性、流动性要下降，"吃粉"（填料混入生胶）速度变慢。在加工模压混炼胶时，一般选择高摩尔质量（$>60 \times 10^4$ g/mol）的生胶，而作挤出产品时，为了改善挤出流动性，摩尔质量要稍低，可用 $55 \sim 60 \times 10^4$ g/mol 的生胶与高摩尔质量生胶搭配使用。乙烯基含量的大小对混炼胶的综合性能有很大影响。乙烯基含量 0.1%～0.2% 的混炼胶，性能和适应性最好。在加工中，经常采用不同分子量和不同乙烯基含量的生胶按一定比例搭配使用，硬度越高的产品，要求生胶的乙烯基含量也越高，挥发分的数据则要求适中（1%～2%），挥发分太大，胶料易发黏，性能下降，挥发分太小，胶料"吃粉"困难。

甲基乙烯基硅橡胶生胶中的乙烯基含量与硫化胶的物理性能的关系，见表 3-4。

表 3-4　不同乙烯基含量对硫化胶性能的影响[①]

性能指标 项目	乙烯基含量/%（摩尔分数）				
	0.10	0.15	0.30	0.50	1.00
拉伸强度/MPa	6.5	7.4	7.4	7.1	7.1

续表

性能指标 项目	乙烯基含量/%（摩尔分数）				
	0.10	0.15	0.30	0.50	1.00
撕裂强度/(kN/m)	32.5	38.4	22.6	14.6	13.4
伸长率/%	533	588	348	263	260
压缩永久变形/%	3	7	3	0	0
硬度（邵尔A）	48	55	59	60	60

① 胶料配方：甲基乙烯基生胶，100 份（质量份）；处理白炭黑，40～45 份；氢封端聚硅氧烷（H 含量，0.14%～0.20%），1～10 份；含氢聚硅氧烷（H 含量，1.0%～1.3%），0.1～1 份；抑制剂，0.1～2 份；铂配合物，0.1～2 份。

3.2.2 硫化剂和硫化机理

3.2.2.1 硫化剂

高黏滞塑性态的硅橡胶生胶转变成三维网状结构的弹性态的起交联反应、使线型分子形成立体网状结构、可塑性降低的过程称为硅橡胶的硫化。能够使硅橡胶生胶交联的物质称为硫化剂（也称交联剂）。

混炼硅橡胶在硫化前不具橡胶特性，只有在硫化剂作用下，通过化学交联形成三维网状结构，才具有橡胶特性，力学性能大大提高，具有较高的使用价值。

用于热硫化硅橡胶用硫化剂主要有四大类：有机过氧化物；脂肪酸的偶氮化合物；无机化合物；高能辐射硫化。

硅橡胶一般均为高度饱和的结构，硫化活性较低，故通常不能用硫黄硫化，常采用的硫化剂为有机过氧化物。这是因为有机过氧化物一般在室温下比较稳定，但在较高的硫化温度下能迅速分解产生自由基，从而使硅橡胶产生交联。偶氮化合物或辐射等虽然可以使硅橡胶硫化，与过氧化物的硫化机理相同，均系发生自由基反应而交联，但均未得到实际应用。目前，含乙烯基的硅橡胶生胶除利用过氧化物进行硫化外，还可以进行加成硫化，所用的加成硫化的硫化剂主要为含硅氢基的过氧化物或聚合物，使 Si—H 基团与乙烯基加成而实现硫化，在这种反应中，通常使用铂的配合物为催化剂。

二甲基硅橡胶的硫化反应：二甲基硅橡胶的分子中不含乙烯基，是饱和橡胶，通常均采用高活性的过氧化物为硫化剂，过氧化物自由基夺取硅橡胶甲基上的氢形成大分子自由基，然后大分子自由基再结合即形成交联键，如以过氧化二苯甲酰为硫化剂。

由以上反应中可以看到，含有乙烯基的硅橡胶在硫化过各中，能够重新生成可继续进行反应的自由基，因此，在硅橡胶中引入少量的乙烯基就可以大大提高硫化活性，提高硫化剂交联效率，减少过氧化物的用量并改善制品的性能。由于引发交联反应的初始自由基是由过氧化物分解而得，故在一定范围内增加过氧化物的用量可以显著提高硅橡胶硫化胶的交联度，这将导致胶料拉伸强度提高，并可改善动态性能和压缩变形，但抗撕裂性能则有所下降。

在通过过氧化物引发有机基团产生交联时，生胶中各种有机基所表现的活性不相同，其顺序为：

乙烯基＞甲基＞三氟丙基＞苯基＞β-氰乙基

在设计硅橡胶制品时，选择硫化剂的依据是：

① 根据硫化的方法，如常压热空气硫化，连续硫化、模压硫化，蒸汽硫化要选择适宜的硫化剂。

② 根据制品的形状及厚度，即薄制品、厚制品、海绵制品及配有炭黑的制品，硫化剂有所差异。

③ 根据制品物理机械性能的要求。同一种胶料由于硫化剂种类和用量不同，引起物理性能较大变化。

热硫化型硅橡胶的硫化剂一般采用有机过氧化物，常用的有代表性的过氧化物及其性能见表3-5。

表3-5　高温硫化硅橡胶常用的有机过氧物硫化剂性能

硫化剂品种及代号	构式	半衰期/(℃/min)	硫化条件/(min/℃)	用量/份	适用范围
过氧化苯甲酰(BP)	（结构式）	130/1	5/125	4～6① 0.5～2②	通用型,模压,蒸汽连续硫化,黏合,浸渍涂布
2,4-二氯过氧化苯甲酰(DCBP)	（结构式）	45℃会分解	5/115	4～6① 0.5～2②	通用型,模压,蒸汽连续硫化,热空气硫化,挤出胶,医用胶
过氧化苯甲酸叔丁基(TBPB)	（结构式）	170/1	10/150	0.5～1.5	通用型,海绵,高温,溶液
过氧化二叔丁基(DT-BP)	（结构式）	186/1	10/170	0.5～1.0	乙烯基硅橡胶专用,模压,厚制品,含炭黑混炼胶
过氧化二异丙苯(DCP)	（结构式）	160/3.8 170×1	10/170	0.5～1.0	乙烯基硅橡胶专用,模压,厚制品,含炭黑混炼胶,蒸汽硫化,黏合
2,5-二甲基-2,5-二叔丁基过氧化己烷（DB-PMH,也称双-二五）	（结构式）	160/4.8 179×1	10/171	0.5～1.0	乙烯基硅橡胶专用,模压,厚制品,含炭黑混炼胶,黏合

① 甲基硅橡胶硫化剂 BP 膏状物用量（膏状物内含硫化剂 BP 为 50%）。

② 乙烯基硅橡胶硫化剂 BP 膏状物用量（膏状物内含硫化剂 BP 为 50%）。

表3-5 中所列这些过氧化物，按其硫化活性高低，硫化剂可分为两类：一类是通用型或活性较高，对各种硅橡胶均能起硫化作用，如过氧化苯甲酰（BP）、2,4-二氯化苯甲酰（DCBP）和过氧化苯甲酸叔丁酯（TBPB）等；另一类是乙烯基专用型，因其活性较低，仅能够对含乙烯基的硅橡胶起硫化作用，如过氧化二叔丁基（DTBP）、过氧化二异丙苯（DCP）、2,5-二甲基-2,5-叔丁基过氧化己烷（DBPMH）等。它们分子结构的特点是，通用型过氧化物中的过氧基与酰基中的碳原子连接；专用型中的过氧基与烷基或芳基中的叔碳原子连接。这两类过氧化物不仅硫化活性不同，而且对混炼硅橡胶的工艺性能和硫化胶的性能的影响也不同。①使用前者硫化温度低、时间短、生产效率高，但使用DCBP容易产生焦

烧。使用后者硫化温度高、时间长、不会产生焦烧现象。②前者分解时产生的酸性物质对硅橡胶起降解作用，不适用厚制品的生产，二次硫化工艺复杂，硫化胶的高温压缩永久变型较大；使用后者产生危害性较小的酮、醛等物质，并能适用厚制品的生产。③前者不能用于炭黑的混炼胶，后者可以用于炭黑的混炼胶。

过氧化二苯甲酰常制成有效成分为50％的硅油膏，以保证生产安全并改进其在胶料中的分散性。其分解产物为苯、苯甲酸和二氧化碳，是挥发性的，在一段硫化时必须加压，且由于分解产物含有酸性物质，故用量不宜过多以免降低制品的耐热性，本品不适于制造厚壁模型制品。一般100份二甲基硅橡胶用过氧化二苯甲酰硅油膏状物4～6份，乙烯基硅橡胶用量为0.5～2份。

2,4-二氯过氧化二苯甲酰与过氧化二苯甲酰相比较，其分解温度比过氧化二苯甲酰为低，而分解速率则更高，由于分解温度低，所以焦烧性能不好，因此，这种物质的用量应尽可能少。其分解产物为2,4-二氯苯甲酸和2,4-二氯苯，比较不易挥发，所以硫化时不加压也能避免气泡，特别适宜于压出制品的常压热空气连续硫化。用量与过氧化二苯甲酰相仿。

过氧化二苯甲酰、2,4-二氯过氧化二苯甲酰属于芳酰基过氧化物，不能用于含炭黑胶料，因炭黑干扰过氧化物的硫化作用。浅色胶料则有很强烈的焦烧倾向，且其分解产物中的酸性物质会损害密封系统硅橡胶制品的耐热性能。

过氧化二叔丁基对含乙烯基的硅橡胶有效，不易焦烧且硫化胶压缩变形较小，物理机械性能良好。其缺点是蒸气压高，因此挥发也高，在胶料存放过程中极易挥发。本品能用于模型制品。并可用于模压厚制品的胶料和含炭黑的胶料。用量一般为0.5～1份。

过氧化二异丙苯和2,5-二甲基-2,5-二叔丁基过氧化己烷不易挥发，使用方便，硫化胶压缩变形较低，且由于不分解出带羧基的产物，因此在密封制品的硫化胶中特别稳定。它们适用于模压厚制品、与金属黏合的制品和注射制品，也适用于含炭黑的胶料，应用范围甚广。采用2,5-二甲基-2,5-二叔丁基过氧化己烷时，硫化胶并具有较高的伸长率。使用过氧化二异丙苯时其分解产物具有臭味，这种气味并在较长时间内存在于制品中，采用2,5-二甲基-2,5-二叔丁基过氧化己烷时，则能避免此种弊端。这两种过氧化物所得硫化胶的撕裂强度较低。其用量一般均为0.5～1份。

过氧化物用作混炼硅橡胶的硫化剂时，其用量受多种因素的影响，主要与生胶品种、填料类型和用量、过氧化物交联程度、加工工艺等有关。只要能达到所需的交联度，过氧化物用量越少越好；但实际用量往往大于理论用量，主要是考虑了加工因素的影响，如混炼硅橡胶的不均匀性、存放过程中过氧化物的损耗、硫化时空气及其他配合剂的阻碍等。过氧化物的用量不宜过大，当超过适宜的用量后会使硫化胶的伸长率、撕裂强度等性能下降。这种下降趋势尤以使用2,4-二氯过氧化二苯甲酰、过氧化二苯甲酰者为甚。对于乙烯基硅橡胶（乙烯基摩尔分数为0.0015）模压制品用胶料来说，各种过氧化物常用用量范围如下（以100份生胶计）：BP 0.5～1份；DCBP 1～2份；DTBP 1～2份；DCP 0.5～1份；DBPMH 0.5～1份；TBPB 0.5～1份。

随着乙烯基质量分数的增大，过氧化物用量应减小。胶浆、挤出制品胶料及胶黏剂用胶料中过氧化物用量应比模压用胶料中的大。某些场合下采用两种过氧化物并用，可减小硫化剂用量，并可适当降低硫化温度，提高硫化效应。

目前应用量最大的硫化剂是：在模压制品，特别是厚壁制品中，大多用DPBMH（双二五硫化剂）。该硫化剂性能稳定，便于操作，分解产物为酮、醛等物质：如叔丁醇（熔点26℃，沸点82℃），2,5-二甲基-2,5-二醇（熔点89℃），危害性较小，容易除去。在挤出硫化中，大多使用DCBP（双二四硫化剂），该硫化剂活性高，定型后，便于使用烘道和热水等连续硫化。但硫化分解产物为 2,4-二氯安息香酸（熔点 164，升华）和间二氯苯（熔点 -24℃，沸点 172℃），属强酸性物质，能对硅橡胶主链上的硅氧键产生破坏作用，如沉积制品表面，会产生"喷霜"现象，而影响外观，因此挤出的硫化烘道，要设置通风口；制品也必须充分进行二段硫化，以尽量除去酸性物质。

国外公司混炼胶大多采用过氧化物硫化剂，硫化剂的种类繁多，适宜于各种工艺的硫化。几种常见硫化剂用途见表 3-6。

表 3-6　几种硫化剂的不同用途

硫化剂	HAV①	CV②	模压	涂覆	薄制品	厚制品	海绵	炭黑制品
DCBP	√	√	√		√	√	√	
BPO	√	√		√	√		√	
TBP			√				√	
TDBP			√	√	√			√
DBPMH			√			√		√
DCP			√			√		√

① 常压热空气硫化。
② 硫化连续。
注：√ 表示可用。

3.2.2.2　硫化机理

高温硫化硅橡胶的硫化即为高黏滞塑性态的硅橡胶生胶转变成三维网状结构的弹性态的交联过程。

（1）过氧化型　过氧化型高温硫化硅橡胶的硫化反应是按自由基反应机理进行的。高温硅橡胶在过氧化物作用下产生的交联属自由基引发反应。即过氧化物在加热下首先分解出自由基，进而引发生胶分子中的有机基（甲基、乙烯基），形成高分子自由基。两个高分子自由基连接成一个分子，从而在不同大分子之间建立桥梁，多个大分子和搭桥便形成网络结构。

以过氧化二苯甲酰为例，二甲基硅橡胶的交联反应示意如下：

① 过氧化物裂解。

$$C_6H_5C-O-O-CC_6H_5 \longrightarrow C_6H_5 + CO_2 + \cdot CC_6H_5$$

② 游离态转移至二甲基聚硅氧烷链。

③ 交联反应。生成的上述自由基或者进一步引发甲基及乙烯基交联反应，或相互结合而终止反应，使生胶硫化。

乙烯基硅橡胶的交联按下列反应式进行：

$$ROOR \xrightarrow{\text{加热}} 2RO\cdot$$

过氧化物　　　　自由基

硫化胶

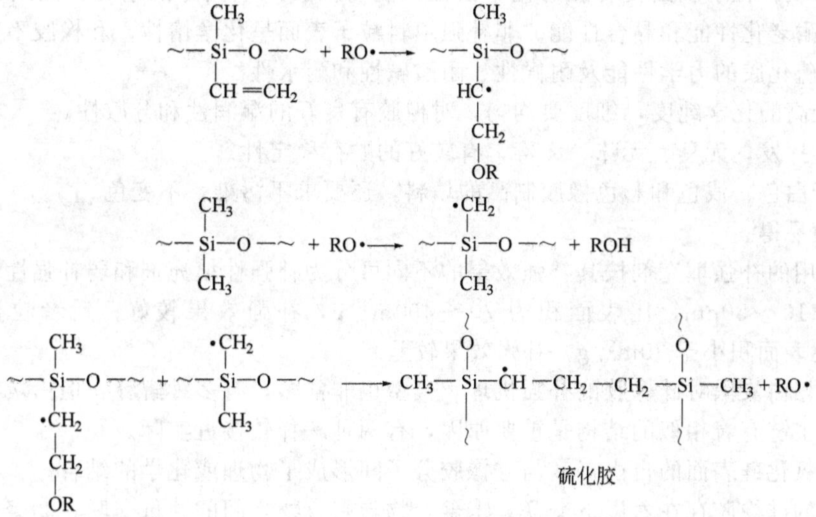

（2）加成型　加成型高温硫化硅橡胶的硫化机理是通过硅氢加成反应来实现的。

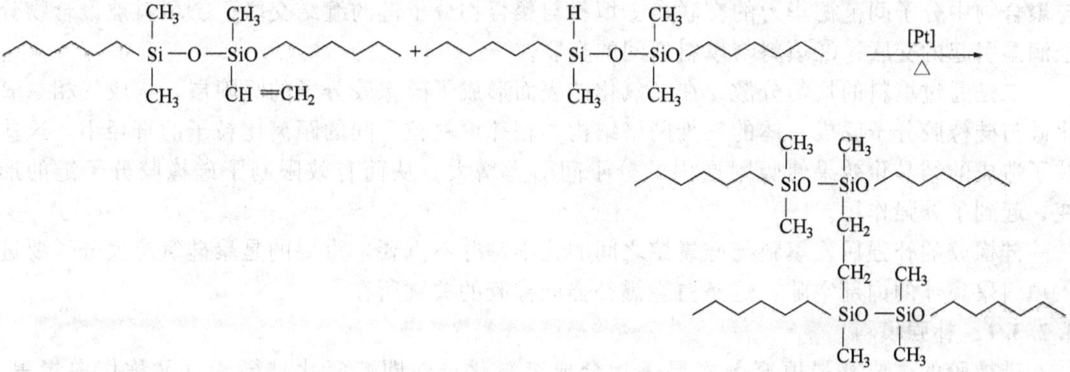

硅橡胶除常用上述过氧化物硫化、加成型外，还可用高能射线进行辐射硫化。辐射硫化也是按自由基机理进行的，当生胶中的乙烯基摩尔分数较高（0.01）或与其他橡胶并用时，也可以用硫黄硫化，但性能极差。

3.2.3　补强填料及相关的机理

未经补强的硅橡胶硫化胶的力学性能强度很低，拉伸强度只有 0.35MPa，伸长率为 50%～80%，几乎没有实际使用价值。加入适当的补强填料可使硅橡胶硫化胶的拉伸强度提高到 14MPa，补强度高达 40 倍。这对提高硅橡胶的性能，延长制品的使用寿命是极其重要的。硅橡胶补强填料的选择要考虑到硅橡胶的高温使用及用过氧化物硫化（特别是用有酸碱性的物质）对硅橡胶的不利影响。橡胶工业大量使用填料作配合剂，其用量仅次于橡胶耗用量。

白炭黑是硅橡胶的主要补强填料，不仅能提高橡胶制品的强度，而且能改善胶料的加工性能，并赋予制品良好的耐磨耗、耐撕裂、耐热、耐寒、耐油等多种性能，可延长制品的使用寿命。

非补强填料用于橡胶，主要起填充增容作用，某些品种也兼有隔离、脱模或着色的作用。

橡胶产品对填料的要求，一般要求如下。

① 补强填料粒子表面要有强的化学活性，能与橡胶产生良好的结合，能改善硫化胶的力学性能、耐老化性能和黏合性能。非补强填料粒子表面呈化学惰性，和橡胶不产生化学结合，不影响硫化胶的力学性能及耐候性、耐酸碱性和耐水性。

② 有较高的化学纯度，细度要均匀，对橡胶有良好的湿润性和分散性。

③ 不易挥发，无臭、无味、无毒，有较好的贮存稳定性。

④ 用于白色、浅色和彩色橡胶制品的填料，还要求不污染，不变色。

⑤ 价廉易得。

硅橡胶用的补强填充剂按其补强效果的不同可分为补强性填充剂和弱补强性填充剂，前者的粒径为 $10 \sim 50nm$，比表面积为 $70 \sim 400m^2/g$，补强效果较好；后者粒径为 $300 \sim 1000nm$，比表面积小于 $30m^2/g$，补强效果较差。

关于气相白炭黑对硅橡胶的补强机理及模型也非常多，有多种解释，但白炭黑的分子与硅橡胶分子主链有着相似的结构是重要原因，有两种解释较接近实际。

一是二氧化硅表面的自由羟基与硅橡胶分子间形成了物理或化学的结合。

补强后的硅橡胶存在着以下交联：①聚合物与聚合物之间的共价交联；②聚合物彼此之间的缠结交联；③填料与聚合物之间的共价交联；④填料与聚合物之间的氢键交联；⑤填料与聚合物中分子间范德华力的交联；⑥填料与聚合物分子链的缠结交联；⑦填料被聚合物分子润湿引起的交联；⑧填料与填料之间的交联。

二是通过填料的均匀分散，在二氧化硅表面形成了硅橡胶分子的吸附层，构成气相二氧化硅与硅橡胶分子联成一体的三维网络结构，相邻填料粒子间的距离比粒子的直径小，这些粒子造成的结晶化效果使吸附层内的分子间引力增大，从而有效限制了硅橡胶分子链的形变，起到了补强作用。

硅橡胶的补强后，填料与硅氧烷之间的化学键并不重要，重要的是聚硅氧烷大分子要进入填料聚集体的内部空隙，这是白炭黑补强硅橡胶的关键所在。

3.2.3.1 补强填料

硅橡胶的主要补强填充剂主要是指合成二氧化硅，即二氧化硅微粉（又称作白炭黑，SiO_2）。白炭黑可分为沉淀法白炭黑、气相法白炭黑和表面处理白炭黑（用有机硅化合物或有机醇处理白炭黑表面，或在白炭黑制造过程中即加入这些物质制成）等。

气相法白炭黑为硅橡胶最常用的补强剂之一，由它补强的胶料其硫化胶的物理机械强度高、介电性能良好，耐水性优越，但胶料中必须同时采用专门的特殊助剂（结构控制剂）才能获得良好的工艺性能，并可与其他补强剂或弱补强剂并用，制备不同使用要求的胶料。

与用气相法白炭黑补强的硅橡胶胶料相比，用沉淀法白炭黑补强的胶料机械强度稍低，介电性能（特别是受潮后的介电性能）较差，但耐热老化性能较好，混炼胶的成本低。对制品的机械强度要求不高时，可单独使用沉淀法白炭黑或与气相法白炭黑并用。

用处理过的白炭黑作补强剂，胶料的机械强度较高，混炼和返炼工艺性能好，硫化胶的透明度也好，因此广泛用在医用制品中。此外，这种胶料的黏合性好，溶解性优良，可用于黏着和制作胶浆。

（1）气相法白炭黑 气相二氧化硅是由卤硅烷（如四氯化硅、四氟化硅、甲基三氯化硅等）在氢、氧火焰中高分解，生成二氧化硅粒子，然后骤冷，颗粒经过聚集、分离、脱酸等后处理工艺而获得产品。

20世纪80年代，已经开发出以有机硅单体副产物或这种副产物和四氯化硅混合物为原料，制备气相二氧化硅的工艺，这种生产工艺成本较低，经济效益较好。气相二氧化硅的制备原理如下式：

$$SiCl_4 + 2H_2 + O_2 \xrightarrow{1000 \sim 1200℃} SiO_2 + H_2O + 4HCl\uparrow$$

$$CH_3SiCl_3 + 2H_2 + 3O_2 \xrightarrow{1000 \sim 1200℃} SiO_2 + 3HCl + CO_2 + 2H_2O$$

经红外光谱研究表明，干法、湿法白炭黑表面均有大量羟基（分为双羟基、隔离羟基和邻羟基三种），其结构为三维网状结构，构成无定形的硅氧链网络结构分子。气相法白炭黑平均粒径小，比表面积大（250～400m²/g），其内部结构几乎是完全排列紧密的三维结构，因此，吸湿性小，粒子表面吸附性强，有很好的补强作用。气相法白炭黑补强的胶料具有很好的透明度，力学性能、电性能和耐热性也好；但气相法白炭黑价格贵，加工时易飞扬，并容易引起粉尘-静电爆炸，加工设备内需用惰性气体保护。气相法白炭黑相关标准和性能分别见表3-7、表3-8。

表3-7 国产气相法白炭黑质量标准

项目	2#	3#	4#	5#
SiO₂含量/%	≥99.5	99.5	99.5	99.5
水分含量/%	≤3	4	4	5
灼烧失重/%	≤5	5	6	7
铝含量/%	≤0.02	0.02	0.02	0.02
铁含量/%	≤0.01	0.01	0.005	0.01
铵含量/%	≤0.03			0.03
pH值	4～6	4～6	3.5～5	4～6
视密度/(g/mL)	0.03～0.05	0.03～0.05	0.04～0.06	0.03～0.05
比表面积/(m²/g)	80～100	80～150	150～200	
吸油值/(mg/g)	2.6～2.8	2.8～3.5	3.5	2.8～3.5

表3-8 热硫化混炼胶常用气相法白炭黑的主要品种及性能

型号		比表面积/(m²/g)	平均粒径/μm	含水量(105℃×2h)/%	烧灼失重/%	pH值(4%水分散液)	SiO₂/%	AlO₃/%	Fe₂O₃/%	TiO₂/%	筛余物45μm/%
Cob-O-sil (CABOT)	LM-150	150±25	5～30	1.0	1.5	3.8～4.5	99.8	0.05	0.005	0.03	0.05
	M-5	200±25	5～30	1.5	2	3.7～4.5	99.8	0.05	0.003	0.03	0.05
	EH-5	380±30	5～30	1.5	2.	3.7～4.5	99.8	0.05	0.003	0.03	0.05
Wacker-HDK (WACKER)	V-15	150±20	5～30	1	1.5	3.8～4.5	99.8	0.05	0.003	0.03	0.05
	N-20	200±30	5～30	1.5	1.5	3.8～4.5	99.8	0.05	0.003	0.03	0.04
	T-40	400±40	5～30	1.5	2.5	3.8～4.5	99.8	0.05	0.003	0.03	0.04
Aerosil (Degussa)	150	150±15	14	0.9	1.0	3.6～4.3	99.8	0.05	0.003	0.03	0.05
	200	200±25	12	1.5	1.0	3.6～4.3	99.8	0.05	0.003	0.03	0.05
Reolosil 德山曹达	QS-20	200±20	5～30	2.5		3.7～4.5	99.8	0.05	0.003	0.03	0.05
	QS-102	200±25	5～30	1.5	2	3.7～4.5	99.8	0.05	0.003	0.03	0.05

型号		比表面积/(m²/g)	平均粒径/μm	含水量(105℃×2h)/%	烧灼失重/%	pH值(4%水分散液)	SiO₂/%	AlO₃/%	Fe₂O₃/%	TiO₂/%	筛余物45μm/%
广州吉必时公司	HL-150	150±25		1.5	2.5	3.6~4.5	99.8				0.05
	HL-200	200±30		1.5	2.5	3.6~4.5	99.8				0.05
	HL-300	300±30		1.5	2.5	3.6~4.5	99.8				0.05
	HL-380	380±30		2.5	2.5	3.6~4.5	99.8				0.05
沈阳化工股份公司	A-150	150±15	15~18	1	1.0	3.6~4.3	99.8				0.05
	A-200	200±25	14~16	1.5	2.0	3.6~4.3	99.8				0.05
	A-300	300±30	12	1.5	2.0	3.6~4.3	99.8				0.05

(2) 沉淀法白炭黑　沉淀法白炭黑是以水玻璃（硅酸钠）为原料，经与硫酸或盐酸中和反应、或者用酸分解碱土金属硅酸盐生成 SiO₂ 沉淀，然后经过滤、干燥、研磨等工序而制得的。

$$NaO \cdot mSiO_2 + H_2SO_4 \longrightarrow SiO_2 \cdot nH_2O + Na_2SO_4$$
$$Na_2SiO_3 + 2HCl \longrightarrow SiO_2 + 2NaCl + H_2O$$

沉淀法白炭黑由于原料硅酸钠的分子结构影响，存在着较多的二维结构，致使结构疏松，分子的密集性低，聚集态中存在着很多毛细管结构，很容易吸湿，影响补强效果。由于含水和 SiOH 过多，粒径大，因此硫化胶强度稍低、电性能和耐热性较差，挤出成型产品易产生气泡。但用沉淀法补强的硫化胶回弹性，压缩永久变形及加工性好，胶料不易结构化，特别是价格便宜（只有气相法的 1/10~1/3）。因此，应用面很广，我国大多数混炼胶品牌采用沉淀法白炭黑补强填料，并且产品的出口市场正日益扩大。沉淀法白炭黑相关标准和性能分别见表 3-9、表 3-10。

表 3-9　国产沉淀法白炭黑的质量标准

项　目	通用级	绝缘级
SiO₂ 含量/%	≥86.0	90.0
Na₂O 含量/%	≤0.4	0.4
水分含量/%	≤6.0	6.4
挥发分含量/%	≤13.0	9.0
pH 值	6~8	6~8
视密度/(g/mL)	0.25	0.25
平均粒径/nm	20~40	20~40

表 3-10　目前国内热硫化硅橡胶采用的主要沉淀法白炭黑性能

项目 ＼ 型号	921	923	928	142	LP	TMG	909
SiO₂/%	92	94	94	94	94	92	94
比表面积/(m²/g)	160~195	160~170	185~205	180~210	180~210	160~210	170~190
pH 值	6.2~7.0	62~70	6.0~6.8	6.0~6.8	6.0~6.8	5.8~7.0	6.0~7.0

续表

型号 项目	921	923	928	142	LP	TMG	909
含水量(105×2h)/%	7.5	6.0	6.0	6.0	6.0	7.5	7.5
白度	90	94	94	94	94	94	90
吸油值/% ≤	5	6	3	3	3		5
325目筛余物/%	1.0	0.4	0.4	0.4	0.4	0.01(200目)	1.0
Na₂SO₄/% ≤	1.5	1.0	1.0	1.0	1.0		2.0
Al₂O₃/%	0.35~0.45	0.25~0.35	0.25~0.35	0.25~0.35	0.25~0.35		0.35~0.45
Fe₂O₃/%	0.05	0.04	0.04	0.04	0.04	0.05	0.05
供应公司	南昌南吉公司			罗地亚		通化双龙	浙江横店

（3）补强填料对热硫化硅橡胶性能的影响　各种进口国产品牌沉淀法白炭黑，其性能和价格有很大差异。在性能方面，比表面积、粒径大小、杂质含量和含水量都有很大差异，因而制成混炼胶后，其胶料外观色泽、白度、杂质点、胶片透明度、物理机械性能、二次硫化黄变性、胶料混炼速度都有很大不同；同时不同品种的价格也相差好几倍。因此，如何选用白炭黑品种，是设定混炼胶配方的重要内容。

经红外光谱研究表明，干法和湿法白炭黑表面均有大量硅羟基（分为双羟基、隔离羟基、邻羟基和内部羟基等几种，表3-11），其结构为三维网状结构，构成无定形的硅氧链网络结构分子。

表3-11　红外光谱中二氧化硅表面各种硅羟基伸展吸收峰

吸收峰/cm⁻¹	硅羟基	图示
3745±10	隔离羟基 双羟基	Si—OH 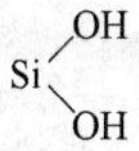 Si(OH)(OH)
3715±5	弱作用邻羟基	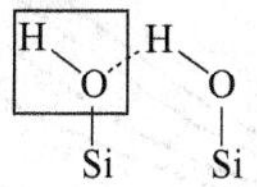 H—O···H—O, Si, Si
3660±5	内部羟基	
3520±200	强作用邻羟基	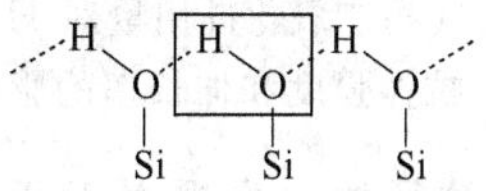 ···H—O···H—O···H—O···, Si, Si, Si

①气相白炭黑对热硫化硅橡胶力学性能的影响　气相白炭黑对热硫化硅橡胶的补强作用受其粒径大小、比表面积和结构性、活性（羟基数目）以及白炭黑在橡胶中的分散程度等因素有关。一般是粒径越小，比表面积越大，结构性越高，补强效果越好，分散度越高则补

强性也越大，硫化胶的强度、硬度越高。当粒径小于 50mm 时，其补强性能较高，称为补强性填充剂。在硅橡胶中常用粒径为 8～30mm，比表面积为 150～400m²/g 的白炭黑为补强填料。普遍认为补强通常可获改善。白炭黑的表面结构、活性及其与补强作用的关系等问题，虽有不少研究，但迄今尚未完全清楚。有资料指出：关于表面活性增大而提高补强效果的原因，大概是通过建立某种键或形成凝聚而使强度提高的。硫化过的高强度硅橡胶不仅有分子间的交联，而且形成大量的凝聚点，引起填充剂与橡胶界面的某种交联化，该部位比其余橡胶部位的交联度高。可以设想，分散在无定形硅橡胶中的白炭黑，周围紧密地凝聚着橡胶分子，白炭黑的粒子起着一种微晶的作用。可见提高填充剂的分散度，使橡胶分子中形成均匀分散的白炭黑粒子，有着重要的意义。由于填充剂微粒活性愈高分散性愈差，故选择分散助剂和配合条件也是很重要的。

此外，气相白炭黑的用量和它在橡胶基质中的分散状况对硫化胶性能的影响也非常大，图 3-1 是气相白炭黑用量对硫化胶拉伸强度的影响。从图中可以看出，随着气相白炭黑用量的增加，硫化胶的强度增大，一般用量在 35～50 份时，便可达到峰值。硫化胶撕裂强度的变化情况与拉伸强度相似，都是随着气相白炭黑的补强性能的提高而增大，随气相白炭黑用量的增加起先增大，达到峰值后稍微下降。

② 气相白炭黑热硫化硅橡加工性能的影响　气相二氧化硅对热硫化硅橡胶加工性能的影响一般是以结构化程度（ΔCrepe）表示，ΔCrepe 是用混炼胶在室温下存放 28d 后的可塑度（p_{28}）和混炼完成后立即测定的可塑度（p_0）之差（见图 3-2）来表示的，胶料的可塑度与气相白炭黑的用量、表面性质和结构性有关。产生结构化的原因是由于气相二氧化硅的表面硅轻基与硅橡胶中的氧原子形成氢键以及二氧化硅表面吸附着硅橡胶分子链，导致胶料随着时间的延长，其流动性下降，胶料变硬，影响加工性能。因此，在加工过程中需要加入结构化控制剂或者选择表面经过处理的气相白炭黑，结构化控制剂的加入以及气相二氧化硅的表面处理，都是通过结构化控制剂或表面处理剂与二氧化硅表面的硅烃基反应，从而减少表面烃基的数量，使与硅橡胶形成氢键的数量减少，混炼胶的混炼时间缩短，可塑度增大，起到降低结构化效应，提高加工性能和贮存稳定性的目的。

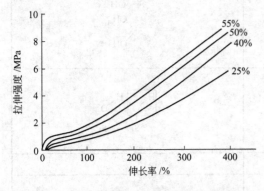

图 3-1　气相二氧化硅用量对 HTV 硅橡胶
拉伸强度和伸长率的影响

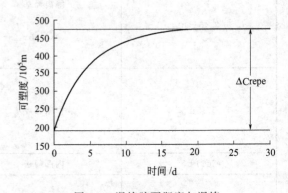

图 3-2　混炼胶可塑度与混炼
时间的关系

相同粒径的白炭黑由于所采用的原料不同，工艺的差异，因而其表面的化学、物理性能等各项性能各不相同，并由于含有微量不纯物，对热硫化硅橡胶的补强效果、加工性能、耐热性能也不相同，九种不同型号白炭黑测试结果见表 3-12。

因此，白炭黑在使用前，一定要进行检验，将配方调整好。检验的一般方法是称取 100g 110-2 生胶［乙烯基含量 0.17%，分子量（58±2）万］，50g 白炭黑，3g 羟基硅油，在

表 3-12　沉淀白炭黑类型对混炼胶性能的影响

白炭黑类型	1	2	3	4	5	6	7	8	9
一次硫化性能									
硬度(邵尔 A)	52	50	49	49	51	51	51	49	52
拉伸强度/MPa	7.7	8.7	8.2	6.7	7.1	7.9	7.8	7.8	7.6
扯断伸长率/%	400	380	460	400	360	390	420	380	420
扯断永久变形/%	6.8	6.5	6.0	6.7	6.0	6.6	5.0	4.4	5.4
撕裂强度/(kN/m)	22.8	19.2	25.4	19.5	20.5	23.2	25.8	24.1	23.9
吃粉时间/min	34	55	28	21	35	38	37	28	38
捏合时间/min	95	125	74	80	97	106	107	118	98
加工性(开炼次数)	30	32	16	26	20	41	27	25	45

注：测试上述性能配方：生胶 250g，白炭黑 108g，TSK 4g，羟基硅油 4g，其他配合剂等量。

6in 开放式双辊炼胶机上混炼均匀，出薄片，在 (190±2)℃温度的烘箱中热处理 3h，冷却后，在炼胶机上测试其加工性，打卷观察其外观，然后按 1% 的比例加硫化剂"双二五"炼均匀后出片，在 175℃×5h 条件下在平板硫化机上压成试片，按标准测试物理机械性能。

随着白炭黑用量的增多，硫化胶的硬度增大，在一定的范围内硫化胶的拉伸强度，撕裂强度均随白炭黑用量的增大而提高，一般用量以 40～60 份左右为宜。白炭黑的适宜用量还与其比表面积有关，如比表面积为 140～300m²/g 时，白炭黑的用量可取低限，当粒径增大比表面积为 70～110m²/g 或更小时，则可取上限或更多一些的填料。

3.2.3.2　半补强及增量填料

此外，硅橡胶中还经常加入一些半补强填料和增量填料，也可称作惰性填料，对硅橡胶补强作用很小，它们在硅橡胶中一般不单独使用，而是与白炭黑并用，以调节硅橡胶的硬度，改善胶料的工艺性能和硫化胶的耐油性能及耐溶剂性能，进一步提高硫化胶硬度和降低生产成本。常用的弱补强剂有硅藻土、石英粉、硅微粉、沉淀法碳酸钙、氢氧化铝、氧化镁、钛白粉、硅酸镁、炭黑、氧化锌、氧化铁、二氧化钛、硅酸锆和碳酸钙等。这些物质，即使同属一类，由于粒径不同，表面性质不同，赋予硅橡胶的性能也不同。

对半补强和增量填料的要求是热稳定性要高，接近中性。吸水性小，不影响硫化，不影响混炼硅橡胶的贮存稳定性。混炼硅橡胶中加入这些填料的目的是调整硬度（在伸长率要求不高时），改进混炼性及降低成本。增量填料的比表面积小（2～20m²/g），其中用量较多的石英粉粒径为 5～10μm，比表面积为 2～3μm²/g，混炼胶中含有 5 份可使硬度增加约 2（邵尔 A），而且不发生结构化，可以大量混放，对硫化后的橡胶耐热性影响很小。硅藻土的粒径在 1～10μm，比表面积约 10m²/g，是多孔无规则形状的粉体，稍有补强性，但不能像石英粉那样大量的混入。混炼胶中混入硅藻土 5 份，硬度约增加 3（邵尔 A）。硅藻土本身的硬度比石英粉低，且容易崩裂，所以摩擦性小，适于作油密封用硅橡胶制件，用碳酸钙、硅酸锆配制的混炼硅橡胶能溶于溶剂中使用，适于作浸渍胶料和涂层用胶料，防止由热水、蒸汽造成的龟裂。硅酸镁能使硫化后的硅橡胶制品的氧透过率降低，但使其耐热性变坏。二氧化钛（锐钛型）、氧化铁用于提高硅橡胶制品的耐热性及着色剂。硅酸盐用于提高硅橡胶制品的硬度和定伸强力。氢氧化铝提高胶料的阻燃性和耐漏电起痕性。

白炭黑对硅橡胶的补强机理一直了解得不十分透彻，白炭黑与硅橡胶分子主链的化学结构较为相似从而使它们之间有较强的作用力可能是其中重要的原因之一。由于聚硅氧链较易吸附在二氧化硅粒子的表面，并使部分链节有序排列，这样不仅使白炭黑成为物理交联点，而且还能产生结晶化的效果。白炭黑的粒径越小，其比表面积也越大，其对硅橡胶的补强效果也就越好。

上述各种填充剂对硅橡胶某些性能的提高，都会相应地伴随着其他性能的降低，所以，应根据要求慎重选择。

硅橡胶常用补强剂的用量和物理性能如表 3-13 所示。

表 3-13   硅橡胶常用补强剂的用量和物理性能

类别	名称	用量/份(质量份，以 100 生胶计)	硫化胶性能	
			拉伸强度/MPa(kgf/cm²)	扯断伸长率/%
补强填充剂	气相白炭黑	30～60	3.9～8.8 (40～90)	200～600
	沉淀白炭黑	40～70	2.9～5.9 (30～60)	200～400
	处理白炭黑	40～80	6.9～13.7 (70～140)	400～800
	乙炔炭黑	40～60	3.9～8.8 (40～60)	200～350
弱补强填充剂	硅藻土	50～200	2.9～3.9 (30～60)	75～200
	钛白粉	50～300	1.5～3.4 (15～35)	300～400
	石英粉	50～150	—	—
	碳酸钙	0	2.9～3.9 (30～40)	100～300
	氧化锌	0	1.5～3.4 (15～35)	100～300
	氧化铁	0	1.5～3.4 (15～35)	100～300

3.2.4 助剂

（1）结构控制剂   采用气相法白炭黑来补强硅橡胶，由于气相法白炭黑表面含有活性 Si—OH 基，其活性 Si—OH 基会与硅橡胶生胶分子的 Si—O 键或端 Si—OH 作用生成氢键、产生物理作用和化学结合，则使得白炭黑很难均匀分散在硅橡胶胶料中，并且混炼好的胶料在存放过程中会慢慢变硬，可塑性降低，从而逐渐失去返炼和加工工艺性能（严重的呈豆腐渣状），这种现象被称为"结构化"。产生结构化的原因是白炭黑粒子表面活性硅羟基，在常温下与生胶分子末端硅羟基发生缩合，或者白炭黑表面活性羟基与硅橡胶分子产生氢键型化学作用所致。为了改善硅橡胶粒子和填料粒子之间的亲和性，减少氢键生成，促进填充剂在胶料中的分散性，改善混炼工艺和贮存稳定性，防止和减弱这种延续结构化现象，需在胶料中加入结构控制剂。结构控制剂的作用是通过与白炭黑表面 Si—OH 基团的作用，从而抑制粒子间氢键的形成。

粒径为 $10～15\mu m$，比表面积超过 $100m^2/g$ 的白炭黑，其粒子之间的凝集力大。如果混炼时在生胶中分散不好，很难得到充分补强效果，并发生结构化，使混炼硅橡胶加工性能变坏。结构控制剂的活性基团与白炭黑表面活性 Si—OH 基反应后，使之疏水化，可防止白炭黑与生胶之间的作用，有助于白炭黑在生胶中均匀分散、防止或延缓硅橡胶结构化作用。能用于混炼硅橡胶的结构控制剂通常为含有羟基或硼原子的低分子有机硅化合物，常用的有：二元醇、二有机基环硅醚、二有机基硅二醇、烷氧基硅烷及其硅氧烷、低摩尔质量的羟基硅油及其硅氧烷、含 Si—N 键的有机硅化合物、含 Si—O—B 键的有机硅化合物等。

其中较常用的有环硅氮烷、六甲基二硅氮烷、二苯基硅二醇、二甲基二甲氧基硅烷、二甲基二乙氧基硅烷、甲基苯基二乙氧基硅烷、四甲基亚乙基二氧二甲基硅烷及较摩尔质量的 $HO(Me_2SiO)_nH$（即低黏度羟基硅油）、聚二甲基二苯基硅氧烷、二官能度的烷氧基硅烷及其低聚物等。填料经过结构控制剂处理程度增加 [—OH 基数减少，$(CH_3)_6Si$—基数增加]，使返炼时间、凝胶生成量、胶料黏度转矩减少，硫化后胶的硬度、永久变形也有同样的倾向，使用得当能使混炼硅橡胶具有良好的物性和长期存放后容易返炼，有较好的加工性能。但拉伸强度在处理程度中间显示有最大值，可见处理程度与强度之间有一个适宜的范围。在实际应用中用适量的二甲基二甲氧基硅烷与 $(CH_3)_6SiHNSi(CH_3)_6$ 进行活性度的调节，可以改善撕裂强度、压缩永久变形及加工性能。添加某些金属氧化物或其盐类以及某些元素有机化合物，可大大提高硅橡胶的耐热空气老化性能。目前，应用最普通、效果较好、使用方便的是低黏度羟基硅油。羟基硅油的效果与聚合度和羟基含量有关，实验表明，当聚合度 $X=6\sim10$，羟基含量为 $6.5\%\sim8\%$ 时，能较好地控制胶料结构化。结构控制剂的加入量因填料的品种、加入量、加工工艺和气候变化不同而有所差异，要根据实际生产情况进行调整。如图 3-3 所示。

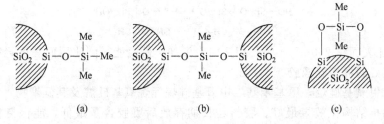

图 3-3　结构化控制剂处理白炭黑表面后的示意图

二苯基硅二醇分子式：$(C_6H_5)_2Si(OH)_2$。外观：白色针状晶体；干燥失重 100℃×2h：≤2%；羟基含量≥12.5%；熔点≥115℃。用于硅橡胶：胶料物理性能好、耐热性好、胶料不透明、需热处理。其用量一般为 10 份气相法白炭黑中加 1~2 份。从热稳定性考虑，硅烷二醇中的二苯基硅二醇是较好的结构控制剂。此外，硅原子数 2~4 的硅烷二醇（如四甲基二硅烷二醇）也有效。也可以与低黏度羟基硅油并用，羟基甲基硅油也可作结构控制剂，但必须根据硅油的羟基含量考虑其用量，用量过多会影响硫化胶性能。例如，10 份 $200^\#$ 气相法白炭黑加.75 份二苯基硅二醇和 1 份低黏度羟基硅油，混炼后的胶料要以150~200℃热处理 1~4h 才能充分发挥控制结构化的作用。使用下列结构的低分子量两末端含羟基的聚二甲基二苯基硅氧烷（低黏度羟基苯甲基硅油），不但能使混炼硅橡胶在配制过程中填料的分散效果好、抑制存放过程中的结构化、并使混炼硅橡胶硫化制品性能得到改善，明显优于其他种类的浸润剂，非常适用于气相法白炭黑填充量较多的混炼硅橡胶。

其用量 10 份比表面积 $200m^2/g$ 的气相法白炭黑，加入 $1\sim1.5$ 份，混炼后的胶料在 170℃ 处理 2h。

低黏度羟基硅油的分散及结构化控制效应，随羟基含量增加而增强一般羟基含量应在 4% 以上，所以聚合度要小：

$$HO \underset{CH_3}{\overset{CH_3}{\underset{\vert}{\overset{\vert}{Si-O}}}}{}_n H \quad n\leqslant10$$

其用量为白炭黑 10 份 $2\sim5$ 份。但随白炭黑填加量的增加，羟基硅油用量加大，也给混炼硅橡胶带来塑性降低及表面黏性增加，在辊筒上的加工性能及挤出加工性变坏。改用较低分子量的侧链带有羟基的聚二甲基硅氧烷：

$$(CH_3)_3Si-O \underset{CH_3}{\overset{CH_3}{\underset{\vert}{\overset{\vert}{Si-O}}}}{}_{10\sim27} \underset{CH}{\overset{CH_3}{\underset{\vert}{\overset{\vert}{Si-O}}}}{}_{3\sim5} -Si(CH_5)_3$$

$$HO \underset{CH_3}{\overset{CH_3}{\underset{\vert}{\overset{\vert}{Si-O}}}} \underset{CH_3}{\overset{CH_3}{\underset{\vert}{\overset{\vert}{Si-O}}}}{}_{10} \underset{OH}{\overset{CH_3}{\underset{\vert}{\overset{\vert}{Si-O}}}}{}_4 \underset{CH_3}{\overset{CH_3}{\underset{\vert}{\overset{\vert}{Si}}}}-OH$$

其用量 10 份比表面积 $200m^2/g$ 的气相法白炭黑加 1 份就能得到比用低黏度羟基硅油塑性良好、加工性能好的混炼硅橡胶。

二甲基二甲氧基硅烷，甲基苯基二甲氧基硅烷等烷氧基硅烷及其低聚物，以甲基苯基二甲氧基硅烷的抗结构化效果最好。胶料经长期存放后凝胶含量最低。能保持良好的加工性能。其用量须 10 份气相白炭黑对 $3\sim4$ 份，但存在混炼硅橡胶硫化速度减慢及使橡胶制品弹性变差的缺点。如果使用含有烷氧基的二甲基硅氧烷或甲基乙烯基硅氧烷低聚物：

$$CH_3O-\underset{CH_3}{\overset{CH_3}{\underset{\vert}{\overset{\vert}{Si-O}}}} \underset{CH_3}{\overset{CH_3}{\underset{\vert}{\overset{\vert}{Si-O}}}}{}_n \underset{CH_3}{\overset{CH_3}{\underset{\vert}{\overset{\vert}{Si}}}}-OCH_3$$

（黏度 $20mm^2/s$）

$$CH_3O-\underset{CH_3}{\overset{CH_3}{\underset{\vert}{\overset{\vert}{Si-O}}}} \left[\underset{CH=CH_2}{\overset{CH_3}{\underset{\vert}{\overset{\vert}{Si-O}}}} \right]_n \underset{CH_3}{\overset{CH_3}{\underset{\vert}{\overset{\vert}{Si}}}}-OCH_3$$

$$n=1\sim3$$

烷氧基含量较高的硅树脂作为结构控制剂使用时，密封胶具有较长的活性期和良好的贮存稳定性，配合得当可贮存两年以上。但其用量较一般的结构控制剂大，一般为生胶的 $10\%\sim25\%$。随着树脂用量的增加，伸长率下降，硬度增加，热老化性较好。在 200℃ 老化后，性能略有上升。

一般用量 10 份气相白炭黑（比表面积 $200m^2/g$）对 $2.5\sim4$ 份，混炼硅橡胶经 160℃ 混炼 2h，较使用烷氧基硅烷单体有更好的控制结构化效果。特别是分子结构中含有乙烯基的低聚物，兼有降低混炼硅橡胶硫化剂用量及提高物理机械性能的特点。

应当指出的是，采用经二官能度的有机硅烷或单官能度的有机硅烷事先对白炭黑表面进行处理后用作混炼硅橡胶填料可以不用或少用浸润剂。但这种白炭黑的处理方法、处理剂的种类及处理程度对混炼硅橡胶的配制工艺、填充用量及补强效果都有较大影响。

（2）交联剂

① 多乙烯基聚硅氧烷。又称多乙烯基硅油，简称 C 胶。使用含一定量的多乙烯基硅油（称 C 胶）作集中交联剂，可以得到综合性能优异的高强度硫化胶。硅橡胶生胶即聚甲基乙

烯基硅氧烷中所含乙烯基在分子链中呈分散分布，不加 C 胶的硅橡胶的交联点分散，并均匀分配，硫化后形成交联的网络结构（图 3-4）。当受到外力作用时，其交联键逐一断裂，由于拉链效应，硫化制品一旦撕破口，就会一裂到底。所以硫化胶的强度较低，尤其是抗撕裂性能较差。当用分子量小、乙烯基含量多的 C 胶交联时，则产生不匀称的集中交联，得到"一处多联"的"集中交联"结构，多个 C 胶分子则成为多个集中交联点。当材料受到外力时，通过集中交联点将应力均匀地分散到众多的分子链上，使材料抵抗外力的能力增强，从而大大提高了硅橡胶制品的撕裂强度。

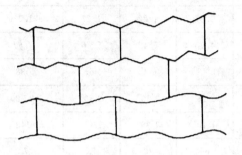

(a) 不加 C 胶时的分散交联　　　　　　　　(b) 加 C 胶时的集中交联

图 3-4　硅橡胶交联示意图

多乙烯基硅油的分子式：

$$R-\underset{\underset{CH_3}{|}}{\overset{\overset{CH_3}{|}}{Si}}-(\underset{\underset{CH_3}{|}}{\overset{\overset{CH_3}{|}}{SiO}})_m-(\underset{\underset{CH=CH_2}{|}}{\overset{\overset{CH_3}{|}}{SiO}})_n-\underset{\underset{CH_3}{|}}{\overset{\overset{CH_3}{|}}{Si}}-R$$

MeViSiO 链节约 $8\%\sim12\%$（摩尔分数）；黏度在 $80\sim350$mPa·s（25℃）

合成线路：

$$D_4 + D_4^{Vi} + 封端剂 \xrightarrow[90\sim110℃,4h]{四甲基氢氧化铵硅醇盐} R-\underset{\underset{CH_3}{|}}{\overset{\overset{CH_3}{|}}{Si}}-(\underset{\underset{CH_3}{|}}{\overset{\overset{CH_3}{|}}{SiO}})_m-(\underset{\underset{CH=CH_2}{|}}{\overset{\overset{CH_3}{|}}{SiO}})_n-\underset{\underset{CH_3}{|}}{\overset{\overset{CH_3}{|}}{Si}}-R$$

为了调整胶料的乙烯基含量，可适当加入高乙烯高黏度乙硅油。添加到混炼胶中的乙烯基硅油为高黏度硅油，其技术指标为：

外观　　　　　　　　无色透明液体

乙烯基含量　　　　　7.5～10

黏度　　　　　　　　1500～2500mPa·s

一般随着乙烯基硅油量的增加，胶料硬度也随之提高。制作 70～80（邵尔硬度）的高硬度胶，单靠增加填料是不够的，必须增加乙烯基含量。试验表明，通过加入乙烯基硅油而使胶料增加乙烯基含量具有较好的效果。在硅混炼胶中，由生胶和乙烯基硅油共同形成的乙烯基含量对其性能产生一系列影响。当乙烯基的摩尔分数在 $0.05\%\sim0.40\%$ 的范围内，硅橡胶胶料的 T_{90} 接近，即硫化速率比较接近；但当乙烯基的摩尔分数大于 0.40% 时，胶料的 T_{90} 明显上升，硫化速率变慢。乙烯基摩尔分数较低（$\leqslant0.10\%$）时，硅橡胶的硬度、拉伸强度较低，伸长率和永久变形较大，制品易出现皱折、疲软；随着乙烯基含量的增加，硅橡胶的硬度上升，伸长率和永久变形不断下降，而拉伸强度和撕裂强度出现峰值。当乙烯基的摩尔分数在 $0.10\%\sim0.25\%$ 范围内时，硅橡胶的综合性能较好；乙烯基摩尔分数大于 0.40%，其性能显著变差。随着乙烯基含量的增加，硅橡胶的冲击弹性增加。乙烯基含量的变化对硅橡胶热老化性能影响不大。在多数场合下，将用两种或两种以上不同型号的生胶拼混，并添加适当的多乙烯基硅油，是更为有利的调节乙烯基的含量的方法。具体影响见表 3-14、表 3-15。

表 3-14　乙烯基含量对硅橡胶性能的影响

甲基乙烯基硅橡胶生胶的型号	110-0	110-1	110-2	110-3	110-4	110-5	110-6
乙烯基摩尔分数/%	0.05	0.10	0.17	0.25	0.40	0.63	0.94
硫化曲线 M_L	0.75	0.86	0.95	0.97	1.22	1.27	1.37
硫化曲线 M_n	2.64	2.54	4.13	4.75	5.42	5.76	6.67
硫化曲线 T_{90}	3'20″	3'24″	3'30″	3'43″	4'4″	4'55″	5'38″
硫化曲线 T_{50}	2'16″	2'15″	2'19″	2'18″	2'19″	2'30″	2'32″
硫化曲线 T_{10}	1'40″	1'40″	1'43″	1'40″	1'39″	1'45″	1'43″
硬度（邵尔 A）	47	56	60	65	70	73	78
拉伸强度/MPa	8.3	9.0	8.4	7.4	7.3	6.5	3.1
伸长率/%	500	340	280	200	160	100	60
拉伸永久变形/%	5.4	2.3	1.5	0.4	0.5	0.4	0.1
撕裂强度/(kN/m)	24.3	28.2	26.9	26.8	13.1	10.8	4.7
冲击弹性/%	32	39	41	56	48	51	56

注：试验配方：每批生胶加入量250g，白炭黑加入量145g，羟基硅油加入量6g。

表 3-15　乙烯基调节方法对硅橡胶性能的影响

乙烯基摩尔分数/%		0.10	0.17	0.25	0.40	0.63	0.94
硬度（邵尔 A）	Ⅰ	56	60	65	70	73	78
	Ⅱ	—	60	65	69	72	77
	Ⅲ	—	60	62	64	69	72
拉伸强度/mPa ≥	Ⅰ	9.0	8.4	7.4	7.2	6.5	3.1
	Ⅱ	—	8.2	8.0	7.6	7.5	7.2
	Ⅲ	—	7.8	8.2	7.6	7.3	7.3
伸长率/% ≥	Ⅰ	340	280	200	160	100	60
	Ⅱ	—	280	240	160	120	80
	Ⅲ	—	300	280	260	220	160
撕裂强度/(kN/m) ≥	Ⅰ	28.2	26.9	26.8	13.1	10.8	4.7
	Ⅱ	—	24.4	22.0	21.0	17.2	9.0
	Ⅲ	—	21.5	22.1	25.2	28.5	23.1

注：1. 试验配方：生胶加入量250g，白炭黑加入量165g，羟基硅油加入量7g。

2. 方法Ⅰ——用不同乙烯基含量的单一型号生胶；

方法Ⅱ——将两种不同乙烯基含量的生胶并用；

方法Ⅲ——用单一型号生胶添加多乙烯基硅油。

② 甲基含氢硅油（甲基含氢聚硅氧烷）

$$\text{RMe}_2\text{SiO}\underset{}{\overset{}{\left(\!\!\begin{array}{c}\text{Me}\\|\\\text{SiO}\\|\\\text{Me}\end{array}\!\!\right)_n}}\underset{}{\overset{}{\left(\!\!\begin{array}{c}\text{H}\\|\\\text{SiO}\\|\\\text{Me}\end{array}\!\!\right)_m}}\text{SiMe}_2\text{R} \qquad \text{RMe}_2\text{SiO}\underset{}{\overset{}{\left(\!\!\begin{array}{c}\text{H}\\|\\\text{SiO}\\|\\\text{Me}\end{array}\!\!\right)_m}}\text{SiMe}_2\text{R}$$

$$\text{(Ⅲ)} \qquad\qquad\qquad\qquad \text{(Ⅳ)}$$

化学反应性：

$$\overset{|}{\underset{|}{\text{Si}}}\text{—H} + \text{H}_2\text{O} \xrightarrow{\text{OH}^-} \overset{|}{\underset{|}{\text{Si}}}\text{—OH} + \text{H}_2\uparrow$$

甲基二氯硅烷直接水解时容易导致胶凝化，因此需将其溶在溶剂中进行水解，以避免胶凝化产生。溶剂有乙醚、乙烷、甲苯、苯等。也可以将甲基二氯硅烷先醇解，后者再进行水解，这样也能避免胶凝化产生，并且还可减少水解时的溶剂用量。

含氢硅油的制备方法是以甲基氢二氯硅烷（CH_3SiHCl_2）为原料，加入甲苯等惰性溶剂在搅拌下进行水解，放出酸水，用水洗涤到中性，加入封端剂和酸性催化剂（例如 H_2SO_4），于50℃温度下进行调聚反应6h，用水多次洗涤到中性，再用活性炭脱色，过滤得到产品。但多数市售产品均能满足混炼胶要求。含氢硅油的技术指标为：外观无色透明无机械杂质，黏度 18~22mPa·s，含氢量≥1.5%（质量分数），折射率 1.3950~1.3980。

部分含氢型甲基含氢硅油（Ⅲ）的制法。

工艺路线1：

$$\text{MeHSiCl}_2 + \text{Me}_2\text{SiCl}_2 + \text{Me}_3\text{SiCl} \xrightarrow[\text{甲苯}]{\text{H}_2\text{O}} \xrightarrow[\text{甲苯}]{\text{H}_2\text{SO}_4} \text{Me}_3\text{SiO}\left(\!\!\begin{array}{c}\text{Me}\\|\\\text{SiO}\\|\\\text{Me}\end{array}\!\!\right)_n\left(\!\!\begin{array}{c}\text{H}\\|\\\text{SiO}\\|\\\text{Me}\end{array}\!\!\right)_m\text{SiMe}_3$$

工艺路线2：

$$\text{MeSiHCl}_2 + \text{H}_2\text{O} \longrightarrow \left(\!\!\begin{array}{c}\text{H}\\|\\\text{SiO}\\|\\\text{Me}\end{array}\!\!\right)_m + \text{HCl}$$

$$\left(\!\!\begin{array}{c}\text{H}\\|\\\text{SiO}\\|\\\text{Me}\end{array}\!\!\right)_m + \text{D}_4 + \text{MM} \xrightarrow{\text{H}_2\text{SO}_4} \text{Me}_3\text{SiO}\left(\!\!\begin{array}{c}\text{Me}\\|\\\text{SiO}\\|\\\text{Me}\end{array}\!\!\right)_n\left(\!\!\begin{array}{c}\text{H}\\|\\\text{SiO}\\|\\\text{Me}\end{array}\!\!\right)_m\text{SiMe}_3$$

工艺路线3：

$$\text{D}_4 + \text{D}_4^{\text{H}} + \text{MM} \xrightarrow{\text{催化剂}} \text{Me}_3\text{SiO}\left(\!\!\begin{array}{c}\text{Me}\\|\\\text{SiO}\\|\\\text{Me}\end{array}\!\!\right)_n\left(\!\!\begin{array}{c}\text{H}\\|\\\text{SiO}\\|\\\text{Me}\end{array}\!\!\right)_m\text{SiMe}_3$$

也可用 MHMH：$HMe_2SiOSiMe_2H$。

含氢硅油分子中具有活泼氢，起还原作用，可有效阻止胶料中的杂质氧化而变黄，被称为抗黄剂。同时，含氢硅油也能增加混炼胶的物理机械性能，见表3-16。

表3-16 在100份混炼硅橡胶中含氢硅油加入量对性能的影响

试验号	1	2	3	4	5	6
含氢硅油[①]/份	0	0.25	0.5	0.75	1.0	1.25
混炼胶外观	随着用量增加,胶料不断变白					
加工性/次	45	33	30	18	17	17
二次硫化黄变性	未加含氢硅油的试片颜色最黄,随着加入量增加,试片颜色变浅					

续表

硬度(邵尔 A)	52	53	54	57	58	60
拉伸强度/MPa	9.2	9.9	9.3	9.5	9.7	9.7
伸长率/%	400	380	340	340	340	320
撕裂强度/(kN/m)	24.2	25.9	27.5	29.4	28.2	28.1

① 含氢硅油（日本东芝）含氢量1.6%。

混合交联体系：使用扩散性好的氢硅烷或氢封端的硅氧烷与含氢硅油一起作混合交联体系得到的硫化胶撕裂强度更佳。

全含氢型甲基含氢硅油（Ⅳ）的制法：

$$\text{MeSiHCl}_2 \xrightarrow[\text{2)H}_2\text{O}]{\text{1)乙醇}} \left. \begin{matrix} \text{H} \\ \mid \\ \text{SiO} \\ \mid \\ \text{Me} \end{matrix} \right)_m \xrightarrow[\text{H}_2\text{SO}_4]{\text{MM}} \text{Me}_3\text{Si} \left. \begin{matrix} \text{H} \\ \mid \\ \text{SiO} \\ \mid \\ \text{Me} \end{matrix} \right)_m \text{SiMe}_3$$

合成过程简述如下：

$$1\text{ 份 MeSiHCl}_2 + 2\text{ 份甲苯} + 1\text{ 份无水乙醇} \xrightarrow[\text{醇解, 1h}]{25℃} \xrightarrow[\text{赶 HCl, 1h}]{\text{升温至40℃}} \xrightarrow[\text{25℃, 水解, 1h}]{\text{加 2 份苯, 4 份水}}$$

$$(\text{控制水解酸度} < 10\%) \xrightarrow{\text{静置分去酸层}} \xrightarrow{\text{油层水洗至中性}} \xrightarrow{\text{干燥}} \xrightarrow{\text{过滤}}$$

$$\xrightarrow[\text{蒸出溶剂}]{70.6\text{kPa}, <100℃} \left. \begin{matrix} \text{H} \\ \mid \\ \text{SiO} \\ \mid \\ \text{Me} \end{matrix} \right)_m$$

(3) 耐热添加剂　加入某些金属氧化物或其盐以及某些元素的有机化合物，可大大改善硅橡胶的热空气老化性能，其中最常用的为氧化铁，一般用量为3～5份；其他如氢氧化铁、草酸铁、烷氧基铁、有机硅二茂铁、二氧化钛、碳酸锌、氧化铈，以及锰、锌、镍和铜等金属氧化物也有类似的效果。加入少量（少于1份）的喷雾炭黑也能起到提高耐热性的作用。通常在250～300℃的温度范围内进行热空气老化，才能显示出这些添加剂的作用。

(4) 着色剂　在硅橡胶胶料中还常使用一些着色剂，这些着色剂应该是热稳定的，同时不应与过氧化物作用而影响硫化过程的进行，一般用无机颜料，如二氧化钛、三氧化二铬、氧化铁、二氧化镉等，也可以使用一些有机颜料。这些颜料同时又是填料，具有一定的补强作用。红色氧化铁并能加速硫化和提高硫化胶的耐热老化性能，用量一般为2～5份。普通炭黑在硅橡胶中不作为填料应用，只有乙炔炭黑被用于制造导电橡胶制品，以及在某些情况下，使用少量的炭黑作为黑色颜料。钛白粉（二氧化钛）对颜色的遮盖力强，是混炼硅橡胶常用的白色填料，但介电常数约为石英粉的二倍。作为白色填料，推荐的用量为混炼硅橡胶料的2%～5%，添加微量的颜料群青可以增加白度。硅橡胶着色剂一般先做成各种色母料，然后通过配色而确定加入比例，再掺入混炼胶中。硅橡胶常用着色剂及用量推荐如下：

红色，（氧化铁），用量0.7%～1%；

蓝色，钴蓝，用量2%；

黄色，镉黄（二氧化镉），用量2%～5%；

绿色，铬绿（三氧化二铬），用量2%；

白色，钛白粉（二氧化钛），用量0.7%；

黑色，炭黑（热裂炭黑）或黑色氧化铁，用量0.5%或1%～2%；

群青，蓝色；

也可以使用一些有机颜料。

（5）内脱模剂 内脱模剂中内含脂肪酸盐或表面活性剂和分散剂，加入胶料中可改善胶料的脱模性。

（6）阻燃剂 与普通有机橡胶相比，有机硅橡胶有相当不错的阻燃性能。加入阻燃剂可进一步提高这种性能。可以使用的阻燃剂包括铂化合物、二氧化钛、碳酸锰、碳酸锌、碱式碳酸锌、氢氧化铝、十溴联苯醚等。

（7）其他 在制备硅橡胶海绵制品时必须加入发泡剂，硅橡胶常用的发泡剂有 N,N-二亚硝基五亚甲基四胺和偶氮二甲酰胺等。橡胶胶料中加入少量（一般少于1份）四氟乙烯粉，可改善胶料的压延工艺性能及成膜性，提高硫化胶的撕裂强度。硼酸酯和含硼化合物能使硅橡胶硫化胶具有自黏性。采用比表面积较大的气相法白炭黑补强时，加入少量（3~5份，乙烯基质量分数一般为0.10左右）高乙烯基硅油，胶料经硫化后，抗撕裂性能可提高至30~50kN/m。此外，根据各种胶料的需要，可添加不同的特种添加剂，如硫化促进剂、增白剂、抗静电剂、发泡剂等。

3.3 硅混炼胶的组成及形态

3.3.1 硅混炼胶的组成

硅混炼胶是用线性高摩尔质量聚硅氧烷（硅生胶）加入补强填料，各配合剂及添加剂，经开炼机或密炼机的剪切作用而制成的均匀固态混合体，它是制造各种硅橡胶制品的基础原料，可以用各种型号和规格的产品作为商品出售。由于黏度较高，所以它基本可以以各种不同形状出售，如条状、带状、管状、块状和颗粒状等。过氧化物高温硫化硅橡胶混炼胶的基本组成如下（质量份）：

$$
\text{基础胶}\begin{cases} 100 & \text{聚合物} \\ 20\sim50 & \text{气相法白炭黑} \\ 5\sim10 & \text{处理剂} \\ 0\sim150 & \text{增量填料} \\ 1\sim10 & \text{改性剂} \\ 1\sim3 & \text{色母料} \\ 0.5\sim3 & \text{过氧化物} \end{cases}\Bigg\}\text{混炼胶}
$$

有机硅混炼胶的配方设计和调整是硅橡胶制造程序中的重要一环，其设计原则与普通橡胶配方设计相同，即要对品种性能要求、使用条件有充分正确的认识，贯彻"质量第一"的原则；既要从产品整体着眼，对品牌、型号进行系统设计，又要兼顾特殊要求，满足使用的特殊性；要贯彻节约原材料降低成本的要求，以提高产品的竞争力；要注意市场优先的原则，根据市场变化，及时调整配方和品种，以占领尽可能多的市场份额。

3.3.2 硅混炼胶的形态

常用乙烯基硅橡胶和氟硅橡胶配方及物理性能见表3-17。

表 3-17 乙烯基硅橡胶和氟硅橡胶配方及物理性能

项目	乙烯基硅橡胶				氟硅橡胶
	通用型	通用型	高抗撕型	通用型	
配方用量/份					
乙烯基硅橡胶(110-2)	100	100	100	100	3
氟硅橡胶	—				100
沉淀法白炭黑	40~60	—	—	—	—

续表

项目	乙烯基硅橡胶				氟硅橡胶
	通用型	通用型	高抗撕型	通用型	
2号气相法白炭黑	—	45～60	—	—	40～45
4号气相法白炭黑	—	—	40～50	—	—
八甲基环四硅氧烷处理2号气相白炭黑	—	—	—	45～60	—
二苯基硅二醇	—	3～6	—	—	—
六甲基环三硅氮烷和八甲基环四硅氧烷混合物	—	—	8～10	—	—
羟基氟硅油	—	—	—	—	2～3
氧化铁	3～5	3～5	—	3～5	3～5
有机过氧化物	0.5～1	0.5～1	0.5～1	0.5～1	0.5～1
硫化胶性能					
拉伸强度/MPa	3.9～5.9	5.9～7.8	7.8～9.8	6.9～8.8	5.9～7.8
伸长率/%	150～250	203～350	400～600	300～500	150～250
硬度(邵尔A)	45～65	45～65	40～55	45～60	40～60
撕裂强度/(kN/m)	—	—	30～50	—	—
压缩永久变形(压缩率30%)					
150℃×24h/%	—	—	30～50	—	20～30
200℃×24h/%	10～20	20～30	—	40～60	—
200℃×27h老化后					
拉伸强度/MPa	—	—	5.9～7.8	—	3.9～5.9
伸长率/%	—	—	300～500	—	100～200
硬度(邵尔A)	—	—	45～60	—	45～65
250℃×72h老化后					
拉伸强度/MPa	2.9～4.9	3.9～5.9	—	4.9～6.9	—
伸长率/%	150～250	150～300	—	200～400	—
硬度(邵尔A)	45～65	45～65	—	50～60	—
压缩永久变形(压缩率30%)					
150℃×24h/%	—	—	30～50	—	20～30
200℃×24h/%	10～20	20～30	—	40～60	—
电性能					
介电强度/(MV/m)	18～20	20～25	20～25	20～25	12～15
体积电阻率/Ω·cm	$10^{14}～10^{15}$	$10^{15}～10^{16}$	$10^{15}～10^{16}$	$10^{15}～10^{16}$	$10^{12}～10^{15}$
耐油性能					
2号航空煤油(150℃×24h)体积膨胀率/%	—	—	—	—	15～20

3.4 混炼硅橡胶加工

橡胶制品的主要原料是生胶、各种配合剂，以及作为骨架材料的纤维和金属材料。橡胶制品的基本生产工艺过程包括塑炼、混炼、压延、压出、成型、硫化6个基本工序。

橡胶的加工工艺过程主要是解决塑性和弹性矛盾的过程，通过各种加工手段，使得弹性的橡胶变成具有塑性的塑炼胶，在加入各种配合剂制成半成品，然后通过硫化是具有塑性的半成品又变成弹性高、物理机械性能好的橡胶制品。

硅橡胶生胶比较柔软，具有较高的可塑性，为黏流态。一般不需要进行塑炼而直接采用普通橡胶加工设备进行加工，即在开炼机或密炼机上进行混炼。硅橡胶在加工过程中必须保持胶料清洁，不能混有其他橡胶、油污或杂质，否则会影响硫化及其性能。硅橡胶的模压成型即一段硫化，在装料时，模具温度应保持在硫化剂的显著分解温度以下为宜，加压后应立即卸压放气 1～2 次。硅橡胶经一段硫化后尚需进行二段硫化，以便除去在一次硫化时分解产生的挥发组分，以及使硫化胶的物理和化学性能达到最佳水平。二段硫化的实际温度和时间应取决于硫化胶的使用要求和交联剂分解产物的挥发性。二段硫化一般将制品在室温下放入烘箱，然后逐步升温至硫化温度，保持恒温一定时间，以改善硫化胶的性能。硅橡胶经二段硫化后强度、伸长率等性能趋于稳定，压缩永久变形得以改善，耐热性能也有所提高。

3.4.1 混炼

混炼就是按照胶料配方规定的配合剂的比例，将生胶和各种配合剂通过橡胶设备混合在一起，并使各种配合剂均匀地混合、分散在生胶之中的过程。胶料进行混炼的目的就是要获得物理机械性能指标均匀一致，符合配方规定的胶料性能指标，以利于以下工艺操作和保证成品质量要求。

经施加机械剪切力，使橡胶具有可塑性，同时将填充剂和配合剂分散于橡胶中的操作。亦即，混炼是将配合剂均匀而且不形成聚集体混合分散到塑炼胶中的操作。该操作是作为配合剂的粉粒体间的混合、由高黏度物质的生胶润湿粉状体的捏合和混炼，或者是组合了粉状体在生胶中均匀分散和粉碎的复杂的单元操作。混炼的质量是对胶料的进一步加工和成品的质量有着决定性的影响，即使配方很好的胶料，如果混炼不好，也就会出现配合剂分散不均，胶料可塑度过高或过低，易焦烧、喷霜等，使压延、压出、涂胶和硫化等工艺不能正常进行，而且还会导致制品性能下降。

橡胶混炼的基本的工艺流程如图 3-5 所示。由于混炼胶组分十分复杂，至今尚未建立起完整的理论。按照传统观点，混炼过程包括四个阶段：混入、分散、混合、塑化。

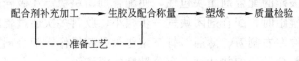

图 3-5 混炼胶制备的一般工艺流程

混炼方法通常分为开炼机混炼和密炼机混炼两种。这两种方法都是间歇式混炼，这是目前最广泛的方法。

3.4.1.1 开炼机混炼

开炼机（见图 3-6）混炼是橡胶加工工业中最传统的混炼方法，由于其灵活性大，在炼胶的过程中还能较仔细地观察到混合的具体情况，特别适用于小规模、小批量、多品种的生产；大规模的生产则在捏合机或密闭式混炼设备中进行。开炼机的混合过程分为三个阶段，即包辊（加入生胶的软化阶段）、吃粉（加入粉剂的混合阶段）和翻炼（吃粉后使生胶和配合剂均达到均匀分散的阶段）。

采用开炼机时，物料按配方称量好，先将生胶包辊，然后逐步加入白炭黑和辅料，辊筒要保持一定的温度，以增加"吃粉"速度。通过"一车一车"的方式将物料混炼好，停放24h 后再进行返炼，最后成为可供加工制品的硅混炼胶。采用开炼工艺，劳动强度大，生产效率低，环境污染较严重。

捏合机是由一对互相配合和旋转的叶片（通常呈 Z 形）所产生强烈剪切作用而使半干状态的或橡胶状黏稠塑料材料能使物料迅速反应从而获得均匀混合搅拌的设备。它是一种特殊的混合搅拌设备，具有两个桨叶，快桨叶通常是以 42r/min，慢桨通常是 28r/min 旋转，不同的桨速使得混炼的物料能够迅速均质搅拌，对各种高黏度的弹塑性物料的混炼、捏合、

(a) 双辊筒炼胶机　　　　　　　　(b) 捏合机

图 3-6　开放式双辊筒炼胶机、捏合机

破碎、分散、硫化、重新聚合各种化工产品的理想设备，具有搅拌均匀、无死角、捏合效率高的优点，广泛应用于生产高黏度密封胶、硅橡胶、密封胶、热熔胶、食品胶基、纸浆、纤维素、亦用于电池、油墨、颜料、染料、医药制剂、树脂、塑料、橡胶、化妆品等行业。

　　经真空捏合的胶料，需再经冷却、停放，然后在开炼机上进行返炼和薄通，使胶料更加均匀一致、无气泡、无毛边，经滤胶机采用 200～300 目不锈钢网过滤，滤去各种杂质，才能成为混炼胶成品，包装入库。

　　开炼机工作原理：两个平行排列的中空辊筒，以不同的线速度相对回转，加胶包辊后，在辊距上方留有一定量的堆积胶，堆积胶拥挤、皱塞产生许多缝隙，配合剂颗粒进入到缝隙中，被橡胶包住，形成配合剂团块，随胶料一起通过辊距时，由于辊筒线速度不同产生速度梯度，形成剪切力，橡胶分子链在剪切力的作用下被拉伸，产生弹性变形，同时配合剂团块也会受到剪切力作用而破碎成小团块，胶料通过辊距后，由于流道变宽，被拉伸的橡胶分子链恢复卷曲状态，将破碎的配合剂团块包住，使配合剂团块稳定在破碎的状态，配合剂团块变小。胶料再次通过辊距时，配合剂团块进一步减小，胶料多次通过辊距后，配合剂在胶料中逐渐分散开来。采取左右割刀、薄通、打三角包等翻胶操作，配合剂在胶料中进一步分布均匀，从而制得配合剂分散均匀并达到一定分散度的混炼胶。

　　(1) 包辊　包辊是开炼机混炼的前提。由于混炼工艺条件不同及各种生胶的黏弹性不同，混炼时生胶在开炼机辊筒上会呈现四种不同的包辊状态，如图 3-7 所示。

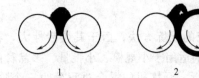

　　1　　　　　　　　2　　　　　　　　3　　　　　　　　4

图 3-7　橡胶在开炼机中的几种状态

1—橡胶不易进入辊缝；2—橡胶紧包前辊；3—脱辊成袋囊状；4—呈黏流包辊

　　第一种情况，辊温太低，胶料较硬，弹性高，橡胶停留在堆积胶处产生滑动，延迟生产过程。若强制压入时只能成为碎块；第二种情况，温度适宜，橡胶能正常包于辊筒上，既有塑性流动，又有适当高的弹性变形，有利于配合剂的混入和分散；第三种情况，随着温度的增高，橡胶流动性增加，分子间力减小，弹性和强度降低，此时胶片不能紧包辊筒，出现脱辊或破裂现象，使混炼操作困难；第四种情况，橡胶在更高的温度下呈黏弹性流体包于辊筒，并产生塑性流动。只要控制适当的操作条件，就能使胶料在所需要的第二或第四种情况下进行加工，防止转变成第一和第三状态。

　　橡胶在辊筒上的四种状态与辊温、切变速率、生胶的特性（如黏弹性、强度等）有关。

为了获得第二种包辊状态，操作中需根据各种生胶的特性来选择适宜的混炼温度。

胶料的包辊性取决于：

① 胶料的性质，如格林强度、断裂拉伸比、最大松弛时间等；

② 辊筒温度，在胶料 T_g 以上几十度的范围内包辊性好；

③ 剪切速率，剪切速率提高（减小辊距）可改善胶料的包辊性。

（2）吃粉　橡胶包辊后，为使配合剂尽快混入橡胶中，在辊筒上端应保留有一定的堆积胶。当加入配合剂时，由于堆积胶的不断翻转和更替，便把配合剂带进堆积胶的皱纹沟中，如图 3-8 所示，并进而带入辊缝中。将配合剂混入胶料的这个过程称为吃粉阶段。

吃粉过程中，堆积胶的量必须适中。如无堆积胶或堆积胶量过少时，一方面配合剂只靠后辊筒与橡胶间的剪切力擦入胶料中，不能深入胶料内部而影响分散效果；另一方面未被擦入橡胶中的粉状配合剂会被后辊筒挤压成片，落入料盘。如果是液体配合剂，则会黏到后辊筒上或流到料盘上，造成混炼困难。若堆积胶过量，则有一部分胶料会在辊缝上端旋转打滚，不能进入辊缝，使配合剂不易混入。

影响吃粉快慢的因素：

① 生胶的黏度低，易吃粉；

② 辊筒温度高，易吃粉；

③ 配合剂的粒径大，结构低，用量少，易吃粉；

④ 左右摆动加料，吃粉快；

⑤ 堆积胶适量，吃粉快。

（3）翻炼　加快配合剂分散，提高配合剂分散均匀性。由于橡胶黏度大、流动性差，混炼时胶料只沿着开炼机辊筒转动方向产生周向流动，而没有轴向流动，而且沿周向流动的橡胶也仅为层流。因此，在胶片厚度约 1/3 处的紧贴前辊筒表面的胶层，不能产生流动而成为"死层"或"呆滞层"，如图 3-9 所示。

黑色部分表示配合剂随皱纹沟进入胶料内部的情况

图 3-8　堆积胶端面图　　　　　　　　图 3-9　混炼胶吃粉时的断面图

此外辊缝上部的堆积胶还会形成部分楔形"回流区一"。以上原因都使胶料中的配合剂分散不均。因此必须经多次翻炼、斜切法、直切法、抽胶法、三角包法、薄通等方法，才能破坏死层相回流区，使混炼均匀，质地一致。

影响配合剂分散性的因素：

① 胶料的黏度低，分散性差；

② 辊筒温度高，分散性差；

③ 配合剂粒径小，结构低，分散性差；

④ 配合剂与生胶的相容性差，分散性差；

⑤ 辊距大，分散性差。

（4）开炼机混炼的工艺方法　开炼机混炼有一段混炼和分段混炼两种工艺方法。

一段混炼指通过开炼机一次混炼就能炼制成混炼胶的方法。把塑炼胶和各种配合剂（对于一些不易分散或用量较少的配合剂可预先制成母胶）按工艺规程要求逐一加入，即在开炼机、密炼机内作母炼胶混炼，然后在压片机上加入硫化剂以及一些不宜在密炼机内加入的促进剂。简言之，一段混炼就是不在中间停放而一次完成的混炼。

分段混炼的第一段同一段混炼法一样，只是先将除硫化剂和超速促进剂以外的各种配合剂与生胶均匀混合，制成母胶，下片冷却，停放一定时间；第二段是对第一段混炼进行补充加工，然后在密炼机或开炼机上进行补充加工加入硫化剂，待混炼均匀后下片停放。对含胶率高的或天然橡胶与少量合成橡胶并用，且补强填充剂用量少的胶料，通常采用一段混炼法。对于天然橡胶与较多合成橡胶并用，且补强填充剂用量较多的胶料，可采用两段混炼方法，以便两种橡胶与配合剂混炼得更均匀。

混炼加药方法按配方和含胶率分两种情况。生胶含量高者，配合剂在辊筒中间加入。生胶含量较少者，配合剂在辊筒一端加入。在吃粉时注意不要割刀，否则粉状配合剂会侵入前辊和胶层的内表面之间使胶料脱辊，而粉剂此时通过辊缝被挤压成硬片洒落在接料盘中，造成混炼困难，对用量少质量轻的配合剂和容易飞扬的炭黑，最好以母炼胶或膏剂的形式加入。当所有配合剂吃净后，加入余胶，进行翻炼。

(5) 开炼机混炼的工艺条件　开炼机混炼因胶料种类、配比、用途和性能要求不同，工艺条件也各有差异。但对整个混炼过程来说，须注意掌握的工艺条件和影响因素主要有以下几方面。

① 胶料的包辊性。胶料的包辊性好坏会影响混炼时吃粉快慢、配合剂分散，如果包辊性太差，甚至无法混炼。

② 装料容量。装胶容量是指密炼机实际混炼容量，它往往只占密炼机混炼室总容量的50%～60%。

装胶容量过大，固然可以提高产量，混炼无充分空隙，但势必要增加堆积胶量，使堆积胶只能在辊缝上自身打转而失去作用，不能进行充分的搅拌，失去了起折纹夹粉作用，影响配合剂的吃入和降低混炼分散效果，延长混炼时间，胶料散热不良，胶料的物性下降，同时会增大能耗，加大劳动强度，并导致设备超负荷，轴承磨损加剧，易使设备损坏。如果为了使堆积胶保持一定量而增加割下的余胶量的话，则可能影响最后的分散均匀度。温升高，易造成胶料自流；还会造成电机超负荷。

装胶容量过少，堆积胶没有或太少，转子间无足够的摩擦阻力，出现空转，吃粉困难，同样造成混炼不均，使混炼胶的质量受到影响，同时也降低生产效率影响设备利用率，并易产生过炼现象。

合理的装混炼胶容量是在辊距一般为 4～8mm 下，胶料全部包覆前辊后，并在两辊筒上面存有一定数量的堆积胶，是胶料通过时形成波纹和折皱，以便粉剂从沟纹槽内进入两辊间隙。

装胶容量：φ160mm×320mm 炼胶机为 1～2kg；φ250mm×620mm 炼胶机为 3～5kg。

③ 辊距。在装胶容量合理的情况下，辊距一般为 4～8mm。

混炼时开始辊距较小（1～5mm）入粉，然后逐步增大。辊距小，辊筒之间的速度梯度就越大，对胶料的剪切作用也就越大，混炼效果和混炼速度就大。但辊距过小，剪切变形速率增大，橡胶分子链和配合剂受到的剪切作用增大，接触机会增多，有利于配合剂的混入速度加快而易分散，但由于堆积胶多了，反而会使辊筒上面的堆积胶过多，以自身为轴心而打转，胶料不能及时进入辊缝，失去应有的作用，或橡胶分子链受剪切断裂的机会也增大，容易使分子链过度断裂，造成过炼，橡胶分子量降得过低，使胶料的物理机械性能降低。为使堆积胶保持适当，在配合剂不断加入时，胶料容积不断增加，则辊距应不断放大，以求相适应。

辊距太大又会减弱剪切效果，导致配合剂不易均匀分散，给混炼操作带来困难。为使堆积胶数量基本上保持在适宜的范围内，在配合剂不断加入、胶料总容积不断递增的情况下，应逐步调厚辊距，以求适当。

④ 辊温。在开炼机混炼时，辊筒的剧烈剪切作用使橡胶摩擦生热。这种摩擦作用在辊缝处最为剧烈，温度也最高。通过辊缝后辊温逐步下降，一直到第二次通过辊缝时又重新上升。

高温对开炼是不利的，因为温度上升导致胶料软化，剪切力减小而降低混炼效果，其后果是：容易引起焦烧；有些低熔点配合剂熔化后结团，无法分散。为了避免因温度过高而导致对混炼的不利影响，辊温宜通过冷却的方法保持在 50～60℃ 之间。冷却的途径有二：一是延长胶料在包胶辊上的停留散热时间，亦即加大前辊直径，但这样做会给操作带来不方便，缺乏现实意义；二是往辊筒内通入冷却水，采用这种措施，可消除总热量的 70%～90%。辊筒的冷却效果取决于筒体壁厚和内表面的加工情况，因此必须对辊筒内表面进行机械加工，选用合理的冷却装置及降低冷却水水温都有效。水温不宜超过 12℃，所以在夏季应该用深井水或制冷设备。改进辊筒内部冷却结构也可以提高冷却效果。为了便于操作，要求胶料包前辊，为此应使前后辊保持一定温差。天然橡胶包于热辊，因此前辊辊温（55～60℃）应高于后辊辊温（50～55℃）。多数合成橡胶易包冷辊，所以宜使前辊辊温低于后辊。另外，鉴于合成橡胶的发热量大于天然橡胶，前后辊的温度应各低于天然橡胶 5～10℃。辊筒必须通有冷却水，混炼温度宜在 40℃ 以下，以防止焦烧或硫化剂的挥发损失。

随辊温升高，胶料的黏度降低，有利于胶料在固体配合剂表面的湿润，吃粉加快；但配合剂在柔软的胶料中受到的剪切作用会减弱，不容易破碎，不利于配合剂的分散，结合橡胶的生成量也会减少。

温度低些，胶料黏度大，受剪切力大，有利于配合剂分散。为了便于胶料包前辊，应使前后辊温保持一定温差。若辊温太低，则生胶弹性大，不易配合剂分散。

⑤ 混炼时间。混炼时间是根据炼胶机转速、速比、混炼容量及操作熟练程度，再通过试验而确定的。在保证混炼质量的前提下，要求采用最短的混炼时间。混炼时间一般为 20～30min，特殊胶料可在 40min 以上。合成橡胶的混炼时间约比天然橡胶长 1/3（应以全部入完配合剂，并割胶翻炼均匀为准）。若混炼时间过短，混炼不易均匀；如混炼时间过长不但工作效率低，而且胶料易过炼，导致胶料物理机械性能下降，使制品耐老化性能变差，使用寿命缩短。

⑥ 辊筒速比。设置速比使了为了加强剪切作用，促进配合剂的分散。双辊开炼机辊筒速比为 1.2～1.4∶1 为宜，快辊在后，较高的速比导致较快的混炼，低速比则可使胶片光滑。总的说来，速比应该适当，速比大有利于配合剂分散。但速比过大，则橡胶分子内摩擦增大，生热加快，易于焦烧，且配合剂易被压成硬块或鳞片。速比过小，则起不到有效的剪切作用，影响配合剂的分散。因此开炼机混炼时速比应比塑炼时小，合成橡胶混炼时的速比应比天然橡胶小。

⑦ 辊筒转速。转速应适当，转速过大，操作不安全；过小则混炼时间延长，影响炼胶机效率，一般控制在 16～18r/min。

⑧ 速比与辊速。开放式炼胶机设计速比的目的在于加强剪切作用，对胶料产生机械摩擦和分子链断裂，促进配合剂的分散。另外前辊速度慢，还有利于操作，有利于安全生产。

速比和辊速增大，会加快配合剂的分散，但对橡胶分子链剪切也加剧，易过炼，使胶料物性降低，使胶料升温加快，能耗增加。

⑨ 加料和操作顺序。开炼机常用的加料顺序为：生胶（包辊）→补强填充剂→结构控制剂→耐热助剂→着色剂等→薄通 5 次→下料，烘箱热处理→返炼→硫化剂→薄通→停放过夜→返炼→出片。

合适的加料顺序有助于混炼胶料的均匀性。若混炼时加料顺序不当，轻则影响配合剂分散不均，重则导致焦烧、脱辊或过炼，使操作难以进行下去，胶料性能下降。

加料顺序是关系到混炼胶质量的重要因素之一。加料顺序的先后，首先要服从配合剂所起的作用，同时也要兼顾用量的多少。配合剂量较少而且难以分散的先加，用量多而容易分散的后加，交联剂与促进剂分开加，并且交联剂最后加入。

除此之外，在混炼时橡胶与填料两者间的电位差愈大（橡胶处于负电荷的一端，填料处于正电荷一端），其相互相作用也越大，耗能愈小混炼效果越好。所以，凡能使橡胶的负电荷或填料的正电荷加大者，均有助于混炼过程。例如氧化锌带负电荷而不易与橡胶混合，但经处理的表而带有正电荷的活性氧化锌就不存在这一问题。如软化剂硬脂酸能加大橡胶的负电荷。故应加在填料之前，而对带正电荷的矿物油类软化剂，则应加在填充剂之后。

⑩ 加料方式。固定位置吃粉，吃粉时间延长，吃粉慢，配合剂由吃入位置分散到其他地方需要的时间延长，不利于配合剂的分散。沿辊筒轴线方向均匀撒在堆积胶上，使堆积胶上都覆盖有配合剂，这样会缩短吃粉时间。

⑪ 过滤。如在胶料中混有杂质、硬块等，可将混炼胶再通过滤胶机过滤，过滤时，一般采用 80～140 目筛网。

⑫ 混炼中，为使配合剂分散均匀，须充分混炼并进行适当的割胶翻炼手法，常用的翻炼操作方法主要有如下几种，通常都是相伴使用的。

a. 斜刀法（八把刀法）。将胶料在辊筒上左右交叉打卷使之均匀，操作时一手持刀按与辊筒水平线成 75°斜角进行割胶，另一手扶住胶卷使之与辊筒水平成 15°斜角，借助辊筒转动打卷，待堆积胶将消失时，即将胶卷推入辊筒中进行混炼，这样从左到右，从右到左，反复进行八次。

b. 三角打包法。将辊筒上的胶片横向割断，然后将胶片左右两边交替向中间折叠起来，在前辊上打成三角形的胶包，待胶料全部过辊后，再将三角包插入辊筒中，如此反复几次。

c. 打扭操作法。将胶片横向割断后，用手使其附在前辊上随辊筒转动成扇形，由左向右或由右向左移动，然后从胶片的一边垂直投入炼胶机辊筒中使之混合。

d. 捣胶法（走刀法）。这种刀法是割刀先从左向右割胶至右边一定距离时，将刀锋转 90°角继续割胶，使胶片胶片割后落在衬盘上，待堆积胶将消失时停止割胶，让割落的胶料随附在辊筒上的余胶带入辊筒右方，然后再从右到左进行同样割胶，反复数次，使之混炼均匀。

e. 薄通法。生胶不包辊，通过 0.5～1mm 的辊距，然后让其自然地落到开炼机的底盘上，再将底盘上的胶拿起扭转 90°投入辊筒上，反复多次，直到混炼均匀性达到要求为止。薄通法对各种橡胶的混炼都普遍适用。而且混炼效果好，胶料质地均匀。

⑬ 其他。胶料也可不经烘箱热处理，在加入耐热助剂后，加入硫化剂再薄通，停放过夜返炼，然后再停放数天返炼出片使用。混炼时间为 20～40min（开炼机规格为 φ250mm×620mm）。

如单用沉淀白炭黑或弱补强性填充剂（二氧化钛、氧化锌等）时，胶料中可不必加入结构控制剂。应缓慢加入填料，以防止填料和生胶所形成的球状体浮在堆积胶的顶上导致分散不均。如果要加入大量的填料，最好是分两次或三次加入，并在其间划刀，保证良好的分散。发现橡胶有颗粒化的趋势，可收紧辊距以改进混炼。落到接料盘上的胶粒应当用刷子清扫并收集起来，立即返回炼胶机的辊筒上，否则所炼胶料中含有胶疙瘩而导致产品外观不良。增量性填料应当在补强性填料加完之后加入，可采用较宽的辊距。

硅橡胶在加入炼胶机时包慢辊（前辊），混炼时则很快包快辊（后辊），炼胶时必须能两面操作。由于硅橡胶胶料比较软，混炼时可用普通赋子刀操作，薄通时不能像普通橡胶那样拉下薄片，而采用钢、尼龙或耐磨塑料刮刀刮下。为便于清理和防止润滑油漏入胶内，应采用活动挡板。气相白炭黑易飞扬，对人体有害，应采取相应的劳动保护措施。如在混炼时直接使用粉状过氧化物，必须采取防爆措施，最好使用膏状过氧化物。混炼胶热处理温度与力学性能关系见表3-18。

表 3-18　混炼胶热处理温度与力学性能关系

处理条件	拉伸强度/MPa	伸长率/%
室温、3 天	8.6	530
150℃×3h	10.0	540
200℃×3h	11.3	470
250℃×24h(N_2)	12.3	400

3.4.1.2　密炼机混炼

密闭式炼胶机简称密炼机，是在开炼机的基础上发展起来的一种高强度间隙性的混炼设备。因此，密炼机的出现是橡胶机械的一项重要成果，至今仍然是塑炼和混炼的典型的重要设备，仍在不断的发展和完善。密炼机混炼分为三个阶段，即湿润、分散和捏炼。密炼机混炼在高温加压下进行的。密炼机外形如图3-10所示。

图 3-10　密炼机外形

密炼机一般由密炼室、两个相对回转的转子、上顶栓、下顶栓、测温系统、加热和冷却系统、排气系统、安全装置、排料装置和记录装置组成。转子的表面有螺旋状凸棱，凸棱的数目有二棱、四棱、六棱等，转子的断面几何形状有三角形、圆筒形或椭圆形三种（图3-11），有切向式和啮合式两类。测温系统是由热电偶组成，主要用来测定混炼过程中密炼室内温度的变化；加热和冷却系统主要是为了控制转子和混炼室内腔壁表面的温度。

工作原理：在密炼室内，生胶的混炼和混炼胶的混炼过程，比开炼机的塑炼和混炼要复杂得多。物料加入密炼室后，就在由两个具有螺旋棱、有速比、相对回转的转子与密炼室壁，上、下顶栓组成的混炼系统内受到不断变化，反复进行的强烈剪切和挤压作用，使胶料

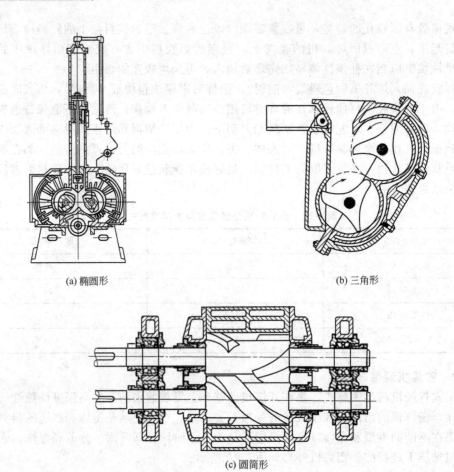

(a) 椭圆形

(b) 三角形

(c) 圆筒形

图 3-11 密炼机转子的断面形状

产生剪切变形，进行了强烈的捏炼。由于转子有螺旋棱，在混炼时胶料反复进行轴向往复运动，起到了搅拌作用，致使混炼更为强烈。

密炼机的炼胶过程是比较复杂的，可以用图 3-12 简单地表示炼胶过程。

胶料在密炼室中的混炼过程：生胶和配合剂由加料斗加入，首先落入两个相对回转的转子上部，密炼机工作时，两转子相对回转，将来自加料口的物料夹住带入辊缝受到转子的挤压和剪切，穿过辊缝后碰到下顶栓尖棱被分成两部分，分别沿前后室壁与转子之间缝隙再回到辊隙上方。在绕转子流动的一周中，物料处处受到剪切和摩擦作用，使胶料的温度急剧上升，黏度降低，增加了橡胶在配合剂表面的湿润性，使橡胶与配合剂表面充分接触。配合剂团块随胶料一起通过转子与转子间隙、转子与上顶栓、下顶栓、密炼室内壁的间隙，受到剪切而破碎，被拉伸变形的橡胶包围，稳定在破碎状态。同时，转子上的凸棱使胶料沿转子的轴向运动，起到搅拌混合作用，使配合剂在胶料中混合均匀。配合剂如此反复剪切破碎，胶料反复产生变形和恢复变形，转子凸棱的不断搅拌，使配合剂在胶料中分散均匀，并达到一定的分散度。由于密炼机混炼时胶料受到的剪切作用比开炼机大得多，炼胶温度高，使得密炼机炼胶的效率大大高于开炼机。

密炼机主要用于橡胶的塑炼和混炼，同时也用于塑料、沥青料、油毡料、合成树脂料的混合。它是橡胶工厂主要炼胶设备之一。20 世纪 70 年代以来，国外在炼胶工艺和设备方面虽然发展较快，例如用螺杆挤出机代替密炼机和开炼机进行塑炼和混炼，但还是代替不了密

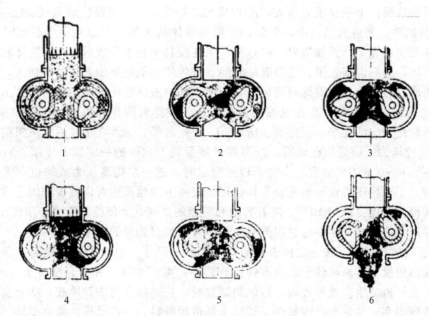

图 3-12　密炼机炼胶过程

炼机。新的现代工厂中的炼胶设备仍以密炼机为主，混炼方法也仍采用两段混炼法。

采用密炼工艺制造混炼胶时，先按配方单称量好各组分物料，在普通捏合机中进行配料操作，生胶一次性加入，填料和辅料按工艺配方要求分多次加入，然后开机捏合，达到初步混炼的目的，物料呈润湿性团块后可出料。然后采用真空捏合机进行密炼。捏合机中两只 Z 形搅拌叶通过相互反方向旋转对胶料进行剪切作用，逐步混炼均匀。真空捏合时，物料逐步升温至 170~180℃，系统内真空度可控制在 -0.08~-0.05MPa 范围之内。抽真空的目的是抽出物料中的水分和低分子化合物，使胶料性能提高和稳定。真空捏合时的升温速度、真空度、捏合时间和出料温度都是重要的工艺参数，要严格掌握和合理调整，以保障混炼胶产品的高质量。采用真空密炼制造混炼胶，生产效率高，粉尘飞扬少，产品质量稳定，是目前生产混炼胶的主要方法。

（1）影响因素　密炼机混炼的胶料质量好坏，除了加料顺序外，主要取决于混炼温度、装料容量、转子转速、混炼时间、上顶栓压力和转子的类型等。

① 装料容量。即混炼容量，容量不足会降低对胶料的剪切作用和捏炼作用，甚至出现胶料打滑和转子空转现象，导致混炼效果不良。反之，容量过大，胶料翻转困难，使上顶栓位置不当，使一部分胶料在加料口颈处发生滞留，从而使胶料混合不均匀，混炼时间长，并容易导致设备超负荷，能耗大。因此，混炼容量应适当，通常取密闭室总有效容积的60%~70%为宜。密炼机混炼时装料容量可用下面的经验公式计算：

$$Q = K\rho V$$

式中　Q——装料容量，kg；

　　　K——填充系数，通常取 0.6~07；

　　　V——密闭室的总有效容积，L；

　　　ρ——胶料的密度，g/cm³。

填充系数 K 的选取与确定应根据生胶种类和配方特点，设备特征与磨损程度、上顶栓压力来确定。NR 及含胶率高的配方，K 应适当加大；合成胶及含胶率低的配方，K 应适当减小；磨损程度大的旧设备，K 应加大；新设备要小些；啮合型转子密炼机的 K 应小于剪切型转子密炼机；上顶栓压力增大，K 也应相应增大。另外逆混法的 K 必须尽可能大。

② 加料顺序。密炼机混炼中，生胶、炭黑和液体软化剂的投加顺序与混炼时间特别重要，一般都是生胶先加，再加炭黑，混炼至炭黑在胶料中基本分散后再加入液体软化剂，这样有利于混炼，提高混炼效果，缩短混炼时间。液体软化剂过早加入或过晚加入，均对混炼不利，易造成分散不均匀，混炼时间延长，能耗增加。液体软化剂的加入时间可由分配系数 K 确定。硫黄和超促进剂通常在混炼的后期加入，或排料到压片机上加，减少焦烧危险。小药（固体软化剂、活化剂、促进剂、防老剂、防焦剂等）通常在生胶后、炭黑前加入。

③ 上顶栓压力。密炼机混炼时，胶料都必须受到上顶栓的一定压力作用。一般认为上顶栓压力在 0.6～0.8MPa 为宜。当转子转速恒定时，进一步提高压力效果也不大。当混炼容量不足时，上顶栓压力也不能充分发挥作用。提高上顶栓压力可以减少密闭室内的非填充空间，使其填充程度提高约 10%。随着容量和转速的提高，上顶栓的压力必须使用增大。

上顶栓压力提高会加速混炼过程胶料生热，并增加混炼时的功率消耗。

④ 转子结构和类型。转子工作表面的几何形状和尺寸在很大程度上决定了密炼机的生产能力和混炼质量。密炼机转子的基本构型有两种：剪切型转子和啮合型转子。一般说来，剪切型转子密炼机的生产效率较高，可以快速加料、快速混合与快速排胶。啮合型转子密炼机具有分散效率高、生热率低等特性，适用于制造硬胶料和一段混炼。啮合型转子密炼机的分散和均化效果比剪切型转子密炼机要好，混炼时间可缩短 30%～50%。

⑤ 转速。提高密炼机转子的速度是强化混炼过程的最有效的措施之一。转速增加一倍，混炼周期缩短 30%～50%。提高转速会加速生热，导致胶料黏度降低，机械剪切效果降低，不利于分散。

⑥ 混炼温度。混炼温度高有利于生胶和胶料的塑性流动和变形，有利于橡胶对固体配合剂粒子表面的湿润和混合吃粉，但又使胶料的黏度下降，不利于配合剂粒子的破碎与分散混合。混炼温度过高还会加速橡胶的热氧老化，使硫化胶的物理机械性能下降，即出现过炼现象；还会使胶料发生焦烧现象，所以密炼机混炼过程中必须采取有效的冷却措施；但温度不能太低，否则会出现胶料压散现象。

⑦ 混炼时间。在同样条件下采用密炼机混炼胶料所需的混炼时间比开炼机短得多。混炼质量要求一定时，所需混炼时间随密炼机转速和上顶栓压力提高而缩短。加料顺序不当，混炼操作不合理都会延长混炼时间。

延长混炼时间能提高配合剂在胶料中的分散度，但也会降低生产效率。混炼时间过长又容易造成胶料过炼而使硫化胶的物理机械性能受到损害，还会造成胶料的"热历史"增长而容易出现焦烧现象，因此应尽可能缩短胶料的混炼时间。

(2) 密炼机混炼　采用此法可提高生产效率和改善劳动条件。试验表明，密闭式混炼胶料的性能与开放式混炼胶料的性能相似。用试验室 2L 密炼机的混炼时间为 6～16min，混炼无特殊困难。采用 φ160mm 开炼机当装料系数为 0.74 时，混炼也能正常进行。排料温度与补强填充剂的类型有关：当采用弱补强性填充剂和沉淀白炭黑时，排胶温度在 50℃ 以下；当使用气相白炭黑时，排胶温度为 70℃ 左右。

(3) 开炼机与密炼机区别　开炼机是双辊机，利用不同转速相对运动的两个辊产生剪切力来塑炼。操作过程中要不断地对胶料进行打三角包或卷曲等操作。密炼机是利用内部的设计好的桨叶相对运动时产生空间的规律性收缩来产生剪切力，无需人工操作，节省劳动力。开炼机结构简单成本低，但是劳动强度大，效率低、粉尘大污染大，对工人身体伤害大。密炼机较贵，但是可以加热，还有加压密炼机可以用来处理难塑化的材料。混炼容量大、时间短、生产效率高；较好地克服粉尘飞扬，减少配合剂的损失，改善产品质量与工作环境；操作安全便利，改善劳动条件，减轻劳动强度，适应性强；有益于实现机械与自动化操作等。

（4）操作方法　一般分为一段混炼法和两段混炼法。

一段混炼法是指经密炼机一次完成混炼，然后压片得混炼胶的方法。它适用于全天然橡胶或掺有合成橡胶不超过50%的胶料，在一段混炼操作中，常采用分批逐步加料法，为使胶料不至于剧烈升高，一般采用慢速密炼机，也可以采用双速密炼机，加入硫黄时的温度必须低于100℃。其加料顺序为生胶—小料—补强剂—填充剂—油类软化剂—排料—冷却—加硫黄及超促进剂。

两段混炼法是指两次通过密炼机混炼压片制成混炼胶的方法。这种方法适用于合成橡胶含量超过50%的胶料，可以避免一段混炼法过程中混炼时间长、胶料温度高的缺点。第一阶段混炼与一段混炼法一样，只是不加硫化和活性大的促进剂，一段混炼完后下片冷却，停放一定的时间，然后再进行第二段混炼。混炼均匀后排料到压片机上再加硫化剂，翻炼后下片。分段混炼法每次炼胶时间较短，混炼温度较低，配合剂分散更均匀，胶料质量高。

（5）胶料停放和返炼　橡胶经过混炼后，其各种助剂还没有在胶料中进一步分散均匀，同时，由于橡胶大分子链受到炼胶机械的剪切力、撕裂力、摩擦力等没有完全消除。如果此时不经过停放马上投入使用的话，其结果是不难预料的。经过硫化的制品，规格尺寸很难保证，收缩率大，制品表面光泽性差，很粗糙。合格率低，制品物性和使用性能差，使用寿命也短。因此，氟橡胶混炼胶混炼后一定要停放2h后方可投入使用。

橡胶混炼胶出来后，千万不要用浸水冷却，以防胶料中的助剂（加 $3^\#$ 交联剂，BBP）被抽出，或吸湿〔如 $Ca(OH)_2MgO$〕，影响制品内在和外观质量（气泡），可用冷风机吹风冷却。

橡胶混炼胶停放的目的是：

第一，在混炼过程中，橡胶大分子链受到炼胶机械剪切力、撕裂力、摩擦力等要清除，使橡胶大分子链处于相对稳定的状态、防止硫化后变形大、收缩大；

第二，使各种助剂在橡胶中进一步分散均匀，更进一步渗透到橡胶大分链中去，与橡胶大分子链发生吸附、亲和、吸留、形成更多的凝胶（包容橡胶），提高对橡胶的补强作用；

第三，使混炼胶由粗糙发硬变得有柔韧性、流动性，减少成品的收缩性及外观缺陷等；

第四，利用混炼胶停放时，可以进行物性的快速检查，看混炼胶是否达到了预期的物性指标要求。如某些指标不合格（如可塑度、硬度等），可进行补充混炼，以防止混炼直接投入生产过程所造成的不必要的损失。

橡胶加工中，在压延、压出及装模成型时，均有一些剩余胶料须集中再热炼，此称作返炼。返炼胶须与新的混炼胶搭配再炼合。

混炼胶停放后使用前，一般都要进行返炼，返炼的目的和使用是：

① 使各种助剂在胶料中进一步分散均匀；

② 破坏停放中混炼胶中形成的具有能变性的凝胶，使胶料变得柔软，便于成型操作；

③ 提高胶料的流动性和自黏性（因氟橡胶的黏合性较差，容易出现重皮、开裂、缺胶、圆角等外观质量问题），以利于成型工艺和操作工艺；

④ 可提高成品的外观质量和合格率。

停放后的橡胶混炼胶返炼的做法是：

返炼采用开炼机，通常是在附有冷却水通道的双辊炼胶机中进行，开始返炼时辊距要调大一点（3~5mm），此时胶料较硬，表面是皱纹状，包在前辊（慢辊）上。随着返炼时间的延长，胶料逐渐变软；而后慢慢调小辊距（0.25~0.5mm），严防突然缩小辊距把胶料挤成碎料，很快胶料即包在后辊（快辊）上。主要依靠机械片使发硬胶料软化，当胶料充分软化，紧密包辊，而且胶片表面光滑平整时，即可下料出片。返炼时间过短，胶片表面有皱纹，通常得不到满意的硫化制品；返炼时间过长，则胶料发黏而导致黏辊，硫化时易起泡。

返炼温度一般控制为室温。如胶长期存放（一个月以上）而出现胶料发黏变软，表面产生皱纹等现象时，可再加入 5～10 份左右的气相白炭黑，以改进胶料工艺性能，并保证硫化胶质量。

返炼工艺是一道很重要的流程，所以在返炼过程中要注意操作手法和时间的控制，而对于存放期过长，结构化比较严重的胶料，更是需要连续返炼若干小时，才可恢复可塑性。也可以加入加工助剂，加速其可塑性。

3.4.2 影响硅混炼胶性能的因素

（1）脱模性　脱模性好坏是硅混炼胶在模压加工中的重要性能，如脱模性差，容易造成废品，降低劳动生产率，污染模具，提高成本。胶料黏模或吸模的原因：一是胶料中的羟基与模具金属表面的羟基在高温下发生化学反应；二是胶料中低分子较多，反应基因较多，而内部又未充分交联。改善脱模性的措施除了添加内脱模剂等配合剂外，还需注意控制羟基硅油的加入量，改善生胶的质量，减少生胶中羟基和低聚物的含量，同时注意加强真空密炼，适当延长密炼时间，减少混炼胶中低分子含量。

（2）黄变性　胶料在制作透明或半透明产品时，有时会出现黄变。特别是二次硫化以后，黄变现象更明显。产生黄变的原因：一是白炭黑可能含有杂质，在高温下经氧化而黄变；二是生胶中残存的三甲胺氧化成带色基因；三是过氧化物分解也可能产生黄色物质。为了克服黄变，要注意选择不易黄变的白炭黑品种，在混炼胶配方加入含氢硅油等抗黄剂，同时要注意改进生胶的质量，脱出的低分子不宜反复使用。最后还可以使用抗黄硫化剂来起到抗黄作用。

（3）加工性和贮存稳定性　混炼胶作为商品出售，其贮存稳定性十分重要。超过这个期限就会出现结构化现象，使加工性能变差。如前文所述，产生结构化的主要原因是胶料中的白炭黑表面羟基所致。因此，研究结构控制剂的结构和加入量是改进混炼胶贮存期的重要内容；同时，加强密炼工艺、延长真空密炼时间、提高返炼效果都是改进贮存稳定性的主要措施。

（4）气泡问题　挤管胶是混炼胶中的一个重要品牌。但如果把握不好，在挤管加工过程中产品中会产生气泡。产生气泡的主要原因：一是采用沉淀法白炭黑为补强填料，其本身含水量高（5%～8%），在生产中不易除净，而且制成混炼胶后又容易吸水；二是胶料在返炼过程中带入潮湿空气；三是胶料在挤出过程中带入的空气未及时排出。解决挤管胶的气泡问题（特别是冬天易出现），需采取多种措施，如采用一些特种结构控制剂，使其能更好地与白炭黑中的羟基发生反应；同时加强密炼工艺，尽量从胶料中抽走水分和低分子物；适当提高胶料的塑性值，使它在加工时能更好地排出气泡。

3.4.3 硫化成型

高温硅橡胶的硫化工艺一般分为两个阶段，即一段硫化和二段硫化。一段硫化又称为定型硫化，其硫化方式、温度与时间根据采取的成型工序、混炼胶的类型、硫化制品的厚度而定。模压制品一般在平板硫化机上成型，硫化温度与时间分别为 150～180℃与 10～30min。挤出、压延、涂胶、黏合的硅橡胶预制品可采用硫化道或硫化罐，蒸汽和热空气加热硫化，即成型与交联分开进行。二段硫化又称后硫化，其目的是除去残留在制品中的易挥发物或有害挥发物，完善交联，使硫化胶的物理机械性能得以稳定。经二段硫化后的硅橡胶制品具有良好的压缩永久变形、介电性能以及稳定的物理机械性能。二段硫化在鼓风高温恒温箱内进行，温度为180～200℃，时间为2～8h。

使用不同的成型方法硅橡胶混炼胶可以做成各种模压制品（如各种胶板、垫圈、垫片等）、挤出制品（各种胶管、胶绳、胶条、电线包皮等）、胶布制品（如自黏布、隔离布等）。

3.4.3.1 模压

高温硫化硅橡胶模压成型工艺是硅橡胶制品制造中最常见的工艺——定型和硫化同时完成的一种方法。首先根据制品的形状、大小、性能、使用等要求，设计制作所需模具，将适量的混炼胶坯料放入模腔中，在平板硫化机上进行加压加热成型。压力的设定应根据混炼硅橡胶的可塑度、模具的结构、制品的投影面积等而定，一般为3～10MPa。模压制品的质量好坏在很大程度上与模具设计制品的精度有关。

硅橡胶模压技术有三要素：时间、温度、压力，三者缺一不可；如在生中没有温度、时间产品不能硫化，如没有压力，产品不能成型；硫化的时间和温度取决于选择的硫化剂和产品的厚薄，压力的大小取决于模具的大小及产品的种类。因此，在高温硫化硅橡胶模压成型中几个应当注意的问题。

① 硅胶制品成型时，硅橡胶经过大压力压制，其因弹性体所具备的内聚力无法消除，硅橡胶在成型离模时，往往产生极不稳定的收缩（硅胶的收缩率，因胶种不同而有差异），必须经过一段时间后，才能和缓稳定。所以，在硅胶制品设计之初，不论配方或模具，都需谨慎计算配合综合考虑，否则容易产生硅胶制品尺寸不稳定，造成制品品质低落。

② 硅胶属热熔热固性之弹性体，塑料则属于热熔冷固性。硅胶因硅胶硫化剂种类不同，其成型固化的温度范围，亦有相当的差距，甚至硅橡胶硫化可因气候改变，室内温湿度所影响。因此硅胶制品的生产条件，需随时作适度的调整，若无，则可能产生制品品质的差异。

③ 硅胶制品是由硅胶原料进行密炼机炼胶后制成的硅橡胶混炼胶作原材料，在炼胶时根据所需硅橡胶制品的特性而设计配方，并且定下所需要的产品硬度和所需硅橡胶硫化剂的种类。硅橡胶产品制作成型由橡胶平板硫化机进行模压成型。产品成型后最后进行飞边处理，把产品表面处理光滑无毛刺。

④ 硅橡胶模压硫化过程会出现现黏模、翘边、气泡、未完全硫化白点等问题，需要对模具温度、排气时间、模具压力等进行调节。

使用不同的模具便可模压成各种各样的硅橡胶制品，如用于软胶鞋垫、性用品配套、手袋肩垫、软体玩具礼品、鱼饵、衬垫、垫圈、O形圈、硅橡胶按键等。

3.4.3.2 挤出

挤出成型法也称压出成型法。混炼硅橡胶在挤出机螺杆旋转产生的压力作用下通过一定形状的口模挤出，连续成型为硅橡胶预制品。采用挤出成型工艺，可制取形状连续的电缆、胶管、胶绳、自黏性胶带和异型胶条等硅橡胶制品。不同形状的挤出制品可通过更换挤出机的口模来实现。硅橡胶一般比较柔软，挤出效果较好，易于操作，可挤出各种不同形状和尺寸的制品，其加工设备和工具基本上与普通橡胶相似。

挤出机一般是用 φ30mm 或 φ65mm 的单螺纹螺杆，长径比为（10～12）:1效果较好。挤出时尽量保持低温，以不超过40℃为宜，故机筒和螺杆均须通冷却水。对质量要求较高的产品可在靠近机头部分加装80～140目滤网，以除去胶料中的杂质，改善挤出质量。

硅橡胶从口模中出来时会膨胀，膨胀率取决于胶料的流动性能、坯料厚薄及胶料进入口模时所受的压力。然而，增加或降低引出速度会改变未硫化压出制品的伸长率，从而使其尺寸稍加改变。根据经验，胶管比其口型尺寸膨胀约3%，而很软的胶料膨胀率比较大，硬度较高的胶料则比较小。当压出其他形状制品时，口型的型孔很少与压出制品的横断面相同，这是由于流动胶料在不同点上的不同摩擦力起作用所致。因此对某一口型，一定要经多次反复试验，这样才能得到所需形状的产品。

包覆电线的压出，在压出机上需要使用 T 形机头。口型与压出机机筒成直角安装在 T 形机头上。这样芯线就可以通过空心口型导管（芯型）包覆上硅橡胶护套。增强胶管也可以用 T 形机头进行连续生产，先用一般方法压好内胶层，并经预硫化后，再在其外面编织增强钢丝或尼龙，然后使其通过 T 形机头在其外面包覆一层外胶层，最后送往硫化、在成型过程中，若向胶管内充填压缩空气，可防止内胶的塌瘪。

硅橡胶压出半成品柔软而易变形，因此通常必须立即进行硫化。最常用的方法是热空气连续硫化；电线、电缆工业通常用高压蒸汽连续硫化。如在压出后不能连续硫化，为防止变形，压出后应立即用圆盘、圆鼓或输送带接取，用滑石粉隔离以免相互黏结。如发现胶料过软而不适于压出时，可将胶料再混入 3～5 份气相白炭黑。

一般用于压出的胶料配方，其硫化剂用量应比模压制品适当增加。硅橡胶的压出速度低于其他橡胶，当要求同其他橡胶达到相同压出速度时，应采用较高的螺杆转速。

用于电缆、胶管、胶绳、自黏性胶带和异型胶条等制品

3.4.3.3 压延

硅橡胶混炼胶的压延成型借助压延机进行。可以将硅橡胶混炼胶压延成硅橡胶薄膜，也可以与玻璃纤维或合成纤维布衬垫复合压延成玻璃纤维胶布或合成纤维胶布等，它包括压片、贴合、压型和纺织物挂胶等作业。

压延工艺的主要设备是压延机，压延机一般由工作辊筒、机架、机座、传动装置、调速和调距装置、辊筒加热和冷却装置、润滑系统和紧急停车装置组成。压延机的种类很多，工作辊筒有两个、三个、四个不等，排列形式两辊有立式和卧式；三辊有直立式、Γ 形和三角形；四辊有 Γ 形、L 型、Z 型和 S 型等多种。按工艺用途来分主要有压片压延机（用于压延胶片或纺织物贴胶，大多数三辊或四辊，各辊塑度不同）、擦胶压延机（用于纺织物的擦胶，三辊，各辊有一定的速比，中辊速度大，借助速比擦入纺织物中）、通用压延机（又称万能压延机，兼有压片和擦胶功能、三辊或四辊，可调速比）、压型压延机、贴合压延机和钢丝压延机。

压延过程一般包括以下工序：混炼胶的预热和供胶；纺织物的导开和干燥（有时还有浸胶）。

胶料在四辊或三辊压延机上的压片或在纺织物上挂胶，以及压延半成品的冷却、卷取、截断、放置等。

在进行压延前，需要对胶料和纺织物进行预加工，胶料进入压延机之前，需要先将其在热炼机上翻炼，这一工艺为热炼或称预热，其目的是提高胶料的混炼均匀性，进一步增加可塑性，提高温度，增大可塑性。为了提高胶料和纺织物的黏合性能，保证压延质量，需要对织物进行烘干，含水率控制在 1%～2%，含水率低，织物变硬，压延中易损坏；含水率高，黏附力差。

硅橡胶的压延机一般采用立式三辊压延机。用于生产胶片时，中辊是固定的，中辊转速比上辊快，速比为 (1.1～1.4)：1。下辊的转速和中辊相比，当压延机开动时，上辊温度为 50℃，中辊应保持为室温，下辊用冷却水冷却。压延速度不宜过快，一般为 60～300cm/min。先以低速调整 (30～60cm/min) 辊距（中、下辊），以保证一定的压延厚度，然后再提高至正常速度 (150～300cm/min) 进行连续操作。垫布（常采用聚酯薄膜）在中、下辊之间通过，在中、下辊间应保持少量积胶，以便使整布与胶料紧密贴合。压延后将胶片卷辊扎紧，并送进烘箱或硫化罐中硫化。卷取辊的芯轴应当是空心金属管子，胶卷厚度不能超过

12cm，否则不能获得充分硫化。

一般出片利用中、上辊即可，辊温为常温。有一种方法可在后延机上直接制成硫化的胶片或薄胶板。此时辊温为：上辊 60～90℃，中辊 50～80℃，下辊 110～120℃。胶料经上、中辊除去气泡，获得所需规格并预热，然后由中辊转移至下辊进行一段硫化即可卷取。

当三辊压延机用于硅橡胶贴胶和擦胶时，织物则代替了垫布（聚酯薄膜）在中辊和下辊之间通过。三辊压延机只适用于单面复胶，如果必须两面复胶，在长期生产的情况下应采用四辊压延机。

用于压延的胶料必须正确控制其返炼程度，最好在炼胶机上先不要充分返炼，以期在压延过程中获得足够的返炼，这样可以避免胶料在压延过程中因返炼过度而黏辊。胶料配方对压延也有一定的影响，采用补强性填充剂的胶料压延工艺性能较好。

用于硅橡胶薄膜、玻璃纤维胶布或合成纤维胶布等。

3.4.3.4 压出

压出工艺主要采用压出机，其通过压出机机筒筒壁和螺杆件的作用，使胶料达到挤压和初步造型的目的，压出工艺也成为挤出工艺。

3.4.3.5 注射

橡胶注射成型工艺采用橡胶注射成型硫化机，是一种把胶料直接从机筒注入模性硫化的生产方法。包括喂料、塑化、注射、保压、硫化、出模等几个过程。注射硫化的最大特点是内层和外层得胶料温度比较均匀一致，硫化速率快，可加工大多数模压制品。

3.4.3.6 压铸

压铸法又称为传递模法或移模法。这种方法是将胶料装在压铸机的塞筒内，在加压下降胶料铸入模腔硫化。与注射成型法相似。如骨架油封等用此法生产溢边少，产品质量好。

3.4.3.7 涂胶

涂胶就是硅橡胶混炼胶制成胶浆作涂料进行涂胶，即先将硅橡胶混炼胶可溶于有机溶剂（如汽油、甲苯、二甲苯、乙酸丁酯等）中制成胶浆，再把硅橡胶胶浆用浸浆或刮浆的方法均匀分布在织物上，用以改进薄膜制品的强力和屈挠性能，如制作具有耐热、防潮、介电性能好等性能优异的涂胶玻璃布等。

（1）胶浆制备 供制胶浆用的硅橡胶胶料，其硫化剂多采用硫化剂 BP（过氧化二苯甲酰）。这是由于硫化剂 BP 在室温下不易挥发，且与织物有较好的黏合性的缘故。用量比一般模型制品稍多。补强填充剂若采用气相白炭黑，用量不宜超过 40 份，并应适当增加结构控制剂的用量。溶剂应采用挥发性的，如甲苯、二甲苯等。

混炼胶经充分返炼后下薄片，然后剪成小块，置于溶剂中浸泡过夜，采用搅拌机或混合器进行搅拌，制成浓度为 15％～25％（固体含量）的胶浆。胶浆制成后应保存在 40℃ 以下的环境中。

（2）织物预处理 硅橡胶涂胶用的底层织物一般采用玻璃布、尼龙和聚酯等。其中玻璃布因具有耐热性好、强度高和吸湿性低等特点应用较多。

玻璃纤维在拉丝过程中表面涂有石蜡润滑剂（占织物质量的 0.2％～0.5％），在硫化温度下不易挥发，影响胶料与织物的结合，必须在涂胶前进行脱除。工业上常采用加热法脱除润滑剂。加热法又分低温处理和高温处理。前者是将玻璃布在 200～300℃ 的温度下，连续热烘 20～30min，或等速通过热至 275～325℃ 的热辊筒，使润滑剂受热分解和挥发逸出；后者是将玻璃布在 500℃ 的温度下烘 2～4h，或以 2～6m/min 的速度通过热至 600℃ 的烘炉，脱除润滑剂。低温处理玻璃布强度损失较小（下降 15％～25％），但润滑剂难以除净（含量降至 0.2％～0.5％）；高温处理强度损失较大（下降 30％～70％），但润滑剂含量能脱除至 0.2% 以下。为减少强度损失，一般采用低温处理。

尼龙的热变形较大，影响橡胶和织物的结合，为此在涂胶前需进行热定型，即将织物在一定牵引下，进行短时间的热处理。处理温度为 170～175℃。

聚酯和尼龙一样，也需进行热定型处理，处理温度为 215～220℃。不同点是聚酯还要进行表面化学处理，即用 25% 的氢氧化钠水溶液在常温下浸渍 6h，使其表面便于和胶料黏合。

（3）涂胶　织物经预处理后，还要进行表面胶黏剂处理，然后才可涂胶。胶黏剂是一种由烷氧基硅烷、硼酸酯、硫化剂和溶剂（乙酸乙酯或乙醇）组成的溶液。不同织物常用胶黏剂组成列于表 3-19。

表 3-19　织物常用胶黏剂举例

织物名称	胶黏剂组成/质量份
玻璃布	乙烯基三乙氧硅烷 3，乙醇 50，水 50
尼龙聚酯等	①乙烯基三乙氧基硅烷 5，丙烯基三乙氧基硅烷 15，硼酸丁酯 2，硫化剂 DCP 4，乙酸乙酯 100
	②乙烯基三乙氧基硅烷 20，硼酸丁酯 1～2，硫化剂 DCP 3（或硫化剂 BP 5），乙酸乙酯 10

织物经胶黏剂表面处理后，即可用涂胶机将胶浆均匀涂在织物上，然后经干燥、硫化即成。硫化一般分两段进行：一段温度为 120～130℃，二段温度为 230℃。涂层的厚度可以通过改变胶液的黏度或调节织物通过涂胶槽的速度来控制。

3.4.3.8　黏合

硅橡胶能与很多材料，包括金属、塑料、陶瓷、纤维、玻璃、硅橡胶本身以及其他一些橡胶黏合，采用能与硅橡胶本身同时硫化的胶黏剂可使硅橡胶与被涂层之间获得最好黏合。也可在基材表面多使用硅烷偶联剂处理后，均能与硅橡胶黏合，形成在基材表面黏合上硅橡胶的制品。

硅橡胶硫化胶之间的黏合一般采用胶黏剂。常用胶黏剂配方举例如下：乙烯基硅橡胶 100（质量份，余同）；气相法白炭黑 35；三氧化二铁 5；硼酸正丁酯 3；膏状硫化剂 DCBP 3。

3.4.3.9　硫化工艺

在橡胶制品生产过程中，硫化是最后一道加工工序。硫化是胶料在一定条件下，橡胶大分子由线型结构转变为网状结构的交联过程。硫化方法有冷硫化、室温硫化和热硫化三种。大多数橡胶制品采用热硫化。热硫化的设备有硫化罐、平板硫化机等。

硅橡胶硫化工艺不是一次完成，而是分两个阶段进行的，即一段硫化和二段硫化。胶料在加压下（如模压硫化、硫化罐直接蒸汽硫化等）或常压下（如热空气连续硫化）进行加热定型，称为一段硫化（或定型硫化）；在烘箱中高温硫化，以进一步稳定硫化胶各项物理性能，称为二段硫化（或后硫化）。

（1）一段硫化

① 模型制品硫化。可采用平板硫化、传递模压硫化和注压硫化。硫化条件为 150～180℃与 10～30min，如表 3-20 所示。

硅橡胶制品硫化时，一般不使用脱模剂，应迅速装料、合模、加压，否则容易焦烧，特别是含有硫化剂 BP 和 DCBP 的胶料。传递模压硫化是一种加工硅橡胶胶料应用较广泛的工艺，与每模单孔的平板硫化比较，其优点是加工周期短，并能硫化复杂的特别是带有插入物

表 3-20 平板硫化机定型硫化条件

制品规格	时间/min	压力/MPa	温度/℃	硫化剂
薄制品(厚度<1mm)	5~10	10.0	120~130	BP,DCBP
中等厚度制品(厚度1~6mm)	10~15	5.0	125~135	BP,DCBP
厚制品(厚度6~13mm)	15~30	5.0	125~135	BP,DCBP
厚制品(厚度13~25mm)	30~60	5.0	155~160	DCP
厚制品(厚度13~25mm)	30~60	5.0	160~170	DBPMH
厚制品(厚度25~50mm)	60~120	5.0	160~170	DBPMH

注：压硫化模制品，可提高劳动生产率，降低劳动强度，同时还可以减小过氧化物的用量，提高制品的抗撕裂性能，改善压缩永久变形性能，但制品收缩率较大。

和销钉的橡胶件。与注压硫化比较，设备成本较低。

挤出、压延、涂胶、黏合的硅橡胶预制品可采用硫化道或硫化灌，蒸汽或热空气加热硫化。

② 挤出制品的硫化。可采用蒸汽加压硫化、热空气连续硫化、液体硫化槽连续硫化、鼓式硫化和辐射硫化等方法。前3种方法较常用。

（2）二段硫化　硅橡胶制品经过一段硫化后，有些低分子物质存在于硫化胶中，影响制品性能。例如，采用通用型硫化剂（如硫化剂 BP 或 DCBP）的胶料，经过一段硫化后，其硫化剂分解的酸性物质（如苯甲酸等）仍存在于硫化胶中，导致制品在高温（200℃以上）密闭状态下使用时发生裂解，硬度显著降低，物理性能急剧恶化，失去使用价值；胶料本身含有的易挥发物质，经一段硫化后，也有一部分残留在硫化胶中，影响制品质量。为此，需经二段硫化以除去上述物质，保证产品质量。二段硫化是在电热鼓风高温恒温箱中进行的，温度为180~200℃，时间为2~8h，也称烘箱硫化或后硫化，硅橡胶经过二段硫化后，拉伸强度、伸长率等性能趋于稳定，压缩永久变形性能显著提高，电性能、耐化学药品性和耐热性也有所改善。近年来，也出现了一些不需要二段硫化的专用胶料。

（3）硫化问题及解决办法　平板加压硫化及二段硫化常见问题及解决办法见表 3-21 和表 3-22。

表 3-21 平板加压硫化常见质量问题及解决办法

质量问题	产生原因	解决办法
制品表面裂口脱皮(发生在模具接缝处)	硫化时胶料发生强烈的热膨胀、收缩和压缩等综合作用造成	降低硫化温度；准确称量胶料，降低硫化压力；硫化后冷却至40~50℃时才脱模
有深褐色斑点	胶料中夹有空气泡	适当控制返炼程度，避免过度返炼；准确称量胶料，并制成一定形状填充模腔，以便有效地排除空气；加压时要完全压紧模具，并解压几次，以排除空气；模具上设置排气孔
制品表面有流动痕迹	胶料流动受阻	胶料充分返炼，并迅速装料、加压，以避免早期硫化
制品表面有白色开花斑点(硫化剂BP硫化)	硫化不足	适当提高硫化温度

表 3-22 二段硫化常见质量问题及解决办法

质量问题	产生原因	解决办法
开裂起泡	挥发分排出过快或定型硫化制品内部隐藏空气	①调整逐步升温条件，减慢升温速度 ②检查返炼的胶料，去除空气泡
压缩变形大	①硫化不足 ②胶料配方选用不当	①再放入烘箱中延长硫化时间；②增加空气流通量；③减少制品放入数量；④核对烘箱温度；⑤选用压缩变形小的胶料
硬度过高	烘箱加热硫化过度	①核对烘箱各部位温度 ②核对和检查温度控制系统
硬功夫度过低	挥发气体未从烘箱中全部排除	①检查烘箱通风情况 ②核对烘箱温度 ③减少制品放入数量
硬度、强力过低，发黏有黑斑	挥发气体局部集中使硅橡胶降解	①减慢升温速度，及时排出挥发物 ②检查空气流通量 ③延长硫化时间，以充分排除挥发气体

3.4.3.10 发泡

在硅橡胶胶料中加入发泡剂，然后在受压状态下加热硫化使橡胶发泡，可制得硅橡胶海绵。但必须注意以下几个问题：

① 应选用其分解产物不影响硅橡胶耐热性的发泡剂。一般采用有机发泡剂如发泡剂 BN、尿素等，其分解产物在二段硫化中除去。

② 适当控制硫化剂和发泡剂的用量，以使发泡速度与硫化速度相匹配。增大发泡剂的用量，将增大海绵孔的孔度，降低密度；增大硫化剂的用量将缩小海绵孔的孔度，增大密度，产生较厚的孔壁。此外，硫化温度对海绵的发孔情况也有很大影响。

③ 硫化剂适当并用可较好地控制海绵孔度和密度。通常硫化剂 DBPMH 与 BP 或 TBPB 与 DCBP 并用效果较好。

④ 可采用 2 号气相法白炭黑或 2 号气相法白炭黑与沉淀法白炭黑并用作补强剂。应严格控制胶料的塑性值，塑性值过大，发孔时易造成过度膨胀，形成粗糙的开孔结构，甚至很多孔破裂；塑性值过小，则发孔不足，产品较硬。采用弱补强性填充剂的胶料比较容易控制塑性值，返炼的胶料最好当天使用。

⑤ 发泡剂应均匀分散于胶料中。一般发泡剂粒子易结团，难以分散，可先制成生胶/发泡剂母炼胶配比（1∶1），再进行混炼，以提高分散效果。

⑥ 采用模压工艺的胶料，应注意去除胶料中的气泡，防止破坏海绵结构。

用于模压海绵制品的胶料，经混炼出片后，应根据模具规格进行裁料，并在表面涂隔离剂，以备入模硫化。一般用滑石粉作隔离剂，也可用白炭黑。

硅橡胶海绵模型制品的定型硫化有两种方法：一种是一步法，即胶料在模具中一次发孔成一定形状和尺寸的海绵，二段硫化不再发孔；另一种是两步法，即先使胶料在模具中进行短时间硫化，使其初步发孔并恰好形成一层表面，然后置于烘箱中再发孔成一定形状和尺寸。对海绵薄板来说，前一种的硫化时间通常为 15～20min，后一种的硫化时间一般在 5min 之内。

参 考 文 献

[1] 章基凯. 精细化学品系列丛书之一：有机硅材料 [M]. 北京：中国物资出版社，1999.

[2] 于亮，赵建青，张利萍. 国外硅橡胶补强技术进展 [J]. 弹性体，2002，12 (4)：50-54.

[3] Beate G，Emil B，Wang Y E. A new generation of addition curing silicone heat vulcanizing rubber［J］. Rubber World，2001，224（3）：30-32.

[4] 赵士贵，冯圣玉. 含乙烯基硅树脂交联剂对硅橡胶耐热性能的影响［J］. 化工科技，2003，11（1）：26-27.

[5] 蒋舰，郑知敏，谢择民. 硅氮烷添加剂的水解稳定性对硅橡胶热稳定性的影响［J］. 高分子学报，2002（5）：623-627.

[6] 彭文庆，谢择民. 高热稳定性硅橡胶的研究［J］. 高分子通报，2000，15（3）：139-141.

[7] 白杉. 硅橡胶的性能加工及应用［J］. 橡塑技术与装备，2004，30（1）：42-45.

[8] 郭守学. 橡胶配合加工技术讲座：第九讲硅橡胶［J］. 橡胶工业，1999，46（3）：183-255.

[9] 王作龄. 硅橡胶配合技术［J］. 世界橡胶工业，2002，29（2）：51-59.

[10] Huang W，Ikeda Y，Oloa A. Recovery of monomers and fillers from high-temperature-vulcanized silicone rubbers combined efxcts of solvent，base and fillers［J］. Polymer，2002，43（26）：7295-7299.

[11] 王伟良. 热硫化硅橡胶进展. 有机硅材料及应用，1997，（1）：16.

[12] 幸松民，王一璐. 有机硅合成工艺及产品应用. 北京：化学工业出版社，2000.

[13] 张汝琴. 热硫化硅橡胶生产技术进展. 1994，（1）：16.

[14] 王伟良. 影响热硫化硅橡胶生胶质量的主要因素. 有机硅材料，2003，（5）：8.

[15] 尨成坤，刘莉，桑国仁. 气相法白炭黑合成工艺的研究. 有机硅材料，2003，（5）：13.

[16] 蒋耀华. 乙烯基含量及加入方式对硅橡胶性能的影响. 2006年热硫化硅橡胶信息交流会论文集. 2006.

[17] 黄文润. 硅混炼胶的配合技术. 有机硅材料，2006，（2）：86-92.

[18] 黄薇，张飞. 热硫化硅橡胶按链的弹性. 2003年热硫化硅橡胶论文集. 35-37.

[19] 林燕清，谢翠英. 硅橡胶配合、加工及其新进展. 化工部科技情报研究所，1987.

[20] 冯圣玉等. 有机硅高分子及其应用. 北京：化学工业出版社.

[21] 吴森纪. 有机硅应用. 成都：电子科技大学出版社，2000.

[22] Каучук и резина，1978，（12）：13-24.

[23] 晨光化工研究院. 有机硅单体及聚合物. 北京：化学工业出版社，1986.

[24] 李光亮. 有机硅高分子化学. 北京：科学技术出版社，1998.

[25] Hans R. Kricheldorf，Silicon in Polymer Synthesis. 世界图书出版公司.

[26] 齐士成，刘梅，黄梅星，潘大海. 化学与粘合，2001，81（6），245-247.

[27] 齐士成，孟岩，刘梅，黄梅星，潘大海，第二届亚洲胶黏剂大会论文集. 广州：2003.

[28] Piccoli W A. US2979482.1961.

第4章
缩合型室温硫化硅橡胶

室温硫化型液体硅橡胶（简称RTV）是20世纪60年代问世的一种新型的有机硅弹性体。这种橡胶的最显著特点是可以制成不同黏度的胶料，在室温下可以涂布，无需加热、加压，就能硫化的一类硅橡胶，硫化时要释放出醇类、醋酸等低分子产物，使用极其方便。因此，一问世就迅速成为整个有机硅产品的一个重要组成部分。

现在室温硫化硅橡胶已广泛用作胶黏剂、密封剂、防护涂料、灌封和制模材料，在各行各业中都有它的用途。室温硫化硅橡胶由于分子量较低，因此素有液体硅橡胶之称，其物理形态通常为可流动的流体或黏稠的膏状物，其黏度在100～1000000cP（1cP＝1mPa·s）之间。根据使用的要求，可把硫化前的胶料配成自动流平的灌注料或不流淌但可涂刮的腻子。室温硫化硅橡胶所用的填料与高温硫化硅橡胶类似，采用白炭黑补强，使硫化胶具有10～60kgf/cm² 拉伸强度。填加不同的添加剂可使胶料具有不同的密度、硬度、强度、流动性和触变性，以及使硫化胶具有阻燃、导电、导热、耐烧蚀等各种特殊性能。

4.1　品种和特性

室温硫化（亦称缩合硫化型）硅橡胶，是指不需要加热在室温下就能硫化的硅橡胶。其分子结构特点是在分子主链的两端含有羟基或乙酰氧基等活性官能团，在一定条件下，这些官能团发生缩合反应，形成交联结构而成为弹性体。

室温硫化硅橡胶是一种在分子主链的两端 α，ω-含有羟基或乙酰氧基等活性官能团的硅橡胶，相对分子质量较低，通常为黏稠状的流体。这类橡胶中加入适量补强填充剂、硫化剂和催化剂（或受空气中的水分作用）后，在一定条件下，这些官能团发生缩合反应，即可交联成为弹性体的硅橡胶。硫化完全之后在耐热性、耐寒性、介电性能等方面都很好，唯其机械强度较低，可用于浇铸和涂敷胶料。

室温硫化硅橡胶产品按其包装方式可分为单组分室温硫化硅橡胶和双组分室温硫化硅橡胶，按硫化机理又可分为缩合型和加成型。因此，室温硫化硅橡胶按成分、硫化机理和使用工艺不同可分为三大类型，即单组分室温硫化硅橡胶、双组分缩合型室温硫化硅橡胶和双组分加成型室温硫化硅橡胶。这三种系列的室温硫化硅橡胶各有其特点：单组分室温硫化硅橡胶的优点是使用方便，但深部固化速度较困难；双组分室温硫化硅橡胶的优点是固化时不放热，收缩率很小，不膨胀，无内应力，固化可在内部和表面同时进行，可以深部硫化；加成型室温硫化硅橡胶的硫化时间主要决定于温度，可利用温度的调节可以控制其硫化速度。双组分加成型室温硫化硅橡胶在下一章叙述。

单组分缩合型室温硫化硅橡胶（简称 RTV-1 胶）是缩合型液体硅橡胶中主要产品之一。通常由基础聚合物、交联剂、催化剂、填料及添加剂等配制而成。产品包装在密封软管中，使用时挤出，接触空气后能自行硫化成弹性体，使用极为方便。硫化胶能在 −60~200℃ 温度范围长期保持弹性使用，具有优良的电气绝缘性能和化学稳定性、耐热、能耐水、耐臭氧、耐气候老化、耐火焰、耐湿、透气等性能，它固化时不吸热、不放热，固化后收缩率小，对材料的粘接性好。因此，对多种金属和非金属材料有良好的粘接性，例如对裸露的铝，剪切强度可达 200lbf/in² （1.38×10⁶Pa），撕裂强度可达 20lbf·ft/in²[❶] （0.35J/cm²）。当粘接困难时，可在基材上进行底涂来提高粘接强度，底涂可以是具有反应活性的硅烷单体或树脂，当它们在基材上固化后，生成一层改性的适合于有机硅粘接的表面。主要用作各种电子元器件及电气设备的涂覆，包封材料起绝缘，防潮，防震作用；作为半导体器件的表面保护材料；也可作为密封填隙料及弹性粘接剂等。

双组分缩合型室温硫化硅橡胶（简称 RTV-2 胶）使用上没有 RTV-1 胶方便，但其组分比例富于变化，一个品种可以得到多种规格性能的硫化制品，而且还能深度硫化，因而被广泛用于电子电器、汽车、机械、建筑、纺织、化工、轻工、印刷等行业作绝缘、封装、嵌缝、密封、防潮、抗震及制作辊筒的材料。此外，由于 RTV-2 具有优异的脱模性，因而作为软模材料大量用于文物、工艺品、玩具、电子电器、机械零件等的复制与制造，用于精密铸造用弹性模具、牙科印模材料及航天器耐烧蚀涂料。

4.2 单组分缩合型室温硫化硅橡胶

单组分室温硫化硅橡胶是以低分子量的羟基封端聚有机硅氧烷为基础胶，与补强剂混合，干燥去水，然后加入交联剂（含有能水解的多官能团硅氧烷）、催化剂和其他添加剂，在隔绝湿气的混合器中混合均匀后，包装在密闭容器内；此时，混炼胶已成为含有多官能团端基的聚合物，使用时挤出，借助于空气中的水分，使胶料中的官能团水解形成不稳定羟基，然后缩合交联反应成弹性体。

根据交联剂与端羟基聚二有机硅氧烷进行交联反应时生成副产物的种类，将缩合型单组分室温固化液体硅橡胶分为脱酮肟型、脱醇型、脱丙酮型、脱乙酸型、脱胺型、脱酰胺型、脱羟胺型七种类型。它在很宽的温度范围内（−60~300℃）保持弹性，对各种基材粘接性良好，兼具优良的耐高低温，耐候及介电性能，已广泛用作胶黏剂、密封剂、防护涂料、灌封和制模材料，在汽车、电子电器、航天和海洋等工程领域中应用，应用于汽车、电子电器工业的液体硅橡胶一般为脱酮肟型、脱醇型及脱丙酮型。脱醋酸型是目前应用最广泛的品种之一，具有强度、透明性高，粘接性好，硫化速度快的优点。不足之处在于有刺激性气味，对金属有一定的腐蚀。目前主要用于建筑，汽车行业的密封剂和一般工业用胶黏剂。

按产品模量高低可分为低模量（脱酰胺型）、中模量（适于作建筑密封胶）和高模量（脱醇型）；根据产品实用性能，可以分为通用类和特殊类两大品种，其中特殊类型包括阻燃型、耐油、导电、导热、高粘接、高强度、高伸长、快速固化、表面可涂装型、防霉型和耐污染型。

室温硫化型硅橡胶也可根据使用要求制成不同黏度的胶料，一般有流体级、中等稠度级

---

❶ 1ft=12in=0.3048m，1lbf=4.44822N。

和稠度级。流体级胶料具有流动性，适宜浇注、喷枪操作；如果要求更低黏度胶料（灌注狭小缝隙时），可在胶料中渗入甲基三乙氧基硅烷或其他的低聚体，也可用201甲基硅油进行稀释。中等稠度的胶料其黏度正好能充分流动，而不致完全淌下来，可获得表面平滑的制品，适于涂胶和浸胶用。稠度级胶料具有油灰状稠度，可用手、刮板或嵌缝刀操作，也可用压延法将它涂覆在各种织物上。

单组分室温硫化硅橡胶对多种材料（如金属、玻璃、陶瓷和塑料等）有良好的黏结性，使用时特别方便，一般不需称量、搅拌、除泡等操作，特别适用于密封、嵌缝等用途。其硫化速度取决于硫化体系、环境的相对湿度、温度以及胶层的厚度，提高环境的温度和湿度，都能使硫化过程加快。通常在25℃，相对湿度在50%RH时，一般15～30min后，硅橡胶的表面可以没有黏性，厚度0.3cm的胶层在一天之内可以固化。固化的深度和强度在三个星期左右会逐渐得到增强，RTV橡胶的各种性能可达到最佳状态。由于它的硫化是依赖大气中的水分，也与水分在胶层内的扩散速度有关，使硫化胶的厚度受到限制，只能用于需要6mm以下厚度的场合。厚制品深部硫化困难，因为硫化是从表面开始，逐渐向深处进行，胶层越厚，硫化越慢。当深部也要快速固化时，可采用分层浇灌逐步硫化法，每次可加一些胶料，等硫化后再加料，这样可以减少总的硫化时间。添加氧化镁可加速深层胶的硫化。如果内层胶料硫化不完全，高温使用时会变软，发黏，一般采用分层浇注的方法来解决。

4.2.1 基本组成

4.2.1.1 基础胶

单组分缩合型室温硫化硅橡胶的生胶主要是 α,ω-二羟基聚二有机基硅氧烷，其分子结构为：

$$
\begin{array}{ccccc}
& CH_3 & & CH_3 & & CH_3 \\
& | & & | & & | \\
HO-&Si&-O-&Si&-O-&Si&-OH \\
& | & & | & & | \\
& CH_3 & & R & & CH_3 \\
\end{array}
$$

R: Me、$CF_3CH_2CH_2$、Ph 等；$n=100\sim2000$

在国内，通常将 R=Me、黏度为2500mPa·s以上的羟基硅油称为107硅橡胶，是制备单组分缩合型室温硫化硅橡胶的最主要的基础聚合物。

而 R=Ph 时，适用于制备光学透明、耐低温（−70℃以下）、耐烧蚀、耐辐射等特殊性能的硅橡胶，即采用 α,ω-二羟基二甲基硅氧烷与二苯基硅氧烷的共聚物、α,ω-二羟基二甲基硅氧烷与甲基苯基硅氧烷的共聚物，其结构平均式为：

$$
\begin{array}{ccccc}
& CH_3 & CH_3 & C_6H_5 & CH_3 \\
& | & | & | & | \\
HO-&SiO&(SiO)_n&(SiO)_m&Si&-OH \\
& | & | & | & | \\
& CH_3 & CH_3 & C_6H_5 & CH_3 \\
\end{array}
\qquad (m/n=5/95\sim20/80)
$$

$$
\begin{array}{ccccc}
& CH_3 & CH_3 & CH_3 & CH_3 \\
& | & | & | & | \\
HO-&SiO&(SiO)_n&(SiO)_m&Si&-OH \\
& | & | & | & | \\
& CH_3 & CH_3 & C_6H_5 & CH_3 \\
\end{array}
\qquad (m/n=10/90\sim40/60)
$$

而 R=$CF_3CH_2CH_2$ 时，适用于制备耐油性的硅橡胶，即采用 α,ω-二羟基聚甲基（3,3,3-三氟丙基）硅氧烷，有以下几种结构类型：

$$\begin{array}{ccc} \text{CH}_2\text{CH}_2\text{CF}_3 & \text{CH}_2\text{CH}_2\text{CF}_3 \;\; \text{CH}_3 \\ \text{HO} \!-\!\!\! \left(\text{SiO} \right)_{\!n} \!\!\!-\!\! \text{H} & \text{HO} \!-\!\!\! \left(\text{Si}-\text{O} \right)_{\!n} \!\!\!\left(\text{Si}-\text{O} \right)_{\!m} \!\!\!-\!\! \text{H} \\ \text{CH}_3 & \text{CH}_3 \quad\quad \text{CH}_3 \\ (\text{I}) & (\text{II}) \\ (n=100\sim3000) & (n+m=100\sim3000) \end{array}$$

$$\begin{array}{c} \text{CH}_3 \quad\quad \left[\text{CH}_3 \quad \text{CH}_2\text{CH}_2\text{CF}_3 \;\; \text{CH}_3 \right] \quad \text{CH}_3 \\ \text{HO} (\text{SiO})_a \!-\!\!\left[\text{SiO} \!-\!\! \left(\text{SiO} \right)_{\!n} \!\!\!-\!\! \text{Si} \right] \!\!\left(\text{OSi} \right)_{\!a} \!\! \text{OH} \\ \text{CH}_3 \quad\quad \text{CH}_3 \quad\;\; \text{CH}_3 \quad\quad \text{CH}_3 \quad\;\; \text{CH}_3 \\ (\text{III}) \\ (a=1\sim20,\; n=100\sim3000) \end{array}$$

4.2.1.2　交联剂

交联剂是每个分子具有两个以上官能团的硅烷，是缩合型单组分室温硫化硅橡胶的核心组分，是决定产品交联机理和分类命名的基础，它是含多个易水解基团的硅烷化合物。硅烷偶联剂也常用作交联剂，通式为 $R_{4-n}SiY_n$，其中 R 为烷基，Y 为易水解基团，而 $n=3$ 或 4。不同的 Y 基团形成不同的交联体系（表 4-1）。最常用的交联剂中的 R 为甲基，$n=3$，这种交联剂的结晶温度比四官能度交联剂的低，而且易于与基础胶共混。

表 4-1　缩合型单组分室温硫化硅橡胶的种类

缩合型单组分室温胶种类	交联剂	缩合副产物
脱羧酸型	$R_{4-n}Si(OCOR^1)_n$	R^2COOH
脱肟型	$R_{4-n}Si[ON\!=\!C(R^1R^2)_2]_n$	$(R^1R^1)_2C\!=\!NOH$
脱醇型	$R_{4-n}Si(OR^1)_n$	R^1OH
脱酰胺型	$R_{4-n}Si(NR^1COR^2)_n$	R^2CONR^1H
脱胺型	$R_{4-n}Si(N)_n$	R^2R^1NH
脱羟胺型	$R_{4-n}Si(ONR^1R^2)_n$	R^2R^1NOH
脱丙酮型	$R_{4-n}Si[OC(CH3)\!=\!CH_2]_n$	CH_3COCH_3

单组分室温硫化硅橡胶随交联剂类型不同，可分为脱酸型和非脱酸型。

脱酸型使用较为广泛，脱羧酸型室温胶最常用的交联剂为乙酰氧基类硅氧烷（例如甲基三乙酰氧基硅烷 $[CH_3Si(OCOCH_3)_3]$ 或甲氧基三乙酰氧基硅烷），它是由氯硅烷与乙酸酐或醋酸盐反应制得甲基三乙酰氧基硅烷，其 Si—O—C 键很易被水解，乙酰氧基与水中的氢基结合成醋酸，而将水中的羟基移至原来的乙酰氧基的位置上，成为三羟基甲基硅烷。三羟基甲基硅烷极不稳定，易与端基为羟基的线型有机硅缩合而成为交联结构。通常，将含有硅醇端基的有机硅生胶与填料、催化剂、交联剂等各种配合剂装入密封的软管中，使用时由容器挤出，借助于空气中的水分而硫化成弹性体，同时在硫化过程中伴有副产物乙（甲）酸生成，虽能从硫化胶中扩散逸出，但对接触物体，特别是对金属有腐蚀作用，对一些精密器材是不适合使用的。

交联剂除甲基三乙酰氧基硅烷外，非脱酸缩合硫化型种类较多，还可以是含烷氧基、肟基、氨基、酰氨基、酮基的硅烷。其中有以烷氧基 ｛例如甲基三甲氧基硅烷 $[CH_3Si(OCH_3)_3]$或甲基三乙氧基硅烷 $[CH_3Si(OC_2H_5)_3]$｝ 为交联剂的脱醇缩合硫化型，硫化反应仅靠空气中的水分作用，硫化速度缓慢，需加入烷基钛酸酯类的硫化促进剂，贮存性能差，硫化时放出醇类，无腐蚀作用，最适合作电气绝缘制品。

脱肟型室温胶最常用的交联剂是 $CH_3Si[OC(CH_3)\!=\!CH_2]_n$，它是由甲基三氯硅烷与丙酮肟反应制得。脱肟硫化型硫化速度快，有较长的黏性保持期，黏着性好，只对铜、铂有较弱的腐蚀。所以脱肟型胶黏剂是新时期通用胶黏剂。

脱酰胺型室温胶最常用的交联剂是 $CH_3Si[N(CH_3)COCH_3]_3$。它的制备方法较为特殊，是先将金属钠和 N-甲基乙酰胺反应，生成 N-甲基乙酰胺钠，然后再让它和甲基三氯硅烷反应得到。

脱胺型室温硅橡胶较为常用的交联剂是 $CH_3Si(HNC_6H_{11})_3$，它由甲基三氯硅烷和环己胺反应制取。以硅氨烷为交烷联剂的脱胺缩合硫化型，由于硫化时释放出有机胺有臭味，有毒，对铜有腐蚀性，所以使用范围也受到了限制。

脱羟胺型的典型交联剂 $CH_3Si[OC(C_2H_2)_3]$，则是通过甲基三氯硅烷和二乙基羟胺反应得到。

脱丙酮型室温胶的常用交联剂是 $CH_3Si[OC(CH_3)=CH_2]_3$，它是由丙酮和甲基三氯硅烷在氯化锌和三乙基胺存在的条件下反应得到。脱酮硫化型硫化速度快。

因此，随着交链剂的不同，单组分室温硫化硅橡胶可为脱酸型、脱肟型、脱醇型、脱胺型、脱酰胺型和脱酮型等许多品种，但脱酸型是目前最广泛使用的一种。

各种类型单组分室温硫化硅橡胶的固化速度与交联剂的水解反应有很大关系。各种交联剂的反应活性顺序大致如下：

$$丙酮型 > 酰胺型 > 醋酸型 > 酮肟型 > 醇型$$

表 4-2 中列出了几种常用交联剂的水解活性。

表 4-2 单组分室温硫化硅橡胶常用交联剂与水反应性

交联剂结构式	水解能/(kJ/mol)	水解反应常数 k/(℃/s)
$CH_3Si(OCOCH_3)_3$	46.0	1.14
$CH_2=CHSi(OCOCH_3)_3$	59.8	1.43
$CH_3Si[ON=C(CH_3)C_2H_5]_3$	40.6	0.16
$CH_2=CHSi[ON=C(CH_3)C_2H_5]_3$	38.9	0.55
$CH_3Si(OCH_3)_3$	20.5	0.013
$CH_2=CHSi(OCH_3)_3$	16.3	0.013
$(CH_3)_2Si[N(C_2H_5)OCOCH_3]_2$	120.1	1.38
$(CH_3)CH_2=CHSi[N(C_2H_5)OCOCH_3]_2$	128.4	0.91
$CH_3Si[OC(CH_3)=CH_2]_3$	158.2	4.44
$CH_2=CHSi[OC(CH_3)=CH_2]_3$	151.5	5.55

交联剂的水解反应活性与配制的室温硫化硅橡胶的表干时间有关，而表干时间往往是室温胶产品的一个重要指标。

除此之外，单组分室温硫化硅橡胶主要依赖空气中的水分才会进行固化交联反应，所以硫化时间也取决于温度、湿度和硅橡胶层的厚度。提高环境的温度越高和湿度越大，都能使硫化过程越快；当气候比较干燥、湿度很小时，可喷水增大空气中的水分，使之达到实际需要的硫化速度，胶料在使用前应密闭贮存。单组分室温硫化硅橡胶的硫化反应是从表面逐渐往胶层内部进行的，胶层越厚，固化也就越慢。当内部也需要快速固化时，可采用分层浇灌逐步硫化法，每次可加一些胶料，等硫化后再加料，这样可以减少总的硫化时间。添加氧化镁可加速深层胶的硫化。

不同类型的室温硫化硅橡胶其强度，粘接性也有所差异。不同交联剂类型的胶接性能顺序为：

脱乙酸型＞胺型＞酮肟型＞酰胺型＞醇型。

乙酸型成本低，对大多数材料都有良好的胶接强度。中性室温硫化硅橡胶由于无腐蚀性，发展较快。酮型 RTV 具有良好的胶接性和耐热性及贮存稳定性，无臭、无腐蚀性，不用有机羧酸金属盐作催化剂，硫化胶无毒。采用混合交联剂也有利于提高胶接强度。

4.2.1.3 填料

各种室温硫化硅橡胶都必须加入填料作为补强剂，否则强度比热硫化型的更低。所用的填料的品种与配合方法原则同热硫化型硅橡胶有相同之处，但由于室温硫化硅橡胶产品形态和性能要求的多样化，使其对填料品种及规格又有特殊要求，配合方法也因硫化体系的不同而有所不同。

单组分室温硫化硅橡胶最常用的填料有白炭黑。白炭黑表面的—OH 基很容易与水分子生成氢键而被吸附于白炭黑表面，邻位—OH 基吸附更多，常温下可吸附几个单分子层。白炭黑表面的—OH 基使其与单组分室温硫化硅橡胶的基础聚合物浸润性不好、亲和性差，粉末易团聚而不易均匀分散，制得的密封胶因分子间内摩擦增大而产生内应力，在受到外力作用下易产生分子间的滑移和断裂；混合的胶料在放中黏度增加，甚至发生结构化，所以与高温硫化硅橡胶一样，因而使用白炭黑时，要对其应采取热处理措施或先将白炭黑用硅烷进行表面 Si—OH 基处理。表面改性就是使白炭黑粒子表面的活性羟基与有机小分子发生缩合反应，而在白炭黑表面覆盖一层有机小分子，从而改善白炭黑粒子与密封胶大分子间的浸润性、均匀分散性、界面结合强度和加工工艺性，提高密封胶的综合性能。常用的表面处理剂有八甲基环四硅氧烷（D_4）、羟基硅油、六甲基二硅氮烷、硅烷偶联剂等。表面处理剂的用量一般为白炭黑质量的 8%～12%，不同的改性剂对白炭黑的补强效果不同。

沉淀法白炭黑由于水分及表面 Si—OH 基含量较气相法白炭黑多，故不宜直接用于配制单组分缩合型 RTV 硅橡胶，如沉淀法白炭黑经二甲基二氯硅烷疏水表面处理及 350℃ 热处理后，使 105℃/2h 的热失重率降至 0.4% 以下，可以用于配制单组分缩合型 RTV 硅橡胶，否则胶料容易产生凝胶粒子，贮存稳定性变差。

沉淀法白炭黑对胶料的增黏效果比气相白炭黑小，适宜配制要求有流动性较好的胶料，是主要的补强填料。若以补强、提高介电性能和触变性能（所谓触变性就是固化前的混合胶料在外力作用下易于变形流动，一旦外力消失又能停止形变和流动的性能）为目的，则选用气相法白炭黑效果最好。

单组分室温硫化硅橡胶还常用的填料有碳酸钙、硅微粉、硅藻土、石英粉、云母粉、二氧化钛、高岭土等。

碳酸钙是室温硫化硅橡胶中最普遍、用量大的半补强填料，重质碳酸钙粒径较粗，无触变性，且补强效果较差，主要作增量填料；轻质碳酸钙是常用的半补强填料，但补强效果差；活性碳酸钙（又称胶体碳酸钙，由轻质碳酸钙经脂肪酸处理而成）具有容易分散、补强性好，可提高胶料黏度并赋予触变性。将 $CaCO_3$ 加入到高速混合机中预热到 120℃ 左右，混合 30～60min；然后加入填料总量 0.5%～2.0% 的改性剂，控制温度为 110～130℃，充分混合 60～180min。使用的改性剂主要有偶联剂、表面活性剂、聚合物、饱和或不饱和有机酸等。一般选用各类饱和或不饱和脂肪酸对 $CaCO_3$ 进行干法或湿法改性。覆盖在 $CaCO_3$ 表面的有机酸具有柔软的脂肪族长链，能在有机基料分子上弯曲缠绕，增强结合力，对提高两相相容性起到一定的效果。特别是不饱和有机酸用于表面改性时，由于含有不饱和双键，还可参与接枝、交联和聚合反应，使 $CaCO_3$ 填料与基料的亲和性更强。也可经 105℃ 下干燥，使其水分降到 0.3% 以下便可直接使用；而纳米碳酸钙能有效地提高室温硫化硅橡胶的力学性能。

硅微粉是硅橡胶灌注料及模具胶大量使用的中性无机填料。粒径一般应在 6μm 以下，可增加胶料密度、流动性及排泡性，并可增加热导电率、提高硬度。

硅藻土，由天然硅藻土经粉碎、高温煅烧除掉有机物质制得，用作半补强填料，可以改善电绝缘强度及耐油性能。

二氧化钛可以用作增量填料，由于其半补强性不大，一般多作为白色颜料少量添加。但二氧化钛经金属氧化物（Sn/Sb_2O_3）处理后，则可成倍提高其补强效果。

不同填料对产品的流动性、力学性能等有很大的影响。

4.2.2 加工

单组分室温硫化硅橡胶必须贮存在与水和空气隔绝的密闭容器内，一般在几个月内能使用。使用时无需添加催化剂，只要将胶料从密闭容器内挤出接触空气即可，因此使用非常方便；可用模压、挤出或其他方法进行短时间加工，然后暴露于空气中经一定时间即由膏状物硫化而成为弹性体。虽然各种型号其单组分室温硫化型硅橡胶的交联剂不同，即固化机理基本是相同的。下面以脱醋酸型为例，阐述单组分室温硫化型硅橡胶的反应原理与生产工艺流程。

4.2.2.1 反应机理

单组分室温硫化硅橡胶的配制及硫化过程中主要发生如下三个反应过程：

（1）配制时　在单组分室温硫化硅橡胶中，首先是让羟基封端聚二甲基硅氧烷或过量，与交联剂的活性基团发生缩合反应，形成交联剂封端聚二甲基硅氧烷。此化合物在密闭条件下很稳定，能长期保存。

（2）使用时　此化合物接触空气中的水分后，可水解官能团则迅速发生水解反应，生成硅醇基团。

（3）固化时　硅醇和可水解基团或硅醇和硅醇之间发生缩合反应。以上两步反应交替进行，从而使硅橡胶固化交联，形成三维网络结构。

① 脱醋酸型单组分 RTV 硅橡胶的交联反应机理：

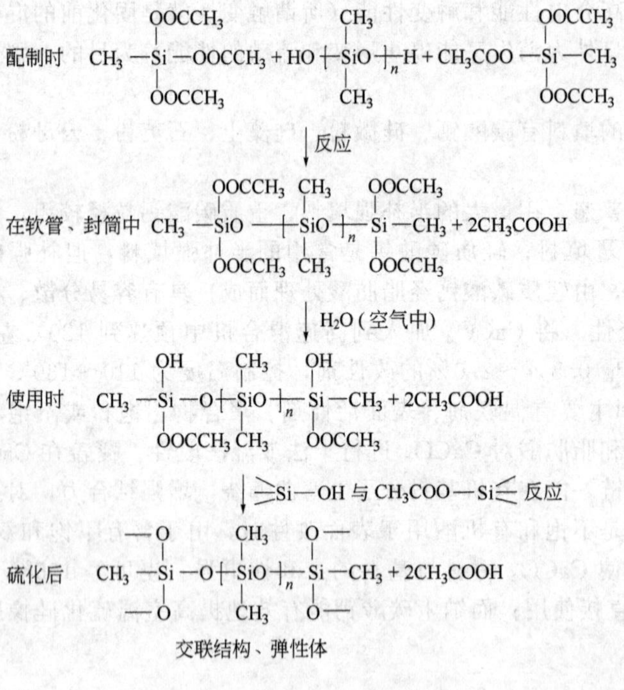

交联结构、弹性体

② 脱酮肟型单组分 RTV 硅橡胶的交联反应机理：

$$
配制时 \quad CH_3-\underset{\overset{|}{ON=CMeEt}}{\overset{ON=CMeEt}{Si}}-O\,CMe=CH_2 + HO\underset{\overset{|}{CH_3}}{\overset{CH_3}{\left[Si\,O\right]_n}}H + CMe=CH_2O-\underset{\overset{|}{ON=CMeEt}}{\overset{ON=CMeEt}{Si}}-CH_3
$$

$$\downarrow 反应$$

$$
在软管、封筒中 \quad CH_3-\underset{\overset{|}{ON=CMeEt}}{\overset{ON=CMeEt}{Si}}-O\underset{\overset{|}{CH_3}}{\overset{CH_3}{\left[Si\,O\right]_n}}\underset{\overset{|}{ON=CMeEt}}{\overset{ON=CMeEt}{Si}}-CH_3 + 2MeEtC=NOH\uparrow
$$

$$\downarrow H_2O\,(空气中)$$

$$
使用时 \quad CH_3-\underset{\overset{|}{ON=CMeEt}}{\overset{OH}{Si}}-O\underset{\overset{|}{CH_3}}{\overset{CH_3}{\left[Si\,O\right]_n}}\underset{\overset{|}{ON=CMeEt}}{\overset{OH}{Si}}-CH_3 + 2MeEtC=NOH\uparrow
$$

$$\downarrow \quad \geqslant Si-OH 与 MeEtC=NO-Si\leqslant 反应$$

$$
硫化后 \quad CH_3-\underset{\overset{|}{O}}{\overset{O}{Si}}-O\underset{\overset{|}{CH_3}}{\overset{CH_3}{\left[Si\,O\right]_n}}\underset{\overset{|}{O}}{\overset{O}{Si}}-CH_3 + 2MeEtC=NOH\uparrow
$$

交联结构、弹性体

③ 脱丙酮型单组分 RTV 硅橡胶的交联反应机理：

$$
配制时 \quad CH_3-\underset{\overset{|}{OCMe=CH_2}}{\overset{OCMeC=CH_2}{Si}}-O\,CMe=CH_2 + HO\underset{\overset{|}{CH_3}}{\overset{CH_3}{\left[Si\,O\right]_n}}H + CMe=CH_2O-\underset{\overset{|}{OCMe=CH_2}}{\overset{OCMeC=CH_2}{Si}}-CH_3
$$

$$\downarrow 反应$$

$$
在软管、封筒中 \quad CH_3-\underset{\overset{|}{OCMe=CH_2}}{\overset{OCMeC=CH_2}{Si}}-O\underset{\overset{|}{CH_3}}{\overset{CH_3}{\left[Si\,O\right]_n}}\underset{\overset{|}{OCMe=CH_2}}{\overset{OCMeC=CH_2}{Si}}-CH_3 + 2MeC_2=O
$$

$$\downarrow H_2O\,(空气中)$$

$$
使用时 \quad CH_3-\underset{\overset{|}{OCMe=CH_2,CH_3}}{\overset{OH}{Si}}-O\underset{\overset{|}{CH_3}}{\overset{CH_3}{\left[Si\,O\right]_n}}\underset{\overset{|}{OCMe=CH_2}}{\overset{OH}{Si}}-CH_3 + 2MeC_2=O
$$

$$\downarrow \quad \geqslant Si-OH 与 CH_2=MeCO-Si\leqslant 反应$$

$$
硫化后 \quad CH_3-\underset{\overset{|}{O}}{\overset{O}{Si}}-O\underset{\overset{|}{CH_3}}{\overset{CH_3}{\left[Si\,O\right]_n}}\underset{\overset{|}{O}}{\overset{O}{Si}}-CH_3 + 2MeC_2=O
$$

交联结构、弹性体

④ 脱醇型单组分 RTV 硅橡胶的交联反应机理：

$$
配制时 \quad CH_3-\underset{\overset{|}{OCH_3}}{\overset{OCH_3}{Si}}-OOCCH_3 + HO\underset{\overset{|}{CH_3}}{\overset{CH_3}{\left[Si\,O\right]_n}}H + CH_3COO-\underset{\overset{|}{OCH_3}}{\overset{OCH_3}{Si}}-CH_3
$$

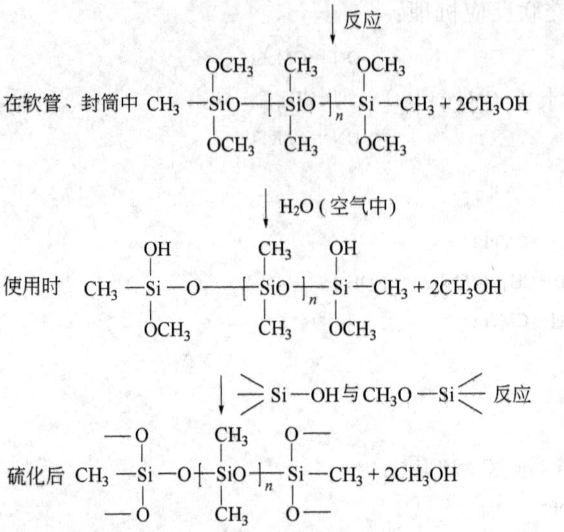

$$\downarrow 反应$$

在软管、封筒中　$CH_3\!-\!\underset{\underset{OCH_3}{|}}{\overset{\overset{OCH_3}{|}}{Si}}\!-\!O\!\left[\!\underset{\underset{CH_3}{|}}{\overset{\overset{CH_3}{|}}{SiO}}\!\right]_n\!\underset{\underset{OCH_3}{|}}{\overset{\overset{OCH_3}{|}}{Si}}\!-\!CH_3 + 2CH_3OH$$

$$\downarrow H_2O（空气中）$$

使用时　$CH_3\!-\!\underset{\underset{OCH_3}{|}}{\overset{\overset{OH}{|}}{Si}}\!-\!O\!\left[\!\underset{\underset{CH_3}{|}}{\overset{\overset{CH_3}{|}}{SiO}}\!\right]_n\!\underset{\underset{OCH_3}{|}}{\overset{\overset{OH}{|}}{Si}}\!-\!CH_3 + 2CH_3OH$$

$$\downarrow {>}Si\!-\!OH 与 CH_3O\!-\!Si{<}\ 反应$$

硫化后　$CH_3\!-\!\underset{\underset{O-}{|}}{\overset{\overset{-O}{|}}{Si}}\!-\!O\!\left[\!\underset{\underset{CH_3}{|}}{\overset{\overset{CH_3}{|}}{SiO}}\!\right]_n\!\underset{\underset{O-}{|}}{\overset{\overset{O-}{|}}{Si}}\!-\!CH_3 + 2CH_3OH$$

交联结构、弹性体

⑤ 脱胺型单组分 RTV 硅橡胶的交联反应机理：

配制时　$CH_3\!-\!\underset{\underset{NHC_6H_{11}}{|}}{\overset{\overset{NHC_6H_{11}}{|}}{Si}}\!-\!NHC_6H_{11} + HO\!\left[\!\underset{\underset{CH_3}{|}}{\overset{\overset{CH_3}{|}}{SiO}}\!\right]_n\!H + C_6H_{11}HN\!-\!\underset{\underset{NHC_6H_{11}}{|}}{\overset{\overset{NHC_6H_{11}}{|}}{Si}}\!-\!CH_3$

$$\downarrow 反应$$

在软管、封筒中　$CH_3\!-\!\underset{\underset{NHC_6H_{11}}{|}}{\overset{\overset{NHC_6H_{11}}{|}}{Si}}\!-\!O\!\left[\!\underset{\underset{CH_3}{|}}{\overset{\overset{CH_3}{|}}{SiO}}\!\right]_n\!\underset{\underset{NHC_6H_{11}}{|}}{\overset{\overset{NHC_6H_{11}}{|}}{Si}}\!-\!CH_3 + 2C_6H_{11}NH_2\uparrow$$

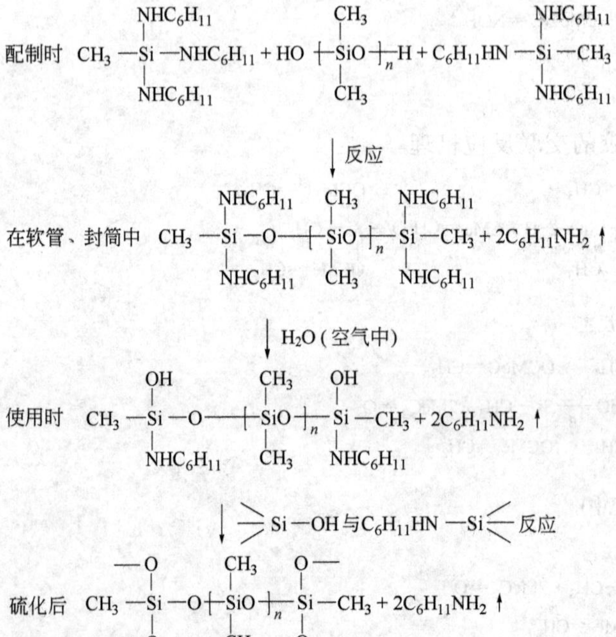

$$\downarrow H_2O（空气中）$$

使用时　$CH_3\!-\!\underset{\underset{NHC_6H_{11}}{|}}{\overset{\overset{OH}{|}}{Si}}\!-\!O\!\left[\!\underset{\underset{CH_3}{|}}{\overset{\overset{CH_3}{|}}{SiO}}\!\right]_n\!\underset{\underset{NHC_6H_{11}}{|}}{\overset{\overset{OH}{|}}{Si}}\!-\!CH_3 + 2C_6H_{11}NH_2\uparrow$$

$$\downarrow {>}Si\!-\!OH 与 C_6H_{11}HN\!-\!Si{<}\ 反应$$

硫化后　$CH_3\!-\!\underset{\underset{O-}{|}}{\overset{\overset{-O}{|}}{Si}}\!-\!O\!\left[\!\underset{\underset{CH_3}{|}}{\overset{\overset{CH_3}{|}}{SiO}}\!\right]_n\!\underset{\underset{O-}{|}}{\overset{\overset{O-}{|}}{Si}}\!-\!CH_3 + 2C_6H_{11}NH_2\uparrow$$

交联结构、弹性体

⑥ 脱酰胺型单组 RTV 硅橡胶的交联反应机理：

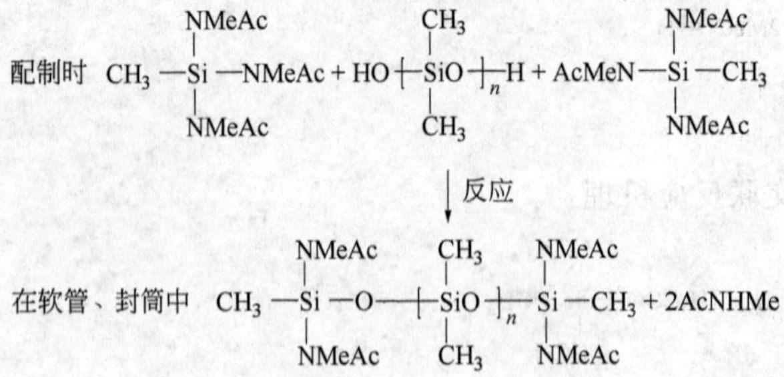

配制时　$CH_3\!-\!\underset{\underset{NMeAc}{|}}{\overset{\overset{NMeAc}{|}}{Si}}\!-\!NMeAc + HO\!\left[\!\underset{\underset{CH_3}{|}}{\overset{\overset{CH_3}{|}}{SiO}}\!\right]_n\!H + AcMeN\!-\!\underset{\underset{NMeAc}{|}}{\overset{\overset{NMeAc}{|}}{Si}}\!-\!CH_3$

$$\downarrow 反应$$

在软管、封筒中　$CH_3\!-\!\underset{\underset{NMeAc}{|}}{\overset{\overset{NMeAc}{|}}{Si}}\!-\!O\!\left[\!\underset{\underset{CH_3}{|}}{\overset{\overset{CH_3}{|}}{SiO}}\!\right]_n\!\underset{\underset{NMeAc}{|}}{\overset{\overset{NMeAc}{|}}{Si}}\!-\!CH_3 + 2AcNHMe$

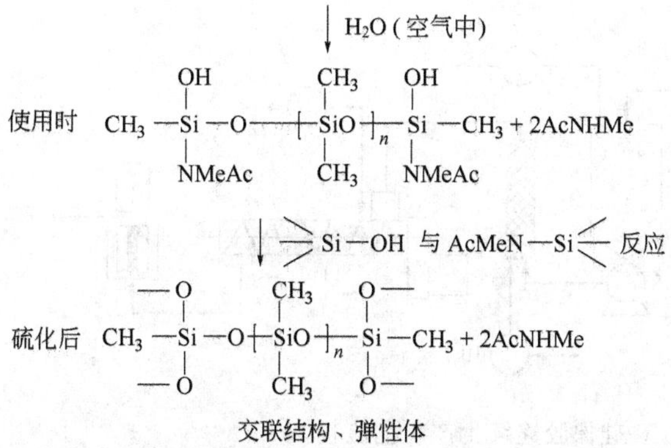

交联结构、弹性体

4.2.2.2 生产工艺流程

单组分室温硫化硅橡胶在配制过程中，必须严格控制各组分的含水量，并在干燥的环境中进行。单组分室温硫化硅橡胶的配制通常需先将基础胶、填料、颜料和其他添加剂在炼胶机或三辊机上混合成膏状物或黏稠液体，并进行在160℃下脱水干燥处理。然后在完全隔绝空气中湿气的条件下冷却到60℃，加入交联体系（交联剂或交联剂和催化剂），充分混匀搅拌20min，通常还会使混合物以薄层形式经过真空室用来排出产品中的气体，然后封装入一个密闭的容器中贮存。使用时从容器中取出，接触空气中水汽，室温下即可固化。单组分室温硫化硅橡胶的包装普遍采用金属软管、塑料封筒和金属封筒。

生产过程根据企业的条件及产品种类生产量的大小可由不同设备组来完成。目前，在工业生产中使用的主要设备有捏合机、高速搅拌器、行星式搅拌器、三辊研磨机、静态混合器、单螺杆或双螺杆混炼挤出机及包装机等。可以采用间歇生产法，但在大规模生产中多采用连续生产法。间歇法生产的主要设备是行星式搅拌器生产线、蝶形分散机，其最大装料容积可达 $2.5m^3$。连续法生产的主要设备是双螺杆混炼挤出机生产线和静态混合器生产线等。

图 4-1 给出了单组分室温硫化硅橡胶的配制工艺流程示意图。首先在高速搅拌器中，基料与增塑剂及填料混合，搅拌转速 300～1000r/min，混合温度为 100℃左右；然后将配好的胶料由泵输送到减压状态捏合机中，添加交联剂，使其充分反应；再将其进入双螺杆混炼挤出机，加入助剂和催化剂以及其他添加剂，混合后连续进入混合器中脱气后包装得成品。

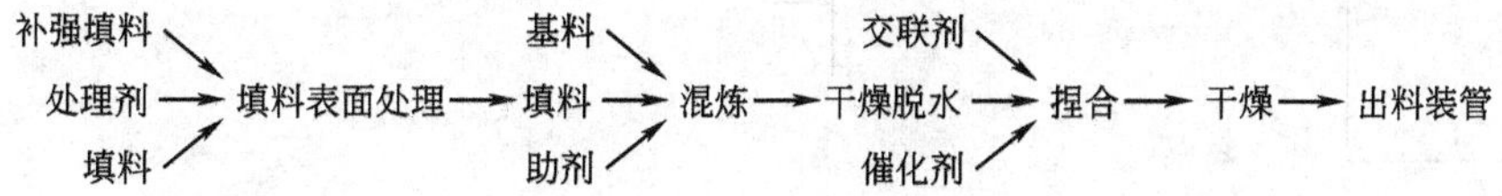

图 4-1 单组分室温硫化硅橡胶的基本生产工艺流程示意图

图 4-2、图 4-3 及图 4-4 是 3 种连续生产工艺的示意图。图 4-2 中的第 1 步是在高速搅拌器中，基胶与加工助剂及填料混合，搅拌转速 300～1000r/min，混合温度不要超过 80℃，避免下一步与交联剂、催化剂混合时发生凝胶化；搅拌器中的装料系数由出口压力控制在 10%～30%，连续进料，混炼后的胶料连续出料。第 2 步是将配制好的胶料由泵连续输送至减压状态的料罐中，在料罐中连续脱气并添加触变剂，料罐的真空度控制在 13.33kPa 以下；混合触变剂及脱气后的胶料由泵连续输送至静态混合器，同时由 KRC 捏合机连续向静态混合器输送交联剂与催化剂的混合物。第 3 步是经静态混合器混合的胶料连续进入双螺杆混炼挤出机，并同时连续补加交联剂或其他添加剂。胶料在双螺杆混炼挤出机中，80℃以下充分混合后，连续进入混合器中脱气后包装。

图 4-3 是以双螺杆排气挤出机作混合器，机身温度保持 50℃，将经表面处理的白炭黑按

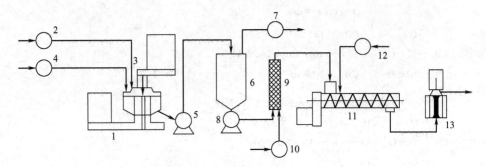

图 4-2　单组分 RTV 硅橡胶连续生产工艺流程 1

1—高速搅拌器；2—基胶；3—填料；4—加工助剂；5,8—泵；6—料罐；7—真空泵；

9—静态混合器；10—KRC 捏合机；11—双螺杆混炼挤出机；12—交联剂；13—混合器

规定的加料速度连续从填料进料口 7 推入挤出机料斗中，同时与从第一进料口 3 的混合物（由基料、MTD 硅油、防塌陷剂聚醚配成混合物）一起进入双螺杆机内；交联剂等配成的混合物由第二进料口泵入机内；催化剂等配成的混合物由第三进料口泵入机内，捏合机后部接有减压系统，以脱除胶料中的低沸物，并连续地从端部出料口 6 排出胶料。

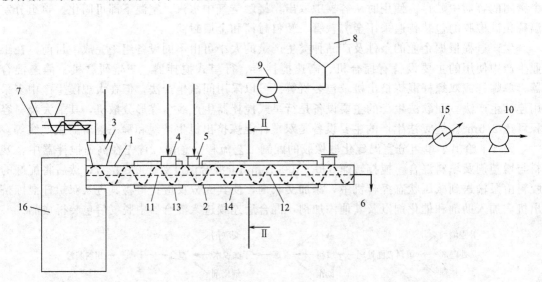

图 4-3　单组分 RTV 硅橡胶连续生产工艺流程 2

1—简体；2—螺杆；3—第一进料口；4—第二进料口；5—第三进料口；6—出料口；7—填料进料口；

8—液体组分贮罐；9,10—泵；11,12—混炼部位；13,14—加热段；15—抽气；16—机座

图 4-4 是另一种连续配制胶料的方法，是将填料、基础聚合物、增塑剂及交联剂等在行星搅拌 6 混合器中粗混，而后送入螺杆挤出机中进一步混炼，并脱除低沸物，最后真空排泡得到胶料。

4.2.3　各种单组分室温硫化硅橡胶的配方和特点

单组分室温硫化型硅橡胶是一种胶黏剂。用于黏合时，不用表面处理剂，即对玻璃、陶瓷、金属、木材、塑料和硫化硅橡胶等具有良好的黏合性能。因为这种橡胶是在室温下接触空气中的湿气从表面开始硫化，然后通过水分的扩散而向内逐渐硫化。过厚的制品其内部硫化需要很长的时间，因此对制品的厚度（或密封的深度）有一定的限制。厚度一般不宜超过

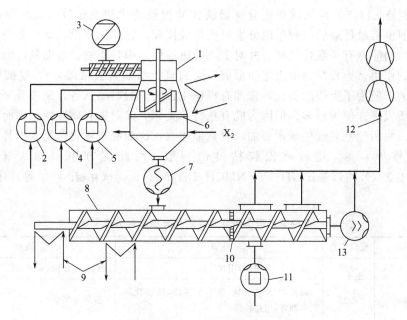

图 4-4　单组分 RTV 硅橡胶连续生产工艺流程 3

1—混合器；2—基胶；3—粉体填料；4—加工助剂；5—交联剂；6—行星搅拌；7—单向螺杆泵；

8—螺杆捏合机；9—水冷却装置；10—滑环；11—催化剂；12—排气装置；13—泵

10mm，如需要超过 10mm 时可采用多次施工的方法。

　　基础胶和交联剂是单组分室温胶中最主要的成分。交联剂和羟基封端聚硅氧烷的比例很重要，它影响到橡胶的交联程度和各种性能。一般来讲，交联剂的可水解官能团度与聚硅氧烷中的硅醇基的量的比在 5～8 的范围内，所以体系中多余的活性基团多，与很多基材黏结性好，单组分室温硅橡胶常被作为黏结剂或密封胶。除此基础胶和交联剂之外，单组分室温胶还含有补强填料（一般为白炭黑）、催化剂和其他添加剂如颜料、耐热添加剂，增塑剂，除水剂、防霉剂等。表 4-3 列出各种型号单组分室温硫化硅橡胶的典型配方及其硫化胶的性能。

表 4-3　各种型号单组分室温硫化硅橡胶的配方及其硫化胶的性能

类型	用量/质量份						性能		
	107 胶	SiO_2	交联剂		催化剂		拉伸强度 MPa	断裂伸长率/%	硬度（邵尔 A）
			品种	用量	品种	用量			
脱酸型	100	20	$MeSi(OAc)_3$	5			2.1	550	20
脱肟型	100	10	$MeSi(ON{=}CMe_2)_3$	5	二月桂酸二丁基锡	0.2	1.17	840	12
脱醇型	100	20	$MeSi(OMe)_3$	5.1	钛配合物		2.9	440	29
脱胺型	100	18	$MeSi(NHC_6H_{11})_3$	4.8			1.1	770	11
脱酰胺型	100	18	$MeSi(NAc)_3$ $\|$ Me	5			1.31	1440	11
脱丙酮型	100	12	$MeSi(OC{=}CH_2)_3$ $\|$ Me	6	胍基硅烷	0.5	2.2	410	30
脱羟胺型	100	$CaCO_3$ /100	$MeSi(ONEt_2)_3$	1			0.59	1050	18

表 4-4 中是几种较为常见的单组分室温硫化硅橡胶的优缺点比较。脱酸型是历史最悠久、也是目前价格最低廉的一种单组分室温硫化硅橡胶。它使用广泛，最主要的缺点是其固化过程的副产物醋酸有刺激性气味，并对金属有腐蚀性，而且不适合水泥制件的黏结（因醋酸与硅酸盐的作用，橡胶与混凝土之间形成一层白垩土层而失去粘接力）。脱酸型室温胶可以不加催化剂，但为了更快的固化，常加有机锡化合物。脱肟型从各方面来看是综合性能最好的制品，所以现在使用最多。但因为既有独特的臭味，又对铜有腐蚀性，因而其应用受到一定的限制。脱肟型室温胶中通常要加入少量催化剂，比如有机锡化合物（二月桂酸二丁基锡、辛酸亚锡等）等。这种硅橡胶粘接性一般，因此配方中须加入硅烷偶联剂 $(RO)_3SiC_3H_6X$（X 可以是 $—NH_2$、$—NHCH_2CH_2NH_2$、$—OCH_2CH—CH_2$ 等）作为增黏剂。

表 4-4　各种缩合型单组分室温硫化硅橡胶的分类及其特点

品种		反应产物	优点	缺点
脱醇型	钛酸酯体系	甲醇	无臭味，无腐蚀，用途广泛	贮存期较短，最好在较低温度下存放
	南大体系	乙醇	微臭，表干速度快，基本无腐蚀，粘接性好，贮存期好，用途广泛	胶体易黄变
脱肟型		酮肟	微臭，对一般基材无腐蚀，综合性能好，粘接性一般	产生肟蒸气，腐蚀铜类金属及侵蚀 PC 塑料
脱丙酮型		丙酮	微臭无毒，固化快，粘接力好，无腐蚀性，存贮稳定，耐热性好	合成工艺复杂，成本较高
脱乙酸型		乙酸	固化快，强度高，粘接性好，透明性高	副产物醋酸有刺激性气体，并对金属有腐蚀性
脱胺型		胺类	固化快，对石材有良好的粘接性能，不侵蚀碱性材料	有独特的胺味，有毒性和腐蚀性，应用面不广
脱酰胺型		酰胺类	硫化快，粘接性良好，硫化弹性体模量低，相对伸长率高	粘接性差
脱羟胺型		羟胺类	硫化快，粘接性良好，硫化弹性体模量低	强度低

脱醇型室温胶主要用于电气绝缘方面，但与其他类型相比，其硫化速度太慢。加入适量的催化剂可解决固化速度慢的问题，常用的有有机锡化合物、钛酸酯及其螯合物、胺类化合物（如二乙胺和 N-甲基咪唑）和亚砜类化合物（如二甲亚砜）。脱醇型室温胶的贮存稳定性差主要是由于交联剂活性较低，使体系中有硅醇基团的存在，造成体系交联，所以除去硅醇基可提高胶料的贮存稳定性。常用的硅醇清除剂为六甲基二硅氮烷。

脱丙酮型室温胶的硫化速度快，最适于作电气绝缘之用。其硫化也须用催化剂，如钛酸酯、含胍基硅烷等。脱胺型和脱羟胺型室温胶主要可用作建筑密封胶，而脱酰胺型硫化弹性体模量低，大多用于移动范围大的接缝密封。这几类室温胶固化速度快，一般不用催化剂。

各种交联剂也可以混合使用，可以达到集各种型号的特点为一体的目的，从而开拓了单组分室温硫化硅橡胶新品种，扩大了应用范围。

在这里举几个单组分室温硫化硅橡胶的配方例子。

4.2.3.1　脱醋酸型单组分室温硫化硅橡胶

脱醋酸型 RTV-1 主要由基础聚合物、填料、交联剂、催化剂、添加剂五大部分组成。

(1) 基础聚合物　α,ω-二羟基聚二有机基硅氧烷是单组分室温硫化硅橡胶最重要的基础聚合物。典型的是 $HO(Me_2SiO)_nH$（107 胶），还有用于制备耐油耐溶剂的 $HO[Me(CF_3CH_2CH_2)SiO]_nH$ 和用于制备抗寒及抗辐照的 $HO(Me_2SiO)_n(MePhSiO)_mH$。研究基础聚合物经常涉及的物理参数有黏度、摩尔质量、羟基含量、相对密度等。不同物理参数的硅橡胶硫化后制成的产品硬度，拉伸强度均不相同。表 4-5 是常用 107 胶的基本物理参数。

表 4-5　常用的几种 107 胶的物理参数

摩尔质量/(g/mol)	黏度/(mm²/s)	$\omega(OH^-)/\%$	相对密度(25℃)
77000	18000	0.04	0.98
110000	50000	0.03	0.98
150000	150000	0.02	0.98
310000	1000000	0.01	0.98

（2）填料　硅橡胶是非结晶聚合物，分子链间相互作用力弱，未经补强的硫化橡胶强度很差，没有使用价值。常用的办法是添加一定量的填料来提高性能。填料分为补强填料，如气相法二氧化硅和沉淀法二氧化硅。半补强填料，如轻质碳酸钙。增量填料，如石英粉、硅藻土和重质碳酸钙等。气相法白炭黑由于粒径小（在 7～40nm 之间），比表面积大（50～380m²/g），产品纯度高（SiO_2 含量不小于 99.8%），产品表面活性高（具有许多高活性的表面硅羟基），此外，气相法白炭黑的结构与硅橡胶的分了结构相似，因此是胶黏剂的想补强填料。

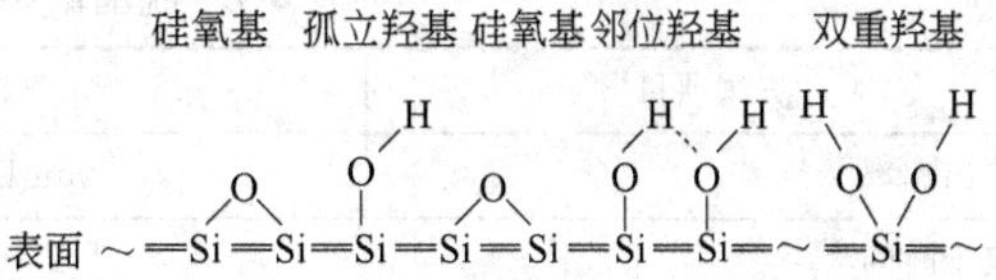

气相法白炭黑能起到补强作用：一方面是由于气相法白炭黑粒子的小尺寸效应和大的比表面积；另一方面是硅橡胶的主键与白炭黑的结构相似，因此硅橡胶分子容易吸附在白炭黑粒子上，使粒子间距离小于粒子自身直径，从而产生结晶化效果，强化了粒子间的吸引力。还有白炭黑表面的硅羟基和硅橡胶端羟基成化学键合，从而起到补强作用。气相法白炭黑表面硅羟基一般以孤立、相邻和双重等几种形式存在，图 4-5 是气相法白炭黑的表面结构示意图。气相法白炭黑在液体体系中分散后很容易形成三维的网状结构，有效限制胶料的流动，起到增稠作用；而这种结构受到剪切力作用时会被破坏，液体的黏度下降，流动性恢复，当剪切力消除后，三维网络在很短的时间内自动恢复液体黏度上升，从而起到触变的效果。

图 4-5　气相法白炭黑的表面结构示意图

（3）交联剂　脱醋酸型 RTV-1 常用的交联剂是甲基三乙酰氧基硅烷 $[MeSi(OAc)_3]$。交联剂的添加量与硅橡胶的 Si—OH 含量相关，但是实际胶料中的水分及填料表面的 Si—OH 都会消耗掉部分交联剂，所以实际加入交联剂的量要偏大。

脱醋酸型 RTV-1 的固化反应过程如下：

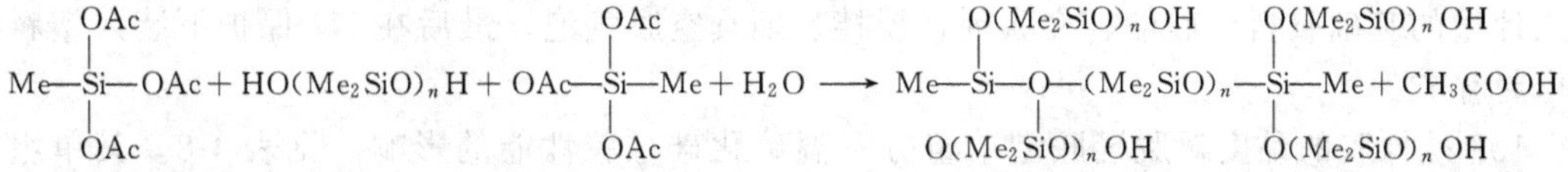

（4）催化剂　单组分室温硫化硅橡胶的硫化过程是缓慢的，常需要几天甚至几十天的时间。因此常需要添加催化剂来促进硫化和交联。常用催化剂有有机锡类或邻苯二甲酸酯类。脱醋酸型室温硫化硅橡胶常用有机锡作催化剂，有机锡具有快速固化的优点，适合工业化的快速生产。如：二丁基二月桂酸锡。

（5）添加剂　脱醋酸型单组分室温硫化硅橡胶的添加剂一般是二甲基硅油 $Me_3SiO(Me_2SiO)SiMe_3$ 也有支链型硅油和矿物油等，主要作用是降低胶料添加填料后产生的黏度高峰，改善胶料的流动性能。

（6）RTV-1 的配制方法　脱醋酸型 RTV-1 的配制一般是在行星式搅拌机内进行。先将基础聚合物加入到搅拌机内，抽真空状态搅拌，然后加入交联剂，保持真空，搅拌均匀后加入气相法白炭黑和增塑剂，保持真空搅拌状态，分散均匀后加入催化剂，混合均匀后出料。胶料封装后放置 24 h 后挤出胶条测试挤出速度和触变性能，制成 H 型试片放置 21d 后测试拉伸粘接性。

表 4-6 和表 4-7 是脱醋酸型 RTV-1 的配方和基本性能。

表 4-6 脱醋酸型 RTV-1 的配方（质量份）

107 胶	100
气相法白炭黑	10
二甲基硅油	30
甲基三乙酰氧基硅烷	6
二醋酸二丁基锡	8

表 4-7 脱醋酸型 RTV-1 的基本性能

测试项目	性能	测试标准
挤出速率	500mL/min	GB/T 13477—2002
表干时间	25min	GB/T 13477—2002
硬度（邵尔 A）	30	GB/T 531—1992
100％定伸应力	0.45MPa	GB/T 13477—2002
拉伸粘接强度	1.5MPa	GB/T 13477—2002
凝聚破坏率（对玻璃）	100％	GB/T 13477—2002

脱醋酸型单组分室温硫化硅橡胶是单组分 RTV 硅橡胶中最早开发的品种之一，也是目前国内密封胶市场销量较大的产品。由于硫化过程中释放酸臭味的醋酸和贮存过程中出现结晶，影响硫化速度，所以应用受到一定限制。目前工业上普遍将其与乙基三乙酰氧基硅烷混合使用，以避免其在低温下从胶料中析出结晶，改善胶料的固化性能。使用甲基三（2-乙基己酰氧基）硅烷或甲基三（苯酰氧基）硅烷作交联剂，可降低胶料对金属材料的腐蚀性，并使酸臭味降低。

4.2.3.2 脱羟胺型单组分室温硫化硅橡胶

将计量的 α,ω-二羟基聚二甲基硅氧烷橡胶（107 硅橡胶）和碳酸钙等填料在真空捏合机内、在一定温度下混匀，除去体系的水分，冷却至室温得基础胶料；在高速分散搅拌机中加入计量的基础胶料、硅油、交联剂，搅拌、抽真空脱气泡，最后在 N_2 保护下装入塑料桶中密封存贮。

107 硅橡胶的黏度对脱羟胺型单组分室温硫化硅橡胶性能的影响，见表 4-8。其单组分室温硫化硅橡胶配方：100 份 107 硅橡胶、65 份填料、8 份交联剂。

表 4-8 107 硅橡胶的黏度对脱羟胺型单组分室温硫化硅橡胶性能的影响

107 硅橡胶的黏度/mPa·s	单组分室温硫化硅橡胶			
	表干时间/min	挤出性/s	硬度（邵尔 A）	60％拉伸模量（23℃）/MPa
5000	80	1.2	50	0.80
10000	80	1.5	48	0.70
30000	85	2	44	0.55
50000	88	3	41	0.42
80000	93	6	37	0.36

由表 4-8 可以看出，107 硅橡胶的黏度对脱羟胺型单组分室温硫化硅橡胶的性能有较大影响。随 107 硅橡胶的黏度的增大，有机硅密封胶的表干时间稍变长，邵尔 A) 硬度、拉伸模量降低；但挤出性变差，产品的施工性能不好。当 107 硅橡胶的黏度为 10 000mPa·s 时，脱羟胺型 RTV-1 有机硅密封胶的力学性能和挤出性都较好。

（1）填料对脱羟胺型单组分室温硫化硅橡胶性能的影响　硅橡胶需加入补强填料才具有实用价值，填料也是制备脱羟胺型单组分室温硫化硅橡胶的主要原料。纳米碳酸钙在脱羟胺型单组分室温硫化硅橡胶中容易分散、补强性好、有触变性，且价格便宜；气相法白炭黑在脱羟胺型单组分室温硫化硅橡胶中的补强性、触变性比纳米碳酸钙更好，但价格昂贵。在107 硅橡胶的黏度为 10 000mPa·s，用量为 100 份条件下，考察了填料碳酸钙和气相法白炭黑的配比对脱羟胺型单组分室温硫化硅橡胶性能的影响，结果见表 4-9。

表 4-9　填料配比对脱羟胺型单组分室温硫化硅橡胶性能的影响

填料用量/份		单组分室温硫化硅橡胶			
CaCO$_3$	气相法白炭黑	挤出性[1]/s	下垂性/mm	硬度（邵尔 A）	拉伸黏结强度[2]/MPa
100	0	2.8	1	48	1.00
80	3	2.3	0	44	1.10
60	5	1.5	0	46	1.15
40	10	1.4	0	41	1.26
0	15	1.2	0	27	0.70

① 不带尖嘴，压力为 0.34MPa。

② 23℃、相对湿度 45%～55% 条件下测试。

从表 4-9 可以看出，在保持其他原料用量不变的前提下，将纳米碳酸钙和气相法白炭黑搭配使用，可以兼顾脱羟胺型单组分室温硫化硅橡胶的力学性能和施工性能。加入适量的气相法白炭黑可以改善有机硅密封胶的触变性能；但用量过多不但单组分室温硫化硅橡胶的性能改变较大，而且会增加生产成本。纳米碳酸钙和气相法白炭黑适宜的用量分别为 60 份和 5 份。

（2）羟胺型交联剂用量对脱羟胺型单组分室温硫化硅橡胶性能的影响　交联剂是 α,ω-二羟基聚二甲基硅氧烷产生交联、形成弹性体的重要成分。羟胺型交联剂用量对单组分室温硫化硅橡胶性能的影响见表 4-10。

表 4-10　羟胺型交联剂用量对脱羟胺型单组分室温硫化硅橡胶性能的影响

交联剂用量[1]/份	单组分室温硫化硅橡胶			
	表干时间/min	挤出性/s	硬度（邵尔 A）	拉伸黏结强度[2]/MPa
4	220	2.5	不能测	不黏
6	150	1.9	38	0.8
8	80	1.5	46	1.05
10	75	1.2	53	1.15

① 100 份 107 硅橡胶中的用量。

② 23℃、相对湿度 45%～55% 条件下测试。

从表 4-10 可以看出，羟胺型交联剂用量增加，有机硅密封胶的表干时间缩短，邵尔 A 硬度和拉伸黏结强度增大。这是因为交联剂用量增加，密封胶的交联密度增加。当羟胺型交联剂用量为 8 份时，有机硅密封胶的综合性能较好；继续增大羟胺型交联剂的用量，单组分室温硫化硅橡胶的性能改变不大。因此，羟胺型交联剂的用量选择 8 份。

4.2.3.3 脱酮肟型单组分室温硫化硅橡胶

酮肟型 RTV 有机硅胶黏剂对水分特别敏感，这在胶的配制过程中应特别注意。填料中水分一定要烘干，如果填料中含水太多，要先预烘，与 107 胶配合好后，再真空烘干水分，必要时可以采用甲苯回流脱水的方法。水分过多会使配好的胶在贮存初期黏度增大甚至整体固化。

将 107 胶与填料二氧化硅等用三辊研磨机研磨成均匀膏状物，放入真空烘箱中于 160℃真空脱水 4h，冷却后密封备用；再将一定量的甲基三丁酮肟基硅烷（MTBS）在隔绝水分的条件下搅拌捏合均匀，最后加入贮存稳定剂、有机锡催化剂及其他助剂并搅匀，真空脱泡后灌装于牙膏管或聚乙烯管中，即得成品胶黏剂。

(1) 胶料组成对脱肟型 RTV-1 性能的影响 胶料体系主要指除交联剂、催化剂、促进剂以外其他补强剂及填充材料，由于本胶黏剂要求黏着力强，所以填充材料往往对胶黏剂物理机械性能有不利的影响，因此本体系中只加入少量填充材料来调整胶黏剂的内应力。而补强材料则是主要考虑的对象，由于气相法白炭黑（2#）密度极轻，能产生很大粉尘造成极大污染，加之直接混入对胶黏剂稳定性也有影响，所以采用 D₄ 处理后，以最佳比例分数加入胶料体系中（如表 4-11），并加入 5% 的脱肟型交联剂及微量的催化剂、促进剂，获得了较好的物理机械性能。

表 4-11 脱肟型 RTV-1 体系的组成及物理机械性能

组分	用量/kg
4Pa·s(25℃)端羟基二甲基聚硅氧烷	4.8
处理后的 2# 气相法白炭黑	1.2
金红石型二氧化钛	0.2
丁酮肟	0.24
催化剂	0.0096
其他助剂	少量
固化后物理机械性能	
硬度(邵尔 A)	30
伸长率/%	280
拉伸强度/MPa	1.2

(2) 固化体系组分对脱肟型 RTV-1 性能的影响 固化体系是在 RTV-1 中参与同端羟基聚二甲基硅氧烷缩合反应的组分，包括交联剂、催化剂等。由于该胶黏剂要求机械强度很高，所以要求端羟基聚二甲基硅氧烷中的羟基以最大程度地参加反应。根据端羟基聚二甲基硅氧烷的黏度计算出羟基的物质的量，这样也就不难推算出交联剂的用量，所以交联剂是一个固定量，它不影响固化的速度及稳定性，而真正影响橡胶体系则是催化剂。如选用黏度为 5～100Pa·s（25℃）的 107 胶 100 份，交联剂甲基三丁酮肟基硅烷 4 份，八甲基四硅氧烷表面改性白炭黑 10 份，不饱和脂肪酸表面改性轻质碳酸钙 10 份，催化剂异辛酸锡变量。考察催化剂用量对硅橡胶胶黏剂性能的影响，结果见表 4-12。

由表 4-12 可知，催化剂有机锡用量对硅橡胶胶黏剂的性能影响显著，随着催化剂用量增加硫化速度加快、稳定期缩短，胶层的拉伸强度增加。从对 RTV-1 胶黏剂的要求来看，加入催化剂的质量分数为 0.5% 较适宜。

表 4-12 催化剂用量对硅橡胶胶黏剂性能的影响

催化剂用量/份	性 能			
	贮存期/月	表干时间/h	固化时间/h	拉伸强度/MPa
0	>12	>48	>48	<2.0
0.1	10	24	48	2.5
0.2	7	1	35	3.0
0.5	5	15~20 min	24	3.3
1.0	1	1~5 min	10	2.8

(3) 填料的改性对硅橡胶胶黏剂性能的影响 选用 107 胶 100 份,交联剂 4 份,催化剂 0.5 份,交联剂 5 份,白炭黑、轻质碳酸钙作为增强剂。将改性前后的白炭黑、轻质碳酸钙各 10 份作对比试验,观察催化剂用量对硅橡胶胶黏剂性能的影响,结果见表 4-13。

表 4-13 填料的改性对硅橡胶胶黏剂性能的影响

填料	拉伸强度/MPa	撕裂强度/(kN/mm)	延伸率/%
白炭黑+轻质碳酸钙	2.0	13.6	150
白炭黑+改性轻质碳酸钙	2.4	17.0	260
改性白炭黑+轻质碳酸钙	3.0	17.5	200
改性白炭黑+改性轻质碳酸钙	3.4	20.2	350

由表 4-13 可以看出,填料的改性,对硅橡胶拉伸强度、延伸率均有显著的提高。

(4) 交联剂的选择 当交联剂单用甲基三丁酮肟硅烷或单用乙烯基三丁酮肟硅烷时,硬度、挤出性的相差不大,但其他性能如表干时间、拉伸强度等变化却较大。交联剂甲基三丁酮肟硅烷和乙烯基三丁酮肟硅烷对密封胶表干时间、拉伸强度、伸长率等性能的影响如表 4-14 所示。

表 4-14 不同交联剂对密封胶性能的影响

交联剂	表干时间/min（23℃）	硬度（邵尔 A）	拉伸强度/MPa（常温）	拉伸强度/MPa（ASTM3# 机油,125℃×24h）	伸长率/%（常温）	伸长率/%（ASTM3# 机油,125℃×24h）	压流黏度/(g/min)
甲基三丁酮肟硅烷	20	40	2.65	1.9	435	490	53
乙烯基三丁酮肟硅烷	5	40	2.3	2.1	415	450	57
m（甲基三丁酮肟硅烷）:m（乙烯基三丁酮肟硅烷）=5:2	12	40	2.6	2.2	420	450	35

由表 4-14 可知,当甲基三丁酮肟硅烷与乙烯基三丁酮肟硅烷以 5:2 的质量比配合使用时,比单独用甲基三丁酮肟硅烷或乙烯基三丁酮肟硅烷综合性能更优。

(5) 不同用量的交联剂对性能的影响 在配制密封胶时,酮肟型交联剂先与基料端羟基聚二甲基硅氧烷预反应,将硅橡胶中的羟基全部反应掉,以交联剂分子中酮肟基封端。在使用时,密封胶与空气中水分接触,预反应物中的酮肟基与水反应,生成羟基和酮肟,羟基又与酮肟基反应,如此反复,最终形成网状结构的弹性体。表 4-15 为交联剂用量对密封胶性能的影响。

表 4-15 交联剂用量对密封胶性能的影响

交联剂质量分数/%	表干时间(23℃)/min	硬度(邵尔A)	拉伸强度/MPa(常温)	拉伸强度/MPa(ASTM3# 机油，125℃×24h)	伸长率/%(常温)	伸长率/%(ASTM3# 机油，125℃×24h)	压流黏度/(g/min)
1	在配制过程中已交联固化						
2	10	42	2.65	2.25	390	450	25
3	10	42	2.6	2.2	395	455	35
4	12	40	2.6	2.2	420	450	55
5	12	36	2.4	2.0	405	450	60

密封胶中交联剂用量太少时，在配制过程中，交联剂与聚二甲基硅氧烷中的羟基预反应，但因交联剂量太少，只有部分基料能形成交联剂分子中酮肟基的封端结构，还有大部分基料中的羟基未反应掉，则基料中未反应的羟基与已预反应的基料反应，交联固化，形成弹性体；而当交联剂用量太大时，则有大部分交联剂不参与预反应，这部分不参与预反应的交联剂以游离态存在于密封胶中，对密封胶的性能并无贡献，反而降低密封胶性能。由表4-15 可知，交联剂的最佳质量分数为 4%。

（6）交联剂对硅橡胶胶黏剂性能的影响 选用 107 胶 100 份，催化剂 0.5 份，改性白炭黑 10 份，改性轻质碳酸钙 10 份，改变交联剂甲基三丁酮肟基硅烷的用量。考察交联剂用量对硅橡胶胶黏剂性能的影响，结果见表 4-16。

表 4-16 交联剂用量对硅橡胶胶黏剂性能的影响

交联剂用量/份	性能		
	硬度(邵尔A)	伸长率/%	拉伸强度/MPa
1	18	160	1.2
2	22	210	1.8
3	27	300	2.8
5	30	350	3.3
8	32	300	3.4

由表 4-16 数据可以看出，交联剂过少，体系交联程度不够，硅橡胶的硬度低，伸长率低，拉伸强度小，但当交联剂用量 8 份时，各项性能下降，所以交联剂添加量 5 份为宜。

4.2.3.4 脱氢型单组分室温硫化硅橡胶

将 100 份硅橡胶、0～150 份填料、0.2～0.7 份交联剂、0.1～0.5 份催化剂混合均匀即可。

（1）催化剂种类对单组分室温硅橡胶凝胶时间和表观密度的影响 缩合型 RTV 硅橡胶常用的催化剂有：二烷基锡的二羧酸盐、邻苯二甲酸酯及其配合物、有机酸的金属盐等。表 4-17 是催化剂种类对单组分室温硅橡胶凝胶时间和表观密度的影响。

由表 4-17 可以看出，采用二丁基二月桂酸锡和二丁基二辛酸锡时，单组分室温硅橡胶胶料的凝胶时间较长；采用二丁基二月桂酸锡时，单组分室温硅橡胶硫化胶的表观密度较大；采用其他有机锡催化剂时，单组分室温硅橡胶硫化胶发泡严重。邻苯二甲酸酯类催化剂的活性大，采用钛酸酯类催化剂时，单组分室温硅橡胶胶料的凝胶时间很短，硫化胶的密度较大，不易发泡。采用有机酸金属盐类催化剂时，单组分室温硅橡胶胶料的凝胶时间长；硫

表 4-17 催化剂种类对单组分室温硅橡胶凝胶时间和表观密度的影响

催化剂种类	胶料的凝胶时间/min	硅橡胶的表观密度/(g/mm³)
二丁基二月桂酸锡	35	0.9676
二辛基二月桂酸锡	25	0.7790
二丁基二辛酸锡	42	0.7960
辛酸亚锡	4	0.6098
邻苯二甲酸辛酯	4	1.094
邻苯二甲酸异丙酯	4	0.9420
邻苯二甲酸丁酯	45s	0.9768
异辛酸钴	2.5h	0.7904
环烷酸钴	48h	0.9763
辛酸锆	23h	0.9773
辛酸钙	144h	0.9742
辛酸锌	168h	0.9563
有机锡配合物	108	0.8008
有机钛配合物	124	0.9650

化胶不易发泡，但硫化不完全。采用有机锡配合物作催化剂时，单组分室温硅橡胶胶料的凝胶时间延长，但硫化胶易发泡；采用有机钛配合物作催化剂时，不但单组分室温硅橡胶胶料的凝胶时间延长，且硫化胶不易发泡。

由图 4-6 可见，随着有机锡用量的增加，单组分室温硅橡胶胶料的凝胶时间缩短。

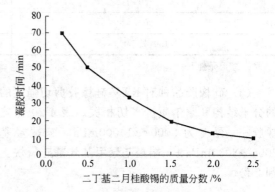

图 4-6 二丁基二月桂酸锡用量对 RTV 硅橡胶胶料凝胶时间的影响

（2）填料种类对单组分室温硅橡胶力学性能的影响　由于聚有机硅氧烷分子间的作用力很小，所以，未加填料的硅橡胶硫化胶的力学性能很差。为了提高硅橡胶的力学性能，必须用填料进行补强。硅橡胶常用的填料有：白炭黑、碳酸钙、硅微粉、钛白粉、氧化锌、氧化铁、氧化铈等；此外，某些无机填料（如钛白粉、氧化铁和氧化锌）还是硅橡胶的耐热添加剂。

白炭黑可将硅橡胶的强度提高 20～30 倍，是单组分室温硅橡胶使用最多的补强填料。白炭黑又分为气相法白炭黑和沉淀法白炭黑。气相法白炭黑对硅橡胶的补强效果非常好，同时可提高硅橡胶的介电性能和触变性能；沉淀法白炭黑对胶料的增黏效果比气相法白炭黑小，适合于配制流动性较好的硅橡胶。碳酸钙是硅橡胶的半补强性填料。硅微粉以天然白石英为原料制成，可增加硅橡胶胶料的密度、流动性及排泡性，并可增加硅橡胶的热导率和硬度。表 4-18 是填料种类对硅橡胶力学性能的影响。

由表 4-18 可知，处理型气相法白炭黑、硅微粉、氧化锌、二氧化钛的补强作用较大，经过表面处理的氧化锌的补强作用最明显。

表 4-19 列出了氧化锌用量对硅橡胶剪切强度的影响。

从表 4-19 可以看出，随着氧化锌用量的增加，硅橡胶的剪切强度先增后降；氧化锌用量为 150 份时，硅橡胶的剪切强度达到极大值；而采用经甲基三乙氧基硅烷处理的氧化锌时，硅橡胶的剪切强度最高。

表 4-18　填料种类对硅橡胶力学性能的影响

填料种类	拉伸强度/MPa	伸长率/%	硬度/(邵尔 A)
处理型气相法白炭黑	2.2	610	34
硅微粉(400 目)	1.9	255	44
处理型硅微粉(400 目)	1.4	185	43
硅微粉(2500 目)	1.1	227	39
氧化锌	1.9	360	40
处理氧化锌	2.6	354	40
氧化铁	1.1	239	43
氧化钛	2.3	431	37
氧化铈	1.4	331	35
处理型氧化铈	1.3	377	31

表 4-19　氧化锌用量对硅橡胶剪切强度的影响

氧化锌用量/份	剪切强度/MPa
100	2.7
150	2.9
200	2.5
150(处理)	3.4

注：室温条件下。

(3) 硅橡胶品种对 RTV 硅橡胶剪切强度的影响　硅橡胶的硫化活性及性能都与硅橡胶的分子结构和摩尔质量密切相关。表 4-20 为硅橡胶品种对硅橡胶剪切强度的影响。107 硅橡胶——黏度为 3000～14000mPa·s 端羟基聚二甲基硅氧烷；108 硅橡胶——黏度为 3000～8000mPa·s 端羟基聚甲基苯基硅氧烷。其配方：硅橡胶 100 份，交联剂 6 份，催化剂 2 份。

表 4-20　硅橡胶品种对硅橡胶剪切强度的影响

硅橡胶种类	室温剪切强度/MPa
107 硅橡胶	1.5
108 硅橡胶	1.1
$m(107) : m(108) = 10 : 3$	3.6

从表 4-20 可见，单独使用 107 硅橡胶或 108 硅橡胶基胶时，硅橡胶的剪切强度都不高；但当 107 硅橡胶和 108 硅橡胶按 10∶3 的质量比混合使用时，硅橡胶的剪切强度大大提高。

(4) 含氢硅油种类及用量对单组分室温硅橡胶凝胶时间、性能的影响　脱氢型单组分室温硅橡胶采用含氢硅油作交联剂，通过含氢硅油中的硅氢基与基胶中的端羟基间的脱氢反应，形成交联网状结构。

图 4-7 为 107 硅橡胶和侧氢基硅油的质量比对硅橡胶胶料凝胶时间的影响。

从图 4-7 可以看出，随着 107 硅橡胶与侧氢基硅油的质量比的增大，胶料的凝胶时间延长；当

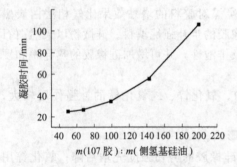

图 4-7　107 硅橡胶和侧氢基硅油的质量比对硅橡胶胶料凝胶时间的影响

107硅橡胶与侧氢基硅油的质量比为140：1时，胶料的凝胶时间比较适当。

表4-21为侧氢基硅油与端氢基硅油的质量比对硅橡胶剪切强度的影响。

表4-21 侧氢基硅油与端氢基硅油的质量比对硅橡胶①剪切强度的影响

m（侧氢基硅油）： m（端氢基硅油）	剪切强度/MPa		
	室温	300℃	老化②后
3：1	2.2	1.5	3.0
1：1	3.4	1.2	3.5
1：2	3.4	1.2	3.7
1：3	3.6	1.6	3.4
1：6	2.8	1.9	3.3
0：5	2.4	1.5	2.8
0：8	2.1	1.7	4.0

① 硅橡胶为107硅橡胶与108硅橡胶（质量比为10：3）的混合物。

② 经200℃×50 h+250℃×100h老化实验后，在室温下测试。

由表4-21可以看出，当侧氢基硅油与端氢基硅油的质量比在1：1～1：3之间时，硅橡胶的室温剪切强度、高温剪切强度和热老化性能较好。

4.2.3.5 脱醇型单组分室温硫化硅橡胶

由α,ω-端羟基聚二甲基硅氧烷为基料，配合其他助剂：增塑剂201甲基硅油、沉淀法白炭黑、纳米碳酸钙、硅烷偶联剂KH-550（γ-氨丙基三乙氧基硅烷）、交联剂正硅酸乙酯、催化剂辛酸亚锡等配，制备出脱醇型单组分室温硫化硅橡胶，其性能如表4-22所示。

表4-22 脱醇型单组分室温硫化硅橡胶的性能

状态	表干时间/min	拉伸强度/MPa	伸长率/%	硬度（邵尔A）
室温下放置7d	55	0.26	362.3	6
100℃烘1d+室温7d	55	0.27	460.2	8

从上表可知，该脱醇型RTV-1硅橡胶的表干时间较长，拉伸强度较低，属于低强度范畴的密封胶（低强度弹性硅酮密封胶的拉伸强度范围为0.1～1.4MPa）。该脱醇型RTV-1硅橡胶的耐高温性能比较好，100℃高温下对之进行老化，其拉伸强度几乎没有影响。

交联剂的用量对脱醇型RTV-1硅橡胶的性能有很大的影响，如表4-23所示。

表4-23 交联剂的用量对脱醇型RTV-1硅橡胶性能的影响

交联剂量/g（100g基料）	拉伸强度/MPa	伸长率/%
2.42	0.26	362.3
2.79	0.44	328.4
2.93	0.39	314.2
3.52	0.32	298.6
3.72	0.28	276.3

随交联剂用量的增加，硅橡胶的拉伸强度升高；当交联剂用量为2.79g时，拉伸强度达到最大值0.44MPa；之后又出现下滑趋势。分析认为：加入交联剂后，交联剂与硅橡胶大分子链发生交联反应，交联剂作为大分子链的交联点，交联剂增加时会使硅橡胶分子链的交联点密度提高，从而使硅橡胶分子形成较好的三维网状结构，具有好的拉伸强度。但交联剂用量太多时，会使得硅橡胶分子链与交联剂的联结点密度增大，分子链受限，使得硅橡胶的

柔顺性下降，表现为硅橡胶的弹性下降。此时受外力作用时，由于硅橡胶内部应力分布不均，会出现应力集中，拉伸时易出现破坏，从而导致硅橡胶的拉伸强度下降。

交联剂的品种对脱醇型 RTV-1 硅橡胶性能的影响，新型六官能度硅氧烷交联剂与一般常用的甲基三甲氧基硅氧烷（MTMS）的性能来对比，结果如表 4-24 所示。

表 4-24 新型交联剂与 MTMS 性能比较

交联剂类型	基料/份	交联剂/份	表干时间/min	拉伸强度/MPa	伸长率/%
新型号交联剂	100	4.00	120	2.73	175
MTMS	100	4.07	204	1.52	480

表 4-24 中，二种交联剂的烷氧基含量为等当量。在同样的条件下，新型六官能度硅氧烷作为交联剂时，得到的硅橡胶的拉伸强度得到了很大的提高，是普通 MTMS 交联剂的 1.8 倍，强度提高近 80%，效果明显；同时表干时间也得到了较大的缩短。

交联剂类型和用量与脱醇型 RTV-1 硅橡胶性能有密切关系，随交联剂用量的增加，拉伸强度先升高后下降，本实验交联剂适宜用量为 2.79g。

新型六官能度硅氧烷交联剂——六官能度亚乙基硅氧烷，通过硅氢加成反应合成：在四口烧瓶中加入经计量的乙烯基三甲氧基硅烷和催化剂，在一定的温度下回流一段时间，然后慢慢加入三甲氧基氢硅烷，继续反应，再进行常、减压蒸馏，抽出未反应物，制得交联剂，并贮存于干燥器内。

硅橡胶的交联网络是由基胶与交联剂和交联剂本身交联两个部分所形成的。六官能度亚乙基硅氧烷交联剂，来改善硅橡胶的拓扑结构，交联点的分子结构有别于 MTMS 作为交联剂所得到的结构，此种交联剂的硫化性能与 MTMS 也有所不同，但硫化机理相同：末端缩合，湿气固化。同时这种交联剂分子的主链中不存在—Si—O—C—键的结合，有利于交联剂的稳定性以及硫化后硅橡胶的耐水解性能。

以新型六官能度硅氧烷交联剂作为交联剂的硅橡胶强度得到提高的原因在于：首先，新型六官能度硅氧烷的结构是 $(CH_3O)_3Si—CH_2CH_2—Si(OCH_3)_3$，每一个交联剂分子两端都有活性交联点，中间存在 $Si—CH_2CH_2—Si$ 结构，与 107 基胶交联时，在交联点之间，形成了长短链的结合，这一结构的引入使硅橡胶的网络结构更加完善，在网络结构受到外力作用时，短链有利于承担和重新分布应力，而长链则起到形变的作用。

其次，由于交联剂的量相对过量，在交联的硅橡胶网络结构中存在大量的由交联剂本身交联所产生的交联微区，形成了所谓的"内集中交联"，是硅橡胶获得高拉伸强度的一种有效方法。存在于硅橡胶网络中内集中交联微区形成了微观相分离结构，是硅橡胶力学性能得到增强的原因。新型六官能度硅氧烷与 MTMS 的不同之处在于，交联剂分子中存在 $Si—CH_2CH_2—Si$ 结构，这样使得交联剂本身交联时的交联点之间的距离也得到了增加；同时，$Si—CH_2CH_2—Si$ 的空间位阻较小，容易与 107 基胶的 $Si—O—Si$ 链发生相互缠结，这样使得形成的交联微区的分散均匀程度得到了增加，交联网络的结构更加趋向于完善。这也是硅橡胶力学强度得到增加的一个重要原因。

白炭黑填充量对脱醇型 RTV-1 硅橡胶力学性能的影响见表 4-25。

室温硫化液体硅橡胶仅与交联剂交联形成的弹性体力学性能较差，通常不能使用，因此需要加入补强填料以提高密封胶的力学性能。

从表 4-25 中可以看出，随着白炭黑添加量的增加，脱醇型 RTV-1 硅橡胶的拉伸强度不断提高。当白炭黑含量从 3.3g 增加到 25g 时，硅橡胶的拉伸强度从 0.14MPa 升至了 0.44MPa，

表 4-25　白炭黑填充脱醇型 RTV-1 硅橡胶的力学性能

白炭黑量/g(100g 基料)	拉伸强度/MPa	伸长率/%
3.3	0.14	429.8
10	0.26	362.3
15	0.28	276.3
25	0.44	328.4
30	0.28	406.0

提高了 214.3%，达到最大值，然后拉伸强度减小。白炭黑的分子链与硅橡胶大分子链相似且能与硅橡胶大分子链间形成氢键，因而可以吸附硅橡胶大分子链，形成物理吸附点。随着白炭黑添加量的增加，白炭黑与硅橡胶分子链的吸附点随之而增加，吸附作用也增强，硅橡胶的机械强度随之增强。白炭黑含量过多时，则会在硅橡胶中部分聚集，聚集的白炭黑与硅橡胶的吸附作用降低，使得增强效果下降，脆性增加，受到外力作用时，硅橡胶的拉伸强度呈现下滑趋势。

复合填料用量对脱醇型 RTV-1 硅橡胶力学性能的影响见表 4-26。

表 4-26　复合填料填充脱醇型 RTV-1 硅橡胶的力学性能

总填料量/g(100g 基料)	白炭黑/%	碳酸钙/%	拉伸强度/MPa	伸长率/%	硬度(邵尔 A)
15	100	0	0.28	276.3	8
25	100	0	0.39	433.6	8
25	40	60	0.26	362.3	6
30	83.3	16.7	0.44	328.4	11
30	100	0	0.28	406.0	6
40	8.25	91.75	0.14	429.8	6

从表 4-26 中可以看出，脱醇型 RTV-1 硅橡胶的力学性能不仅与填料的填充量有关，而且与填料的种类也有密切关系。随着填料总量的增加，硅橡胶的拉伸强度随之增大；达到一定程度后，脱醇型 RTV-1 硅橡胶的拉伸强度则随填料总量的增加而下降。在填料总量相同时，硅橡胶的拉伸强度则会随填料中自炭黑所占比例的增加而增大。白炭黑添加量为 25g，活性碳酸钙为 0g 时，硅橡胶的拉伸强度为 0.39MPa；白炭黑添加量为 10g，活性碳酸钙为 15g 时，硅橡胶的拉伸强度为 0.26MPa。其填料添加总量相同，由此可知白炭黑的填充增强效果比活性碳酸钙更好。这是因为白炭黑与碳酸钙在硅橡胶中的增强机理不同。白炭黑的分子结构与硅橡胶大分子的主链结构类似，其表面上含有大量的 Si—OH 基团能与硅橡胶分子链中的 Si—O 键形成氢键，白炭黑作为物理交联点，从而达到增强目的。而活性碳酸钙则是经硬脂酸处理过的轻质碳酸钙，活性碳酸钙在硅橡胶中分散后，其微粒表面的硬脂酸长链分子相互缠绕，形成疏松的粒子表面网络结构，从而对硅橡胶起补强作用。因此白炭黑的增强效果要比活性碳酸钙更好。

为了加快交联反应，通常都需加入催化剂。脱醇型 RTV-1 硅橡胶的硫化是从表面逐渐往深处进行的，催化剂辛酸亚锡的用量的多少直接决定硅橡胶硫化时间的长短，催化剂用量对脱醇型 RTV-1 硅橡胶力学性能的影响结果见 4-27。

表 4-27　催化剂用量对脱醇型 RTV-1 硅橡胶表干时间的影响

催化剂量/g(100g 基料)	0.5～0.9	1.0～1.2	＞1.4
表干时间	室温下 48h 为黏稠状	44～65min	催化剂加入后即固化

由表 4-27 可知，随着催化剂用量增加，脱醇型 RTV-1 硅橡胶的表干时间明显加快。当催化剂用量小于 1.0g 时，表干时间非常长；但大于 1.4g 时，又会立即固化。因此，催化剂用量控制在 1.0～1.2g 为宜。

4.3　双组分缩合型室温硫化硅橡胶

双组分缩合型室温硫化硅橡胶是最常见的一种室温硫化硅橡胶，其生胶通常也是羟基封端的聚硅氧烷，再与其他配合剂、交联剂、催化剂相结合组成胶料，这种胶料的黏度范围可从 100～1000000mPa·s。通常是将硅生胶、填料、交联剂作为一个组分包装，催化剂单独作为另一个组分包装，或采用其他的组合方式，但必须把催化剂和交链剂分开包装，其分装形式有三种：

分装形式	A组分	B组分
1	硅生胶、填料、交联剂	催化剂
2	硅生胶、填料	交联剂、催化剂
3	硅生胶、填料、交联剂	硅生胶、填料、催化剂

无论采用何种包装方式，只有当两种组分完全混合在一起时才开始发生含端羟基的硅橡胶与硫化剂之间发生脱醇缩合反应而形成交联结构，但其硫化反应不是靠空气中的水分，而是靠催化剂来进行引发。第 1 种是商品的主要包装形式，它可以通过改变催化剂的用量来控制固化速度，缺点是因催化剂用量少，使用时易造成用量误差；第 2 种也是常用配方，由于其 B 组分含有交联剂，量要比第一种方法大得多，使用时混配误差小；第 3 种包装形式主要是为了分成等质量的两个组分，以方便使用，适于无条件精细称量的施工现场，如建筑工地。

双组分室温硫化硅橡胶使用时，通常将两个组分经过计量进行混合，具有单组分橡胶所没有的特点，如生胶与交联剂不仅有多种配比，而且可简单添加多种添加剂，所以富于变化，一个品种可以得到多种牌号的制品，因为它的硫化不需要空气中的水分，所以硫化时缩合反应在内部和表面同时进行，能深度固化，不存在胶层厚度的限制。双组分缩合型室温硫化硅橡胶的硫化时间主要取决于催化剂和交联剂的类型、用量以及温度。一般催化剂用量越多，硫化速度越快，同时停放时间越短，反之则慢。在室温下，停放时间一般为几小时，若要延长胶料的停放时间，可用冷却的方法。此外，环境温度越高，硫化也越快；硫化时间无内应力，不收缩，不膨胀；交联剂用量较小，体系中多余的活性基团不多，所以固化后对异种材料具有极好的脱模性。而且硫化胶强度较高，可将其用于制模和制造模型制品。

双组分缩合型室温硫化硅橡胶在室温下要达到完全固化需要一天左右的时间，但在 150℃ 的温度下只需要 1h。通过使用促进剂 γ-氨基丙基三乙氧基硅烷进行协同效应可显著提高其固化速度。

它对其他材料无黏合性，与其他材料黏合时需采用表面处理剂作底涂。

4.3.1　基础胶

基础胶是双组分缩合型室温硫化硅橡胶的主体，主要为羟基封端的线型聚有机硅氧烷 $HO(MeRSiO)_n H$（R 为 Me、Ph、$CF_3CH_2CH_2$ 等；$n=100～1000$)，其黏度一般为 5000～1000000mPa·s 范围。

4.3.2 交联剂

交联剂是能将基胶固化而转化成三维网状结构、具有三个以上反应性官能团的硅烷或聚硅氧烷。

室温硫化硅橡胶使用的交联剂为带有 $-Si-OR$ 、 $-Si-H$ 和 $-Si-OH$ 的有机硅氧烷。在硅原子上连有酰氧基的有机硅氧烷有正硅乙酯、聚硅氧烷、甲氧基硅氧烷、乙氧基硅氧烷等。在硅原子上含有氢原子的烷基硅烷交联剂（如甲基二乙氧基硅烷或三氧基硅烷）最有效。 $-Si-OH$ 型硫化剂主要有三甲基硅氧烷和二氧化硅的水解产物。

最常使用的交联剂是正硅酸乙酯（丙酯）、甲基三乙氧基硅烷、苯基三乙氧基硅烷、苯基三甲氧基硅烷以及它们的低聚物和它们的部分水解产物，用量为 $2\%\sim10\%$ 。

带有取代基烷基的三烷氧基硅烷可以作交联剂使用，其通式为 $R'Si(OH)_3$ 。其中 R' 为取代基，例如氨丙基（$H_2NCH_2-CH_2CH_2$）、巯基丙基（$HSCH_2CH_2CH_2$）、γ-缩水甘油氧化丙基 $\overset{[CH_2-CHCH_2O(CH_2)_3]}{\underset{O}{}}$ ；OR 为烷氧基，例如甲氧基（$-OCH_3$）、乙氧基（$-OC_2H_5$）、丙氧基（$-OC_3H_7$）。这些有机硅氧烷常用作偶联剂，是表面处理剂的主要组分。在密封胶中与常用的交联剂并用，可提高硫化速度、内聚强度和对特定材料的粘接力。

在实际配合中，交联剂有时是多种类型官能团并用，还要考虑不同官能度的烷氧基硅烷的相对比例，以满足不同的要求。

双组分缩合型室温硫化硅橡胶的硫化是由生胶的羟基在催化剂作用下与交联剂的缩合反应而生成硅氧键，根据交联剂的不同，主要可分为脱乙醇缩合硫化、脱氢缩合硫化、脱水缩合硫化和脱羟胺缩合硫化等。

(1) 脱醇型 脱醇型双组分缩合型室温硫化硅橡胶的交联剂最常用、最主要的是正硅酸乙酯或其部分水解物（聚正硅酸乙酯）。另外，甲基三乙氧基硅烷或其部分水解物、烷氧基钛化合物 $[Ti(OR)_4]$（R 为烷基）、通式为 $[Si(OR)_4]$（R 为 Et、Pr、Bu 等烷基）的烷氧基硅烷也可使用。在硫化过程中，生成的醇类物质逐渐从硫化胶中扩散逸出。

(2) 脱羟胺型 脱羟胺型双组分缩合型室温硫化硅橡胶的交联剂主要为含 2 个或大于 2 个氨氧基（R_2NO）的环状或线型低聚硅氧烷，如多官能性含二乙氨氧基的硅烷或硅氧烷。其品种结构如下：

$$CH_3Si\left(ON\overset{C_2H_5}{\underset{C_2H_5}{}}\right)_3 \qquad C_6H_5Si\left(ON\overset{C_2H_5}{\underset{C_2H_5}{}}\right)_3$$

$$CH_3-(\underset{CH_3}{\overset{CH_3}{SiO}})_2-(\underset{O}{\overset{CH_3}{SiO}})_5-Si(CH_3)_3 \qquad [(\underset{CH_3}{\overset{CH_3}{SiO}})_1-(\underset{ON(C_2H_5)_2}{\overset{CH_3}{SiO}})_3]$$
$$\underset{N(C_2H_5)_2}{}$$

含 2 个 R_2NO 的硅氧烷赋予双组分缩合型室温硫化硅橡胶低模量及高伸长率的特性，含 2 个 R_2NO 的硅氧烷起交联剂的作用。用于配制室温硫化硅橡胶时，反应中副产物二乙基羟胺有自催化性，不需要再加催化剂。

(3) 脱氢型 脱氢型双组分缩合型室温硫化硅橡胶的交联剂含硅氢键的低聚硅氧烷油（含氢硅油）。最常用的甲基含氢硅油，其分子结构可表示如下：

$$
Me_3SiO{-}\underset{\underset{Me}{|}}{\overset{\overset{Me}{|}}{(SiO}}{)_x}\underset{\underset{Me}{|}}{\overset{\overset{H}{|}}{(SiO}}{)_y}SiMe_3
$$

$$
HMe_2SiO{-}\underset{\underset{Me}{|}}{\overset{\overset{Me}{|}}{(SiO}}{)_x}\underset{\underset{Me}{|}}{\overset{\overset{H}{|}}{(SiO}}{)_y}SiMe_2H
$$

（4）脱水型 脱水型双组分缩合型室温硫化硅橡胶的交联剂为多羟基的硅氧烷共聚物，是补强成分 MQ 型硅树脂中残存 Si—OH 基参与缩合交联的一种反应形式。它可由 Me_3SiCl、$SiCl_4$[或 $Si(OEt)_4$]、Me_2SiCl_2[$Me_2Si(OEt)_2$]共水解缩合而制得的含 Si—OH 的 MQ 型硅氧烷。反应示意如下：

$$
Me_3SiCl + Me_2SiCl_2 + Si(OEt)_4 \xrightarrow{H_2O}
$$

4.3.3 填料

双组分缩合型室温硫化硅橡胶的补强填料主要使用气相法或沉淀法白炭黑（包括亲水型或憎水型），轻质碳酸钙，炭黑及气相法二氧化钛等。增量填料主要使用硅藻土、石英粉、重质碳酸钙、钛白粉、氧化锌及氧化铁等。

用于配制双组分 RTV 硅橡胶时，对硫化后弹性体的电性能影响也较大，也可采取预先对白炭黑高温处理的方法改善电性能。

4.3.4 催化剂

缩合型双组分室温硫化硅橡胶常用的催化剂是引发或促进 $HO(MeRSiO)_n H$ 与交联剂起先缩合反应的成分，主要是有机锡化合物（如二月桂酸二丁基锡、二月桂酸二辛基锡、二乙酸二丁基锡、二乙酸二辛基锡、辛酸亚锡、异辛酸亚锡、顺丁烯二酸单辛酸二辛基锡、顺丁烯二酸单丁酯二丁基锡、二丁基二异辛酸锡、2-乙基己酸亚锡等）、有机钛、胺类、铂化合物及其配合物等。其中辛酸亚锡毒性较低，适合快速室温硫化。硬脂酸铁和辛酸钴也常用。

不同锡化合物，其催化活性不同，对于常用的 $R_2Sn(OCOR^1)_2$，其催化活性随 R、R^1 中碳原子数的减少而提高，故 $Et_2Sn(OAc)_2$ 的活性较高，见表 4-28。

表 4-28 不同有机锡化合物的催化活性

催化剂	反应速度常数 $k/(10^{-2} mol/min)$
$Et_2Sn(OAc)_2$	7.9
$Bu_2Sn(OAc)_2$	5.8
$(C_8H_{17})_2Sn(OAc)_2$	6.2
$Bu_2Sn(OCOC_{11}H_{23})_2$	2.2
$(C_8H_{17})_2Sn(OCOC_{11}H_{23})_2$	2.8

在实际应用中，根据所需最终产品的性质加入适当的填充剂和添加剂，通过选用不同种类的催化剂和用量（0.01%～3%），可改变硫化速度，可使胶料从几分钟到几天实现固化。

催化剂的用量一般为硅氧烷的0.5%～5%。最常用的催化剂是二丁基二月桂酸锡，一般用量1～5份。

有机胺硫化剂有二正丁胺、三乙醇胺等。碳酸铵、四甲基氢氧化铵也可作催化剂。

催化剂中残留的游离酸会使密封胶腐蚀被黏的金属材料，可通过精制或与交联剂回流反应降低游离酸值。其水分含量应控制在0.5%以下。

双组分硅橡胶密封胶的硫化速度受空气湿度和环境温度的影响，但是影响硫化速度的主要因素是催化剂的性质和用量。胺类可作为助催化剂而加速它的硫化，如表4-29所示。

表 4-29　胺类对硫化速度的影响

胺类	表面不黏手时间/min
参照	420
γ-氨丙基三乙氧基硅烷(KH-550)	40
丁胺	40
己胺	40
苯胺	420
二乙胺	45
二乙醇胺	115
二甲基环三硅氮烷	100
三丁胺	240
三乙胺	270
三乙醇胺	150
吡啶	420

胶料配方（质量份）：二甲基室温硫化硅橡胶100；$(C_4H_9)_2Sn(OCOC_{11}H_{23})$ 0.4；$Si(OC_2H_5)_4$ 3；胺类0.55。
硫化条件：25℃×相对湿度（70±5）%。

近年来，许多国家由于二丁基二月桂酸锡属于中等毒性级别的物质，在食品袋和血浆袋中禁止加入二丁基锡，基本上已被低毒的辛基亚锡所取代。但如果直接使用辛基亚锡会引起铜、镁合金等金属腐蚀，将正硅酸乙酯与辛基亚锡按3∶1（质量比）混合，并在160～166℃下回流2h可得到棕褐色透明液体（简称3#硫化剂），硫化胶与铜接触存放1年未发现腐蚀。

4.3.5　添加剂

缩合型双组分室温硫化硅橡胶的添加剂主要包括增塑剂（即稀释剂，如二甲基硅油、MTQ硅油等）、硫化促进剂、颜料、增黏剂、触变剂、耐热添加剂、防霉剂等。

4.3.6　加工

4.3.6.1　缩合型双组分室温硫化硅橡胶的制备工艺过程

缩合型双组分室温硫化硅橡胶产品必须把催化剂和交联剂分开包装，其制备过程包括A组分和B组分的制备。

A组分的制备：在大规模的实际生产过程中，有几种设备可供选择，制备A组分可采用真空捏合机、行星搅拌机和高速分散混合机，双螺杆挤出机。分别使用了上述几种设备进行胶料的试制工作，发现使用双螺杆挤出机的制备工艺在生产效率、产品质量和稳定性等方面具有显著特点。

通常是将基础胶料（107 室温硫化硅橡胶），主要补强填料和增量填料等在上述设备中进行混合分散，经过抽真空脱泡后密封保存在 200L 或 25L 等容器中经检验后作为产品使用。

B 组分的制备：B 组分的生产设备也可以采用上述几种分散、搅拌和混合设备，由于其生产和使用量仅仅是 A 组分的 1/12 左右，从操作简便性、操作弹性以及稳定性方面考虑，真空高速分散混合机是最好的选择。

通常是将部分基础胶料（107 室温硫化硅橡胶），交联剂、催化剂、增黏剂、色母料，增稠填料（气相二氧化硅）等在上述设备中进行混合分散，经过抽真空脱泡后密封保存在 25L 等密封容器中经检验后作为产品使用。

在使用时通常是将相互匹配的 A、B 两个组分放在专用打胶机上进行现场混合。

4.3.6.2 双组分室温硫化硅橡胶使用方法

双组分室温硫化硅橡胶宜贮存在阴凉干燥处，避免阳光直晒，贮存时间如超过 4 个月，应进行检验，性能不变方可继续使用。

(1) 催化剂的加入　在液体或中等稠度的室温硫化硅橡胶胶料中加入催化剂，用手工搅拌使之分散，待混合均匀后，将胶料置于密闭容器中抽真空，在 0.67～2.67kPa 下维持 3～5min，以排除气泡。当使用稠厚级橡胶时，可采用炼胶机、捏合机或调浆机将催化剂混入胶料。催化剂可用称量法或容量法量取。由于催化剂用量一般只有 0.5～5 份，因此应注意混合均匀。室温硫化型硅橡胶混入催化剂后即逐渐交联而固化，因此应根据需要量配制。如有剩余，可存放于低温处（如冰箱中），延长使用时间。

(2) 织物的涂覆　室温硫化硅橡胶可按下列方法加入催化剂，用涂胶或压延的方法涂覆在各种织物上，不必用溶剂稀释制成胶浆。

涂胶时催化剂的加入方法有：①在涂胶之前加入胶料中；②加在涂胶织物的另一面，让催化剂渗过布层使橡胶交联；③在涂胶之前加在织物要涂胶的面上。第一种方法限定操作时间必须在胶料适用期内，否则将固化而不能应用；后两种方法操作时间不受胶料适用期的限制。

(3) 胶料的溶解　可用普通芳香族溶剂，如甲苯或二甲苯来溶解胶料，制备成室温硫化二甲基硅橡胶胶浆。

这种胶浆可用普遍浸渍法浸涂到织物上。

(4) 黏合　室温硫化型硅橡胶可制成胶黏剂，用来黏结各种材料。当用于各种硫化的硅橡胶及其与金属或非金属（如玻璃、玻璃钢、聚乙烯、聚酯等）之间的黏合时，胶黏剂由甲、乙两组分配制而成。甲组分为含有适量补强填充剂、少量钛白粉和氧化铁的糊状室温硫化型硅橡胶，乙组分为硫化体系，由多种硫化剂（正硅酸乙酯、钛酸丁酯等）和催化剂（二丁基二月桂酸锡等）组成。使用前将两组分按质量比 9：1 充分混合均匀即成。该胶黏剂的活性期为 40min（20℃，相对湿度为 65%）。如欲延长活性期，可减小催化剂用量，但用量不得小于 1 份，否则黏合性变差。催化剂用量过多，会导致硫化胶耐热性能降低。

黏合工艺在常温下加压或不加压完成。被黏合物表面应去除污垢，并用丙酮或甲苯等清洗；然后在金属或非金属表面先涂上一层表面处理剂，在室温下干燥 1～2h（具体时间应视当时的温度和湿度而定）后，即可涂胶黏剂进行黏合。采用表面处理剂处理的表面，在 1 周内涂胶时不影响黏合效果。

(5) 硫化　双组分室温硫化硅橡胶的硫化是靠加入液体催化剂来实现的。固化时间随硫化剂和催化剂的用量而变，从十几分钟到24h；升高或降低温度也可缩短或延长固化时间。

室温硫化型硅橡胶制品一般不需要在烘箱内进行二段硫化，但由于硫化过程中会产生微量挥发性物质（如乙醇），当厚制品硫化时挥发性物质不易逸出，为此可采用多次硫化法，即每次浇注或填充10～15mm厚度，待失去流动性后放置30min，再继续浇注或填充。若厚制品的使用温度高于150℃时，最好在室温硫化后再经100℃热处理，以驱除挥发性物质，提高制品的耐热性。

4.3.6.3 缩合型双组分室温硫化硅橡胶的硫化机理

缩合型双组分室温硫化硅橡胶的硫化过程是在催化剂存在下，基础聚合物分子链末端的羟基与交联剂分子中的可水解性基团的缩合交联反应。

（1）脱醇型 脱醇型缩合型双组分室温硫化硅橡胶的硫化过程是在催化剂存在下，α,ω-二羟基聚二甲基硅氧烷与正硅酸乙酯［$Si(OEt)_4$］室温下发生缩合交联反应，脱除小分子副产物乙醇，得到三维网状交联结构弹性体，交联反应示意如下：

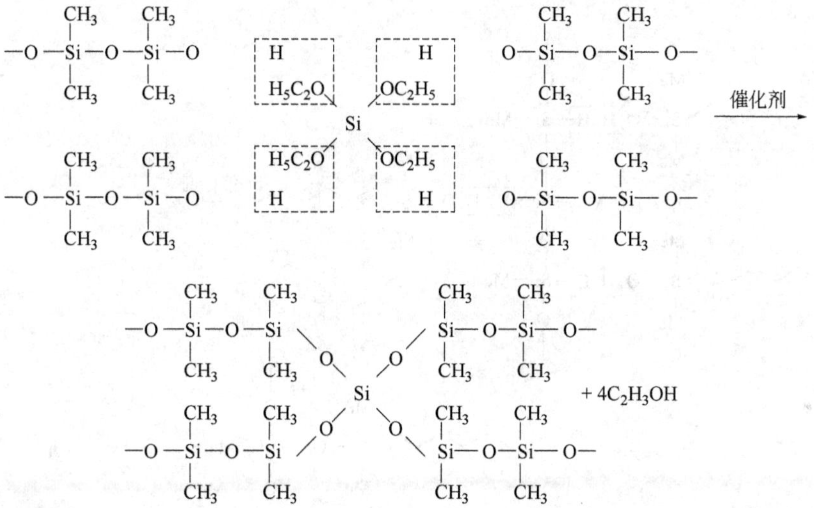

由于交联反应过程中脱出小分子副产物乙醇，所以称此类缩合型双组分室温硫化硅橡胶为脱醇型的。

（2）脱羟胺型 脱羟胺型缩合型双组分室温硫化硅橡胶的硫化过程是在催化剂存在下，也可不使用催化剂，α,ω-二羟基聚二甲基硅氧烷与含胺氧基的环硅氧烷或线型低聚硅氧烷室温下发生缩合交联反应，脱除小分子副产物羟胺，生成三维网状交联结构弹性体，交联反应示意如下：

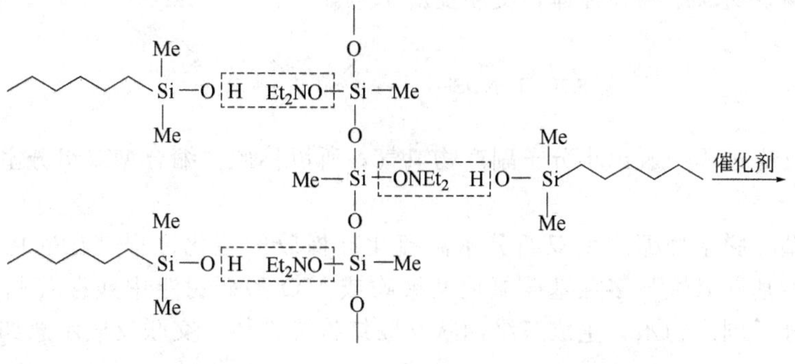

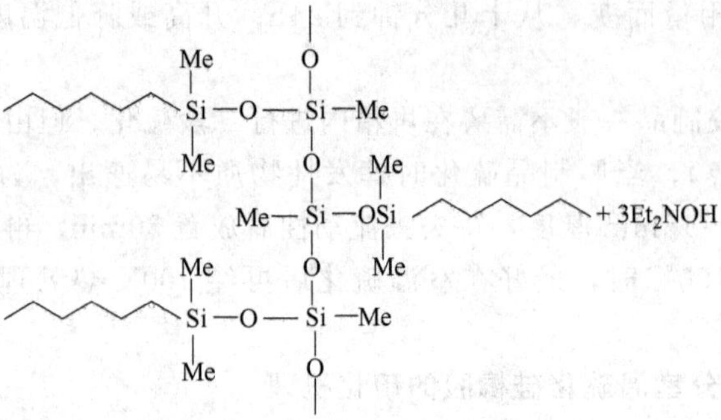

$+ 3Et_2NOH$

由于交联反应过程中脱出小分子副产物羟胺，所以称此类缩合型双组分室温硫化硅橡胶为脱羟胺型的。反应中，由于析出二乙基羟胺的自催化性，不需要添加催化剂。

（3）脱氢型　脱氢型缩合型双组分室温硫化硅橡胶的硫化过程是在有机锡或铂配合物催化剂存在下，α,ω-二羟基聚二甲基硅氧烷与含氢硅油发生缩合交联发泡反应，脱除小分子副产物氢气，生成三维网状交联结构弹性体，交联反应示意如下：

催化剂

$+ 3H_2\uparrow$

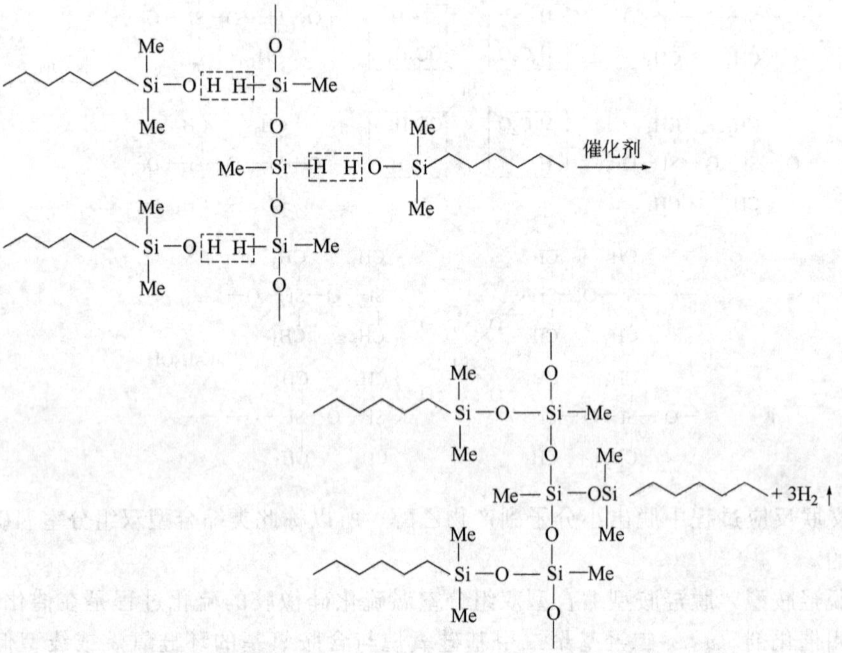

含氢硅油与含二乙胺氧的硅氧烷自催化下的缩合交联发泡反应，也脱除小分子副产物氢气，生成三维网状交联结构弹性体，交联反应示意如下：

$$\text{—SiH} + R_2\text{NOSi—} \longrightarrow \text{—SiOSi—} + H_2\uparrow$$

由于交联反应过程中脱出小分子副产物氢气，所以称此类缩合型双组分室温硫化硅橡胶为脱氢型的。

（4）脱水型　脱水型缩合型双组分室温硫化硅橡胶的硫化过程是在催化剂存在下，α,ω-二羟基聚二甲基硅氧烷与多羟基硅氧烷共聚物或 MQ 型硅树脂中残存羟基发生缩合交联反应，脱除小分子副产物水，生成三维网状交联结构弹性体，交联反应示意如下：

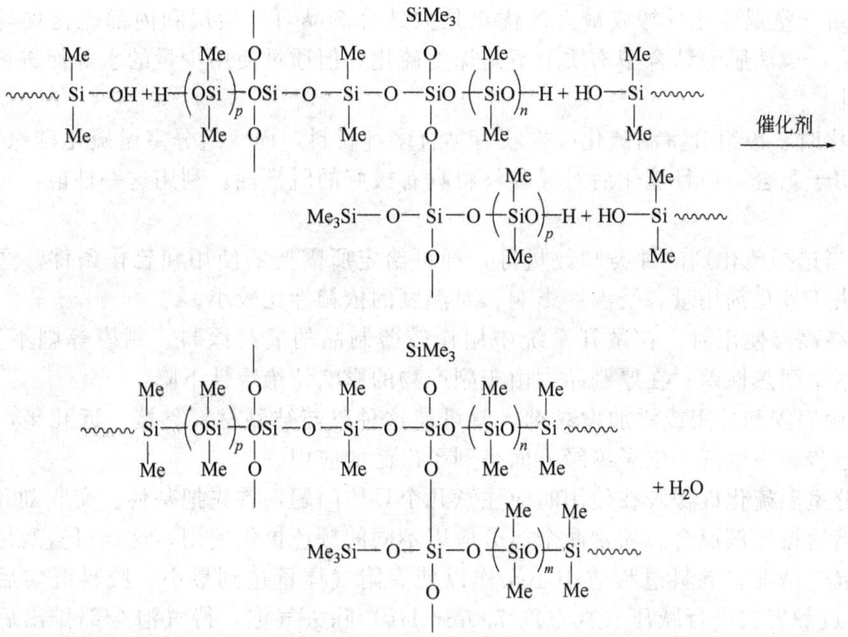

$$—SiOH + HOSi— \xrightarrow{\text{催化剂}} —SiOSi— + H_2O$$

（交联反应结构式，脱水型缩合反应，脱出 H_2O）

由于交联反应过程中脱出小分子副产物水，所以称此类缩合型双组分室温硫化硅橡胶为脱水型的。

4.3.7 各种双组分室温硫化硅橡胶的配方和特点

缩合型双组分室温硫化硅橡胶的典型配方见表 4-30。

表 4-30 双组分室温硫化硅橡胶的典型配方

类型	用量/质量份	脱醇型	脱羟胺型		脱水型	脱氢型
107胶	用量	100	100		100	100
填料	品种	气相法 SiO_2	$CaCO_3$		—	沉淀法 SiO_2
	用量	20	100		—	15
交联剂	品种	$Si(OEt)_4$	$[MeVi(Et_2NO)Si]_2O$	$[Me(Et_2NO)SiO]_4$	多羟基硅氧烷共聚物	甲基含氢硅油
	用量	3	6	2	20	10
催化剂	品种	二辛酸二丁基锡	—	—	二月桂酸二丁基锡	2%氯铂酸-异丙醇溶液
	用量	0.1	—	—	0.1	0.5

脱醇缩合是目前最常用的一种缩合方法，这样制得的硅橡胶，强度一般为 $30\sim40\text{kgf/cm}^2$。

脱水缩合型常用胺或季铵盐作催化剂。早期的脱水缩合型室温硫化硅橡胶与树脂一起作透明材料，现已逐渐被加成型室温硫化硅橡胶所取代。

脱氢缩合型反应常用有机锡作催化剂，HSi— 常采用聚甲基氢硅氧烷。催化剂活性大的辛酸锡 9min 内即可固化。脱氢缩合反应由于反应时放出氢气，因此，可用作发泡剂制造室温硫化泡沫硅橡胶。

双组分缩合型室温硫化硅橡胶的特点：

① 双组分室温硫化硅橡胶最大的优点是大部分产品可以表层和内部硫化均匀，也就是能深度硫化。虽然脱醇结合型本质上不是深度硫化，但通过使用少量的水等促进剂，即可使其深度硫化。

② 硫化时，单组分室温硫化硅橡胶可黏合多种材料，而双组分室温硫化硅橡胶却相反，不仅不能用于黏合，而且硫化后对异种材料具有极好的脱模性。利用这一性能，可将其用于制模。

③ 适当选择硫化剂的种类和数量等，即可给定所需要的使用和硫化条件。适用期、硫化速度取决于催化剂用量，受温度影响、对温度的依赖性比较小。

④ 黏在高温使用时、在敞开系统中用作较薄制品的灌封涂料、制模等则不受此限制；在密封体系中耐热性差；在厚制品中由于副产物的影响使绝缘性下降。

⑤ 使用底胶和并用或添加增黏剂，就可使这种胶与被黏材料黏接。近几年，特别是自黏技术的进步，在电气、电子绝缘方面得到了广泛的应用。

双组分室温硫化硅橡胶在使用时应注意几个具体问题：首先把基料、交联刘和催化剂分别称量，然后按比例混合。通常两个组分应以不同的颜色提供使用，这样可直观地观察到两种组分的混合情况，混料过程应小心操作以使夹附气体量达到最小。胶料混匀后（颜色均匀），可通过静置或进行减压（真空度 700mmHg）除去气泡，待气泡全部排出后，在室温下或在规定温度下放置一定时间即硫化成硅橡胶。

有时考虑到作业的方便，可在基料里加入稀释剂使其黏度下降，稀释剂通常是低黏度的甲基硅油，加入量一般不超过 20%，否则会使产品性能下降；也可用一甲基三乙氧基硅烷或一甲基三乙氧基硅烷的低聚体作稀释剂。

催化剂二丁基二月桂酸锡有时含有游离的有机酸，能引起腐蚀作用，可采用回流的方法使之除去。如取正硅酸乙酯 100g，加二丁基二月桂酸锡 10g，加热至 140℃左右回流 2h 便得到无腐蚀性催化剂。

双组分缩合型室温硫化硅橡胶的正常使用温度可达 250℃，但在使用不当时，会大大降低它的耐热性，甚至可能耐 125℃，这是由于在缩合过程中放出的乙醇蒸气将硫化胶降解所致。因此，在使用室温胶进行灌封时，如很快将灌封件密封起来或者灌封深度大，透气面积小，短时间内硫化反应放出的乙醇扩散不完，这样就会使得在深层的室温胶硫化不完全，在高温时硫化胶就会变软、发黏。因此，灌封的部件在脱模后，需在室温下放置 2～3 天再封进外壳，或在烘箱中于 60～100℃下加热几小时。

双组分室温硫化硅橡胶可在 −65～250℃温度范围内长期保持弹性，并具有优良的电气性能和化学稳定性，能耐水、耐臭氧、耐气候老化，加之用法简单，工艺适用性强，因此，广泛用作灌封和制模材料。各种电子、电气元件用室温硫化硅橡胶涂覆、灌封后，可起到防潮、防腐、防震等保持作用。可以提高性能和稳定参数。双组分室温硫化硅橡胶特别适宜于作深层灌封材料并具有较快的硫化时间，这一点是优于单组分室温硫化硅橡胶之处。

下面介绍一下 RTV 硅橡胶应用于制造模具和电气绝缘时应注意的几个技术问题：

① 为使已硫化的 RTV 硅橡胶具有脱模作用，要尽量使其表面充分硫化。也即从原型脱模后，敞开着，特别是缩合型橡胶，需在适当湿度下进行 25℃、16h 或 100℃、2h 左右的后硫化。对缩合型来说，烷氧基官能团低于 0.003mol/100g，脱模耐久性就高。特别是在环氧树脂的制模方面 RTV 阴模的脱模寿命显著受到影响。图 4-8 和图 4-9 所示为 RTV 的温度和湿度对硫化速度的影响。

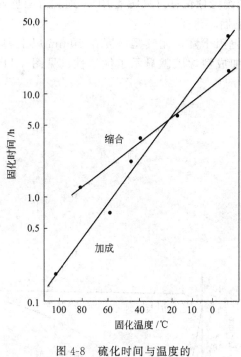

图 4-8 硫化时间与温度的
关系（双组分）

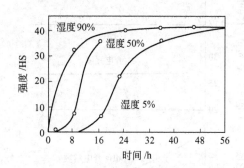

图 4-9 硫化时间与湿度的关系
（脱醇缩合的双组分）

② RTV 阴模不可连续使用，在使用过程中，要停用一天，以恢复其脱模性能。这样，脱模的次数就能增加。

③ RTV 橡胶辊也一样，脱模后在室温下敞开硫化和在 150～200℃下进行数小时后硫化，剥离寿命即可延长。另外，不但能降低压缩永久变形，而且也能减少由夹压而引起的变形。

RTV 硅橡胶的老缺点是强度低，特别是撕裂强度低。近几年来，一直在设法提高其撕裂强度和脱模的耐久性，研制成了抗撕裂强度为原来 10 倍的制品，而且可以制作形状更为复杂的模具。制模、脱模用 RTV 硅橡胶的物性见表 4-31。

表 4-31 制模、脱模用 RTV 硅橡胶的物性

RTV 物性	一般强度		高强度		
	缩合型制模用	缩合型制辊用	缩合型	加成型	加成型
黏度/P[①]	120	100	800	1000	1500
相对密度(25℃)	1.18	1.45	1.11	1.11	1.23
适用期(h,25℃)	0.7	1.5	1.5	2.0	2.0
硬度	45	60	30	40	60[②]
拉伸强度/(kgf/cm²)	25	45	40	45	60[②]
伸长率/%	190	160	350	300	200[②]
撕裂强度/(kgf/cm²)	3	3	20	15	17[②]
线收缩率/%	0.3	0.2	0.5	0.1	—
压缩永久变形/%	100	35	—	—	—

① 1P=0.1Pa·s。

② 为 25℃ 1 天＋100℃ 1h，压缩永久变形为 180℃ 22h。

注：25℃三天硫化。

④ 电气绝缘。RTV 硅橡胶在宽的使用范围内绝缘性优良（见图 4-10），而且有阻燃性。缩合型、加成型虽可一起使用，但要有效地利用它们。

在硫化过程中，由于缩合型副产醇，会引起电阻下降，尤其是深度在 50mm 以上和密封的情况下，需等醇散发出去。在这种情况下，加成型橡胶就显示了优越性（见图 4-11），且在高温下返原性也好。

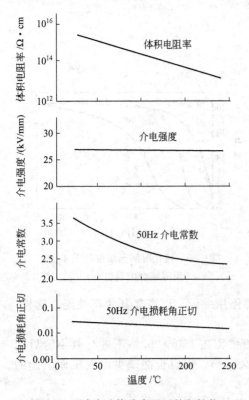

图 4-10   液态硅橡胶高温下的电性能

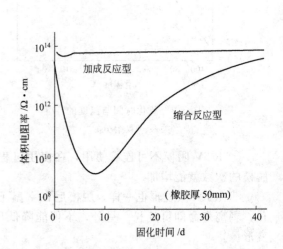

图 4-11   硫化过程中的电绝缘性能

双组分缩合型 RTV 的主要产品类型和特性：双组分室温硫化硅橡胶硅氧烷主链上的侧基除甲基外，可以用其他基团如苯基、三氟丙基、氟乙基等所取代，以提高其耐低温、耐热、耐辐射或耐溶剂等性能。同时，根据需要还可加入耐热、阻燃、导热和导电性能的硅橡胶。

① 甲基室温硫化硅橡胶。甲基室温硫化硅橡胶是羟基封端的聚二甲基硅氧烷，其结构式如下：

$$
\begin{array}{ccccc}
& CH_3 & & CH_3 & & CH_3 \\
& | & & | & & | \\
HO\!-\!\!Si\!-\!O\!-\!\!&Si\!-\!O\!\!&\!\!-\!\!Si\!-\!OH \\
& | & & | & & | \\
& CH_3 & & CH_3 & & CH_3
\end{array}
$$

硫化配方：

107 甲基室温硫化硅橡胶	100 份
正硅酸乙酯	3～5 份
二丁基二月桂酸锡	1～2 份

甲基室温硫化硅橡胶的性能见表 4-32。

表 4-32 甲基室温硫化硅橡胶的性能

指标		型号	SD-33	SDL-1-41	SDL-1-35	SDL-1-43	SDB-41	106[①]	107
硫化前	外观		乳白色流动液体	乳白色流动液体	白色流动液体	白色流动液体	红褐色流动液体	白色	无色至淡黄色透明黏稠液体
	黏度(25℃)/mPa·s		2500~3500	6000~12000	5000~10000	20000~30000	10000~15000	分子量3万~6万	分子量3万~6万
	挥发分(150℃,常压,3h)		1	1	2	2	2	1	1
硫化后	硬度(邵尔 A)	≥	20	30	30	35	60	30~40	
	拉伸强度/(kgf/cm²)	≥	4	11	11	25	40	15~20	
	伸长率/%	≥	100	150	150	120	100	100~250	
	介电常数(10⁶ Hz)	≤	3.0	3.0	3.5	3.5	3.5~3.7	2.7~3.3	2.7~3.3
	介电损耗角正切(10⁶ Hz)	≤	8×10^{-4}	3×10^{-3}	5×10^{-3}	5×10^{-3}	3×10^{2}		
	体积电阻率/Ω·cm	≥	1×10^{14}	1×10^{14}	1×10^{14}	1×10^{13}	1×10^{14}	1×10^{14}	1×10^{14}
	介电强度/(kV/mm)	≥	15	17	17	17	15	15~20	15~20
脆性温度/℃		<	−70	−70	−70	−70	−60		

① 106 为 107 胶加入 10~13 份沉淀法白炭黑,3 份气相法白炭黑和 3 份氧化锌混炼而得。

甲基室温硫化硅橡胶为通用硅橡胶的老品种,具有耐水、耐臭氧、耐电弧、耐电晕和耐气候老化等优点。它可在−60~200℃温度范围内使用。因此,广泛用作电子电气元件的灌注和密封材料,仪器仪表的防潮、防震,耐高低灌注和密封材料。也可用于制造模具,用于浇铸聚酯树脂、环氧树脂和低熔点合金零部件。也可用作齿科的印模材料。用甲基室温硫化硅橡胶涂布在棉布、纸袋上,可做成用于输送黏性物品的输送带和包装袋。SD-33、SDL-l-41产品可以用作医疗的整容材料;SDL-1-43 尤其适宜作耐烧蚀涂层。

② 甲基双苯基室温硫化硅橡胶。甲基双苯基室温硫化硅橡胶是由羟基封端的二苯基硅氧烷链节和二甲基硅氧烷链节组成的聚硅氧烷,其结构式如下:

$$\text{HO}-\underset{\underset{CH_3}{|}}{\overset{\overset{CH_3}{|}}{Si}}-\text{O}\left[\underset{\underset{CH_3}{|}}{\overset{\overset{CH_3}{|}}{Si}}-\text{O}\right]_n\left[\underset{\underset{C_6H_5}{|}}{\overset{\overset{C_6H_5}{|}}{Si}}-\text{O}\right]_m\underset{\underset{CH_3}{|}}{\overset{\overset{CH_3}{|}}{Si}}-\text{OH}$$

甲基双苯基室温硫化硅橡胶产品技术指标见表 4-33。

表 4-33 甲基双苯基室温硫化硅橡胶产品技术指标

指标	牌号	108-1	108-2
外观		透明到乳白色	流动液体
黏度(25℃)/mPa·s		2000~7000	3000~10000
挥发分(150℃×3 小时)/%	≤	4	6
苯基含量(摩尔分数)/%[C₆H₅/(CH₃+C₆H₅)]		2.5~5	10~20

国产 108-1、108-2 甲基二苯基室温硫化硅橡胶的硫化配方(表 4-34)及硫化后物理机械性能见表 4-35。

硫化配方:

表 4-34　108 甲基室温硫化硅橡胶硫化配方

108 甲基室温硫化硅橡胶	100 份
$2^{\#}$ SiO_2	35 份
氧化铁	5 份
二苯基硅二醇	3 份
正硅酸乙酯	6 份
二丁基二月桂酸锡	1.5～2 份

表 4-35　甲基二苯基室温硫化硅橡胶硫化后的物理机械性能

性能测试项目			108-1	108-2
热老化性能	常温	拉伸强度/(kgf/cm²)	38.4～45	44.6～50
		伸长率/%	130～184	132～184
		变形率/%	0	0
		硬度(邵尔 A)	50～55	45～54
	200℃×200h 后	拉伸强度/(kgf/cm²)	27.2～52.5	47.3～53.9
		伸长率/%	64～142	158～180
		变形率/%	0	0
		硬度(邵尔 A)	60～62	54～61
	300℃×24h 后	拉伸强度/(kgf/cm²)	27.3～42.7	40.6～48.3
		伸长率/%	117～163	137～180
		变形率/%	0	0
		硬度(邵尔 A)	56～57	52～59
电气性能	体积电阻率/Ω·cm		(3.16～7.82)×10¹⁴	(5.12～5.28)×10¹⁴
	介电常数		2.56～2.69	2.70～2.75
	介电损耗角正切		(6.02～6.05)×10³	(6.44～6.50)×10³
	介电强度/(kV/mm)		21.1～22.8	22.9～23.1
低温性能	脆性温度		−100℃	
辐照性能	经 2×10³ Rγ 射线辐照后	拉伸强度/(kgf/cm²)		32.1～35.2
		伸长率/%		75～98
		变形率/%		0
		硬度(邵尔 A)		55～59
烧蚀性能	乙炔比氧等于1(流量比),烧蚀率/(mm/s)			0.232

　　甲基双苯基室温硫化硅橡胶除具有甲基室温硫化硅橡胶的优良性能外,比甲基室温硫化硅橡胶具有更宽的使用温度范围 (−100～250℃)。苯基含量 $[C_6H_5/(CH_3+C_6H_5)]$ 在 2.5%～5% 的低苯基室温硫化硅橡胶 (108-1) 可在−120℃低温条件下保持弹性,是目前硅橡胶中低温性能最好的一个品种;苯基含量在 10%～20% 的室温胶 (108-2) 具有很好的耐辐照、耐烧蚀和自熄性,若在其中加入一定量的耐热添加剂如 801CT 可溶性有机硅铁等可提高热老化性能,适用于 250℃以上高温下使用或作耐烧蚀腻子涂层和包封材料等。

甲基双苯基室温胶与其他室温胶一样，可作浸渍、印模和脱模等使用。如欲增加与其他材料的黏着力，必须在使用该材料之前，对被黏着的材料进行表面处理，表面处理的步骤如下：先用丙酮溶剂对材料表面清洗 1～2 次，然后用表面处理剂处理 1～2 次，在 60℃烘箱内烘数分钟，此时在材料表面形成一层稍有黏手的膜。就可上胶。

表面处理剂配方：

硅烷偶联剂（KH-550 或南大-42）	10～15g
丙酮	90～85g
二丁基二月桂酸锡	0.1～0.15g

③ 甲基嵌段室温硫化硅橡胶。甲基嵌段室温硫化硅橡胶是甲基室温硫化硅橡胶的改性品种，它是由羟基封头的聚二甲基硅氧烷（107 胶）和甲基三乙氧基硅烷低聚物（分子量 3万～5 万）的共聚体。在二丁基二月桂酸锡的催化下，聚二甲基硅氧烷中的羟基和聚甲基三乙氧基硅烷中的乙氧基缩合生成三向结构的聚合体，经硫化后的弹性体比甲基室温硫化硅橡胶具有较高的机械强度和粘接力，可在 $-70～200℃$ 温度范围内长期使用。其技术性能见表4-36。

表 4-36 甲基嵌段室温硫化硅橡胶的性能

指标	牌号		103-1	103-2
硫化前	外观		无色透明或带乳白光稠厚流动液体	
	黏度（25℃）/cP		200～2000	2000～20000
	硫化时间（室温）/h	≤	24	24
硫化后物理性能	拉伸强度/(kgf/cm²)		≥20	≥25
	剥离强度/(kgf/cm²)		≥25	≥25
	伸长率/%		70～110	110～150
	硬度（邵尔 A）		45～60	40～55
	压缩变形/%		0	0
	介电常数（1MHz）		≤3	≤3
	介电损耗角正切（1MHz）		≤2.5×10⁻³	≤2.5×10⁻³
	体积电阻率/Ω·cm		≥1×10¹⁵	≥1×10¹⁵
	介电强度/(kV/mm)		15～25	15～25

甲基嵌段室温硫化硅橡胶具有防震、防潮、防水、透气、耐臭氧、耐气候老化、耐弱酸弱碱性能。它的电气绝缘性能很好，还具有很好的黏结性，而且成本低。因此，可广泛用于灌封、涂层、印模、脱模、释放药物载体等场合。用甲基嵌段室温胶灌封的电子元器件有防震、防潮、密封、绝缘、稳定各项参数等作用。把甲基嵌段室温胶直接涂布到 YD3-1655、YG-3-1 扬声器上，可减少和消除扬声器的中频各点，经硫化后 YD-3-1655 扬声器谐振频率性能可降低 20Hz 左右，在甲基嵌段室温胶中配合入一定量的添加剂后可用作纸张防黏剂。在食品工业的糖果、饼干传送带上涂上一层薄薄的甲基嵌段室温胶后，可改善帆布的防黏性能，从而改善了食品的外观，提高原料的利用率。

在甲基嵌段室温胶中加入适当的气相法白炭黑，可用于安装窗户玻璃、幕墙、窗框、预制板的接缝、机场跑道的伸缩缝。此外，还可作电子计算机存储器中磁芯和模板的胶黏剂，还可作导电硅橡胶和不导电硅橡胶的胶黏剂等。用甲基嵌段室温硫化硅橡胶处理织物可提高织物的手感、柔软和耐曲磨性。

④ 室温硫化腈硅橡胶。室温硫化腈硅橡胶是聚 β-腈乙基甲基硅氧烷，其结构式如下：

$$HO-\underset{\underset{CH_3}{|}}{\overset{\overset{CH_3}{|}}{Si}}-O-\left[\underset{\underset{CH_3}{|}}{\overset{\overset{CH_3}{|}}{Si}}-O\right]_m\left[\underset{\underset{CH_2CH_2CN}{|}}{\overset{\overset{CH_3}{|}}{Si}}-O\right]_n\underset{\underset{CH_3}{|}}{\overset{\overset{CH_3}{|}}{Si}}-OH$$

该聚合物在常温下是一种乳白色黏稠液体，分子里面氰基含量 20％～25％（摩尔分数）。当与白炭黑、二氧化钛等填料混合后，在正硅酸乙酯和二丁基二月桂酸锡作用下，在室温可硫化成弹性体。

室温硫化腈硅橡胶的性能见表 4-37。

表 4-37 室温硫化腈硅橡胶的性能

指标			牌号 706-1	706-2
硫化前	外观		乳白色	无色透明液体
	黏度(25℃)/cP		20000～30000	5000～12000
	相对密度(25℃)		1.26	约1.000
	挥发分(150℃×3h)/％		≤2	
硫化后物理性能	拉伸强度/(kgf/cm²) ≥		20	30
	伸长率/％ ≥		80～120	100
	硬度(邵尔 A)		40～50	40～70
	200℃×24h 热老化后	K_1	≥0.90	
		K_2	≥0.80	
	体积电阻率/Ω·cm		$1.01×10^{10}$	$1×10^{10}$
	介电常数(1MHz)		≤7.0	≥5
	介电损耗角正切(1MHz)		≤8.0×10⁻⁵	≤5×10⁻⁵
	介电强度/(kV/mm)		≥12	≥12
	耐 RP-1 煤油(常温×24h)	增重/％	≤10	
		增容/％	≤20	
	耐 YH-10 红油(常温×24h)	增重/％	≤10	≤10
		增容/％	≤15.0	≤15

室温硫化腈硅橡胶除具有硅橡胶的耐光、耐臭氧、耐潮、耐高低温和优良的电绝缘比能外，主要特点是耐非极性溶剂如耐脂肪族、芳香族溶剂的性能好，其耐油性能与普通耐油丁腈橡胶相接近．可用作油污染部件及耐油电子元件的密封注料灌。

⑤ 室温硫化氟硅橡胶。室温硫化氟硅橡胶是聚 γ-三氟丙基甲基硅氧烷．其结构式如下：

$$HO\left[\underset{\underset{CH_2CH_2CF_3}{|}}{\overset{\overset{CH_3}{|}}{Si}}-O\right]_n H \qquad (n=100～1000)$$

室温硫化氟硅橡胶的主要特点是具有耐燃料油，耐溶剂和高温抗降解性能，还具有良好的挤出性能。主要用于超音速飞机整体油箱的密封、嵌缝氟硅橡胶垫圈、垫片的料结固定；硅橡胶和氟硅橡胶的黏合，以及化学工程和一般工业上耐燃料油、耐溶剂部位的粘结。其性能见表 4-38。

表 4-38　室温硫化氟硅橡胶的性能

性能	拉伸强度/(kgf/cm²)	伸长率/%	永久变形/%	硬度(邵尔 A)
常温	27	250	0	45
200℃×12h 老化	10	50	3	28
200℃×12h(10#煤油)	变黏失去弹性			

⑥ 室温硫化亚苯基硅橡胶。室温硫化亚苯基硅橡胶是硅亚苯（联苯）基硅氧烷聚合物，其结构式如下：

$$HO-\underset{\underset{CH_3}{|}}{\overset{\overset{CH_3}{|}}{Si}}-C_6H_4-\underset{\underset{CH_3}{|}}{\overset{\overset{CH_3}{|}}{Si}}-O\left[\underset{\underset{CH_3}{|}}{\overset{\overset{CH_3}{|}}{Si}}-O\right]_y\left[\underset{\underset{C_6H_5}{|}}{\overset{\overset{C_6H_5}{|}}{Si}}-O\right]_x H$$

室温硫化亚苯基硅橡胶的突出优点是具有优异的耐高能射线性能。试验证明经受 1×10^9Rγ 射线或 1×10^{18} 中子/厘米² 的中子照射后，仍可保持橡胶弹性，比室温硫化甲基硅橡胶大 $10\sim15$ 倍，比室温硫化苯基硅橡胶大 $5\sim10$ 倍。

国产的耐辐照室温硫化亚苯基硅橡胶的性能如下：

外观	乳白色能塌陷的糊状物
拉伸强度/(kgf/cm²)	$40\sim50$
伸长率/%	$130\sim200$
硬度（邵尔 A）	$40\sim60$
永久变形/%	$0\sim5$
撕裂强度/(kgf/cm)	$6\sim15$
耐辐照 γ 射线	1×10^5R
中子	1×10^{18} 通量

室温硫化亚苯基硅橡胶可适用原子能工业、核动力装置以及宇宙飞行等方面作为耐高温、耐辐射的粘接密封材料以及电机的绝缘保护层等。

自补强室温硫化硅橡胶，其配料为室温胶，同时含有 $10\%\sim65\%$ 的有机单体和相应的催化剂（如叔丁基过氧化物）。在特定的条件下，含烯烃的有机单体在可硫化的聚硅氧烷液体的大分子上引发接枝，并发生链增长，于是在聚硅氧烷的基料中产生了补强效果甚佳的有机纤维作为补强填料，故称为自补强室温硫化硅橡胶。由于这种补强是基于化学键的作用，所以其拉伸强度，尤其是撕裂强度比一般室温硫化硅橡胶有大幅度提高。例如联邦德国瓦克（Waker）公司的产品 m-Polymer，按品级和型号不同，可提供邵尔硬度 $20\sim85$、拉伸强度 $25\sim90$kgf/cm²、伸长率 $250\%\sim560\%$、撕裂强度可达 80kgf/cm 的商品。再如美国斯塔夫-瓦克公司的 Silgan 双组分室温硫化硅橡胶的拉伸强度可达 105.46kgf/cm²，撕裂强度达 58.2kgf/cm，采用的有机单体有苯乙烯、丙烯酸酯、不饱和有机酸、腈、胺等。

参 考 文 献

[1] 章基凯. 精细化学品系列丛书之一：有机硅材料 [M]. 北京：中国物资出版社，1999.

[2] 黄文润. 加成型液体硅橡胶 [M]. 成都：四川科学技术出版社，2009.

[3] 马凤国，刘春霞. 脱醇型室温硫化导热硅橡胶的研究 [J]. 有机硅材料，2008，22（4）：218-220.

[4] 陈芳. 导热阻燃液体硅橡胶及其制备方法 [P]：CN101168620A. 2008-04- 30.

[5] Zho wenying, Wang Caifeng, An Qunli, et al. Thermal properties of heat conductive silic-one rubber filled with hybrid fillers [J]. Journal of Composite Materials，2008，42：173.

[6] 张洁，张园园，冯圣玉. 一种室温硫化导电硅橡胶及其制备方法 [P]：CN101787212A. 2010-07-28.

[7] Li Zhou, Tang Wangxiong, Pan Huiming. Preparation and optimum formulation of RTV electrocoductive silicone rubber [J]. Journal of Functional Materials，2005，36（6）：965-970.

[8] 贾付云，柴莹. 一种热固化现场成型高导电硅橡胶组合物及其应用 [P]：CN101624471A. 2010-01-13.

[9] 杨忠文，吴轩. 单组分室温硫化氟硅橡胶胶粘剂/密封剂的研究 [J]. 中国胶粘剂，2007，16（10）：23-26.

[10] Takao Matsusshita, Yasumichi Shigehisa. Oil-resistant silicone rubber composition [P]：US 5378742. 1995-01-03.

[11] Mikio Shiono, Makoto Saitoo. FIPG fluoroelastomerr compositions [P]：US 2002/0193503A1. 2002-12-19.

[12] Marc Dawir, Dow Corning Company. Sealing in the automotive industry with liquid fluorosilicone elastomers [J]. Sealing Technology，2008：10-14.

[13] Akito Nakamura, Yuichi Tsuji. Liquid silicone rubber composition for lubricant seal [P]：US 5908888. 1999-06-01.

[14] Brian paul Loiselle. Oil resistant liquid silicone rubber compositins [P]：US 5989719. 1999-11-23.

[15] 许永现，陈石刚，丁小卫. 加成型医用高透明液体注射硅橡胶的制备与研究 [J]. 弹性体，2006，16（6）：21-25.

[16] 许永现，陈石刚，欧阳冲，等. 纺织商标用透明液体硅橡胶的制备 [J]. 有机硅材料，2007，21（2）：89-93.

[17] Momentive Company. Momentive introduces clear LSR. Sealing technology [J]. Sealing Technology，2008：4.

[18] 王安营，李建隆，段继海. 液体硅橡胶材料的研究进展 [J]. 化工新型材料，2012，40（1）：41-43，65.

[19] 朱玉俊. 弹性体的力学改性. 北京：科学技术出版社，1992.

[20] 姜兴盛，孙明明，邸明伟，张军营，张春梅. 有机硅密封胶粘附性能的改善. 粘接，2000（6）：11-13.

[21] 李倩. 液体硅橡胶的填料改性及其阻燃性能的研究 [D]. 天津：天津大学，2012.

[22] 来国桥，幸松民等. 有机硅产品合成工艺及应用 [M]. 北京：化学工业出版社，2010.

[23] 张强. 液体硅橡胶微孔材料的制备研究 [D]. 天津：天津大学，2008.

[24] 谭必恩，潘慧铭，王卫星等. 加成型硅橡胶的研究进展 [J]. 合成橡胶工业，2008（2）.

[25] 顾卓江，宋新锋，陈丽云. 加成型液体硅橡胶交联剂的研究 [J]. 杭州化工，2010，40（3）：20-23.

[26] 杨丽娜，高建峰，周光强. 加成型液体硅橡胶的研究进展 [J]. 有机硅材料，2011，25（6）：410-413.

[27] 黄文润，加成型液体硅橡胶用铂配合物催化剂 [J]. 有机硅材料，2005，19（6）：37-45.

[28] 张墩明，黄素娟. 烯丙基硅（氧）烷铂配合物硅氢加成催化剂的研究 [J]. 精细化工，2000，17（2）：82-85.

[29] 李光亮. 硅橡胶的加成硫化 [J]. 特种橡胶制品，1986，5（6）：54.

[30] 葛建芳，贾德民. 加成型硅橡胶硫化过程中催化剂的活性抑制和防失效研究 [J]. 绝缘材料，2004，37（3）：36-38.

[31] 冯圣玉，于淑歧，王兴东. 加成型高温硫化硅橡胶抑制剂的研究 [J]. 合成橡胶工业，2008（5）.

[32] AN D M, WANG Z C, ZHAO X, et al. A new route to synthesis of surface hydrophobic silica white with long-chain alcohols in water phase [J]. Colloids surf A：Physicochem Eng Aspeets，2010，369（1）：218-222.

[33] S HI N Y, LEE D, LEE K, et al. Surface properties of silica white nanopartieles modified with polymers for poly-mer nanocomposite applications [J]. J Ind Eng Chem，2008，14（4）：515-519.

[34] MA X K, LEE N H, OH H J, et al. Surface modification and characterization of highly dispersed silica white nanop-articles by a cationic surfactant [J]. Colloids Surf A：Physicochem Eng Aspects，2010，358（1）：172-176.

[35] 涂婷，陈福林，岑兰，等. 硅橡胶的物理改性研究进展 [J]. 弹性体，2010，20（2）：77-82.

[36] 王林. 纳米材料改性硅橡胶研究进展 [J]. 科技资讯，2009（29）：16.

[37] 韩颖，赵铱民，谢超等. 添加表面改性纳米二氧化硅对-A2186 质复硅橡胶机械性能的影响 [J]. 实用口腔医学，2008，24（4）：478-481.

[38] 王香爱，张洪利. 硅橡胶的研究进展 [J]. 中国胶粘剂，2012，21（9）：44-48.

[39] Jun Horikoshi, Tsuneo Kimura, Kei Miyoshi. RVT heat conductive silicone rubber eomposite-ons [P]：US 2004/0242762A I. 2004-12-2.

[40] 陈芳. 电子用导热阻燃液体硅橡胶及其制备方法 [P]：CN 101402798 A. 2009-04-08.

[41] 王卫国，王海鹏，黄振宏. 一种用于电应力控制的液体导电硅橡胶及其制备方法 [P]：CN101575454A. 2009-11-11.

[42] 杨思广，张利萍，林祥坚等. 加成型导电液体硅橡胶的研究 [J]. 有机硅材料，2011，25（1）：9-13.

[43] Vileakova J，Paligova M，omastova M，et al. "Switehing effeet" in pressure deformation of silicone rubber /polypyrrole composites [J]. Synthetic Metals，2004，246：21-126.

[44] Frooq Ahmed，Faisal Huda，Seraj UI Huda，et al. Method for protecting surfaces from effects of fire [P]：US 6878410B2. 2005-04-12.

[45] 贾丽. 镁系阻燃剂对有机硅密封剂性能的影响 [D]. 山东：山东大学，2007.

[46] KANG D W，YEO H G，LEEK S. Preparation and characteristics of liquid silicone rubber naoncomposite containing ultrafine magnesium ferrite powder [J]. J Inorg Organomet P，2004，14 (1)：73-84.

[47] 王超. 抗疲劳液体硅橡胶及其制备方法：CN 200910232543 [P]. 2009-12-07.

[48] 许莉，腾雅娣，华远达等. 硅橡胶的研究与应用进展 [J]. 特种橡胶制品，2007，28 (1)：55-60.

[49] 夏志伟，刘朝艳，李小兵. 粘接性双组分加成型液体硅橡胶的制备 [J]. 有机硅材料，2007，21 (2)：81-84.

[50] 乔冬平，金小卫. 提高硅橡胶密封材料粘结性和耐温性的途径 [J]. 热固性树脂，2007，2 (5)：21-23.

[51] Philipp Muller，Frank A Chenbaeh，Georg Eberl. Self-adhesive addition crosslinking silicone compositions [P]：US 6743515B I，2004-06-01.

[52] 凌钦才，谢国庆，郭文欣. 加成型液体硅橡胶用含环氧基的有机硅增粘剂的制备、表征及性能 [J]. 有机硅材料，2012，26 (2)：87-92.

第5章
加成型液体硅橡胶

加成型液体硅橡胶是 20 世纪 70 年代末发展起来的一种档次较高硅橡胶，是司贝尔（speier）氢硅化反应在硅橡胶硫化中的一个重要发展与应用。加成型硫化硅橡胶是以含有乙烯基的线型聚硅氧烷为基础聚合物，以含硅氢键的低聚硅氧烷为硫化交联剂，在催化剂存在于室温至中温下，通过加成反应形成具有网络结构的弹性体。其原理是由含乙烯基的硅氧烷与多官能度的 Si—H 键侧基（或端基）的聚硅氧烷在第八族过渡金属化合物（如 Pt 等）催化下进行氢硅化加成反应，发生链增长和链交联而形成新的 Si—C 键的一种硅橡胶。使线型硅氧烷交联成立体网状结构加成型液体硅橡胶能够在室温或加热下、极短时间内硫化，压缩永久变形小，没有过硫化现象。加成型硅橡胶的硫化介于高温硫化型和室温硫化型硅橡胶之间，在硫化时往往在稍高于室温的情况下（40～120℃）能取得好的熟化效果，所以又称低温硫化硅橡胶（LTV）。所使用的硫化剂为含有 $\diagdown\!\!-\!\!SiH$ 基的聚有机硅氧烷，如甲基含氢聚硅氧烷。选用适当的催化剂，可在室温下硫化。而硫化时间主要决定于温度，因此利用温度的调节可以控制其硫化速度；其生胶一般为液态，硫化前有很好的流动性，聚合度为 1000 以上，加工便利，通常称液态硅橡胶（LSR 或 LSE）。

加成型硅橡胶与缩合型硅橡胶比较，它具有硫化过程不产生副产物、收缩率极小、能深层硫化等优点，在高温下的密封性也比缩合型的好。其次，加成型液体硅橡胶还有一个突出优点：工艺简便、成本低廉。这是由于加成型硅橡胶分子量小、黏度低、加工成型方便，可省去混炼、预成型、后处理等工序，容易实现自动化，并可节省能源和劳动力，生产周期短且效率高。所以，虽然加成型液体硅橡胶的原料价格比普通硅橡胶略高，但总成本却比普通硅橡胶低，特别是制造小件产品时更显出其此方面的优越性。

加成型硅橡胶是相对混炼型半固态高黏度硅橡胶和缩合型单组分硅橡胶而言的一类黏度较小的有机硅橡胶。图 5-1 比较了加成型硅橡胶和高黏度硅橡胶的剪切黏度。在剪切速率低于 $0.1s^{-1}$ 以下，高黏度硅橡胶表现为牛顿液体。而剪切速率对加成型硅橡胶黏度的影响却很大。并且在低剪切速率下，加

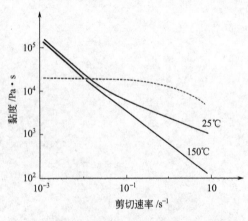

图 5-1 液体硅橡胶（实线）和高黏度硅橡胶（虚线）的黏度和剪切速率的关系

成型硅橡胶的黏度受温度影响较小，说明这时填料之间的作用力占主导。对于高黏度硅橡胶而言，由于其本身的黏度就很大，所以填料之间的作用力对它黏度的影响更大，在贮存过程中会出现结构化现象。

加成型硅橡胶不仅流动性好，而且还具有硫化快等特点，可以常温固化，也可以高温固化，其高温固化可以在数秒钟内完成。加成型硅橡胶一般用于浇注成型、注射成型和织物涂层等领域。

5.1 加成型液体硅橡胶特点

加成型液体硅橡胶，通常由基础聚合物、交联剂、催化剂、抑制剂、填料及添加剂组成。根据产品包装方式，还可分为单组分及双组分两类。

单组分：灌注料、涂覆料、FIGP 密封剂。

双组分：灌注料、涂覆料、软模材料、光纤涂层料、织物涂覆料、液体注射成型料、凝胶灌注料、泡沫体球、球形微粉。

单组分加成室温硫化硅橡胶系将上述各组分与抑制剂或胶囊型铂催化剂等混装在一起，并置于较低环境温度下贮存。使用时，通过提高温度，可恢复催化剂活性，进行加成反应，交联成弹性体。

双组分加成室温硫化硅橡胶按照各个组分得化学性质，搭配组 M、N 两种组分进行包装：将催化剂和含乙烯基有能团的有机硅聚合物作为一种组分；含氢的聚硅氧烷交联剂作另一种组分。使用时，按一定比例混合或稍许升温后，即可发生加成反应，交联成弹性体。

双组分加成型室温硫化硅橡胶有弹性硅凝胶、硅橡胶、泡沫体、球形微分之分，前者强度较低，后者强度较高。通过调整配方及用加成反应抑制剂控制硫化速度等方法，能制成适应多种用途的产品。即经过调整交联密度制成的固液共存的凝胶，是电子电气、汽车、医疗等领域广泛使用的缓冲、抗震材料。加成型液体硅橡胶配成水包油型乳液后，交联固化形成的硅橡胶球形微粒只要用于化妆品及树脂改性中。加成型液体硅橡胶加工过程可实现连续性生产。当前，市售加成型液体硅橡胶，以双组分型产品居多，但由于单组分加成型硅橡胶较双组分具有更便于贮存运输、使用方便、性能优异等优点，市售产品正朝着单组分型产品方向发展。

加成型液体硅橡胶，由于氢硅化交联过程中理论上不生成低分子物副产物，且具有高转化率，因此加成型室温硫化硅橡胶在硫化过程中不产生收缩、无毒、机械强度高、具有卓越的抗水解稳定性（即使在高压蒸汽下）、良好的低压缩形变、低燃烧性可深度固化、易控制交联密度、硫化速率可以用温度来控制、对接触的材料物不腐蚀等特点，故以此反应为基础制得的加成型硅橡胶具有更优异的综合性能。加成液体硅橡胶硫化后的物理机械性能和电性能都可以达到或超过混炼硅橡胶的水平，且由于可以注射成型及模压成型，具有加工方便、生产效率、成本低、节能等优点，所以有些传统的混炼硅橡胶制品已被液体硅橡胶所替代，是目前国内外大力发展的一类硅橡胶。

加成型液体硅橡胶应用范围很广，既可替代高温混炼胶，又可以部分取代室温硫化硅橡胶并提高其性能层次。加成型液体硅橡胶可用作电子、电器灌封胶，光导纤维涂料，芯片结点保护涂料，液体注射成型胶，辊筒胶，导热胶，导电胶，还在粘接胶、涂覆胶、汽车垫片、防黏涂料、医用材料等方面被广泛地应用。另外，加成型液体硅橡胶涂覆材料可以做成光固化产品。

如加入特殊制造的有机硅树脂作为补强剂，可以得到透明且有优良的机械性能的硫化胶。主要用于电子器件灌注涂覆，作光导纤维涂料，也是人体内软组织充填、颜面整形的理想材料。在机械工业上已广泛用来制模以铸造环氧树脂、聚酯树脂、聚氨酯、聚苯乙烯、乙烯基塑料、石蜡、低熔点合金、混凝土等。利用加成型室温硫化硅橡胶的高仿真性、无腐蚀、成型工艺简单、易脱模等特点，作为制模的优良材料，适用于文物复制和美术工艺品的复制。室温硫化亚苯基硅橡胶可适用原子能工业、核动力装置以及宇宙飞行等方面作为耐高温、耐辐射的粘接密封材料以及电机的绝缘保护层等。

5.2 配合和加工

5.2.1 基本组成

加成型室温硫化硅橡胶的配合非常简单，由基础聚合物、填充剂、交联剂、铂催化剂、反应抑制剂等组成，根据对产品的性能要求，还可以加入相应的添加剂，如颜料、导热填料、表面活性剂等。

5.2.1.1 基础聚合物

加成型室温硫化硅橡胶的基础聚合物主要采用官能度为 2（或 2 以上）的含乙烯基端基（或侧基）的聚硅氧烷，其中用得最多的为甲基乙烯基硅氧烷，一般也称为乙烯基硅油、基胶、生胶等，聚合度为一般为 150～2000，它是通过 D_4 和 1,3-二乙烯基-1，1,3,3-四甲基二硅氧烷通过催化平衡聚合得到的。其结构式为：

$$\underset{CH_3}{\overset{CH_3}{H_2C=CHSiO}} - \underset{CH_3}{\overset{CH_3}{[SiO]_n}} - \underset{CH_3}{\overset{CH_3}{SiCH=CH_2}}$$

$$(n>1000)$$

有时中间的甲基用苯基代替以提高硅橡胶的耐热性。聚甲基乙烯基硅氧烷是主链和端基均含有 $\diagup Si—Vi$ 的分子量相对较低的聚合物，每个大分子上应含有至少两个 $\diagup Si—Vi$ 基团，黏度在 100～100000mPa·s 之间。一般地，黏度在 100～60000mPa·s 之间的各种乙烯基硅油的混合物可以使材料具有优良的触变性和工艺黏度，并能使硫化产物具有优良的物理性能。采用分子量分布大的乙烯基硅油，混合物中分子量较小的组分可以降低黏度、提高硫化物的交联密度，使其具有较高的强度和硬度，而分子量大的组分可使硫化物具有高弹性和较大的伸长率。将使用分子量分散指数大于 10，峰值分子量为 10 万～20 万的乙烯基生胶，得到了高强度的硫化胶。

基础胶料的分子量大小对硅橡胶的物理机械性能有着显著的影响，室温加成型硫化硅橡胶的生胶摩尔质量较低，通常为流动或半流动状态。而生胶的摩尔质量主要由生胶合成时决定，硅橡胶生胶的常用制备方法是有机环硅氧烷在酸性或碱性催化剂的作用下开环聚合而制得。用四甲基氢氧化铵硅醇盐的碱性催化剂合成的液态端乙烯基硅橡胶，从其化学性能及其硫化胶的物理机械性能可知，当催化剂的质量比用量小于 0.12‰时，增加用量会明显降低其摩尔质量及黏度；当催化剂的用量大于 0.12‰时，摩尔质量基本不变。当催化剂量小于 0.11‰时，由生胶制备的加成型硫化胶的综合物理机械性能较好，撕裂强度较高（见表 5-1、表 5-2）。

根据所需硫化胶的性能，乙烯基硅油中的乙烯基含量应在一定范围内变化。乙烯基含量太低，交联密度小，硫化胶力学性能差，撕裂强度低；反之，则交联密度过大，硫化胶变脆，伸长率、耐老化性能不好。如果分子中有一个硅原子上有几个乙烯基或若干个聚集在一

表 5-1 催化剂用量与摩尔质量的关系

催化剂的质量分数/$\times 10^4$	0.7	0.8	0.9	1.0	1.1	1.2	1.3	1.6	2.0
黏度/Pa·s	15.4	12.0	14.6	13.2	10.0	9.6	10.6	10.0	9.6
摩尔质量/(10^4g/mol)	29.60	8.60	9.04	9.13	8.39	8.15	8.75	8.43	8.18

表 5-2 催化剂用量对加成型硫化胶物理机械性能的间接影响

编号	催化剂用量/$\times 10^{-4}$	拉伸强度/MPa	伸长率/%	撕裂强度/(kN/m)	永久变形/%	硬度(邵尔 A)
1	0.7	6.7	560	41.1	3	49
2	0.8	7.1	540	39.5	3	48
3	0.9	6.0	580	38.1	3	45
4	1.0	7.3	570	36.5	5	51
5	1.1	7.6	570	22.0	3	51
6	1.2	5.8	470	22.7	3	49
7	1.3	6.7	550	20.2	3	49
8	1.6	6.9	550	19.9	3	51

起，即使反应完全，其弹性也仅相当于与一个交联点的弹性；分子的端基为乙烯基时，有利于扩链和提高抗撕性能；可以使一部分乙烯基相对集中，或分子链间及两端均有一定量乙烯基时，交联时伴有分子链本身的增长，这能进一步提高硫化胶的物理机械性能，制得高伸长率，高撕裂强度的硅橡胶。采用七甲基三乙烯基硅乙基环四硅氧烷与 D_4 共聚，所得产物具有多乙烯基侧链的硅橡胶，该侧链在硫化时产生"内集中交联"，也能提高硅橡胶的模量，并具有较好的综合性能。乙烯基硅油分子链间及两端均有一定量乙烯基时，交联时伴有分子链本身的增长，这能进一步提高硫化胶的物理机械性能。硫化时产生内集中交联，获得了良好的效果。

表 5-3 乙烯基硅油中乙烯基含量对硅橡胶机械性能的影响

乙烯基含量/%	5	10	20
拉伸强度/MPa	3.0	4.2	3.3
撕裂强度/(kN/m)	5.4	6.2	6.3
伸长率/%	212	178	119
硬度(邵尔 A)	38	37	37

由表 5-3 可见，用分子中乙烯基含量为 10% 的乙烯基硅油制得的硫化胶的性能较好，采用乙烯基含量更高的乙烯基硅油并没有多大的帮助。这里涉及一个交联点集中的问题。在硫化体系中，有一部分乙烯基硅油中的乙烯基相对集中，能产生强度较大的塑性微区，从而对硫化胶的物理机械性能有很大帮助。但若2 个乙烯基相邻或几个挤在一起，即使加成完全，其弹性相当于只有 1 个交联点来提供。

进一步确认：是由于乙烯基硅油中乙烯基的相对集中，而非体系中总乙烯基量的增加引起硫化胶物理机械性能的变化，又进行了对比实验，如图 5-2 所示。其中，2 个对比样中总乙烯基量是一致的。例

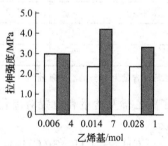

□—乙烯基含量为5%的不同乙烯基硅测量；
■—10份乙烯基硅油，不同乙烯基含量为5%、10%、20%

图 5-2 不同乙烯基含量的乙烯基硅油对比实验

如，当体系中总乙烯基量为0.014 7 mol时，乙烯基硅油中乙烯基的相对集中明显改善了硫化胶的性能。这又一次证明了交联点相对集中的观点。

(1) 乙烯基硅油黏度对硅橡胶性能的影响　当含氢硅油中的Si—H基与乙烯基硅油中的SiCH═CH$_2$比值为1、气相法白炭黑用量为5份时，乙烯基硅油黏度对硅橡胶性能的影响结果如图5-3、图5-4所示。

由图5-3可见，随着乙烯基硅油黏度的增加，硅橡胶的硬度减小，但减小的趋势渐缓。这是因为黏度较低的乙烯基硅油的摩尔质量较小，交联点较多，因而硅橡胶的硬度较大。由图5-4可见，随着乙烯基硅油黏度的增加，硅橡胶的拉伸强度、伸长率和撕裂强度都呈先增后减的趋势，最后都基本趋于恒定值。乙烯基硅油的黏度低时，乙烯基含量较高，交联密度较大，从而提高了硅橡胶的强度；随着乙烯基硅油的黏度增加，乙烯基含量降低，交联密度降低，导致硅橡胶的拉伸强度降低，伸长率也同时降低。在此，乙烯基硅油的较佳黏度约5Pa·s。

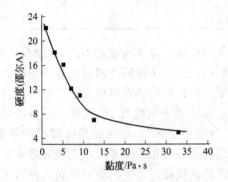

图5-3　乙烯基硅油黏度对硅橡胶硬度的影响

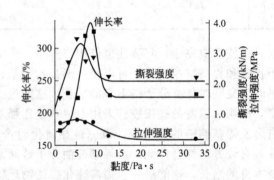

图5-4　乙烯基硅油黏度对硅橡胶机械性能的影响

(2) 乙烯基硅油的用量对硅橡胶物理机械性能的影响　由表5-4可以看出，当乙烯基硅油用量较少的时候，硫化胶的交联密度较低，拉伸强度也就比较差。但若乙烯基硅油过量，交联密度过大，硫化胶的弹性就会变差，伸长率降低，拉伸强度同样也会随之下降。所以，乙烯基硅油的用量一般以10份为宜。

表5-4　乙烯基硅油的用量对硅橡胶物理机械性能的影响

乙烯基硅油用量/份(质量份)	7.1	8.6	10.0	11.4	12.9
拉伸强度/MPa	2.1	3.4	3.8	3.7	3.6
撕裂强度/(kN/m)	5.9	5.6	7.9	6.0	5.5
伸长率/%	131	169	156	161	147
硬度(邵尔A)	39	43	41	41	46

注：乙烯基含量为10%的乙烯基硅油。

分子中乙烯基含量和位置对硫化胶的物理机械性能也有着很大的影响。如以下两种结构的基础胶：

$$CH_3 ═ CH—Si(CH_3)_2—O \left[Si(CH_3)—O \right]_n Si(CH_3)_2—CH—CH_2 \qquad (Ⅰ)$$
$$CH_3 Si(CH_3)_2—O \left[Si(CH_3)(CH ═ CH_2)—O \right]_n \left[Si(CH_3)_2—O \right]_n Si(CH_3)_3 \qquad (Ⅱ)$$

在其他组分不变的情况下对上述两种结构的基础胶进行比较，由硫化胶的性能表明，要使硅橡胶具有一定的强度和伸长率，须采用摩尔质量为1000～50000g/mol，乙烯基封端的聚硅氧烷的基础胶料是适宜的。说明在分子结构中，分子链间的乙烯基可以起到交联的作用，而分子链两端的乙烯基在与其他分子链交联后可视为分子链本身的增长。因此，采用分子链间及两端均有一定量乙烯基的硅橡胶，可进一步提高其机械强度。

又如：通用级 110-2 型硅橡胶与医用级 GY-131 型硅橡胶的差异，见表5-5。

表 5-5　不同生胶及制备工艺对硫化胶性能的影响

硫化胶性能	110-2 胶	GY-131 胶	GY-131 胶膜
拉伸强度/MPa	9.0	10.0	9.7
伸长率/%	718	611	489
永久变形/%	7.0	8.4	5.3
硬度（邵尔 A）	50	54	
撕裂强度/(kN/m)	40.3	53.5	54.1

由表 5-5 可知，医用级 GY-131 型硫化胶的性能，尤其是撕裂强度明显优于通用级110-2型硫化胶。这是因为前者除了清洁度高以外，其分子结构亦不同，分子链间及两端均有一定量乙烯基，从而在交联时能伴有分子链本身的增长，故可进一步提高硫化胶的物理机械性能。用模压或浸渍成型工艺所得的硫化胶片、胶膜的性能无明显差别，说明不同加工工艺对硫化胶性能的影响不大。

所以，在加成型硅橡胶的配方中，从基础胶料考虑，摩尔质量和分子结构是影响产品性能的主要因素。

5.2.1.2　填充料

白炭黑就是颗粒极微小的 SiO_2，其基本粒子呈球形，是白炭黑的最小组成单元，产生于白炭黑生产时的沉淀析出反应过程中。实际上，白炭黑不能单独以基本粒子的形式出现，只能以若干个基本粒子融合而成的聚集体的形态存在。这种聚集体是能在硅橡胶中存在的白炭黑的最小单元，即使受到热和机械力的作用也不可能再加以细分。聚集体之间依靠氢键等微弱的分子间相互作用进一步结合在一起形成附聚体。而附聚体的结合力非常弱小，在白炭黑与胶料混炼时附聚体会破裂形成聚集体。白炭黑的基本粒子融合成聚集体后会形成立体状空隙（细孔），孔径 2nm 以下的细孔太微小，高分子很难进入其中，对硅橡胶的补强没有什么意义；孔径在 2～20nm 的中孔和 20～60nm 的大孔在聚集体中分布最多，与高分子的相互作用也强，因而对补强特别重要。

由于聚有机硅烷分子间的作用力很小，纯硅橡胶的机械强度很低，单独硫化后其拉伸强度差，只有 0.3MPa 左右，无使用价值，为了提高其拉伸强度，必须用填料补强，采用适当的补强剂可使硅橡胶硫化胶的强度达到 14MPa。尽管绝对强度不算高，但补强率高达 40倍，远远高出其他橡胶所能达到的强率（1.4～10 倍）。可见补强填料的使用对硅橡胶最终性能具有决定意义。白炭黑（二氧化硅 SiO_2）是硅橡胶中最常用、最有效、最重要的补强填料，它的补强系数要比碳黑对其他橡胶的补强系数大好几倍（白炭黑对硅橡胶的拉伸强度的提高约 40 倍，而碳黑对天然橡胶等的拉伸强度的提高至多只有 10 倍）。这是由于补强后的硅橡胶存在着以下几种交联：聚合物之间的共价交联和缠结交联，填料与聚合物之间的共价交联，氢键交联以及填料与聚合物中分子间范德华力的交联，填料与聚合物分子链的缠结交联，填料被聚合物分子润湿引起的交联，填料之间的交联。由于存在这些交联点，使得补强后的硅橡胶强度大为提高。对于白炭黑的增强机理主要是：由于 SiO_2 纳米粒子链与聚硅氧烷分子链之间的缠结和吸附，进行了无机与有机分子链水平的复合。填料以起补强作用的气相法白炭黑、沉淀法白炭黑、碳酸钙等为主。

　　加成型室温硫化硅橡胶的填料按其补强能力的大小，可以分为增强填料和非增强填料两种。

　　增强填料主要有气相白炭黑和沉淀相白炭黑，能够通过与橡胶分子链的物理和化学作用，把硫化胶的强度提高 30～40 倍，对橡胶起到补强作用，而炭黑提高最多 10 倍。

　　非增强填料主要是无机氧化物、石英粉、硅酸盐、碳酸钙、硅藻土、高岭土、分子筛、碳化硅、金属氧化物粉末等等，其作用是对橡胶进行增容，降低成本。

　　有报道称纳米级碳酸钙也是一种良好的补强填料。

　　补强填料种类很多，应根据制品的使用要求选择。当要求制品具有一定的力学强度且透光度高、流动性好时，可用 MQ 树脂；如要求制品的力学强度高、弹性好、抗撕性好时，用经有机硅处理的气相法白炭黑；如仅要求制品具有适当的力学性能和较好的流动性时，则用经有机硅处理的沉淀法白炭黑。

　　表 5-6 是分别用 MQ 树脂、有机硅处理气相法白炭黑、有机硅处理沉淀法白炭黑制得的加成型硅橡胶的性能。

表 5-6　不同填料对硅橡胶性能的影响

补强填料种类	硫化前		硫化物		
	黏度/Pa·s	加入填料后黏度/Pa·s	拉伸强度/MPa	伸长率/%	硬度(邵尔 A)
MQ 树脂	5～8/2～7	218～241/140～246	2.50	126	32
气相法白炭黑	35/43	不能流平	1.95	105	22
沉淀法白炭黑	20/17	不能流平	1.80	102	31

　　分析表 5-6 数据可知，因气相法白炭黑由燃烧法制得，其硅羟基少，补强率比沉淀法白炭黑高，得到的硫化胶流平性差，容易结构化。采用沉淀法白炭黑为填料得到的硫化胶加工性能好，胶料不容易结构化，但是因硅羟基过多，硫化物强度较低。在力学强度相似时，用 MQ 树脂补强的加成型硅橡胶，其粘接性能、加入填料后的黏度等均比用白炭黑补强效果好。

　　填料粒子的粗细和表面性质对混炼胶黏度和硫化胶性能影响其大。采用比表面积较小的填料，混炼胶有较好的流动性，但强度偏低。选用 SiO_2 作填料时，须将其表面上的羟基消除。

　　在许多场合，用 SiO_2 作填料，会使体系黏度上升，造成加工困难，采用 MQ 树脂作为补强添加剂，则可较大程度改变此种情况。这主要是因为 MQ 树脂的分子量相对较小（小于 3000），用 GPC 法测定分子量，测定的分子量大小及其分布，不同乙烯基含量的 MQ 树脂数均分子量都在 2700 左右，重均分子量在 6000～7000，分散度相近。且与乙烯基硅橡胶、含氢硅油有很好的相容性，所以作为补强填料加入之后，胶料依然具备良好的加工性能，这一点对于涂层尤为重要。

　　由于增强填料白炭黑和非增强填料石英粉的表面有很多无机硅羟基，使因为硅羟基容易吸附结合水分子而使白炭黑表现为亲水性，使它的聚集体倾向于凝聚，在有机相中难以浸润和分散，使它和生胶的润湿和相容性不是很理想，混炼困难，表面存在大量硅羟基，而硅羟基极性较大，使白炭黑补强后的硅橡胶在存放时会因结构化而变硬，而且在高温时引起高分子降解。因此，应该对其需要进行表面处理，即大大减少了白炭黑表面的硅羟基含量，又在白炭黑表面接上有机基团，而显示出疏水性，降低了填料与生胶的相互作用，增大与硅橡胶的相容性，从而增大白炭黑的补强性能，使硫化胶具有较好的性能。通过测定白炭黑表面疏水值，而得知其表面处理的程度，即无机硅羟基被有机基团取代的程度。

对于疏水值较为简单且节省实际的方法为：在烧杯中加入 50g 水，用磁力搅拌器搅拌，加入 0.2g 白炭黑，用滴管加入甲醇，至 95％的白炭黑沉入水中。白炭黑的疏水性用甲醇的用量表示，甲醇用量越多，说明白炭黑疏水性越高。

常用的表面处理剂为能够与表面硅羟基发生化学反应的易挥发有机物，包括氯硅烷类（$R_m SiX_n$），如三甲基一氯硅烷、二甲基二氯硅烷；醇类如丁醇、戊醇、直链庚醇；硅烷偶联剂类，如三甲基乙氧基硅烷、甲基三甲氧基硅烷、乙烯基三乙氧基硅烷、六甲基二硅氮烷；硅氧烷类化合物，如聚二甲基硅氧烷、六甲基二硅氧烷、八甲基环四硅氧烷；某些胺类等。表面改性处理剂是具有两性结构的化合物，一部分基团可与无机物表面基团反应形成化学键；另一部分基团可与高分子物质反应或产生物理作用，从而把两种材料牢固结合在一起，其典型表面反应为：

$$—Si—OH + R—OH \longrightarrow —Si—O—R + H_2O$$

$$—Si—OH + (EtO)_3—Si—R \longrightarrow —Si—O—\overset{(EtO)}{\underset{(EtO)}{Si}}—R + EtOH$$

$$—Si—OH + R—Cl \longrightarrow —Si—O—R + HCl$$

$$2—Si—OH + R—\overset{H}{Si}—N—Si—R \longrightarrow 2—Si—O—Si—R + NH_3$$

$$\begin{matrix} —Si—OH \\ | \\ O \\ | \\ —Si—OH \end{matrix} + Li—PS \longrightarrow \begin{matrix} —Si—PS \\ | \\ O \\ | \\ —Si—OLi \end{matrix} + H_2O$$

改性后的白炭黑的表面的羟基变成了烷氧基或有机硅氧基。这样就使白炭黑由亲水变成了疏水，增大了白炭黑在硅橡胶内的分散，同时也增强了白炭黑与硅橡胶分子的化学结合，从而提高了硫化胶的强度。

由于白炭黑的比表面积很大，所以不能通过有机物简单覆盖或作用在其表面来改善润滑性和分散性。填料的表面处理就是通过一定的工艺，利用一定的化学物质与填料表面的羟基发生反应，消除或减少表面羟基的量，使填料由亲水性变为疏水性，以提高它同生胶的亲和性，使硫化胶有更好的性能。采用的改性方法有：干法和湿法改性。干燥的白炭黑与有机物的蒸汽接触并反应的蒸汽法（干法）；白炭黑与处理剂一起加热使处理剂沸腾回流的回流法（湿法）。早期的改性多采用湿法，但随着超微细粒子流化态技术的发展，用干法同样可以达到湿法的物料接触状况，其主要特点是过程简单，后处理工序少，改性工艺容易同气相白炭黑生产装置相连接，既经济又实用，还可避免湿法中有机溶剂易造成污染的问题，易于实现规模化工业生产；缺点是其改性剂消耗量大，操作条件严格，设备要求高，因而产品成本高。如使用本工艺生产的疏水气相白炭黑价格高达每吨 12 万～25 万元，产量约占世界气相白炭黑的 20％。湿法的主要特点是工艺简单，产品质量容易控制，改性剂消耗量小；缺点是其产品后处理过程复杂，且造成有机溶剂污染，较难实现规模化工业生产。常用干法改性。

白炭黑的比表面积、结构程度和表面预处理对加工、硫化和硫化胶物理机械性能的影响，见表 5-7。

表 5-7　白炭黑的比表面积、结构程度和表面预处理对加工、硫化和硫化胶物理机械性能的影响

性能		样品号	1	2	3	4	5	6	7	8	9
SiO₂ 的性质	比表面积/(m²/g)		97	196	366	295	325	315	313	—	—
	结构程度 CamLan 面积/(m²/g)		55	105	154	85	156	165	—	—	—
	结构程度/表面积		0.57	0.54	0.42	0.29	0.48	0.52	—	—	—
	预处理程度 Si(CH₃)₃/mm²		0	0	0	0	0	1.1	2.1	2.9	
配方加工性	SiO₂/份		50	50	50	50	50	50	50	30	30
	羟基硅油/×10⁻² 份		5.8	11.8	22.0	18.0	18.0	18.0	0	0	0
	起始可塑性 P_0/×10⁻⁵ m		200	235	265	195	295	305	270	210	185
	ΔCrepe(P_m-P_0)/×10⁻⁵ m		85	185	210	35	280	355	205	65	50
流变仪测表观交联度 ΔL/dN·m			21.5	22.7	23.7	19.1	25.3	26.3	20.4	16.6	15.5
硫化胶物理机械性能	硬度(邵尔 A)		56	64	71	52	71	76	54	46	43
	模量屈服值/MPa		0.48	0.73	1.13	0.54	1.29	1.56	0.58	0.47	0.41
	100%定伸模量/MPa		1.7	1.6	1.6	1.2	1.7	2.0	1.6	1.1	0.9
	拉伸强度/MPa		7.2	8.6	7.9	6.4	8.7	9.2	6.1	6.2	6.2
	伸长率/%		335	385	405	370	415	430	310	345	400
	撕裂强度/(kN/m)		14.9	18.6	18.2	14.2	21.7	22.1	12.8	11.7	11.6
	压缩永久变形/%		45	59	80	39	78	73	50	44	39

从表中可以看出，在表面预处理程度保持不变的条件下增加比表面积，起始可塑性、结构化、表观交联度、模量屈服点和橡胶的硬度都随之增大。

在表面积基本保持不变的情况下，增加 SiO₂ 的结构程度，混炼胶的起始可塑性、结构化、表观交联度、模量屈服点和硬度都随之增大。

增加 SiO₂ 的预处理程度，明显地降低了起始可塑性、结构化、表观交联度、模量屈服点和硬度。

H. Cochrane C. S. Lin 还提出了简单的 SiO₂ 网络补强模型，解释了硅橡胶的加工、硫化和硫化胶性能的变化。这个网络由 SiO₂ 间的互相作用、SiO₂-聚合物-SiO₂ 与 SiO₂ 聚合物的"桥"键构成。增加 SiO₂ 加入量、表面积和结构程度，就增加了相互间的作用数目，因而补强了网络。但用有机硅烷分子处理 SiO₂ 表面可降低 SiO₂ 之间、SiO₂-聚合物之间的作用强度，因此，得到弱的 SiO₂ 网络。

当细分散的补强填料混入聚有机硅氧烷后，二者之间发生的反应导致胶料发硬，在这种情况下胶料难于进一步加工，这一过程称为结构化。Kennan L. D. 等发明了用挥发性处理剂处理白炭黑以减少白炭黑的结构化。处理剂由 0.2~10 质量份的 ViSi (OR')₄₋ₓ 和 0.2~15 质量份的 Phₓ Si (OR')₄₋ₓ 混合组成，其中 R' 是 1~3 个碳原子的烷基，X 为 1~2。选择 R' 以使烷氧基硅烷混合物在处理温度下的蒸气压超过 0.0001atm（1atm＝101325Pa）。

处理剂的用量为 1%~30%（质量分数）。用此方法处理的白炭黑非常易于混炼，并可使胶料的结构化反应减至最小程度。

如果作为补强填料的白炭黑的表面硅羟基都被三烷基硅氧基取代，那它对有机硅生胶的增稠效应会大大减弱，所以液体硅橡胶可以用这种白炭黑来进行补强。另外，白炭黑的表面改性基团中可以加入乙烯基，如使用 1,3-二乙烯基-1,1,3,3-四甲基二硅氮烷来改性。含乙烯基的白炭黑通过参与交联反应，可以进一步提高其补强效果。

采用 D₄ 和采用 D₄ 或六甲基二硅氮烷（HMDS），作为填料的表面处理剂进行处理，将硅羟基消除。试验过程如下：将计算量的填料与 D₄（170℃和240℃的温度下）或 HMDS（120℃温度下）加入到三口瓶中，搅拌回流24h即可。注意：用HMDS处理填料后要对其抽真空以除去产生的氨气。

笔者还研究了表面处理剂、处理助剂、水的用量等对白炭黑增强效果的影响。结果是：将100份4#气相法白炭黑于110℃真空预活化3h，然后加入25份六甲基二硅氮烷、5份二甲基二乙氧基硅烷、5份水作为混合处理剂，于150℃下处理8h后冷却。将白炭黑倒入托盘中平铺，放入真空烘箱中于再在150℃下放置2h，以除去处理剂。冷却后密封备用，所得白炭黑对加成型液体硅橡胶具有较好的增强效果，即具有优良的力学性能和操作性能的室温硫化硅橡胶。需要注意的是反应中保持装置的密闭性，可在冷凝管上安装吸收装置，以吸收处理过程中产生的氨气。否则生产场地会弥漫大量刺激性氨气。

(1) 混合处理剂用量对硅橡胶性能的影响（见表5-8） 处理剂 [六甲基二硅氮烷：二甲基二乙氧基硅烷：水＝5:1:1(质量比)] 的用量并非越多越好，而是在用量为35份时所得白炭黑的增强效果最好这是因为当处理剂用量较少的时候，白炭黑表面的羟基残余还比较多，亲水性比较强，在生胶中的浸润性、分散性不好，导致硫化胶的物理机械性能不好。而当处理剂用量较多的时候，虽然白炭黑的浸润性、分散性好了，但是由于其表面的羟基太少，白炭黑之间和白炭黑与硅橡胶之间的氢键数量也减少了，硫化胶的物理机械性能反而又下降了。

表 5-8 混合处理剂用量对硅橡胶机械性能的影响

混合处理剂/%	25	30	35	40	45
拉伸强度/MPa	2.9	3.0	3.6	2.7	2.2
撕裂强度/(kN/m)	8.3	9.5	8.9	8.6	6.8
伸长率/%	155	164	193	181	163
硬度(邵尔A)	38	41	42	37	39

(2) 处理助剂用量对硅橡胶性能的影响 根据文献报道，在对气相法白炭黑进行表面处理时，在处理剂六甲基二硅氮烷的基础上使用二甲基二乙氧基硅烷作为处理助剂，能提高硫化胶的撕裂强度。由表5-9可见，处理助剂的使用使硅橡胶的拉伸强度略有降低，但撕裂强度却有明显的升高，当处理助剂的用量为10份时达到一个最大值。这是因为，一方面，随着处理助剂用量的增加，处理助剂与白炭黑表面的羟基的反应增加，白炭黑表面羟基的量减少，生胶和白炭黑之间氢键的量减少，硫化胶的交联密度降低，撕裂强度升高；另一方面，由于二甲基二乙氧基硅烷属于双官能基处理剂，与白炭黑表面的羟基反应，起到了扩链的作用，提高了硫化胶的撕裂强度。但处理助剂用量过多，白炭黑表面羟基的量很少，生胶和白炭黑之间的氢键很少，硫化胶的强度较低，也会影响撕裂强度。综合各项性能，二甲基二乙氧基硅烷的最佳用量为5份。

表 5-9 处理助剂用量对硅橡胶机械性能的影响

处理助剂/%	0	2.5	5	10	15
拉伸强度/MPa	4.4	4.0	4.1	3.7	3.6
撕裂强度/(kN/m)	5.3	8.1	7.8	11.7	8.4
伸长率/%	167	169	163	166	134
硬度(邵尔A)	40	41	41	42	41

六甲基二硅氮烷：二甲基二乙氧基硅烷＝5∶1（质量比）

（3）水用量对硅橡胶性能的影响　处理剂对白炭黑进行表面处理时，一般还要加入一定量的水。水在处理白炭黑表面时的作用可用下式表示：

$$(Me_3Si)_2NH + 2HOH \longrightarrow 2Me_3SiOH + NH_3$$

$$Me_3SiOH + HO-(silica) \longrightarrow HOH + Me_3SiO-(silica)$$

由此可以解释，当水量不足的时候，六甲基二硅氮烷不能充分反应并连接到白炭黑的表面，使白炭黑的处理不完全，影响硫化胶的性能；而若水过量，又会使白炭黑的表面羟基过多，也会对硫化胶的性能产生不良的影响。所以水的用量和处理剂的量有一定的比例关系。由表5-10可见，水的用量为2.5份时硫化胶的撕裂强度最高，5份时硫化胶的拉伸强度最高。综合考虑，一般以水量与处理剂六甲基二硅氮烷用量1/5为宜。

表 5-10　水用量对硅橡胶力学性能的影响

水/%	0	2.5	5	10	15
拉伸强度/MPa	4.2	4.4	4.9	4.2	4.2
撕裂强度/(kN/m)	8.6	9.4	8.0	7.6	5.9
伸长率/%	142	143	155	172	160
硬度(邵尔 A)	45	49	43	45	45

六甲基二硅氮烷∶水＝5∶1（质量比）

用20份上述处理的白炭黑增强硅橡胶，可得到拉伸强度为4.9MPa，撕裂强度为8.0kN/m，伸长率为155%的加成型液体乙烯基硅橡胶。

（4）气相法白炭黑用量对硅橡胶性能的影响　当含氢硅油中的Si—H基与乙烯基硅油中的SiCH＝CH$_2$比值为1、乙烯基硅油黏度为5Pa·s时，气相法白炭黑用量对硅橡胶力学性能的影响结果如图5-5、图5-6所示。

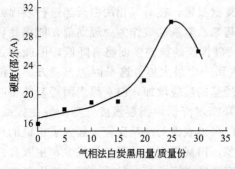

图 5-5　气相法白炭黑用量对硅橡胶硬度的影响

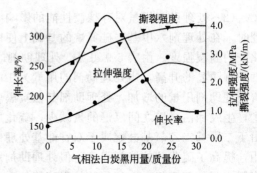

图 5-6　气相法白炭黑用量对硅橡胶力学性能的影响

由于气相法白炭黑用量为35份时胶料已无法流平，因此仅考察了气相法白炭黑用量为0～30份时硅橡胶的性能。

由图5-5可见，随着气相法白炭黑用量的增加，硅橡胶的硬度先增后降。气相法白炭黑对硅橡胶有补强作用，可提高硅橡胶的硬度；但气相法白炭黑添加过多时，会起到"隔离"作用，影响到聚硅氧烷分子链间的交联，所以硅橡胶的硬度反而降低。

由图5-6可见，随着气相法白炭黑用量的增加，硅橡胶的拉伸强度和撕裂强度都增加；当气相法白炭黑用量大于25份后，硅橡胶的撕裂强度增加幅度变小，拉伸强度反而降低。另外，硅橡胶的伸长率先迅速增加，而后逐渐降低。未经补强的硅橡胶由于分子链间相互作用力弱，力学性能较差；添加气相法白炭黑能提高其拉伸和撕裂强度；但气相法白炭黑用量大于 25 份后，拉伸强度出现下降的趋势。可能的原因是过多的填料导致橡胶的交联受到影响，链间的相互作用力减弱。所以，气相法白炭黑用量以 25 份为佳。

表面处理的方法也可采有：在形成颗粒时引入钝化剂，如疏水型白炭黑；有的是在混炼胶料时加入结构化控制剂，如低分子量的羟基硅油；在处理白炭黑时在其表面引入可参与硫化的基团，如—$OSiMeCH=CH_2$、—$(SiMeO)_nSiMeCH=CH_2$，硫化后乙烯基可以参与反应。

采用气相法白炭黑作为主要增强填料，并以三甲基封端的聚硅氧烷作表面处理剂。经表面处理气相法白炭黑的加入，除用以补强外，还可以增大黏度，这种黏度的增强比较稳定，较少受时间的影响而变化。

目前有机硅化合物处理白炭黑在硅橡胶中的优异使用性能越来越引人注目，普遍认为这种表面处理的直接效果是可以增加填料在硅橡胶中的用量，改善填料分散能力和提高胶料的力学性能起到降低成本和提高产品质量的目的。

对于有较高的强度要求，又具有较好流动性的电子元器件灌封用胶料或制作模具用胶料，白炭黑的增黏性太高。使用能溶于基础聚合物的 MQ 型硅树脂作填料，可使加成型液体硅橡胶的黏度上升不显著而强度显著提高，并可以得到透明的弹性体。

除白炭黑外，采用溶胶-凝胶法制备的 SiO_4、TiO_2 和 SiO_4-TiO_2 混合氧化物、有机蒙脱土也作为补强填料；沸石、稻壳灰也可作为加成型硅橡胶的补强填料且极其廉价。

虽然白炭黑至今仍是硅橡胶最重要的补强填料，但由于白炭黑价格昂贵，人们正在尝试寻找能够替代白炭黑且价格低廉的补强料。如果能通过某些物理化学加工，把天然矿物制成硅橡胶补强剂，不仅可以大大降低硅橡胶制品的成本，同时还能提高天然矿物的附加值，为矿物利用提供一条新途径。吴季怀、魏从容等采用材料物理化学和复合材料的方法，系统地研究了 8 种矿物及其超细粉体和改性粉体与硅橡胶基体的相互作用。结果表明，滑石、石英和硅灰石对硅橡胶基体具有较好的补强作用。粒径小、比面积大、长径比大等粉体性质好的填料，其补强性能高。界面黏附功与界面张力比值大的复合材料的力学性能好。具有表面活性基团（通过表面改性）、表面缺陷和适量的表面羟基是提高粉体补强性能的重要因素。

另外黏土矿物也是一种廉价的硅橡胶补强填料，但未经改性处理的黏土其补强能力是有限的，补强效果不如传统上所用的气相白炭黑。魏从容、吴季怀等利用黏土表面存在羟基、Lewis 和 Brosnted 酸等自身特性，通过气流粉碎及偶联改性，增加黏土表面活性，使黏土与硅橡胶结合力显著补强，提高了硅橡胶制品的档次。

使用白炭黑等作为补强填料虽然可以大大提高硅橡胶的机械强度，但胶料黏度也将大幅度提高，以致不能满足那些既要求高强度，又要求高流动性产品（如电子元器件灌封胶）的要求。据此开发出了含有乙烯基或 H 基的由 $R_3SiO_{0.5}$ 链节构成的 MQ 硅树脂。黄伟等研究了 MQ 硅树脂对加成型室温硫化硅橡胶的补强作用。结果表明，含乙烯基的 MQ 硅树脂对加成型室温硫化硅橡胶的补强作用明显，硅橡胶的透明性很好。硅橡胶的强度随着 MQ 硅树脂中乙烯基含量的增加先增加而后下降。SiH/—$CH_2=CH$，（摩尔比）为 1.2～1.5 时。硅橡胶具有较好的力学性能。MQ 树脂可单独使用，也可以和其他补强填料、半补强填料、增量填料、导热填料、导电填料等共用，从而获得所需性能的硅橡胶。

5.2.1.3 交联剂

加成型室温硫化硅橡胶的交联剂实际上是液态硅橡胶双组分中另一组分的主要成分，交联剂的结构同样对硅橡胶的机械强度有着显著的影响。

（1）含氢硅油　含氢基聚甲基硅氧烷，也称作含氢硅油。含氢硅油结构式如下：

$$R-SiO\left[\begin{matrix}CH_3\\|\\SiO\\|\\CH_3\end{matrix}\right]\left[\begin{matrix}H\\|\\SiO\\|\\CH_3\end{matrix}\right]_m\left[\begin{matrix}CH_3\\|\\SiO\\|\\CH_3\end{matrix}\right]_n\begin{matrix}CH_3\\|\\Si-R\\|\\CH_3\end{matrix}$$

氢基硅油是由含有 —Si—H 基官能度至少为 2 以上的分子量相对较低的聚硅氧烷组成的。

含氢硅油在加成型液体硅橡胶中用作交联剂，通常一个大分子中至少有 3 个 —Si—H 基团以上的有机硅氧烷低聚物，黏度在 2～300mPa·s 之间，即低黏度的线型甲基氢硅油，其分子中的直接与硅原子相连接活性氢原子与乙烯基基团在高温下催化发生加成反应，使生胶硫化，从而形成交联结构固化成硅橡胶。

变换含氢硅油的分子结构、摩尔质量、活性氢质量分数或与基础聚合物的配比，可在较大幅度内调节硫化硅橡胶的力学性能。含氢硅油中活性氢基可位于交联剂分子的侧基或端基上，也可兼而有之。使用这种复合交联剂，能使硅橡胶的撕裂强度有较大改善，因为氢基在端基上的交联剂也是链增长剂，它可使生胶的分子链成倍增长，同时也可使分子链间的桥键得到增长，致使硫化胶网状结构的柔顺性和物理机械性能得到明显提高。

应用 Si—H 的分布密度较低的含氢硅油作交联剂，可以改善硫化胶的拉伸强度，尤其是明显提高硫化胶的撕裂强度；以活性氢质量分数相对较低的含氢硅油作交联剂，可以提高硅橡胶的伸长率；应用活性氢质量分数较高的含氢硅油或加大其用量，可以提高硅橡胶的硬度。

在制备加成型硫化硅橡胶时，要注意交联剂中硅氢基与生胶中硅乙烯基的摩尔比，只有使它们相匹配，才能得到性能最佳的硫化胶。

① 交联剂中硅氢基与生胶中硅乙烯基的摩尔比（$n_{SiH}:n_{SiVi}$）对硅橡胶性能的影响。加成型 RTV 硅橡胶是以含乙烯基的聚二有机基硅氧烷为基础聚合物，含多个硅氢键的聚有机硅氧烷为交联剂，在铂催化剂的作用下，于室温进行加成反应得到的具有立体交联结构的硅橡胶。

$n_{SiH}:n_{SiVi}$ 对 RTV 硅橡胶性能的影响很大，当其值小于 1 时，硅橡胶硫化不完全，胶片发黏；其值过大时含氢硅油易在铂催化剂的作用下自聚，产生氢气，形成气泡，从而影响硅橡胶的外观及性能。当含氢硅油适当过量时，可获得硫化较充分且性能较好的硅橡胶。$n_{SiH}:n_{SiVi}$ 对 RTV 硅橡胶拉伸性能的影响见表 5-11。

表 5-11　$n_{SiH}:n_{SiVi}$ 对 RTV 硅橡胶拉伸性能的影响（无补强填料）

$n_{SiH}:n_{SiVi}$	1.01	1.13	1.24	1.40
拉伸强度/MPa	0.32	0.35	0.36	0.41
伸长度/%	132	188	157	131

从表 5-11 可以看出，随着 $n_{SiH}:n_{SiVi}$ 的增大，RTV 硅橡胶拉伸强度增大，伸长率先增大后减小。总体来说，考虑到乙烯基的充分利用和硅氢键的损耗，一般以氢基稍过量为宜，当 $n_{SiH}:n_{SiVi}$ 为 1.2～1.4 时，RTV 硅橡胶的拉伸强度、伸长率最高，用量不能过大，否则其耐热性会降低。

随着 $n_{SiH}:n_{SiVi}$ 的比例增加，反应加快，见图 5-7。

又如：当乙烯基硅油黏度为 5Pa·s、气相法白炭黑用量为 25 份时，$n_{SiH}:n_{SiVi}$ 值对硅橡胶性能的影响结果如图 5-8 所示。

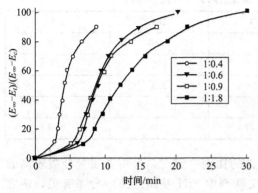

图 5-7 SiH/CH=CH$_2$ 配比对反应的影响

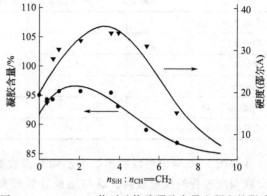

图 5-8 $n_{SiH} : n_{SiVi}$ 值对硅橡胶凝胶含量和硬度的影响

由图 5-8 可见，随着 $n_{SiH} : n_{SiVi}$ 值增加，硅橡胶的凝胶含量和硬度都是先增后减。端乙烯基硅油每个分子中只有两个反应基团；而作为交联剂的含氢硅油则有 3 个或 3 个以上的反应基团。如果 $n_{SiH} : n_{SiVi}$ 值小于 1，Si—H 基含量太少，则交联点不够，可能会有一些分子链没有形成交联网络，使硅橡胶的凝胶含量降低；$n_{SiH} : n_{SiVi}$ 值大于 1，会有一些 Si—H 基不能参加反应，但由于每个分子上的反应基团都大于 3 个，所以仍然能形成交联网络；$n_{SiH} : n_{SiVi}$ 值增大到 4 左右时，凝胶含量和硬度都开始降低，可能的状态是体系中的 Si—H 基远远过量，使某些交联剂分子没有参加反应，从而使硅橡胶的凝胶含量降低，硬度也随着降低。

由图 5-9 可见，随着 $n_{SiH} : n_{SiVi}$ 值的增加，硅橡胶的拉伸强度和撕裂强度先增后降，伸长率则呈现相反的趋势。$n_{SiH} : n_{SiVi}$ 值约为 1 时，撕裂强度出现最大值；$n_{SiH} : n_{SiVi}$ 值约为 3.6 时，拉伸强度出现最大值，伸长率出现最小值。$n_{SiH} : n_{SiVi}$ 值偏小时，体系中可能存在其他交联反应，因为所用的基础胶为端基乙烯基硅油，交联同时也是一个扩链过程，硫化后硅橡胶的伸长率比较大；$n_{SiH} : n_{SiVi}$ 值偏大，含氢硅油中的 Si—H 基会残留，可能

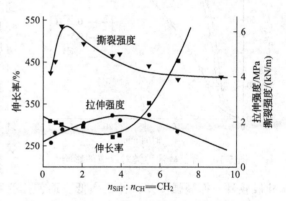

图 5-9 $n_{SiH} : n_{SiVi}$ 值对硅橡胶力学性能的影响

在每个含氢硅油分子上反应的 Si—H 基不超过三个，失去交联剂的作用，即出现与$n_{SiH} : n_{SiVi}$ 值偏小时相类似的结果。硅橡胶的拉伸强度在 $n_{SiH} : n_{SiVi}$ 值为 3.6 时较佳，这是因为在硫化过程中，含氢硅油中的 Si—H 基有可能不是全部参加反应，$n_{SiH} : n_{SiVi}$ 值大于 1 时硅橡胶才能取得良好的强度；硅橡胶的撕裂强度与局部的交联密度关系密切，所以在 $n_{SiH} : n_{SiVi}$ 值约为 1 时获得较大值。

② 含氢硅油种类的影响。在硅氢加成反应中，可用不同的交联剂来控制橡胶的网络结构。采用 4 种不同硅氢含量（0.3%、0.5%、1.0%、1.5%）的硅油作为交联剂，考察其作为交联剂的效果。结果见表 5-12，1.0% 的含氢硅油所制得的硫化硅橡胶拉伸强度最大，而抗撕性能则以 1.5% 含氢硅油所制得的硫化胶性能为最好，橡胶交联时模量随着交联度的增加而增加。

表 5-12　不同含氢硅油的含氢量对硅橡胶的力学性能的影响

含氢硅油含氢量/%	0.3	0.5	1.0	1.5
拉伸强度	0.75	3.44	4.46	2.60
伸长率/%	440	80	632	732
Deform/%	0.24	1.26	2.8	8.0
硬度(邵尔 A)	62	78	60	50
抗撕强度/(kgf/cm)	13.85	13.77	16	22.5

从图 5-10 中也可以看出，当乙烯基与含氢硅油的比例一定时，采用氢质量分数较高的交联剂所进行的反应较慢。这与质量分数较高的交联剂中 SiH 基团的集中分布有关，使之与乙烯基基团接触的概率相对减少有关。模量（$E_\infty - E_t / E_\infty - E_c$）的变化可以通过硫化仪来测定。

在胶料配方不变的情况下，分别采用（Ⅰ）、（Ⅱ）两种分子结构的含氢聚硅氧烷作交联剂：

$$CH_3-Si(CH_3)_2-O\!+\!Si(CH_3)(H)-O\!\mid_m\!Si(CH_3)_2-O\!\mid_n\!Si(CH_3)_3 \qquad (Ⅰ)$$

$$H-Si(CH_3)_2-O\!+\!Si(CH_3)_2-O\!\mid_m\!Si(CH_3)(H)-O\!\mid_n\!Si(CH_3)_3 \qquad (Ⅱ)$$

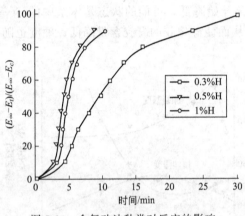

图 5-10　含氢硅油种类对反应的影响

配制硅橡胶并测试其硫化性能，发现此两种结构的交联剂制的硫化胶，其物理机械性能有着明显的差别。交联剂（Ⅱ）不仅起到交联作用同时还具有链增长作用，使硫化胶具有较佳性能；交联剂（Ⅱ）活泼氢含量增加，交联剂的活性明显增加。以摩尔质量 740～3800g/mol、活泼氢含量为 0.5%～1.3%、结构为（Ⅱ）的交联剂较适宜。

又如：氢封端聚甲基硅氧烷（A），活泼氢的质量分数 0.14%～0.2%；聚甲基氢硅氧烷（B），活泼氢的质量分数 1.0%～1.3%。单独使用交联剂 B 时，由于过度交联，所得硫化胶较硬，撕裂强度差，伸长率低。而使用交联剂 A 或复合交联剂 A+B 时，撕裂强度有较大的改善。

交联剂的结构、分子量和活泼氢的质量分数都是影响硅橡胶强度的重要因素。当交联剂分子链中间和两端均有活性氢原子时。交联剂不仅起到交联作用，分子链两端的活性氢原子在交联中还可使生胶分子链成倍增长，同时也使分子链间的桥键得到增长，致使硫化胶网状结构的柔顺性和物理机械性能得到明显提高，因而能起到更好的补强作用。因此，交联剂合适的添加量、使用摩尔质量和活泼氢的质量分数的交联剂是改善加成型硅橡胶物理机械性能的重要条件。

市售的含氢硅油的含氢量往往与生产所需的要求不同，可以通过含氢量高的含氢硅油与 D_4 或 DMC 反应，调节其含氢量以达到生产要求，其反应式如下：

$$\frac{n}{4}D_4 + R-\!\!\begin{array}{c}CH_3\\|\\Si-O\\|\\CH_3\end{array}\!\!\!\begin{array}{c}H\\|\\Si-O\\|\\CH_3\end{array}_a\!\!\begin{array}{c}CH_3\\|\\Si-O\\|\\CH_3\end{array}_b\!\!\begin{array}{c}CH_3\\|\\Si\!-\!R\\|\\CH_3\end{array} \xrightarrow{Cat.} R-\!\!\begin{array}{c}CH_3\\|\\Si-O\\|\\CH_3\end{array}\!\!\!\begin{array}{c}H\\|\\Si-O\\|\\CH_3\end{array}_a\!\!\begin{array}{c}CH_3\\|\\Si-O\\|\\CH_3\end{array}_{b+n}\!\!\begin{array}{c}CH_3\\|\\Si\!-\!R\\|\\CH_3\end{array}$$

调节甲基含氢硅油的含氢量只能用酸性催化剂，而不能用碱性催化剂，这是因为碱会使

Si—H 键断裂：

$$\overset{|}{\underset{|}{-}}Si-H + H_2O \xrightarrow{OH^-} \overset{|}{\underset{|}{-}}Si-OH + H_2\uparrow$$

制备工艺：以浓硫酸为调节含氢硅油的含氢量的催化剂为例，对 D_4 减压蒸馏以除尽其中的杂质，将计算量的 D_4 加入反应釜中，通氮气，升温，搅拌，在残压 10mmHg 下，蒸出 10％的 D_4，以尽量除去水分。稍微冷却后，将一定量的含氢硅油（H％＝1.6％，质量分数 t）以及催化剂加入反应釜中，室温下反应 4h，水洗除酸，用无水 $CaCl_2$ 干燥。再减压升温至 200℃，除去低沸物，得无色透明的含氢硅油，继续通氮直至冷却，出料密封保存。通过调节 D_4 与含氢硅油（H％＝1.6％）的比例，可制备所需要求含氢量的含氢硅油。

含氢硅油也可以由含氢氯硅烷出发制取，反应催化剂可以用盐酸、三氟甲磺酸、强酸型阳离子交换树脂等。其中盐酸作催化剂要多次水洗，工艺复杂；强酸型阳离子交换树脂作催化剂反应工艺简单，可以反复多次使用，经济实惠。

a. 由六甲基二硅氧烷 $[(Me_3Si)_2O]$，甲基氢二氯硅烷（$MeHSiCl_2$）出发制取含氢硅油。在玻璃（搪瓷）反应釜中，加入 20％（质量分数）的盐酸，在搅拌并保持 10℃以下，将摩尔比为 1∶4 的 $(Me_3Si)_2O$ 及 $MeHSiCl_2$ 慢慢加入釜中，进行水解反应，加完料后，继续搅拌 1h，静置分层，除去酸水层，将油层用水洗至中性，并用无水 $CaCl_2$ 干燥，过滤后，得到无水透明水解物。随即加入按水解物质量分数 10％计的浓硫酸作催化剂，在室温及搅拌下平衡 6h。再加入 10％（质量分数）的蒸馏水，搅拌 2h，静置分层，除去酸水层，油层用水洗至中性，干燥，过滤。滤液在 103kPa 下蒸出沸点低于 110℃的低沸物，得到黏度（25℃）约 $50mm^2/s$，含氢量大于 1％（质量分数）的目的产物 $Me_3SiO(MeHSiO)_mSiMe_3$。

b. CF_3SO_3H 催化平衡法制 $Me_3SiO(Me_2SiO)_n(MeHSiO)_mSiMe_3$。反应瓶中加入 926g $(Me_3SiO)_4$ 及 14g $MeSiO(Me_2SiO)_3SiMe_3$。再加入少量（约为硅氧烷质量的 0.0001 份）CF_3SO_3H 作催化剂及约 0.18 的 H_2O 作促进剂，在 65℃下反应数 h，而后通入氨气，将催化剂中和，蒸出低沸物及过滤后得到 $Me_3SiO(Me_2SiO)_n(MeHSiO)_mSiMe_3$。

c. 使用强酸型阳离子交换树脂催化平衡制 $Me_3SiO(MeHSiO)_mSiMe_3$。在一定配比的 $(Me_3Si)_2O$ 及 $(MeHSiO)_4$ 混合物中，加入少量强酸型阳离子交换树脂作催化剂，在 55℃下搅拌 8h，而后过滤回收催化剂，滤液经拔出低沸物后即可得到 $Me_3SiO(MeHSiO)_3SiMe_3$。依同理，当反应物中配入 $(Me_3SiO)_4$ 时，则可得到 $Me_3SiO(Me_2SiO)_m(MeHSiO)_nSiMe_3$。

在制备加成型室温硫化硅橡胶时，应注意 $n_{SiH}∶n_{SiVi}$ 的摩尔比，只有配比恰当才能得到性能最佳的硫化胶，其用量不能过大，否则其耐热性会降低。理论上，$n_{SiH}∶n_{SiVi}$ 应为 1∶1，但硫化过程中，$\overset{|}{\underset{|}{-}}Si-H$ 会因发生副反应而损失，因此应使其略过量，通常取 $n_{SiH}∶n_{SiVi}$ 为 $(1.2\sim1.5)∶1$ 时，硫化胶的力学性能比较好。

（2）MQ 硅树脂　　MQ 硅树脂是一种由单官能团（M 基团）有机硅氧烷封闭链节 $R_3SiO_{1/2}$ 和四官能团（Q 基团）有机硅氧烷链节 $SiO_{4/2}$ 进行水解缩合而成的性能特殊的聚硅氧烷。用 MQ 硅树脂作为补强剂可显著提高硫化后硅橡胶的力学性能，并且胶料在硫化前的黏度上升不大，流动性好，硫化后硅橡胶也具有很高的透明性。

加成型室温硫化硅橡胶使用的 MQ 硅树脂主要有 3 类：

① 含乙烯基的 MQ 硅树脂 $(Me_3SiO_{0.5})_n(ViMe_2SiO_{0.5})_b(SiO_2)_c$；

② 含 Si—H 键的 MQ 硅树脂 $(Me_3SiO_{0.5})_n(HMe_2SiO_{0.5})_b(SiO_2)_c$；

③ 含 Me_2SiO 链节及乙烯基的 MQ 硅树脂 $(Me_3SiO_{0.5})_n$ $(ViMe_2SiO_{0.5})_b(Me_2SiO)_c$ $(SiO_2)_d$。

MQ 硅树脂中，M 与 Q 的摩尔比决定了树脂分子构型的大小，M 比例越小则树脂构型越大。要使硅树脂在加成型橡胶胶料中的溶解度适宜，M 与 Q 的摩尔比通常多为 (0.5～1.0)∶1，而 Si—Vi 或 Si—H 键含量多在 2.5%～10%（摩尔分数）之间。为了提高 MQ 硅树脂的柔性，可以引入 1%～10%（摩尔分数）的二官能链节（Me_2SiO）。

MQ 硅树脂的制法根据所用原料，可以分为水玻璃法及硅酸酯法两种，相应的反应式如下所示：

水玻璃法

$$Me_3SiOSiMe_3 + 2Na_2O\cdot SiO_2 + 4HCl \xrightarrow{EtOH} 2Me_3SiO_{0.5}SiO_2 + 4NaCl + 2H_2O$$

硅酸酯法

$$Me_3SiOSiMe_3 + Si(OEt)_4 + 2H_2O \xrightarrow{H^+} 2Me_3SiO_{0.5}SiO_2 + 4EtOH$$

目前国内外生产 MQ 硅树脂主要采用正硅酸乙酯为原料，制得的产物性能优良，产率较高，但价格昂贵。用水玻璃水解法制备 MQ 硅树脂价格低廉得多，而其性能与用正硅酸乙酯法制备的产品基本相同，但产率较低。

水玻璃水解法制备 MQ 硅树脂，合成工艺简单，产品价格较以硅酸酯水解法制得的树脂低廉，产品性能优良，易于制取低 M/Q 比的树脂。水玻璃水解法制备乙烯基 MQ 硅树脂，是以单官能度硅氧链节组成的有机二硅氧烷——六甲基二硅氧烷（HMDS）和二甲基乙烯基乙氧基硅烷水解得到单官能团有机硅单元（M 基团），以水玻璃水解得到四官能团有机硅单元（Q 基团），两者在醇酸介质中水解缩聚形成有机硅树脂。在该反应中 HMDS 为封端剂，控制 MQ 硅树脂的分子量（或结构）；二甲基乙烯基乙氧基硅烷水解得到含乙烯基的单官能团链节，其作用也为封端剂，控制其加入量可以得到不同乙烯基含量的 MQ 硅树脂；水玻璃水解后缩聚构成了 MQ 硅树脂的 Si—O—Si 主链骨架结构。反应原理示意如下：

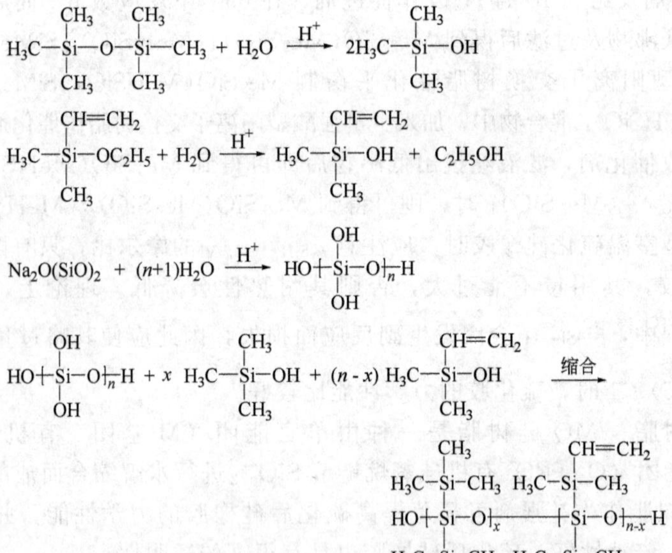

制备工艺：在三口烧瓶中加入一定量的浓盐酸（37%），快速搅拌下加入水玻璃的稀释溶液（质量分数约 10%），水解时间不超过 1min；然后加入六甲基二硅氧烷与二甲基乙烯基乙氧基硅烷及乙醇的混合溶液，控制共水解温度为 30℃，共水解缩聚 40min；加入六甲基二硅氧烷作萃取溶剂，升温至 70℃回流 3h。反应结束后冷却静置，溶液上层为略带乳白

色的有机溶液，下层为透明的酸溶液。用分液漏斗分离，水洗上层有机溶液至 pH=6～7，然后用无水氯化钙干燥至溶液透明；再在 140℃下进行减压蒸馏，得到白色松散树脂。称重，计算产率。

制备过程中的影响因素：由制备原理可知，单官能团有机链节的引入量对树脂结构有直接的影响。因此，在加料前应计算六甲基二硅氧烷和二甲基乙烯基乙氧基硅烷（M 单元）与水玻璃（Q 单元）的投料比。一般来讲，水玻璃法合成的 MQ 硅树脂的 n_M/n_Q 值应控制在 0.6～0.9；高于 0.9 则使被补强的硅橡胶内聚强度变差，低于 0.6 则 MQ 硅树脂与硅橡胶的相容性下降。另外，六甲基二硅氧烷与二甲基乙烯基乙氧基硅烷的投料比则控制着合成出的 MQ 硅树脂中的乙烯基摩尔分数，MQ 硅树脂中 Si—Vi 的摩尔分数一般控制在 0.5%～4%。

在制备过程中水解温度、水解时间、水玻璃的浓度以及加料次序对合成出的 MQ 硅树脂的摩尔质量和产率有很大影响。经过实验对比后得出：

① 水玻璃的质量分数应控制在 10%～15% 之间。浓度太高极易发生凝胶，不宜控制；浓度低，产率低，浪费原料。

② 共水解温度应控制在 30～40℃。温度低，水解缩聚程度低；温度太高，水玻璃水解缩聚快，易发生凝胶，见图 5-11。

③ 硅酸钠水解时间控制在 1min 内较佳，时间过长易生成凝胶，共水解时间控制在 30～40min。

乙烯基 MQ 硅树脂的红外光谱如图 5-12 所示。

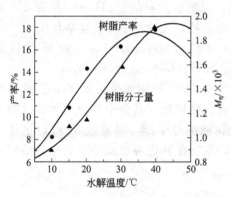

图 5-11 水解温度对树脂产率和分子量的影响

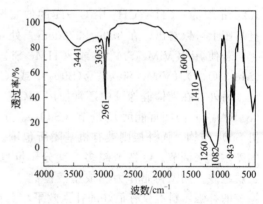

图 5-12 乙烯基 MQ 硅树脂的红外光谱图

由图 5-12 可见，1082cm⁻¹ 处的强吸收峰是 Si—O—Si 的特征峰；1600cm⁻¹ 处的吸收峰为 Si—Vi 的伸缩振动吸收峰，3053cm⁻¹ 处的吸收峰为 Si—Vi 中 C—H 的对称伸缩振动吸收峰，1410cm⁻¹ 处的吸收峰为 Si—Vi 中 C—H 的对称弯曲振动吸收峰；2961cm⁻¹ 处的强吸收峰为 CH₃ 中 C—H 的伸缩振动吸收峰，1261cm⁻¹ 处的吸收峰为 CH₃ 中 C—H 的对称变形振动吸收峰。另外，3441cm⁻¹ 处的吸收峰说明硅树脂存在游离水的羟基或 Si—OH。

硅酸酯法制备 MQ 硅树脂，是由有机二硅氧烷与四官能度的正硅酸酯在醇酸介质中的水解缩聚反应：

$$—Si—OR + H_2O \longrightarrow —Si—OH + ROH$$

$$—Si—OR + HO—Si— \longrightarrow —Si—O—Si— + ROH$$

$$—Si—OH + HO—Si— \longrightarrow —Si—O—Si— + H_2O$$

显然，随着聚合不断进行，就会生成凝胶，为了避免凝胶反应的发生，需要引入单官能（即 M 基团）作封端剂，以形成分子量满足需要的 MQ 硅树脂。这种方法具有 M/Q 比易控制和分子量分布较窄等特点。

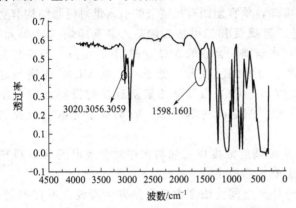

图 5-13　MQ 硅树脂的红外吸收光谱

MQ^{Vi}硅树脂制备工艺如下：将计算量的双封端、乙醇、蒸馏水与浓盐酸充分搅拌混合，70℃和加热回流的条件下将计算量的 TEOS 滴加入体系中，搅拌 1h 以上，将产物水洗至中性。加入甲苯，使产物充分溶解，再加热回流，以使聚合物中的硅醇缩合脱水。最后，在 110℃、3mmHg 下蒸除甲苯和其他小分子物质，即得无色黏稠产物。

在此反应中，应当注意，催化剂盐酸的浓度对于反应至关重要，酸的浓度如果不够大，就会使封端剂阻止硅酸酯水解聚合的反应过慢而生成凝胶。一般地，盐酸浓度在 0.91%～1.36%（质量分数）之间为宜。

用红外光谱分析仪对所合成的 MQ^{Vi} 硅树脂进行了红外光谱表征，见图 5-13。1601cm^{-1} 和 1598cm^{-1} 为—CH＝CH$_2$ 的伸缩振动吸收；3056cm^{-1}、3059cm^{-1} 和 3020cm^{-1} 为—CH＝CH$_2$ 中 C—H 的伸缩振动吸收，说明有大量的—CH＝CH$_2$ 存在；而且从图上可以看出，在 3500～3700cm^{-1} 处几乎没有吸收峰，说明几乎没有羟基存在。

若使用（ViMe$_2$Si）$_2$O 或（HMe$_2$Si）$_2$O 部分取代（Me$_3$Si）$_2$O 后，则可以得到（Me$_3$SiO$_{0.5}$）$_n$（ViMe$_2$SiO$_{0.5}$）$_b$（SiO$_2$）$_c$ 或（Me$_3$SiO$_{0.5}$）$_n$（HMe$_2$SiO$_{0.5}$）$_b$（SiO$_2$）$_c$。

另外，在液体硅橡胶中还常使用 MQ 硅树脂来补强。MQ 硅树脂是由单官能度 M 链节（R$_3$SiO$_{0.5}$）与四官能度 Q 链节（SiO$_{4×0.5}$）构成的有机硅树脂，其分子的内层为笼状的无机 SiO$_2$ 结构，而外层则被有机基团所包围。MQ 硅树脂的分子量可以通过 M 和 Q 的链节的摩尔比来调节。Q 链节越多，其分子量也就越大，但它在有机溶剂或硅生胶中的溶解度也就越差。用该树脂作为加成型液体硅橡胶的补强填料不仅有很好的补强效果，而且还能使胶料具有很好的流动性及极佳的透明度，特别适合用于配制灌封材料等。加成型液体硅橡胶所用的 MQ 硅树脂有含乙烯基的，也有含 Si—H 键的。这些功能基团一般占所有有机基团总量的 2.5%～10%（摩尔分数）。

MQ 树脂对反应的影响因素：不同乙烯基质量分数的 MQ 树脂作为填料。图 5-14 示出随乙烯基质量分数的增加，反应速度降低。

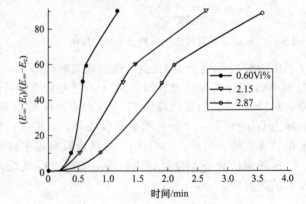

图 5-14　MQ 树脂对反应的影响

MQ 树脂用量对 RTV 力学性能的影响：含有乙烯基的 MQ 树脂与 RTV 硅橡胶相容性好，在胶料中的分散性佳，MQ 树脂中的乙烯基能够与含氢硅油发生氢硅化反应，与硅橡胶形成化学结合。与乙烯基硅油相比，MQ 树脂的分子量小，乙烯基含量高，可形成"集中交联"，从而达到补强效果。用 3 种不同乙烯基含量（0.60%、2.15%、2.87%）的 MQ 树脂作为增强填料，将其增强效果与 SiO₂ 增强作了比较（表 5-13）。结果发现，MQ 树脂具有较好的增强效果，当 MQ 树脂乙烯基含量为 2.87% 时，其拉伸强度达 6.30MPa，但与 SiO₂ 增强的硫化胶相比，其撕裂强度较差。

表 5-13 MQ 树脂与 SiO₂ 用于硅橡胶的性能比较

项目	SiO₂	MQ 树脂 0.60%	MQ 树脂 2.15%	MQ 树脂 2.87%
拉伸强度/MPa	2.58	3.28	2.33	6.30
永久变形/%	84	92	104	112
Deform/%	2.0		2.4	3.5
硬度(邵尔 A)	72	56	60	
撕裂强度/(kgf/cm)		7.25		3.35

MQ 树脂用量对 RTV 硅橡胶物理力学性能的影响如表 5-14 所示。

表 5-14 MQ 树脂用量对 RTV 硅橡胶物理力学性能的影响

MQ 树脂用量/质量份	0	5	15	20	25	30	35
硬度(邵尔 A)		27	32	33	34	34	35
拉伸强度/MPa	0.40	1.15	1.73	2.08	2.32	1.53	1.48
伸长率/%	130	125	118	112	110	89	83
剪切强度/MPa		0.23	0.26	0.28	0.32	0.33	0.34

注：n_{SiH} : n_{SiVi} = 1.3；MQ 树脂用量为 100 质量份 RTV 硅橡胶中的加入量。

由表 5-14 可以看出，随着 MQ 硅树脂用量的增加，RTV 的硬度逐渐变大，伸长率逐渐降低，拉伸强度和剪切强度则表现为先提高再降低，即当 MQ 硅树脂用量为 25 份时，拉伸强度出现最大值。这说明，含有乙烯基的 MQ 硅树脂在 RTV 中有很好的相容性和分散性，可以通过含氢聚硅氧烷交联剂与加成型室温硫化硅橡胶产生化学结合，提高硅橡胶的强度。随着 MQ 硅树脂用量的增加，硅橡胶的交联密度增大，交联趋于完善，力学性能逐渐得到改善；但当交联密度过高时，力学性能反而下降。这是因为，交联密度过高时，交联点的分布不均匀，在外力作用下，应力往往集中在少数网链上，导致橡胶断裂。当 MQ 树脂用量为 25 份时，RTV 硅橡胶的综合物理力学性能最好。

介电常数通常用于表征聚合物在外电场作用下由于分子极化引起的电能贮存，分子极性是介电常数的主要决定因素。MQ 树脂用量对 RTV 硅橡胶介电常数的影响如图 5-15 所示。

从图 5-15 可以看出，随着 MQ 树脂用量的增大，RTV 硅橡胶的介电常数先增大后趋于恒定。分析原因认为，MQ 树脂与含氢硅油发生反应，在 RTV 硅橡胶侧链上引入 Si—OH 极性基团，随着 MQ 树脂用量的增大，RTV 硅橡胶的极性增强，导致介电常数增大。随着 MQ 树脂用量的进一步增大，RTV 硅橡胶交联密度过大，交联结构限制了极性基团的活动，导致介电常数趋于恒定。尽管随着 MQ 树脂用量的增大，RTV 硅橡胶的介电常数有所增大，但仍低于一般硅橡胶。

MQ 树脂用量对 RTV 硅橡胶体积电阻率的影响如图 5-16 所示。

由图 5-16 看出，MQ 树脂在 RTV 中的用量从 5 份增大到 20 份时，RTV 硅橡胶的体积

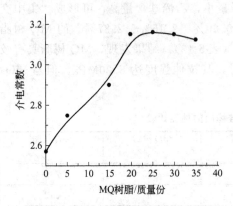

图 5-15 MQ 树脂用量对 RTV 硅橡胶
介电常数的影响

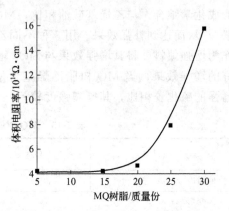

图 5-16 MQ 树脂用量对 RTV 硅橡胶
体积电阻率的影响

电阻率变化不大；其用量超过 20 份后，RTV 硅橡胶的体积电阻率明显增大，电绝缘性能显著提高。

5.2.1.4　催化剂

硅氢加成反应广泛地应用于有机硅工业。铂是硅氢加成反应中一类最有效的催化剂。其种类很多，通常采用各种形式的钯或铂及其化合物和配合物，铂的活性高，一般用铂黑、铂石棉，主要为氯铂酸配合物。如：高效的铂配合物 $Pt(0) \cdot 1.5[CH_2 = CH(CH_3)_2Si]_2O$（Karsted 催化剂）和 $Pt(0) \cdot 1.5[CH_2 = CH(CH_3)SiO]_4$（Oshby-Karsted 催化剂）等为催化剂，铂的含量在 $(5 \sim 10) \times 10^{-6}$ 之间；氯铂酸的异丙醇配合物、乙烯基硅氧烷配合物、四氢呋喃配合物等，最常用的是乙烯基铂配合物。早在 20 世纪五六十年代国内外学者就开始对其进行研究。1957 年 Speier 发现：硅氢加成反应催化剂为第八族过渡金属（如 Pt、Pd、Rh、Ru、Ni、Co 等）及其化合物或配合物，如氯铂酸（$H_2PtCl_6 \cdot 6H_2O$）的异丙醇溶液催化剂（称为 Speier 催化剂），它有着较高的催化活性，至今还在普遍使用。铂类催化剂显示了最佳催化效率，特别是将铂化合物制成能溶于聚硅氧烷的四氢呋喃或醇改性的配位化合物及甲基乙烯基硅氧烷配位化合物，其络合物开始广泛应用于硅氢加成反应。其中，四氢呋喃配位的铂催化剂催化效率最低，邻苯二甲酸二乙酯配位的铂催化剂次之，甲基乙烯基硅氧烷配位的铂催化剂催化效率最高。

（1）氯铂酸催化体系硫化硅橡胶的机理　加成型液体硅橡胶系以含乙烯基的聚二烯基硅氧烷为基础聚合物，含多个 Si—H 键的聚乙烯基硅氧烷为交联剂，在铂系催化和作用下，于室温或加热下发生硅氢加成反应，从而使线型的基础聚合物在交联剂作用下交联为三维网状结构，成为弹性体，得到立体交联结构的硅橡胶。反应式示意如下：

实际上，铂催化剂加成反应的机理比较复杂，其过程不仅仅是硅氢加成反应，同时还存在着还原反应、齐聚化反应及异构化反应，从分子水平去探讨硅氢化反应机理有一些文献综述报道。20 世纪 60 年代中期 Chalk-harrod 提出的硅氢化反应机理，是最常被引用的一种机理。它基于有机金属化学的基本步骤。其催化机理如下：

第一步，含氢聚硅氧烷首先将高价金属中心还原至低价，然后 Si—H 键对 Pt-烯烃配合物进行氧化加成形成六配位中间体，然后 H 迁移产生 Si—Pt—H 结构的配合物：

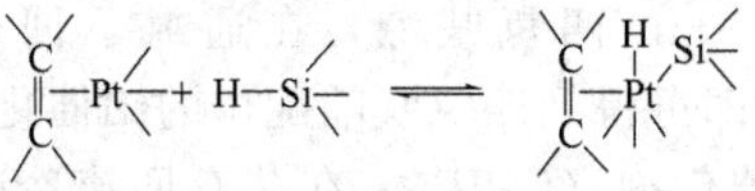

第二步，双键在 Pt 原子的配位作用下变弱，插入到 Pt—H 中，然后氢的迁移产生 σ-配合物：

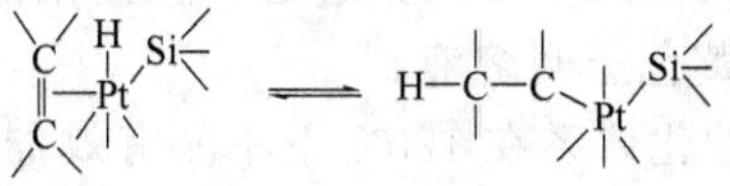

第三步，再通过还原消除，从而产生硅氢加成产物：

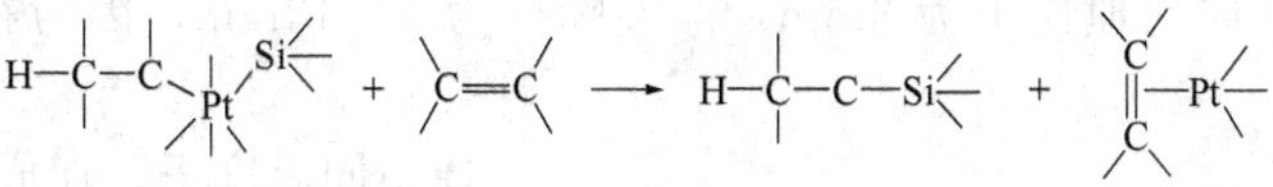

在合成铂配合物研究工作的早期，在由铂的含卤素化合物和含乙烯基的硅氧烷或硅氧烷制得的铂硅氧烷配合物中，存在着无机卤化物。当时，人们并未认识到无机卤化物的存在对铂配合物催化活性的影响。直至 20 世纪 70 年代，Karstedt 等人发现，在由铂卤化物和不饱和硅烷或硅氧烷反应所生成的铂硅氧烷配合物中，无机卤化物的存在严重影响了铂配合物的催化活性，必须尽可能地从反应产物中除去。这是铂催化剂一个很大的弱点，即其若与含 N、P、S 等元素的有机物或 Sn、Pb、Hg、Bi、As 等重金属的离子性化合物及含炔基的不饱和有机物接触时，所含的铂催化剂易中毒而使硅橡胶不能硫化。

针对铂催化剂中毒的问题，Karstedt 的发明提供了一种几乎不含无机卤化物的铂硅氧烷配合物的方法，所得的铂配合物具有较高的反应活性，其用量极小，一般地，其用量（以铂计）约为材料总重的 $(5\sim500)\times10^{-6}$，催化效率更高。也有采用有机铝化合物作为催化剂防中毒剂，同样取得了满意的效果。

由于催化剂在反应中要经历数以万次的位置转移，而且体系黏度要迅速增大，因此，催化剂在胶中的溶解度很重要。其次，催化剂的催化速度也要适当。

经典的多相催化剂是将金属铂等沉淀于活性炭和氧化铝等无机物粒子上，这种催化剂虽然稳定性比较高，容易回收，但不易溶于烃类和硅氧烷中，固体催化剂与反应混合物又不是同一相，所以不利于加成反应。

目前主要使用的是均相催化剂，这类催化剂是将氯铂酸溶于异丙醇等溶剂中，比多相催化剂易溶于反应混合物中。其中使用较普遍的是氯铂酸与链烯烃、环烷烃、醇、醛、醚等形成的配合物。因为这种催化剂比前者具有更高的活性和选择性，但大部分活性较高，使胶料硫化过快，安全操作时间短。

若以金属铂计，铂催化剂用量的最低限度应为生胶与交联剂总量的 0.1×10^{-6}。但考虑到因体系不纯而使铂中毒的情况，其实际用量一般为 $(1\sim20)\times10^{-6}$，用量过高，既不经济，又增加抑制剂的用量。

除了可溶性铂外，在加成型硫化硅橡胶催化剂中，也有其他金属催化剂的报道，如钴、钌、铑等，这些催化剂尚处于研究阶段，不一定适用于工业化生产。例如，铑的价格比铂高 10 倍左右，尽管用量可能低，但仍是不够经济的。

目前，高分子金属配合催化剂已被研制成功，它也属于多相催化剂，是由高分子载体、键合在载体上的配位基和过渡金属3部分组成。它兼具了均相配合催化剂高活性、高选择性的优点和经典多相催化剂的高稳定性、易于回收等优点，正越来越引起人们的兴趣。

(2) 催化剂的制备

① 四氢呋喃配位的铂催化剂。可在附有回流冷凝器及温度计的反应瓶中，加入1g 氯铂酸（$H_2PtCl_6 \cdot 6H_2O$）及 200mL 四氢呋喃，在通氮下回流 1h。冷却后，加入硫酸钠（Na_2SO_4）干燥，滤去固渣，即可得到四氢呋喃配位的铂催化剂溶液。

② 异丙醇配位的氯铂酸催化剂（CPIP）。在装有回流冷凝器及温度计的反应瓶中，将1g $H_2PtCl_6 \cdot 6H_2O$ 加入到 100mL 的无水异丙醇中，通氮气下，搅拌，升温至50℃回流反应 1h，反应完成后冷却，加入 $NaSO_4$ 干燥，过虑，除去铂黑固渣，并用少量异丙醇冲洗，得到异丙醇配位的铂催化剂橘黄色透明溶液。

由图 5-17 可看出，CPIP 催化体系在 120℃下不能有效催化加成型液体硅橡胶的交联固化反应。而在 150℃可以有效的实现。因此，用 CPIP 催化体系催化加成型液体硅橡胶时，应选择 150℃，硫化时间理论上为 3min，但实际应为 5～10min，因为在实际硫化实验中，传热效率较低。

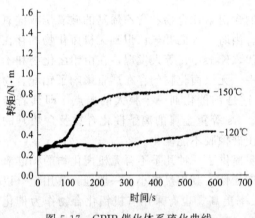

图 5-17　CPIP 催化体系硫化曲线

在不同温度下，加成型液体硅橡胶具有不同的硫化速率及硫化程度。温度越高，硫化速率越快，这从硫化曲线斜率及正硫化点位置可以看出，温度越高，硫化曲线斜率越大，正硫化时间越短。

③ 氯铂酸-邻苯二甲酸二乙酯配合物溶液。在附有回流冷凝器及温度计的 500mL 三口圆底烧瓶中，加入 1g 氯铂酸及 200mL 无水乙醇，在 N_2 的保护下升温至 80℃，回流 2h，而后降温至 40℃，在减压下蒸馏除去无水乙醇，得到黄褐色黏稠物。加入 5～10mL 氯仿，再在 30～40℃将氯仿减压除去，反应进行约十次，得到固体产物。加入 50g 邻苯二甲酸二乙酯溶解固体产物，滤去固渣，得到氯铂酸-邻苯二甲酸二乙酯配合物溶液，颜色为深棕色。邻苯二甲酸二乙酯配位的铂催化剂适于作中温加成型液体硅橡胶硫化催化剂。

④ Karstedt 型催化剂。含乙烯基硅氧烷配体 Pt(0) 配合物是常用于硅氢加成反应的一类催化剂，其典型代表为 Karstedt 催化剂 $Pt_x(M^{vi}M^{vi})$，是由双封头（$M^{vi}M^{vi}$ 为 1,3-二乙烯基四甲基二硅氧烷）与氯铂酸（H_2PtCl_6）反应制得的：

$$\diagdown\diagup Si \diagdown O \diagup Si \diagdown\diagup + H_2PtCl_6 \longrightarrow Pt_x(M^{Vi}M^{Vi})_y + M^{Vi}D_xM^{Vi} \quad Pt复合物$$

Karstedt's 催化剂为桥键和二乙烯基配体组成的 Pt(0) 配合物。Lappert 等将 Pt(0) 配合物和乙烯基硅氧烷齐聚物 [即 $Pt_x(M^{Vi}M^{Vi})_y$ 和 $M^{Vi}D_xM^{Vi}$] 简称为 "Pt 复合物"。

四甲基二乙烯基二硅氧烷配合的铂催化剂（CPDVMM）制备方法具体如下所述。

方法1：将 1g $H_2PtCl_6 \cdot 6H_2O$ 水溶液（铂含量 33%，质量分数）溶于 16g 双封头四甲基二乙烯基二硅氧烷溶于 35g 异丙醇中，并加入 10g $NaHCO_3$，在三口瓶中将此悬浮液在 70～80℃下搅拌 30min。然后将异丙醇和水在 45℃、6.66kPa(55mmHg) 条件下蒸发除去，滤去固体成分，即得产物铂乙烯基硅氧烷配位的铂配合物 1,3-二乙烯基四甲基二硅氧烷溶液。

方法 2：在装有回流冷凝器及温度计的反应瓶中，加入 50mL 异丙醇、10mL 四甲基二乙烯基二硅氧烷、10g 碳酸氢钠，逐步加入 1g $H_2PtCl_6 \cdot 6H_2O$ 的异丙醇溶液，在 100℃ 通氮气回流 1h。用 $CaCl_2$ 脱水干燥，用 3 号砂型漏斗过滤除杂质，用异丙醇洗滤饼，减压蒸馏除去多余的异丙醇。得到氯铂酸配合物 $Pt[(ViMe_2Si)_2]_2$ 及 $Pt[(ViMe_2Si)_2O][ViMe_2SiOSiMe_2OH]$。

由图 5-18 可知，CPDVMM 催化体系，在 120℃ 即可有效催化加成型液体硅橡胶的交联固化反应。从 120℃ 到 150℃，随温度升高交联速率与交联程度逐渐增大，但增值不大。所以硫化工艺条件可选为 120℃，理论硫化时间 1min，实际硫化时间为 3～5min。

四甲基二乙烯基二硅氧烷配合氯铂酸时，由于乙烯基共轭电子对填补了 Pt 的空电子轨道，使 Pt 的催化作用大大增强，所以在催化硅氢加成反应时，CPDVMM 催化体系优于 CPIP 催化体系。在一定范

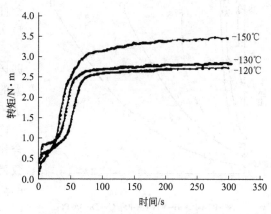

图 5-18 CPDVMM 催化体系硫化曲线

围内，随着催化剂用量增加，硅橡胶的硫化时间缩短，介电常数和介质损耗角正切增加；当 CPDVMM 催化剂质量分数为 1.15×10^{-5} 时，硅橡胶硫化良好，介电常数和介质损耗角正切较小，且随频率变化较稳定。

⑤ 多烯丙基硅（氧）烷-氯铂酸型催化剂。由 Grignard 反应合成了不同烯丙基硅烷化合物，反应式表示如下：

$$CH_2=CHCH_2MgCl + Cl_nSiR_{(4-n)} \longrightarrow (CH_2=CHCH_2)_nSiR_{(4-n)}$$

式中，$n=2$，3，4；R=Me，Ph。

即同样的制备方法，以二甲基二氯硅烷、甲基三氯硅烷、四氯化硅、二苯基二氯硅烷、苯基三氯硅烷和 1,3-二氯-四甲基二硅氧烷为原料，分别与氯丙烯反应，制备出二甲基二烯丙基硅烷（DMDA）、甲基三烯丙基硅烷（MTA）、四烯丙基硅烷（TAS）、二苯基二烯丙基硅烷（DPDA）、苯基三烯丙基硅烷（PTA）和 1,3-二烯丙基四甲基二硅氧烷（DATM）。再与氯铂酸反应制备出相应的烯丙基硅（氧）烷铂配合物。在氯丙烯与硅氯仿的加成反应中，TAS($n=4$)、DMDA($n=2$，R=Me)、MTA($n=3$，R=Me)和 DATM 的铂配合物的活性都比氯铂酸大。

这些配合物作可催化剂用于硅氢加成中，随着硅氢加成反应的进行，聚合物分子量也同时增大，最终将成为交联的网状立体结构。以反应初期的物料黏度为基数，观察黏度的增加快慢而得出不同催化剂的催化活性高低。加成型硅橡胶就是采用这一反应来使聚合物交联，根据胶的使用情况，可以把胶分为双组分室温固化、单组分室温、中温或高温固化等品种，这要求有不同活性的铂催化剂与之相适应。

图 5-19 中，曲线 A 只是一个示意图，加入 PTA-Pt 后，因物料混合后黏度上升很快，已经高出基数（2700mPa·s）许多，在 1min 之内物料就已交联固化。DVTM-Pt 为 Karstedt 催化剂，即二乙烯基四甲基二硅氧烷铂配合物，用它作催化剂时物料的固化速率稍慢，但在 5min 之内也已交联固化；TVTM-Pt 也是 Karstedt 的专利品种，为四乙烯基四甲基环四硅氧烷铂配合物，速率较慢，而速率最慢的为 DMDA-Pt。DVTM-Pt 和 TVTM-Pt

是目前工业生产加成型硅橡胶中使用较多的品种，然而随着硅橡胶品种的增加，它们已不能满足不同固化速率的要求，必需添加其他改性剂，而且 DVTM、TVTM 成本较高。几种不同铂催化剂对硅氢加成的催化速率不一，有非常快的，也有很慢的，可以根据固化速率的要求加以选用。除 DPDA-Pt 稍差外，其他的烯丙基硅（氧）烷铂配合物在硅橡胶中均有较好的相容性。

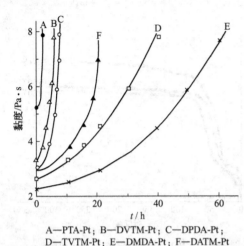

A—PTA-Pt；B—DVTM-Pt；C—DPDA-Pt；
D—TVTM-Pt；E—DMDA-Pt；F—DATM-Pt

图 5-19　含氢硅油与乙烯基硅橡胶加成反应体系黏度与时间的关系（25℃）

与室温比较同样的配方，在高温（120℃）条件下，所有的胶均能彻底固化，凝胶时间长短次序与室温时一致。

硅氢加成铂配合物催化活性的大小与配体即烯丙基（或乙烯基）硅（氧）烷的结构有很大的关系，主要取决于与铂形成配位的双键电子云密度及其分布状况。由此可知：与硅原子相连的 4 个取代碳链中烯丙基愈多，则其铂配合物催化活性越高；对于具有相同取代烯丙基数目的硅原子，苯基取代的活性大于甲基取代的活性。

⑥ 其他类型催化剂。在 20 世纪 60 年代末 70 年代初，Dow Corning 公司的 Willing 及 GE 公司的 Karstedt 发现乙烯基硅氧烷与氯铂酸反应可制得溶于有机硅的铂配合物。当时对反应中形成的铂配合物结构文献很少。20 世纪 80 年代后期，Lappert 等在研究 $Pt(COD)_2$ 与 $M^{Vi}M^{Vi}$ 反应产物后。

$$2Pt(COD)_2 + 3M^{Vi}M^{Vi} \longrightarrow Pt_2(M^{Vi}M^{Vi})_3$$

阐明了 $Pt_2(M^{Vi}M^{Vi})_3$ 的结构，它含一个 $M^{Vi}M^{Vi}$ 桥，每一个铂配合一个 $M^{Vi}M^{Vi}$ 基团。对"Pt 复合物"的 ^{195}PtNMR 图谱分析表明存在两种共振峰，Lappert 认为是由于 $Pt_2(M^{Vi}M^{Vi})_3$ 存在两种异构体，但 Lewis 则认为是由于同时存在 $Pt_2(M^{Vi}M^{Vi})_3$ 及 $Pt(M^{Vi}M^{Vi})_2$ 引起的，其反应如下：

$$2Pt(M^{Vi}M^{Vi})_2 \longrightarrow Pt_2(M^{Vi}M^{Vi})_3 + M^{Vi}M^{Vi}$$

$$Pt(M^{Vi}M^{Vi})_2 + 3M^{Vi}D_xD^{Vi} \longrightarrow Pt(M^{Vi}D_xD^{Vi})_3 + 2M^{Vi}M^{Vi}$$

当"Pt 复合物"与乙烯基封端的聚二甲基硅氧烷结合时，只观察到 ^{195}Pt 单峰。通过场解吸质谱（FDMS）分析表明，"Pt 复合物"中存在 $Pt(M^{Vi}M^{Vi})_2$ 及乙烯基封端的齐聚物（见上述 Pt 复合物反应式）。

Pt 复合物中，Pt（Ⅳ）被硅-乙烯基还原成 Pt(0)，反应中，当 $M^{Vi}M^{Vi}$ 作为还原剂时，一些硅乙烯基被转化为硅-氧基团，即 M^{Vi} 基团转化成 D（二甲基硅氧烷）基团，而乙烯基主要转化为丁二烯和乙炔，水是键合到硅上氧的来源。与此类似，当 D^{Vi} 作为还原剂时，D^{Vi} 基团被转化成 T 基团，其反应如下：

反应中，铂从 Pt（Ⅳ）转化为 Pt(0)。铂在"Pt 复合物"中，呈现零价氧化态。

Lewis 等试图观察反应过程中由乙烯基-硅还原得到的 Pt(II) 中间态。氯铂酸一般在乙醇的存在下，与 $M^{Vi}M^{Vi}$ 反应，乙醇有利于 H_2PtCl_6 的溶解。加入碳酸氢钠以除氯。加入乙醇和 NaHCO_3 都利于反应的进行。此时，"Pt 复合物" 的 ^{195}Pt NMR 的共振峰在 $6200cm^{-1}$ 处。

然而，氯铂酸在无乙醇和 NaHCO_3 存在下进行还原反应，则于 $-3470cm^{-1}$ 处观察到一宽共振峰，这可能是生成了 Pt(II) 配合物。为进一步确证 Pt(II) 配合物存在，加深对反应过程机理的了解，Lewis 等用 H_2PtCl_6 与几种不同含硅-乙烯基的试样反应 H_2PtCl_6 和二甲基二乙烯基硅烷反应，得到两种产物（其反应如下），Pt(II) 配合物和零价铂 Pt(0) 配合物。

$$H_2PtCl_4 + (CH_3)_2Si(CH_2\!\!=\!\!CH_2)_2 \xrightarrow[\substack{回流 \\ 6eq \cdot NaHCO_3}]{} Pt(II)$$

$$\xrightarrow[\text{过量NaHCO}_3]{} Pt(0)$$

将 Pt(II) 配合物分离出来，作单晶 X 射线衍射，其结构为带有氯原子桥及 $(CH_3)_2Si$ $(CH\!\!=\!\!CH_2)_2$ 配体双核配合物，而且每一个铂原子还含有一个 $\eta_1 : \eta_2 - (CH_3)_2Si(CH\!\!=\!\!CH_2)(CH_2CH_3)$ 配体。Pt(II) 配合物的 ^{195}Pt NMR 共振峰在 $-3603cm^{-1}$ 处，而 Pt(0) 配合物 ^{195}Pt NMR 共振峰在 $-6152cm^{-1}$ 处。尽管没有直接测得 Pt(0) 配合物的结构，但在含此配合物的溶液中加入 PPh_3 得到 $(M^{Vi}M^{Vi})Pt(PPh_3)$ 表明，Pt(0) 配合物为 $Pt_2(M^{Vi}M^{Vi})_x[(CH_3)_2Si(CH\!\!=\!\!CH_2)_2]_y$。

为了防止二价铂被还原成无催化活性的零价铂、催化剂失效，应避光保存。当体系中存在含 N、P、S 等毒物（抑制剂）时，铂催化剂用量要大幅增加，否则不能全硫化。遇此情况，加入相应的有机铁配合物，或事先用含氢硅油涂布含毒物的基材表面，即可解决难硫化问题。

为了实现向使用更方便的单组分型胶料发展，开发了一种微胶囊型铂催化剂体系，即热塑性树脂包封的微胶囊型铂催化剂、热塑性硅氧烷包封的微胶囊型铂催化剂等，即将铂催化剂包封在低软点 $50\sim200℃$ 树脂（包括有机树脂和硅树脂）内，并制成粒径小于 $100\mu m$ 的胶囊。在室温或较低温度下，由于铂被隔离，起不到催化作用，当温度升至高于树脂软化点后，释放出铂催化剂，从而催化加成反应，交联成弹性体。还有氨烃基聚硅氧烷配位的热敏性铂催化剂。

(3) 催化剂的影响

① 催化剂加入顺序对反应过程的影响。催化剂采用了不同的加入顺序，即催化剂分别加入到乙烯基硅橡胶和含氢硅油中，见图 5-20。当催化剂先加到乙烯基硅橡胶中，反应速率稍慢，这是因为，在乙烯基硅橡胶中存在低分子量的乙烯基聚硅氧烷，而这种物质是氢硅烷化反应的阻聚剂。因此，在合成时过量加入因而残留在铂配合物中的乙烯基硅氧烷，会降低铂配合物的活性。

若无特别说明，体系采用的乙烯基硅橡胶数均分子量为 10×10^4，乙烯基质量分数为 0.4%，含氢硅油的活泼氢质量分数为 0.5%，催化剂为氯铂酸-异丙醇催化剂 (2.5×10^{-5})，$60℃$ 条件下硫化。

② 催化剂种类、质量分数、温度对反应

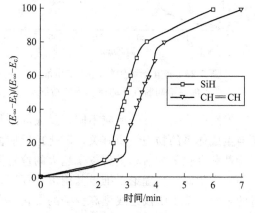

图 5-20 催化剂加入顺序对反应的影响

的影响。用数均分子量为 10×10^4、乙烯基质量分数为 0.4％乙烯基硅橡胶，活泼氢质量分数为 0.5％的含氢硅油，分别由氯铂酸-异丙醇、氯铂酸-二乙烯基四甲基硅氧烷（$NaHCO_3$）、氯铂酸-邻苯二甲酸二乙酯作催化剂（2.5×10^{-5}），60℃条件下硫化。不同催化剂在不同反应温度下反应情况，见图 5-21、图 5-22、图 5-23。

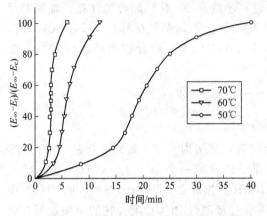

图 5-21　催化剂氯铂酸-异丙醇在不同温度下的硫化反应情况

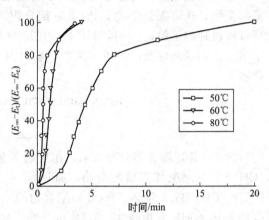

图 5-22　催化剂氯铂酸-二乙烯基四甲基硅氧烷在不同温度下的硫化反应情况

不同催化剂之间活性差异较大。从图中可以得知，在这 3 种催化剂中催化活性：

氯铂酸-二乙烯基四甲基氧烷＞氯铂酸-邻苯二甲酸二乙酯＞氯铂酸-异丙醇

催化剂在一定质量分数下，催化活性随着温度升高而升高；在一定温度下，其活性随质量分数的增加而升高，如图 5-24 所示。从所得的硫化曲线上可以看出，与天然硫化胶不同，所有的加成型硅橡胶的硫化反应呈现出为 3 个不同的反应阶段。

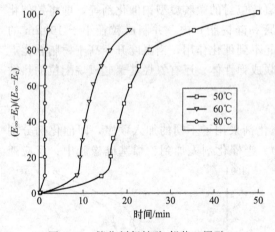

图 5-23　催化剂氯铂酸-邻苯二甲酸二乙酯在不同温度下的硫化反应情况

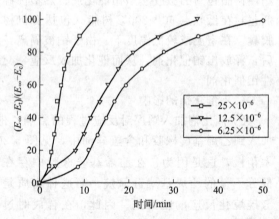

图 5-24　催化剂氯铂酸-异丙醇在不同质量分数下的硫化反应

橡胶硫化与小分子反应不同，反应的进程和速率不仅取决于官能基及活性中心的变化，还与生成体系的物理性质有关。硫化把反应体系从可流动状态变为不能活动状态，在此期间官能基和催化剂的活动受到越来越大的位置限制。把橡胶硫化看成是一个单一的反应是不正确的。古川淳二从理论上推导并用硫化仪测定了丁苯橡胶的硫化，他提出硫化分 3 个阶段进行的观念。第 1 阶段是线型高分子的支化，在此阶段橡胶模量（从其中的转子的转矩上反映出来）E 的倒数与时间作图有一直线关系。第 2 阶段为形成疏松的网络，此时模量的变化对

数与时间作图有一直线关系，符合一般的
一级反应。第 3 阶段为疏松网络中仍未反
应的官能基进一步作用，产生形成稳定的
结构。此时模量的对数与时间的对数作图

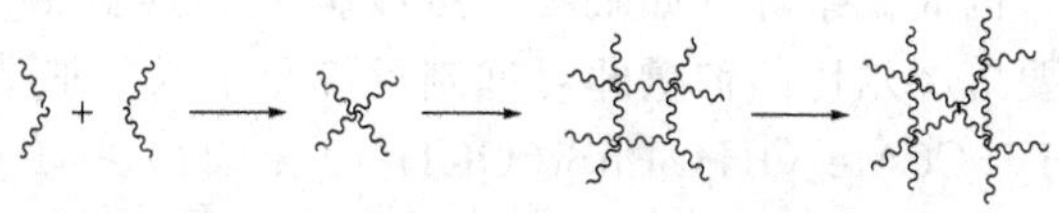

图 5-25　链增长和交联反应示意

有一直线关系。从以上 3 个直线关系可求
得 3 个反应速率常数。交联反应的 3 个过程见图 5-25。

　　李光亮等也曾用硫化仪测定了无填料的加成型硅橡胶的硫化动力学。观察到对于液体硅
橡胶的确是可以分出 3 个过程。并认为第 1 阶段用模量倒数与时间作图得一直线，相当于链
增长阶段。但是第 2、第 3 阶段却不是典型的直线关系。

　　从实验结果来看，与李光亮的结果有一定不同。当反应进行较快时，反应的 3 个阶段都
呈现出较好直线关系；但在反应速度较低时，第 2、第 3 阶段的反应与李光亮观察到的结果
类似。

5.2.1.5　反应抑制剂

　　要硅氢加成反应迅速而完全就需要催化剂活性高。但催化剂活性太高会使适用期太短，
对生产不利。因为硅橡胶与交联剂和催化剂混合后就可以在室温下反应，而胶料的混炼和加
工都需要一定的贮存期才便于使用，反应物如在操作中先期固化，就得不到所需的形状和性
质。对于单组分加成型硅橡胶更是如此，其基胶、交联剂和催化剂一经接触就可发生硅氢加
成反应，交联为弹性体。故要求催化反应在硫化前几乎不起作用，达到硫化温度就能催化硫
化反应迅速进行。为了确保液体硅橡胶有一定的贮存和控制其硫化时间，避免硅氢加成反应
太快的方法通常是加入抑制剂，抑制剂是一种不可缺少的组成物。而抑制剂的选择直接影响
到产品的稳定性、硫化速度及产品质量，因此，抑制剂的选择对于确保单组分加成型硅橡胶
的配制、存贮期和适用期是非常重要的。

　　目前的抑制剂主要是针对工业上常用的铂类催化剂，使铂类催化剂在较低的温度下中
毒，失去催化作用，升高温度又可使铂类催化剂恢复催化活性，即抑制剂与铂催化剂生成一
定组成的配合物，抑制剂、催化剂、配合物之间有一平衡，如下式所示：

铂催化剂＋抑制剂 ⥤⥢ 抑制剂·铂催化剂

　　Pt 的外层电子结构为：$5d^9 6s^1 6p^0$，其离子一般有空的 p、d 轨道，在低温下，抑制剂
与铂催化剂的 p、d 轨道或杂化轨道配位，从而使其减弱或丧失了配位催化的作用，稳定的
配位体可以减缓或抑制硅氢加成反应的发生。当温度升高时平衡趋向左方，发生上式的逆反
应——解络反应，铂的 p、d 轨道或杂化轨道被重新释放出来，从而恢复其配位催化的作用，
有利于催化剂参加硅氢加成反应。有效的抑制剂可以和胶料放置相当长的时间，只有加热到
硫化温度才分解。

　　为了延长可用时间，在密封胶中须加入微量阻聚剂，如丙烯脂或低黏度甲基乙烯基聚硅
氧烷，但硫化温度要提高到 80℃ 以上。

　　而事实上，某些物质会使催化剂产生不可逆中毒（永久中毒），造成硫化过程无法正常
进行。为确保加成型液体硅橡胶的存贮期及适用期，长期以来人们致力于开发在室温或较低
温度下，能延迟氢硅化加成反应的抑制剂，以满足生产和应用之需。原则上讲，凡能使铂催
化剂中毒，阻止硫化或降低硫化速度的物质，均可用作反应抑制剂。反应抑制剂用于调节硫
化速度、延长使用期、贮存稳定性，抑制剂能与铂催化剂生成一定形式的配合物，可使用反
应抑制剂来控制固化时硅氢化反应的诱导期，有效的抑制剂可以和胶料放置相当长的时间，
只有加热到一定硫化温度才能硫化。在给电子溶剂或有机碱中硅氢加成反应甚慢或者不发

生，因此氮杂环（如吡啶）可以抑制反应到 80℃ 以上发生。用碱性更强的冠醚与铂配合，只要等摩尔比的剂量即可抑制反应至 100℃ 进行。较有效的抑制剂是不饱和有机化合物，如 $CH\!=\!CCMe_2OH$，$PhSi(OCH_2C\!=\!CH)$、$Me_3SiO(SiMeHO)_2SiMe(CH\!=\!CHCMe_2OH)OSiMe_3$、马来酸酯、富马酸酯、炔类化合物如丁炔二酸酯、3-甲基-1-丁炔-3-醇、1-乙炔基环己醇、3-苯基-1-丁炔-3-醇、3,5-丙基-1-辛炔-3-醇等，还有含氮、含磷和含硫化合物如偶氮二羰基和三唑啉二酮衍生物、氧化胺、膦、亚磷酸酯、亚砜、过氧化物、氢过氧化物等。

（1）抑制剂的分类　抑制剂可分两类。一类是作为添加剂加入胶料中，与铂作用抑制其活性，添加型抑制剂的抑制机理主要是与铂催化剂形成比较稳定的配合物，以减缓或抑制硅氢加成反应的发生。抑制剂加入胶料中后，室温下能与催化剂分子中的铂原子形成配位键，从而防止 $SiCH\!=\!CH_2$ 基或 Si—H 基同时参加配位。在加热至硫化温度后，抑制剂的配位键减弱或分解，$SiCH\!=\!CH_2$ 基与 Si—H 基即可快速发生交联反应；另一类是事先制成具有抑制性配位体的络合物（复合催化剂），从而抑制铂的催化活性。使用较普遍的是相容性好的炔醇类化合物、含氮化合物（如肼）、有机过氧化物、金属盐（如 Sn 盐）、含磷化合物等。一般加入量为胶料质量的 1%～5%。

按照抑制剂的挥发性分类也可分为两类：一类是挥发性的，如吡啶、丙烯腈、2-乙烯基异丙醇、全氯乙烯等，利用其挥发性把它们从胶料中去除后，硅橡胶就可发生硅氢加成反应交联为弹性体；另一类是难挥发或不挥发性的，如有机膦化合物、苯并三氮唑、金属盐、烯基硅氧烷、不饱和氨基化合物等，对于这类抑制剂，通过加热使催化剂恢复活性，从而使胶料通过硅氢加成反应交联为弹性体。

（2）能使铂催化剂中毒的毒物

① 具有未共享电子对的非金属及其化合物类抑制剂。主要是指含 N、P、O、S 等及其化合物；毒性大小取决于空价轨道或未共享电子对的可利用程度。由于此类物质具有未共享电子对且电负性大，易与催化剂中金属离子成键，从而破坏催化剂的结构并使之失效。如：甲肼、苯肼、四甲基胍羧酸酯、亚磷酸三苯酯、二甲亚砜、三苯基膦、三丁基胺、苯并三氮唑、丙烯腈、氢化吡啶、偶氮二羰基化合物、异氰化合物及其改变异氰化合物上的取代基等化合物均属于此类抑制剂。

含氮化合物抑制剂是品种最多的一类抑制剂，多用于中温和高温硫化硅橡胶。其中，肼类是效果较好的抑制剂，当用量为铂催化剂的 15% 时，可使贮存期达 6 个月以上，其至在 70℃ 时也可达 6 个月。氨基硅氧烷也是一种较好的抑制剂，主要用于高温加成型硫化硅橡胶，它不仅能使胶料具有安全操作时间，而且与胶料相容性好，使组成物均匀固化。硅氨烷类既是抑制剂，又参与同氢基硅氧烷的加成反应，成为硫化胶的一部分。

偶氮类抑制剂，如下式 1 所示，其中 R 是有机基团（可含 O、S、N 等杂原子）；如果 R 是一个吸电基团则具有更好的抑制效果，如下式 2 所示，X 代表吸电基团；X 为羰基时，可进一步表示为式 3 所示，R' 为 $C_{1\sim6}$、$C_{6\sim13}$ 芳基或 $-N\!-\!(C_{1\sim13})_2$。

有机膦抑制剂：

式中，R^1、R^2、R^3 是烷基、芳基、烷氧基等各种有机基团，可以相同也可以不同。

含硫硅氧烷抑制剂：

$$[CH_3SCH_2CH_2\overset{\overset{O}{\|}}{\underset{\underset{(CH_3)_2}{\|}}{Si}}]_2O \qquad [C_6H_5SCH_2CH_2\overset{\overset{O}{\|}}{\underset{\underset{(CH_3)_2}{\|}}{Si}}]_2O$$

$$[CH_3SCH_2\overset{\overset{O}{\|}}{\underset{\underset{(CH_3)_2}{\|}}{Si}}]_2O \qquad [\text{(naphthyl)}SCH_2CH_2\overset{\overset{O}{\|}}{\underset{\underset{(CH_3)_2}{\|}}{Si}}]_2O$$

② 重金属离子化合物类抑制剂。主要是指具有已占 d 轨道，且 d 轨道上有与催化剂空轨道作用的成对电子的金属离子。如：Sn、Pb、Hg、Bi、As 等重金属离子化合物。由于环境污染及毒性等原因，使用以上金属盐作为抑制剂的报道较少。

如二价锡的盐类、三价铋盐、汞盐、铜盐和亚铜盐等。常用的锡盐包括：锡的卤化物（包括氟、氯、溴、碘化物）（氯化锡）、硝酸锡、硫酸锡、醋酸锡、柠檬酸锡、苯甲酸锡等；常用的铋盐包括：三卤化铋（包括氟、氯、溴、碘化物）（三氯化铋），硫酸铋、乙酸铋、苯甲酸铋、甲酸铋等；常用的汞盐、铜盐、亚铜盐的阴离子，基本与锡、铋的阴离子相同，在此就不一一列举。

③ 不饱和化合物类抑制剂。主要是指其分子中的不饱和键能提供 π 电子对与催化剂金属离子的 d 轨道成键，从而破坏催化剂的结构并使其失效。现在常用有：含炔基及多乙烯基化合物（主要是炔醇）、含乙烯硅氧烷、马来酸及其衍生物、富马酸及其衍生物或有机过氧化物等，添加量一般为胶料质量的 1%～5%。

炔类化合物（如单纯的炔类或炔醇、炔酯、炔酮等）抑制剂如下式所示：

$$C_4H_9-\langle\text{benzene}\rangle-(CH_2)_8C\equiv CH \qquad HC\equiv C(CH_2)_{12}\overset{\overset{OH}{\|}}{CH}CH_3$$

$$C_8H_{17}\overset{\overset{O}{\|}}{C}CH_2CH_2C\!=\!CH\underset{\underset{C_4H_9}{\|}}{C}HCHCH_2C\equiv CH \qquad CH_3\overset{\overset{O}{\|}}{C}O(CH_2CH_2O)_{20}CH_2C\equiv CH$$

炔醇类抑制剂是一类可挥发性的抑制剂。如炔基环己醇，又名乙炔基环己醇；是一种透明有芳香气味的液体，抑制其中的铂金催化系统，对铂催化硅氢加成反应具有高效抑制或延迟的作用。用作抑制剂时可以使乙烯基组分、硅氢组分和催化剂一起混合密封于容器中，制成单组分，常温下（20℃）长时间不交联或延迟交联，而使用时开封使抑制剂在室温或高温下挥发掉，就能使胶料快速硫化交联，炔基环己醇与硅橡胶相容性很好，气味又小，主要用于加成型液体硅橡胶，加成型混炼硅橡胶，加成型硅树脂，硅橡胶油墨，硅橡胶喷涂油，国外液体注射硅橡胶都使用该产品。其使用方法：先将本产品配成 50% 浓度的溶液溶解后再添加，溶剂可用甲苯，含氢硅油等。使用量：1‰～0.5‰。

在不同的催化条件下，丙炔醇和苯乙炔作为加成型高温硫化硅橡胶硫化抑制剂的试验结果：当丙炔醇和苯乙炔用量为 0.5%～1.0% 时，使用异丙醇-氯铂酸（Pt）催化剂，胶料在室温放置 82 天后，硫化胶的力学性能仍然很好；在高活性四甲基二乙烯二硅氧烷-Pt 配合物催化条件下，丙炔醇用量为 0.1%～0.5% 时，胶料放置 6 天后，硫化胶的力学性能仍能达到高强度水平。也可采用分子量较大的炔醇类化合物来改善胶料的存贮性能。

含炔基的聚乙烯基醚抑制剂，比一般的炔基化合物能更好的控制硅氢加成反应，其的浓度和结构（如炔基的含量）都影响硅氢加成反应催化剂的活性。结构如下所示：

$$\underset{\underset{\underset{H_2\ H}{|\ \ |}}{+C-C+_n}}{\overset{\overset{O-CH_2CH_2CH_2CH_2-O-C\equiv CH}{|}}{}}$$

用环甲基乙烯基硅氧烷、炔醇（如 3,5-二甲基-1-己炔-3-醇）作为联合抑制剂；或用每分子至少含有三个硅氢键的硅氧烷、炔醇（如 3-甲基-1-丁炔-3-醇）和铂催化剂进行反应制得配合物，可同时起交联剂、催化剂和抑制剂的作用；用了一种聚硅氧烷为抑制剂，分子式如：

$$R^1R^2MeSi(OSiMeR^3)_x[OSiR^4Vi]_y]_zOSiR^1R^2Me$$

式中，R^1 代表甲基、乙基、苯基、或—$CH_2CH_2R^5$，R^2 代表甲基或乙烯基，R^3、R^4 可从 R^1 范围中任选，R^5 代表含有 1～8 个碳的全氟烷基，$x \geqslant 4$，$2 \leqslant y \leqslant 5$，$z \geqslant 1$。通过与不饱和聚硅氧烷的比例来调节所需的硫化的速度。

含烯基、氢基聚硅氧烷的抑制剂：

$$(CH_3)_3SiOSi—O—Si—O—SiH—OSi(CH_3)_3$$

主要是将乙烯基生胶和含氢硅油这 2 个传统加成型硅橡胶的基本原料改为聚（甲基乙烯基-甲基氢）硅氧烷单组分硫化体系，使分子间和分子内同时发生交联形成硅橡胶。采用这种方法能使硫化速率变慢，温度提高，并使硫化胶有较高的气体渗透性和较好的透气选择性。

过氧化物抑制剂也是一种效果较好的抑制剂，可使单组分加成硫化硅橡胶活性期长达 6～12，使双组分活性期达几周，高温加成硫化胶料具有足够的安全操作时间。对于高温加成胶来说，在低于硫化温度时，过氧化物起抑制作用，在硫化温度上，它能加速加成反应。

1,4-二羰基不饱和脂肪酸对硅氢加成有很好的抑制作用，分子式：

$$HOC—R^2—CX—R^3$$

式中，R^2 代表含有两个碳不饱和烃，如亚乙烯基、亚乙炔基等，R^3 代表含有 1～12 个碳的饱和烃或不饱和烃。X 代表—O—或—N(R^4)—，R^4 也代表含有 1～12 个碳的饱和烃或不饱和烃。

马来酸二烯丙酯抑制剂的合成工艺：将 20g 苯和 67g 烯丙醇加入 250mL 四口烧瓶，投入 50g 马来酸酐。在搅拌的情况下滴入 2g 浓硫酸。加料后通氮气保护，并将温度升到 75℃ 左右。蒸汽温度 65℃ 左右。水处于分水器下层，随时排出；烯丙醇和苯回流进入反应器。当蒸汽温度升至 68.2℃，且水位不再上升时，酯化反应完全。5～6h 后，将 250mL 四口烧瓶内继续加热至 96～100℃，大部分苯及烯丙醇已被蒸出，再将反应物降至室温，加入相对密度 1.05～1.06 的碳酸钠水溶液处理，使酯化物 pH 值至 5.6，静置分层 4～6h。放出下层废水。将马来酸二烯丙酯粗品倒回 250mL 四口烧瓶蒸馏，在 560～660mmHg，100℃ 以下将苯和烯丙醇蒸出；再在 160mmHg 以下升温至 135℃，蒸馏半小时，降温冷却即得马来酸二烯丙酯。

含有炔基的马来酸、富马酸及其衍生物作硅氢加成的抑制剂，来制备室温下可以稳定保存的加成型硅橡胶，分子式如下：

$$R^1O_2C—C=C—CO_2R^2$$

式中，R^1 为含有炔基的有机基团，R^2 可以是氢、一般的有机基团或是与 R^1 相同。本类抑制剂可以单独或是与其他抑制剂组合使用于液体注射成型硅橡胶，添加量为 0.01‰～5‰。

将 Karstedt 催化剂 Pt(M^{Vi}M^{Vi}) 分别与富马酸二甲酯和马来酸二甲酯反应，得到的产物用 ¹HNMR、¹³CNMR 及 WXAFS 进行结构分析表明产物是单核的铂化合物，结构分别如下所示：

即"Pt 复合物"与四倍当量的富马酸二甲酯反应，则得到铂-富马酸酯配合物，反应如下：

富马酸二甲酯

采用抑制剂，有利于降低和控制胶料的硫化速度，延长硫化体系的适用期，满足工艺作业的要求。

各种抑制剂对加成型硅橡胶的硫化反应均有一定的抑制作用，但抑制效果不尽相同。如 2-甲基-3-炔-2-醇、3-甲基-1-炔-3-醇、乙炔基环己醇、马来酸二烯丙酯、富马酸二乙酯的抑制效果较好，室温下的初期硫化（焦烧）时间均超过 24h，使用这些抑制剂可有比较充分的操作时间，因此适合于作高温硫化加成型硅橡胶的抑制剂；而苯乙炔、二甲基亚砜、二苯基亚砜、过氧化叔丁基和乙烯基环体的抑制作用相对较差，室温下存放 0.5～2h 便出现焦烧，若使用这几种化合物作抑制剂，显然不适合。

（3）抑制剂对加成型硅橡胶力学性能及工艺性能的影响　加成型硅橡胶最突出的优点就是硫化过程中没有副产物产生，硫化胶的力学性能较高，故加成型硅橡胶多用于制备高强度硅橡胶制品。抑制剂因为添加量很少，应该不会对硅橡胶的力学性能造成很大影响；添加抑制剂之所以对硅橡胶力学性能造成影响，主要是因为抑制剂选择不当或使用不当。

采用炔醇类抑制剂的硅橡胶力学性能较高，但炔醇类抑制剂的最大缺点是极易挥发，易造成胶料的贮存稳定性大大降低，同时用量难以准确控制；使用苯乙炔、二甲基亚砜和过氧化叔丁基的硅橡胶力学性能相对较低，且抑制作用较差，添加量较大，否则易造成胶料因过早焦烧而出现褶皱等缺陷，使用这几种抑制剂将导致硅橡胶力学性能降低；使用二苯基亚砜的硅橡胶虽然力学性能较优，但由于凝胶及硫化时间很短，贮存稳定性相对较差；乙炔环己醇的抑制效果较好，室温下也不易挥发，并能制得力学性能较好的硅橡胶，其主要缺点是凝固点低，温度低于 30℃便会凝固成固体结晶物，并从混炼胶中析出，从而影响胶料的贮存稳定性；马来酸二烯丙酯和富马酸二乙酯的抑制效果较好，挥发性也较低，使用这两种抑制剂的硅橡胶不但力学性能较好，而且贮存稳定性较好；使用乙烯基环体的硅橡胶由于乙烯基环体中的乙烯基参与了加成反应，因此乙烯基环体的用量对加成型硅橡胶性能的影响比较明显。因此，比较适宜作高温硫化加成型硅橡胶抑制剂的化合物是马来酸二烯丙酯和富马酸二乙酯，使用这两种抑制剂的硅橡胶力学性能和加工性能均较好。

（4）常用的抑制剂　硅氢加成反应中常用的抑制剂有炔醇类、含氮化合物（如肼）、过氧化物、金属盐（如 Sn 盐）、含磷化合物等，见表 5-15。

表 5-15　硅氢加成反应中常用的抑制剂

抑制剂	抑制剂
3-甲基-1-丁炔-3-醇，$HC \equiv C-\overset{OH}{\underset{\vert}{C}Me_2}$	甲肼，$MeHN-NH_2$
1-丁炔环己醇，$HC \equiv C-\bigcirc-OH$	苯肼，$PhHN-NH_2$
3-苯基-1-丁炔-3-醇，$HC \equiv C-\overset{OH}{\underset{\vert}{C}MePh}$	四甲基胍羧酸酯，$(Me_2N)_2C=NCOOH$
3-丙基-1-丁炔-3-醇，$HC \equiv C-\overset{OH}{\underset{\vert}{C}MePr}$	Sn^{2+}、Hg^{2+}、Bi^{3+} 的盐类
3-辛基-1-丁炔-3-醇，$HC \equiv C-\overset{OH}{\underset{\vert}{C}MeC_8H_{17}}$	全氯乙烯，$Cl_2C=CCl_2$ 叔丁基过氧化氢，$t\text{-}BuOOH$
1-二甲氢硅氧基-1-乙炔基-环己烷 $HMe_2SiOC \equiv C-\bigcirc$	双(2-甲氧基乙基)马来酸酯， $(:CHCOOC_2H_4OCH_3)_2$
四甲基四乙烯基环四硅氧烷，$(MeViSiO)_4$	乙酸乙烯酯-马来酸二烯丙酯， CH_3COOVi-$(:CHCOOC_3H_5)_2$
2,2'-联吡啶，$C_5H_4N-C_5H_4N$	丙二烯衍生物，$AcOCHMeCH=C=CHCH_3$
N-二甲基甲酰胺，$HC\overset{O}{\underset{\Vert}{}}-NMe_2$	三苯基膦，Ph_3P
喹啉，C_9H_7N	亚磷酸三苯酯，$(PhO)_3P$
氧化胺，R_3NO	二甲亚砜，Me_2SO
N,N,N',N'-四甲基乙二胺，$Me_2NC_2H_4NMe_2$	亚砜类，R_2SO

对于液体硅橡胶来说，催化剂加在 A 组分中，而 A 和 B 组分中都含有抑制剂。重要的是，催化剂和抑制剂的含量应该使液体硅橡胶在常温下几乎无硫化反应，而在高温下的硫化速度却很快。图 5-26 和图 5-27 中显示的是一种典型液体硅橡胶在不同温度下的硫化特性。可以看到，当 A 和 B 两组分在室温混合后，要过 70～100h 后才能有明显的硫化度。在 −20℃ 时，可以认为无任何硫化反应迹象。而 180℃ 时，硫化反应可在几十秒钟内完成。

5.2.1.6　其他的添加剂

为了赋予加成型液体硅橡胶各种特性以满足用户要求，还常常选用并加入各种添加剂，是改善硫化胶性能的重要途径。有机颜（染）料或无机颜料（如 TiO_2、Fe_2O_3、钴蓝、铬黄、氧化铝等）等着色剂可得到不同颜色的加成硫化硅橡胶；加入炭黑可使加成硫化硅橡胶用作半导体材料等；碱土金属、稀土元素和某些过渡金属（Ce、Fe 等）的氧化物或氢氧化物及这些金属的辛酸盐作耐热添加剂，可显著提高加成硫化硅橡胶的耐热性能；用氯铂酸催化剂或加入石英粉等阻燃填料，能提高阻燃性能；钛酸酯或硼酸与有机多官能基硅烷的反应物作增黏剂；二甲基硅油及硅生胶等作流动性调节剂或脱膜剂；Al_2O_3、SiO_2 导热性填料以割取导热性加成型硅橡胶；金属粉末以获得导电性加成型硅橡胶等。

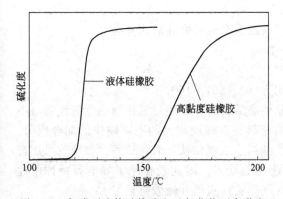

图 5-26　加成型液体硅橡胶和过氧化物型高黏度
　　　　硅橡胶的非等温硫化性能比较

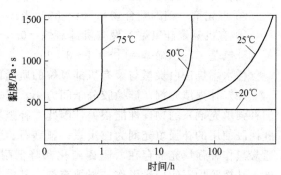

图 5-27　一种液体硅橡胶的黏度在不同
　　　　温度下和硫化时间的关系

　　上述包括生胶在内的各种配合剂都是分成两个组分供应的，使用时将两个组分混合，在一定的条件下硫化成型，这一点与缩合型硫化硅橡胶的制备相同。

5.2.2　加成型液体硅橡胶的硫化机理

　　加成型硫化硅橡胶的硫化机理是基于有机硅生胶端基上的乙烯基（或丙烯基）和交联剂分子上的硅氢基（ $-\overset{|}{\underset{|}{Si}}-H$ ）发生加成反应（氢硅化反应）来完成的。其反应过程可由下式表示：

$$\text{CH}_3 \quad\quad\quad \text{CH}_3 \qquad\qquad\qquad \text{CH}_3\text{H H CH}_3$$
$$\text{O}-\underset{\text{CH}_3}{\overset{|}{\underset{|}{Si}}}-\text{CH}\text{=}\text{CH}_2 + \text{H}-\underset{\text{CH}_3}{\overset{|}{\underset{|}{Si}}}-\text{O} \xrightarrow{\text{PtCat}} \text{O}-\underset{\text{CH}_3}{\overset{|}{\underset{|}{Si}}}-\underset{\text{H}}{\overset{|}{\underset{|}{C}}}-\underset{\text{H}}{\overset{|}{\underset{|}{C}}}-\underset{\text{CH}_3}{\overset{|}{\underset{|}{Si}}}-\text{O}$$

或

$$\cdots-\text{O}-\underset{\text{CH}_3}{\overset{\text{CH}_3}{\underset{|}{Si}}}-\text{O}-\underset{\text{CH=CH}_2}{\overset{\text{CH}_3}{\underset{|}{Si}}}-\text{O}-\cdots + \cdots-\text{O}-\underset{\text{H}}{\overset{\text{H}}{\underset{|}{Si}}}-\text{O}-\underset{\text{CH}_3}{\overset{\text{CH}_3}{\underset{|}{Si}}}-\text{O}-\cdots \xrightarrow{\text{PtCat}}$$

　　在该反应中，含氢化物官能的聚硅氧烷用作交联剂（硫化剂），氯铂酸或其他的可溶性的铂化合物用作催化剂。硫化反应是在室温下进行的，不放出副产物。

5.2.3　加成型室温硫化硅橡胶的配方

　　（1）加成硫化型聚有机硅氧烷组分

　　① 聚有机硅氧烷。分子中至少含有两个乙烯基，最好分子链两端都存在乙烯基；

　　分子式为 $\text{ViMe}_2\text{SiO}(\text{Me}_2\text{SiO})\text{SiMe}_2\text{Vi}$ ；

　　黏度为 $500\sim5000000$ ；

　　分子链为直链或支链结构。

　　② 氢聚硅氧烷。平均每个分子至少含两个硅氢基，化合物为液态；

　　分子式为 $\text{R}_3\text{SiO}(\text{R}_2\text{SiO})_n\text{SiR}_3$ ，R 为 Me 或 H；

　　化合物中硅氢基数目为 $2\sim300$ ，最好为 $2.5\sim100$ ；

　　化合物黏度为 $0.5\sim5000\text{mPa·s}$ ；

化合物可为直链、支链、环状或三维结构。

③ 催化剂（铂的配合物）。$(1\sim300)\times10^{-6}$（以为有机氢聚硅氧烷基准）。

④ 有机氢聚硅氧烷：聚有机硅氧烷＝$0.5\sim100$；

硅氢基：硅乙烯基＝$0.8:1\sim3:1$；

憎水燃烧法白炭黑与聚有机硅氧烷的质量比为$(2\sim80):100$。

（2）补强填充剂　硅橡胶分子间力小，属非结晶结构胶种，用过氧化物硫化的纯胶（不加补强填充剂）的物理性能很差，因此，补强填充剂是硅橡胶制品的不可缺少的配合成分。硅橡胶使用的补强填充剂为白炭黑、氟镁石、碳酸钙、二氧化钛、氧化锌等。硅橡胶采用普通炭黑作补强填充剂存在着阻碍硫化和降低耐热性等缺点。因此现在除了导电等特种用途外，硅橡胶均不使用炭黑作补强填充剂。其中，气相法白炭黑补强效果最好。

白炭黑表面重均含碳量为$3\%\sim20\%$，最好为$3.5\%\sim8\%$。

白炭黑由烷基硅氮烷或硅烷偶联剂处理，此过程可在配料前单独进行，也可在配料后作为结构控制剂进行。

比表面积大于$50m^2/g$。

（3）添加剂

① 白炭黑二次处理剂。在聚有机硅氧烷组分与白炭黑混合时加入，加入量为白炭黑重量的$0.5\%\sim10\%$。白炭黑二次处理剂与预处理剂为同一化合物。

② 加成反应控制剂。处理工艺可分为干法和湿法。干法是将干燥的白炭黑与有机物的蒸气接触并反应，湿法是将白炭黑与改性剂一起加热使改性剂沸腾回流。早期的处理方法多采用湿法，但随着超微细粒子硫化态技术的发展，用干法同样可以达到湿法的物料接触状况，并且干法处理装置可以直接连在气相法白炭黑生产装置的前后，既经济又实用，还可避免湿法中有机溶剂易造成污染的问题，表面处理剂的种类也很多，常用的有氯硅烷类、硅烷偶联剂类、环状聚硅氧烷、醇类等，其中六甲基二硅氮烷是较常用、效果较好的一种表面处理剂。

③ 结构控制剂。加入结构控制剂可以延缓胶料的结构化，增大胶料贮存时间，增强可加工性。

④ 填料。硅橡胶增强用矿物粉体制备的关键问题是矿物粉体与橡胶基体的相互作用。结果表明，滑石、石英和硅灰石对硅橡胶基体具有较好的增强作用。粒径小、比面积大、长径比大等粉体性质好的填料，其增强性能高。界面黏附力与界面张力比值大的复合材料的力学性能好。具有表面活性基团（通过表面改性）、表面缺陷和适量的表面羟基是提高粉体增强性能的重要因素。

另外，还有染料、耐热剂、阻燃剂、增塑剂等。

加成型双组分室温硫化硅橡胶的包装方式与缩合型双组分室温硫化硅橡胶基本相同，一般是分 M、N 两种组分进行包装，通常是将含乙烯基官能团的有机硅聚合物——硅生胶、填料、交联剂作为一个组分包装，催化剂单独作为另一个组分包装，或采用其他的组合方式，但必须把催化剂和交联剂分开包装，其分装形式有两种：

分装形式	A组分	B组分
1	硅生胶、填料、交联剂、添加剂	催化剂
2	硅生胶、填料、交联剂、抑制剂	硅生胶、填料、催化剂、添加剂

无论采用何种包装方式，只有当两种组分完全混合在一起时才开始发生含乙烯基官能团

的硅橡胶与交联剂之间发生加成反应而形成交联结构，但其硫化反应不是靠空气中的水分，而是靠催化剂来进行引发。第1种，它可以通过改变催化剂的用量来控制固化速率，缺点是因催化剂用量少，使用时易造成用量误差；第2种，包装形式主要是为了分成等质量的两个组分，以方便使用，适于无条件精细称量的施工现场，如建筑工地，但灵活性较差，是商品的主要包装形式。

由于在交联过程中不放出低分子物，因此加成型室温硫化硅橡胶在硫化过程中不产生收缩。这一类硫化胶无毒、机械强度高、具有卓越的抗水解稳定性（即使在高压蒸汽下）、良好的低压缩形变、低燃烧性、可深度硫化以及硫化速度可以用温度来控制等优点，因此是大力发展的一类硅橡胶。加成型双组分室温硫化硅橡胶的一般性典型配方及典型性质如下文所述。

典型配方：

乙烯基硅橡胶（850mPa·s）	100	气相 SiO_2	30
含氢硅油（25mPa·s）	3	2％乙烯基双封端剂-Pt 配合物	0.5

典型性质：

硬度（邵尔 A）	20～80	伸长率/%	175～1200
强度/（kgf/cm²）	55～90	撕裂强度（B法）/（kgf/cm）	14～27

加成型双组分室温硫化硅橡胶的最基本最简单的配方：

乙烯基硅橡胶（5000mPa·s）	100	乙烯基硅氧烷铂配合物	0.14
含氢硅油（50mPa·s）	2		

把50份乙烯基硅橡胶与2份含氢硅油混匀组成 A 组分，把50份乙烯基硅橡胶与0.14份乙烯基硅氧烷铂配合物组成 B 组分，使用时将 A、B 两组分于室温下混合，即能硫化成透明弹性体。

配制时是否采用填料，使用 MQ 硅树脂、白炭黑或二氧化钛、炭黑等，则主要取决于用途。但配制透明级产品，需用硅树脂填料。

表 5-16 是一类常用加成型高温硫化模压硅橡胶配方，根据白炭黑加入量不同，产品硬度范围可以是邵尔 A50～80。

表 5-16　常用加成型高温硫化模压硅橡胶配方

硅橡胶组分	配比（质量份）	硅橡胶组分	配比（质量份）
生胶（110）	100	含氢硅油	0.5～1.0
白炭黑（沉淀法）	40～75	多乙烯基硅油（C胶）	0.5～2.0
羟基硅油	2.5～6.5	内脱模剂	0.2～0.4

5.2.4　加工

加成型室温硫化硅橡胶的配制方法，原则上与缩合型室温硅橡胶相似，但必须避免与铂催化剂毒物接触，保持设备流程系统干净。

例：对添加乙烯基 MQ 硅树脂的硅橡胶，应先将乙烯基 MQ 硅树脂溶解于乙烯基硅油中，直至乙烯基硅油均一透明；对添加白炭黑填料补强的硅橡胶，应先将白炭黑加入乙烯基硅油中充分搅拌，然后放置一段时间再搅拌，反复几次，使填料在乙烯基硅油中充分分散。待树脂溶解或填料分散完全后，加入催化剂搅拌均匀，然后再加入交联剂（含氢硅油）混合均匀。把混匀的胶料置于真空干燥箱中抽真空排泡，快速反复几次，把气泡完全排尽。排泡完成后将胶料浇注到涂有脱模剂的模具中硫化。

（1）计量配合　虽然在配合胶料中已经加入了适当的反应抑制剂，如果存放条件不妥当，仍有可能导致室温下部分橡胶产生硫化。因此，通常都是把胶料分成两个配合组分：一种含有催化剂；另一种含有交联剂，以 1∶1 配合。

（2）硫化　液态硅橡胶的硫化反应属于加成型，反应式如下：

$$-Si-CH=CH_2 + H-Si- \xrightarrow{\text{铂化合物}} -Si-CH_2-CH_2-Si-$$

一部分在侧链的乙烯基则可能发生与乙烯基硅橡胶类似的交联反应。

液态硅橡胶能在高温下以很快的速率进行硫化，而又不致焦烧。液态硅橡胶硫化的最大特点就是高温快速。据 Dow Corning 公司的资料，一个 7g 制件的多孔模，在连续作业中，整个进模、硫化及出模的时间仅需 20～30s，是一般橡胶的所谓快速硫化的 1/20～1/10。

（3）注射模压　液态硅橡胶的注射模压既不同于普通硅橡胶，也不同于塑料。与其他橡胶注压相比，在注压前液态硅橡胶不需要塑化，黏度低得多，而硫化极快。与塑料相比，液态硅橡胶的黏度和塑料的"熔融"黏度相近，但它是热固性的，而不是热塑性的。

从工艺上看，液态硅橡胶主要应用在注压、挤出和涂覆方面。主要的挤出制品是电线、电缆；涂覆制品是以各种材料为底衬的硅橡胶布或以纺织品补强的薄膜；注压则为各种模型制品。由于其流动性能好，强度高，更适宜制作模具和浇注仿古艺术品。因为硫化中没有交联剂等副产品逸出，生胶的纯度很高且生产过程中洁净卫生，液态硅橡胶尤其适合制造要求高的医用制品。

5.3　应用

加成型室温硫化硅橡胶有弹性硅凝胶和硅橡胶之分，前者机械强度较低，而后者强度较高。有机硅凝胶中一般不含或含很少量的填料，所以其透明度相当高。而且这种凝胶可在 −65～200℃ 温度范围内长期保持弹性，它具有优良的电气性能和化学稳定性能、耐水、耐臭氧、耐气候老化、憎水、防潮、防震、无腐蚀，且具有生理惰性、无毒、无味、易于灌注、能深部硫化、线收缩率低、操作简单等优点。所以，硅凝胶在医疗保健、电子工业、汽车工业等领域有广泛的应用。

有机硅凝胶在电子工业中广泛用作电子元器件的防潮、防震、绝缘的涂覆及灌封材料，对电子元件及组合件起防尘、防潮、防震及绝缘的作用。而且由于透明度高，可以很容易用探针检测出元件的故障，进行更换，而损坏了的硅凝胶可再灌封修补。有机硅凝胶由于纯度高，使用方便，又有一定的弹性，因此是一种理想的晶体管及集成电路的内涂覆材料，可提高半导体器件的合格率及可靠性；有机硅凝胶也可用作光学仪器的弹性粘接剂。在体育制品中有机硅凝胶被用作阻尼材料。而在医疗领域有机硅凝胶可以用来制作植入人体内部的器官如人工乳房等，以及用来修补损坏的器官。

高强度的加成型室温硫化硅橡胶由于线收缩率低、硫化时不放出低分子，因此是制模的优良材料。在机械工业上已广泛用来制造环氧树脂、聚酯树脂、聚氨酯、聚苯乙烯、乙烯基塑料、石蜡、低熔点合金、混凝土等的模具。加成型室温硫化硅橡胶的高仿真性、无腐蚀、成型工艺简单、易脱模等特点，使它适用于文物复制和美术工艺品的复制。

为满足市场的需求，开发出许多功能性加成型液体硅橡胶：①自润滑加成型液体硅橡胶，在密封圈的组装过程中可以降低摩擦，减少或避免制件的损伤，改善油封的自润滑性能；②耐热型加成型液体硅橡胶，采用溶液聚合方法制备出具有优良性能的超细绢云母/加成型液体硅橡胶，起始分解温度与纯硅橡胶相比可提高 87℃；③高强度加成型液体硅橡胶，具有模压周期短、易脱模、透明性好，平均撕裂强度比一般加成型液体硅橡胶高 30％～50％，压缩形变小，弹性好，不需要后硫化等特点；④液体发泡硅橡胶，由加热膨胀的热塑性树脂空心颗粒粉末/液体聚二有机硅氧烷进行热处理，制得密度小和绝热性好的发泡硅橡胶；⑤柔软的液体注模硅橡胶，具有合适的软度，感觉像人的皮肤一样，触摸干燥，不带油性，适合于减震和软接触应用，可用于制作鞋垫和假肢，也可制造压印胶辊和办公设备的滚轮。

参 考 文 献

[1] 章基凯. 精细化学品系列丛书之一：有机硅材料 [M]. 北京：中国物资出版社，1999.
[2] 黄文润. 液体硅橡胶 [M]. 成都：四川科学技术出版社，2009：656.
[3] 谭必恩，潘慧铭，张廉正，赵飞明. 有机硅工业中的铂催化剂研究进展. 宇航材料工艺，1999，(3)：12-17.
[4] Hitchcock P B，Lappert M F，Warhurs N J W. Angew. Chem. Int. Ed. Engl.，1991，(30)：438.
[5] Lewis LN，Colborn R E，GradeHet al. Organometallics，1995，14：2，202.
[6] 幸松民，王一璐. 有机硅合成工艺及产品应用 [M]. 北京：化学工业出版社，2000.
[7] Lewis L N，Uriarte R J. Organometallics，1990，(9)：621.
[8] 幸松民，王一璐. 有机硅合成工艺与产品应用. 北京：化学工业出版社，2003.
[9] 谭必恩，赵华，潘慧铭. 加成型硅橡胶铂催化剂的制备及其活性研究. 中国胶粘剂. 2001，10 (4)：1-4.
[10] 冯圣玉，张洁，李美江，朱庆增. 有机硅高分子及其应用. 北京：化学工业出版社，2004.
[11] 葛建芳，贾得民. 加成型硅橡胶硫化过程中催化剂的活性抑制和防失效研究. 绝缘材料，2004，3：36-38.
[12] Saruyama，Toshio. Heat-curing orgsnopolysiloxane composition：EP，0651008.
[13] Ronald F，Moore. Heat activated curing system for organosilicon compounds：US，3192181.
[14] Ge Jianfang，Lu Fengji. Control of activity of platinum catalyst on vulcanization of silicone rubber via hydrosilylation. China Synthetic Rubber lndustry，2001，24 (6)：369.
[15] Katsuhiko Kishi，Taizo Ishimaru. Development and application of latent hydrosilylation catalysts [6]：control of activity of platinum catalyst by isocyaifide derivatives on the erosslinking of silicone resin via hydrosilylation. International Journal of Adhesion and Adhesives，2000，30：253-356.
[16] Richard P，Eckberg. Inhibited preci6us metal catalyzed organopolysiloxane compositions：US，4670531.
[17] Chris A，Sumpter. Clifton Park，Larry N. Lewis，et al. One part heat curable organopolysiloxane cornpositions：US，5122585.
[18] Jacques Cavezzan. Organopolyalloxane compositions for antiadhesive/release coatings：US，4640939.
[19] Katsuhiko Kishi，Taizo lshimaru. Development and application of latent hydrosilylation catalysts. Reactive and Functional Polymers，2000，45：131-136.
[20] Bernard V，Steven W. One part curable organosiloxane compositions：US，5270425.
[21] Myron T，Maxson. Novel organosiloxane inhibitors for hydrosilation reactions：US，4785066.
[22] ChiLong Lee，Mark O W. Olefinic siloxanes as platinum jnhihitors：US，3989667.
[23] Philip J，Mcdermott. Liquid injection molding in hibitors for curable compositions：US，5506289.
[24] Lewis L N. Judith Stein The chemistry of fumarate and maleate inhibitors with platinum hydrosilylation catalysts. Journal of Organometallic Chemistry，1996，521：221-227.
[25] Duncan E，Waller，Xiaoyi Xie. Hydrophilically modified curable silicone impression material：US，6201038. 2001-3-1.
[26] 黄伟，黄英，赵洪涛等. MQ硅树脂增强加成型室温硫化硅橡胶. 合成橡胶工业，2000，23 (3)：170.
[27] Ikeno，Masayuki，Dunma ken. Silicone gel compositions. US，5599894.1997.
[28] 戴孟贤. 加成型高强度硅橡胶. 合成橡胶工业，1993，16 (1)：31-35.
[29] 范元蓉，徐志君，唐颂超. 加成型液体硅橡胶. 弹性体，2001，11 (3)：44-48.
[30] 潘慧铭，谭必恩，黄素娟等. 甲基MQ及MTQ型硅酮树脂的合成及其特性. 中国胶粘剂，1998，8 (6)：1-4.
[31] 黄文润. 有机硅材料的市场与产品开发（续十七）. 有机硅材料，1998，1 (2)：10-13.
[32] 王欣欣. MQ树脂对UV性能的影响. 有机硅材料，2001，15 (1)：27-29.
[33] 暴峰，孙争光，黄世强. MQ硅树脂的合成及性能. 有机硅材料，2002，16 (3)：9-12.

[34] 戚云霞，赵士贵，姜伟峰等．MQ 硅树脂对加成型室温硫化硅橡胶性能的影响．山东化工，2005，34（6）：3-4.

[35] 李光亮．有机硅高分子化学．北京：科学技术出版社，1998：146.

[36] Michael Stepp, Johann Bindl, Polysiloxane compound which is suitable during storage and produces vulcanisates which can be permanently wetted with water：US, 6239244. 2001.

[37] 徐志君，范元蓉，唐颂超．加成型液体乙烯基硅橡胶的研制（Ⅱ）．合成橡胶工业，2003，26（1）：9-11.

[38] 董鸿第．用新型的白炭黑提高硅橡胶的性能．合成橡胶工业，1996，19（5）：295-297.

[39] 吴敏娟，周玲娟，江国栋等．导热电子灌封硅橡胶的研究进展．有机硅材料，2006，20（2）：81-85.

[40] 谭必恩，赵华，潘慧铭．加成型铂催化剂的制备及其活性研究．中国胶粘剂，2000，10（4）：1.

[41] 庄清平．纳米 SiO2 粒子链对硅橡胶的补强机理．机械工程材料，2004.5，28（5）：46.

[42] 杨海坤，孙亚君．气相法白炭黑的表面改性．有机硅材料及应用，1999，13（5）：15, 18.

[43] 孙幼红，李小华，冯连生．气相法白炭黑表面处理的新方法．有机硅材料，2003，17（2）：11.

[44] 林满辉，刘东灿，黄素娟．加成型硅橡胶防中毒问题的研究．有机硅材料，2001，15（1）：24.

[45] 谭必恩，张廉正，赵飞明等．国内加成型硅橡胶研究进展//98 中国有机硅学术交流会论文集．杭州：1998：47.

[46] 陈福田．加成硫化硅橡胶的技术进展．合成橡胶工业，1983，（3）：232.

[47] 张承炎，杨文中．四甲基氢氧化铵硅醇盐对合成液态端乙烯基硅橡胶及其硫化胶的影响//98 中国有机硅学术交流会论文集．杭州：1998：139.

[48] 宋晓慧．液体注射成型硅橡胶的研制//98 中国有机硅学术交流会论文集．杭州：1998：136.

[49] 戴孟贤，赵鸣星，吴平等．加成型高强度硅橡胶．合成橡胶工业，1993，（1）：31.

[50] 古忠云，马玉珍，雷卫华．硅橡胶，聚苯乙烯共混初探．特种橡胶制品，2001，（6）：32.

[51] 雷卫华，马玉珍，姚伟．硅橡胶/EPDM/IIR 共混的研究．特种橡胶制品，2001，（6）：1.

[52] 魏从容，吴季怀，胡东红．改性矿物微粉补强硅橡胶性能的研究．矿物岩石地球化学通报，1999，（3）：205.

[53] 魏从容，吴季怀．矿物粉体作为硅橡胶制品补强剂的研究．华侨大学学报，2000，（3）：260.

[54] 吴季怀，魏从容，沈振等．超细改性矿物粉体补强硅橡胶．合成橡胶工业，2000，（7）：253.

[55] 魏从容，吴季怀，沈振．改性粘土补强硅橡胶性能的研究．矿物岩石地球化学通报，1998，（7）：207.

[56] 黄伟，黄英，赵洪涛等．MQ 硅树指补强加成型室温硫化硅橡胶．合成橡胶工业，2000，（3）：170.

[57] 张墩明，张宇峰．烯丙基硅（氧）烷铂配合物硅氢加成催化剂的研究．精细化工，2000，17（2）：82-85.

[58] CRESPY C, CAZE C, LOUCHEUX C. Synthesis of macromolecular coupling agents and binders [J]. J Appl Polym Sci, 1992, 44 (12): 2601.

[59] TAKATSUNA K, NAKAJIMA M, TACHIKAWA M, et al. Process for preparing (aminopropyl) silanes by hydrosilylation of allylamines using rhodium catalysis [P]: EP, 0 321 174 A2.

[60] KANNER B, QUIRK J M, DEMONTE A P. Vinyltri (tertiary alkoxy) silanes [P]: US, 4 579 965.

[61] VANWERT B, WILSON S W. One-part curable organosiloxane coating containing platinum-group metal catalysts [P]: US, 5 270 425.

[62] STONE F G, WEST R. Advances in organometallic chemistry [M]. New York: Academic Pr, 1979, 17: 407.

[63] ZHUNV I, TSVETKOVAL, SHELUDYAKOV V D, et al. Synthesis, mass spectra and physical properties of al-lylsilanes [J]. Zh Obshch Khim, 1988, 58 (7): 1599.

[64] CHARLES A B. The reaction of mercaptans with alkeny silanes [J]. JAmer Chem Soc, 1950, 72 (4): 1078.

[65] 徐志君，范元蓉，唐颂超．白炭黑表面处理对硅橡胶性能的影响 [J]．合成橡胶工业，2003，26（1）：9-11.

[66] 杨海坤，孙亚君．气相法白炭黑的表面改性．有机硅材料及应用，1999，13（5）：15-15.

[67] 刘洪云，王象孝，杜作栋，等．流动性高强度室温硫化硅橡胶用一氧化硅的处理．合成橡胶工业，1986，9（2）：131-134.

[68] 王月眉．白炭黑及其对硅橡胶力学性能的影响 [J]．有机硅材料及应用，1992，6（5）：11-1.

[69] Ashby, Bruce A. Platinum complex catalyst [P]: US, 4421 903. 1983-12-20.

[70] 黄伟，黄英，赵洪涛，等．MQ 硅树脂增强加成型室温硫化硅橡胶 [J]．合成橡胶工业，2000，23（3）：170-172.

[71] Di M W, He S Y, Li R Q, et al. Radiation effect of 150 keV protons on methyl silicone rubber reinforced with MQ silicone resin [J]. Nuclear Instruments and Methods in Physics Research. B. Beam Interactions with Materials and Atoms, 2006, 248 (1): 31-36.

[72] 王欣欣．MQ 树脂对 RTV 性能的影响 [J]．有机硅材料．2001，15（1）：27-29.

[73] 陈婷，胡飞，藏宏程，壬卫华，俞青松．加成型室温硫化硅橡胶补强研究 [J]．粘接，2009，（3）：42-45.

[74] 谭必恩，张廉正，郝志刚，曾一兵，潘慧铭．加成型硅橡胶的制备及性能．高分子材料科学与工程，2002，18

(2)：180-182.

[75] 徐志君，范元蓉，唐颂超．加成型液体乙烯基硅橡胶的研制-1.乙烯基硅油等对物理机械性能的影响．合成橡胶工业，2002，25（5）：286-288.

[76] IKENO M. Silicone gel compositions：US，5599894 [P]. 1997-02-04.

[77] 钟桂云．新型的加成型液体硅橡胶的研制 [D]．南昌：南昌大学，2006.

[78] 肖琳．加成型液体硅橡胶的制备及力学研究 [D].南昌：南昌大学，2010.

[79] 王伟良．VMC 的质量评价 [J]．有机硅材料，2003，17（2）：14-16.

[80] 谭必恩，潘慧敏，王卫星，等．加成型橡胶的研究进展 [J].合成橡胶工业，1999，2：70.

[81] 戴孟贤．加成型高强度硅橡胶 [J]，合成橡胶，1989，16（1）：31.

[82] 杜作栋．新型高模量硅橡胶的研制 [J].合成橡胶工业，1989，12（1）：253.

[83] 顾卓江，宋新锋，陈丽云．加成型液体硅橡胶交联剂的研究 [J].杭州化工，2010，40（3）：20-23.

[84] 刘景涛，万里鹏，董丽杰，等．铂催化加成型液体乙烯基硅橡胶性能 [J].弹性体，2008，18（4）：25-28.

[85] 李光亮．硅橡胶的加成硫化 [J].特种橡胶制品，1986，（6）：54-61.

[86] 冯圣玉．加成型高温硫化硅橡胶抑制剂的研究 [J].合成橡胶工业，1989，12（5）：318-321.

[87] BOBEAR W J. Inhibitor for platinum catalyzed silicone rubber compositions：US，4061609 [P]. 1997-12-06.

[88] BERROD G，VIDAL A，PAPIRER E，et al. Reinforcement of siloxane elastmers by silicas. cemical interactions between an oligomer of poly（dimethylsiloxane）and a fumed silica [J]. J of Appli Polym Sci. 1981，26（3）：833-845.

[89] TIMOTHY A O，WALTER H W. Effect of precipitated silica physical properties on silicone rubber performance [J]. Rubb Chem and Technol，1995，6S（1）：59-75.

[90] 徐志军，范元蓉，唐颂超．加成型液体硅橡胶乙烯基硅橡胶的研制 Ⅱ．白炭黑表面处理对硅橡胶性能的影响 [J]．合成橡胶工业，2003，26（1）：9-11.

[91] BREINER J M，MARK J E. Preparation，structure，growth mechanisms and properties of siloxane composites containing silica，titania or mixed silicwtitania phases [J]. Polymer，1998，39（22）：5483-5493.

[92] WANG S J，LONG C F，WANG X Y，et al. Synthesisand properties of silicone rubber/organomontmorillonite hybrid nanocomposites [J]. J of Appli Polym Sci，1998，69（8）：1557-1561.

[93] WU J H，SHEN Z，HU D. Study on bound rubber in silicone rubber filled wilh modified ultrafine mineral powder [J]. Rubb Chem and Technol，2000，73（1）：19-24.

[94] PU Z C，JAMES E M. Some attempts to force poly（dimethylsilo-xane）chains through zeolite cavities to improve elastomer reinforcement [J]. Rubb Chem and Technol，1999，72（1）：138-151.

[95] 许永现，陈石刚，欧阳冲．纺织商标用透明液体硅橡胶的制备 [J].有机硅材料，2007，21（2）：89-93.

[96] 李彦民．前景广阔的液体注射成型硅橡胶 [C] //2005 年液体硅橡胶信息交流会论文集．成都：《有机硅材料》编辑部，2005：13-14.

[97] 高福年．硅橡胶骨架油封的制备 [J].橡胶工业，2002，49（5）：289-291.

[98] 承旭．液体注射成型硅橡胶材料发展前沿 [C] //2005 年液体硅橡胶信息交流会论文集．成都：《有机硅材料》编辑部，2005：94-96.

[99] 范力仁，董晓娜，郑梯和．超细绢云母/加成型液体硅橡胶复合材料的制备及性能 [J].复合材料学报，2008，25（4）：90-95.

[100] 瓦克化学有限公司（联邦德国慕尼黑）．具有低压缩变定的液体硅橡胶：CN，97111849 [P]. 1998-01-21.

[101] 日本信越公司．自发泡热硫化液体硅橡胶组合物：JP，292687 [P]. 2004-10-21.

[102] 张桂华．新型加成型液体硅橡胶及其应用 [J].特种橡胶制品，2006，27（4）：59-61.

[103] 陶氏康宁东丽硅氧烷株式会社（日本东京）．液体硅橡胶组合物及其制备方法和生产发泡硅橡胶的方法：CN，00134414 [P]. 2001-17-18.

[104] 范敏，马文杰，王国杰．硅橡胶膜的改性与应用研究进展 [J].特种橡胶制品，2006，27（1）：50-53.

[105] 谭必恩，张廉正，郝志刚，等．加成型硅橡胶的制备及性能 [J].高分子材料科学与工程，2002，18（2）：180-182.

[106] 徐志君，范元蓉，唐颂超．加成型液体硅橡胶的研制-Ⅰ.乙烯基硅油等对物理机械性能的影响 [J].合成橡胶工业，2002，25（5）：286-288.

[107] 赵翠峰，方仕江，罗嘉亮，等．加成型室温硫化硅橡胶的制备Ⅰ-交联剂及填料的影响规律 [J].浙江大学学报工学版，2007，41（7）：1119-1222.

[108] ASHBY B A. Platinum complex catalysts：US，4421903 [P]．1983-12-20．

[109] KOBAYASHI K，IDA N，MORI S. Preparation of hydrogen group-containing silicone：JP，3-221530 [P]．1991-09-30．

[110] MARTA H，MIROSALV S，MARIE C，et al. Hydrosilylation crosslinking of silicone rubber catalyzed by bis (1, 5-cyclooctadiene) di-μ，μ'-chlorodirhodium [J]. J Appl Polym Sci，1991，42 (2)：179-183．

[111] LIN C，HECTOR C. The Influence of fumed silica properties on the processing, curing, and reinforcement properties of silicone rubber [J]. Elastomerics，1984，116 (9)：34-40．

[112] WARRICK E L，PIERCE O R，POLMANTEER K E，et al. Silicone elastomer developments [J]. Rubber Chem Technol，1979，52 (3)：437-525．

[113] 赵翠峰，蒋立纯，贺攀，方仕江. 加成型室温硫化硅橡胶力学特性的影响规律 [J]. 有机硅材料，2011，25 (5)：314-317．

[114] 谭必恩，张廉正，郝志刚，潘慧铭. 加成型有机硅橡胶硫化过程的研究. 特种橡胶制品，2000，21 (4)：9-11，8．

第6章
改性硅橡胶、特殊用途硅橡胶

6.1　改性硅橡胶

硅橡胶是一种分子主键由 Si—O 重复链节组成并兼具无机和有机性质的高分子弹性材料，离解能高，结合十分紧密，因而具有耐高低温、耐气候老化、抗氧化、耐臭氧、优良的电绝缘性能，耐辐射及抗等离体等特性。由于聚硅氧烷分子呈螺旋结构，有机基朝外排列，并易绕 Si—O 轴旋转，内聚能密度低、分子柔性好，由此，使胶料玻璃化温度低，耐低温性能好，表面张力小，同时也带来憎水、防潮、透气性好等。生胶硅原子上连接的侧基，主要为惰性的烃基，因而表现出特殊的生理惰性、无毒、无味、良好的防霉性等。硅橡胶的主要缺点是在常温下，其硫化胶和其他有机合成橡胶比较，耐酸性、耐油、耐溶剂、耐蒸汽等方面存在一定的不足，特别是耐碱性差，胶料的弹性、机械强度差，加工中需采用高细度的补强填料，并且胶料的价格较贵，这都限制了硅橡胶的应用领域。

为了保持聚硅氧烷的特点，改进其性能中不足之处，可以对硅橡胶进行改性。改性方法主要分为物理改性与化学改性，其中化学改性是通过化学接枝（将有机聚合物或链段引入聚硅氧烷中，改变产物的分子结构或聚集状态）、共聚（采用新的单体，与硅氧烷共聚）等方法对聚合物分子链进行改性，但使用的手段以及对聚合物的物理机械性能的改善效果有限。在实际应用中，大多采用有机高分子与硅橡胶共混的物理方法来改善胶料性能的目的。物理改性主要包括：与其他高聚物共混改性、填充改性。共混改性有利于补充单一组分的不足，填充改性能够在某种程度上提高高聚物的物理机械性能，降低原材料的成本，或赋予材料新的功能。共混改性与填充改性都具有方法简单灵活的优点；填充改性就是在聚合物基体中加入与基体组成和结构不同的固体添加物，以降低成本，或使聚合物制品的性能有明显改变，即对材料的力学性能和耐热性能有显著贡献。

（1）共混改性类型

① 橡胶共混的主要目的是改善现有橡胶性能上的不足，改善橡胶的使用性能和/或加工性能。例如天然橡胶，因具有良好的综合力学性能和加工性能，被广泛用应用，但它的耐热氧老化性、耐臭氧老化性、耐油性及耐化学介质性欠佳。

多数合成橡胶的加工性能较差，力学性能也不理想，常给生产带来困难，这些合成橡胶与天然橡胶掺混使用，性能互补，特别改善了合成橡胶制品的加工性。

② 橡胶与合成树脂共混，不仅是满足了合成橡胶制品的改性需要，而且是实现橡胶改性的另一条重要途径。

合成树脂在性能的优势是具有高强度、优异的耐热老化性和耐各种化学介质侵蚀性，这些恰恰某些合成橡胶缺少而又需要的。橡胶与少量的合成树脂共混，使橡胶的某些性能得到改善，从而可以提升橡胶的使用价值，拓宽其应用领域。

③ 特种合成橡胶与通用或特种合成橡胶共混使用，既能有效地保持橡胶的使用性能，还能有效地降低制品生产的成本，提高了特种橡胶的利用率。如氟橡胶与丙烯酸酯橡胶的共混、硅橡胶与三元乙丙橡胶的共混、氟橡胶与丁腈橡胶的混用等。

不过，共混改性将两种性能差别很大、分子结构迥然不同的两类聚合物实行共混改性，并满足实用要求并不容易，需要从原理和工艺方面作出很多探索和选择。

(2) 填充改性类型 矿物微粉作为硅橡胶的增强填料与硅橡胶的结合反应是填料对硅橡胶增强的基本途径之一。许多矿物表面富含 Lewis、Bronsted 酸点等活性点，利用矿物微粉的这些特性，可通过一系列物理化学方法处理，使其具备与硅橡胶相结合的能力，从而增强了硅橡胶的模量，提高了制品的力学性能。用它们替代气相白炭黑作硅橡胶的增强剂，既可降低制品的成本，又可提高矿物微粉的附加值。

矿物微粉各个方面性质也将会影响到被增强硅橡胶的性质。首先，是矿物微粉的粉体性质与增强性能的关系。

①随着矿物微粉粒度的下降，比表面积增大，与硅橡胶基体的接触面积增大，相互作用加强，因而矿物微粉的增强性能提高。但矿物粉体的粒度达到一定程度后，进一步超细化对矿物粉体增强性能的提高作用不显著。②纤维状填料的增强性能优于颗粒状填料。③非晶态粉体的增强性能优于晶态粉体的观点来源于炭黑对橡胶体系的增强作用。也就是说，无定形的炭黑粉体对橡胶体系的增强性能优于晶态粉体石墨。

当材料粒径达到纳米级时，其表面物理化学作用获得增强，与其他材料之间微观的结合情况也会发生改变，从而引起宏观性能的变化。

其次，是矿物微粉的表面性能改性对增强性能的影响。矿物微粉经偶联剂改性后，有机基团覆盖在表面，矿物微粉表面的亲水性减弱，憎水性加强，促进了粉体在硅橡胶中的分散，致使两者接触面积增大，矿物微粉的增强作用加强，因而硫化胶的力学性能得以提高。

最后，是复合矿物微粉对增强性能的影响。复合粉体的增强性能优于单一粉体，双改性粉体的增强性能优于单改性粉体。

近年来，人们充分发挥硅橡胶的特点，对硅橡胶的物理改性研究不断深入。

6.1.1 硅橡胶与三元乙丙胶（EPDM）的共混改性

硅橡胶与 EPDM 共混体系是目前最常见的硅橡胶与有机橡胶共混胶体系。EPDM 是以乙烯和丙烯为主要结构单元，饱和度高，内聚能低，分子链在较宽的温度范围内保持柔顺性，具有较好的力学性能和工艺性能，通过引入第三单体后合成的有机硅橡胶。从分子结构看，一方面由于在乙烯链中引入丙烯，成为不规则共聚、非结晶橡胶；同时，分子链上没有双键、成为饱和状态，链节比较柔顺，因此具有非常好的耐候性、耐臭氧性、耐热老化性能，一般能在 150℃下长期使用，而被誉为"无裂纹橡胶"。电绝缘性能优良，冲击弹性好，耐化学药品性能好，对各种极性化学药品和酸碱都有较大的抗耐性，它的单体易得，价格比较便宜。EPDM 的缺点是硫化速度慢、自黏性和互黏性都差。由于 EPDM 综合性能优异（表 6-1），价格低廉，因而在许多部门，特别是汽车行业中获得了广泛的应用。随着汽车工业的发展，对汽车的性能要求不断提高，在 EPDM 作为汽车配件和某些机械零件材料时，在耐热等性能方面已不能完全满足要求。因而，采用硅橡胶与 EPDM 共混，使其兼具两种胶的优点，且成本较低、使用温度范围宽及力学性能优异，具有良好的应用前景。硅橡胶与

EPDE 共混有以下效果：

① 改进 EPDE 胶的耐热性、耐候性、耐寒性、电性能及在高温环境中的机械性能；

② 提高硅橡胶的力学性能，耐疲劳性和耐水蒸气性能；

③ 赋予有机胶以柔软性，提高绝缘性和阻燃性；

④ 降低材料成本。

（1）三元乙丙胶的品种和性能　商品三元乙丙橡胶中有三种类型，分别由引入三种不同的第三单体而构成。

① 1,4-己二烯型三元乙丙橡胶（HD-EPDM）

② 双环二烯型三元乙丙橡胶（DCP-EPDM）

③ 亚乙基降冰片型三元乙丙橡胶（ENP-EPDM）

其中，ENP 型硫化速度快，拉伸强度高，已发展成为主要的品种。

亚乙基降冰片型三元乙丙橡胶的分子结构示意式如下：

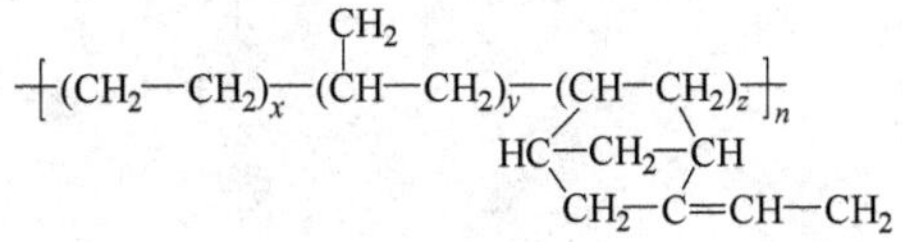

$$+(CH_2-CH_2)_x (CH-CH_2)_y (CH-CH_2)_z \frac{}{}_n$$

表 6-1　EPDM 的性能

动态弹性模量/mPa	4.9
300%定伸应力/mPa	8.8～16.2
拉伸强度/mPa	9.0～20.8
伸长率/%	240～420
撕裂强度/(kN/m)	24.5～43.1
硬度(JISA)	40～90
压缩永久变形(70℃×22h)/%	5～20
回弹性/%	5～55
耐热老化(100℃×72h,伸长率变化)/%	−79～−53
介电损耗角正切(1kHz)	0.0297
体积电阻率/(×10^{15}Ω·cm)	0.156

（2）共混的配方和工艺

① 填料。一般的高耐磨炭黑和超耐磨炭黑对 EPDM 胶的补强效果比较好，而白炭黑是硅橡胶的主要补强填料，对 EPDM 胶也有优良的补强效果，因此，共混胶选用白炭黑为补强填料。试验表明不同的填料品种对共混胶的物理机械性能有很大的影响，要根据胶料要求选择不同的白炭黑品种。

② 相容性助剂。硅橡胶是极性较弱的橡胶，而 EPDM 胶的极性稍强于硅橡胶，两者之间存在着一定的相容性。但由于分子主链结构不一样，两种橡胶分子间不可有能形成牢固的链合，属热力学不相容体系，因此需加入相容助剂，以提高共混胶的相容性。目前主要使用的相容剂有：

a. 乙烯基三乙氧基硅烷 CH_2＝$CHSi(OEt)_3$ 接枝二元乙丙胶得到的聚合物。由于这种共聚物会有硅烷和乙丙橡胶两种链节，因此，在共混胶中能很好的成为相容剂，提高硅橡胶/EPDM 共混胶的力学性能。

b. Si-69 偶联剂。其分子结构式为$(OEt)_3Si—CH_2—CH_2—CH_2—S—S—S—SCH_2—$ $CH_2—CH_2—Si(OEt)_3$。由于 Si—69 中含有—S_4—链，在过氧化物作用下可以产生自由基 —S·，该自由基可与 EPDM 胶发生自由基反应，在硅橡胶与 EPDM 胶之间起到架桥作用。从而大幅度提高硅橡/EPDM 共混的机械性能和耐热性。图 6-1 所示为改性 EPDM 与聚硅氧烷耐热性比较。

③ 其他助剂。加入抗氧剂可使硅橡胶/EPDM 共混胶的耐热性得到提高。抗氧剂对改性三元胶性能的影响见表 6-2。同时也需参照硅混炼胶配方要求加入羟基硅油等结构控制剂。

④ 共混工艺。一种是生胶与生胶先共混，再加入填料和其他助剂，简称生胶拼用法。第二种是两种不同的生胶各自与填料共混做成母胶，然后再按比例拼混，简称母胶拼用法。两种方法，各有特点，生胶拼用法所得胶料耐臭氧，耐气候老化，耐热性比较好，而母胶拼用法所得胶料，物理机械性能比较好。采用生胶拼用法时，由于在常温下，两种生胶的黏度不相同，胶料难以拼混均匀，如采用加热工艺，将捏合机加热到 130～160℃则胶料拼混更容易均匀。

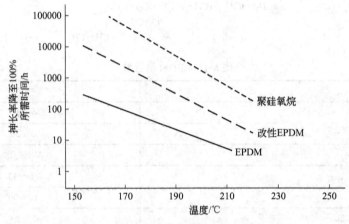

图 6-1 改性 EPDM 与聚硅氧烷耐热性比较图

表 6-2 抗氧剂对改性三元胶性能的影响

	名称	无抗氧剂	1#	2#
配方	改性三元乙丙胶	100	100	100
	DCP	5	5	5
	防老剂 MB		1	3
	防老剂 10			2
150℃×2h 硫化后	拉伸强度/MPa	1800	1720	1410
	伸长率/%	540	490	5600
	硬度(邵尔 A)	72	72	72
175℃×20d 老化后	拉伸强度/MPa	770	1060	1230
	伸长率/%	80	110	140
	硬度(邵尔 A)	87	87	87
175℃×30d 老化后	拉伸强度/MPa	910	830	1050
	伸长率/%	10	10	50
	硬度(邵尔 A)	91	88	85

可以利用废硅橡胶资源，用六亚甲基四胺与氯化铁/氯化亚铁的混合物对废硅橡胶进行活化改性，并将活化改性后的废硅橡胶与 EPDM 共混。当 EPDM/活化改性废硅橡胶的共混质量比为 90:10 时，共混物的拉伸强度为 14.127MPa、伸长率为 550%。

用过氧化物硫化硅橡胶/EPDM 共混胶，当 EPDM 用量少于 40 质量份时，共混胶在160℃下短时间的热老化性能较好；EPDM 用量超过 50 质量份后，共混胶的力学行为、热行为的表现与 EPDM 相似，高温下性能保持率逐渐降低。

硅橡胶与 EPDM 的共混工艺对并用胶的性能影响很大。如果将硅橡胶与 EPDM 直接共混，工艺虽然简单，但并用胶性能较差，拉伸强度仅为 4.5MPa，且 EPDM 用量不能超过25 份（质量份），否则并用胶耐热性很差。采用两种不同混炼工艺对 EPDM 和 VMQ 进行了共混，然后根据两种混炼工艺对硫化参数、tanδ、扫描电镜图、力学性能、电性能分别进行对比分析。结果表明，高温混炼 EPDM 时，EPDM 黏度下降，再与 VMQ 共混，可以提高两者的相容性。偶联剂 A-174 通过白炭黑加强了 EPDM 与 VMQ 的相互作用；少量活性剂，可以加速 EPDM 的硫化，使 EPDM 与 VMQ 硫化速度相近，减少两者硫化速度不一致造成的不相容性；高温混炼可提高 EPDM/VMQ 共混胶的力学性能，增加弹性及电阻率等。

在硅橡胶/EPDM 中添加丁基橡胶，能显著提高硅橡胶/EPDM/丁基橡胶三元胶的共混胶的力学性能。与不含丁基橡胶的硅橡胶/EPDM 共混物相比，当丁基橡胶的用量为 10 份时，三元共混胶的拉伸强度提高了 26%，伸长率提高了 59%；当丁基橡胶的用量为 20 份时，三元共混胶的拉伸强度达到最大，为 7.16MPa，同时硬度和拉伸永变形分别达到极大和极小值，综合性能最佳。

硅橡胶接枝丙烯酰胺与磺化 EPDM 或 EPDM 接枝马来酸酐之间的作用，以活性硅烷接枝乙丙橡胶（EPR）、乙烯-甲基丙烯酸共聚物（EMA）、乙烯-乙酸乙烯酯共聚物（EVA）和硅烷接枝的聚乙烯（VMX）等大分子作相容剂，研究了其对硅橡胶/EPDM 共混胶的物理性能、老化性能、热稳定性能、断裂形态和动态力学性能的影响。结果表明，用硅烷接枝EPR、EMA 等作相容剂，能显著降低分散相的微区尺寸，提高硅橡胶的表面能；采用两步硫化工艺能明显提高共混胶的拉伸强度和定伸应力，改善老化性能；使硅橡胶、EPDM 分子链分别离子化，借助于离子键、氢键等化学和物理作用，可增强两种橡胶间的相互作用，改善了共混胶的微观结构，可形成近似相互连续的稳定相结构，从而得到强度高、模量高、耐溶胀性和耐热性好的硅橡胶/EPDM 共混胶。

一种硅橡胶/EPDM 泡沫合金，采用过氧化二异丙苯（DCP）为硫化剂，苯甲酸/氧化锌为发泡体系，气相法白炭黑为补强剂，在温度 170℃下硫化 8～10min，可得到具有微细的泡孔结构、低密度、高硬度的泡沫合金材料。采用硅烷偶联剂，硅橡胶/EPDM 共混物的分散均匀性较好，密度小于 550kg/m³，泡孔均匀，平均孔径小于 8μm，且泡沫合金的拉伸强度、压缩性能和阻尼减震性能优于硅橡胶泡沫。

目前，硅橡胶/EPDM 并用胶以其合理的性能价格比，广泛用于汽车、家电和建筑等行业。

6.1.2 硅橡胶/丙烯酸酯橡胶（ACM）的共混

丙烯酸酯橡胶由丙烯酸烷酯与少量具有交联活性单体共聚而成，主链由饱和的 C—C 键构成，因而丙烯酸酯橡胶的耐热性（175～200℃）、耐氧化性和耐臭氧性优异，且不会因紫外线作用而变色。由于侧链含有极性较强的羧基，使其又具有耐脂肪烃、润滑油，特别是耐含硫、氯等元素的极压型润滑油的特性，物理机械性能也较高，其缺点是耐水性、耐寒性差，加工性能不好。由于这些特性，使它在工业生产中占有重要的地位。

其中聚丙烯酸丁酯/丙烯腈橡胶应用性能好，用量大，加工工艺比较简单。其分子结构示意式如下：

$$\left[CH_2-CH \atop COOC_4H_9 \right]\left[CH=CH \atop CN \right]_n$$

(1) 丙烯酸酯橡胶特性　丙烯酸酯橡胶的性能如表 6-3 所示。

表 6-3　丙烯酸酯橡胶的性能

项目	数据	项目	数据
100%定伸应力/MPa	2.7~8.7	回弹性/%	12~17
拉伸强度/MPa	11.9~15.8	耐臭氧性	1000h
伸长率/%	170~330	(100×10^{-8}/4℃)	发生龟裂
撕裂强度/(kN/m)	26.0~32	介电强度/(kV/mm)	1.6
硬度(JISA)	62~71	(ASTM D 149)	
压缩永久变形 (150℃×72h)/%	31~58	体积电阻率 (ASTM D257)/Ω·cm	10^{10}

丙烯酸酯橡胶主要用于汽车工业，有"车用橡胶"之称，制造各类密封件和配件，应用于海绵、耐油密封垫、隔膜、特种胶管和胶带、深井勘探用制品等。近年来随着汽车工业的快速发展，性能要求不断提高，对其配件材料性能要求也在提高，使丙烯酸酯橡胶在某些方面已不能适应，其最大缺点是耐寒性较差，存在着"冷脆热黏"现象。硅橡胶具有优良的耐高、低温性能，且具有独特的"自润滑性"，对转动轴的摩擦小，用作动态油封，可以减少磨损，节约动力消耗，但硅橡胶强度较低，耐油性不理想，ACM 胶具有优良的耐油性。

将硅橡胶与 ACM 胶共混使用，可使二者性能互补，可获得耐热性、耐低温性和耐油性之间的平衡，制造优良的密封材料。经典的 ACM，多采用多元胺硫化，无法与硅橡胶在同一硫化体系中共硫化。过氧化物硫化型 ACM 的出现，使得硅橡胶共混改性 ACM 成为可能。

(2) 共混配方和工艺

① 相容性。硅橡胶是非极性橡胶，ACM 是强极性橡胶，二者相容性较差，必须采取措施，提高二者的相容性。一是可以在共混胶中加入高摩尔质量的长链烷基硅油作增容剂，例如加入 $Me_3SiO(MeC_{12}H_{25}SiO)_nSiMe_3$ 后，可明显提高共混胶的拉伸强度。第二种方法是采用已加入含氢硅油的加成型热硫化硅橡胶与丙烯酸酯橡胶共混。其加工工艺可分两步走，首先将含有含氢硅油的加成胶与 ACM 胶混合，适量加入铂催化剂，使胶料内部产生加成反应，使硅橡胶与 ACM 胶形成初步的化学键合交联；再混入填料、加工助剂和过氧化物硫化剂制成共混胶料。

② 硫化体系。丙烯酸酯橡胶具有饱和的结构，使用硫黄不能使其硫化。由于硅橡胶用过氧化物硫化，所以硅橡胶/ACM 共混橡胶仍然采用过氧化物硫化体系。并可适量加入氧化剂作为硫化促进剂。

③ 填料体系。丙烯酯橡胶本身强度较小，也需加入补强填料。补强后，拉伸强度可提高到 16.7~17.6MPa。应用的填料以中性或碱性填料为好，普遍采用高耐磨炭黑为补强剂。

但硅橡胶主要用白炭黑为补强剂，白炭黑带酸性，有延迟硫化的倾向，需增加硫化剂用量。综合考虑硅橡胶/ACM 共混胶，仍以白炭黑为补强剂，根据不同产品要求，选用不同品种白炭黑，同时要适量加入结构控制剂。

④ 共混工艺。ACM 胶用开炼机塑炼时，会因生热而黏度降低、黏辊严重，而且，同时会包前后辊，操作困难，因此在共混时要注意加料顺序。

开炼机操作：向辊上加入硅橡胶→加入 ACM 胶→混炼均匀→加入其他助剂。

密炼机操作：向机中投入硅橡胶→加入 ACM 胶，在 80℃温度下混炼 15～20min→逐步加入填料和助剂→出料停放→在开炼机上加入硫化剂→出片进行模压或挤出加工。

提高硅橡胶与 ACM 的相容性是当前硅橡胶与 ACM 并用研究的一个重要课题，国内外学者对此十分重视。日本 JSR 公司对硅橡胶/ACM 的混容性及共硫化进行了研究，开发了 JSRJENIX A 系列并用胶（简称 QA）。这种胶具有"海岛"结构，即粒径 $1\mu m$ 以下的硅橡胶"岛"分散在 ACM"海"相中。从表 6-4 可以看出，硅橡胶/ACM 并用胶是耐热性、耐寒性和耐油性等综合性能优良的并用胶。

表 6-4 硅橡胶与 ACM 及其共混胶的力学性能

性能	硅橡胶	ACM	QA
拉伸强度/MPa	7.1	12.3	8.9
伸长率/%	200	260	280
脆性温度/℃	<−70	−27	−43
老化性能(175℃×500h)			
拉伸强度(降低)/%	2	31	9
伸长率(降低)/%	33	69	31
耐油性能(150℃×500h,SF,oil)			
拉伸强度(降低)/%	12	6	18
伸长率(降低)/%	16	20	9

用红外光谱研究了不同混炼温度下硅橡胶与 ACM 分子链之间的化学作用，提出了 3 种化学反应模型，得出了随着混炼温度的升高，共混胶料化学作用增强、相容性提高的结论，并用熔体流变学对并用胶组分间的化学作用作了进一步的证实。通过动态硫化技术制备了具有互穿网络结构（IPN）的硅橡胶/ACM 并用胶，采用动态力学分析和差示扫描量热法等研究了并用胶的物理机械性能、动态力学性能和玻璃化转变等，指出采用动态硫化技术制备的并用胶性能明显优于机械共混法。采用活性硅橡胶和丙烯酸酯单体共聚来提高 ACM 与硅橡胶的相容性，研究了改性方式、聚硅氧烷用量和共聚条件等对硅橡胶改性 ACM 性能的影响，结果表明，采用质量分数为 15％的硅橡胶可以明显改善 ACM 的耐热性、耐寒性、耐水性及加工性能。

通过研究甲基乙烯基硅橡胶（VMQ）/丙烯酸酯橡胶（ACM）的配比、补强剂、加工工艺及其他添加剂对并用胶性能的影响，得出以下结论：VMQ 与 ACM 并用后，其耐油性得到较大提高，且随着 ACM 用量的增大，并用胶的耐油性逐渐提高；补强剂对提高并用胶耐油性有一定作用，用量越多，并用胶的耐油性越好；补强剂的加入顺序对并用胶的各项性能有一定影响，加入羟基硅油可降低并用胶的拉断永久变形。

硅橡胶/ACM 并用胶是迄今为止性能（耐热、耐油、耐低温、耐臭氧、耐气候等）价格比最佳的并用胶，其 80％以上用于汽车工业，适用部件达 12 种之多，尤其是在汽车向高性能化、小型化、免维修化方向发展的今天，其使用范围与用量正在日趋增大。此外，这类并用胶还广泛用于建筑密封胶、隔声减振制品、胶黏剂和电线电缆等的制造上。

6.1.3 硅橡胶/聚烯烃弹性体（POE）的共混

聚烯烃弹性体（POE）是由橡胶和聚烯烃树脂组成的，一般是由连续相和分散相相分离的聚合物。聚烯烃弹性体有物理掺混型（TPO）、动态掺混型（TPV）和反应器型（RTPO）三种类型。TPO是聚烯烃（常用聚丙烯）和未硫化的聚烯烃弹性体（三元乙丙橡胶）机械掺混而成，它的耐油性、耐压缩永久变形和耐磨耗性不大好，而利用动态硫化法将乙丙橡胶与聚烯烃共混，通过加入硫化剂在机械剪切力作用下，使橡胶硫化，得到全硫化的热塑性弹性体，它的各项特性，如材料的模数，弹性，耐热性和抗压缩永久变形却有很大提高。

（1）动态硫化型聚烯烃弹性体的各项特性

① 在−40～150℃温度范围内仍有较好的力学性能。

② 耐油、耐溶剂性能类似氯丁橡胶。

③ 压缩永久变形小。

④ 优越的耐动态疲劳性。

⑤ 良好的耐磨性，很高的撕裂强度。

⑥ 优异的耐老化性能。

POE与硅橡胶共混，目的是改善硅橡胶的力学性能。下面以吉林化学工业公司研究院生产的 EPDM/PP 弹性体为例介绍。

牌号：JHH-ZEI；特性：耐候、耐高温、耐高压、抗冲击、密度小、耐油、耐溶剂似氯丁橡胶。

香港毅兴工程塑料公司的 PP 弹性体性能如表 6-5 所示。

表 6-5 PP 弹性体性能

性能 \ 牌号	E0242	E0278	E0280
硬度（邵尔 A）	75	80	85
密度/(g/cm³)	0.84	0.86	0.86
熔体流动速率/(g/10min)	(L)4.0	(L)4.0	(L)4.0
拉伸强度/MPa	24	40	60
伸长率/%	＞200	＞200	＞200
弯曲强度/MPa	6.0	10	15
LZOD 冲击强度/(J/m)	＞1000	＞1000	＞1000

聚烯烃弹性体主要用于汽车部件，如空气管道、软管、防护罩、轴等。另外，还用于体育设备、动力及常用工具、电线电缆、软线及接插件、密封件和垫片、医疗器械等。

（2）共混工艺　这两种橡胶都可以采用过氧化物硫化，可以使用白炭黑为补强填料，使共混有了一定的基础。

共混时，需将硅橡胶和POE分别是做成各自的母胶，然后在辊温 120℃的双辊机上混炼均匀，或在加热下在捏合机中密炼均匀。一般说来，随着 POE 胶用量的增加，共混胶的拉伸强度、伸长率、撕裂强度和硬度均会随之增大，而扯断永久变形会不断增大，耐热老化性会比纯硅橡胶有所下降。

6.1.4 硅橡胶与氟橡胶共混改性

氟橡胶的种类很多，它们的共同特点是耐热、耐溶剂、耐强氧化剂、阻燃、耐化学品和耐油等一系列优良的特性，但氟橡胶的弹性、耐低温性能和加工性能不佳，价格高；如果将硅橡胶与氟橡胶共混可以改善其耐寒性和加工性能，克服各自的缺点，得到性能和价格介于硅橡胶和氟橡胶之间的新型胶料。氟橡胶和硅橡胶二者极性相差很大，在热力学上是不相容的体系，提高两者相容性是目前的技术难点。

四氟乙烯/丙烯/偏二氟乙烯三元共聚氟橡胶作为特种聚合材料，已广泛应用于电缆、软管、电子显像管等产品中。但此种氟橡胶在低温下阻抗能力较低，大大限制了其应用领域。通过与其他聚合物共混来增加其低温阻抗能力的方法，已受到广泛关注，如将氟橡胶和硅橡胶共混，可作为绝缘材料用于高温电缆。

将硅橡胶和氟橡胶共混，发现在不同温度下，共混物的介质损耗角正切随氟橡胶用量的增加而增大；硅橡胶∶氟橡胶的质量比为 75∶25 的共混物中，由于均匀分散着氟橡胶微粒，共混物介电常数提高了 46.5%。日本合成橡胶公司开发的 JSR JENIX F 系列硅橡胶/氟橡胶并用胶具有优良的耐热性、耐寒性、耐油性、耐水性和耐蒸气性，而且价格相对较低。日本信越化学公司也开发了动态疲劳性能优良的 X-36-100U 系列硅橡胶氟橡胶共混胶，以及拉伸强度大于 13MPa、撕裂强度为 30～60kN/m 的高强度 FE301U 系列硅橡胶/氟橡胶共混胶。从表 6-6 可以看出，共混后橡胶的拉伸强度、耐热性、耐寒性和耐油性优良。

表 6-6　JSR JENIX F 系列硅橡胶/氟橡胶共混胶的物理机械性能

共混物质量比	50/50	40/60	30/70	0/100
拉伸强度/MPa	8.2	10.7	16.2	22.5
伸长率/%	178	176	199	389
硬度（邵尔 A）	58	67	75	70
压缩变形(200℃×72h)/%	43	56	52	45
耐油性容积变化率/%				
ASIM3#,175℃×3h	24.6	20.1	18.4	15
Fuel BR,T×7h	100	92	78	58
低温性能/℃	−38	−11	−5	3

由扫描电镜（SEM）与原子力显微镜（AFM）显示，硅橡胶/氟橡胶共混胶呈现微观非均相结构。将平均粒径为 33μm 的硅橡胶硫化粉末（SVP）和平均粒径为 1.0μm 的氟橡胶硫化粉末（FVP），分别替代上述共混弹性体中对应的硅橡胶和氟橡胶，结果表明：与加入SVP 相比，加入 FVP 所得弹性体的力学性能好，挤出膨胀比小，表面更加光滑。也可通过接枝反应制备 FPM 接枝乙烯基三乙氧基硅烷，改善氟橡胶和硅橡胶的共混相容性。当氟橡胶/硅橡胶的共混比质量比为 80/20 时，共混胶具有较好的综合力学性能。

橡胶共混物的共硫化对共混物的性能有较大影响。硅橡胶多以过氧化物为硫化剂，且现已开发出不少以过氧化物为硫化剂的 FPM，这样就可以用过氧化物作为二者的共硫化剂。当氟橡胶/硅橡胶的体积比为 80/20 时，脆性温度比 FPM 降低 10℃ 左右，低温性能得到明显改善，且成本降低。以 2,5-二甲基-2,5-双叔丁基过氧化己烷（DBPH）为硫化剂，在160℃ 条件下，将硅橡胶动态预硫化后，将其与氟橡胶按质量比为 90/10 进行共混，所得共混胶硫化速度快，硫化平坦性好，硫化胶的拉伸强度达到10MPa，耐热性能也有较大提高。

硅橡胶/氟橡胶并用胶主要用于汽车供油膜片的制造。

6.1.5 硅橡胶与乙烯-乙酸乙烯酯共聚物的共混改性

乙烯-乙酸乙烯酯共聚物按乙酸乙烯酯（VA）质量分数的不同，可分为橡胶型（EVM，不结晶）和塑料型（EVA，结晶）。共聚物具有优异的耐热、耐臭氧、耐候性及一定的耐油性。目前，对EVA与橡胶的共混研究较多，但EVA需经高温混炼，加工较困难。德国拜尔公司开发的EVM克服了EVA的上述缺点，与硅橡胶的共混物有着广阔的应用前景。

(1) 与乙烯-乙酸乙烯酯橡胶（EVM）的共混 EVM具有优异的耐热、耐臭氧和耐候性能，同时具有一定的耐油性能和良好的低温柔顺性，主要用于电缆和汽车配件。乙酸乙烯（VA）质量分数为60%～70%的EVM胶料能够代替硅橡胶，用作汽车衬垫胶料，如油盘、凸轮或盖衬垫等。

用VA质量分数为60%的EVM与硅橡胶共混时，EVM用量较小时，共混物的拉伸强度和撕裂强度变化不大；EVM的质量分数在50%以上时，共混物的拉伸强度和撕裂强度分别提高了15%和38%。一般而言，当两相用量相当时，黏度较低的硅橡胶易形成连续相，因此共混物的强度主要受硅橡胶的影响。过氧化二异丙苯（DCP）硫化的硅橡胶与EVM共混物的性能优于2,4-二氯过氧化苯甲酰硫化的共混物；DCP用量的增加，共混物硫化胶的拉伸强度和撕裂强度稍有减小，伸长率和拉断永久变形呈明显的下降趋势。

(2) 与乙烯-乙酸乙烯酯共聚物（EVA）的共混 EVA由于分子链上引入了醋酸酯单体，在较宽的温度范围内具有良好的柔软性、耐冲击性、耐环境应力开裂性和良好的光学性能、耐低温及无毒特性。在硅橡胶中加入一定量的，可以降低成本，改善硅橡胶的拉伸性能，赋予复合材料特殊的热收缩性能。

在研究不同比例硅橡胶/EVA共混胶物理机械性能时发现，与采用二苯甲酮（BP）为硫化剂相比，采用DCP为硫化剂时，共混胶的拉伸强度、撕裂强度及伸长率等物理机械性能随着EVA的增加而增加的现象更为明显，而此两种硫化体系下的共混胶都具有优异的耐热水性。当VA质量分数为15%时，EVA提高硅橡胶的强度效果最明显；当EVA用量为40%时，共混物的力学性能最佳，共混物的热稳定性能较好，SEM照片显示其微观形貌为双连续相结构。在EVA改性硅橡胶海绵，约10%（质量分数）的EVA可大幅提高硅橡胶海绵的拉伸强度，而其压缩应力松弛性能变化不大；可改变EVA的用量，可以制得具有不同压缩模量、不同压缩应力应变性能的EVA/硅橡胶海绵。辐射交联对EVA/硅橡胶共混胶的凝胶含量和力学性能的影响，经150kGy（1Gy=1J/kg）的辐射剂量辐射交联后，其拉伸强度为12MPa、伸长率400%，4.5kV时的漏电起痕时间可达到4.5h。

6.1.6 硅橡胶与聚氨酯橡胶(PU)共混改性

PU强度高且弹性好，具有优越的耐磨性，在汽车、机械和采矿等领域应用广泛。但PU分子结构中含有大量的异氰酸基、羟基和脲基强极性基团，使胶料表面能相对较大，摩擦因数偏高，生热大，且耐热老化性较差，尤其是潮湿状态下更为明显，因此PU制品的使用寿命较短。为此，需要对PU进行改性。硅橡胶表面能较低，耐热性较好，与硅橡胶共混能明显地提高其耐热性。由于PU是非烃类强极性橡胶，而硅橡胶是弱极性橡胶，极性差异大，共混体系相容性差，通过使其形成互穿网络结构（IPN），从而提高两者的相容性。

采用光学显微镜、动态力学分析和核磁共振谱等对质量分数为1%～91%的硅橡胶/PU-IPN相结构变化、物理性能及网络之间的物理化学作用进行研究，此硅橡胶/PU-IPN在含羟基自由基的水溶液中的稳定性，这类复合材料在生物医学中具有极大的潜在应用价值。

将液体硅橡胶、PU 与环氧树脂（EP）进行共混，使硅橡胶/PU、PU/EP、硅橡胶/PE三者之间相互交联，形成互穿网络结构，研究了三者之间不同比例时，交联密度变化对共混物的拉伸、压缩、剪切和撕裂等物理力学性能的影响。研究结果发现，随着交联密度的增加，共混胶的物理机械性能增加。采用四氢呋喃均聚醚和硅橡胶为主体材料，以过量异氰酸酯配合含氢硅油为交联剂，制得了硅橡胶/PU-IPN，并运用电子显微镜和核磁共振谱对 IPN的结构进行了表征，发现两者相容性有较大提高。在 PU 预聚体中添加硅橡胶后再硫化成型制得并用胶，其磨耗性能与 PU 的结构、硅橡胶的种类和用量、减摩添加剂的种类和用量及它们的相容性等多种因素密切相关。

用乙烯基三乙酰氧基硅烷作为接枝剂在硅橡胶主链上引入极性官能团，与 PU 中的官能团进行反应，使并用胶的硫化程度和热稳定性得到了提高。用机械共混的方法制备 PU/硅橡胶，在混炼型 PU 中加入少量（约 20%）的硅橡胶后，再硫化成型制得硫化胶，PU 摩擦阻力可降低 25%，拉伸强度和伸长率分别提高 40% 和 50%，动态疲劳性能和热稳定性能显著改善。

将白炭黑与六甲基二硅氮烷在混炼机中充分混合，然后置于 80℃ 烘箱中烘至中性，放置 24h 后与甲基乙烯基硅生胶和二苯基硅二醇加入真空捏合机中，捏合成混炼胶；再与聚氨酯共混炼，不使用增容剂，加入硫化剂即可使其硫化。研究其共混体系的力学性能、热稳定性及硫化特性；随着 PUR 质量分数的增加，共混胶的耐热性能下降，正硫化时间延长，硫化速度减慢，焦烧期基本无变化，交联密度降低；SEM 结果显示，共混胶在形态上形成了海-岛结构，随着 PUR 质量分数的增加，PUR 有变为连续相的趋势，相界面结合较好，机械的挤压和剪切作用强迫两相互容；随着 PUR 质量分数的增加，共混胶的拉伸强度先下降后上升；伸长率则是先迅速提高接着又缓慢下降。PUR 质量分数为 80% 时，共混胶的综合力学性能较佳。

6.1.7　硅橡胶与聚乙烯(PE)的共混

与超高分子量聚乙烯的并用在橡胶与聚乙烯共混胶中，首推硅橡胶与超高分子量聚乙烯共混胶料，这种胶料可用于制造医用制品。分析比对得出这些并用胶料的工艺性能和物理机械性能：配合有超高分子量高密度聚乙烯的硅橡胶共混胶兼有高弹性和高强度。因为，这种共混胶料的特点是拉伸破坏功很高，而在硅橡胶基体中加进超高分子量聚乙烯能形成很大的球状结构，这类材料具有良好的冲击性能。

硅橡胶和低密度聚乙烯（LDPE）的电绝缘性能优异，而 LDPE 的成本低，加工性能好。以甲基丙烯酸乙酯为聚二甲基硅氧烷（PDMS）与 LDPE 共混物的增容剂，该共混物的电性能、力学性能及热性能。结果表明，LDPE/PDMS 可用作耐热的电绝缘材料，与硅橡胶绝缘材料相比，具有较好的性价比。

在室温下采用沉淀法白炭黑填充硅橡胶，然后在 150～180℃ 下与 LDPE 熔融共混，制备出 LDPE/硅橡胶共混胶：随着白炭黑含量的增加，LDPE/硅橡胶共混胶的耐空气热老化性能下降；羟基硅油对材料的热老化性能影响不明显，但甲基乙烯基硅油可显著改善材料的热老化性能；随着 LDPE/硅橡胶混炼胶共混比的增加，材料的耐热老化性能下降。

与简单的物理机械共混法制备的有机硅热塑性弹性体相比，采用动态硫化技术制备的有机硅热塑性弹性体的拉伸强度和伸长率均会有较大幅度提高。用 2,5-二甲基-2,5-双（叔丁基过氧基）己烷（DBPH）为硫化剂，采用动态硫化法制备了硅橡胶/线型低密度聚乙烯（LLDPE）热塑性弹性体，共混比为 60/40 时，硅橡胶/LLDPE 热塑性弹性体具有较好的力学性能和热稳定性。

6.1.8　硅橡胶与顺丁橡胶/乙丙橡胶的共混

顺丁橡胶弹性最好、柔顺性好、耐磨，但其抗张强度和撕裂强度低、工艺加工性能差。为了克服缺点，又能取其优点，同时降低成本，在加入硅烷偶联剂及各种配合剂的情况下，使得硅橡胶、顺丁橡胶、乙丙橡胶三种橡胶并用，以研究出性能优异的共混材料。三种橡胶（硅橡胶/BR/EPDM）的配比达到 20/30/40 时，共混胶的力学性能有了显著提高（见表 6-7）。

表 6-7　硅橡胶/BR/EPDM 用量对共混胶性能的影响

试样编号	5#	6#	7#	8#	9#
BR/份	20	25	30	30	40
EPDMD/份	40	50	40	40	40
硅橡胶/份	40	25	20	30	20
拉伸强度/MPa	1.9	1.9	2.4	2.1	2.3
硬度（邵尔 A）	78	76	65	73	81
伸长率/%	11.0	12.6	55.7	18.5	11.9
硬度变化	3	4	3	5	4
伸长率变化率/%	4.8	4.5	2.8	4.3	2.8

因此，顺丁橡胶起了主要作用。当不饱和顺丁橡胶硫化交联后，将部分硅橡胶及少量 EPDM 固定在已硫化的顺丁橡胶网络结构中，从而使共混物形成立体网络，使试样力学性能增强。

实验证明，随着补强剂用量增加，共混胶硬度逐渐增加，拉伸强度变化不大，伸长率降低，热老化性能增强。白炭黑最多加入量为 80 份。硫黄/DCP 并用作硫化剂的共混胶性能优于硫黄/BPO 和单纯用硫黄、BPO 和 DCP 作硫化剂的共混胶性能，且硫黄/DCP 并用比为 2.5/2.5 时共混胶性能最好。

另外，用硅橡胶/PS 共混对硅橡胶进行补强，发现共混时混炼温度大于 150℃胶料才有共混效果，并在 PS 用量为 5 份时胶料拉伸强度最大。用粒径为 30～40nm 三氧化二锑（Sb_2O_3），添加到硅橡胶中制备新型高压绝缘防污闪材料，在改善防污闪涂料阻燃性能的同时提高了涂层强度。

6.1.9　纳米 SiO_2 改性硅橡胶

纳米技术是在 0.10～100nm 尺度的空间内，研究电子、原子和分子运动规律和特性的崭新技术。现在纳米科学技术主要应用于材料学方面。所谓纳米材料，是指用纳米量级的微小颗粒制成的固体材料。当微粒尺寸进入纳米范围时，其比表面积很大，表面原子的无序分布状态使它具有独特的性质，表现为量子尺寸效应、宏观量子隧道效应、小尺寸效应、界面效应等。这些纳米效应将赋予材料全新的特性和特征，如高强度和高韧性、高热膨胀系数、高比热容和低熔点、奇特的磁性和极强的吸波性等，在催化、光吸收、磁介质及新材料等领域有良好的发展前景，在对高分子材料性能的改善与提高方面也具有巨大的发展空间，从而使纳米材料获得广泛的应用。

随着高新技术的发展，人们对于硅橡胶的性能提出了更高的要求，传统的气相白炭黑作为硅橡胶主要补强填充剂，能赋予硅橡胶良好的力学性能，已经很难满足人们的需要。气相白炭黑表面含有的大量羟基，能与硅橡胶分子的端基进行缩合反应，容易产生结构化效应，从而使胶料硬化，加工困难，并且气相白炭黑价格昂贵。因此，用矿物微粉与纳米材料对传统硅橡胶进行改性，因其粒径小、比表面积大、非配对的原子多，并且还有许多空闲键，具有很强吸附其他原子的能力，尤其可以提高硅橡胶的力学、耐热、导电和阻燃等性能。通常所说的纳米相改性硅橡胶是指采用特殊工艺或技术手段将制备好的纳米相材料均匀分散于硅橡胶基体中从而得到比原有性能更好的材料。在纳米相改性硅橡胶体系中存在纳米颗粒之间的相互作用和纳米颗粒与硅橡胶基体间的作用；同时，改性硅橡胶中除了纳米颗粒本身具有特殊的纳米效应外，还与硅橡胶基体颗粒周围局部场效应的形式发生协同作用，因此在其内部各组分的协同作用下，纳米改性硅橡胶所得的复合材料会产生一些母体不具备的特异性质，即能够将无机物的力学刚性、尺寸稳定性、热稳定性、阻隔性好、抗老化和导电等特点与硅橡胶的高弹性、柔韧性很好地结合起来，具有较好的热稳定性、力学性能和加工性能。同时，以硅橡胶为基材，加入各种导电、导热填料，制备具有导电、导热等特殊性能的复合高性能材料，也已得到广泛应用。

纳米材料的出现为硅橡胶各项性能的进一步改进提供了有力的技术保证。

室温硫化硅橡胶（RTV）涂料具有良好的介电特性、物理特性、优异的憎水性以及憎水迁移性，能够显著提高玻璃和瓷绝缘子的污闪电压。在传统的玻璃和瓷绝缘子上使用RTV涂料是目前我国电力部门常用的防污闪措施。RTV硅橡胶胶黏剂具有优异的耐候、工艺性能及稳定的化学结构，在特种炸药粘接领域也得到了广泛的应用。RTV硅橡胶胶黏剂与多种敏感特种炸药相容，具有长期贮存稳定的优越性，同时也存在自身的强度和对特种炸药的粘接强度较低等弱点，通过在体系中加入纳米 SiO_2 可以提高 RTV 的强度和对特种炸药的黏结强度。

研究了两种不同结构、不同粒径的 SiO_2 对 RTV 涂料力学性能的影响及不同 SiO_2 添加量对 RTV 涂料憎水迁移性能的影响。发现颗粒大小、表面处理剂等影响 SiO_2 在硅橡胶中的补强效果，在填料添加量较低时，颗粒大小起主要作用；在填料添加量较高时，填料在胶中分散的均匀性起主要作用。增加 SiO_2 的添加量能增加 RTV 硅橡胶材料的力学性能，但也会降低其憎水迁移。

原位改性法制备的可分散性纳米二氧化硅（SiO_2）对甲基乙烯基硅橡胶（MVQ）结构与性能的影响，并与气相法白炭黑填充硅橡胶进行了比较。分散性纳米 SiO_2 为类球形颗粒，其表面改性的有机物质量分数为 3.9%；填充分散性纳米 SiO_2 后，硅橡胶的结晶温度降低，熔融吸热减小，在低温下不易硬化；分散性纳米 SiO_2 与硅橡胶的相容性及其在硅橡胶中的分散性优于气相法白炭黑；复合材料的加工性能及力学性能均优于气相法白炭黑填充硅橡胶。

通过超声波分散法制备了纳米 SiO_2/室温硫化硅橡胶胶黏剂，研究了纳米 SiO_2 对 RTV 硅橡胶胶黏剂自身强度及对 JOB-9003 炸药的粘接强度的影响。发现 JOB-9003 炸药粘接面经钛酸丁酯处理后，有利于提高 RTV 硅橡胶胶黏剂/纳米 SiO_2（经 KH-570 处理）复合体系对其粘接力；体系中加入纳米 SiO_2RTV 硅橡胶胶黏剂的线胀系数降低，黏度有所增加；同时 RTV 硅橡胶胶黏剂的拉伸强度、伸长率及 JOB-9003 炸药粘接件的拉伸强度明显提高，并在纳米 SiO_2 含量为 $4\%\sim5\%$ 时达到最大值；将不同粒径的纳米 SiO_2 加入硅橡胶胶黏剂中，保持纳米 SiO_2 加入量为 4% 时，改变不同粒径纳米 SiO_2 的质量分数，复合体系的拉伸强度随之有规律地变化，并有最大值。

对添加气相法制备的 SiO_2 纳米粉对硅橡胶/炭黑体系的压阻、阻温效应影响及其导电机制的研究。发现在添加 15% 导电炭黑的硅橡胶中，随着 SiO_2 纳米粉的增加，压阻效应越来越显著。在一定压力范围内，材料电阻随压力呈线性增加。添加15％导电炭黑的硅橡胶的电阻率随温度升高而略有降低，而加入纳米级气相法制成的 SiO_2 的导电炭黑/硅橡胶复合材料的电阻随温度增加而增加。一般认为电导率取决于导电团聚体间的电子跃迁的势垒高度和能隙宽度。在一定温度范围内，升温会使得导电团聚体间电子跃迁概率增大。此外，由于橡胶基体的膨胀系数大于导电炭黑，升温会导致链状团聚体间间隙和导电网络无序度增大。由于不添加 SiO_2 纳米粉的材料中炭黑含量较高，形成连续链状高导电通道，升温并不能导致连续链状团聚体断裂，构成间隙，因而前者的影响占主导，使得电阻率随温度升高而降低。而加入 SiO_2 纳米粉的材料内部为不连续导电团聚体结构。升温使间隙加大，因而材料体电阻率随温度升高而增大，且其导电机制为欧姆导电，其电导率受导电团聚体间的电导率控制。

6.1.10 纳米 SiO_x 改性硅橡胶

纳米 SiO_x（$x=1.2\sim1.6$）是一种无定型白色粉末，具有无毒、无味、无污染的特点。其颗粒尺寸为 $5\sim15nm$，比表面积达 $640\sim700m^2/g$，表面原子数目多，表面存在不饱和的残键及不同键合状态的羟基，粒子表面严重配位不足，具有较高的表面能和表面结合能；同时，纳米 SiO_x 粒子表面氧原子大量流失，经高分辨电镜观测发现，其表面含有许多纳米级介孔结构，用 Omnisorp 100CX 比表面积和孔隙率分析仪测得其表面孔隙率值为 $0.611mL/g$。因而粒子表面欠氧而具有不稳定的硅氧结构，故分子式为 SiO_x；另外，纳米 SiO_x 粒子表面还含有大量羟基，表面羟基值高达48％。因而利用纳米 SiO_x 对硅橡胶改性时将产生特殊的效果，以及纳米 SiO_x 的主要成分与硅橡胶的主链组成相同，有利于纳米材料在其中分散。这些特点使它表现出极强的活性，极易和硅橡胶分子链的氧起键合作用，提高分子间的键合力，从而使添加纳米 SiO_x 的硅橡胶拉伸强度得到提高。

采用纳米 SiO_x 对双组分室温硫化硅橡胶（RTV-2）-端羟基硅橡胶进行改性，并对改性后室温硫化的硅橡胶的硫化反应-凝胶时间和力学性能-拉伸性能分别进行测试。结果发现纳米 SiO_x 粒子对 RTV-2 胶的硫化反应有较强的阻聚作用，表现在胶液的凝胶时间随纳米 SiO_x 含量的增大而延长；纳米 SiO_x 粒子对 RTV-2 硫化胶的拉伸性能有一定的改进作用，纳米 SiO_x 质量分数为6％时硫化胶的拉伸强度和伸长率较高。

以纳米 SiO_x 取代白炭黑用作硅橡胶混炼胶补强用料，进行了纳米 SiO_x 在硅橡胶中的应用研究。发现以纳米级 SiO_x 取代白炭黑，在不改变原配方的基础上，采用传统混炼方法进行纳米填料的分散，可使 6109 硅橡胶在其他性能数据变化不大的情况下，拉伸强度由原来的 4.5MPa 提高到 6.7MPa，即提高55％。

6.1.11 纳米碳酸钙

纳米碳酸钙（$CaCO_3$）和轻质碳酸钙对室温硫化（RTV）硅橡胶的力学性能和工艺性能的研究发现：轻质 $CaCO_3$ 只是常规的增量填充剂，对硅橡胶没有补强作用，对硅橡胶的交联密度也没有影响；纳米 $CaCO_3$，是矿物微粉增强硅橡胶中经常使用的一类矿物微粉。由纳米 $CaCO_3$ 改性 RTV 硅橡胶，随着其用量的增加，RTV 硅橡胶的拉伸强度略有提高，伸长率下降，定伸应力和弹性模量略有上升，邵尔硬度增加。定伸应力的提高表明硅橡胶的交联密度提高，说明纳米 $CaCO_3$ 可以促进交联反应的进行；拉伸强度提高表明纳米 $CaCO_3$ 对 RTV 硅橡胶有补强作用，提高了硅橡胶力学性能。$CaCO_3$ 的粒径对 RTV 硅橡胶的性能有较大的影响，由纳米 $CaCO_3$ 比表面积大，使位于表面的原子数量占相当大的比例，从而提高了微粒的活性，且与橡胶分子的接触面积增大，从而提高了 $CaCO_3$ 粒子与橡胶分子的有效结合，随着用量的增加，起始黏度和黏度变化趋势比较大，对工艺性能有一定影响，最终引起了宏观性能的变化。同时，粒子通常有球状、立方体状等等向性状态，也有针状、板状等非等向性状态。当 $CaCO_3$ 被粉碎至纳米级时，其状态是等向性的，等向性状态对于硅橡胶具有较强的静电吸附作用。

6.1.12 天然矿物微粉增强硅橡胶性能

采用材料物理化学和复合材料的方法，系统地研究了 8 种天然矿物（滑石、石英、α-硅灰石、β-硅灰石、高岭土、叶蜡石、绢云母和重钙粉体）及其超细粉体和改性粉体与硅橡胶基体的相互作用。结果表明，前 4 种粉体为填料的硫化胶拉伸强度、撕裂强度、100% 定伸应力、回弹性和邵尔 A 型硬度明显优于填充后 4 种矿物粉体者。这主要是因为后 4 种粉体的表面有较多羟基和吸附水，在混炼和硫化过程中，这些表面吸附水将受热释放，在硫化胶内部造成缺陷和空洞，从而降低粉体的增强效果。矿物粉体的表面吸附水也影响填料在硅橡胶有机相中的分散，导致矿物粉体的增强性能下降，而滑石、石英和硅灰石粉体没有表面吸附水，因而增强性能较好。而其矿物粉体的粒径小、比面积大、长径比大等粉体性质好的填料，硅橡胶制品的力学性能得到提高，这是因为随着粉体粒度降低，其比表面积增大，矿物表面活性点增多，加大了矿物填料/硅橡胶基体界面间的相互作用力，使硅橡胶制品中"结合橡胶"含量提高。界面黏附功与界面张力比值大的复合材料的力学性能好。具有表面活性基团（通过表面改性）、表面缺陷和适量的表面羟基是提高粉体增强性能的重要因素。复合粉体的增强性能与粉体性质、混炼胶中的结合橡胶、硫化胶的交联密度及力学性能有着内在的联系。

采用改性云母、石墨等填充硅橡胶，制得的阻尼材料在 250℃ 仍具有较好的阻尼性能和耐热老化性能。采用溶液聚合方法制备超细绢云母/加成型液体硅橡胶复合材料，其经过表面化学处理的超细绢云母在硅橡胶基体中分散均匀，当超细绢云母质量分数为 8% 时，复合材料的拉伸强度和邵尔硬度可达到 1.25MPa 和 61，分别比纯硅橡胶提高了 197.62% 及48.78%。热重分析表明，超细绢云母显著提高硅橡胶的热稳定性能。

6.1.13 纳米纤维改性硅橡胶

纳米导电纤维（Nano-F）是由纳米铜粒子催化乙炔聚合反应而制得的一种导电填料。用它作为硅橡胶填料时发现：Nano-F 对硅橡胶硫化没有影响，且其填充的硅橡胶胶料具有硬度低、弹性好和拉断永久变形小等优点，但其导电性能不如导电炭黑（HG-CB），采用Nano-F/HG-CB 并用填充的硅橡胶可获得最佳的物理性能与导电性能。

研究了 Nanco-F/HG-CB 填充硅橡胶胶料的流变性能及复合材料的电性能。发现在低剪切速率下的各向异性增加了硅橡胶分子链缠结点，阻碍其在流场中的取向，提高了胶料的表观黏度；在高剪切速率下，Nanco-F 的取向有助于硅橡胶分子链的取向运动，可降低胶料的表观黏度，改善胶料的加工性能。Nanco-F/HG-CB 填充硅橡胶复合材料具有高的导电性；电阻率随温度增加在 25~40℃ 之间呈负温度系数，而在 40~120℃ 之间电阻率变化不大，具有较高的热稳定性；在不同温度下的伏-安特性呈欧姆线性关系。并且提出 Nanco-F/HG-CB并用填充硅橡胶可作为一新型的导电橡胶使用。

6.1.14 碳纳米管改性硅橡胶

碳纳米管作为一种典型的一维纳米材料，其极大的长径比、极高的弹性模量和弯曲强度、耐高温、耐化学腐蚀以及优良的电导率和热导率，是制备纳米复合材料的理想增强体，受到了广泛的关注。将碳纳米管添加到硅橡胶中，不但有望增强橡胶的力学性能，而且将提高其导电性能，在防静电橡胶、电子元器件和电磁屏蔽制品等方面有广泛的应用前景。

采用溶胶-凝胶法制备的 Ni 催化剂放置于已升温至 750℃ 的卧式不锈钢炉中，通乙炔（$V_{N_2}:V_{C_2H_2}=3:1$）30min 即得到絮状含碳纳米管的粗产物。然后采用浓硫酸和浓硝酸混合酸（$V_{H_2SO_4}:V_{HNO_3}=3:1$）回流的方法纯化，得到纯净的碳纳米管。然后，将碳纳米管加入适量二甲苯中，超声分散 30min。加入液体硅橡胶，充分搅拌溶解后继续超声 30min。然后迅速除去混合液中的二甲苯，加入正硅酸乙酯，搅拌均匀，装模。待完全硫化后，制得碳纳米管/硅橡胶复合材料，由复合材料的 SEM 外貌照片，可以看到碳纳米管在硅橡胶基体中分散均匀，没有团聚现象，碳纳米管较为均匀地分散在硅橡胶中。

用碳纳米管（CNT）填充硅橡胶制备了碳纳米管/硅橡胶复合材料，并研究了复合材料的电学特性。结果表明：随着碳纳米管含量的增加，复合材料的电阻率急剧下降，当含 $w_{CNT}=0.075$ 时，电阻率下降了约 10 个数量级。随着拉力增大，复合材料的力敏效应增大。复合材料存在明显的弛豫现象：拉力越大，电阻率的弛豫时间越长；碳纳米管含量越大，复合材料的弛豫现象越不明显，可以用 $R(t)=(R_0-R_\infty)\exp(t/\tau)+R_\infty$ 来描述复合材料的弛豫过程。

6.1.15 纳米 TiO₂ 改性硅橡胶

添加纳米 TiO₂ 可提高硅橡胶抗辐照性能。一方面，纳米 TiO₂ 粒子具有表面缺陷少、非配对原子多、比表面积大的特点，易与聚合物发生物理或化学结合。当纳米 TiO₂ 填充硅橡胶基体加入到硅橡胶基体中时，可以增加了硅橡胶的物理或化学交联点，从而提高了硅橡胶的交联密度，在应力场的作用下，当受外力损伤时，在基体内产生微变形区，可以吸收能量，从而表现出较好的抗辐照能力。另一方面，纳米 TiO₂ 具有半导体性质，质子辐照下，带电粒子激发电子 e⁻ 由低能的价带向高能的导带跃迁，产生电子（e⁻）-空穴（h⁺）对，通过电子跃迁吸收大部分能量后，再通过电子-空穴对的复合以振动热或其他形式释放，从而避免质子对聚合物分子链的破坏，可提高抗辐照性能。

以 MQ 树脂［MQ 硅树脂是由单官能硅氧单元（$R_3SiO_{0.5}$，简称 M 单元）和四官能硅氧单元（SiO_2，简称 Q 单元）组成的有机硅树脂］增强硅橡胶为基体，采用机械共混的方式，加入少量纳米 TiO₂ 进行改性。采用空间综合辐照模拟设备研究了纳米 TiO₂ 在 100keV 和 150keV 能量质子辐照下，对 MQ 硅树脂增强加成型硅橡胶的损伤及热性能的影响。试验结果表明，添加纳米 TiO₂ 的硅橡胶与未改性硅橡胶相比，经过质子辐照后，表面颜色加深和表面裂纹损伤的程度减小，质损率增加、耐热性能下降以及收缩膨胀率变化的程度降低，表现出明显的抗辐照性能。

6.1.16 纳米蒙脱土改性硅橡胶

近年来，对蒙脱土/硅橡胶复合材料的研究是阻燃高分子材料的一个研究热点。这类材料具有较白炭黑/聚合硅橡胶无法比拟的优点，可以同时改善高分子材料的力学性能、热稳定性、气体阻隔性和阻燃性等。硅橡胶具有热稳定性高、热释放速率低、成炭率高、低烟、无毒等优点，成为阻燃防火橡胶的首选材料；但硅橡胶本身具有可燃性，需要进行阻燃改性以便扩大其应用。

采用蒙脱土（MMT）、钠基蒙脱土（Na-MMT）、用羧基插层剂改性的蒙脱土（DK3）和用十八烷基插层剂改性的蒙脱土（DK4）粉末，计算出 MMT、Na-MMT、DK3 和 DK4 的［001］面层间距 d_{001} 分别为 1.2nm、1.5nm、2.5nm、3.4nm，并且以它们作为填充剂，用熔融共混法制备了蒙脱土/硅橡胶复合材料，研究了蒙脱土对硅橡胶的力学和阻燃性能。结果表明：有机插层剂改性有利于蒙脱土在硅橡胶中的分散，并且提高硅橡胶的拉伸强度和阻燃等性能。一般而言，未改性蒙脱土的层间距较小，且具有亲水性，与硅橡胶的相容性较差；所以蒙脱土在硅橡胶中不易被剥离而呈微米级分散，达不到补强和阻燃的效果。而经有机插层剂改性的蒙脱土 DK3、DK4 的层间距增大，且有机阳离子的引入使蒙脱土的疏水性大大提高；从而使蒙脱土与硅橡胶的相容性提高，蒙脱土易被插层或剥离成纳米级片层分散在硅橡胶中。这种硅橡胶依托蒙脱土纳米片层超大的比表面积和极高的径/厚比来增强材料的力学性能；另外，纳米片层分散在硅橡胶中能够阻隔氧气、自由基以及热量等往里层传递，所以硅橡胶的阻燃性能得到提高。研究还发现，当层间距 d_{001} 为 3.4nm 的有机改性蒙脱土的质量分数为 6% 时，硅橡胶的拉伸强度达到 12.1MPa，伸长率为 362%，氧指数为 32.7%，硅橡胶的起始分解温度和终止分解温度分别比空白样提高 83℃ 和 13℃。

对蒙脱土（MMT）进行有机改性后，再用其作为填料，采用溶液插层法制备了有机蒙脱土（OMMT）填充脱醇型 RTV-2 硅橡胶。与 MMT 质量分数为 2% 的硅橡胶相比，OMMT 质量分数为 20% 的硅橡胶的拉伸强度由 1.39MPa 提高到 1.98MPa，提高了 42.4%；伸长率由 190% 提高到 210%，提高了 10.5%；透气量只有其 0.003%，而透气系数只有其 0.009%；热分解中心温度变化不大，分解的剧烈程度也得到较大程度的抑制。

采用二-羟乙基-N-十二烷基-N-甲基氯化铵作为钠基蒙脱土插层剂，形成一种有机蒙脱土（OMMT），与特殊单体发生缩合反应制得超支化蒙脱土（HOMMT），添加到硅橡胶中制备（HTV-SR）/HOMMT 纳米复合材料。X 射线衍射分析表明，HOMMT 在复合材料中达到了完全剥离的程度；与 HTV-SR 相比，复合材料的拉伸强度、伸长率、永久变形更优。

6.1.17 纳米氧化铈改性硅橡胶

将纳米氧化铈作为耐热添加剂加入到硅橡胶中，可防止硅橡胶侧链的氧化交联，提高侧基的热氧化稳定性，提高硅橡胶耐热性能。

纳米氧化铈对 MVQ 耐热性能的影响：彭亚岚等人采用化学沉淀法制备了极度松散的纳米氧化铈，并将 2 份纳米氧化铈作为耐热添加剂加入到 100 份甲基乙烯基硅橡胶（MVQ）中，经 250℃×72h 热空气老化后，添加纳米氧化铈的 MVQ 硫化胶的综合物理性能优于未添加纳米氧化铈的 MVQ 硫化胶，可有效提高胶料的耐热空气老化性能，同时硫化胶其他性能（邵尔 A 型硬度、拉伸强度、伸长率变化率等）受到的影响最小。

6.1.18 纳米铜改性硅橡胶

纳米金属粉在高温下不会分解，可提高硅橡胶/纳米金属复合材料的热稳定性，同时添加到硅橡胶中的纳米金属粉对聚合物基体分解产物的挥发具有阻碍作用，提高了体系的热稳定性。

通过机械混炼法制备了硅橡胶/纳米铜复合材料，系统研究了 nano-Cu 用量对复合材料的力学性能、热稳定性能和吸水性能的影响。利用扫描电子显微镜（SEM）和 X 射线衍射仪（XRD）观察发现，纳米铜在复合材料的分散比较均匀，呈纳米级分布，有极少数发生团聚。结果表明，纳米铜能提高复合材料的硬度，在提高添加量时，料的拉伸强度稍稍下降，但撕裂强度得到了很好的保持。随着纳米铜粉含量的增加，复合材料的分解温度提高，热失重率减少，大提高复合材料的热稳定性和吸水性能。

另外，经过硅烷偶联剂改进的纳米羟基磷灰石与硅橡胶混合制成纳米硅橡胶复合材料。

发现纳米羟基磷灰石在复合材料中的分散比较均匀，与微米级的羟基磷灰石相比，对硅橡胶补强效果好。

6.1.19　多巴胺改性硅橡胶

在仿生学中，硅橡胶可被用于制备仿壁虎脚掌刚毛阵列，但由于硅橡胶材料本身表面能较低，黏附性能较差，制备的仿壁虎刚毛阵列所产生的黏附力较低。为了提高硅橡胶的表面能，在硅橡胶中引入十一烯酸以及在表面嫁接多巴胺，增大了硅橡胶的表面极性度，提高了其表面能，并以此来提高硅橡胶表面的黏附性能。

多巴胺改性硅橡胶的制备：

第一步，通过硅氢化反应，在催化剂氯铂酸（$H_2PtCl_6 \cdot 6H_2O$）作用下，将甲基含氢硅油（KF—99，PMHS）上的 Si—H 键与十一烯酸（UA）上的烯基发生加成，过量的 Si—H 键与聚甲基乙烯基硅氧烷（DC—184，PMVS）反应，合成了含羧基的十一烯酸-硅橡胶共聚物（UA-co-PDMS）；

第二步，将硅片吸附在匀胶机上，并滴加上述反应生成的 UA-co-PDMS，控制匀胶机转速，使硅片上均匀地铺上一层共聚物，然后放入真空干燥箱中固化 1h，得到 UA-co-PDMS 膜。

第三步，UA-co-PDMS 膜浸入 1,4-二氧环己烷、多巴胺和二环己基碳二亚胺的混合液中，在室温条件下，UA-co-PDMS 表面的羧基和多巴胺（DA）发生胺化反应 1h，然后用乙醇和戊烷分别清洗薄膜，再用氮气吹干，制得多巴胺修饰改性的硅橡胶（DA/UA-co-PDMS）。

由静态接触角法来测量复合绝缘材料的疏水性和亲水性。在相同水滴容量下，静态接触角越大，水滴与材料表面的接触面积就越小，则憎水性越好；静态接触角越小，水滴与材料表面接触面积越大，亲水性就越好。通常认为，$\theta > 90°$时，材料表面是憎水的。硅橡胶 UA-co-PDMS（$m_{PMHS} : m_{PMVS} = 1 : 10$）与水和甘油的接触角分别是 107.28° 和 110.31°，说明 UA-co-PDMS 是高疏水性高分子聚合物。经过十一烯酸改性并在表面嫁接多巴胺的硅橡胶（DA/UA-co-PDMS）与水和甘油的接触角是 44.69° 和 49.50°，这是由于多巴胺是超亲水性物质，使接触角减小，亲水性得到明显的提高。

已知水的色散分量和极性分量分别是 $22.1mJ/m^2$、$50.2mJ/m^2$，甘油的色散分量和极性分量分别是 $37.0mJ/m^2$、$26.4mJ/m^2$，根据 Young's 方程可定量计算出 UA-co-PDMS 膜及 DA/UA-co-PDMS 膜的表面能，硅橡胶 UA-co-PDMS 的表面能为 $9.55mJ/m^2$，而 DA/UA-co-PDMS 膜的表面能为 $55.05mJ/m^2$，经多巴胺修饰的聚合物膜较未修饰的硅橡胶膜的表面能提高了 4.7 倍；其中的极性分量由原来的 $8.56mJ/m^2$ 增大到 $47.28mJ/m^2$，色散分量由 $0.99mJ/m^2$ 增大到 $7.77mJ/m^2$，从而可知表面能的增加主要来自极性分量的增加，十一烯酸的引入以及表面多巴胺的嫁接，增大了硅橡胶的表面极性度，从而提高了其表面能。

6.2　特殊用途硅橡胶

6.2.1　导电硅橡胶

填充型导电硅橡胶是以硅橡胶为基胶，加入导电填料、交联剂等配炼硫化而成。与一般导电橡胶相比，导电硅橡胶的优点是体积电阻率小、硬度低、耐高低温（$-70 \sim 200℃$）、耐老化、成型加工制造工艺性能好，已成为用量最大的导电橡胶，特别适合于制造导电性能好、形状复杂、结构细小的导电橡胶制品，在航空、航天、电子电气、计算机、建筑、医疗、食品等各个领域得到广泛应用，还可用于抗静电材料、电磁屏蔽材料等方面。国产导电硅橡胶的性能见表6-8。国产导电硅橡胶与国外同类产品性能比较见表6-9。

表6-8 国产导电硅橡胶的性能

品种	低硬度	中硬度	高硬度	低温型	并用型
硬度(邵尔A)	35±5	55±10	70±5	70±5	60±5
体积电阻率/Ω·cm	30~50	<6	<4	<4	<10⁴
拉伸强度/(kgf/cm²)	>20	50~60	50~60	50~60	70
伸长率/%	>250	>200	>150	>150	>300
拉断永久变形/%	<5	<10	<10	<10	<10
撕裂强度/(kgf/cm)	>10	>20	>20	>20	>30
冲击弹性/%	>40	>30	>30	>30	>40
曲挠龟裂/次	>60万	>20万	>3万		
耐温/℃	−70~+200℃			−1000~+200℃	−70~+200℃

表6-9 国产导电硅橡胶与国外同类产品性能比较

国别	国外					国内		
产品牌号	YE34520	YE5173A	专利	专利	专利	D-5	D-3	D-131
导电填料	乙炔炭黑	乙炔炭黑	碳纤维	乙炔炭黑	乙炔炭黑	乙炔炭黑	乙炔炭黑	乙炔炭黑
硫化类型	过氧化物	过氧化物	过氧化物	过氧化物	铂催化	过氧化物	过氧化物	铂催化
主要特点 / 主要性能	导电性能好	高硬度	常压热空气硫化	高抗撕	常压热空气硫化	导电性能及综合性能好	导电性能好	常压热空气硫化
密度/(g/cm³)	1.18	1.21				1.15	1.16	
硬度(邵尔A)	62	74			60	60	70	68
拉伸强度/(kgf/cm²)	50	59		55.3	36.7	57	59	47
伸长率/%	220	150		430	140	265	220	228
撕裂强度(Jis、A型)	12	12		43.2	21	20	20	24
冲击弹性/%						39	31	31
曲挠龟裂/次						20万以上		
线型收缩率/%	4.7					3.8	3.9	
体积电阻率/Ω·cm	4.0	4.5	50		10	5.3	3.4	4.7
时间/年	1979	1979	1976	1967	1976	1977	1977	1980

根据基胶品种和加工方法不同，可以制成高温硫化导电硅橡胶和室温硫化导电硅橡胶，以及压敏导电硅橡胶、各向异性导电硅橡胶和低温导电硅橡胶等。

根据导电填料体系的种类，可以分为炭系导电填料、金属系导电填料、微/纳米导电填料和并用体系导电填料。

表6-10列出了这些导电填料中的例子。其中，炭黑的加工性、成型性能好，有一定的补强性，在一定程度上可以通过调节添加量来任意选择电导率的范围，因此是一种使用最广

泛的导电性物质。

表 6-10　各种导电性物质与体积电阻率

形状	种　类	体积电阻率/Ω·cm
颗粒状	炭黑	0.10～10
	K. B. EC(Ketjen black EC)(由炔黑制成的一种炭黑)	0.102
	炔黑	0.170
	石墨	0.03
	银	$1.62×10^{-6}$
	金	$1.72×10^{-6}$
	镍	$7.24×10^{-6}$
	不锈钢	$7.2×10^{-6}$
	氧化钛-氧化锡体系	1～100
	导电性锌	≤10^2
	金-银、镍-银复合体系	
	镀银玻璃珠	
	炭球	
箔状	铝箔	$2.9×10^{-6}$
	不锈钢、镍箔	
纤维状	碳纤维	$(0.7～18)×10^{-3}$
	铝带	$2.9×10^{-6}$
	镀铝玻璃纤维	
	金属纤维	黄铜$(5～7)×10^{-6}$

6.2.1.1　金属系导电填料

金属粉末具有优良的导电性能，将金属粉末填充到硅橡胶中可明显改善其导电性能，是制备高导电硅橡胶的重要填料。与炭系填料相比而言，金属系填料的经济性与工艺性较差，而且对硅橡胶基材的物理机械性能的改善程度有限，导致其应用范围不广，但在二者并用的体系中可以得到综合性能良好的导电硅橡胶。常见的金属粉末主要有金、银、铜、镍、铁、铝等细粉末、箔片丝、纤维和对无机以及有机颗粒进行化学镀的金属粉末（镀金属的玻璃纤维、玻璃微珠）等。

铝粉、铁粉、铜粉、镍粉等在空气中易氧化，从而造成粉末导电性能相对较低，耐腐蚀性差，无法作为导电填料使用，但经改性处理后，可以克服以上缺点。

金属系导电填料中，金粉导电性能最好，但价格昂贵，也无法作为主要的导电填料，导致使用普及性较一般，多在高精尖领域应用；银粉具有优良的耐候性和导电性，而且导电性与金相当，高于铜、铝、镍等其他金属，因此近年来在电子工业中，尽管银价格昂贵，还是被用来作为导电橡胶或者导电涂料的高性能导电填料。为了降低成本，近年来粉末化学镀银技术迅速逐渐发展起来。由于镀银粉末表面银层固有体积电阻率相当小，从而降低了整个颗粒的体积电阻率，一般约为 $4.5×10^{-3}Ω·cm$，最好的要低于 $3×10^{-3}Ω·cm$，主要用于电磁波屏蔽（EMI）。不但可以对金属粉末，如铜粉、铝粉和镍粉等，而且还可以对无机颗粒以及有机颗粒如玻璃微珠、石墨、聚苯乙烯颗粒等进行化学镀银制备高性能的导电填料。这类导电填料不仅具有银的高导电性，而且成本较低，密度一般要小于银粉。

国外高导电硅橡胶从最早期银和铜镀银填料的硅橡胶发展到最新、更经济的铝镀银复合材料。铜镀银和镍镀银导电橡胶的电磁屏蔽性能好，而且耐 EMP 冲击，用于高档产品；铝镀银导电橡胶的电磁屏蔽性能好，并且和铝材料电化学兼容，可耐 EMP 冲击，用于基体材料为铝的高档产品；纯银导电橡胶可防霉菌，用于微生物生长的环境。美国 CHOM2ER

ICS 公司已开发出以纯银粉或镀银粉为填料的系列高导电硅橡胶产品，英国 JamesWalker 公司和 Dunlop 公司、美国 Tecknit 公司和 Magnetic Shield 公司也已开发和生产类似的产品，但以美国 CHOMER ICS 公司的生产规模最大。

国内以 R401 硅橡胶为基体，银粉或镍粉作为导电填料制备了导电硅橡胶。结果表明，当银粉和镍粉的细度和体积分数相同时，加银粉的硅橡胶体积电阻率比加镍粉的硅橡胶小 2~3 个数量级，且材料的硬度较小，其他物理性能也都优于镍粉填充的高导电硅橡胶。说明金属填料的性质是决定导电硅橡胶导电性能，也明显影响材料的物理性能。而随着银粉和镍粉用量的增加，导电硅橡胶体积电阻率不断减小，同时物理机械性能也急剧变化，表现为硬度增大，拉伸强度和伸长率减小。导电硅橡胶的电阻率随着银粉体积分数的增大而迅速下降，当银粉体积分数为 70%~80% 时，导电硅橡胶的电阻率下降到 $1.0 \times 10^{-4} \Omega \cdot cm$，且较稳定。当金属填料用量不变，细度达到一定值时，导电硅橡胶的体积电阻率最小，因此，采用合适细度的金属填料能够解决材料导电性能与物理性能之间的平衡性问题。

6.2.1.2 炭系导电填料

部分非金属粉末具有很高的电导率，将其填充到硅橡胶中，不仅能够得到导电性能良好的硅橡胶，还能够保持硅橡胶原有性能优点。

炭系导电填料主要有炭黑、石墨、乙炔炭黑、碳纤维、石墨纤维、超导电炭黑、碳纳米管和导电纤维等。

炭系导电填料与金属粉末相比，其导电性能虽然较差，但稳定性比金属系填料要好，而且不易氧化，对硅橡胶有补强作用，能够保证硅橡胶的物理性能，可增加导电橡胶的耐候性、耐磨性，并可兼作色剂，来源较广，价格较低，但分散困难，并且制备的导电硅橡胶体积电阻率较大，一般不小于 $0.5 \Omega \cdot cm$。

炭黑价格便宜、容易加工、化学稳定性好、分散性佳、使用过程中不易氧化、对填充的橡胶有补强作用，能赋予硅橡胶良好的强度和弹性，并且可提高耐候性和耐磨性等优点，因此由其制备的导电硅橡胶综合性能较好，成为最常用的导电填料。

石墨由于自润滑作用，导致混炼胶易碎、分层，影响材料的工艺性能和力学性能，以致导电橡胶综合性能差，所以应用范围有限。

碳纤维类填料若使用得当可得到极高的电性能，但在提高硫化胶的疲劳性能和物理性能方面较差，且加工困难、成本较高，在并用体系中使用的情况较多。因此炭黑是炭系导电填料应用最广泛的一种。

炭黑包括高结构高耐磨炉法炭黑、低结构半补强炭黑、喷雾炭黑和乙炔炭黑，其中乙炔炭黑的导电性能最好，体积电阻率仅为 $60.7 \Omega \cdot cm$，因此乙炔炭黑在导电高分子材料中的应用也最为广泛，是目前制备导电硅橡胶最常用的导电填料之一。导电炭黑的性能直接影响导电硅橡胶的导电性能和力学性能，为了提高其导电性能，国内外均研究开发了导电性能更好的炭黑，如国产华光超导电炭黑（HG-CB）、美国的 N472 型导电炭黑，以及荷兰 AK 公司的 Kentjen-black EC 导电炭黑等。

使用不同种类、型号的炭黑，或将不同种类的炭黑并用作为导电填料，或将炭黑与其他导电填料并用等是提高导电硅橡胶导电性能的重要方法，也是近年来导电硅橡胶的研究热点之一。

将乙炔炭黑填充到硅橡胶中，得到导电性能良好的导电硅橡胶。试验结果表明，随着乙炔炭黑用量的增大，导电硅橡胶的体积电阻率减小，当乙炔炭黑用量超过 30 份时，导电硅橡胶的体积电阻率迅速减小，乙炔炭黑粒子间的距离缩小成接触状态，即形成导电网络；当乙炔炭黑用量大于 40 份时，导电硅橡胶体积电阻率下降趋缓，新增的乙炔炭黑粒子对导电网络已无多大的贡献。乙炔炭黑填充导电硅橡胶最小体积电阻率达到 $4.5\Omega\cdot cm$。此外，乙炔炭黑还能够提高硅橡胶的物理性能，特别是拉伸性能和硬度。

白炭黑对导电硅橡胶的导电性产生较大不良影响，在乙炔炭黑补强体系能满足基本力学性能的要求下，不宜使用白炭黑作为导电型硅橡胶的补强剂。导电硅橡胶的体积电阻率随白炭黑用量的增加而增大，这是由于白炭黑粒子的体积电阻率很大，它的参与及分散改变了在硅橡胶中已形成的导电网络结构，主要是增加了乙炔炭黑粒子间的距离，从而增加了硫化橡胶的体积电阻率。热处理可以改善硅橡胶的导电性能，这可能是由于升温使得硅橡胶链段及分布其中的导电粒子产生了更强烈的热运动，其之间就产生了更加快速的、时而接触时而脱离的运动，在这种极高频率的不断激励下，导电粒子间间隙得以均匀化，冷却后使得导电硅橡胶的体积电阻率减小，增强了导电性。

将 7 份乙炔炭黑添加到 100 份 107 室温硫化硅橡胶基胶中，可使它们的体积电阻率由 $10^{14}\sim10^{15}\,\Omega\cdot cm$ 降低到 $10^2\,\Omega\cdot cm$，当乙炔炭黑用量为 10 份时，体积电阻率达到 $60\Omega\cdot cm$。同时，乙炔炭黑还能增强室温硫化硅橡胶的力学性能，提高硅橡胶的拉伸强度和硬度。

将乙炔炭黑 250G、炭黑 N234 和炭黑 N293 分别加入硅橡胶中，发现乙炔炭黑填充硅橡胶的体积电阻率明显高于炭黑 N293 或 N234 填充的硅橡胶。这是因为炭黑填充硅橡胶的导电性能主要取决于炭黑的粒径和结构度，炭黑粒径越小、相对结构度越高，硅橡胶的导电性能越好。由于乙炔炭黑的结构度明显高于炭黑 N234 和 N293，因此乙炔炭黑填充硅橡胶的导电性能最好。随着炭黑用量的增大，硅橡胶的体积电阻率先增大后趋于稳定，邵尔 A 硬度增大，拉伸强度先增大后减小；乙炔炭黑填充的导电硅橡胶体积电阻率随着温度的升高而增大，而填充炭黑 N234 的硅橡胶体积电阻率随温度的变化情况较复杂，这可能是由于填料与聚合物基体间的热力学行为不匹配所造成的。以不同粒径的高导电炭黑 CB3100、ECP、N330 作导电填料，分别加入硅橡胶中，研究了三种炭黑填充制成的导电硅橡胶在相同体积分数时的压阻特性。结果表明：在相同体积分数下，结构性最高的 CB3100 压阻效应最为明显，N330 最差。

HG-4 型导电炭黑的硅橡胶的导电性能较好，而填充乙炔炭黑的硅橡胶力学性能较好。在 100 份甲基乙烯基硅橡胶（VMQ）中，加入 3 份 HG-4 型导电炭黑和 30 份乙炔炭黑，并用硅烷偶联剂 KH-550 对其表面进行预处理，以进一步改善硫化胶的导电性能和力学性能，可制得综合性能良好的导电硅橡胶。MVQ 导电性能：随着炭黑用量的增大，硫化胶的导电性能提高，但物理性能下降。HG-4 型导电炭黑的导电性能与 Kentjen-black EC 导电炭黑的导电性能相似，并研制出体积电阻率为 $3\sim6\Omega\cdot cm$ 的导电硅橡胶。

在不含软化剂的华光导电炭黑填充硅橡胶中，具有中空结构的华光导电炭黑的填充量应小于 30phr。在硅橡胶中填充 20phr 时，加工性能和综合性能较好，表面电阻率为 $23\Omega\cdot cm$，体积电阻率为 $100\sim101\Omega\cdot cm$，拉伸强度则可达 5.7MPa，物理机械性能和导电性能均优于非中空结构的 N472 导电炭黑填充的硅橡胶。

将乙炔炭黑、超导电炭黑 BP2000 和高导电粉末分别加入 MVQ 中，得到 3 种导电硅橡胶。具有中空结构的超导电炭黑 BP2000 的导电性能最佳，但加工困难，且具有延缓硫化的作用。采用高导电粉末可制备与银粉填充硅橡胶体积电阻率（$0.026\sim6\Omega\cdot cm$）相当的导电硅橡胶，该产品可作为高灵敏导电材料使用。

先在室温硫化液体硅橡胶中加入经烘干处理后的短切碳纤维（CF），搅拌均匀后，加入固化剂、偶联剂，再搅拌 2min，最后真空抽除气泡，浇注模具室温下固化成型，制得碳纤维/硅橡胶导电复合材料。通过升温-降温循环及升温-恒温两种方式，研究了碳纤维/硅橡胶导电复合材料的温度响应，其电阻值随温度升高而增大，随温度降低而减小，具有正温度系数，并具有温度弛豫现象，隧道电阻的主导作用是其主要原因，温度稳定时，其电阻随时间不断降低直至稳定。橡胶材料与碳纤维材料热膨胀系数的不同是造成其电阻温度响应的主要原因；而温度变化对电子能量的影响也是造成材料温度响应的原因之一。

竹炭是竹材在高温、缺氧或限制性地通入氧气的条件下，受热分解而得到的固体产物。竹材在一定的工艺条件下可制备成电阻率很小的竹炭。同时竹炭具有较大的表面积、良好的化学稳定性、密度较低、价格便宜等优点，是近年来发展的一种新型炭系导电填料。以竹炭为导电填料，通过改变竹炭、气相法白炭黑、羟基硅油、过氧化物二异苯（DCP）的添加量，以正交试验设计法对竹炭/硅橡胶复合材料的导电能力和力学性能进行了研究。结果表明，与石墨、导电炭黑和铜粉3种导电填料相比，在以甲基乙烯基硅橡胶为基体，以竹炭为导电填料制备的复合材料综合性能最好，见表6-11。

表 6-11 不同的导电填料与硅橡胶复合材料性能比较

导电填料（conductive filler）		复合材料（com posites）		
种类	体积电阻率 /Ω·cm	体积电阻率 /Ω·cm	拉伸强度 /MPa	伸长率 /%
竹炭	0.11	0.63	1.18	132
石墨	0.02	5.85	0.20	30
导电炭黑	0.20	10.65	0.50	50
铜粉	3×10^{-3}	0.65	0.10	10

由表 6-11 可以看出与其他 3 种导电填料相比无论从导电复合材料的体积电阻率，还是从复合材料的力学性能来看，竹炭都有较大的优越性。当 MVQ、竹炭（粒径小于 $25\mu m$ 体积电阻率为 $0.11\Omega \cdot cm$）、气相法白炭黑、DCP、羟基硅油质量比为 100：130：3：3：2 时制备的复合材料达到了竹炭/硅橡胶高导电复合材料的要求，其电阻率为 $0.63\Omega \cdot cm$，拉伸强度为 1.18MPa，伸长率为 132%。

以聚酯短纤维［拉伸强度大于 800MPa；伸长率（25±9）%］为原料，其表面处理后化学镀银制得不同长径比的镀银聚酯导电纤维粉（纤维粉），其电阻率为 $5.85 \times 10^{-4}\Omega \cdot cm$，以此镀银导电纤维粉作为填料，与硅橡胶共混，制备了柔性导电硅橡胶复合材料。研究了导电橡胶电导率、电阻蠕变行为及压阻性能随填料长径比、含量的变化。结果表明：导电橡胶的渗流阈值，随着镀银导电纤维填料长径比的增大而减小；恒定应力下，导电橡胶的电阻蠕变表现为电导率随时间非线性增加；在 1.0MPa 应力范围内，在不同应力作用下，导电橡胶电导率随应力的增大而增大，呈现出正压阻变化效应（PPCR）；随着填料质量分数的增大，压应力的增加，导电橡胶的压阻效应变得不明显。

柔性导电硅橡胶复合材料制备：先将正硅酸乙酯加入到一定量的 107 硅橡胶中，搅拌 20min，再加入催化剂月桂酸二丁基锡，继续搅拌均匀，得到硅橡胶基体，然后，分别加入已知质量、纤维粉，向一个方向充分搅拌，使其良好取向，混合均匀后，在一定的模具中固化，得到所需尺寸的复合材料。

日本东芝有机硅公司开发了两种不使用银粉而又能对电磁波具有良好的屏蔽作用且价格低廉的新型导电硅橡胶，商品牌号为 TCM 5417V 和 XE 21-301V。这两种产品都不使用银粉，而是使用了特殊的导电填充剂，价格比较低廉，其制品同填加银粉型相比，对电磁波具有同等的屏蔽效果，并可进行挤出加工，因此被称之为划时代的导电硅橡胶。预期将在电子、电气、汽车、机械等领域获得广泛的应用。这两种产品热稳定性好，导电性稳定，在 200℃下一个月，体积电阻率几乎没有变化。TCM 5417V 的体积电阻率为 2.8Ω·cm，衰减率为 30dB；XE21-301V 的体积电阻率为 $0.5\Omega \cdot cm$，衰减率为 50dB。

综上，能赋予复合材料高导电性的炭系填料应具有粒径小、比表面积大、石墨化程度高等基本性能。在选择炭系填料填充硅橡胶时，应根据填料的品种在导电性能稳定区选择电阻率稳定性、物理稳定性和重现性良好的最佳填充量。

6.2.1.3 微/纳米系导电填料

纳米级及超微导电填料是提高硅橡胶导电性能的途径之一。微/纳米粒子具有粒径小、比表面积大，表现出小尺寸效应、表面效应、量子尺寸效应和宏观量子隧道效应等特点，即粉体粒径达到纳米级时，导电填料会表现出很多优异的性能，用其制得的导电聚合物具有质量轻、力学性能好、导电性高、易加工等突出优点，展示了广阔的应用前景。

在 MVQ 中加入纳米乙炔导电纤维可得到性能良好的导电硅橡胶，当纳米乙炔导电纤维用量为 10～35 份时，混炼胶的导电性能接近导电乙炔炭黑填充混炼胶；当纳米乙炔导电纤维用量大于 30 份时，硫化胶的体积电阻率小于 $1\times10^3\Omega \cdot cm$，当纳米乙炔导电纤维用量达到 50 份时，硫化胶体积电阻率降至 $10\Omega \cdot cm$。

纳米导电纤维和导电炭黑并用填充硅橡胶，得到的复合材料具有较高的导电性能，其电阻率在 25～40℃时呈负温度系数，而在 40～120℃时具有较好的稳定性。将纳米石墨填充到硅橡胶中，得到的导电硅橡胶逾渗阈值为 0.009，该值大大小于用其他填料填充的硅橡胶。

用乙烯基硅橡胶（SIR）为基材，纳米二氧化钌（nano-RuO_2）为导电填料制备了纳米 RuO_2/SIR 力敏复合材料，并测试了其压阻特性。研究结果表明：复合材料加载与卸载过程的压阻曲线所形成的"滞后环"较小，具有较好的压阻特性及重复性，是性能优良的力敏功能材料。

微/纳米粒子与高分子直接共混的方法简单易行，但微/纳米单元在复合体系中的分布很不均匀，易发生团聚并影响到复合材料的综合性能，改进方法一是对微/纳米粒子作表面改性，可改善其分散性。用偶联剂 KH-550 对碳纳米管进行表面改性，将纳米碳管填充到 MVQ 中，发现不但改性后的碳纳米管在硅橡胶中分散均匀，而且改性处理后胶料的耐久性及物理稳定性也可得到良好的改善。改进方法二是利用磁场来改变微/纳米金属粒子在胶料中的分布。用磁场辅助硫化工艺，制备了含有排列的微米铁粉/硅橡胶复合材料，测量了体系的压阻特性。结果表明，该复合材料显示良好的压阻特性，其导电特征和压阻行为与磁场在基胶中诱导的导电路径构象的多样性有关。改进方法三是采用超高速剪切分散的方法制备碳纳米管/硅橡胶纳米复合材料，试验结果表明，碳纳米管在复合材料中的分散效果较好。

微/纳米粒子/硅橡胶导电复合材料的性能不仅与微/纳米粒子的结构性能有关，还与微/纳米粒子的聚集结构和其协同性、硅橡胶基体的结构性能、粒子与基材的界面结构性能及加工复合工艺方式等有着密切的关联，所以应综合考虑各方面因素，按应用需求制备不同功能的微/纳米粒子填充复合导电硅橡胶材料。

炭黑/纳米 Al_2O_3 填充柔性压敏导电硅橡胶制备：在纳米 Al_2O_3 粉体及 CB3100 炭黑纳米粉中，加入有机分散剂搅拌均匀，最后加入硅橡胶进行搅拌，搅拌均匀后，放置室温下使其室温固化即制得。基于纳米材料具有改性聚合物的特点，将适量纳米材料和导电粒子的混合物作为导电填料添加到硅橡胶中，可使大量的导电粒子被吸附在链状的纳米粒子上，从而提高导电填料在硅橡胶中的分散均匀性，减少橡胶基质内导电粒子链之间的狭缝数目和缝宽，使得电子穿越势垒的概率增大，混合物的电阻降低，故在一定程度上提高了导电性；纳米粒子对导电粒子链具有增韧增强的作用，在外力作用下，可增大柔性触觉传感材料的压力敏感范围。基于柔性触觉传感器中用到的压敏导电硅橡胶，研究添加纳米 Al_2O_3 对导电硅橡胶电特性的影响。从理论上研究纳米 Al_2O_3 改性的微观和宏观机理，并通过实验对添加

不同量纳米 Al_2O_3 的压敏导电硅橡胶导电性、室温下的导电稳定性、压阻特性进行比较分析。研究结果表明在导电硅橡胶中添加适量的纳米 Al_2O_3 能够有效提高压敏导电胶的导电性、稳定性及增大了压力敏感范围，从而也就改善了压阻特性。

6.2.1.4 并用体系导电填料

两种或两种以上导电填料并用是提高导电硅橡胶复合材料综合性能的重要途径。多种填料并用，不仅可以克服单独一种填料填充时复合材料所具有的局限性，而且能根据不同填料的特点，在以合适的添加配比量情况下制得导电稳定性与物理机械性能可满足不同使用要求的复合材料。VXC-72 导电炭黑与 BP2000 超导电炭黑并用对甲基乙烯基硅橡胶电性能及力学性能的影响。结果表明：BP2000 超导电炭黑与 VXC-72 导电炭黑并用时复合材料体积电阻率下降明显，但应控制好添加量，当 BP2000 添加量小于 20 份时，随着体系中 VXC-72 导电炭黑的质量分数的增加，导电硅橡胶的拉伸强度和伸长率先升后降，当 VXC-72 的加入量为 25 份时，导电硅橡胶的力学性能最佳。

将纳米导电纤维（Nano-F）和导电炭黑（HG-CB）并用填充硅橡胶，得到的复合材料具有较高的导电性能，研究表明，并用体系中的导电炭黑聚集体通过纳米导电纤维的桥接面形成较好的网络结构，且导电炭黑聚集体在纳米导电纤维之间提供了导电连续性，但未提及复合材料的物理机械性能。

以白炭黑和乙炔炭黑为导电填料，对硅橡胶的导电性能影响显著。气相法白炭黑加入到导电炭黑填充的硅橡胶体系中，体系的电阻率随着温度的升高而增大，而未添加导电炭黑的体系电阻率随着温度的升高而减小。采用正交试验设计法对硅橡胶的导电性能进行优选，其优化配方为：硅橡胶 100 份，白炭黑 3 份，乙炔炭黑 80 份，硫化剂 DCP2.5 份。

以 α,ω-二乙烯基聚二甲基硅氧烷为基胶，配合气相法白炭黑、导电炭黑、含氢硅油、铂催化剂等，制成加成型导电液体硅橡胶。研究了导电炭黑、气相法白炭黑对加成型导电液体硅橡胶性能的影响。结果表明，随着炭黑用量的增加，导电胶片的体积电阻率下降，当添加量达到 25 份时形成拐点，当添加量达到 35 份以后，体积电阻率变化不明显，基本维持在 $50\Omega \cdot cm$，较佳炭黑用量为 35 份；随气相白炭黑用量的增加，胶料的黏度迅速增大、胶片的硬度增加、力学性能增强、体积电阻率略有增大，较佳气相法白炭黑用量为 25 份。按 α,ω-二乙烯基聚二甲基硅氧烷 100 份、气相法白炭黑 25 份、导电炭黑 35 份配制加成型导电液体硅橡胶，随着贮存期的延长，其黏度、体积电阻率基本保持稳定，但机械强度略有下降，硫化速度随着时间的延长逐渐变慢，其操作性能、力学性能、导电性能基本达到国外同类产品水平。

用 GMX332 型液体硅橡胶作为基体，交联剂为正硅酸乙酯，催化剂为二月桂酸二丁基锡，导电填料为粒度 200 目 HG-3 型导电炭黑和粒径小于 $30\mu m$ 的石墨的混合粉（其质量比为 $1:2$），光谱纯白炭黑为添加剂，制备出导电硅橡胶。实验表明，导电硅橡胶的电阻随着温度的升高而降低，导电粒子含量越大或混合导电填料中石墨所占比例越大，导电硅橡胶电阻的热稳定性越好。

近年来，两种纳米材料并用作为导电填料填充的导电硅橡胶由于其具有压力敏感度高，压阻特性好等特点，也逐渐受到研究人员的关注。以多壁碳纳米管（MWNT）和纳米二氧化硅并用作为填料，采用三辊研磨机制备了（MWNT-SiO_2）/RTV 复合材料，研究了其压阻和介电特性，结果表明，导电复合材料的压力敏感性较好，当外界压力为 150N 时，含 5% 纳米二氧化硅的复合材料相对电阻是 MWNT/RTV 复合材料的近两倍，其压力敏感性提高近一倍，其电阻与压力呈良好的线性关系。

6.2.1.5 导电填料表面改性

铜粉和镍粉虽然价格较低，但存在因氧化而降低导电性能与在有机基体中不易分散的缺点。经过对其改性处理后，抗氧化性与分散性均可得到提高，多用于传感器及电磁波屏蔽等领域。近年来金属粉末化学镀技术，由于其具有成本低，密度小于银粉等优点，而越来越受到人们的青睐。

镀银镍粉填充型导电硅橡胶由甲基乙烯基硅橡胶（VMQ）、白炭黑、羟基硅油、硫化剂双 25、镀银镍粉组成。其随着镀银镍粉用量的增大，VMQ 硫化胶的硬度和压缩永久变形增大，拉伸强度和伸长率减小，体积电阻率呈减小趋势；镀银镍粉用量为 450 份时，VMQ 硫化胶的物理性能和导电性能均较优。其体积电阻率随热空气老化温度的升高而呈增大趋势；随压缩率的增大而先减小后增大，压缩率以 10%～30% 为宜。

将 KE951-U 橡胶、交联剂、导电填料在开炼机上混炼均匀，然后装模，在平板硫化机上加压硫化，制得电磁屏蔽导电硅橡胶。导电填料分别用 M-4017 镀银玻璃微珠、碳纤维和镀银玻璃微珠/碳纤维复合填料填充硅橡胶。结果表明，在 2.6GHz～3.95GHz 频段内，镀银玻璃微珠填充量越大，导电硅橡胶的电磁屏蔽效能越高，镀银玻璃微珠填充量为 180 份时，样品的屏蔽效能的峰值为 −115.2dB。添加少量碳纤维能够提高镀银玻璃微珠/碳纤维复合填料填充橡胶的电磁屏蔽性能，当碳纤维添加量增加到 20 份时，镀银玻璃微珠/碳纤维复合填料填充硅橡胶（镀银玻璃微珠填充量 120 份）的电磁屏蔽效能峰值达到 −82.0dB，高于填充量为 150 份的单纯镀银玻璃微珠填料样品的电磁屏蔽效能，并且能够提高导电硅橡胶的力学性能并降低成本。导电硅橡胶的电磁屏蔽效能主要是由导电填料在橡胶基体内形成的导电网络决定，在各个方向上的导电通路越多，样品的电磁屏蔽效能越好，添加少量碳纤维对导电硅橡胶的力学性能有一定的提高作用。

以玻璃微珠/银复合粒子作为导电填料、硅橡胶作为基胶，制备出具有高导电性能的导电硅橡胶复合材料，当复合粒子的添加量为 300phr 时，导电硅橡胶复合材料表现出优良的综合性能。将粒径均一的镀银镍粉加入到 VMQ 中，制备出高导电硅橡胶，随着镀银镍粉用量的增大，导电硅橡胶体积电阻率呈减小趋势，当镀银镍粉用量为 450 份时，导电硅橡胶的物理性能和导电性能均较优。

以镀银玻璃微珠（SGB）为导电填料，探讨了硅烷偶联剂对 SGB 的表面改性、SGB 的粒径和用量对 SGB/VMQ 复合材料的导电性能和力学性能及相态结构的影响。结果表明，采用硅烷偶联剂 A-151 对 SGB 进行表面改性，可以明显改善 SGB/VMQ 复合材料的邵尔 A 硬度、拉伸强度和伸长率等力学性能，同时保持其导电性能。SGB 的粒径越大，用量越多，SGB/VMQ 复合材料的导电性能越好。当其粒径为 41μm、用量为 300 份时，SGB/VMQ 复合材料的导电网络结构最强，导电性能最好，并且具有优良的力学性能。在满足 SGB/VMQ 复合材料形成导电通路的前提下应尽可能地减少 SGB 的用量，以改善材料的力学性能，降低材料的成本。

镀银玻璃微珠的粒径越大，复合材料的导电性能越好，其原因可能有 3 点：①由于 SGB 的银含量相同，SGB 粒径越大，导电粒子的比表面积越小，分摊到每个导电粒子表面的银镀层越厚，粉体自身的导电性能就越好，填充硅橡胶复合材料的导电性能就越好；②导电粒子相互搭接成网的搭接点存在接触电阻，导电粒子粒径越大，则导电粒子数目越少，导电粉相互搭接点越少，接触电阻越小，宏观表现就是复合材料的体积电阻率小，导电性能好；③导电粒子粒径越大，在混炼过程中导电粒子的分散越容易，形成的填料大聚集体越少，随后形成的导电填料三维网络结构越完善，因而导电性能越好。

镀银玻璃微珠填充导电硅橡胶中，采用未经表面处理的镀银玻璃微珠填充硅橡胶，硫化胶导电性能不稳定，并且混炼工艺较差。在混炼过程中，当填充量增加到 200 份时，胶料发硬，脱辊，流动性变差，从而给后面的硫化成型工序带来不利影响，因此很难再通过增加镀银玻璃微珠用量来提高硫化胶的导电性能。为此，采用了乙烯基三叔丁基过氧硅烷（VTPS）、KH550 和 A151 等硅烷偶联剂的无水乙醇溶液对镀银玻璃微珠进行表面处理，然后与硅橡胶生胶及配合剂进行混炼与硫化，以研究不同牌号的硅烷偶联剂对硫化胶性能的影响，结果见表 6-12。

表 6-12 不同牌号的硅烷偶联剂对硫化胶性能的影响

硅烷偶联剂	VTPS	KH550	A151
体积电阻率/Ω·cm	0.0087	0.0139	0.0118
拉伸强度/MPa	1.88	1.45	1.60
伸长率/%	242	178	180
硬度（邵尔 A）	73	68	70

由表 6-12 可知，采用 VTPS 对镀银玻璃微珠表面进行预处理，改性镀银玻璃微珠用量为 180 份时，导电硅橡胶体积电阻率小于 $0.01\Omega \cdot cm$；可以改善胶料的混炼工艺，也可以提高硫化胶的力学性能、导电性能和导电稳定性能。其原因在于镀银玻璃微珠经过偶联剂处理，在其表面包覆了一层偶联剂，从而改善了镀银玻璃微珠与硅橡胶基体的相容性，提高了结合力，较易形成导电网络。

用偶联剂 VTPS 对镀银铜粉进行表面处理，既改善了填充硅橡胶的混炼工艺性能和硫化成型工艺性能，又提高了镀银铜粉的添加量，改善硅橡胶胶料的混炼，硅橡胶的导电性、拉伸强度、伸长率、邵尔 A 硬度等得到提高。同时也可提高硫化胶中镀银铜粉与硅橡胶的结合力，同时也可提高硫化胶中镀银铜粉与硅橡胶的结合力，使表层镀银铜粉颗粒不易脱离，相应地提高了硅橡胶的导电稳定性，从而制得体积电阻率小于 $0.01\Omega \cdot m$ 的镀银铜粉填充型导电硅橡胶。

用偶联剂 KH-550 对碳纳米管进行表面改性后，改性碳纳米管能分散均匀填充到 MVQ 中，随着改性碳纳米管体积分数由零增大到 0.06，硅橡胶的电导率由 $1\times10^{-9}\,S/m$ 增大到 $1\times10^{-2}\,S/m$。

挤出型镀银铝粉/硅橡胶导电复合材料制备：将硅橡胶、镀银铝粉、硫化剂 DCB、硅烷偶联剂和配合剂在常温下混炼 15min，转子转速为 80r/min。将混炼胶放入挤出机，挤出直径为 2.5mm 柱状试样条。将试样放入电热鼓风干燥箱中进行两段硫化，一段硫化条件为 110℃×2h；二段硫化条件为 200℃×2h。研究了硅烷偶联剂对镀银铝粉的表面改性及镀银铝粉用量对镀银铝粉/硅橡胶导电复合材料性能的影响。结果表明：从图 6-2 可知，采用硅烷偶联剂乙烯基三甲氧基硅烷（A-171）、乙烯基三-（2-甲氧基乙氧

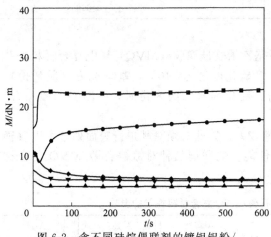

图 6-2 含不同硅烷偶联剂的镀银铝粉/
硅橡胶复合材料的硫化曲线（110℃）
硅烷偶联剂：●—A-137，■—A-151，
▲—A-171，▼—A-172，◆—A-187；
用量均为 15 份，镀银铝粉用量为 160 份

基）硅烷（A-172）和 γ-缩水甘油醚氧丙基三甲基硅烷（A-187）对镀银铝粉进行表面改性后复合材料不交联，而采用硅烷偶联剂辛基三乙氧基硅烷（A-137）和乙烯基三乙氧基硅烷（A-151）对镀银铝粉进行表面改性后复合材料可以硫化，可见，镀银铝粉/硅橡胶复合材料对硅烷偶联剂的品种也有一定的选择性。其中硅烷偶联剂 A-151 的改性效果较好，见表 6-13。

表 6-13　硅烷偶联剂对镀银铝粉/硅橡胶复合材料物理性能和导电性能的影响

项目	空白	A-137	A-151
100%定伸应力/MPa	1.2	—	1.8
拉伸强度/MPa	1.6	0.9	2.0
伸长率/%	573	86	207
$\rho_V/\Omega \cdot cm$	1.368	0.004	0.023

注：镀银铝粉用量为 240 份；硅烷偶联剂用量为 15 份。

随着镀银铝粉用量的增大，复合材料的拉伸强度、伸长率和体积电阻率减小，且出现逾渗现象，高导电复合材料镀银铝粉的最佳用量为 280 份。

从表 6-14 可以看出，随着硅烷偶联剂 A-151 用量的增大，改善了导电填料与硅橡胶的界面结合，提高了导电填料与硅橡胶之间的相容性和分散性，有利于减少填料聚集体的形成，因此拉伸强度先是增大，而伸长率和体积电阻率逐渐减小；但当硅烷偶联剂 A-151 用量超过 10 份后，由于 A-151 同时具有增塑作用，因此拉伸强度逐渐减小；而硅烷偶联剂 A-151 用量越大，镀银铝粉分散得越好，镀银铝粉与硅橡胶基体的结合越牢固，导电网络越易形成，因此的导电性能越好。

表 6-14　硅烷偶联剂 A-151 用量对镀银铝粉/硅橡胶复合材料性能的影响

A-151 用量/份	0	5	10	15	20	25
拉伸强度/MPa	1.51	1.59	1.99	1.80	1.29	1.09
伸长率/%	573	281	252	207	192	156
$\rho_V/\Omega \cdot cm$	2.565	1.368	0.070	0.023	0.009	0.008

注：镀银铝粉用量为 240 份。

以镀镍石墨为导电填料制备镀镍石墨/甲基乙烯基硅橡胶（MVQ）导电复合材料，并对其性能进行研究。结果表明，采用密炼工艺、硫化温度为 110℃，基本配方（质量份）为 MVQ100 份、镀镍石墨 200 份、偶联剂 6 份、硫化剂双二四 8 份时，所制备的镀镍石墨/MVQ 复合材料的导电性能和拉伸性能较好。

镀镍石墨为无机材料，与 MVQ 的相容性较差，因此必须对其进行表面处理，以改善其与橡胶的相容性，从而提高复合材料的综合性能。偶联剂品种对镀镍石墨/MVQ 复合材料性能的影响如表 6-15 所示。

表 6-15　偶联剂品种对镀镍石墨/MVQ 复合材料性能的影响

偶联剂品种	空白	A-151	A-171	A-137	A-174
拉伸强度/MPa	0.8	1.2	1.3	2.5	0.9
伸长率/%	99	162	107	61	443
体积电阻率/$\Omega \cdot cm$	0.30	0.06	0.20	0.13	0.19

从表 6-15 可以看出，未加偶联剂的复合材料拉伸性能较差，体积电阻率很大，无实用价值；加入偶联剂 A-171 和 A-137 的复合材料拉伸强度略高，但体积电阻率较大，导电性能差；加入偶联剂 A-174（γ-甲基丙烯酰氧基丙基三甲氧基硅烷）的复合材料体积电阻率较大，拉伸强度较小，伸长率较大；采用偶联剂 A-151 的复合材料体积电阻率最小，拉伸性能较好，可见偶联剂 A-151 是镀镍石墨较理想的表面处理剂。

偶联剂 A-151 用量对镀镍石墨/MVQ 复合材料性能的影响如表 6-16 所示。

表 6-16　偶联剂 A-151 用量对镀镍石墨/MVQ 复合材料性能的影响

偶联剂 A-151 用量/份	2	4	6	8
硫化仪数据(110℃)				
M_L/dN·m	7.35	6.65	7.15	6.85
M_H/dN·m	25.66	22.49	21.25	18.52
M_H-M_L/dN·m	18.31	15.48	14.10	11.67
t_{10}/min	0.30	0.30	0.32	0.31
t_{90}/min	13.5	17.0	18.7	38.0
V_c/min^{-1}	7.58	5.99	5.44	2.65
拉伸强度/MPa	1.1	1.3	1.8	0.9
伸长率/%	159	121	75	102
体积电阻率/Ω·cm	0.21	0.13	0.09	0.50

从表 6-16 可以看出，随着偶联剂 A-151 用量的增大，复合材料的 t_{10} 变化不大，t_{90} 明显增大，硫化速度降低，M_H-M_L 减小，这表明橡胶本体的交联密度降低。当偶联剂 A-151 用量从 2 份增大到 6 份时，复合材料的拉伸强度增大，伸长率和体积电阻率减小。分析原因认为，随着偶联剂用量的增大，镀镍石墨表面有机化程度提高，其与橡胶间的界面状况得到改善，避免了镀镍石墨粉体大量聚集。当偶联剂用量增大到 8 份时，复合材料拉伸性能和导电性能急剧劣化，这可能是由于过多的偶联剂尽管改善了填料-橡胶界面，但也导致交联密度大幅度下降，填料粒子间距过大所致。

由此可见，含有双键的偶联剂过量加入会严重影响橡胶本体的硫化程度，导致复合材料性能变差，因此偶联剂 A-151 用量以 6 份为宜。

硫化剂用量：硫化剂双 24 用量对镀镍石墨/MVQ 复合材料性能的影响如表 6-17 所示。

表 6-17　硫化剂双 24 用量对镀镍石墨/MVQ 复合材料性能的影响

硫化剂双 24 用量/份	6	8	10	12
硫化仪数据(110℃)				
M_L/dN·m	7.11	7.15	7.67	7.06
M_H/dN·m	18.56	21.25	24.48	25.82
M_H-M_L/dN·m	11.45	14.10	16.81	18.76
拉伸强度/MPa	1.2	1.8	1.4	1.3
伸长率/%	162	75	80	118
体积电阻率/Ω·cm	0.06	0.09	0.10	0.13

从表 6-17 可以看出，随着硫化剂双 24 用量的增大，胶料的 $M_H - M_L$ 增大，这表明橡胶本体的交联密度提高；硫化胶的拉伸强度先增大后减小，伸长率先减小后增大，体积电阻率增大；当硫化剂双 24 用量为 8 份时，复合材料的综合性能较好。分析原因认为，硫化剂双 24 除了可与 MVQ 分子链中的双键发生交联反应外，还可与偶联剂中的双键发生反应，导致偶联剂向橡胶本体迁移，而用于对镀镍石墨进行表面处理的偶联剂相对减少。硫化剂用量过大，用于表面处理的偶联剂相对过少，镀镍石墨表面有机化程度较低，导致镀镍石墨与 MVQ 的相容性较差，复合材料的导电性能和拉伸性能不理想；而硫化剂用量过小，胶料交联密度过低，复合材料拉伸强度过小。

镀镍石墨用量：对于粒子填充型聚合物复合材料，逾渗现象普遍存在。它是指当填充粒子达到一定的用量时，体系的某种物理性质发生突变的行为，同时它可以为具体的复合体系提供一定的逾渗值范围，为选取最佳的填料用量提供参考。图 6-3 给出了镀镍石墨/MVQ 复合体系的体积电阻率与镀镍石墨用量的关系，由于超出实验仪器量程，平台区取近似 MVQ 体积电阻率 $10^{15} \sim 10^{16} \, \Omega \cdot cm$。由图 6-3 可以看出，体积电阻率随镀镍石墨用量的增加而不断降低，在用量为 $150 \sim 180$ 份时，体积电阻率急剧下降，此后，曲线逐渐趋于平缓；当填料用量为 180 份时，体积电阻率达到 $0.1 \Omega \cdot cm$，满足高导电性的要求；当用量达到 200 份时，体积电阻率降到最低，随后则又略有上升，但都稳定在同一个数量级。由此，确定此体系逾渗值为 $180 \sim 200$ 份，满足复合材料导电性要求的最佳用量为 200 份。

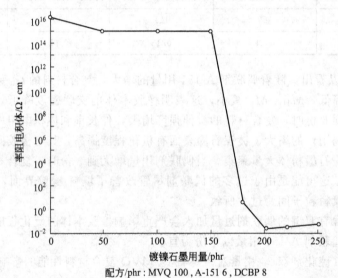

配方/phr：MVQ 100，A-151 6，DCBP 8

图 6-3　镀镍石墨/MVQ 复合体系的体积电阻率与镀镍石墨用量的关系

将钛酸偶联剂加入到掺入铜粉的导电橡胶中。钛酸偶联剂通过与树脂之间形成化学桥键，从而提高了铜粉在导电橡胶中的分散性和抗氧化性，进而可以获得良好的导电性与物理性能。

6.2.1.6　导电橡胶加工工艺的影响

加工工艺也是影响硅橡胶导电性能的重要因素，主要有混炼时间、加工温度、硫化方法等。

除配合体系外，加工工艺是影响导电橡胶性能的重要因素。混炼工艺和硫化温度对镀镍石墨/MVQ 复合材料性能的影响如表 6-18 所示。由于镀镍石墨用量为 200 份时，采用开炼工艺制备的镀镍石墨/MVQ 复合材料的体积电阻率较大，超过仪器的测试范围，因此将镀镍石墨用量提高到 250 份。

表 6-18 混炼工艺和硫化温度对镀镍石墨/MVQ 复合材料性能的影响

项 目	混炼工艺①		硫化温度/℃		
	开炼	密炼	100	110	120
拉伸强度/MPa	1.2	1.4	1.5	1.4	1.3
伸长率/%	150	85	75	85	118
体积电阻率/Ω·cm	0.09	0.03	0.05	0.03	0.05

① 硫化温度为 110℃；基本配方为 MVQ 为 100（质量份），镀镍石墨为 250，偶联剂 A-151 为 6，硫化剂双 24 为 8。

从表 6-18 可以看出，采用密炼工艺制备的复合材料体积电阻率明显较小，拉伸强度较大；随着硫化温度的升高，复合材料的拉伸强度减小，伸长率增大，体积电阻率先减小后增大。总体来说，采用密炼工艺、硫化温度为 110℃时制备的复合材料综合性能较好。

硅橡胶与填料的混料方式对填料的分散效果影响较大。采用三辊研磨机混料，炭黑粒子分布不均匀，存在团聚现象；采用高速搅拌机混料，炭黑粒子分布均匀，很少结团。此外，混合强度过大或混合时间过长反而会降低硅橡胶的导电性能。在高压开关橡胶绝缘体配件时，导电橡胶混炼中炭黑易受剪切力作用发生结构破坏，使导电橡胶电性能下降，因此混炼时间不宜过长。

硫化时间和硫化温度对导电硅橡胶的导电性能和物理性能也有影响。硫化方法对填充型导电硅橡胶的影响。结果表明：与加成硫化相比较，过氧化物硫化的导电硅橡胶交联密度较大，导致填料均匀性变差，从而降低了橡胶的导电性，但力学性能相对较好。高温热处理对导电硅橡胶导电性的目的是提高体系的结构均匀性以提高导电性。

6.2.2 泡沫硅橡胶

泡沫硅橡胶是一种新型的、柔性、多孔、多功能性的高分子弹性体，是硅橡胶经发泡后制成的。硅橡胶泡沫材料是指以硅橡胶材料为基体，基体内部具有大量气泡的多孔材料，因此也可以看作是以气体为填料的复合材料，即硅橡胶泡沫材料是硅橡胶经发泡后制备的一种多孔黏弹性泡沫材料，又称为海绵硅橡胶、微孔硅橡胶，不但保留了硅橡胶的优良性能外，而且还具有质轻、隔声、隔热、绝缘、比强度高、能吸收冲击载荷、密封、减震、可压缩等泡沫材料的性能，作为阻尼、减振、隔声、隔热等高性能材料广泛用于国防、航空航天、交通运输、电子工业、工业、农业以及日用品等领域。一些功能化、高性能的泡沫材料在军事和航天航空等尖端领域发挥了极大的作用，是高分子泡沫材料领域最受关注的材料之一。

6.2.2.1 硅橡胶泡沫材料的分类

（1）硅橡胶泡沫材料的分类方法

① 按硫化方式分类，可以分为热硫化硅橡胶泡沫材料（HTV）和室温硫化硅橡胶泡沫材料（RTV）两大类：一类为室温硫化硅橡胶泡沫通常采用缩合型的羟基封端的硅橡胶为基材，羟基硅油为发泡剂，铂配合物为催化剂，室温下硫化发泡而成的一种带孔的海绵状弹性体。室温硫化硅橡胶泡沫适用于场外就地发泡成型，主要起填充、密封、减震等作用；另一类高温硫化泡沫硅橡胶的传统制备方法是，将含有微粒状无机填充剂的硅橡胶、发泡剂及硫化剂均匀混合制得混炼胶，然后通过加热硫化、发泡，制得硅橡胶泡沫。高温硫化泡沫硅橡胶可模压成泡沫板材，切割后使用，也可以采用模压成型方法或通过挤出再经过连续热空气硫化制成各种形状截面的硅橡胶泡沫条。

② 按泡孔结构分类，一般可以分为闭孔结构、开孔结构和混合孔结构。几乎所有泡孔都是互不连通的泡沫材料称为闭孔硅橡胶泡沫材料；几乎所有泡孔都是互相连通的泡沫材料称为开孔硅橡胶泡沫材料。一般而言，开孔泡沫材料的力学强度较低，但有较好的压缩应力松弛性能，而闭孔泡沫材料的力学强度较好，但它的压缩应力松弛性能较差。混合孔泡沫材料的泡孔连通性、性能则介于两者之间。

③ 按密度分类，一般分为低发泡、中发泡和高发泡泡沫材料；密度大 $0.4g/cm^3$ 的为低发泡泡沫材料，密度 $0.1\sim0.4g/cm^3$ 为中发泡泡沫材料，密度小 $0.1g/cm^3$ 的为高发泡泡沫材料。

（2）硅橡胶泡沫材料的特点和应用　硅橡胶泡沫材料是一类可缩、多孔黏弹性的高分子泡沫材料，兼具橡胶和泡沫性能于一体。其性能如下：

① 质轻。泡沫材料中的部分材料为气体所取代，因此它比纯聚合物材料轻几倍，有的可轻达十几倍甚至几十倍。

② 比强度高。泡沫材料的强度与密度之比称为比强度，泡沫材料的比强度高于通常聚合物材料。

③ 具有吸收冲击载荷和高频震动的能力。泡沫材料受到冲击载荷时，泡孔中的气体通过滞留和压缩，使外来作用的能量被消耗、散逸，泡体以较小的附加速度，逐步终止冲击载荷。

④ 隔热性能好。泡沫材料的热导率比纯聚合物材料低得多，因为气体的热导率比聚合物的热导率低近一个数量级。

⑤ 隔声性能好。泡沫材料的隔声效果主要是通过两个途径：一个是吸收声波的能量，使它不能反射或传递；另一个是消除共振，减少噪声。

硅橡胶泡沫材料具有以上所说的很多可贵的性能，在日用品、工业、农业、交通运输业、军事工业、航天工业等方面都得到了广泛的应用。常用于精密部件之间的定位、减震等，特别在包装、日用品、船舶、车辆、飞机及建筑等方面更受到了重用。例如弹性好的软质泡沫材料，现已大量用作各种座垫、衬垫；绝热性好的泡沫材料，用作各种保温、隔热的衬壁；质轻又有吸收冲击载荷能力的泡沫材料，则是理想的包装和防震材料。总之，泡沫材料用途极广，特别是结构泡沫材料问世后，它已经成为"以塑代木"的主要材料。可用来制造家具及各种建筑器材，如门窗、各种隔板、面板等。随着科学技术的发展，人们对泡沫材料性能的认识和改进。它的用途还在不断扩大，新的品种还会不断增加，一些高性能、功能化的硅橡胶泡沫材料在军事、航空航天等尖端领域发挥了重要作用。

6.2.2.2　硅橡胶泡沫材料的成型方法和特点

硅橡胶泡沫材料的基体可选用高摩尔质量的硅橡胶，也可选用液体硅橡胶。采用高摩尔质量的硅橡胶，泡沫的力学性能较好。硅橡胶泡沫材料的性能主要受硅橡胶基体的性能、发泡成型方法以及泡孔结构的影响。

用于硅橡胶泡沫材料成型技术主要有溶析成孔成型、化学发泡成型、混合发泡成型及物理发泡成型 4 种。目前国内外制备热硫化硅橡胶泡沫材料使用最多的是溶析成孔成型技术，相比于化学发泡，溶析成孔成型技术最大的优点是制备的硅橡胶泡沫材料性能可控。

（1）溶析成孔成型技术　溶析成孔成型是先将可溶解在某些溶剂中的固体成孔剂均匀的分散在基体中，然后硫化，待硅橡胶成型后浸泡于溶剂中，使成孔剂溶析出，从而在基体中形成空隙。硝酸钠、硝酸钾和尿素等易溶于水的无机物质是溶析成孔法制备硅橡胶泡沫常用的成孔剂。

以 BPO 为硫化剂、无定形尿素为成孔剂，采用一次硫化成型、用水将尿素洗除后再进行后硫化处理的工艺，制备了硅橡胶泡沫材料。

采用溶析成孔技术制备的硅橡胶泡沫的泡孔相互贯通，为无定形的开孔结构。一般溶析成孔成型技术比较适合制备具有开孔结构的硅橡胶泡沫材料，可以通过控制成孔剂的形貌和粒径来控制泡孔的形态和孔径，同时可以通过尿素的用量，来控制泡孔的结构及泡沫的密度；该方法制备的硅橡胶泡沫材料的压缩应力松弛性能较好，相比于化学发泡，该方法最大的优点是制备的泡沫材料性能可控。但是是存在制备工序多、周期长以及可能存在成孔剂残余问题的缺点。目前大多数薄型硅橡胶泡沫材料的制备都采用此方法。

溶析成孔成型技术制备的优点是制备的硅橡胶泡沫材料性能可控，缺点主要是制备艺工序多，生产周期长效率低。通过控制 CBU 值（硅橡胶基体与尿素的质量比值）来控制硅泡沫的密度，研究了 CBU 值对密度的影响和应力重现性。利用 SE-54 三元共聚硅橡胶和羟基封端的硅橡胶预聚体为基体材料，采用溶析成孔成型技术制备了 S5445 的硅泡沫垫层材料。利用溶析成孔成型技术制备了硅橡胶泡沫材料，研究了其松弛性能，得到了密度、压缩充、孔隙度、时间与材料松弛性能的关系，而且通过数据分析和拟合得到了如下的经验方程：

$$\sigma_t / \sigma_0 = k \, \lg t + m$$

式中，σ_0 是初始应力值；σ_t 是时刻的应力值；k 和 m 是常数；t 是时间。

用高水溶性的氯化钠作为成孔剂，通过粒子沥滤法制备了 LSR 微孔材料，研究了成孔剂用量对微孔材料的密度、孔隙率及力学性能的影响；成孔剂与 LSR 的质量比为 6:1 的情况下，所制备的硅橡胶微孔多是通孔，形成薄壁多孔网络结构的微孔材料。采用溶析成孔法制备了硅橡胶泡沫材料，结果表明：孔隙度的高低及密度的大小与成孔剂用量呈比例关系，孔隙度的高低不同，硅橡胶泡沫材料的力学性能有较大的差异，随着孔隙度的增大，硅橡胶泡沫材料的压缩应力应变曲线的平坦区域增大，拉伸强度降低，而伸长率随孔隙度的增大会出现一极值点。

（2）化学发泡成型技术　硅橡胶泡沫的化学发泡成型技术就是在硅橡胶混炼胶中加入化学发泡剂、硫化剂和其他助剂，经混炼均匀后在一定条件（温度、光照、辐射、催化剂等）下进行硫化，体系中部分组分发生化学反应，放出气体而得到硅橡胶泡沫的方法。添加发泡剂和基体原位发泡是实现化学发泡的两种主要途径，即化学发泡法有两种：热分解型发泡法和反应型发泡法。

① 热分解型发泡法。采用在一定温度下分解释放出气体的化学物质作发泡剂，将其均匀分散到待发泡物料中，然后加热促使发泡剂分解，使物料发泡。具有这种性能的化合物很多，但对材料发泡成型有使用价值的并不很多，选用发泡剂时，一般应注意以下条件：

• 发气量大而迅速，分解放出气体的温度范围应稳定，能调节；

• 发泡剂的放气速度应能通过改变成型工艺条件而进行控制调节；

• 发泡剂分解放出的气体和残余物应无毒、无味、无腐蚀性、无色，对聚合物及其他助剂无不良影响；

• 发泡剂在材料中有良好的分散性；

• 发泡剂分解时的放热量不能太大；

• 化学性质稳定，便于贮存和运输，在贮存过程中不会分解；

• 在发泡成型过程中能充分分解放出气体；

• 价格便宜，来源广。

发泡常用的热敏性发泡剂有无机发泡剂和有机发泡剂。

a. 无机发泡剂。无机发泡剂是最早使用的化学发泡剂，一般为吸热型发泡剂，如碳酸氢钠、碳酸铵、碳酸氢铵，其中碳酸氢盐类发泡剂具有安全、吸热分解、成核效果好、发生气体为 CO_2 等特征。由于无机发泡剂在聚合物中分散性差、发泡过程比较缓慢等原因，其应用受到一定局限；它在预硫化之前就开始发泡，因此孔眼在尚未牢固的情况下均遭破坏而形成开孔。近年来,随着微细化和表面处理等技术的进步,无机发泡剂的应用领域逐步拓宽。表 6-19 为部分无机发泡剂的性能。

表 6-19 部分无机发泡剂的性能与特征

名称	化学式	分解温度/℃	发生气体组成
碳酸氢钠	$NaHCO_3$	60～150	CO_2,H_2O
碳酸铵	$(NH_4)_2CO_3$	40～20	CO_2,NH_3,H_2O
碳酸氢铵	NH_4HCO_3	36～60	CO_2,NH_2,H_2O
叠氮化合物	如:$Ca(N_3)_2$	110	N_2
硼氢化合物	$NaBH_4$	400	H_2

b. 有机发泡剂。有机化学发泡剂的发展速度很快,目前市场占有率高。据文献记载,世界上第一个有机化学发泡剂工业化品种的开发始于 20 世纪 40 年代,是美国杜邦公司率先应市的偶氮氨基苯(DAB),尽管在毒性和污染性方面不乏弊端,但其方便的操作性和优异的制品特性仍赢得了聚合物泡沫制品加工者的广泛关注。

在有机化学发泡剂半个多世纪的发展历程中,最终得到确信并广泛应用的不过十几种,如偶氮二甲酰胺(发泡剂 AC)、N,N-二亚硝基五次甲基四胺(发泡剂 H)、4,4′-氧代双苯磺酰肼(发泡剂 OBSH)、2,2-偶氮二异丁腈(AIBN)的应用最为普遍。有机发泡剂为放热型发泡剂,通常是指具有粉状特征的热分解型化学发泡剂,此类发泡剂分解温度高,分解速度快易造成熔体局部过热等情况使发泡过程难于控制。因而得到的海绵体孔眼细小;放气量大,释放的气体以氮气为主;分解温度稳定;品种多;大多数产品具有易燃性。在当前的泡沫橡胶制品中基本都采用有机发泡剂发孔,以便制得优质泡沫材料。但有些产品会在海绵体中残留气味和色泽污染(例如发泡剂 AIBN 的副产物为有毒的四甲基丁二腈)。

目前市售品种繁多的发泡剂是以这些基本的发泡剂为基础发展而成的。表 6-20 显示了有机化学发泡剂的代表性品种。

表 6-20 有机化学发泡剂的发气性能

发泡剂名称	在空气中的分解温度/℃	在树脂中的分解温度/℃	发气量/(mL/g)	适用的树脂
偶氮二甲酰胺(AC)	195～240	155～210	200～300;N_2,CO,少量 CO_2	PE,PVC,PS,PP,ABS
偶氮二异丁腈(AIBN)	约 115	90～115	130～155;N_2	PVC,PS,环氧树脂,酚醛树脂,橡胶
N,N 二亚硝基五次甲基四胺(H)	190～205	130～190	260～270;N_2 少量 CO,CO_2	PVC
N,N' 二甲基-N,N' 二亚硝基对苯(DMDNTA)	105	90～105	126;N_2	PVC,PVC 糊
苯磺酰肼(BSH)	>95	95～100	130;N_2,少量水蒸气	PVC,酚醛树脂和聚酯
4,4′-氧代双苯磺酰肼(OBSH)	140～160	120～140	120;N_2,水蒸气	PCV,PE,PP,ABS,环氧树脂,合成橡胶
3,3′二磺酰肼二苯砜	148	135～145	110;N_2,少量水蒸气	PVC,PE
1,3′-苯二磺酰肼	150	115～130	300,N_2	橡胶
对甲苯磺酰氨基脲	230	213～215	N_2;CO_2,2:1	ABS,HDPE,PP,PVC,尼龙,PC

续表

发泡剂名称	在空气中的分解温度/℃	在树脂中的分解温度/℃	发气量/(mL/g)	适用的树脂
苯磺酰氨基脲	210~220	—	145；N_2，CO_2	HPVC，HDPE，PP，ABS
三肼基三嗪	235~275	—	247	PP，SBS，HPVC，耐冲击 PS，PC，PA
重氮氨基苯	103	95~100	115	乙烯基树脂

c. 复合发泡剂。一种发泡剂往往很难满足多种聚合物及同一聚合物的多种加工制品的性能要求，因此采用复合发泡剂。复合发泡剂是指以发泡剂 AC、发泡剂 H、发泡剂 OBSH 及无机发泡剂为主体，两种以上发泡剂并用或配合不同类型的活化剂组分和其他助剂成分得到满足特定应用领域的发泡剂。

硫化剂通常采用有机过氧化物。以 DCP 和 BPO 为硫化剂、发泡剂 H 为发泡剂，采用分段硫化发泡工艺所制备的硅橡胶泡沫的泡孔结构近似为球形，且基本为闭孔结构，孔壁较为完整和光滑。

② 反应型发泡法。采用待发泡物料的两种组分发生化学反应并放如气体使物料发泡的方法。如聚氨酯—NCO 和—OH 反应生成 H_2O 受热气化发泡。缩合型脱氢 RTV 泡沫硅橡胶的发泡机理是：用羟基硅氧烷与含氢硅氧烷反应，获得发泡气体（H_2），进而形成泡沫材料。俄罗斯研制成功的 ВП 系列泡沫密封剂产品，都是缩合脱氢型室温硫化有机硅密封剂。水作为羟基的一个来源，与含氢硅氧烷组分发生反应，生成发泡气体（H_2），因此水作发泡剂成为目前制备无毒和无污染型制品的新型发泡剂。以水作为发泡剂时，端羟基或端乙烯基聚二甲基硅氧烷与含氢聚硅氧烷在氯铂酸催化下，室温硫化制备的硅橡胶泡沫密度为 $252kg/m^3$，若相同体系中去除水，则泡沫材料的密度为 $385kg/m^3$。日本在这方面研究比较深入，介绍了以水为发泡剂制备硅泡沫材料；采用同样的发泡原理，介绍了液体乙醇代替水作为发泡剂的发泡方法；以及水和多羟基醇作为发泡剂。用水作为发泡剂制备出了密度为 $340~370kg/m^3$ 的硅泡沫，并且适合于用挤出和模压进行发泡。用水作发泡剂另一优点是可以通过改变加工温度而获得所希望的体积膨胀特性，进而调整泡沫的微孔结构。

化学发泡成型技术的关键是协调硫化速率和发泡速率，使二者协调和匹配，调节胶料的塑性值，选用适宜的硫化剂和发泡剂及加入适当的硫化发泡助剂都是常用的手段，从而制备出泡孔均匀、密度和性能满足要求的泡沫。但由于用化学发泡剂制备热硫化型硅橡胶泡沫，发泡速率与硫化速率很快，二者难以匹配，使得材料的泡孔大小、泡孔结构、密度均匀性较难控制。该方法制备周期短，生产效率高，其制备的硅橡胶泡沫材料拉伸性能较好，但压缩松弛性能较差。

对于化学发泡成型技术，其制备工艺简单，生产效率高，但其制备时泡沫材料性能得不到有效的控制，而且压缩应力松弛性能普遍较差。可通过氧化晶须增强改善硅橡胶，采用化学发泡成型技术制备了具有低压缩应力松弛性能的硅橡胶泡沫材料。

（3）混合发泡成型技术 混合发泡成型是将化学发泡成型技术与溶析成孔技术结合起来的一种成型技术。合理运用该技术可以制备出具有特殊泡孔结构的硅橡胶泡沫材料。

以 DCP 和 BPO 为硫化剂、发泡剂 H 为发泡剂，粉碎处理后的尿素为成孔剂，先采用分次硫化发泡工艺制备出硅橡胶泡沫毛坯，然后再经水洗浸泡和后硫化处理，得到了硅橡胶泡沫材料，其泡孔一般为孔中套孔的形态，其中大孔近似为椭球形，大孔壁上的小孔近似为球形，由于小孔的存在，泡孔形成了开孔结构。泡沫材料的性能介于前两者之间。

（4）物理发泡成型技术　物理发泡成型技术是在硅橡胶基体中加入可膨胀微球、低沸点液体、中空玻璃微球等形成泡沫材料。因此，物理发泡方法亦有两种发泡方式：一种是将惰性气体或将低沸点液体（如烷烃、含氯的氟碳化合物）加入待发泡物料中；另一种较常用的方法是填充可溶性固体颗粒或可膨胀微球形成泡沫。

① 惰性气体或低沸点液体发泡法。将惰性气体（N_2 或 CO_2）在高压下加入到待发泡物料中或将低沸点液体（如烷烃、含氯的氟碳化合物）加入待发泡物料中，然后通过加热、降压使气体析出或液体挥发，使物料发泡。

② 填充可溶性固体颗粒发泡法。可溶于溶剂或可升华的中性无机试剂，如氯化钠、硝酸钠、氯化铵、尿素等填充在硅橡胶中，硫化后，用水洗涤，除去硫化胶中的可溶物，最后干燥获得泡孔结构。该法将硫化交联与发泡成孔分布进行，孔隙度及开孔率都由成孔剂的用量、形状决定，便于设计配方、工艺较易控制，有利于制品的高性能化，但存在可溶性物质残留和加工烦琐的问题。为加快成孔剂的溶析速度，一般采取提高水洗温度和增加水洗频率等方法或利用表面活性剂改进硅橡胶海绵成孔剂水洗工艺。

混合 20～1000 目的可溶性固体颗粒作为生成泡孔腔体的硅橡胶泡沫，将其应用于颌骨垫片、鼻假体、硅橡胶棒等医用植入假体方面。采用可溶性的无机试剂作为成孔剂，并用溶胶/凝胶方法形成的纳米粒子对橡胶进行二次补强或抗静电等功能化处理，制备出了复合型泡沫橡胶及密度、泡孔大小与压缩性能等可按设计梯度分布的泡沫橡胶制品。

③ 填充可膨胀微球发泡法。可膨胀微球在最近几年才出现的橡胶泡沫成型新技术，主要用于特种涂料或加工外形规整、外观质量要求高的泡沫材料的制备，微球壳壁材料大多为热塑性的聚烯烃树脂、硅树脂等，球壳中可包含氩气、氮气等气体也可包含低分子烃、醚等沸点较低的液体。微球的软化点一般在 40～200℃，粒径大小为 $0.1～500\mu m$。在热硫化硅橡胶过程中，加入可膨胀热塑性树脂微球（或预膨胀的聚合物微球）的壳壁材料软化，壳内液体汽化、微球膨胀，便形成了较为规则的包含聚合物空心微球的泡沫硅橡胶材料。

通过在硅橡胶混炼胶中添加硫化剂双二五、物理发泡剂可膨胀微球 EP，采用分次硫化成型工艺，制备了硅橡胶泡沫材料，其泡孔呈球形、分布均匀，且泡孔壁完整，基本为闭孔结构。

瓦克化学有限公司采用可塑性空心塑料制备的缩合交联和加成交联的可压缩硅橡胶，但其密度较大，为 600～1000kg/m^3。Dow Corning 公司采用中空热塑性树脂作为发泡剂（内包含有沸点高于室温的液体），制备了电气性能良好的泡沫硅橡胶材料。国内用一种特殊助剂与掺混有机中空填料（微微球）制成的新型液体硅橡胶海绵，在二次硫化过程中，所有的微球都分解了，并且这种助剂全部蒸发掉，结果产生一种低压缩永久变形开孔型橡胶海绵。目前，这类新型泡沫材料的机械力学性能已被广泛研究，一般随着可膨胀微球含量的增加，泡沫的模量及断裂性能提高。然而，热分解型的微球及其分解产物不利于健康，不适合作为密封材料，而且只能成型比较简单的模型，因此应用受限制。

采用不同发泡成型技术制备的硅橡胶泡沫具有不同的泡孔结构，其开孔率的测试结果见表 6-21。

表 6-21　成型技术对硅橡胶泡沫开孔率的影响

制备方法	泡沫密度/(g/cm³)	开孔率/%
化学发泡	0.51	10
混合发泡	0.50	60
溶析成孔	0.51	90

　　由上述现象可见，硅橡胶泡沫材料具有良好的性能不仅与基体材料的性能相关，还与硅橡胶泡沫材料的泡孔结构及密度密切相关，采用不同的成型技术可以制备出具有不同开孔率和不同泡孔结构的硅橡胶泡沫材料；在密度基本相同时，成型技术对硅橡胶泡沫的开孔率的影响很大，可以根据需要有针对性地选择发泡成型技术。

　　硅橡胶的性能和发泡成型方法是影响热硫化硅橡胶泡沫性能的主要因素。为了得到性能满足要求的硅橡胶泡沫材料，一般需添加增强填料先制备成硅橡胶混炼胶，然后再辅以硫化剂、发泡剂和其他助剂，在一定条件下进行发泡硫化。在硫化体系中加入一种低分解温度的引发剂，使硅橡胶在较低的温度下部分硫化并预发泡，然后再在高温充分硫化、发泡，也即采用预发泡工艺，可以较好地控制硫化与发泡过程，从而控制硅橡胶泡沫的密度。

　　(5) 发泡方法 从成型工艺上发泡可以分为挤出发泡、注射发泡、浇铸发泡、模压发泡、机械发泡等。

　　① 挤出发泡。挤出发泡成型是泡沫材料成型加工的主要方法之一，品种和应用范围都很广泛。在挤出发泡的泡沫材料的工业化生产中，有两种基本工艺，自由发泡工艺和可控发泡工艺。一般的异型材、板材、管材、膜片、电缆绝缘层等发泡制品都采用挤出发泡成型方法。

　　② 注射发泡。注射发泡成型是结构泡沫材料制品的主要成型方法，属于一次成型法。注射成型主要有塑化、闭模、注射、发泡、冷却定型等工艺，所制备出的泡沫材料质量好，特别适用于制备形状比较复杂，尺寸要求较高的泡沫材料制品。

　　③ 浇铸发泡。泡沫材料的浇铸成型方法类似于金属浇铸方法。主要特点是对模具或设备施加很小的压力或处于自由状态，对模具和设备的强度要求较低，投资较少；对产品尺寸限制较小，产品内应力小，易于生产大型制品。

　　④ 模压发泡。模压发泡是将可发性物料置于模具中，通过加热和加压，使之发泡成型的方法。可用来成型低密度结构泡沫材料，也可用来成型高发泡倍率的泡沫材料，还可以生产出大面积、厚壁或多层的泡沫材料。

　　⑤ 机械发泡。机械发泡方法是对发泡物料熔体进行强烈搅拌，使空气或其他气体以气泡的形式分散在物料中。

　　机械发泡法是用强烈的机械搅拌将空气卷入树脂中，使其形成均匀的泡沫物，而后再经过物理或化学变化，使之稳定而成为泡沫塑料的方法。为了缩短时间，可同时通入空气和加入乳化剂或表面活化剂等。

6.2.2.3 硅橡胶泡沫材料的制备

　　目前，国内外制备硅橡胶泡沫材料主要采用溶析成孔和化学发泡成型技术制备。

　　(1) 溶析成孔成型技术制备硅橡胶泡沫 溶析成孔成型技术制备的硅橡胶泡沫由甲基乙烯基硅橡胶、苯基硅橡胶混炼胶、沉淀法白炭黑、羟基硅油、过氧化苯甲酰 (BPO)、成孔剂尿素等主要原材料所组成，其工艺流程如下：

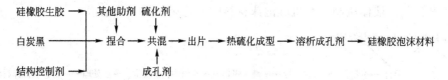

　　在此制备流程中，主要是捏合、共混、出片、热硫化成型、溶析成孔剂。

　　① 混炼胶的捏合。根据配方，先将硅橡胶生胶放入捏合机中混炼，然后加入配方用量一半的白炭黑进行混炼，待白炭黑混入硅橡胶生胶中后，再依次加入结构化控制剂、另一半

白炭黑及其他助剂，混炼均匀后取出备用。

② 共混。共混主要是将硫化剂和成孔剂添加到混炼胶中，一般在二辊开炼机上完成；将混炼胶在二辊开炼机上返炼包辊后，先按配方加入硫化剂混炼均匀后，在控制辊距的情况下（根据成孔剂的粒径控制辊距）加入成孔剂进行混炼，混炼均匀后取出备用。

③ 胶料出片。按模具的要求制备相应厚度的胶料片，然后裁剪即可。

④ 热硫化成型。将裁剪的胶片放入模具，在一定温度下进行硫化，使混炼胶变成具有三维网络结构的硫化胶，此时成孔剂已被硫化胶包裹。

硫化条件：硫化温度 120℃，硫化时间 30min，成型后胶片厚度 0.7mm。

⑤ 溶析成孔剂。主要是去除成孔剂，将制备的毛坯放置 70～80℃的水中浸泡 1～2 天（浸泡时间一般由毛坯的厚度决定）。待成孔剂析出后，在成孔剂的位置留下与成孔剂形貌相同的泡孔，最后将其置于烘箱中在 105℃烘干、170℃处理 2h，即可得到硅橡胶泡沫材料。

成孔剂是否有残留的判断方法一般有两种：

a. 观察在 105℃烘干后，硅橡胶泡沫表面是否有白色粉末（尿素）出现，若出现白色粉末则有成孔剂的残留；

b. 根据成孔剂的用量计算硅橡胶泡沫理论密度和实测密度是否相同。

（2）化学发泡成型技术制备硅橡胶泡沫

① 液体法制备有机硅泡沫材料

a. 原料

ⅰ. 聚有机硅氧烷。羟基封端聚二甲基甲基硅氧烷：

$$\text{HO}-\underset{\underset{\text{CH}_3}{|}}{\overset{\overset{\text{CH}_3}{|}}{\text{Si}}}-\text{O}-\left[\underset{\underset{\text{CH}_3}{|}}{\overset{\overset{\text{CH}_3}{|}}{\text{Si}}}-\text{O}\right]_{100<n_1}\underset{\underset{\text{CH}_3}{|}}{\overset{\overset{\text{CH}_3}{|}}{\text{Si}}}-\text{OH}$$

乙烯基封端聚二甲基硅氧烷（乙烯基硅油）：

$$\text{H}_2\text{C}=\text{CH}-\underset{\underset{\text{CH}_3}{|}}{\overset{\overset{\text{CH}_3}{|}}{\text{Si}}}-\text{O}-\left[\underset{\underset{\text{CH}_3}{|}}{\overset{\overset{\text{CH}_3}{|}}{\text{Si}}}-\text{O}\right]_{m}\underset{\underset{\text{CH}_3}{|}}{\overset{\overset{\text{CH}_3}{|}}{\text{Si}}}-\text{CH}=\text{CH}_2$$

ⅱ. 交联剂。含氢硅油

$$\text{H}_3\text{C}-\underset{\underset{\text{CH}_3}{|}}{\overset{\overset{\text{CH}_3}{|}}{\text{Si}}}-\text{O}-\left[\underset{\underset{\text{H}}{|}}{\overset{\overset{\text{CH}_3}{|}}{\text{Si}}}-\text{O}\right]_{n}\underset{\underset{\text{CH}_3}{|}}{\overset{\overset{\text{CH}_3}{|}}{\text{Si}}}-\text{CH}_2$$

ⅲ. 发泡剂。通过羟基封端硅氧烷中的 Si—OH 与含氢硅油的 Si—H 反应产生 H_2 促使体系发泡。

ⅳ. 催化剂。二月桂酸二丁基锡、季铵碱。

ⅴ. 成核剂。纳米碳酸钙。

b. 工艺流程。液体法制备有机硅泡沫材料的工艺流程如下所示：

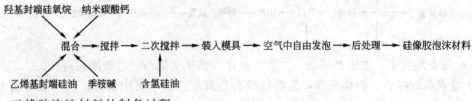

c. 硅橡胶泡沫材料的制备过程

ⅰ. 羟基封端硅氧烷预聚。低黏度羟基封端硅氧烷（黏度14mPa·s），加入催化剂二月桂酸二丁基锡，于150℃预聚，通过控制预聚时间得到不同黏度的羟基封端硅氧烷。

ⅱ. 混合搅拌。将羟基封端硅氧烷、乙烯基封端硅油、纳米碳酸钙和季铵碱混合并搅拌均匀，再加入含氢硅油，搅拌均匀后于173℃在空气中自由发泡。

ⅲ. 后处理。将聚有机硅氧烷泡沫材料于100℃、130℃、160℃、175℃、185℃、190℃下各处理1h，再在200℃下进行后处理4h。

d. 硅橡胶泡沫材料制备的反应机理

ⅰ. 扩链反应。为了增大发泡体系的黏度，采用的方法为在催化剂二月桂酸二丁基锡的作用下，使低分子量的羟基封端硅氧烷产生扩链反应，以增大其分子量，从而增加发泡体系黏度。反应式如下所示：

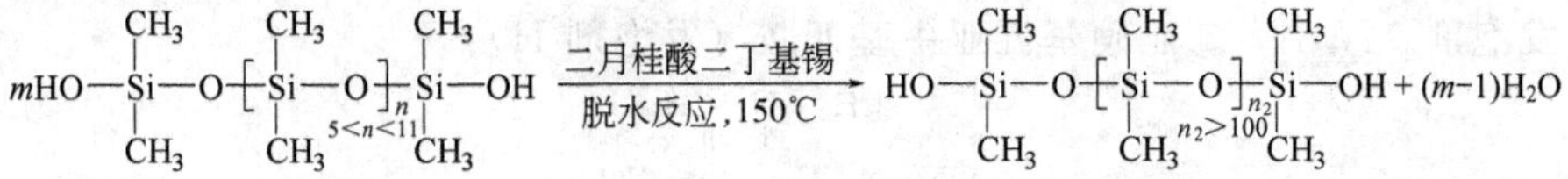

$$mHO-Si(CH_3)_2-O-[Si(CH_3)_2-O]_n-Si(CH_3)_2-OH \xrightarrow[\text{脱水反应},150℃]{\text{二月桂酸二丁基锡}} HO-Si(CH_3)_2-O-[Si(CH_3)_2-O]_{n_2}-Si(CH_3)_2-OH + (m-1)H_2O$$

（$5 < n < 11$，$n_2 > 100$）

ⅱ. 交联反应。乙烯基封端硅氧烷与含氢硅油在催化剂的催化作用下发生加成反应，反应式如下所示：

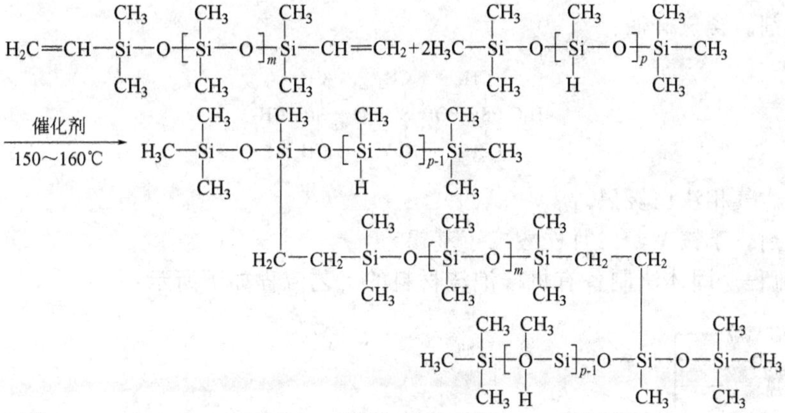

$$H_2C=CH-Si(CH_3)_2-O-[Si(CH_3)_2-O]_m-Si(CH_3)_2-CH=CH_2 + 2H_3C-Si(CH_3)_2-O-[Si(CH_3)(H)-O]_p-Si(CH_3)_2-CH_3 \xrightarrow[150\sim160℃]{\text{催化剂}}$$

ⅲ. 发泡反应。在催化剂的催化作用下促使Si—OH与Si—H键反应放出氢气而进行发泡，反应式如下所示：

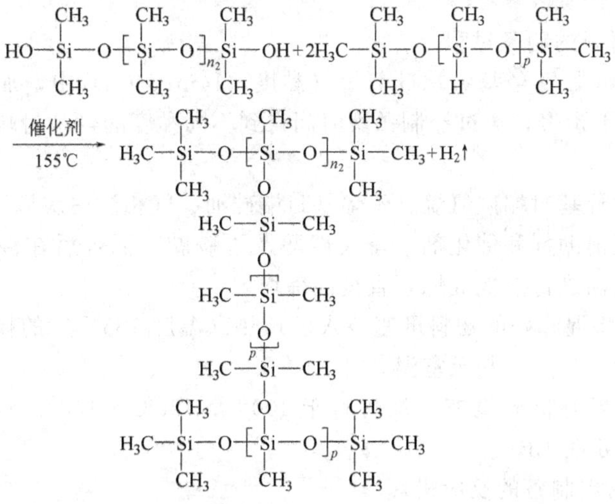

$$HO-Si(CH_3)_2-O-[Si(CH_3)_2-O]_{n_2}-Si(CH_3)_2-OH + 2H_3C-Si(CH_3)_2-O-[Si(CH_3)(H)-O]_p-Si(CH_3)_2-CH_3 \xrightarrow[155℃]{\text{催化剂}} \cdots + H_2\uparrow$$

② 固体法制备有机硅泡沫材料

a. 原料

ⅰ. 聚有机硅氧烷。黏度低、羟基含量高、羟基封端聚二甲基甲基硅氧烷：

$$HO-\underset{\underset{CH_3}{|}}{\overset{\overset{CH_3}{|}}{Si}}-O-{\left[\underset{\underset{CH_3}{|}}{\overset{\overset{CH_3}{|}}{Si}}-O\right]}_{2000<n_2}\underset{\underset{CH_3}{|}}{\overset{\overset{CH_3}{|}}{Si}}-OH$$

乙烯基封端聚二甲基硅氧烷（乙烯基硅油）：

$$\underset{\underset{H}{|}}{\overset{\overset{H_2C}{|}}{C}}-\underset{\underset{CH_3}{|}}{\overset{\overset{CH_3}{|}}{Si}}-O-{\left[\underset{\underset{CH_3}{|}}{\overset{\overset{CH_3}{|}}{Si}}-O\right]}_{n}\underset{\underset{CH_3}{|}}{\overset{\overset{CH_3}{|}}{Si}}-\underset{\underset{H}{|}}{\overset{\overset{CH_2}{|}}{C}}$$

ⅱ. 发泡剂。N,N'-二亚硝基五亚甲基四胺（发泡剂 H）：

$$ON-N{\left<\begin{array}{c}CH_2-N-CH_2\\ H_2C \quad\quad N-NO\\ CH_2-N-CH_2\end{array}\right.}$$

ⅲ. 发泡助剂。尿素、季戊四醇。

ⅳ. 交联剂。含氢硅油：

$$H_3C-\underset{\underset{CH_3}{|}}{\overset{\overset{CH_3}{|}}{Si}}-O-{\left[\underset{\underset{CH_3}{|}}{\overset{\overset{CH_3}{|}}{Si}}-O\right]}_{n}\underset{\underset{CH_3}{|}}{\overset{\overset{CH_3}{|}}{Si}}-CH_3$$

ⅴ. 填料。气相法白炭黑。

ⅵ. 催化剂。季铵碱，二月桂酸二丁基锡。

b. 工艺流程。固体法制备有机硅泡沫材料的工艺流程如下所示：

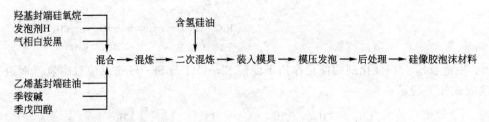

c. 硅橡胶泡沫材料的制备过程

ⅰ. 树脂预聚。低黏度羟基封端硅氧烷（黏度，14mPa·s）中，加入催化剂二月桂酸二丁基锡，在150℃下预聚，通过控制预聚时间得到不同黏度的羟基封端聚二甲基硅氧烷。

ⅱ. 混炼工艺。

将预聚体低黏度羟基封端硅氧烷、乙烯基封端硅油、气相法白炭黑于混炼机上混炼，及同时加入发泡剂、发泡助剂和催化剂（季戊四醇及季铵碱）混合后在混炼机上进行一次混炼；均匀加入含氢硅油进行二次混炼，直至混炼均匀。

ⅲ. 模压发泡。将混炼好的物料迅速装入已预热（温度165℃）的模具中，然后逐渐释压发泡，发泡结束后，自然冷却至室温。

ⅳ. 后处理。将聚有机硅氧烷泡沫材料于100℃、130℃、160℃、180℃下各处理1h，再在200℃下进行后处理4h。

d. 硅橡胶泡沫材料制备的反应机理

ⅰ. 发泡反应。发泡剂 H 加热分解产生氨气、氮气和甲醛，反应式如下所示：

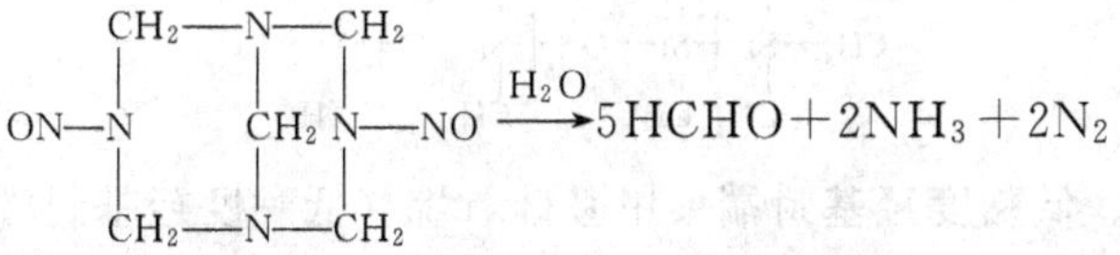

$$ON-N \xrightarrow{H_2O} 5HCHO + 2NH_3 + 2N_2$$

发泡剂 OBSH 加热分解产生氮气、水蒸气和中间产物——一次磺酸，次磺酸再发生变化，放出一部分水蒸气，反应式如下所示：

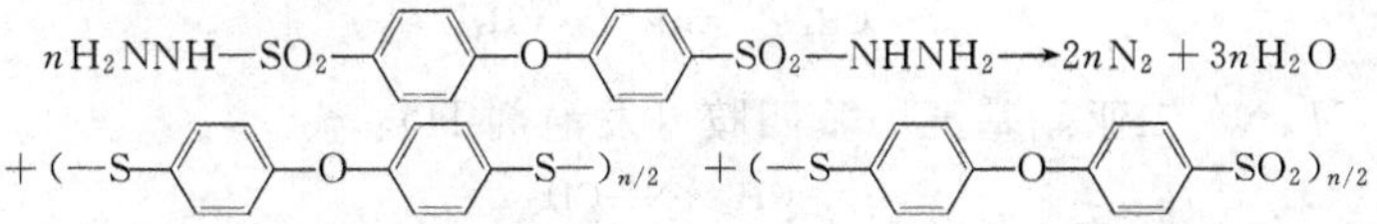

$$n\,H_2NNH-SO_2-\!\!\!\!\!\!\!\!\!\!\!\!\!\!\!\!\!\!-O-\!\!\!\!\!\!\!\!\!\!\!\!-SO_2-NHNH_2 \longrightarrow 2nN_2 + 3nH_2O$$
$$+(-S-\!\!\!\!\!\!\!\!\!\!\!-O-\!\!\!\!\!\!\!\!\!\!\!-S-)_{n/2} + (-S-\!\!\!\!\!\!\!\!\!\!\!-O-\!\!\!\!\!\!\!\!\!\!\!-SO_2-)_{n/2}$$

ⅱ. 交联反应。为了提高发泡过程中树脂体系的强度，避免气体冲破树脂而逸出，还需要加入含氢硅油，含氢硅油除了能和羟基封端硅树脂发生反应产生少量氢气外，两者还能产生交联反应促使发泡体系交联固化，有利于发泡过程的进行并提高泡体的弹性和强度，反应式如下所示：

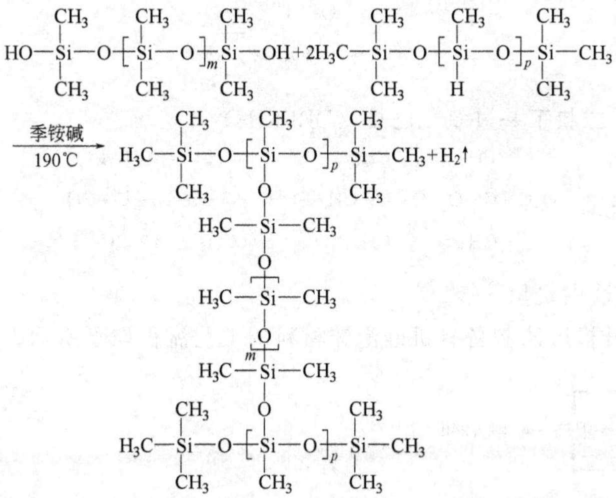

液体、固体法制备有机硅泡沫材料的对比：两种发泡方法相比，固体法中的气体来源主要是外发泡剂，如发泡剂 H、发泡剂 OBSH 分解所放出的气体促使体系发泡，而液体法的气体来源主要来自于内发泡剂，如 Si—OH 或 R—OH 与 Si—H 反应产生的 H_2 促使体系发泡；其次，固体法所用基体是羟基封端硅树脂，其黏度大，液体法所用的基体是黏度较低的羟基封端硅氧烷；最后，固体制备方法中添加了填料气相法白炭黑，起到了补强泡体的作用，适于制备弹性好、柔软性高、延展性高、撕裂强度高的韧性泡沫；液体法适合制备浇铸填充发泡的泡沫材料。两种制备方法都需在高温下进行发泡，都必须存在发泡反应和交联反应，而且发泡反应速率和交联反应速率必须协调。如果发泡反应速率过大，产生的过饱和气体将穿透发泡体系而逸出，无法得到泡孔均匀、密度低的泡沫材料。反之，如果交联速率过大，则产生的过饱和气体难以推动发泡体系体积的增长，会造成不能正常发泡或者气体通过缺陷处逸出，制备出的泡沫材料劣质。因此，在制备有机硅泡沫材料过程中，除了合理的配方和正确的反应原理外，控制工艺参数也是制备的关键。

③ 硅橡胶法制备有机硅泡沫材料

a. 原料

ⅰ. 硅橡胶。乙烯基硅橡胶：

$$\text{CH}_3\text{—Si}\overset{\underset{\text{CH}_3}{|}}{\underset{\text{CH}_3}{|}}\text{—Si}\overset{\underset{\text{CH}_3}{|}}{\underset{\text{CH}_3}{|}}\left[\text{O—Si}\right]_n\overset{\underset{\text{CH}=\text{CH}_2\text{CH}_3}{|}}{\underset{\text{CH}_3}{|}}\left[\text{O—Si}\right]_m\overset{\underset{\text{CH}_3}{|}}{\underset{\text{CH}_3}{|}}\text{—CH}_3$$

ⅱ. 结构控制剂。低黏度羟基封端聚甲基硅氧烷（低黏度羟基封端硅氧烷）：

$$\text{HO—Si}\overset{\underset{\text{CH}_3}{|}}{\underset{\text{CH}_3}{|}}\text{—O}\left[\text{Si}\overset{\underset{\text{CH}_3}{|}}{\underset{\text{CH}_3}{|}}\text{—O}\right]_{11<n}\text{Si}\overset{\underset{\text{CH}_3}{|}}{\underset{\text{CH}_3}{|}}\text{—OH}$$

ⅲ. 发泡剂。N,N'-二亚硝基五甲基四胺（发泡剂 H）：

$$\text{ON—N}\begin{matrix}\text{—CH}_2\text{—N—CH}_2\\ |\quad\quad\quad\quad|\\ \text{H}_2\text{C}\quad\quad\text{N—NO}\\ |\quad\quad\quad\quad|\\ \text{—CH}_2\text{—N—CH}_2\end{matrix}$$

ⅳ. 发泡助剂。尿素。

ⅴ. 交联剂。过氧化二苯甲酰（BPO）：

$$\text{C}_6\text{H}_5\overset{\overset{\text{O}}{\|}}{\text{—C}}\text{—OOC—}\overset{\overset{\text{O}}{\|}}{\text{C}}\text{—C}_6\text{H}_5$$

2,5-二甲基-2,5-二叔丁基过氧化己烷（DBPMH）

$$\text{H}_3\text{C—}\overset{\underset{\text{CH}_3}{|}}{\underset{\text{CH}_3}{|}}\text{C—O—O—}\overset{\underset{\text{CH}_3}{|}}{\underset{\text{CH}_3}{|}}\text{C—CH}_2\text{—CH}_2\text{—}\overset{\underset{\text{CH}_3}{|}}{\underset{\text{CH}_3}{|}}\text{C—O—O—}\overset{\underset{\text{CH}_3}{|}}{\underset{\text{CH}_3}{|}}\text{C—CH}_3$$

ⅵ. 填料。气相法白炭黑。

b. 工艺流程。硅橡胶法制备有机硅泡沫材料的工艺流程如下所示。

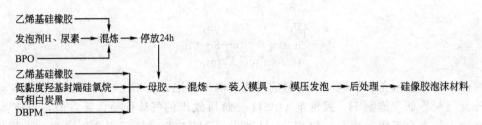

c. 硅橡胶泡沫材料的制备过程

ⅰ. 混炼母胶。将发泡剂 H、发泡助剂尿素与硫化剂 BPO 分别按与乙烯基硅橡胶 1∶1 的配比预先混炼成母胶，停放 24h 后待用。其中配制成母胶的乙烯基硅橡胶用量可从总用量中除去。

ⅱ. 混炼工艺。将称量好的乙烯基硅橡胶放入混炼机中，应有适量的堆积胶；将称量好的填料慢慢加入堆积胶，同时逐步加入结构控制剂（低黏度羟基封端硅氧烷，14mPa·s）；均匀加入发泡剂膏（发泡剂 H 与乙烯基硅橡胶混炼后的母胶）及发泡助剂膏（发泡助剂尿素与乙烯基硅橡胶混炼后的母胶）；均匀加入硫化剂膏（硫化剂 BPO 与乙烯基硅橡胶混炼后的母胶），将胶料混炼均匀。

ⅲ. 模压发泡。将混炼好的物料迅速装入已升至预定温度的模具中，一段硫化发泡温度及时间为 120℃/7min；二段定型硫化的温度时间为 170℃/15min。发泡结束后，自然冷却至室温。

ⅳ. 后处理。将聚有机硅氧烷泡沫材料于 100℃、130℃、160℃、175℃、185℃、190℃下各处理 1h，再在 200℃下进行后处理 4h。

④ 室温硫化硅橡胶法制备有机硅泡沫材料。泡沫硅橡胶是以缩合型的羟基封端的硅生胶为基料，含氢硅油为发泡剂，乙烯基铂配合物为催化剂，在室温条件下发泡硫化而成的一种带孔的海绵状弹性体。泡沫硅橡胶的发泡反应机理如下：

$$
\text{HO} + \underset{\underset{\text{CH}_3}{|}}{\overset{\overset{\text{CH}_3}{|}}{\text{Si}-\text{O}}} \!\!\!\!-_n \text{H} + (\text{CH}_3)_3 - \text{Si} - \text{O} + \underset{\underset{\text{H}}{|}}{\overset{\overset{\text{CH}_3}{|}}{\text{Si}-\text{O}}} \!\!\!\!-_m \text{Si} - \text{CH}_3)_3
$$

$$
\xrightarrow{\text{Cat.}} (\text{CH}_3)_3 - \text{Si} - \text{O} + \underset{\underset{\underset{(\text{O}-\underset{\underset{\text{CH}_3}{|}}{\overset{\overset{\text{CH}_3}{|}}{\text{Si}-\text{O}}})_p \text{O} \sim\sim}{\text{CH}_3}}{|}}{\overset{\overset{\text{CH}_3}{|}}{\text{Si}-\text{O}}} \!\!\!\!-_m \text{Si} - (\text{CH}_3) + \text{H}_2\uparrow
$$

双组分室温硫化（RTV-2）泡沫硅橡胶主要是脱氢型的。这类硅橡胶由 α，ω-二羟基聚二甲基硅氧烷 [HO(Me$_2$SiO)$_n$H] 与硫化发泡剂分子中含有 Si—H 键的含氢硅油在铂系催化剂或有机锡系催化剂的催化下，于室温下进行缩合脱氢交联反应，产生的氢气聚集成气泡分布在硅橡胶中，同时，催化剂中使硅橡胶生胶分子扩链的成分，很快在机体中形成支撑泡沫材料的骨架，使硫化产生的气体不至于破孔和塌陷，形成泡沫状或海绵状的硅橡胶，获得具有满意的表观密度和综合性能的泡沫材料。

发泡剂含氢硅油的用量大小会影响反应速率和泡沫体的结构。用量过多会使泡沫体表面有较多开孔，促使硫化速度加快；用量小时，体积膨胀小，产品表观密度增大。

制备过程：第一步，将一定比例的液体端羟基硅氧烷与二氧化硅或金属氧化物混合，在三辊研磨机上研细并混合均匀配制成基膏；第二步，在一定的温、湿度条件下，将一定比例的基膏、硫化剂和催化剂混合均匀，倒入一定的模具中，硫化制成样品。

为了提高泡沫体的质量还要加入一些其他组分，如含氢硅油，使硫化过程产生较多的气体，提高泡沫体的手感和减小密度。加入二苯基硅二醇不但能控制泡沫体结构，又能控制住胶料在存放过程中黏度增大，但其用量不能太多，否则会影响泡沫体的电气性能。为了提高泡沫体的物理机械性能，还可加入透明硅橡胶。催化剂氯铂酸的乙烯基配合物的用量不能太多，以操作方便为准，否则会使黏度增大不利于操作；当催化剂用量不足时，硫化不完全，泡沫体表面发黏，弹性不好，软而带有塑性，强度差。泡沫硅橡胶硫化前呈液态，适宜作灌封材料。

室温硫化硅橡胶泡沫材料除具有一般硅橡胶泡沫材料优良的性能外，还具有介电常数小、加工工艺简单、适用于场外就地成型及异型材的制备等优点，不仅广泛用于电子电气元件及机械部件的灌封、建筑墙壁中配管及导线贯穿孔的灌封或填充，也可用作包装材料、汽车部件及各种密封材料等，是弹性体泡沫材料领域的研究热点之一。

6.2.2.4 硅橡胶组分对其发泡过程的影响

发泡硅橡胶作为一种新型的、多功能性的橡胶材料，正日益成为人们关注和研究的重点。橡胶材料的发泡过程可分为 3 个阶段。

第 1 阶段为气泡核的形成阶段：成核分为均相成核和异相成核。均相成核是指溶解在胶料中的气体达到过饱和后，过饱和的气体在胶料内迅速形成极小的微孔的过程；异相成核是指溶解在胶料中的气体达到过饱和后，在原本就存在的空穴（加工过程中残留的小气泡，基体与填料之间的空隙等）处形成泡核。两种成核方式总是同时发生。

成核密度的大小取决于溶解在橡胶中的气体的过饱和压力、橡胶特性和气体的性质。过饱和压力越大，成核密度越大。

第2阶段为气泡核的膨胀成长阶段：微孔附近胶料中的饱和气体迅速向微孔扩散，使得泡孔不断长大。在这一阶段，一方面气体的压力成为泡孔成长的动力，促进泡孔的成长；另一方面，橡胶弹性力阻止了泡孔的成长，最后，促进泡孔成长的动力和阻碍泡孔成长的动力达到平衡状态，泡孔停止生长。

第3阶段为泡体的稳定和固化定型阶段：在这一阶段，交联程度进一步提高，孔壁的强度增大，泡孔得以稳定和固化。

发泡成形工艺中的关键因素包括：有效的发泡、均一的微细孔结构、表层平滑且不黏合表面和保留硅橡胶的固有物理性能。

（1）基胶　泡沫硅橡胶的基体可选用高摩尔质量的甲基乙烯基（甲基乙烯基苯基等）硅橡胶，也可选用液体硅橡胶（如缩合型羟基封端的硅生胶或以加成型乙烯基硅橡胶为基础胶料）。

甲基乙烯基硅橡胶基胶是一种黏性的高聚物材料，分子量一般在（10～100）万。基胶分子量和乙烯基含量是两个重要的性能指标：基胶分子量越小，硅橡胶的机械物理性能越差，但分子量过大又影响加工成型；基胶的乙烯基含量与硅橡胶的交联密度相关，从而直接影响了硅橡胶的综合力学性能。提高硅橡胶生胶分子量，混炼胶的弹性模量、黏度均增加，介质损耗角正切减小，分子流动性变差，不利于白炭黑和成孔剂在混炼胶中均匀分散，而且硫化胶制品的尺寸稳定性及加工性能变差。

硅橡胶基胶的分子量及其乙烯基含量对硅橡胶泡沫性能有影响：随基胶中乙烯基含量在0.08%～0.27%（摩尔分数）的增加，硫化速度增大，硫化90%所需时间降低，交联网络的交联密度增加，硅橡胶泡沫材料的拉伸强度增加，延伸率减小，压缩松弛性能得以改善；当乙烯基含量较小时，对硅橡胶泡沫材料拉伸强度和松弛性能的影响较显著。随基胶分子量的增加，硅橡胶泡沫材料的拉伸强度增加，延伸率减小，压缩松弛性能得到提高。提高硅橡胶基胶中乙烯基含量和生胶分子量，实心硫化胶的定伸应力、拉伸强度及内耗增加。

乙烯基含量对开孔硅橡胶泡沫材料物理性能的影响，结果发现：随着乙烯基含量的增大，硅橡胶泡沫材料的密度逐渐降低；在相同应变下，硅橡胶泡沫材料的压缩应力在低应变下相近，高应变下随乙烯基含量的增大而下降。

为了增加交联点，经常使用带有多乙烯基或炔基的硅橡胶作为基础胶料，使用四官能团的乙烯基含量为0.16～0.24mmol/g的聚硅氧烷和羟基封端的聚硅氧烷作为基础胶料，提高力学性能。根据Flory的端基活性理论，端羟基的活性随分子链的减短而增高，因此，聚硅氧烷的分子链长短直接影响与交联剂的反应速率。不同黏度的羟基封端聚二甲基硅氧烷对泡体的发泡倍率及密度的影响规律。研究发现黏度为760Pa·s时，硅泡沫材料发泡倍率高、泡沫材料密度小。

在室温硫化硅橡胶泡沫材料中的基胶种类对密封剂性能的影响。以端羟基二甲基硅橡胶（107-甲基硅橡胶）、端羟基二甲基二苯基硅橡胶（108-双苯基硅橡胶）、端羟基二甲基甲苯基硅橡胶（单苯基硅橡胶）进行比较，试验结果见表6-22。

表 6-22　3 种羟端基硅橡胶泡沫密封剂性能对比

项目	107-甲基硅橡胶	108-双苯基硅橡胶	单苯基硅橡胶
发泡率/%	84	90	88
密度/(g/cm³)	0.58	0.65	0.63
热导率/[W/(m·K)]	0.07	0.103	0.103
脆性温度/℃	−65	−76	−76
300℃×54h 热空气老化	脆裂	保持弹性	保持弹性

3 种生胶均能在室温下发泡并硫化成海绵状弹性体，用相同的硫化催化体系，制得的泡沫有机硅密封剂发泡率相当；甲基苯基硅橡胶为生胶的密封剂密度偏高；107 胶为生胶的密度、热导率最低，生胶价格也最低；苯基硅橡胶制备的泡沫有机硅密封剂的耐高低温性能最好。

（2）填料　在加工成型过程中，为了制作均一且微细孔结构的海绵，必须在发泡剂分解前使橡胶的内部能够以细泡的状态压制住发泡压力，因此有必要使硅橡胶基础胶料增黏、固化。增黏聚合物的方法最主要的是通过添加填料来实现的。

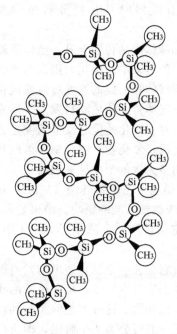

图 6-4　聚二甲基硅氧烷
螺旋结构示意图

热硫化硅橡胶生胶是高摩尔质量的线型聚二有机基硅氧烷，一般聚硅氧烷分子呈螺旋结构，如图 6-4 所示，这样的结构使得聚硅氧烷分子间相互作用力小，分子体积变大，内聚能密度变低。未补强的硅橡胶物理性能较差，其拉伸强度只有 0.3MPa 左右，极大地限制了它的使用范围，所以硅橡胶必须经过补强才能使用。

可用于硅橡胶补强的有白炭黑、蒙脱土、凹凸棒、碳纳米管等；由于白炭黑的结构特殊，是目前热硫化硅橡胶主要使用的补强剂。白炭黑是二氧化硅的无定形结构，它是以 Si 原子为中心，O 原子为顶点所形成的四面体不规则地堆积而成，其表面上的 Si 原子并不是有规则地排列，而且连在 Si 原子上的羟基也不是等距离，它们参与化学反应时也不是完全等价进行。无论是气相法白炭黑还是沉淀法白炭黑都可以看成是由正硅酸经过一系列缩聚脱水反应而生成，在反应的各阶段都有羟基残存于二氧化硅的内部和表面，表面羟基活性高，对硅橡胶的补强性能影响大。白炭黑表面存在的活性硅羟基可与生胶分子中的 Si—O 键通过氢键发生相互作用，白炭黑加入硅橡胶后，体系中相互作用类型增加，弹性体中网络的数量将增加，网络强度随之增大。经过硫化后其交联度增加，各项物理机械性能，如撕裂强度、伸长率、拉伸强度、压缩永久变形等均得到明显的改善和提高。

一般白炭黑比表面积越大，粒子越小，在胶料中分散地越均匀，硅橡胶受外力发生形变时其流动性越好，补强性能越好。气相法白炭黑比表面积较大，用气相法白炭黑补强的硅橡胶拉伸强度、伸长率、撕裂强度都较沉淀法白炭黑好。但如果白炭黑粒子过小，导致其表面活性太大，易形成自身团聚，而且在胶料中分散困难，二者之间存在着一定矛盾。

白炭黑用量对硅橡胶性能有较大的影响，随着白炭黑用量的增加，白炭黑聚集体的结晶化程度提高，与硅橡胶分子链的作用点增加，吸附作用增强，硅橡胶的强度随之提高。但白炭黑添加量过大时，硅橡胶分子链与白炭黑的联结点增多，分子链在白炭黑聚集体周围被固定的过于牢固，妨碍了聚合物分子链间发生交联，白炭黑粒子起到了隔离的作用，导致硫化胶交联度降低，直接影响了硅橡胶的综合力学性能。这时若有外力作用在硅橡胶上，由于链段的运动受阻，硅橡胶内部应力分布呈现不均匀的状态，这样应力过于集中的分子链就容易遭到破坏，所以材料强度反而下降。

一般，气相法白炭黑补强效果较沉淀法白炭黑好。但是，对于室温硫化硅橡胶而言，气相法白炭黑对硅橡胶的增黏效果明显，但经疏水处理的气相法白炭黑用于双组分 RTV 硅橡胶的补强，对胶料黏度的影响较小，补强效果好；沉淀法白炭黑对胶料的增黏效果比气相法白炭黑小，适合于配制流动性较好的双组分 RTV 硅橡胶。

此外，状硅酸盐（有机蒙脱土）、改性超细矿物粉（滑石粉、石英、钙硅石等）、碳纳米管等也作为新型填料被研究。使用有机纳米黏土制备了一种闭孔泡沫材料，随着填料的加入，泡沫材料的压缩强度和模量也增加。用石墨烯与碳纳米管增强缩合脱氢型室温硫化硅橡胶泡沫的泡孔结构及物理机械性能，填充二者的泡沫硅橡胶的孔径分布变宽，当填充 1% 的碳纳米管时，孔径分布为 $250 \sim 1600 \mu m$；填充 0.25% 的石墨稀时其孔径分布范围为 $250 \sim 1100 \mu m$。

（3）交联剂　泡体的固化过程主要由基体的黏弹性控制，基体的黏弹性上升，泡体逐渐会失去流动性而固化定型。如果气体相的形成速度过快，由于胶料来不及硫化，则发泡压力大于孔壁本身对应力的阻力，形成的气泡就会破裂；反之，若气体相形成的速度过慢或硫化速度过快，则胶料就会在形成多孔结构之前就完成硫化定型，气体再无法使胶料发泡，形成一种高密度的产品。因而交联剂、发泡剂以及硫化温度的选取对于硫化速度与发泡速度是否匹配起决定性作用。目前混炼型硅橡胶的交联剂最常用的是有机过氧化物，缩合型硅橡胶有醋酸型、酮肟型、醇型等多种交联剂，而加成型硅橡胶交联剂多为含氢低聚硅氧烷油。不同浓度的四乙氧基硅烷（TEOS）、四丙氧基硅烷（TPRO）、乙烯基三乙氧基硅烷（VTE）和二甲基四甲氧基二硅烷（DMTMDS）四种交联剂对胶料的物理机械性能的影响。结果显示，随着交联剂用量增加，胶料强度增加而伸长率减小；交联剂空间位阻明显减小了交联速率，进而使胶料机械强度范围变宽。

（4）硫化剂　橡胶材料发泡过程与热塑性塑料发泡不同，它存在一个硫化速度与发泡剂分解速度相匹配的问题，胶料的硫化过程与发泡剂分解发泡过程应基本同步；硫化橡胶泡孔壁对气体膨胀的阻力应等于或稍小于析出气体对泡孔壁的膨胀拉伸力。这种匹配除影响到发泡成功与否外，还会影响所生成的泡孔结构。橡胶的硫化过程一般可分为 4 个阶段，即焦烧时间、硫化前期、硫化中期和硫化后期。在焦烧时间以前发泡，橡胶还未交联，黏度低，气体容易跑掉，因而得不到气孔；在热硫化前期发泡时，橡胶刚刚开始交联，胶料的黏度依然很低，孔壁强度较弱，容易造成大的泡孔或开孔结构；在热硫化中期发泡，胶料已有一定程度的交联，泡孔壁强度较高，气体压力无法使孔壁破坏，易于得到闭孔结构；在硫化后期发泡时，胶料完全交联，黏度极大，不能形成泡孔。

所以，在硫化发泡过程中，在气泡膨胀与硫化过程中需要找到其平衡点，即硫化剂与发泡剂的分解温度及速度都要匹配，这是泡沫硅橡胶发泡的重点研究领域。根据硅橡胶泡沫材料的发泡机理，硅橡胶的硫化速度极快，仅采用一种过氧化物，一次成型的难度极大，应采用两种过氧化物并进行 2 次硫化发泡。

硅橡胶的硫化是指高塑性态硅橡胶生胶的线型大分子通过化学反应而交联，转变成三维网络结构的弹性态的交联过程。在这一过程中，胶料的物理性能及其他性能发生了本质变化，赋予了橡胶各种优异的性能，使其具有了使用价值。

硅橡胶的硫化主要有三种：一是有机过氧化物引发的硫化（过氧化型）；二是室温缩合

的硫化（缩合型）；三是通过硅氢加成反应硫化（加成型）。除了以上三种外，硅橡胶硫化也可采用高能射线辐照。

6.2.2.5 实例

（1）热硫化硅橡胶海绵　采用化学发泡剂和过氧化物为硫化发泡体系，按硅橡胶模压发泡工艺技术进行。

基本配方（质量份）：

硅橡胶	100	交联剂 BPO	1～5
2# 白炭黑	25～45	发泡剂 DPT	1～6
白炭黑 S-760	0～15	助剂	2～6
二苯基硅二醇	3		

工艺流程如下：

生胶 $\xrightarrow{混炼}$ 补强剂、结构控制剂、助剂等 $\xrightarrow{热处理}$ 硫化剂、化学发泡剂等 $\xrightarrow{精炼}$ 停放→裁片→称量→入模。

在一定温度、压力作用下硫化发泡得到硅橡胶海绵材料，后硫化制得成品。硅橡胶海绵成型工艺参数如下：

预发泡温度	(120±1)℃	模压压力	5MPa
预发泡时间	100～210s	发泡温度	120～160℃
预发泡模具温度	(73±2)℃	发泡时间	10min

硅橡胶海绵的配合：硅橡胶的配合须用白炭黑补强，以保证胶料具有良好的力学性能。采用过氧化物进行硫化，使分子链交联；采用结构控制剂，防止胶料在停放的过程中硬化，保证其工艺性能。通过添加化学发泡剂，使硅橡胶同时硫化发泡，获得硅橡胶海绵。

白炭黑补强效果好，但工艺性能较差，胶料容易硬化无法加工。因此，在气相法白炭黑补强硅橡胶时，需要加入结构控制剂，以改善其工艺性能，常用的有二苯基硅二醇、羟基硅油等，用量一般为2～4份。

硅橡胶海绵通常采用有机过氧化物作为硫化剂，偶氮或亚硝基化合物作发泡剂。有机过氧化物通过热分解形成自由基，引起硅橡胶的交联反应，其分解机理为一级反应，分解速度（半衰期）随温度而变化。发泡剂的分解温度远高于硫化剂，要保证硅橡胶硫化发泡同时进行，必须使硫化和发泡速度相匹配，为此要加入适当的助剂，以降低发泡剂的分解温度。

化学发泡工艺：化学发泡的关键是调节胶料的塑性值，平衡发泡和硫化速度，使二者协调，从而产生均匀、微细的泡孔，并有足够的发泡倍率。化学发泡后，制品上下各有一层表皮，是内部泡孔的外孔壁。

在硅橡胶化学发泡中，硅橡胶的硫化速度快，上模4.5min便已凝胶，难以充分发泡，需要采用预发泡工艺，使硫化和发泡速度相匹配。

在硅橡胶的预发泡中，必须严格控制其工艺条件，预发泡时间在150～190s范围内，塑性值为0.6时，可制作出密度与孔径均符合要求的海绵材料。硅橡胶海绵硬度随其密度减小而降低，海绵密度为0.5mg/m³时，硬度只有9，海绵材料受力易于变形，力学性能较差。

硅橡胶在较低的温度下化学发泡成型时，其开孔率较低，发泡温度升高，外压降低，开孔率上升。

采用120℃特殊发泡工艺技术，硅橡胶发泡制作的海绵具有较低的密度和较小的孔径，开孔率低，海绵结构良好。

（2）热空气硫化自由发泡硅橡胶海绵　采用气相法白炭黑与沉淀法白炭黑并用的补强填料，以偶氮二甲酰胺作发泡剂，2,5-二甲基-2,5-二叔丁基过氧化己烷（简称"双二五"）为硫化剂，配以适宜的发泡助剂，制得可发泡硅橡胶混炼胶，经挤出成型、硫化后，可制成不同截面形状的硅橡胶海绵条，其拉伸强度为 0.52MPa，伸长率为 160%。

硅橡胶海绵制备工艺：将 110-2 甲基乙烯基硅橡胶生胶、Wacker T40 气相法白炭黑与沉淀法白炭黑并用 8Z 捏合机中混炼配得混炼胶，在双辊炼胶机上加入偶氮二甲酰胺 AC 发泡剂、配以适宜的发泡助剂和 2,5-二甲基-2,5-二叔丁基过氧化己烷（简称"双二五"）硫化剂，制得可发泡硅橡胶混炼胶，通过橡胶挤出机制成一定形状，在设定温度的热空气硫化道上，通过一段硫化后，再经二段硫化后，可制成不同截面形状的硅橡胶海绵条。

选择有机发泡剂偶氮二异丁腈（AIBN）、AC。其发泡效果均明显优于无机发泡剂（发泡孔很不均匀，而且一般都为开孔结构，发泡程度不易控制），而且所得硅橡胶海绵为闭孔结构，符合样品要求。以 AIBN 为发泡剂制得的海绵具有孔径小、发泡细腻的优点，但有异味，分解产物有毒，国外已经限制使用。而 AC 则具有无毒、无味、不变色、不污染环境的特点，且产气量大，所得制品孔径易于调节，因此选用 AC 作发泡剂。AC 一般在 200℃ 以上才分解。而常用的过氧化物硫化剂中"双二五"分解温度最高（170℃），因此在胶料中若直接加入发泡剂 AC 和硫化剂，发泡剂尚未分解，制品已经硫化，所得样品发硬，无弹性。因此需加入发泡助剂。用作 AC 发泡助剂的有尿素、二乙苯脲、乙醇胺、硬脂酸、甘油醇、水杨酸、苯甲酸等，加入后，可大大降低 AC 的分解温度。发泡助剂与 AC 配得到较好发泡效果。

胶料的可塑性会直接影响发泡效果，通常混炼胶以柔软为宜，使用气相法白炭黑制备的混炼胶及市售的沉淀法白炭黑混炼胶都能在添加发泡剂后制得海绵硅橡胶。气相法白炭黑混炼胶，由于结构化问题，加工性能差，但强度高。沉淀法白炭黑混炼胶加工性能好，而且价格便宜，采用两者并用的方法，所得制品符合样品要求，两者之比为 1:1～1:2。

在添加了发泡助剂的 AC 发泡剂混炼胶中，若加入 2,4-二氯过氧化苯甲酰（双二四）作硫化剂，因其分解温度低，胶料在发泡剂分解前即已硫化。添加了发泡助剂的 AC 发泡剂胶料，以"双二五"作硫化剂，则可得到既发泡又硫化的样品。因此，确定以"双二五"作硫化剂。

热空气硫化硅橡胶海绵的物理机械性能列于表 6-23。

表 6-23 热空气硫化硅橡胶海绵性能

性能	热空气硫化	室温硫化
密度/(kg/m³)	0.50	0.47
拉伸强度/MPa	0.52	0.13
伸长率/%	160	37

由上表可见，本品比室温硫化硅橡胶海绵强度高物理机械性能，且具有连续生产、效率高的特点，适用于需要较高强度的场合，作为减震、密封、隔热、绝缘材料在国民经济各部门得到了广泛应用。

（3）室温硫化泡沫硅橡胶　室温硫化（RTV）泡沫硅橡胶一般由两组分或多组分组成。当各组分以适当的比例混合均匀后，在室温下即可快速硫化成泡沫状或海绵状的弹性体。RTV 泡沫硅橡胶除具有一般硅橡胶优良的耐高低温性能和电性能外，还具有介电常数小、隔热、阻燃、分装贮存稳定性好、硫化时间短等优点；可广泛用于电子电气元件及机械部件的灌封，起到防潮、防尘、防震的作用，也可用于建筑墙壁中配管、导线的贯穿孔的灌封或填充。RTV 泡沫硅橡胶多采用有机锡、铂系化合物或胺类化合物作催化剂。

以 α,ω-二羟基聚二甲基硅氧烷（107 硅橡胶）、含氢硅油、沉淀法白炭黑为主要原料，制得适合于灌封的双组分室温硫化（RTV-2）泡沫硅橡胶。其的制备工艺：称取 100 份 α，ω-二羟基聚二甲基硅氧烷（107 硅橡胶）、20 份 948 Ⅱ 型沉淀法白炭黑，混合均匀，在三辊研磨机上研磨三遍，至均匀细腻，无肉眼可见颗粒；然后，依次加入适量大于 1.6％活性氢质量分数的含氢硅油、铂催化剂，混合均匀，再上三辊研磨机研磨一遍；最后，置于模具中，在（25±5）℃、相对湿度 30％～70％条件下发泡硫化。

随着该体系中 107 硅橡胶黏度、含氢硅油和催化剂用量的增加，泡沫的发泡系数增大，泡孔尺寸逐渐减小，泡沫弹性增加，泡孔的闭孔率增加，泡孔的分布趋于均匀细密、硬度降低、弹性增加；当 107 硅橡胶黏度为 3～5Pa·s、含氢硅油和铂催化剂的用量分别为 3 份和 5～8 份时，可制得适合于灌封、发泡性能良好的 RTV-2 泡沫硅橡胶，且泡沫硅橡胶的发泡系数为 2.5～3.0，流动性好。

温度、湿度对硅橡胶的发泡和硫化速度的影响：发泡和硫化速度的匹配是室温硫化的泡沫密封剂达到预定指标的关键。硅橡胶催化体系必须在微量水分的存在下才能起作用，达到硫化和发泡反应的匹配。在冬季低温低湿的环境条件下，密封剂的硫化与发泡反应变慢，而且两个速度不匹配，硫化速度明显变慢，适用期延长，胶料黏度的增长缓慢，早期生成的氢气和氨气聚集并逸出，使得泡沫弹性体的底部成为没有泡孔的厚硬胶层，发泡系数偏低、密度增大。而在高湿环境条件下，催化剂易水解，甚至使催化剂在贮存过程中水解，丧失催化作用，使硅橡胶硫化不完全。高温高湿条件下，有利于增大—SiH 与生胶—OH 的碰撞概率，加快催化剂与活性基团的过渡态的形成，加速发泡和硫化反应，适用期变短，发泡系数增大。

硅橡胶的物理性能和工艺性能与施工环境密切相关，温度和湿度较低时，表观密度大，适用期增长；温度和湿度增大，表观密度和适用期减小。在 20～30℃、RH 42％～68％环境条件下，泡沫硅橡胶一般能够达到发泡和硫化速度的匹配，因此，必须控制硫化发泡的环境温、湿度。

由端羟基聚二甲基苯基硅氧烷、含氢硅油和催化剂组成的室温硫化泡沫有机硅密封剂，在一定的环境温湿度范围内，密封剂的发泡和硫化速度匹配，可以获得耐高低温、隔热性能和黏结性能优良的新型泡沫功能密封剂，并且能与铝合金、不锈钢、银、钛合金、铜、聚氯乙烯、玻璃和陶瓷粘接进行破坏试验，均为 100％内聚破坏。结果说明，密封剂对金属、非金属材料有良好的粘接性。

（4）阻燃型室温硫化泡沫硅橡胶　泡沫硅橡胶由于具有较高的热稳定性，良好的隔热性、绝缘性、防潮性、抗震性，尤其是在高频下的抗震性好，因此是一种理想的轻质封装材料。用于各种电子元件、仪器、仪表、飞行体仪器轮等可起到"防潮、防震、防腐蚀"的"三防"保护作用。此外还可作绝热夹层的填充材料从盐雾气氛中的漂浮材料以及密封材料。

适用输电线路的防火要求的阻燃型室温硫化泡沫硅橡胶 DC 3-6548。这种泡沫硅橡胶主要用于电线电缆通过处（例如屋顶、墙壁、楼房等处孔洞）的防火密封，阻燃性能非常好，其极限氧指数达 39（绝大多数塑料的极限氧指数只有 20），使用寿命长达 50 年，这种阻燃室温硫化泡沫硅橡胶已广泛用于核电站、电子计算机中心、海上采油装置等环境条件苛刻，或防火要求特别高的场所。

DC3-6548 是一种中等黏度的双组分室温硫化硅橡胶，分 A、B 两种组分包装，A 组分为黑色，B 组分为灰白色，以便于混合时进行鉴别和观察。当 A、B 两组分 1∶1（质量或体积比）充分混合时，在室温下 1～5min 即迅速膨胀并固化成泡沫的弹性体。

DC3-6548 阻燃泡沫硅橡胶的性能对比。

① 硫化前各性能指标如下所示：

项 目		A组分	E组分
物理性能	外观	黑色液体	灰白色液体
	相对密度(25℃)	1.05	1.05
	黏度/Pa·s	4.5	6.0
	闪点/℉(℃)	470(243)	270(188)
	着火点/℉(℃)	>650(>344)	390(199)
电气性能	介电强度/(V/mm)	680	900
	介电常数	3.08	3.20
	介质损耗角正切(100Hz)	0.00103	0.0034
	体积电阻率(直流500V)/Ω·cm	$3.23×10^{12}$	$3.38×10^{12}$

② 硫化后物理性能、电气性能、阻燃性能及耐辐射性能。

外观：暗灰至黑色弹性泡沫

密度/(lb/ft³)(kg/cm³)　17(272.3)

泡孔结构(闭孔)/%　>50

拉伸强度/(lbf/in²)(Pa)　33.0(227527.08)

比热容(25℃)/[W/(m·K)]　6.075

热导率/[kcal/(kg·℃)]　0.382

线热膨胀系数(-25~150℃)/[cm/(cm·℃)]　$3.2×10^{-4}$

体积热膨胀系数(-25~150℃)/[cm³/(cm³·℃)]　$9.6×10^{-4}$

介电强度/(V/mm)　165

介电常数(100Hz)　1.95

介电损耗角正切(100Hz)　0.00505

体积电阻率/Ω·cm　$2.24×10^{15}$

极限氧指数(未点燃的额定值)　39

火焰扩散额定值　15

项 目	曝照试验/Mrad					
	0	50	95	127	153	200
伸长率/%	65.6	45.3	28.0			16.9
压缩50%时模量/(lbf/in²)	1.85	7.5		16.0	22.5	已碎但仍有弹性

注：1in² = 6.4516cm²，1lb = 0.4536kg，1lbf/in² = 6894.76Pa。

(5) 热硫化硅橡胶发泡过程中硫化与发泡速度匹配性　过氧化二苯甲酰（BPO）为硅橡胶常用的低温硫化剂，其硫化机理为自由基交联机理，在热作用下，通过过 BPO 分子性分解生成苯甲酰自由基（苯甲酰基自由基还可脱去 1 个 CO_2 分子得到苯基自由基），在密闭体系中活性自由基引发硅橡胶分子链中的乙烯基反应，不同的乙烯基之间通过自由基连锁反应形成交联结构。BPO 为通用型硫化剂，它生成的自由基活性较高，不仅能够引发硅橡胶的乙烯基反应，还可引发硅橡胶链中的甲基发生进一步的交联反应。BPO 的热分解为单分子反应，遵循一级反应动力学，其 1min 分解半衰期温度为

133℃，分解速率随着分解温度的升高而迅速加快，分解温度在110～140℃之间。热硫化硅橡胶中，BPO单独作为硫化剂，与发泡剂H配合时的硫化、发泡曲线基本平行，二者有较好的硫化发泡匹配性。

过氧化二异丙苯（DCP）是硅橡胶常用的高温硫化剂，它在热作用下均裂分解为异丙苯氧自由基（ $\begin{array}{c} CH_3 \\ \bigcirc \!-\! C \!-\! O \!- \\ CH_3 \end{array}$ ）从而引发硅橡胶分子链中的乙烯基发生交联反应。DCP的热分解也遵循一级反应动力学，其1min分解半衰期温度为171℃，硫化硅橡胶的温度为150～170℃。由于自由基能量较低的缘故，异丙苯氧活性不高，仅可引发硅橡胶分子链中乙烯基的交联反应，不能引发甲基的交联。热硫化硅橡胶中，DCP单独作为硫化剂，与发泡剂H配合时的硫化、发泡匹配性较差，主要原因在于硫化滞后，难以同步实现发泡、硫化过程。

热硫化硅橡胶发泡通常采用低温、高温二次发泡工艺，BPO和DCP硫化剂配合使用，能够起到低温控制交联度、高温充分硫化硅橡胶的作用。BPO、DCP复合硫化体系中，BPO用量大于0.4份时易于获得闭孔结构的海绵材料，BPO用量小于该值时可获得局部穿孔的海绵材料。

白炭黑的比表面积越大，其海绵的硫化最大转矩增长越快，表明高比表面积的白炭黑与硅橡胶之间存在较强的相互作用；从发泡压力来看，白炭黑的比表面积偏大或偏小均不能获得良好的发泡效果，反而是比表面积适中、吸油值最小的白炭黑的发泡效果较好。

（6）其他 采用气相法白炭黑与沉淀法白炭黑并用的混炼胶，以偶氮二甲酰胺（AC）作发泡剂，配以适宜的发泡助剂，以"双二五"为硫化剂，制得可发泡硅橡胶混炼胶，经挤出成型，再经热空气硫化后，制成不同截面形状的硅橡胶海绵条。有人还对硅橡胶泡沫材料发泡剂AC的分解速度等进行了研究，有助于确定较佳的硫化发泡温度及其他条件。它比室温硫化硅橡胶海绵强度高，且具有连续生产、效率高的特点，作为减震、密封、隔热、绝缘材料在国民经济各部门得到了广泛应用。

以硅橡胶/三元乙丙橡胶共混物为基体，气相法白炭黑为补强剂，DCP为硫化剂，AC为发泡剂，采用硅烷偶联剂制得分散均匀性较好的硅橡胶/三元乙丙橡胶共混物。其泡沫合金的密度小于0.55g/cm³，泡孔均匀，平均孔径小于80μm，且泡沫合金的拉伸强度、压缩性能和阻尼减震性能均优于硅橡胶泡沫。

采用了辐射交联的方法制备硅橡胶泡沫材料，使交联与发泡过程分步进行，避免了通常采用过氧化物硫化剂时，需要硫化过程与发泡过程相匹配，制备过程及制品性能的控制比较复杂等问题。所制备的辐射交联硅橡胶泡沫的泡孔平均直径在20～40μm之间，泡沫的密度在0.31～0.53g/m³之间，拉伸强度在0.9MPa以上，伸长率大于240%，压缩永久变形小于6%；并探讨了辐射剂量、白炭黑含量、结构控制剂含量、发泡剂的种类与用量及后辐射交联等因素对硅橡胶泡沫结构与性能的影响。辐射交联是一个新的领域，将成为硅橡胶泡沫材料制备的又一种新的制备方法。

6.2.3 热收缩硅橡胶

热收缩硅橡胶是20世纪60年代开发的一种硅橡胶新品种，它除具有一般硅橡胶所特有的耐高低温、耐潮湿及优良的电性能外，还具有用简单的方法于150℃下加热可收缩约50%、能紧固于被包覆物体上的特性，操作简单迅速，便于现场施工，被广泛用于各种电子电气部件、仪器仪表的绝缘、保护及连接方面。

硅橡胶是一种弹性体，施加外力能引起形变，除去外力形变基本消除，它本身并不具有热收缩性能。为使硅橡胶具有热收缩性，需要具有较高熔融温度或软化温度的热塑性树脂与之配合。因此，热收缩性硅橡胶最基本的组成是硅橡胶和热塑性树脂，其热收缩性能主要取决于硅橡胶的回弹力与热塑性树脂的支撑力之间的相互作用。

当采用加热方法时，可以使组成中的热塑性树脂由玻璃态变为黏流态，在此状态下，施加外力就可使热收缩性硅橡胶发生延伸变形；然后在保持该延伸变形的条件下，迅速冷却至树脂的熔融温度之下，则会使树脂由黏流态又变为玻璃态；此时，玻璃态树脂的支撑力与硅橡胶的回弹力互相抗衡，当两者平衡或者支撑力大于回弹力时，上述的延伸变形就被保持了下来，通常将这种延伸变形的保持叫作定型。

不难看出，在定型阶段是树脂的支撑力在起主要作用。但当这种定型在无外力作用，再次加热至树脂的熔融或软化温度之上时，树脂再次由玻璃态变为黏液态，此时的树脂也就失去了支撑的力量，进入到以橡胶的回弹力为主的阶段。在橡胶回弹力的作用下，热收缩性硅橡胶就收缩呈原状，这就赋予硅橡胶热收缩性能。

根据这一原理，热收缩硅橡胶将普通硅橡胶生胶和白炭黑在冷辊炼胶机上混合，然后在热辊上（＞100℃）与热塑性树脂配制而成的混合胶料，冷却后加入硫化剂，经挤出或模压、成型、硫化制成半成品；然后将半成品热塑性材料加热至熔融温度之上，树脂呈可塑状态，施加外力，使之扩张到一定尺寸，并在保持扩张状态下冷却至常温，除去外力后，由于树脂呈固态，使扩张的尺寸保持下来，就得到热收缩性硅橡胶制品。使用时，将热收缩性硅橡胶制品套于被包覆物上，然后加热到热塑性树脂熔融温度以上，呈可塑性状态，由于硅橡胶的弹性，制品自行收缩，紧紧套于被包覆物上，起连接、保护和绝缘等作用。

能配合于硅橡胶的热塑性塑料有聚乙烯及其共聚物、聚苯乙烯及其共聚物、聚丙烯酸酯类、低分子量硅树脂、聚单有机基硅氧烷、嵌段硅树脂、聚硅亚苯基硅氧烷、聚偏氟乙烯等。上海橡胶制品研究所采用聚硅亚苯基硅氧烷作为热塑性树脂，晨光化工研究院则采用聚单有机基硅氧烷作为热塑性树脂，都研制成热收缩件硅橡胶。下面以 GR-1S 热收缩硅橡胶为例说明，其配方如下所示：

组分	份数(质量份)
甲基乙烯基硅橡胶 110-2	100
白炭黑(经六甲基二硅氮烷处理的 4# SiO_2)	45
2# 白炭黑	10
乙烯基硅油(乙烯基含量 9%～12%)	5
聚单有机基硅氧烷	40
BP 膏(50%)	4

热收缩硅橡胶的混炼工艺与普通硅橡胶的混炼工艺相同，由于要加入可塑性树脂，需增加一次热混炼操作。其制品主要是以管材的形式被使用，通过挤出硫化，普通硅橡胶即获成品，而对于热收缩硅橡胶而言仍为半成品，还需进行扩张定型。扩张定型工艺由加热、扩张、冷却定型三个过程组成。加热和冷却的方式没有严格的要求，一般可采用电、蒸汽或油浴加热，自来水或空气冷却；而扩的方式则多种多样，但大致可分为模管尖端扩张和模管连续扩张两种工艺。后者工艺先进，为工业化生产创造了有利条件。晨光化工研究院研制采用短成型管的连续扩张工艺，该工艺设备简单、扩管速度快、废品率低、成品管强度较好，成品管的热收缩率在半年内可保持在 40% 以上，轴间收缩率在 20% 以下，是一项比较先进的扩张定型工艺。

热收缩硅橡胶在电线、电机和其他产品上应用范围越来越广，主要用于大、中型电极的引出线绝缘保护、飞机螺盘电缆外套，以及其他高压线路的绝缘保护等场合。电缆经热收缩硅橡胶管包覆之后，就能充分利用硅橡胶优异的电绝缘性、耐气候老化等特性，扩大了电缆的使用范围。

6.2.4 导热硅橡胶

导热硅橡胶是指在硅橡胶的基础上添加了特定的导热填充物所形成的一类硅橡胶。

6.2.4.1 高分子复合材料的导热机理

热传递有三种方式：辐射、对流和传导。当物体温度不均匀时，热能将从高温部分传导到低温部分，使整个物体温度趋于一致，这种现象称为热传导。不同物质传导热量的能力不同，表示物质导热能力的物理量称为热导率。热能传输一般采用扩散形式，热能的荷载者包括电子、光子和声子。对应的导热过程可以分别用电子导热、声子导热和光子导热的机理来描述。对于绝大多数固体物质，荷载者是声子和电子。

各种材料的导热机理不同，通常是由一种导热载体起主要作用，其他载体的贡献在多数情况下可以忽略。

金属导热是所有自由电子间的运动对金属导热起主要作用，是所有电子间相互作用或碰撞的结果。此外，由于金属是晶体，晶格或点阵的振动（即声子导热的机理）也有着微小贡献。

而无机非金属材料的导热主要依靠声子。非金属可分为晶体非金属和非晶体非金属两类。晶体的导热机理是排列整齐的晶粒的热振动。这种振动是多自由度的，以弹性波的形式传递，通常用声子的概念描述。声子是晶格波的能量子，声子传递热量的过程类似于光子传递能量的过程。非晶体的导热机理是依靠无规律排列的分子（或原子）围绕一固定的平衡位置振动，将能量依次的传给相邻的分子（或原子）。由于金属中存在大量的自由电子，其热导率比非金属高。由于微粒的远程有序性，晶体中声子起着较大的作用。在非金属材料中晶体的热导率比非晶体高。

晶体非金属其热导率仅次于金属。虽然它是介电体，但仍然具有较高的导热能力。热导率特别高的晶体非金属是非常纯的单晶体，无杂质及错位等缺陷，只有声子相互间散射带来的热阻。如石墨由于以电子和声子双重机制共同作用而具有良好的导热性，其热导率几乎与金属接近，只是常因含有杂质而使其热导率难达到理论值；固体氧化物也属于此类，与金属相比，导热性能虽然差了一些，但是却有良好的电绝缘性能。有机材料的主要导热载体也是声子。

对于有机材料（如高分子材料）而言，材料的导热性能取决于极性基团的数量和极性基团偶极化的程度。许多高分子材料由不对称的极性链节构成，结构规整性不如无机非晶体，导热性能更差，主要作为保温材料使用。如聚氯乙烯、纤维素、聚酯等，它们都属于结晶或半结晶材料，整个分子链不能自由运动，只能发生原子、基团或链节的振动。热导率与温度有关。随着温度的升高，可以发生更大基团或链节的振动，高分子材料的导热性随温度的升高而增加。外力的定向拉伸或模压可提高热导率。拉伸聚乙烯的热导率甚至可以达到未拉伸的 2 倍，直至成为热的良导体，这是由于高拉伸时形成了相当多伸展链构成的针状晶体-晶桥。另外，高分子热导率也随分子量、交联度、取向度的增加而增加。

对于饱和体系的聚合物，无自由电子存在，热传导形式主要缘于晶格振动，即以声子导热为主。声子是一种"准粒子"，即客体世界并不真实存在"声子"这种物质粒子，它仅仅是对晶格振动的形象描述。聚合物中声子扩散主要与填料-基体相互作用时缺陷产生的界面热能有关。导热高分子复合材料一般是将导热填料加入到高分子材料中而获得的，并且它主要是通过填料之间的声子导热来实现热传导的。分散于硅橡胶基体中的导热填料有粒状、片状、纤维状等形状。对于导热高分子材料而言，导热填料有一个临界填充体积。

不管填料以何种形状存在，其自身的导热性都远大于基体材料的导热性。当所加填料的量小于临界填充体积时，能够均匀地分散在体系中，填料粒子彼此之间的发生接触和相互作用较少，此时填料对于整个体系的导热性能贡献不大。当填充量达到临界体积以上时，填料粒子之间发生了强烈的相互接触或相互作用，体系中形成了类似链状和网状的结构——导热网链。当导热网链的取向与热流方向平行时，就能在很大程度上提高体系的导热性能；但若在热流方向上未形成导热网链时，则填料会在热流方向上造成很大的热阻，其导热性能变差。

6.2.4.2 导热硅橡胶的基本组成

要把绝热的高分子材料制备成导热材料一般有两种途径。

第一，合成具有高热导率的结构聚合物。高导热结构聚合物应具有超大共轭体系，能形成电子导热通路如聚乙炔、聚苯胺、聚吡咯等，或者能形成具有很好的取向性的晶体，即形成具有良好规整性的结晶。目前对这类聚合物的研究更多地注意其导电性，对其导热性能的研究较为少见。这是因为完整结晶或者高度取向聚合物虽然有良好的导热性能，但结构改性制备高导热材料难度大、加工工艺复杂，难以实现规模化生产，因此在导热这方面研究较少。

第二，选择高热导率的填料对聚合物进行填充改性是制备聚合物基导热复合材料的有效途径。这种方法比较常见，一般是用高导热性的金属或无机填料对高分子基体进行填充，这样得到的导热材料价格低廉、易加工成型，经过适当的工艺处理或调整可以应用于某些特殊领域。

高分子复合材料的导热性能最终是由高分子基体、高导热填料、工艺等因素综合作用决定的，导热硫化硅橡胶是由硅橡胶基体和导热填料等制成的复合材料，因此，填料自身的导热性能及其在硅橡胶基体中的填充量和分布情况决定了导热硅橡胶的导热性能。

(1) 基料 高分子基体对复合材料的热导率具有决定性作用，对于填充型导热复合材料来说，其理想的最高热导率为基体的 20 倍。此外，基体的黏度也影响填料的分布，黏度越高，在填料间的基体厚度越高，不利于导热通路的形成，因此黏度较小的聚合物其制备的复合材料的热导率相对较高。材料的热导率还和高分子基体含极性基团的多少和极性基团偶极化的程度有关，如果高分子基体所含的极性基团越多，极性基团偶极化程度越高，其制备的复合材料的热导率也越高。

可以用来作导热材料基体的有机材料很多，目前制备导热材料常用的高分子聚合物有：天然橡胶、聚氨酯橡胶、聚乙烯、丁腈橡胶、硅橡胶、环氧树脂等，其中聚乙烯的热导率相对较高，这是由于聚乙烯比较容易结晶，因此具有较高的取向性，而硅橡胶等分子量比较柔软，结晶差的聚合物，导热性较差。由于硅橡胶具有良好的特性，容易加工等特点，已经成为制备导热材常用的高分子基体。

绝大多数高分子材料本身属于绝热材料，未加导热填料的硅橡胶的热导性能很差，热导率一般只有 0.165W/(m·K) 左右。表 6-24 列出了几种常用聚合物的热导率。

表 6-24 几种常用聚合物材料的热导率

聚合物	聚乙烯	聚氯乙烯	聚丙烯	硅橡胶	聚四氟乙烯	尼龙
热导率/[W/(m·K)]	0.33	0.16	0.12~0.24	0.165	0.19~0.27	0.25

硅橡胶能够在较宽的温度范围内使用，具有优良的耐热性能、电绝缘性能、透气性能和化学稳定性能，是电子电气组装件灌封的首选材料。硅橡胶最显著的特性就是它们的高温稳定性，它可在 200～300℃ 的环境中长期使用，若选择适当的填充剂和耐高温添加剂，其使用温度可高达 375℃。硅橡胶还具有优良的绝缘性能和耐燃性。硅橡胶良好的电绝缘性能主要表现在它受温度和频率的影响较小。它的介电常数极佳，尤其是高温下的介电性能大大超过了一般橡胶。在频率低于 10^6 Hz 的情况下，硅橡胶的介电常数和介电耗角正切与频率无关。硅橡胶的介电强度在 20～200℃ 范围内几乎不受温度影响。硅橡胶的闪点高达 750℃，燃点为 450℃，不易燃烧。硅橡胶和其他高分子材料相比，具有极为优越的透气性，室温下对氮气、氧气、氢气的透过量比天然橡胶高 30～40 倍。

硅橡胶分热硫化型、室温硫化型，其中室温硫化型又分缩聚反应型和加成反应型。高温硅橡胶主要用于制造各种硅橡胶制品，而室温硅橡胶则主要是作为粘接剂、灌封材料或模具使用。热硫化型用量最大，热硫化型又分甲基硅橡胶、甲基乙烯基硅橡胶、甲基乙烯基苯基硅橡胶，其他还有腈硅橡胶、氟硅橡胶等。

室温硫化硅橡胶是以较低分子量（1 万～8 万）的羟基封端的聚有机硅氧烷为基础胶料，与交联剂、催化剂配合能在室温下交联成三维结构。室温硫化硅橡胶根据其使用工艺可将其分为单组分和双组分室温硫化硅橡胶，而按硫化机理又可分为缩合型和加成型室温硫化硅橡胶。室温硫化硅橡胶除了具有热硫化硅橡胶所具有的一般优良性能外，还具有使用方便等特点，不需要专门的加热加压设备. 利用空气中的湿气和加入催化剂，就可进行室温硫化，并能就地成型。

加成型液体硅橡胶是一种以含乙烯基的聚硅氧烷为基础聚合物，以含硅氢键的低聚硅氧烷为硫化交联剂在铂系催化剂的作用下，通过加成反应可形成具有网络结构弹性体的液体硅橡胶。

硅橡胶基体中基本上没有热传递所需要的均一致密的有序晶体结构或载荷子，因此，其导热性能较差，热导率一般只有 0.165W/(m·K)。通过添加导热填料获得的导热室温硫化硅橡胶，与高温硫化硅橡胶相比，前者的热导率较低，一般为 0.6～0.9W/(m·K)。虽然增加填料用量可提高硅橡胶体系的导热性能，但填料过量将导致体系的黏度过大，加工性能及实用性变差。因此，通常添加填料的体积分数为 35%～70%。

这类胶一般包括导热硅胶胶黏剂，或已经硫化成某种形状的导热硅胶片、导热硅胶垫等。导热材料广泛应用于航空、航天、电子、电气领域中需要散热和传热的部位，随工业生产和科学技术的进步，对其性能提出了更高的要求，希望其既能为电子元器件提供安全可靠的散热途径，又能起到绝缘、减震的作用。在这方面导热橡胶具有特殊的优势，导热橡胶多是以硅橡胶为基体，用于制造与电子电气元件接触的部件，它既提供了系统所需的高弹性和耐热性，又可将系统的热量迅速传递出去。导热性能的提高通常伴随着散热性能的优化，热界面材料使用的导热硅橡胶是侧重导热性能的一类橡胶基复合材料，因具有较高热导率、良好弹性、电绝缘、受低压易变形、密封性好等特点替代普通高分子，用于元器件散热时能有效填充界面间的空隙，去除冷热界面间空气，可将散热器功效提高 40% 以上，对于航空、航天电子设备的小型化、密集化及提高其精度和寿命很关键。

硅橡胶生胶分子量对导热影响不大，不同分子量的生胶对热导率的影响不大，对于低分子量的生胶来说，由于其良好的流动性，容易加工，比较容易掺混，填充量大；但由于其分子量小，力学性能稍有下降，尤其是伸长率降低比较明显。提高 MVQ 的干燥温度，可以减少其中的小分子挥发分，从而提高复合材料的导热性能。

复合材料的力学性能则随着乙烯基含量的增大而降低，拉伸强度、伸长率、撕裂强度都下降，因此，乙烯基含量过多会降低橡胶的力学性能。而用不同乙烯基含量的生胶混用，当乙烯基含量为 0.04% 和 0.30% 混用时，橡胶在低温下有更好的耐低温性能，这说明不同乙烯基含量的生胶混用可以降低橡胶的玻璃化温度，提高橡胶的耐低温性能，并具有最高的贮能模量和损耗模量。

硅橡胶交联由线型结构变为三维网状结构时，会降低热导率，而当交联发生后，通过提高生胶中乙烯基含量、C胶集中交联和含氢硅油的量等方式来改变交联密度，可提高热导率，但影响不大；而在小分子量的生胶交联过程中发现，用高含氢量的硅油交联时，热导率有较大的提高。

橡胶并用，由于极性基团之间有较强的相互作用，并且能使生胶变得更加有序，因此含有极性基团的硅橡胶能促进导热。二甲基硅橡胶和氟硅橡胶混用时，随着氟硅胶含量的增大，热导率逐渐升高，可提高导热性，但是到了两者比例接近时，热导率突然下降。这可能是由于两种生胶相容性差造成的，并且随着两种生胶的混用，拉伸强度逐渐减小，伸长率和撕裂强度先升高后降低，硬度逐渐增大。

（2）导热填料 导热填料的种类也比较多。导热填料按形状分为粒状、球状、纤维状及片状等。根据固体物理学基本原理，高导热填料是具有自由电子或结晶完整能振动产生声子的固体。按其成分可分为金属、非金属单质、氧化物及其他二元化合物。金属及非金属填料既具有较高的导热性能又具有导电性能，而其化合物填料则具有较高的电绝缘性。固体氧化物一般用其粉料，若能制成晶须，其导热性能将会大大提高。而如氮化硼、碳化硅等二元化合物的热导率受制备方法、产品纯度等影响较大。

填料对填充型导热复合材料的热导率有重要的影响。填料的热导率不仅与材料本身导热性能有关，而且与导热填料的粒径分布、形态、界面接触，分子内部的结合程度等密切相关。一般填料的纯度高、结构致密、晶格缺陷少，其热导率大；在相同的填充体积分数或质量分数下，填料的热导率越高，它所填充的复合材料具有更高的导热性；在同样的填充量和热导率下，一般而言，纤维状或箔片状的导热填料可赋予硅橡胶基体更高的热导率，导热效果更好。

根据填料的绝缘性不同，高分子导热复合材料分为以下两种：

第一种材料是导热非绝缘材料。此类材料主要是以金属粉、石墨等为导热填料来制备导热高分子材料。

第二种材料是导热绝缘高分子材料。此类材料主要是以金属氧化物、氮化物和碳化物为填料来制备导热复合材料。

提高填充硅橡胶的导热性能通常选择具有高导热性能的填料，但是热导率比聚合物基体大 100 倍以上的填料，与热导率是聚合物基体 100 倍左右的填料相比，前者填充复合物的导热性能只有微小的增加，而填料的填充量及其在基体中的分布情况成为相对重要的因素。因此，为了提高室温硫化硅橡胶的导热性，可以通过填料合适的堆积形成导热网络，或者通过界面处理减小填料-硅橡胶相互作用的接触热阻等途径来实现。

① 导热填料种类。导热填料导热性能充分发挥的优劣取决于导热填料在硅橡胶基体中的分布状态。而填料的加入不仅改变了材料的导热性能，而且对材料的物理机械加工性能也有很大的影响。

a. 金属导热填料。金属是热的优良导体，由于电子对声子的散射作用，使其主要依赖于自由电子导热。

金属具有良好的导热性，其较高的热导率较高，因此，利用金属粉作为导热填料来制备导热硅橡胶引起了人们的兴趣。银是热导率最高的金属，铜其次，然后是金、铝。在所有的金属中，铝粉导热系数相对较高，具有良好的导热性，质地较柔软，密度在金属中相对较小，价格较低，是首选金属填料。金属的热导率如表 6-25 所示。

表 6-25　金属的室温热导率

金属	Ag	Cu	Ca	Al	Au	Mg	Fe
热导率/[W/(m·K)]	417	398	380	315	190	103	63

但是金属粉由于其表面光滑，含有的基团较少，和硅橡胶基体的相容性差，分散困难，不利于形成导热通道，导致金属粉没有完全发挥其高导热性。金属粉填充制备导热硅橡胶时，由于其密度较大，对于体积填充来说，所需的填充质量分数较大，金属粉含量在40%～50%时，才能形成导热通路，使高分子材料的热导率明显提高，因此复合材料的热导率并不好，而高金属含量又常导致聚合物力学性能下降较大，同时其填充的橡胶的密度较大。通常，金属的导热能力比无机物高 2～4 个数量级，但金属填料填充的橡胶电绝缘性能差，不适合运用于电子器件灌封。

金属填料的形状对橡胶制品的导热和力学性能都有重要的影响。对于树枝状等特殊形状的金属粉比球形颗粒更能促进导热，同时对力学性能损害较小。不同粒径金属粉混用，可以提高橡胶的力学性能，但是热导率变化不大，这是由硅橡胶和金属粉之间作用力差、分散不均匀造成的。

因此，对于金属填充的硅橡胶，其制备的关键是提高硅橡胶与金属粉之间的相容性，同时，金属粉的形状对导热有重要的影响。

b. 非金属单质导热填料。在各种非金属材料中，炭和石墨具有较高的导热能力，而且炭和石墨材料的热导率呈现明显的各向异性，理想石墨沿晶体层面方向的热导率可以比垂直于层面方向的大数倍到数十倍。

石墨是一种天然矿物，一般分为 3 类：无定形态、鳞片状晶体、高结晶态，常因含有杂质而使其热导率低于理论值。由于 2pz 电子的自由流动，因此石墨具有导电性和导热性。石墨层间以较弱的分子力相结合，层间距 3.5nm，石墨的层片结构使其导热具有各向异性。石墨结构中电子、声子双重机制共同作用而使其具有良好的导热性。石墨晶格中存在的空洞、位错及其他晶格缺陷，以及晶粒大小都对声子的平均自由程有影响，并且也对声子传递热能（即晶格振动时热能的传播速度）有影响，所以石墨化程度越高，晶格越完善的石墨，热导率越高。鳞片状石墨和高结晶石墨作为导热填料具有较高的研究和开发价值。表 6-26 列出了非金属单质的热导率。

表 6-26　非金属单质的热导率

非金属单质	石墨	C	云母
热导率/[W/(m·K)]	135	105～243	0.59

石墨虽然有较高的热导率，能用较少的填充量来制备具有较高的热导率的硅橡胶。但是，由于其片层结构，不能像球形颗粒那样形成较好的堆积，因此其填充体积收到较大的限制。它具有良好的导热和导电性性，且力学性能较好，但因其特殊的片层结构使其填充量相对较少，它的热导率甚至可以超过金属材料；此外，它还有耐高温，化学稳定，密度小等特点。

随着石墨含量的增加，石墨的热导率增大，而拉伸强度、伸长率和撕裂强度逐渐减低，硬度不断增大。当石墨填充质量份数在 100 份时，（体积分数为 30%左右）才形成较好的导热网络。在质量份为100份之前，填料填充量小，填料被硅橡胶包围，彼此之间相互孤立，其导热网络没有形成，因此随着填充量的加大，热导率增长缓慢，而在填充量超过临界体积后，热导率增长较快。由于导热填料填充量的增大，其对橡胶力学损害也较大，所以力学性能下降。

纳米级颗粒填充的硅橡胶比微米级颗粒填充的硅橡胶具有更好的导热和力学性能，这与纳米颗粒的高表面能有关。一般情况下，大粒径填料填充的复合材料比小粒径填料填充的有更高的热导率，这是因为大粒径填料具有较小比表面积，能减少导热过程中声子的散射，减小热阻，并且大粒径填料能较容易的接触，形成导热通路；但是对于纳米颗粒来说，由于其较高的表面能，更高的热导率，当它的填充达到临界体积时，它可以更好的促进导热，因此这里纳米颗粒填充的硅橡胶具有较高的热导率，同时，其与硅橡胶良好的结合性使其力学比微米石墨填充的也较高。但是无论是力学还是导热，两种填料的差别不大。

c. 固体氧化物导热填料。固体氧化物绝大多数为热的绝缘体，主要依赖于声子导热机制实现热传导。与金属相比，固体氧化物导热性虽然较差，但却有良好的电绝缘性和相对较小的密度。在导热高分子复合材料制备中，若能将氧化物制成晶须，其导热性能大大提高，如 MgO 晶须，其热导率达 260W/(m·K)，而且对复合材料的增强效果较好。300K 时氧化物的热导率见表 6-27。

表 6-27　300K 时氧化物的热导率

氧化物	BeO	MgO	Al_2O_3	ZnO	CaO	TiO_2	SiO_2
热导率/[W/(m·K)]	219	36	30	60	15	13	1.3

金属氧化物虽然热导率相对较小，但是球形颗粒易填充，同时可以对硅橡胶进行补强，但要达到较高热导率所需的填充量较大，同样也降低硅橡胶的力学，但影响相对较小。

采用 ZnO 为导热填料，制备具有良好的导热性能及力学性能的单组分脱醇型室温硫化（RTV-1）导热硅橡胶。将黏度 35000Pa·s 端羟基聚硅氧烷（107-1 硅橡胶）、黏度 100000mPa·s 端羟基甲基聚硅氧烷（107-2 硅橡胶）、黏度 100mPa·s 甲基硅油、交联剂甲基三乙氧基硅烷等混合均匀，加入粒径 100 目氧化锌 AR 无机填料，在三辊机上混炼 1～2 次，加热、抽真空除水；加入催化剂二月桂酸二丁基锡，混合均匀，制得脱醇型室温硫化导热硅橡胶。

ZnO 填料用量对 RTV 导热硅橡胶热导率及密度的影响见表 6-28。

表 6-28　ZnO 填料用量对 RTV 导热硅橡胶热导率及密度的影响对比

ZnO 的用量/份	10	20	70
热导率/[W/(m·K)]	0.638	1.148	2.142
密度/(g/cm³)	1.121	1.255	1.687

由表 6-28 可见，随着导热填料 ZnO 用量的增加，RTV 硅橡胶的热导率逐渐升高，当 ZnO 用量为 70 份时，硅橡胶热导率高达 2.142W/(m·K)，接近热硫化导热硅橡胶的热导率 2.5W/(m·K)。进一步提高 ZnO 的用量，RTV 胶的黏度过高，影响其加工性能及使用性能。

ZnO 填充量对硫化硅橡胶的力学性能影响显著，当 ZnO 的填充量为 70 份时，硅橡胶的拉伸强度、撕裂强度、100％定伸应力等显著提高，但伸长率有所降低；ZnO 的填充量为 70 份时硅橡胶的热导率达 2.142W/(m·K)。且随测试温度的升高，热导率呈现出逐渐升高的趋势。

以 α,ω-二乙烯基聚二甲基硅氧烷为基础胶，以石英粉、氧化铝等为导热填料、采用铂金催化体系制备双组分加成型导热液体硅橡胶电子灌封胶。研究了氧化铝导热填料（$2.0\mu m$）用量对加成型导热液体硅橡胶导热性能、机械性能等的影响，结果如表 6-29 所示。

表 6-29 氧化铝用量对液体硅橡胶性能的影响

氧化铝质量/份数	150	180	220	260	300
混合黏度/mPa·s	1600	2200	3000	4500	8300
硬度(邵氏 A)	40	42	45	46	52
密度/(g/cm³)	1.479	1.645	1.822	1.995	2.150
拉伸强度/MPa	0.9	0.8	0.6	0.5	0.5
伸长率/%	73	64	46	52	41
撕裂强度/(kN/m)	1.6	1.4	1.4	1.1	0.7
热导率/[W/(m·K)]	0.426	0.604	0.856	0.964	1.114

从表 6-29 可以看出，随着氧化铝添加量的增加，导热液体硅橡胶的机械性能呈现下降的趋势，而黏度、密度、热导率则呈现增加的趋势。当氧化铝的用量低于 220 质量份时，黏度增加的趋势低于热导率增加的趋势，而当用量高于 220 质量份时，黏度增加的趋势高于热导率增加的趋势。也就是说，增加氧化铝用量可以有效提高液体胶的热导率，同时液体胶黏度也随之增加。所以考虑热导率、黏度等因素，认为氧化铝用量在 200～250 份时胶料的综合性能较好，此时胶料黏度介于 3000～4000mPa·s，而热导率可达到 0.8～0.9W/(m·K)。

以石英粉或氧化铝为导热填料，可以提高液体硅橡胶的导热性能，但是随着填料的粒径增大，制备的硅橡胶的机械性能逐渐下降；对比两种导热填料，石英粉与 α,ω-二乙烯基聚二甲基硅氧烷的相容性更好，用其制备的液体硅橡胶机械性能优于氧化铝体系，但是氧化铝体系的黏度更低，可以实现更高的添加量，以实现更高的热导率。

d. 其他二元无机物导热填料。这类化合物包括 SiC、AlN、BN 等，它们具有原子晶体形式和致密的结构，以声子导热为主，热导率很高，为高导热填料。即使对于同一种填料，由于制备方式、产品纯度等不同导致其晶体结构的不同，也将具有不同的热导率。一般而言，产品纯度高、晶格缺陷少、热导率大。

例如，表 6-30 中，氮化铝，若为氧化铝碳热还原法制备的，其热导率偏低，为 15W/(m·K)，若为直接氮化法，则达到 30W/(m·K)，若它为高纯度单晶体，热导率高达 320W/(m·K)，所以，选用热导率较高的填料可制备较高热导率的复合材料。

表 6-30 二元无机物的热导率

二元无机物	AlN			BN	SiC	
	高纯度单晶体	Al₂O₃碳热还原法	直接氮化法		纳米	微米
热导率/[W/(m·K)]	320	15	30	55	270	85

同样，氮化物、碳化物等虽然热导率相对较小，但是球形颗粒易填充，同时可以对硅橡胶进行补强，但要达到较高热导率所需的填充量较大，同样也降低硅橡胶的力学，但影响相对较小。

以氮化硅为例，随着氮化硅含量的增加，热导率逐渐增大。这主要是因为填料填充量较少时，填料粒子被硅橡胶包围，彼此间相互孤立，起不到导热的作用，橡胶热导率较小；随着填料填充量的增加，粒子在硅橡胶中的分布越来越紧密，粒子间相互作用增大，每个粒子周围逐渐被其他的粒子包围，甚至形成类似于链状或网状结构的导热网链，此时橡胶热导率便会明显增加；填料用量进一步增加时，形成的导热网链数增多，橡胶热导率继续增加。因此，即使使用高导热填料（如氮化硅），也必须填充足够多的量，使导热粒子间能够相互接触，形成有效的导热网链，才能获得较高的热导率。同时，复合材料的力学性能先增加后减小，这是因为，氮化硅有一定的补强效果，当其含量较少时，对力学性能有一定的补强效果；但当用量达到一定值后，氮化硅已经起不到补强作用，反而因为用量过多而破坏橡胶的结构，使胶料物理性能下降。在整个过程中，伸长率不断下降，硬度不断升高。

实例：填充无机导热填料如石墨炭黑、刚玉粉、碳化硅、氮化铝、氮化硅、钛白粉和氧化锌等，可以提高其导热性能。而其氧化物和化合物就具有较高的热导率和极低的电导率，是绝缘导热灌封填料的首选材料。填料不仅可以大大提高硅橡胶的导电性能，同时也对硅橡胶起到增强改性的作用。

在研制导热绝缘灌封有机硅胶时，不仅要考虑到材料的导热性能，同时也要对材料的绝缘性能与耐击穿性能进行综合分析，从而达到最优的选择。对铝粉、刚玉粉、氮化硅和氮化铝填充 RTV 的综合性能分别进行了分析研究，试验结果如表 6-31 所示。

表 6-31　导热填料种类对 RTV 硅橡胶性能的影响

项　目	导热填料种类			
	铝粉	刚玉粉	氮化硅	氮化铝
体积电阻率($\times 10^{-14}$)/$\Omega \cdot cm$	—	1.6	2.7	1.7
介电强度/(kV/mm)	4	17	17	16
热导率/[W/(m·K)]	1.30	0.47	0.92	1.01

注：铝粉、刚玉粉、氮化硅和氮化铝的用量分别为 80 份、100 份、100 份、100 份。

因此，氮化硅和氮化铝是制备导热绝缘 RTV 硅橡胶理想的填料。硅橡胶本身是绝缘不导热材料，灌封材料的导热性能主要由导热填料的粒径大小和分布状态决定，所以对导热填料的加工改性是提高导热性能的主要途径，同时加工工艺也对导热性能有一定的影响。

② 导热填料的粒径和长径比。导热填料导热能力取决于填料的颗粒形状、颗粒的尺寸比、表面特性以及其导热性随温度、压力等因素变化。

对于片状填料如石墨，其比较容易形成导热通路，所以用这种片层结构制备的复合材料具有比较高的热导率，尤其是当填充量较少即可获得较高的热导率，但是可填充量相对较小。

对于纤维状的导热填料，其有一定的长径比，比较容易形成导热通路，但是不容易堆积，即不容易大量填充，所以，其制备的复合材料在低填充情况下，具有相对较高的热导率，但是随着填充量的增加，热导率增长比较缓慢，并且填充量较小；在同样体积分数和热导率下，纤维状填料可赋予基质更高的导热性。但由于纤维复合材料一般很难得到较高的填充量，故其最大热导率可能低于球形复合材料。

对于球形导热填料，虽然导热通路不容易形成，但是其比较容易堆积，因此，在低填充时，热导率变化不大，但是随着填充量的加大，热导率逐渐增大，在高填充的情况下，导热性能比纤维状填料填充的要好，尤其粒径较小的颗粒填充在粒径较大的颗粒之间空隙，形成较密实的堆积，这样形成较多的导热通路，从而制备较高热导率的复合材料。

填料颗粒粒径的大小不仅影响填料在硅橡胶基体中的分布，而且也影响到材料的导热性能。据报道：同类粒子填充时大粒子比小粒子更能提高体系热导率。由于相同用量时小粒子比表面很大，被橡胶包裹的概率大，彼此连接的概率小；而大粒子被橡胶包裹较少，相互直接接触而形成更畅通导热通路的概率较大，故热导率提高较快。然而，提高导热硅橡胶的热导率关键是在于加入足够量的导热填料。所以，考虑到填料的用量限制，导热填料的超细化同样也可以提高材料的导热性能。

使用不同粒径的铝粉混用来提高橡胶的导热性能。将粒径为 $4\mu m$ 的铝粉填充到 $20\mu m$ 的铝粉当中，在总质量分数不变的情况下，随着小粒径铝粉含量的增加，热导率并没有提高，反而有所下降。这可能是由于铝粉和硅橡胶之间的相互作用太小，使得铝粉不能很好地分散，尤其是小粒径的铝粉较容易产生团聚现象，使得分散不均匀，难以形成较好的通路造成的，而大粒径的铝粉则相对较容易分散。这表明，大粒径的填料更容易形成导热通路，其填充的橡胶具有较高的热导率。此外，大小粒径混用制备的橡胶的力学有所提高。

③ 混杂型导热填料。混杂型导热填料改性就是将几种不同粒径分布的相同或不同类型的导热粉体作用于聚合物基体，从而得到导电性能优异、加工性好、力学性能突出的导热材料。在高填充量时，填料粒径分布主要是以填料的最大堆砌分数 φ_m（φ_m＝填料的真实体积/填料的表观体积）的形式对体系本体性能造成影响；也就是说最大堆砌分数也会随之变化。当粒径均一的粒子以某种形式堆积，再在其中的空隙中加入另一种粒径的粒子时，可使填料粒子之间紧密堆砌，可使填料颗粒之间能够致密堆砌，形成导热通路。当填料能够紧密堆砌时，φ_m 达到某一极值。材料的导热性能有规律地随粒径的分布的变化而变化。由于不同粒径的导热填料的相互作用，可以形成致密堆砌，从而时体系达到最佳的导热状态。其不同粒径混用时，当两种颗粒混用比例较大时，混用的效果不明显，导热和力学性能与单一颗粒填充时区别不大；当两种颗粒比例接近时，热导率变大，但力学性能变差。选择合适的粒径分布或不同形状的填料组合，可以在硅橡胶基体内最大程度地形成导热网络，从而提高硅橡胶的导热性。

填料的粒径比较大，其比表面积较小，有利于降低界面声子的散射，有利于导热通路的形成，因此，其填充的复合材料的热导率比小粒径填充的要高，但是其对力学性能的损害比较严重，复合材料的力学下降比较明显；同时研究发现，利用堆积原理，把大粒径和小粒径的填料混用，既有利于导热通路的形成，又可使力学得到比较好的保护。

用不同粒径的 $\alpha\text{-}Al_2O_3$ 和 SiC 两种导热填料制备导热室温硫化硅橡胶，结果发现，不同填料的粒径分布变化时，体系的导热性能和黏度会发生规律性的变化，当填料的粒径分布适当时，体系具有最高的热导率和最低的黏度。在羟基封端的硅氧烷中加入交联剂、催化剂及体积分数为 $35\%\sim70\%$ 的两种不同分布的导热填料，制得硅橡胶的热导率超过了 $1.2W/(m\cdot K)$。

不同粒径混用的石墨填充的导热复合材料，当向微米石墨中掺混纳米石墨时，刚开始热导率并没有明显变化，直到两种石墨比例接近 1 时热导率才突然增大，而随着纳米石墨的进一步增多，热导率又回到较小数值，并且和单一粒径填充时差别不大。这与球形颗粒填充不同，这可能是由于石墨的片层结构使得石墨的堆积不像球形颗粒那样容易形成，当两种粒径的石墨混用比例相差较大时，表现不出混用的优越性，只有当两者比例接近时，才能形成较好的堆积，获得较高热导率的复合材料。此外，当两种粒径的石墨混用时，力学性能比单一粒径填充时较好，但是，当两种石墨混用比例相近时，力学性能较差。

与传统的单一粒径导热填料处理方法相比：混杂型填料的使用突破了单一填料在有机基体中的使用量的限制，有效提高了硅橡胶的导热性能。

石墨与碳纤维混用，可提高石墨填充的硅橡胶的导热性能和力学性能。碳纤维由于一定的长径比，比较容易形成导热通路，并且强度较高，当少量加入时，可以提高橡胶的导热和力学性能，但是随着添加量的增大，由于碳纤维比石墨更难以堆积，填充效果不好，反而力学性能和热导率有所下降，因此碳纤维的添加量在填料的 5.10% 左右时效果较好。

在相同配比下，混合填料对导热硅橡胶性能的影响如下所述。

热导率顺序为：

MgO/石墨填充硅橡胶＞Al_2O_3/石墨填充硅橡胶＞MgO/Al_2O_3 填充硅橡胶。

绝缘性能顺序为：

Al_2O_3/石墨填充硅橡胶、MgO/石墨填充硅橡胶＜MgO/Al_2O_3 填充硅橡胶。

力学性能顺序为：

MgO/石墨填充硅橡胶的拉伸强度最大，MgO/Al_2O_3 及 Al_2O_3/石墨填充硅橡胶的伸长率较好。

Al_2O_3、SiO_2 两类导热填料以及填料的粒径分布对室温硫化硅橡胶的硅脂的导热性能和黏度的影响为：当粒径分布适当时，可得到热导率高、黏度低的室温硫化导热硅橡胶及导热硅树脂。用氧化锌填充硅橡胶制备导热复合材料，发现不同粒径的氧化锌混用所制备的硅橡胶具有更好的热导率。

④ 导热填料表面处理。无机填料和硅橡胶生胶分子在化学结构和物理形态上极不相同，两者之间缺乏亲和性，相界面的结合状态是影响热导率的另外一个重要因素。在热传递过程中，基体材料和增强材料的界面相产生了严重的热阻，因此改善其界面结合状态是提高复合材料热导率的一种方法，同时也是提高其力学性能的重要方法。由于无机和有机的不相容性，高分子基体比较难浸润无机填料，这样在无机和有机之间的中间相将阻断声子等的传播，使其发生散射，致使热导率降低，力学性能下降。因此，利用合适的偶联剂对填料进行适当的表面改性，可以增加填料与橡胶基体间的相容性，提高导热填料的用量，增强填料与基体的黏结程度，同时填料能够均匀分散于硅橡胶基体中，从而可以减小基体与填料界面的热阻，提高硅橡胶的导热性能，并且可提高硅橡胶的力学性能，特别是加工和使用性能。

偶联剂的种类很多，主要选用了硅烷偶联剂，常用的硅烷偶联剂有：乙烯基三乙氧基硅烷（A-151）、乙烯基三（β-甲氧基乙氧基）硅烷（A-172）、γ-氨丙基三乙氧基硅烷（KH550）等。

用经硅烷偶联剂 KH-550 进行表面处理的 MgO 填充后，材料的热导率可从 1.16W/(m·K) 提高到 2.10W/(m·K)，导热性能提高了近一倍。表面经 KH-550、A-151、六甲基二硅氮烷、二甲基二甲氧基硅烷处理的刚玉填充的 RTV，其材料的导热性能略有提高，黏度有所降低，且力学性能亦有改善。常温下在硅橡胶中加入质量分数为 60%～90% 的经硅烷偶联剂表面处理的铝粉填料，硅橡胶的热导率为 0.8W/(m·K)，甚至可达到 1.5W/(m·K)。

偶联剂处理过的铜粉加入到硅橡胶中，制得了高性能热接口材料，该材料的热导率达到 1.6～1.7W/(m·K)，拉伸强度达到 3～4MPa。在硅橡胶中填加金属粉或氮化物（如铝粉、氮化硼、氮化铝）和经硬脂酸表面处理的氢氧化铝粉末，可制得具有高导热性和良好阻燃性的硅橡胶，其阻燃级别可以达到 V-0（UL-94），热导率可达 1.09W/(m·K)。

使用偶联剂和其他相容剂作为添加剂提高铝粉和硅橡胶基体的相容性。结果表明，偶联剂的反应机理是其一端可反应的烷氧基和金属表面发生物理吸附或化学反应，而其另一端的氨基或乙烯基与硅氧烷基体作用，从而起到偶联的目的。根据此原理，还使用丙烯酸锌来起到增强相容性的目的，但是加入后，导热和力学性能均下降，效果没有硅烷偶联剂好。但是偶联剂的加入量最多不超过 4 份，过多偶联剂的加入除了伸长率有所提高外，热导率和强度有所下降。对于金属填充的复合材料，如何增强金属和基体之间的相互作用是最关键的步骤。

偶联剂处理填料的方法与高分子基体相容性的影响。偶联剂的加入可直接滴加也可以先用偶联剂处理无机填料的表面，再添加处理好的无机填料，虽然预处理过程比较复杂，但是效果相对较好。无机填料的处理条件则与填料的性质有很大的关系。考虑了溶剂的极性和处理条件对填料处理的影响。

处理方法一：将氮化硅放在乙醇中进行搅拌，加入适量的偶联剂，然后加热回流，反应一定时间后，停止搅拌，抽滤，烘干。（1#氮化硅）

处理方法二：将氮化硅放在汽油中进行搅拌，加入适量的偶联剂，然后加热回流，反应一定时间后，停止搅拌，抽滤，烘干。（2#氮化硅）

处理方法三：将乙醇倒入烧瓶中，同时加入少量水，搅拌均匀后，调节 pH 值在 4 左右，然后加入偶联剂，再加入氮化硅室温浸泡，反应一定时间后，抽滤烘干。（3#氮化硅）

处理方法四：用水作为溶剂，调节 pH 值为 4，加入偶联剂后搅拌搅匀，然后加入氮化硅浸泡一定时间后，抽滤，然后烘干。（4#氮化硅）

结果见表 6-32。

表 6-32 表面处理对导热硅橡胶的影响

（100 份混炼胶、250 份氮化硅、1.2 份双二五及偶联剂）

处理方法	偶联剂	热导率/[W/(m·K)]	拉伸强度/MPa	伸长率/%	硬度(邵尔 A)
—	10	0.564	4.9	88	76
1#	—	0.594	4.6	108	80
2#	—	0.522	4.7	100	82
3#	—	0.541	4.6	110	80
4#	—	0.553	4.6	100	76

由上表中数据可以看出，表面处理方式对导热性能有一定的影响，1#氮化硅制备的硅橡胶热导率最高。这说明，在乙醇中处理填料效果最好，这是因为在乙醇中，有大量的羟基对无机填料表面的活化造成的，这样有利于偶联剂能更好的作用，而在汽油中由于没有羟基使得活化程度不够，因此热导率最差。而 3#和 4#可能是由于水的加入使得偶联剂先自身发生水解交联，处理效果不好。而力学性能方面，所有处理过的氮化硅制各的硅橡胶伸长率都有所提高，但是拉伸强度有所下降。

（3）添加剂 一些橡胶添加剂对导热也会产生一定的影响。

① 表面活性剂。表面活性剂也是两亲性的物质，分子一端为非极亲油基团，和聚合物分子有很好的相容性，而另外一端为酸根等，可以和无机填料表面相互作用。因此，利用其两亲结构可以提高基体和填料的相容性，同时，它还可以降低无机填料的表面能，增强其分散性。

以十二烷基苯磺酸钠为添加剂，表面活性剂的补强效果不好，因此采用了表面活性剂和偶联剂混用。随着表面活性剂用量的加大，热导率有一定的提高，但是拉伸强度有所下降，伸长率有所升高，撕裂强度先升高后下降，而对硬度影响不大，因此，表面活性剂和偶联剂混合使用对硅橡胶的综合性能有了一定的提高。

② 增塑剂。在橡胶加工过程中，加入了大量的无机填料，使得橡胶的硬度较大，柔韧性变得很差，为了加强橡胶的柔韧性，因此加入了少量的增塑剂，来增加其柔软性，使其硬度减小。当加入少量的邻苯二甲酸二丁酯，可以提高导热复合材料的导热性能，同时能提高伸长率和撕裂强度，而拉伸强度则下降，当增塑剂量过大时，由于邻苯二甲酸二丁酯的增塑作用，降低了分子之间的作用力，使得强度下降，综合效果不好。

采用偶联剂和增塑剂混用，随着增塑剂量的增大，热导率稍微增加，但拉伸强度大大降低，同时，伸长率、撕裂强度有较大的提高，硬度有所降低。其原因是增塑剂小分子的存在，降低了聚合物分子之间的相互作用；只加入增塑剂，会大大降低硅橡胶的力学性能，所以，采用了偶联剂和增塑剂混用。

增塑剂可适当提高硅橡胶的导热，可是对力学有损害作用。

③ 环硅氮烷。环硅氮烷作为硅橡胶常用的结构化控制剂，能用来处理白炭黑表面的羟基，从而减小白炭黑的团聚，加强其分散性，而在制备导热硅橡胶的过程中，由于填料使用量大，使得橡胶的硬度较大，因此，加入环硅氮烷用来处理无机填料表面的羟基，减少其相互作用，促进它们之间的分散性。加入环硅氮烷使得导热和力学性能有所降低，硬度有所下降。

④ 甲基硅油。由 100 份道康宁液体胶 A 组分、83.3 份 KS-6、3.3 份 A172、5 份含氢硅油组成的导热硅橡胶中，甲基硅油的加入可以增强橡胶的柔韧性，降低橡胶的硬度，对硅橡胶的导热影响不大，但降低了拉伸强度，同时伸长率有所提高，硬度降低。

(4) 硫化对导热的影响　硫化使得硅橡胶生胶的线性结构变为三维网状结构，这个过程对导热有着重要的影响，如表 6-33 所示。

表 6-33　硅橡胶硫化前后的热导率

生胶	白炭黑	石墨	碳纤维	偶联剂	含氢硅油	热导率/[W/(m·K)]	
						硫化前	硫化后
100	30	70	—	2.8	6	0.464	0.356
100	30	100	10	4.4	6	0.626	0.465

由表 6-33 可以看出，硫化前的膏状硅橡胶比硫化后的硅橡胶热导率要高，这说明在硫化前，硅橡胶和石墨的膏状体系中石墨是连续相，硅橡胶是分散相，起到黏结作用，硅橡胶利用自身的黏度把石墨黏在一起，成为膏状体系，传导方式为电子传导；而硫化后，橡胶变为三维网状体系，硅橡胶是连续相，而石墨成为分散相，被硅橡胶的三维网状体系所阻断，使得石墨之间的传导主要以声子的形式传导，降低了复合材料的热传导性，因此，硫化对热传导有阻碍作用。

由 100 份硅橡胶生胶、30 份白炭黑、70 份石墨、2.8 份偶联剂及交联剂组成的导热硅橡胶，其硫化温度的高低能影响橡胶的交联及其导热性。由三个温度对导热性的影响，即室温（20℃）、中温（70℃）和高温（160℃），其中室温选了两种硫化方式，脱醇型硫化和硅氢加成硫化，中温使用的是硅氢加成硫化方式，而高温使用的是双二五自由基硫化方式。如表 6-34 所示，在中低温度下热导率差别不大，而高温下热导率稍有降低，对于力学，室温下硫化，强度偏小。

表 6-34 硫化温度对导热硅橡胶的影响

生胶		交联剂		温度	热导率/[W /(m·K)]	拉伸强度 /MPa	伸长率 /%	撕裂强度 /(kN/m)
107胶	100	正硅酸乙酯	4	室温	0.365	4.0	420	19.8
生胶	100	含氢硅油	6	室温	0.377	4.3	300	15.3
生胶	100	含氢硅油	6	70℃	0.360	7.8	160	24.1
生胶	100	双2,5	1.5	160℃	0.356	7.6	180	24.2

（5）加工工艺对导热性能的影响　加工方式的不同，使得填料颗粒在高分子基体中的分散程度不同，即影响在热流方向上填料的密度，从而影响复合材料的热导率（表 6-35）。表 6-35 中，使用了三种工艺对硅橡胶进行的了加工，分别是开炼法、溶液法和化学表面处理法。

表 6-35 不同工艺对填充硅橡胶热导率影响

试样	碳化硅份数质量份	方法	热导率/[W/(m·K)]
1	20	开炼	0.347
2	20	溶液	0.337
3	20	化学	0.242

表 6-35 中列出了使用三种不同方法制备 $0.21\mu m$ 碳化硅填充硅橡胶的热导率，其中使用开炼工艺的方法制备的硅橡胶的热导率最高，溶液法制得的复合橡胶的热导率与开炼工艺的相差不大，化学表面处理法制备的硅橡胶的热导率明显较低。这可能是由于开炼工艺中强烈的机械剪切使得填料在橡胶中分散的更为均匀，相对于其他两种方法开炼法直接简单，没有借助其他的物质和过程，因此也没有复杂的处理过程引入热阻的可能性也越小。而溶液法要先把橡胶和填料在液体中混合，通过搅拌是两者混合均匀，在这个过程中，搅拌是否均匀以及最终液体是否蒸发的干净成为影响复合橡胶性能的关键因素，如果液体蒸发的不干净，容易将液体混入最后的混炼胶中，从而带入更多的热阻。表面改性的目的是在填料表面沉积一些化学基团，使得填料更易于与橡胶发生反应，使两相结构能够结合的更加牢固，但是同时也不可避免地在橡胶填料界面上引入一些其他物质，在进行化学处理的过程中发现填料已经发生团聚，虽然在烘干处理中又将填料碾碎，但是在微观上仍可能发生团聚，且处理后填料质量明显增加，这就有可能引入更多热阻。在这三种方法中开炼法最为简单直接，操作也比较容易，而后两种方法工艺较为复杂，需要控制温度和时间，步骤多而且操作复杂。

导热硅橡胶采用开放式双辊筒炼胶机加工，辊筒温度为室温。具体工艺如下：首先将硅橡胶混炼胶加到辊筒上，开动机器，使其包辊后，然后加入金属粉和添加剂进行混炼，混炼操作时间与填料用量有关，一般在 25min 左右，混炼均匀后，薄通数遍，然后在烘箱中热处理一定时间，冷却后再将硅橡胶混炼胶进行返炼，然后加入硫化剂双二五，薄通 6～8 次，打卷下片，于平板硫化机上进行一段硫化，按照 10MPa 压力、160℃×20min 硫化条件得到硫化胶。硅橡胶需要在较高的温度下进行二段硫化，以除去残留在制品中硫化剂分解产生的酸性物质等来保证制品的质量。二段硫化条件为：180℃×2h，在烘箱中进行。

此外，在加工过程中，使导热填料具有一定的取向性也能大大提高热导率。日本专利报道，将表面预处理过的碳化硅、硫酸钡、铝粉加入到液体硅橡胶中，然后将液体混合物放在两个电极之间，施加电场使导热填料取向，可以制得用于电子元件上具有高导热性能的硅橡胶，此外，通过特殊的工艺使导热性填料在基质中形成"隔离分布态"，即使很小的用量也会赋予复合材料较高的导热性。

6.2.5 制模硅橡胶

室温硫化硅橡胶由于具有优异的仿真性、脱模性和极低的收缩率，并具有加工成型方便以及耐热老化等特点，因此是一种优良的模具材料。许多加工成型工艺纷纷采用室温硫化硅橡胶来制造工作模具，以代替金属或其他材料制成的模具。目前硅橡胶软模具已广泛应用于高频压花制革制鞋、文物复制、塑料成型、精密铸造、机械测绘以及石膏、蜡、低熔点合金的成型等领域，并取得了明显的技术经济效果。

用于制模的硅橡胶，必须满足下面的技术指标：

① 流动性好，能自动充满模具；

② 有半小时以上的操作时间；

③ 固化时间在 24h 之内；

④ 线收缩率小于 1%；

⑤ 硬度达 60～70（邵尔 A）；

⑥ 拉伸强度大于 40kgf/cm；

⑦ 伸长率 150%～200%；

⑧ 撕裂强度大于 3kgf/cm；

⑨ 模具寿命超过 5000 次。

目前，制模用硅橡胶为双组分室温硫化硅橡胶，有缩合型和加成型两大类。

缩合型制模硅橡胶的主要组分包括：含末端羟基的聚二甲基硅氧烷（107 室温硫化硅橡胶）、填料、交联剂和硫化促进剂。

加成型制模硅橡胶的组成和特点叙述如下。

组成：

A 组分，端基为乙烯基的聚硅氧烷；

B 组分，含氢聚硅氧烷；

C 组分，铂催化剂。

主要填料，气相法白炭黑。

特点：

① 交联过程个不放出低分子物，故体积不变化，收缩率小；

② 不受制品厚度限制，可深度固化；

③ 拉伸强度、撕裂强度大；

④ 在 200℃的高温下有抗返原性；

⑤ 无毒。

不足之处：铂撕裂遇硫、磷、氮、锡、铅等化合物要中毒失效，使硅橡胶不固化。纯胶硬度较低。

加成型制模硅橡胶由于是采用加成硫化体系，在固化时不产生低分子化合物，因而具有极低的线收缩率、胶料可深部固化，而且物理机械性能和热老化性能优异，是模具胶中必须大力发展的品种，因此适用于制造精密模具和铸造模具。用来复制美术工艺品，如石膏制品、美术蜡制品、低熔点合金制品以及以树脂为基料的仿石（仿玉、仿鸡血石等）制品等。模具制造工艺简单，不损伤原型，仿真性好。由于硅橡胶具有优异的耐老化性能，因此用它制造的模具可以长期保存。

利用加成型室温硫化硅橡胶可以深部固化和线收缩率低的特点，可以用它来进行机械零部件的测绘。这种方法特别适宜于那些不易测绘的部位，如某些异形通道的内部或不便于拆卸的零件。用硅橡胶进行灌注或贴附。待硅橡胶固化后取下，可以很方便地测绘复制品的尺寸。由于硅橡胶弹性好、强度高，特别是撕裂强度高。因此取型时很方便，复制品不会被拉破也不会走形，不受测绘部位的限制。这种方法较传统的用石膏或石蜡分段灌注取型法具有明显的优点。特别是在非解剖样机无法测绘的情况下，采用加成型室温硫化硅橡胶进行测绘会收到更好的效果。

参 考 文 献

[1] 章基凯. 精细化学品系列丛书之一：有机硅材料 [M]. 北京：中国物资出版社，1999.

[2] 江畹兰. 氟橡胶与其他橡胶的并用 [J]. 世界橡胶工业，2008，35（2）：11-16.

[3] A Ghosh, RSR ajeev, SKDE, et al. Atomic force micros copicstudieson the siliconerubber-fluororubber blend containing ground rubber vulcanizate powder [J]. Journal of Elastomers and Plastics，2006，38（2）：118-132.

[4] 郭建华，曾幸荣. 氟橡胶/甲基乙烯基硅橡胶共混弹性体的性能 [J]. 合成橡胶工业，2009，32（2）：114-117.

[5] 牟秋红. 导热硅橡胶的制备及性能研究 [J]. 材料导报，2009，23（3）：110-121.

[6] 周艺，何慧. EVA 对 PMVS 橡胶的增强改性 [J]. 有机硅材料，2009，23（2）：77-80.

[7] Fan Liren, Dong Xiaona, Zheng. Preparation and properties of ultrafine sericite/ addition liquid silicone rubber composites [J]. Acta Materiae Compositae Sinica，2008，25（4）：90-95.

[8] Jincheng Wang, Yuehui Chen, Jihu Wang. Synt hesis of hyperbranched organo2montmorillonite and it s application into high2temperature vulcanizated silicone rubber systems [J]. Journal of Applied Polymer Science，2009，111（10）：658-667.

[9] 陈娟，陈勇军，王钰. 硅橡胶/纳米铜复合材料的结构与性能研究 [J]. 弹性体，2008，18（5）：6-10.

[10] Wen J Q, Li YB, Zuo Y. Preparation and characterization of nano-hydroxyapatite/ silicone rubber composite [J]. Materials Letters，2008，62（19）：3 307-3309.

[11] 周文英，齐暑华. Al_2O_3 对导热硅橡胶性能的影响 [J]. 合成橡胶工业，2006，29（6）：462.

[12] 何强，卢勇来，陈琪. 碳纳米管/Al_2O_3/硅橡胶导热复合材料结构和性能的研究 [J]. 特种橡胶制品，2009，30（2）：1-6.

[13] 彭亚岚，张霞，苏正涛. 纳米氧化铈的制备及其对硅橡胶耐热性能的影响 [J]. 橡胶工业，2005，52（9）：540-542.

[14] 曾宪仕，康晓梅，陈红，徐静，张志斌，陈世龙. 纳米材料改性硅橡胶的研究进展 [J]. 化工新型材料，2010，38（12）：17-18，43.

[15] 王锦成，李培. 有机蒙脱土填充 RTV 硅橡胶的性能研究 [J]. 有机硅材料，2009，23（5）：302-307.

[16] Zhi dong Jia, Su Fang, Hai feng Gao, et al. Development of RTV Sil icone Coat ings in China：Overview and Bibliography [J]. IEEE Electrical Insulation Magazine，2008，24（2）：28-41.

[17] 方苏，高海峰，贾志东，等. 纳米 SiO_2 对 RTV 硅橡胶涂料性能的影响 [J]. 高电压技术，2009，35（1）：125-128.

[18] 廖宏，王翕. 纳米 SiO_2 增强室温硫化硅橡胶胶粘剂复合体系的性能研究 [C]. 高分子材料科学与工程研讨会，2006，603-604.

[19] 邸明伟，张丽新，何世禹，等. 纳米二氧化钛对质子辐照下 MQ 增强硅橡胶热性能的影响 [J]. 材料工程，2006，（7）：31-34.

[20] 彭亚岚，张霞，苏正涛，等. 纳米氧化铈的制备及其对硅橡胶耐热性能的影响 [J]. 橡胶工业，2005，52（9）：540-542.

[21] 陈娟，陈勇军，王珏等. 硅橡胶/纳米铜复合材料的结构与性能研究 [J]. 弹性体，2008，18（5）：6-10.

[22] 罗绍兵，孙九立，魏伯荣，张秋禹. 硅橡胶的改性研究 [J]. 中国胶粘剂，2007，16（9）：50-53.

[23] 倪金鹏，陈军，周远建. 聚氨酯橡胶改性硅橡胶的性能研究 [J]. 有机硅材料，2010，24（4）：198-201.

[24] 丁燕，郭东杰，于敏，戴振东. 多巴胺改性硅橡胶的制备及性能研究 [J]. 胶体与聚合物，2011.29（3）：117-120.

[25] 郑威，张紫箫，邹华，张立群，赵素合. 挤出型镀银铝粉/硅橡胶导电复合材料的制备与性能研究 [J]. 橡胶工业，2009，56（9）：533-537.

[26] 彭祖雄，张海燕，陈天立，胡永俊，曾国勋. 镀银玻璃微珠/炭纤维填充导电硅橡胶的电磁屏蔽性能 [J]. 高分子材料科学与工程，2011, 27 (1)：87-90.

[27] Jiang Meijuan, Dang Zhimin, Xu Haiping. Enhanced electrical conductivity in chemically modified carbon nanotubc/methyl vinyl silicone rubber nanocomposite. [J]. European Polymer Journal，2007，43 (12)：4924-4930.

[28] 焦冬生，任宗文，刘君，等. 乙炔炭黑填充导电硅橡胶的研究 [J]. 材料工程，2007 (10)：11-13，59.

[29] 耿新玲，苏正涛，钱黄海，等. 镀银镍粉填充导电硅橡胶的研制 [J]. 橡胶工业，2006，53 (7)：417-419.

[30] Wang Luheng, Ding Tianhuai, Wang Peng. Effect s of conductive phase content on critical pressure of carbon black filled silicone rubber composite [J]. Sensors and Actuators，2007，135 (2)：587-592.

[31] Zhang Jie, Feng Shengyu. Temperature effect s of elect rical resistivity of conductive silicone rubber filled wit h carbon blacks [J]. Journal of Applied Polymer Science，2007，90 (14)：3889-3895.

[32] Chen Ling, Lu Liang, Wu Dajun, et al. Silicone rubber/graphite nanosheet elect rically conducting nanocomposite with alow percolation t hreshold [J]. Polymer Composites，2007，28 (4)：493-498.

[33] Jiang Meijuan, Dang Zhimin, Xu Haiping. Enhanced electrical conductivity in chemically modified carbon nanotube/met hylvinyl silicone rubber nanocomposite [J]. European Polymer Journal，2007，43 (12)：4924-4930.

[34] Chen Ling, Lu Liang, Wu Da jun, et al. Silicone rubber/graphite nanosheet elect rically conducting nanocomposite with a low percolation t hreshold [J]. Polymer Composites，2007，28 (4)：493-498.

[35] Jiang Meijuan, Dang Zhimin, Xu Haiping. Enhanced electrical conductivity in chemically modified carbon nanotube/met hylvinyl silicone rubber nanocomposite [J]. European Polymer Journal，2007，43 (12)：4924-4930.

[36] 姚伟，雷卫华，陈立新，周安伟，丁国芳. 热硫化硅橡胶发泡过程中硫化与发泡速度匹配的研究 [J]. 材料导报，2013，27 (21)：249-251，255.

[37] 孙彩亮，魏刚. 国内硅橡胶泡沫材料的研究进展 [J]. 弹性体，2009，19 (5)：55.

[38] 石耀刚，雷卫华，张长生，许治国，罗世凯. 热硫化硅橡胶泡沫材料的制备技术 [J]. 技术进展，2008，22 (6)：373-376.

[39] 陈美华，赵祺，罗世凯. 雷卫华. 硅橡胶发泡技术的研究进展. 化工新型材料，2011，39 (2)：1-3.

[40] 吴敏娟，周玲娟，江国栋，王庭慰. 导热电子灌封硅橡胶的研究进展. 有机硅材料，2006，20 (2)：81-85.

[41] 杜茂平，魏伯容. 导热高分子材料的研究新进展. 塑料工业，2007，35：54-57.

[42] Wenying Zhou, Demei Yu, Chao Min, Yinping Fu, Xiusheng Guo, Thermal, dielectric, and mechanical properties of SiC particles filled linear low-density polyethylene composites. J. Appl. Polym. Sci.，2009，112：1695-1703.

[43] Li Wang, Fuping Li, Zhengtao Su. Effective thermal conductivity behavior of filled vulcanized perfluoromethyl vinyl ether rubber. J. Appl. Polyrn. Sci.，2008，108：2968. 2974.

[44] Geon • Woong Lee, Min Park, Junkyung Kim, Ho Gyu Yoon. Enhanced thermal conductivity of polymer composites filled with hybrid filler. Compos. Part A—APPL S.，2006，37：727-734.

[45] Qiuhong Mu, Shengyu Feng, Guangzhao Diao Thermal conductivity of silicone rubber filled wim ZnO. Polym. Compos.，2007，28：125-130.

[46] Isaias Ramirez, Edward A. Cherney, SheshaJayaram, Mario Gauthier. Nanofilled silicone dielectrics prepared with surfactant for outdoor insulation applications. IEEE T DIELECT EL IN.，2008，15 (1)：228-235.

[47] 杜茂平，魏伯荣. 导热硅橡胶的研究进展 [J]. 合成材料老化与应用，2007，36 (1)：48-52.

[48] 杨坤民，陈福林，岑兰等. 导热橡胶的研究进展 [J]. 橡胶工业，2005，52 (2)：118-123.

[49] Wenying Zhou, Shuhua Qi, Chunchao Tu, et al. Novel Heat—Conductive Composite Silicone Rubber [J]. Applied Polymer Science，2007，104：2478-2483.

[50] WenYing Zhou, CaiFeng Wang, QunLi An, et al. Thermal Properties of Heat Conductive Silicone Rubber Filled Hybrid Fillers [J]. Composites Materials，2008，42 (2)：173-187.

[51] 许妃娟，邱祖民. 国内外特种硅橡胶材料的研究进展 [J]. 弹性体，2009，19 (3)：60-64.

[52] 方沅蓉，王景鹤. 导热硅橡胶的研究进展 [J]. 有机硅材料，2008，22 (2)：100-104.

[53] 吕勇，罗世永，许文才. 导热绝缘高分子复合材料中填料的研究进展 [J]. 北京印刷学院学报，2008，16 (2)：76-78.

[54] L-C. Sim, S. R. Ramanan, H. Ismail, et al. Thermal Characterization of A1203 and ZnO Reinforced Silicone Rubber as Thermal Pads for Heat Dissipation Purposes [J]. Thermochimica Acta，2005，430：155-165.

［55］ Qiuhong Mu，Shengyu Feng and Guangzhao Diao. Thermal Conductivity of Silicone Rubber Filled With ZnO ［J］. Polymer Composites，2007，28：125-130.

［56］ 何强，卢咏米，陈珙. 碳纳米管/A1203/硅橡胶导热复合材料结构利性能的研究 ［J］. 特种橡胶制品，2009，30 （2）：1-6.

［57］ Wenying Zhou，Shuhua Qi，Hongzhen Zhao and Nailiang Liu. Thermally Conductive Silicone Rubber Reinforced With Boron Nitride Particle ［J］. Ploymcr Composites. 2007. 28：23-28.

［58］ 周文英，李勤，齐暑华等. 复合型散热硅橡胶研究 ［J］. 高分子材料科学与工程，2007，23 （4）：242-245.

［59］ 涂春潮，齐暑华，周文英等. 氮化硼填充 MVQ 制备导热橡胶的研究 ［J］. 橡胶工业，2007，54 （2）：93-95.

［60］ 纪乐，周玲娟，王庭慰. 碳化硅对加成型室温硫化硅橡胶性能的影响 ［J］. 橡胶工业，2008，55 （4）：231-234.

［61］ Sebnem Kemaloglu，Guralp Ozkoc，Ayse Aytac. Properties of thermally conductive micro and nano size boron nitride reinforced silicon rubber composites ［J］. Thermochimica Acta，2010，62 （499）：40-47.

［62］ 赵红振，齐暑华，周文英等. 氧化铝粒子对导热硅橡胶性能的影响 ［J］. 特种橡胶制品，2007，28 （5）：19-22.

［63］ 范丽，刘力，张立群. 纳米氧化锌/SSBR 复合材料导热性能的研究 ［J］. 橡胶工业，2009，56 （4）：207-211.

［64］ Yoong Abm Kim，Takuaya Hayashi，Morinobu Endo，et a1. Fabrication of Aligned Carbon Nanotube-filled Rubber Composite ［J］. Scripta Materialia，2006，54：31-35.

［65］ 牟秋红. 导热硅橡胶的制备及性能研究 ［J］. 材料导报：研究篇，2009，23 （3）：110.

［66］ 林晓丹，曾幸荣，陆湛泉等. 氧化镁填充导热硅橡胶的性能研究 ［J］. 橡胶工业，2008，55 （5）：291-294.

第7章
硅橡胶密封、胶黏剂

7.1 硅橡胶密封、胶黏剂特性

由于有机硅材料具有的独特特点，作为结构胶黏剂虽然不能够和环氧类、酚醛类、丙烯酸酯类、聚酰亚胺等相比较，但是作为非结构胶应用是非常广泛的，有些场合甚至是不可代替的，如飞船的太阳能电池板的粘接。它可以胶接金属、塑料、橡胶、玻璃、陶瓷等材料，应用于宇宙航行、飞机汽车制造、电子工业、建筑及医疗等各个领域。

有机硅胶黏剂按原材料来源，一般可分为以硅树脂为基料的胶黏剂和以硅橡胶为基料的胶黏剂两大类。前者主要用于胶接金属和耐热非金属材料，所得胶接件可在 −60～200℃ 温度范围内使用；后者主要用于胶接耐热橡胶、橡胶与金属以及其他非金属材料。在耐热胶黏剂中，有机硅胶黏剂是优良品种之一，有机硅胶黏剂品种分耐高温胶黏剂、耐热密封胶、耐高温应变胶及耐热压敏胶等几种。

随着宇宙航行、飞机制造和电子等工业的发展，要求有新型耐高温橡胶及耐高温胶黏剂。硅橡胶因具有良好的热稳定性、良好的耐寒性、良好的电性能及优异的耐候性而得到广泛应用；硅橡胶胶黏剂，缺点是内聚强度低、黏附力弱，但可通过加入填料进行补强提高黏附强度和内聚强度，现作为非结构胶黏剂已得到广泛应用。

硅橡胶按其固化方式分为高温硫化硅橡胶（HTV）和室温硫化硅橡胶（RTV）。由于高温硫化硅橡胶胶黏剂的胶接强度低，加工设备复杂，极大地限制了它的应用，高温硫化硅橡胶主要用于制造硫化产品。单组分室温硫化硅橡胶对大多数基材的粘接性优良；当加入增黏剂时双组分室温硫化硅橡胶和低温硫化硅橡胶可以具有良好的粘接性。液体型硅橡胶胶黏剂除了对金属和非金属材料具有良好的粘接性外，对低表面能的难粘材料，如聚四氟乙烯、聚烯烃、硅橡胶等也具有较好的粘接性。自 20 世纪 60 年代初室温硫化硅橡胶出现以来，其发展越来越快。室温硫化硅橡胶除具有耐氧化、耐高低温交变、耐寒、耐臭氧、优异的电绝缘性、耐潮湿等优良性能外，最大特点是使用方便，但粘接性、耐溶剂性差，不作为结构胶使用。硅橡胶胶黏剂已成为有机硅工业中的重要产品，广泛地应用于电子工业、航空航天、医学、建筑、汽车行业等领域。

硅橡胶密封、胶黏剂具有下列特性：

① 耐高低温性能优良。可在 −65～232℃ 的范围内长期使用，短期最高使用温度可达 260℃，在极端的温度下不硬化、不龟裂、不坍塌或老化变脆。

② 优良的介电性能。当应用于电子电器领域时，硅橡胶密封/胶黏剂在宽的温度交替变

化条件下，表现出良好的介电性能，并具有卓越的防水、防潮、绝缘和非腐蚀性能，因此能够有效地保护、密封和绝缘各种怕腐蚀的元件和设备。

③ 卓越的耐候性，耐辐射性能优良。不受雨、雪、冰雹、紫外线辐射和臭氧的影响。

④ 良好的透气性、低表面张力、生理惰性、化学稳定性。在苛刻环境中具有高的抗化学腐蚀能力，可长期承受绝大多数有机、无机化学品、润滑剂和一些溶剂的侵蚀。

⑤ 良好的粘接强度。硅橡胶密封、胶黏剂对各种表面如玻璃、木材、硅树脂、硫化橡胶、天然和合成纤维、上漆表面以及多种塑料和金属具有卓越的粘接强度。

7.2 硅橡胶密封、胶黏剂的分类与组成

硅橡胶是硅橡胶密封、胶黏剂的主要成分，是高分子量的线型结构的聚硅氧烷，为黏性的油状弹性体。硅橡胶密封、胶黏剂分别是由硅橡胶、补强剂以及其他配合剂混合配制而成的。按其固化过程中需要温度高低的情况，分为高温固化和室温固化两类。实际上固化温度的差别反映了不同的固化机理。

高温固化型硅橡胶密封、胶黏剂可以用来胶接硅橡胶与硅橡胶、硅橡胶与金属（如铜、铝、镍等），由于高温固化型硅橡胶胶黏剂的胶接强度低、加工设备复杂，其应用受到很大限制。

室温固化型硅橡胶密封、胶黏剂是以羟基封端线型聚硅氧烷为主体材料、通过交联剂与羟基作用，使胶黏剂固化。这类胶黏剂操作简单，使用方便，而且胶接温度也好，因此，在各工业部门得到越来越广泛的应用，成为弹性体胶黏剂的重要组成部分。

硅橡胶密封、胶黏剂根据应用对象不同，可以分为以下几类：

① 用于粘接金属和耐热的非金属材料的有机硅粘接剂。这是一类含有填料和固化剂的热固性有机硅树脂，粘接件可在一个比较广泛的温度范围内使用，具有良好的抗疲劳性和抗疲劳强度。在这类粘接剂中，除了使用纯有机硅树脂外，还经常使用其他有机树脂（环氧、聚酯、酚醛等）和橡胶来改性，以获得更好的室温固化强度和效果。

② 用于粘接耐热橡胶或粘接橡胶与金属的有机硅粘接剂。这类粘接剂通常是有机硅生胶的溶液，具有良好的柔韧性。

③ 用于粘接绝热隔声材料与钢或钛合金的有机硅粘接剂。这类结合剂能在常温常压下固化，固化后的粘接件可在 $300 \sim 400 ℃$ 下工作。

④ 有机硅压敏胶。这是一类很有发展前途的有机硅胶黏剂，虽然粘接强度不高（室温剪切强度为 $0.28MPa$，$120℃$ 老化 7d 后剪切强度为 $0.27MPa$），但它既能与高表面能的材料黏合，又能与低表面能的材料黏合。它可在 $260℃$ 长期使用，并在 $-57℃$ 下仍保持良好的粘接状态。通过调整配方及制备工艺，可用作高温电机中线圈绝缘的包覆层，用作印染辊筒的防污染覆盖层等。

室温固化型硅橡胶密封、胶黏剂又可分为单组分和双组分两类。硅橡胶密封、胶黏剂的组成、性能和用途见表 7-1。

由于硅橡胶密封、胶黏剂具有这些优良性能，因此是目前广泛应用的一种液态密封材料，被称为液体垫片，它能解决许多普通橡胶型胶黏剂无法解决的问题。例如，它能够解决许多低表面能的非极性材料如聚乙烯、聚丙烯、聚四氟乙烯和硅橡胶长期无法解决的黏合难题。

表 7-1　硅橡胶密封、胶黏剂的分类、组成、性能和用途

类型		组成	性能	用途
高温硫化型		甲基乙烯基硅橡胶,补强剂,增黏剂,引发剂	耐热性和电气性能好,机械强度较好	用于硅橡胶胶接
室温硫化型	双组分	羟基封端硅橡胶,正硅酸乙酯,有机锡	耐热性、耐潮性、机械强度和电气性能好,但粘接力稍差	用于电子元件防潮、防震、灌封及橡胶的胶接
	普通单组分	羟基封端硅橡胶,交联剂,补强剂等	胶接性能好,有的对金属有腐蚀,电气性能、防潮性能一般	用于电子设备连接部的密封,螺钉防水,硅橡胶与金属的胶接
	高强度单组分	羟基封端硅橡胶,酯合物型交联剂,补强剂等	胶接性能好,机械强度高,对金属材料无腐蚀现象	用于电子设备连结部的密封,螺钉防水,硅橡胶与金属的胶接

7.3　有机硅密封、胶黏剂的配方设计

硅橡胶密封、胶黏剂的配方和硅橡胶相似,主要包括基料、填料、固化剂、增黏剂、抗氧剂、热稳定剂和着色剂等。

7.3.1　基料的选择

基料是密封、胶黏剂的主体材料——硅橡胶生胶,它主要提供耐热性,经过改性后具有一定的粘接作用,有良好的黏附性和润湿性,品种有甲基硅橡胶、甲基乙烯基硅橡胶、苯基硅橡胶、亚苯基硅橡胶、苯醚基硅橡胶、腈硅橡胶以及氟硅橡胶等。

硅橡胶密封、胶黏剂通常以室温硫化型硅橡胶为主体材料。按照硫化反应机理,又可分成缩合型和加成型两种。

(1)缩合型硅橡胶　这类橡胶的分子末端由活性的反应性基团封端,它通过缩合反应交联,在硫化过程中有低分子物产生,会引起密封胶的收缩。市售室温硫化型硅橡胶(即RTV硅橡胶)是分子链端带有羟基的低分子量聚有机硅氧烷,其化学结构式为:

$$HO-[R_2SiO]_n-OH \qquad n\approx300\sim1600$$

R 为不同烃基团时,其性能也相应变化。

室温硫化型硅橡胶同热硫化型硅橡胶一样,它的大分子侧链上的甲基可被其他基团置换而进行改性,按其主链及侧链的化学结构不同[如甲基、苯基(甲基苯基、二苯基)、氰基、氟硅、亚苯基、苯醚基、氟硅亚苯基等]可分成不同特性的硅橡胶。一般说来,不同化学结构的热硫化型硅橡胶,都可能有与其相对应的室温硫化型硅橡胶,并具有相似的特性。

苯基部分取代甲基,可改进低温性能和增加抗氧化性,以 5.3%(摩尔分数)二苯基甲硅氧基取代,所得弹性体的脆化点可从−85 ℉下降至−165 ℉。

室温硫化的腈硅橡胶是聚 β-氰乙基甲基硅氧烷。该聚合物常温下是一种乳白色黏稠液体,氰基的摩尔分数为 20%～25%。它具有硅橡胶的特性,如耐光、耐臭氧、耐潮气、耐高低温和优良的电性能。

室温硫化的含氟硅橡胶(如氟硅橡胶、氟硅亚苯基橡胶)的突出性能是,在常温和高温下耐脂肪族、芳香族、氯烃、喷气燃料、酯类润滑油、硅酸酯液压油等。

氰乙基或三氟丙基等极性基团的存在,则可提高弹性体的耐油性。

用室温硫化氟硅橡胶配制的密封胶,有良好的耐高低温、耐燃料油性能,对一般金属和钛合金不腐蚀,可用于飞机整体油箱密封。

密封胶中使用且最大的室温硫化型硅橡胶是羟基封端的聚二甲基硅氧烷，还开发了以烷氧基或其他基团封端的低分子量室温硫化硅橡胶。

（2）加成型硅橡胶　加成型硅橡胶是分子链末端带有乙烯基或丙烯基等不饱和的聚有机硅氧烷、通常是甲基乙烯基聚硅氧烷，其化学结构式为：

$$CH_2 =\!\!=CH(CH_3)_2Si-O-[(CH_3)_2Si-O]_n-Si(CH_3)_2CH =\!\!=CH_2$$

它通过加成反应而硫化，反应中无低分子物质形成，因此，此类硅橡胶的密封胶收缩小。由催化剂的活性或有无抑制剂而决定加成反应在室温或略微加热（60～80℃）条件下完成硫化。用加成型硅橡胶制备的密封胶，在常温下贮存稳定，通过加热引发加成反应，对在短时间内完成硫化过程，故适用于连续生产。加成型硅橡胶体系还可以使硅橡胶的灌注和包封等用低黏度的液体进行。

为了获得理想性能的密封胶，须对橡胶进行选择。硅橡胶的分子量是选择生胶的主要指标。分子量越大，橡胶的黏度越高，给加工和最终的密封胶施工带来困难，但硫化胶的物理机械性能好，单位体积硅橡胶的反应基团少，反应活性低；但分子量低，黏度小，又会带来坍塌性问题等。因此，一般使用的密封胶选用分子量 3 万～6 万即可。在对伸长率、拉伸强度和撕裂强度要求高的场合，可选用分子量 8 万～10 万的生胶，也可再高一些，分子量超过 15 万的硅橡胶反应活性已相当低，很难保证在室温下硫化。

理想的生胶，其分子量应比较均匀，挥发物（150℃×3h）在 1％以下。

7.3.2 填料

硅橡胶在常温下不结晶，而且又是非极性分子，分子间作用力弱。未补强的硅橡胶力学性能低，实用价值不大。选择适当的补强剂可以大幅度地提高其力学性能，可以降低固化过程的收缩率，或是赋予胶黏剂某些特殊性能以适应使用要求，此外有些填料还会降低固化过程中释放的热量，提高胶层的抗冲击韧性及其他机械强度、耐热性和黏附性等。

补强剂主要是天然的或合成的二氧化硅，包括硅藻土、气相法白炭黑、石英粉末、球形二氧化硅和沉淀法白炭黑以及其他无机填料（碳酸钙、铝粉、氧化铝、炭黑、二氧化钛、氧化铁、云母、滑石粉），还有经过处理的粉末物如硅烷、硅氨烷、硅氧烷、脂肪酸酯，具有环氧、甲基丙烯酰或氨烷基组分的硅烷偶联剂等。补强剂的颗粒大小、表面性质和聚集状态等因素对硅橡胶的补强效果有很大影响。补强效果最好的是气相法白炭黑，其平均颗粒直径为 10～40μm，比表面积为 150～300m²/g；其次是沉淀法白炭黑，其平均粒径是 30μm，比表面积为 100～150m²/g，用有机硅进行表面处理白炭黑的补强性与其表面活性（如羟基）及分散性好坏有关。比表面积大的白炭黑，其羟基含量高、分散性差，与生胶混合后容易结构化。故要解决结构化，才能获得良好贮存稳定性，其中白炭黑最常用。

沉淀法白炭黑虽补强性差，仅成本低，密封胶流动性好，易施工，不易结构化，但在电学性能要求高的场合不宜使用。

用有机硅氧烷进行表面处理后的白炭黑具有高的补强效果。常用的处理剂有 D₄（八甲基环四硅氧烷）和六甲基二硅氮烷。用六甲基二硅氮烷及硅氮烷处理高表面积的气相法白炭黑，可提高密封胶的撕裂强度、拉伸强度及伸长率，而且白炭黑不易结构化。

为适合涂覆、包封、浇注、嵌缝等工艺的要求，室温硫化密封胶的补强剂用量要比热硫化硅橡胶的少。

非补强填料一般作为增容剂以降低成本，常用的有硅藻土、石英砂、金属氧化物（如氧化锌、氧化铁、二氧化钛）、碳酸钙、陶土、硫酸钡和少量炭黑等。

加入石棉绒、滑石粉等充作填料，可以改变胶黏剂的流变性能，避免胶液因在固化过程中流动而造成缺胶或影响树脂的配比。纤维状填料的增稠作用显著；有些聚合物力学性能不高，选择适当颗粒大小的填料如云母粉、石英粉能起到补强效果。

填料降低缩应力和热应力作用。胶黏剂在固化过程中由于化学作用引发的体积收缩和由于树脂与被粘物的热膨胀系数不同而产生热收缩，使胶层中产生的内应力集中，以致引起胶层开裂或接头破坏。使用填料如铝粉、碳酸钙等能减低胶黏剂和被粘物之间热膨胀系数的差别，减少体积收缩，并阻止裂缝延伸。

填料对其他物理化学性能有很大的影响，在胶黏剂中加入导电性或磁性良好的金属粉末如铝粉、铜粉，可改善高温性能，提高稳定性，增加树脂抗氧化破坏、导热、导电性能。

此外，像石英粉、氧化锌、氧化铁、碳酸钙、黏土和硅藻土等可降低成本。低密度填料如玻璃纤维、石棉、玻璃或塑料微球，可用来制造低密度聚合物。而大量的有机或无机颜料可用于提供颜色。

7.3.3　增黏剂

在粘接过程中，增黏剂是获得黏着性能的重要组分。为了在胶黏剂和被粘物表面之间获得一牢固的粘接界面层，常用增黏剂有各种带烷氧基的硅烷偶联剂、硅氧烷、硅酸酯、钛酸酯、硼酸或硼的化合物以及硅树脂，但这些化合物都是以白炭黑表面处理剂的形式加入胶料中，单独使用很少，用量为 $0.5\%\sim3\%$。也通过含有反应基团的偶联剂与被粘物表面形成化学键来实现。硅烷偶联剂黏度小，表面张力低，当涂抹在被粘物表面时，能立即展开，容易渗透进被粘物表面极细微的空隙之中，促进粘接。从偶联剂的化学结构分析，其通式 $RSiX_3$，含有两类反应基团，基中 R 为有机官能团，常与胶黏剂分子发生化学结合；X 为易水解成硅醇的官能团，它可与被粘物表面的氧化物或羟基反应生成化学键，有效地改善了界面层黏合强度和对水解的稳定性。

7.3.4　固化剂和促进剂

固化剂是胶黏剂中最主要配合材料。它直接或通过催化剂与主体聚合物进行反应，使分子间距、形态、热稳定性、化学稳定性等都发生显著变化，使原来热塑性交联型主体聚合物变成高度交联的体型网状结构。

常用硅烷，分子式为 $(R^2O)_a SiR^3_{4-a}$ 或单水解基团有机物，$a=2\sim4$、R^2 基团可以相同或不同，可以是烷基、烯基或烷氧基烷基；R^3 基团可以相同或不同，是单价基团。如果固化剂为具有以上分子式的单水解基团硅烷，为了保证水解进行，必须保持有 (R^2O) 基团，R^2 可以是甲基、乙基、丙基、异丙基、正丁基、异丁基、烯丙基、异丙烯基、甲氧基和甲氧基丙基；R^3 可以是烷烃组分，像甲基、乙基、丙基、异丙烯基和异丁基、苯基、苯乙基、苯异丙基和三氟丙基，当烯烃基团取代烷烃时固化反应加快进行。

a 在 $2\sim4$ 范围，因为 $a<2$ 时，固化反应将不能进行，a 取值应为 3 或 4，固化剂用量一般在 $0\sim50\%$。这是因为当固化剂用量大于 50% 时，固化速度会减慢，对产物的力学性能将会造成不利影响，加入量在 $1\sim10$ 份之间是常用量。最佳用量也不总在 $1\sim10$ 份范围，因为所用主体材料是多种多样的，有着不同的水解基团数目，这样，对于 Si 原子上接有足够 OR' 基团的主体。当 R' 不都是 H 原子时，固化剂用量可能要少于 1 甚至为 0，当 Si 原子连接着都是—OH 基团时，某些情况下，固化剂应接近 10 份或更大。另一方面，当大量的水生成时，可能会影响到涂层，固化剂被水解，因而在某些情况下应加入大于 10 份的固化剂以保持适当的数量。

促进剂是加速胶黏剂中主体聚合物与固化剂反应、缩短反应时间、降低固化温度以及调节胶黏剂中树脂固化速度的一种配合剂。含羟端基硅橡胶硫化交联时还需加入催化促进剂，常用的是金属有机酸盐类，主要有二丁基二月桂酸锡盐、辛酸亚锡，二丁基二醋酸锡、辛酸锡、异辛酸亚锡、辛酸铅等，用量在 $0.1\%\sim25\%$，也可以用酞酸酯如四异丙基酞酸酯、钛、铂等有机化合物、胺，还有有机铅、锌、锆、铁、镉、钡、锰的羧酸盐等。不同情况下也有使用新型催化剂的，如使用原磷酸硅酯等。催化剂的用量：一般在 $0.01\%\sim20\%$ 之间，这是因为低于 0.01% 时固化不能进行，而超出 20% 又明显的没有意义。

采用钛配合物催化剂可提高醇型 RTV 的胶接强度。通过调节催化剂种类和用量可控制硫化时间，辛酸亚锡可在几分钟内使密封胶凝胶，二丁基二月桂酸锡则可在几小时内凝胶。单组分 RTV 的交联反应首先由胶料表面接触大气中的湿气而开始硫化并进一步向内扩散，因此胶层厚度有限。双组分 RTV 分缩合型和加成型两种，缩合型是在催化剂有机锡、铅等的作用下由有机硅聚合物末端的羟基与交联剂中可水解基团进行缩合反应，缩合反应主要有脱醇型和脱氢型两大类，催化剂用量一般为 $0.1\%\sim5\%$。

7.3.5 硫化剂和硫化促进剂

胶黏剂中常含有橡胶，此种情况下应加入硫化剂使橡胶硫化。常用硫化剂有硫黄粉、硝基化合物（如硝基苯、二硝基苯等）、过氧化物（如过氧化苯甲酰）等。硫化促进剂的品种有有机碱性物（如苯胺、二苯胍、醛胺类等），磺原酸盐类，磺酸盐类。

高温固化时主要采用过氧化物，如过氧化苯甲酰（BP），二叔丁基过氧（DTBP），2,5-二甲基-2,5-二叔丁基过氧乙烷（双-二五）、过氧化二异丙苯（DCP）等、室温或低温固化包括各种烷氧基硅烷及酯类。

7.3.6 增塑剂

增塑剂是能够增进固化体系塑性的物质，能提高弹性和改进耐寒性，但不能与树脂很好地混溶，在加热固化过程中会从体系中离析出来，使胶黏剂的刚性下降，如邻苯二甲酸二丁酯、磷酸二酚酯等。增塑剂多是黏度高，沸点高的物质，因此能增加树脂的流动性，有利于浸润、扩散和吸附。

为不影响密封胶热老化性，一般使用甲基硅油或苯基硅油作增塑剂。常用的硅油黏度为 $300\sim1000\mathrm{mPa\cdot s}$，用量过多或黏度过小会影响热老化性和物理机械性能及粘接力。增塑剂使用温度范围，甲基硅油 $-50\sim+200\,^\circ\mathrm{C}$，低于苯基硅油。

7.3.7 增韧剂

增韧剂多是单官能团的化合物，能与主体聚合物起反应成为固化剂体系的一部分。增韧剂的活性基团直接参加主体聚合物反应，对改进胶黏剂的脆性、抗干裂性等效果较好，能提高胶黏剂的冲击强度和伸长率。胶黏剂常用的增韧剂有不饱和聚酯树脂、橡胶类、聚酰胺树脂、缩醛树脂、聚酯树脂和聚氨酯树脂等。

7.3.8 稀释剂

稀释剂用于降低胶黏剂强度，使胶黏剂有好的浸透能力，改进了工艺性能，降低活性，从而延长胶黏剂的使用期。有时考虑到喷涂、浸渍作业的方便，须向密封胶基料里加入稀释剂以使其黏度下降。稀释剂通常是低黏度甲基硅油，加入量一般不超过 20%，否则会使产品性能下降。还可加入其他类型的稀释剂如乙醚油、汽油、芳香烃等。

7.3.9　热稳定剂

影响硅密封胶热稳定性的因素很多，如分子结构、交联剂用量、酸碱性和杂质等，因此须加入热稳定剂。常用的热稳定剂有氧化铁，其他还有锰、铅、镍、铜等金属氧化物以及聚苯硫醚、二茂铁的有机化合物等。

7.3.10　着色剂

室温硫化硅橡胶是无色透明的，其颜包和色调可用着色剂调节，既可制成半透明的又可制成建筑用的铝灰色密封胶。考虑到热稳定性、着色剂大多采用无机颜料。只有少数品种的有机染料可供使用。加着色剂使胶层色泽与被粘件相匹配或以示区分不同型号的胶种及不同场合使用等。

常用的着色剂有氧化铁红、氧化铁黄、三氧化二铬、二氧化钛、氧化锌、硫化镉、炭黑、群青等。

7.3.11　阻燃剂和防辐射剂

根据对密封胶的特殊使用要求，在需要阻燃或防辐射方面使用的密封胶，应配入相应的阻燃剂或防辐射剂。加阻燃剂，如铂化物和联苯等，以使胶层不易燃烧。

7.3.12　其他添加剂

为改善粘接剂的某一性能，有时还加入一些特定的添加剂，如防老化剂以提高耐大气老化性、防止霉变；当粘接困难时，加底涂增黏剂增加胶液黏附性和黏度，可在基材上进行底涂来提高粘接强度，底涂可以是具有反应活性的硅烷单体或树脂，当它们在基材上固化后，生成一层改性的适合于有机硅粘接的表面；加阻聚剂以提高胶液的贮存性。

7.4　硅橡胶密封、胶黏剂的制备工艺

硅橡胶密封、胶黏剂按其包装方式可分为双包装（双组分）和单包装（单组分）两种类型：单组分可通过空气中的水分即可固化；双组分则在加入一定比例的固化剂后，只需在室温放置一段时间后，便可自行固化。

7.4.1　单组分硅橡胶密封、胶黏剂的制备工艺

把室温硫化硅橡胶生胶与填充剂等其他添加剂在开炼机上混炼均匀后移入捏合机中，在减压和加温下除去混炼胶中所含的水分，并在保证无水的条件下加入交联剂和催化剂，混合均匀。此时硅橡胶的羟基与交联剂的可水解基团进行缩合反应并有低分子物脱出，最后生成的有剩余可水解基团的密封胶中间体就是单组分密封胶成品。在保证无水的条件下把密封胶装在不透水气的容器中供应市场。密封胶在这种隔绝水分的情况下可长期保存。包装容器通常有纸质和聚烯烃塑料制的弹药筒型包装管，其容积为 330mL 管的外径和长度各国都用统一规格。

制备工艺要点：一是在密封胶制备时，加入交联剂后应控制其反应程度，即应使硅橡胶中的羟基全都反应，并要使封端交联剂硅烷所剩余的可水解基团数目在两个或两个以上；二是在密封胶反应完毕、装筒之前应除去气泡，并保证装管密封胶无气泡，否则影响施工性能。

单组分硅橡胶密封胶的制备方法举例。

将甲基三乙酰氧基硅烷与羟基封端二甲基硅氧烷进行反应，形成 $(CH_3)(OAc)_2Si$—O—$[(CH_3)_2SiO]_n$—$Si(OAc)_2(CH_3)$ 的中间体。甲基三乙酰氧基硅烷与室温硫化硅橡胶只要一接触就能反应。为获得该中间体，在每 1mol 硅氧烷的羟基上应至少用 1mol 的甲基三乙酰氧基硅烷，多一些可保证反应充分。反应应在无水条件下进行，反应温度范围 20～100℃。

为改进密封胶的性能可加入填充剂，如气相法白炭黑和沉淀法白炭黑，为降低成本可加入非补强填料如硅藻土、碳酸钙等。

酰氧基硅烷与 RTV 橡胶反应简述如下：取 16.74kg 羟基封端的二甲基硅氧烷、填料和 10.15kg 三甲基甲硅烷硅基封端的二甲基硅油（黏度为 0.002Pa·s）混合后减压脱水，再加入 2.23kg 甲基三乙氧基硅烷。在 100℃并在减压下保持 1.5h。反应生成副产物乙酸。然后将反应混合物在 100℃及减压条件（66.7Pa）下除去所生成的乙酸、多余的甲基三乙氧基硅烷及硅油，再将 10L 的硅油加入并重新在 100℃及减压（66.7Pa）下保持 1.25h。所得流体状产物为 17.52kg。

用上述工艺制备的单组分硅橡胶密封胶性能如表 7-2 所示。

表 7-2　单组分硅橡胶密封胶的性能

项　　目	指　　标
下垂性	无
失黏时间（20℃，相对湿度 65％）/h	＜1
拉伸强度/MPa	25
伸长率/％	300
硬度（邵尔 A）	30
脆性温度/℃	−75
相对密度	1.1
使用温度范围/℃	−75～250

7.4.2　双组分硅橡胶密封、胶黏剂的制备工艺

双组分硅橡胶密封胶各种配合剂应分成两个组分，通常是将硫化体系配成一个组分，硅橡胶及其他配合剂为另一个组分。

密封胶的制备工艺一般与普通硅橡胶胶料的制备方法相同，即在开炼机上将硅橡胶与除硫化体系组分以外的其他配合剂进行混炼。

在使用时将两个组分进行充分混合，一般情况下，将硫化体系组分加到混炼胶组分中，经不断搅拌均匀即可使用。

7.5　单组分硅橡胶密封、胶黏剂

单包装（也称单液型）硅橡胶密封、胶黏剂是将胶料、填料和交联剂等混合成膏状物，并密封在金属软管中，可长期保存。使用时从管中挤出，借助于空气中微量的水分引起化学交联而固化成弹性体。

单组分室温硫化硅橡胶密封、胶黏剂的性能好，对玻璃、金属和塑料等大多数材料，有

很好的粘接能力，对涂漆零件有较好的黏附力，它适用于各种金属、非金属材料之间的粘接密封。主要用作耐高低温、防潮、绝缘、防震密封和胶接材料，而且易于操作，使用方便，应用很广，如果用有机硅表面处理剂对被粘材料表面进行适当的处理，则几乎对所有材料都有良好的胶接强度，而且耐水性和耐化学试剂性也好。例如：在电器、电子工业方面，用作电器、电子元件、光学仪器的涂覆包封、灌注密封和胶接、浇铸、模塑件，可控硅元件的表面保护等。在宇航和飞机制造方面，用于观察窗、门窗的胶接密封。近年来单组分密封胶在建筑方面的应用发展很快，它可用作预制件的嵌缝密封材料、防水堵漏材料、金属窗框上镶嵌玻璃、隧道、地铁等建材的胶接密封料。此外，在机械、汽车、船舶等工业以及外科手术方面部有重要的用途。

单包装室温硫化硅橡胶密封、胶黏剂不需要临时配料，不仅施用极其方便，还能避免双组分密封、胶黏剂临时配料可能引起的差错和浪费，提高了使用的可靠性。同时，这类硅橡胶密封、胶黏剂的稳定性和黏合性都很好。因此自 20 世纪 60 年代问世以来，发展极为迅速。目前已占领了密封胶市场的一半以上。这类硅橡胶密封、胶黏剂的特性和优点见表 7-3。

表 7-3　单组分硅橡胶密封、胶黏剂的特性和优点

特　性	优　点
单组分产品	无需催化或混合
能在室温和环境湿度条件下固化	不需要烘箱或能源
自黏性	粘接多种表面,不用底漆
耐高温	可在 205℃（400 ℉）下长期 在 260℃（500 ℉）短期保持物理和电性能
低温柔软性	在 −60℃（−75 ℉）下保持其性能
优异的耐候、耐臭氧和耐化学品性	在苛刻环境下具有长的使用寿命和可靠性
优异的电绝缘性	可用作电绝缘

单包装硅橡胶密封、胶黏剂的唯一缺点是硫化时释放出醋酸，它不但有刺激臭味，还会对某些金属有腐蚀作用。为了消除上述脱醋酸型的缺点，已研制出非脱醋酸和低释气性密封、胶黏剂。例如美国通用电器公司为了适应航天飞机、卫星、太阳能电池和空间其他金属需要，开发了 RTV142 低释飞性密封、粘合剂。该胶系采用无腐蚀脱醇型固化体系，其主要特点是固化后具有低释气性和低可凝的挥发物。这种胶在经过合适的固化后。其总失重不超过 1.0%，在 10^{-7} mmHg 真空条件下 24h，从标准试样中出来的可挥发冷凝物不到 0.1%。

为了提高单包装硅橡胶密封、胶黏剂的特殊性能，可通过对硅氧烷主链的侧基进行改性以及添加某些组分，可制得高强度、低模量、高伸长率、高压缩强度、耐燃、防霉等特殊用途的单包装密封、胶黏剂。例如，美国陶康宁公司开发的 DC-790 超低模量的建筑密封胶和 DC-888 低模量建筑密封胶，即使在拉伸 100% 或压缩 50% 体积范围内仍具有优良的密封粘接性能材料其使用寿命可达 20 年以上。大多数单组分硅橡胶密封/胶黏剂的典型拉伸强度为 $21\sim28\text{kgf/cm}^2$，剥离强度为 $4\sim8\text{kgf/cm}$。美国通用电器公司开发的 RTV189 硅橡胶密封、胶黏剂，其拉伸强度和撕裂强度分别是典型硅橡胶密封胶的 2 倍和 2.5 倍。它满足了新型飞机如波音 747 和洛克希德 C5A 的粘接要求。RTV189 密封、胶黏剂的性能见表 7-4。

表7-4 RTV189高强度硅橡胶密封、胶黏剂的性能

项 目	RTV189	典型胶黏剂
硬度(邵尔 A)	32	33
拉伸强度/(kgf/cm²)	60	28
伸长率/%	800	450
撕裂强度/(kgf/cm)	23	9
无底漆合金铝上的重叠剪切强度/(kgf/cm²)	18	14
剥高强度/(kgf/cm)	25	4
内聚破坏/%	100	90~95
流动特性	不沉降	不沉降

室温硫化硅橡胶（RTV′S）与高温硫化硅橡胶（HTV′S）具有相仿的热稳定性。通用电器公司的RTV-106室温硫化硅橡胶密封胶的热稳定性见表7-5。由表可见，有机硅密封胶在316℃下经受数十个小时的热老化，其物理机械性能尚无明显变化。

表 7-5 单组分 RTV 硅橡胶密封胶的热稳定性

温度/℃ 时间/h	原始 性能	249 24	249 168	316 24	316 168	316 336
硬度(邵尔 A)	33	28	28	30	45	65
拉伸强度/MPa	2.5	2.6	2.8	2.3	3.0	3.4
伸长率/%	400	550	540	500	300	180
撕裂强度/(kN/m)	8.9	8.4	7.6	7.6	7.1	7.1

国产的单组分室温固化胶黏剂中有醋酸型 GD-404、D-10、GD-405 胶黏剂；酮肟型有 GD-401、CD-402、GD-407 胶黏剂；醇型有南大-703、南大-705、南大-704、D-20 胶黏剂。

"南大-703"、"南大-704"和"南大-705"，这三种单包装硅橡胶密封、胶黏剂是以复合偶联剂作为交联剂，采用新型的固化体系。它与国内外类似产品相比，具有更优良的黏合性能、较长的保存期和无公害等优点。南大-703 胶的交联剂是"南大-42"（苯胺甲基三乙氧基硅烷）和"南大-22"（二乙胺基甲基三乙氧基硅烷），南大-704、南大-705 胶的交联剂是"南大-43"（二氯甲基三乙氧基硅烷）和"南大-22"。三种胶的组成如表7-6所示。

表 7-6 国产三种单组分室温固化胶黏剂组成

组分 \ 牌号	703 胶	704 胶	705 胶
基料(含 SiO₂ 等填料)/份(质量份)	100	100	100(不含填料)
南大-42 硅烷偶联剂/份	8		
南大-22 硅烷偶联剂/份	3	3	3
南大-43 硅烷偶联剂/份		9	6

这三种胶是靠空气中的水分固化，固化时都放出乙醇，属脱醇型硅橡胶密封、胶黏剂。一般，脱醇型硅橡胶固化速度比较慢，需加有机锡催化剂，而南大 703、704、705 胶则不加有机锡催化剂固化速度就很快，暴露于空气中 20min 左右表面开始固化，对金属无腐蚀作用、对一般的金属、非金属材料显示良好的黏附作用。尤其是南大-703 胶，对铝、紫钢、

黄铜、锌、铁、铁氧体、镍、纯硅、不锈钢、银钛合金、陶瓷、玻璃、水泥、有机玻璃、聚苯乙烯、热固化硅橡胶、酚配合塑料、聚酯塑料、聚氯乙烯薄膜、涤纶薄膜、纸张、木材等均有良好的黏附力。这些胶具有宽广的温度使用范围，南大 704、705 胶的使用温度为 $-60 \sim +200℃$，南大-703 胶的使用温度为 $-60 \sim +150℃$。此外，这三种胶的户外使用寿命也相当长，经试验这三种胶的贮存超过三年半。在胶中加入炭黑、氧化铁等颜料，可制成各种颜色。这三种胶性能见表 7-7。

表 7-7　南大-703、704、705 单包装室温固化硅橡胶密封、胶黏剂的性能

项　　目	703 胶	704 胶	705 胶
外观	乳白色黏稠液	乳白色黏稠液	透明稠液
表面固化时间/min	15～30	10～30	10～30
耐高低温/℃	$-60 \sim +150$	$-60 \sim +200$	$-60 \sim +200$
高真空密封/mmHg	$\geqslant 10^{-6}$	$\geqslant 10^{-6}$	
拉伸强度/(kgf/cm²)	$\geqslant 12$	$\geqslant 10$	约 3
室温下对铝的黏合剪切强度/(kgf/cm)	$\geqslant 12$	$\geqslant 10$	$\geqslant 3$
伸长率/%	330	$\geqslant 150$	$\geqslant 90$
硬度(邵尔 A)	15～25	30～40	15～25
表面电阻率/Ω·cm	6.12×10^{13}	$\geqslant 5 \times 10^{12}$	$\geqslant 5 \times 10^{12}$
体积电阻率/Ω·cm	5.19×10^{14}	$\leqslant 2.5 \times 10^{13}$	$\geqslant 2.5 \times 10^{13}$
介电常数(1MHz)	3.04	3.89	9.79
介电损耗角正切(1MHz)	$< 6.18 \times 10^{-3}$	$\leqslant 6 \times 10^{-3}$	$\leqslant 2 \times 10^{-3}$
介电强度/(kV/mm)	16	$\geqslant 15$	$\geqslant 15$

单组分体系的固化过程可分为两步：第一步是低分子量的活性直链有机硅烷为基料——端羟基二甲基硅氧烷中羟基与多官能团 $RSi(OR')_3$ 的交联剂的可水解基团进行缩合反应，这一步在配制单组分胶的混合过程中就已完成；第二步是剩余的可水解基团吸收空气中的水分进行水解缩聚反应而完成固化过程。

不同交联剂对硫化密封胶性能的影响不同。乙酸型密封胶稠度范围广，硫化性能好、贮存稳定，对多种材料有良好的粘接性能。肟型有机硅密封胶具有良好的贮存稳定性，表面固化快，但完全固化的时间长、粘接力较差。醇型密封胶交联固化速度比前两者更慢，在高湿度、高环境温度下固化时密封胶层内可能形成空隙，其贮存环境要求更严格，常需干燥冷藏。表 7-8 是几类交联剂对密封胶性能的影响。

表 7-8　不同交联剂对硫化密封胶性能的影响

性能指标①	甲基三乙酰氧基硅烷	甲基三丁酮肟基硅烷	正硅酸乙酯
表干时间/min	15	26	33
全固化时间/h	22	31	57
剪切强度/MPa(固化 24h)	0.29	0.17	0.10
固化物状态	黏附性、弹性好	黏附性差	成膜好、黏附性差

① 测试条件：温度 26℃，相对湿度 65%。

采用混合交联剂，例如甲基三乙酰氧基硅烷与二叔丁氧基二乙酰氧基硅烷并用，有利于提高密封胶的粘接强度，它们的并用效果如表 7-9 所示。

表 7-9 交联剂并用对粘接性能影响

$(t\text{-}BuO)_2Si(OAc)_2$ 用量/质量份	$MeSi(OAc)_3$ 用量/质量份	铝/铝		不锈钢	
		剥离强度/MPa	内聚力破坏/%	剥离强度/MPa	内聚力破坏/%
0	4.0	1.08	45	0.89	10
0	6.2	0.99	35	—	—
0.8	3.2	1.65	100	1.75	100
1.2	5.0	1.65	100	—	—
3.1	3.1	1.91	100	1.38	100
3.7	3.7	1.73	100	1.34	100
4.4	3.0	1.42	100	1.51	100

常用的交联剂有：甲基三甲氧基硅烷、甲基三乙酰氧基硅烷、甲基三（环己基胺）硅烷、甲基三（丙酮肟）硅烷、甲基-三（N-甲基乙酰胺）硅烷和四乙氧基硅烷。

单组分密封胶的硫化速度除受交联剂性质的影响外，空气的湿度和环境温度是重要的影响因素。此外，胶层不能涂得太厚，一般不能超过 1cm，这一点在使用时要加以注意。单组分硅密封胶可在 0~80℃ 范围内硫化。硫化时要依靠周围空气中的水分，因此硫化是从表面开始逐渐往深处进行。胶层越厚，硫化越慢。硫化时间与胶层厚度的关系见表 7-10。

表 7-10 胶层厚度与硫化时间关系

胶层厚度/mm	在 20~35℃ 条件下硫化所需时间/h			
	GD-401	GD-402	GD-404	GD-405
0.1~1	1~2	1~2	5~1	5~1
1~2	2~4	2~4	1~2	1~2
2~3	4~10	5~10	3~6	3~6
3~4	10~20	15~20	6~14	6~14
7~9	48	72	40~48	10~48

密封胶的硫化首先在与空气接触的表面开始，并生成一层橡胶膜，然后空气中的水汽透过胶膜使内部逐步硫化，反应的副产物也不断地扩散出来，硫化逐渐向密封胶深层进行。随着硫化胶膜的增厚，水汽越来越难透过，反应的副产物分子也越难扩散出来，硫化速度越来越慢。因此，超过一定厚度以后，甚至长期放置，胶层内部也不能硫化。通常胶层厚度不超过 1cm。这一点与双组分体系不同，双组分体系（包括低温硫化的加成型）在表面和内部几乎同时硫化，不受胶层厚度的影响。据报道，在单组分密封胶中加入氧化镁可以加速硫化而使厚层制品得以硫化。氧化镁加入量应根据稠度要求确定，一般在 5%~20%。

7.5.1 单组分室温硫化硅橡胶密封胶配方举例

配方 1：脱肟型单组分硅橡胶密封胶配方及性能见表 7-11。

表 7-11 脱肟型单组分硅橡胶密封胶配方及性能

	组分	用量/质量份
配方	端羟基二甲基硅橡胶（脱水）	100
	苯胺甲基三乙氧基硅烷	10~15
	二丁基二月桂酸锡（不含游离酸）	0.15~0.5
性能	体积电阻率/Ω·cm	$5×10^{13}$
	剪切强度/MPa	1.18
	介电强度/(kV/mm)	25

该密封胶使用温度为-60～200℃，高真空密封性可达 1.33×10^{-4} Pa。对金属表面无腐蚀性，可拆性好。

配方 2：脱羧酸型室温胶黏剂（表 7-12）

表 7-12　脱羧酸型室温胶黏剂配方

107 硅橡胶	100 份
气相二氧化硅	20～25 份
二甲基二乙酰氧基硅烷	1.5 份
甲基三乙酰氧基硅烷	5～8 份
二丁基二月桂酸锡	0.02 份

用途：相当于牌号 D-10 胶黏剂。

配方 3：脱酯酸型单组分硅橡胶胶黏剂（表 7-13）

表 7-13　脱酯酸型单组分硅橡胶胶黏剂（D-20）配方及性能

组　　分	用量/g
107 硅橡胶	100
气相法二氧化硅	20～25
甲基三乙酰氧基硅烷	3～6
甲基三甲氧基硅烷	3～6
KH-550	2
二丁基二月桂酸锡	0.5

制备及固化：按上述配方用量分别配制，涂胶，常温下几小时表面固化，24h 完全固化。

用途：本胶使用温度-60～+200℃，主要用于耐热、耐寒、电绝缘、防潮、防震的各种器件的粘接、密封、填隙及保持层等。醋酸型对玻璃、陶瓷、铝等具体化有良好的粘接性；醇型对于除聚乙烯、聚四氟乙烯以外的各种材料具有良好的粘接性。

配方 4：脱肟型单组分硅橡胶密封胶（表 7-14）

表 7-14　脱肟型单组分硅橡胶密封胶配方及性能

	组分	用量/质量份
配方	端羟基二甲基硅橡胶	100
	甲基三丙肟基硅烷甲苯溶液	138
	正硅酸乙酯	1.3
	二丁基氧化锡	0.1
性能	剪切强度/MPa	0.98

该密封胶使用温度为-60～200℃。其特点为胶液黏度小，涂布性好。使用时还可根据要求加入填料增稠，以获得要求的黏度。硫化速度快，室温下只需1～2h 可完成硫化。可拆性好，适用于经常拆卸的接合部位。

配方 5：GD 414 密封胶（表 7-15）

表 7-15　GD 414 密封胶的配方及性能

	组分	用量/质量份
配方	SD-33 硅橡胶	800
	经硅胺处理的二氧化硅	240
	Y 型三氧化二铁	24
	钛酸酯络合物的乙腈溶液(1∶1.61)	27.5
性能	拉伸强度/MPa	4.9

固化条件：常温 1h。

用途：高强度胶用于电子元件的粘接和密封、硅橡胶与金属的胶接，强度高、抗温性能好、无腐蚀。为通用型的胶黏剂与密封胶。

配方 6：7011 硅橡胶密封胶（表 7-16）

表 7-16　7011 硅橡胶密封胶的配方及性能

	组分		用量/质量份
配方	106 硅橡胶		100
	正硅酸乙酯		3
	二丁基二月桂酸锡		1
	南大-42 偶联剂		2～4
	氧化镁		3～5
	甲基硅油		3～5
性能	硅橡胶与铜胶接 拉伸强度/MPa	＞	0.98

固化条件：室温下 24h。

用途：用于金属与硅橡胶的胶接和电子元件的灌封。

配方 7：脱醇型单组分硅密封胶（表 7-17）

表 7-17　脱醇型单组分硅密封胶的配方及性能

	组分		用量/质量份
配方	端羟基二甲基硅橡胶(脱水)		100
	甲基三甲氧基硅烷		5
	D_4 处理气相白炭黑		20
	Y 型氧化铁		110
	异丙氧基钛		0.6
	双(二酰丙酮基)二异丙氧基钛		0.4
	氧化铜		5
	二氧化钛(金红石型)		6
性能	指触干燥时间/h		0.5
	剪切强度/MPa		2.16
	烧蚀速率/(mm/s)	＜	0.15

该密封胶涂布件好，硫化速率快，具有优良的抗烧蚀性。

配方8：GD 401（701胶）硅橡胶灌封胶（表7-18）

表7-18 GD 401（701胶）硅橡胶灌封胶的配方及性能

	组分	用量/质量份
配方	SDL-1401硅橡胶	400
	甲基三丙肟基硅烷甲苯溶液	557
	二丁基氧化锡与正硅酸乙酯(1:10)	1.4
性能	橡胶片胶接的拉伸强度/MPa	0.98

固化条件：室温1~2h。

用途：无腐蚀，粘接性能好。用于可控硅元件、电子光学仪器等灌注、密封和胶接。

配方9：单组分硅橡胶密封胶（表7-19）

表7-19 单组分硅橡胶密封胶的配方及性能

	组分	用量/质量份
配方	端羟基二甲基硅橡胶(运动黏度 $2 \times 10^{-5} m^2/s$)	100
	聚醚硅氧烷	2.0
	二氧化硅	10
	$CH_2 = CHSi(OCH_3CO)_3$	6.5
性能	坍塌(JIS5757)/mm	0.1

该配方中聚醚硅氧烷使密封胶具有优良的耐坍塌性，在密封管中贮存期大于6个月，在空气中24h即可硫化。

配方10：耐热单组分硅橡胶胶黏剂（表7-20）

表7-20 耐热单组分硅橡胶胶黏剂的配方

组　分	用量/质量份
羟端基硅橡胶	100
三甲基硅处理的白炭黑	15
二丙烯氧甲基硅端基聚丙烯氧化物	0.5
2-甲氧基苯胺	1.0
乙烯基三丁基氧化硅烷	6.0
二丁基二月桂酸锡	0.2
2-[4-N-(2-乙烯基)乙烯基氨甲基]苯基乙基硅氧烷	0.5
乙烯基丁氧基二丁基氧化硅烷	0.3

该产品有高的抗撕裂性，在水中能保持良好的工作性能。

配方11：防水单组分硅橡胶密封胶（表7-21）

表 7-21   防水单组分硅橡胶密封胶的配方及性能

	组分	用量/质量份
配方	羟端基硅橡胶	100
	三甲基硅烷处理的气相白炭黑	12
	二丁基二月桂酸锡	0.22
	$(CH_3O)_3SiC_3H_6NHCH_2CH_2CO_2C_3H_6Si(OCH_3)_3$	1.12
性能	剪切强度/MPa	0.11

配方 12：耐候性单组分硅橡胶胶黏剂（表 7-22）

表 7-22   耐候性单组分硅橡胶胶黏剂的配方及性能

	组分	用量/质量份
配方	羟端基硅橡胶	80
	白炭黑	10
	$(MeO)_3Si$ 端基的 $Me_3SiCl_2SiCl_4$ 共聚物	8
	乙烯基三乙氧基硅烷和 $(PrO)_4Ti$	60
性能	硬度(邵尔 A)	39
	伸长率/%	130
	拉伸强度/MPa	2.1

配方 13：耐紫外线单组分硅橡胶胶黏剂（表 7-23）

表 7-23   耐紫外线单组分硅橡胶胶黏剂的配方及性能

聚氧化丙烯烯丙酯和 $MeSiH(OMe)_3$ 制备的聚合物	100 份
二缩水甘油基六氢化苯二甲酸	75 份
Nocrac NS-26	1 份
水	1 份
Sn 催化剂	2 份
2,4,6-三(二甲基-甲基胺)酚	7.5 份
粘接铝片性能：	
拉伸强度/MPa	510
伸长率/%	570

配方 14：高粘接强度单组分硅橡胶胶黏剂（表 7-24）

表 7-24   高粘接强度单组分硅橡胶胶黏剂的配方及性能

	组分	用量/质量份
配方	羟端基硅橡胶	100
	三甲基硅烷处理的气相白炭黑	12
	二丁基二月桂酸锡	0.2
	乙烯基三(甲基乙烯酮基)硅烷	7
	$HS(CH_2)_2Si(OMe)Me$	3.5
	二苯乙醇酮-异丁酯	1.0

性能	硬度(邵尔 A)	25
	伸长率/%	250
	拉伸强度/MPa	210

上述配方 10~14 中主体材料硅橡胶分子链上含有氨基基团时,对粘接体系能增加防水性,胶料经过预处理可提高胶黏剂的贮存性能,有时可同时引进双功能团(如氨基、丙烯氧基),而交联剂一般采用烷氧端基产品,添加剂的加入对性能影响很大。比如加入羟端基聚醚可以提高对金属黏合物的耐热、耐候性和耐紫外线性能,磺酸基团可提高胶黏剂的抗污染性,另外,异氰酸根基团、氨基基团的加入可以提高粘接强度,选用磷酸盐固化剂可以加快固化速度,加入控制剂 SR200 可提高性能,此外,含甲氧基的控制剂效果优于乙氧基,有些室温固化有机硅胶黏剂的贮存性能好,特别适用于粘接金属时使用。

配方 15:触变性酮肟型单组分有机硅密封胶(表 7-25)

表 7-25　触变性酮肟型单组分有机硅密封胶的原料与配方及性能

原　料	用量/质量份
α,ω-端羟基二甲基硅橡胶(黏度 1~10Pa·s)	100
混合改性填料(气相 SiO_2 和活性 $CaCO_3$)	30~200
甲基三酮肟基硅烷	3~12
有机锡催化剂	0.4~0.5

性　能		指标
外观		白色膏状体,有触变性
表干时间/min	<	60
拉伸强度/MPa	≥	1.5
伸长率/%		45±10
硬度(邵尔 A)	≥	1.5
体积电阻率/Ω·cm	≥	$1.0×10^{14}$
介电强度/(MV/m)	≥	1.5

催化剂一般选用有机锡,常用的有二月桂酸二丁基锡、二丁基二乙酸锡、辛酸亚锡等。有机锡的用量对密封胶的表干速度、电绝缘性能等有一定的影响。

配方 16:GD-405(A5)单组分硅橡胶密封胶(表 7-26)

表 7-26　GD-405(A5)单组分硅橡胶密封胶的组成与配方及性能

组　分	质量份
硅橡胶 SD-33	760
白炭黑(经处理)	120
三氧化二铬	640
甲基三乙酰氧基硅烷	39.5

续表

性能		热老化性能	
		(200℃/168h 后)	
硬度（邵尔 A）	35		
拉伸强度/MPa	2.0	硬度（邵尔 A）	35
伸长率/%	300	伸长率/%	300
脆性温度/℃	<−70	拉伸强度/MPa	2.5
体积电阻率/Ω·cm	6.7×10^{15}		
介电损耗角正切	3.1×10^{-3}		
介电常数	3		
介电强度/(kV/mm)	20		

其技术指标如下：

外观：白色或草绿色膏状物。

固化：常温 30～60min。

这种密封胶的用途及特点如下：

使用温度：−60～+250℃；可用作耐高低温绝缘、防潮、防震的密封材料。

特点：有流动性，容易涂刷，在一定条件下附着后不会流失。贮存期为一年。

部分 GD 系列单组分硅橡胶密封胶的性能见表 7-27。

表 7-27　部分 GD 系列单组分与硅橡胶密封胶的性能

	性能与组分	密　封　胶			
		GD-405	GD-401	GD-402	GD-404
硫化前	外观	乳白色半透明液状	各种颜色膏状物	乳白色半透明液状	各种颜色膏状物
	表面硫化时间/min	30～180	30～180	15～60	15～60
主要成分	硅橡胶、交联剂与填加剂	SDL-1-41、甲基三丙肟基硅烷、氧化二丁基锡、正硅酸乙酯	SD-33、甲基三丙肟基硅烷、氧化二丁基锡、正硅酸乙酯、处理白炭黑、二氧化钛	SDL-1-41、甲基三丙肟基硅烷	SD-33、甲基三丙肟基硅烷、处理白炭黑、二氧化钛
硫化后	硬度（邵尔 A） ≥	25	25	25	25
	拉伸强度/MPa ≥	0.59	0.98	0.69	1.86
	伸长率/% ≥	200	200	200	250
	体积电阻率/Ω·cm ≥	1×10^{13}	1×10^{13}	1×10^{13}	1×10^{13}
	介电损耗角正切 ≤	5×10^{-3}	5×10^{-2}	5×10^{-3}	5×10^{-2}
	介电常数 ≤	3.2	3.5	3.2	3.3
	介电强度/(kV/mm) ≥	12	10	16	15

7.5.2　环氧改性有机硅密封胶的制备

有机硅密封胶具有耐高温、耐腐蚀和优良的电绝缘性及耐候性等特点，但存在耐油性差、黏结力和内聚力低等缺点。以环氧树脂改性的有机硅密封胶克服了上述缺点，尤其是其黏结力大为提高。例如，以聚二甲基硅氧烷为原料，用 E-44 环氧树脂改性制备的新型单组分室温固化改性有机硅密封胶。

环氧改性有机硅密封胶的主要原料：分子量 4200、22600 的端羟基聚二甲基硅氧烷（PDMS），正硅酸乙酯，E-44 环氧树脂，WD-52 偶联剂，二月桂酸二丁基锡，二氧化硅。

环氧改性有机硅密封胶的制备：将环氧树脂环己酮溶液和 PDMS 二甲苯溶液加入三口烧瓶中，加入催化剂，升温，回流反应。反应完后减压蒸馏制得环氧改性 PDMS 基料，按配比将上述基料与填料、交联剂、增塑剂在氮气氛中加热搅拌混合均匀，即得环氧改性有机硅密封胶，密封保存。

单组分室温固化有机硅密封胶配方如表 7-28 所示。配方中所用填料为气相法白炭黑和膨润土混合填料，两者比例为 5：6。白炭黑具有较好的补强作用，是制备有机硅密封胶常用填料，为改善其在基料中的相容性，混合前用 WD-52 偶联剂进行表面处理，膨润土有一定的触变作用，与白炭黑混合使用可改善密封胶的施工性能。

表 7-28　单组分室温固化环氧改性有机硅密封胶配方

组　分	用量/质量份
基料	100
交联剂	5～10
填料	10～15
增塑剂	5～10
助剂	1～5

采用正硅酸乙酯为交联剂制得脱醇型单组分室温固化有机硅密封胶，加入适量二丁基二月挂酸锡作催化剂，环氧改性有机硅密封胶与不同基料按表 7-28 配方制得密封胶，其性能见表 7-29。

表 7-29　环氧改性有机硅密封胶与不同基料制密封胶性能

基　料	PDMS（Ⅰ） （$M=4200$）	PDMS（Ⅱ） （$M=22600$）	PDMS/E44	E44
外观	无色液体	无色液体	褐色膏状	黄色膏状
密度/(g/cm³)	1.09	1.12	1.44	1.82
流动性/s	20	45	65	55
固化时间/h	1	0.5	5	24
剪切强度(Fe-Fe)/MPa	0.04	0.12	0.98	—
弹性	很好	好	好	差

7.5.3　有机硅建筑密封胶的制备

建筑密封胶主要分为有机硅型、聚氨酯型、聚丙烯酸型、聚硫型等，其中有机硅型和聚氨酯型建筑密封胶是今后发展的方向。目前市场上常见的有机硅密封胶主要有脱醋酸型、脱酮肟型（硅酮型）、脱醇型等。由于脱醋酸型密封胶气味大，有腐蚀性，脱醇型硫化速度慢，保存性和黏结性较差，因此脱酮肟型密封胶的用量逐步增加。硅酮密封胶除具有一般有机硅密封胶所具有的优良性能外，如耐寒、耐热、耐老化、防水、防潮、伸缩疲劳强度高、永久变形小、无毒等，还具有无臭、对一般材料无腐蚀的特点，因此通用性强，应用广泛。

（1）基本原料　单组分有机硅建筑密封胶是以羟基封端的聚二甲基硅氧烷作基础胶料，酮肟基硅烷作交联剂，在无水的条件下与增塑剂、填料、催化剂、黏结促进剂、硫化促进剂等混合均匀，灌装在密封容器中，使用时从容器中挤出，接触大气中的湿气后，硫化成性能优异的弹性体。

基础胶料是羟基硅油（107），黏度为 1000～100000mPa·s（25℃）。黏度过低，密封胶硫化后硬度高，弹性差；而黏度过高，加工性能差。由于 Si—键具有很高的键能（442kJ/mol），以及聚合物链的高度卷曲性，硫化后的橡胶具有优异的耐高低温性能（-60～+250℃）。

交联剂是有机硅密封胶的主要助剂，它能使线型聚硅氧烷交联成网状结构的弹性体。它是含有 2 个以上可水解基团的有机硅烷，常用的交联剂有 $CH_3Si(O-N=CMe_2)_3$、$H_2=CH_3Si(O-N=CMe_2)_3$、$CH_3Si(O-N=CMeEt)_3$ 等。交联剂的组成、用量、加料方式影响胶料的硫化速度、施工性能和力学性能。

增塑剂可以降低密封胶的硬度和模量，提高伸长率，改善未硫化密封胶的黏度和挤出性能。一般选用三甲基甲硅氧基封端的聚二甲基硅氧烷（硅油 201）作为增塑剂，黏度为 50～1000mPa·s（25℃）。

硅橡胶具有非结晶结构，链间相互作用力弱，未经补强的硫化胶强度很差，无实用价值。配方中必须加入一定量的填料。白炭黑是硅橡胶最理想的补强填料，用环硅氧烷或硅氮烷处理过的白炭黑不但可以减少填料的含水率，而且还能提高其相容性，使填料更易分散，在混合和存放过程中也不易产生结构化，并且使胶料具有触变性，能用于垂直接缝的黏结密封。加入表面处理过的碳酸钙可改善硫化胶的伸长率和抗撕裂性，并能降低成本。催化剂用于加快密封胶的硫化速度，使其在室温下很快硫化成弹性体。常用的催化剂是有机锡催化剂，如二丁基二月桂酸锡、辛酸亚锡等。还可加入硫化促进剂来提高密封胶的硫化速度，加入黏结促进剂可提高密封胶对普通基材的黏结性，加入防老剂可提高密封胶的耐候性。

在完全无水的条件下发生第一种反应，得到丙酮肟基封端的聚二甲基硅氧烷，遇水汽发生后两种反应生成具有交联网络状结构的弹性体。因此填料中的微量水分，在配制及贮存过程中对产品的稳定性是不利的。

（2）密封胶基本配方　有机硅建筑密封胶基本配方如表 7-30 所示。其中基料、交联剂、填料（包括白炭黑、碳酸钙等）、催化剂等原料是密封胶的基本原料，其他原料可以根据需要添加。

表 7-30　有机硅建筑密封胶配方组成

名称	基料	交联剂	白炭黑	碳酸钙	催化剂	增塑剂	粘结剂	颜料	其他
用量/质量份	100	5.0～15	0～30	0～120	0.01～0.5	5.0～25	0～2.0	0～1.0	0～1.0

① 所有有机硅建筑密封胶的配方中必须含有四种组分：羟基封端的聚硅氧烷、交联剂、填料、催化剂，其他组分根据需要添加，如黏结促进剂、硫化促进剂、增塑剂、触变剂、羟基清除剂、防霉剂、阻燃剂、耐热添加剂、防锈剂等。实验中四种主要组分的浓度范围和投料方式必须首先确定，然后再考虑其他组分。

② 羟基硅氧烷和填料 SiO_2 的羟基含量一般需要知道，交联剂的用量可以根据该羟基含量和物料中的水含量决定，一般它们的摩尔比大于 1.2，最好为 1.3～2.5 之间。所以配方

中的交联剂用量并不是固定的，而是根据实际情况确定的。

③ 用于密封胶的补强填料和增量填料很多，但对水含量、平均粒径应严格控制，而且需要作表面处理。从补强性和触变性考虑，可用气相 SiO_2 和轻质 $CaCO_3$；从增量考虑，可用重质 $CaCO_3$、石英粉、硅藻土、高岭土等；从耐油性考虑，可用碳酸锌、氧化锌、氧化镁、钛白粉、氧化铁等。

④ 填料的表面处理和原料的除水对密封胶的配制至关重要，直接影响到产品的质量，尤其是基料和增塑剂，在使用前均进行蒸馏或烘干，尽可能除去其中的水分。

脱肟型建筑用单组分有机硅密封胶的配方及性能见表 7-31。

表 7-31　脱肟型建筑用单组分有机硅密封胶的配方及性能

组　　分	用量/质量份
端羟基硅橡胶	100
甲基三(二烷基肟)硅烷	5～10
气相白炭黑	8～20
二月桂酸二丁基锡	0.1～0.3
颜料	03
性能：	
指触干燥时间/min	30
伸长率/%	660
失重(80℃×336h)	3%～5%

该建筑用密封胶，其突出性能是能在低温（最低可达－20℃）下硫化，可用于多种非金属材料的接合部位。

（3）密封胶配制工艺

① 关于投料顺序，一般先加入基料、填料和增塑剂，然后加入交联剂，最后加入催化剂和其他助剂。但是填料和增塑剂也可以加入交联剂后再加入，其中填料如果分多次加入，会提高其补强效果。为了使反应更完全，交联剂也可以分多次加入。

② 关于反应温度，一般先在大于 100℃ 下混合基料和填料，尽可能混合均匀并除去其中的水分，温度太高可能下一步与交联剂、催化剂混合时发生凝胶化；而交联剂和催化剂的加入要在较低的温度下进行，一般低于 50℃。

（4）密封胶的使用

① 有机硅建筑密封胶的施工必须使用专用工具，施工环境应光线充足、清洁，具有防火、防爆、防尘等措施，温度一般不低于 10℃，相对湿度不低于 30%。

② 使用时先用甲苯、丙酮等溶剂将接口处表面清洗干净，并保持干燥，在需要进行保护的部位贴上低黏度的胶带，把胶从胶筒中挤压到接口部位进行密封，在胶未凝固时立即进行修正，以达到优美的外观。

③ 一般中性聚硅氧烷密封胶不能用于含渗油材料的表面，不能用于终年浸水或潮湿结霜的材料表面，最好贮存在温度低于 30℃、湿度低于 50% 的通风环境中。

常用有机硅建筑密封胶的品种及性能见表 7-32，有机硅建筑密封胶与其他建筑密封胶性能比较见表 7-33，其特点及应用范围见表 7-34。

表 7-32 常用有机硅建筑密封胶的品种及性能

性能		挡风雨密封胶					结构密封胶	
		乙酸型	酮肟型	醇型	酰胺型	羟胺型	乙酸型	酯型
固化前的性能	密度/(g/cm³)	1.01~1.05	1.01~2.05	1.20~1.40	1.40~1.50	1.20~1.30	1.01~1.05	1.10~1.30
	挤出性/s	4~10	4~10	7~15	10~30	5~15	4~10	7~15
	适用期/h	0.1~0.4	0.1~0.4	1~3	0.8~3	5~7	0.1~0.4	1~3
固化后的性能	50%拉伸强度/kPa	196~689	294~980	196~392	98~196	98~196	588~784	392~588
	最大拉伸强度/kPa	588~980	294~980	294~980	392~588	490~980	900~1470	294~980
	最大伸长率/%	100~350	130~350	200~700	700~1000	800~1300	130~180	300~350
	内聚破坏率/%	100	100	100	100	100	100	100
	耐久性等级	9030	9030	9030	9030	10030	9030G	9020G
设计标准数据	拉伸 M1/%	15	15	15	20	20	设计强度 137KPa	设计强度 137KPa
	拉伸 M2/%	30	30	30	40	40		
	压缩 M1/%	15	15	15	25	25		
	压缩 M2/%	20	20	20	30	30		
	剪切 M1/%	20	20	20	30	30	10	15
	剪切 M2/%	40(30)	40(20)	40(30)	60(40)	60(40)	15	20

注：M1—由温度变化引起伸缩；M2—由风力、地震，振动引起伸缩；（ ）为玻璃装配场合。

表 7-33 有机硅建筑密封胶与其他建筑密封胶性能比较

种类	主要组分与产品形态	耐湿性	耐热性	耐寒性	耐久性	装饰性	耐污染性
有机硅	聚二甲基硅氧烷；湿气固化的单组分与反应固化的双组分、三组分产品形态	◎	◎	◎	◎	×	×
有机硅改性	聚醚，交联部用有机硅改性；湿气固化的单组分与反应固化组分产品形态	▲	×	○	○	◎	○
聚硫	聚硫，以铅类氧化物作固化剂；双组分产品形态	○	○	×	○	○	○
聚氨酯	聚醚，以聚氨酯交联，改性；单组分、双组分产品形态	×	×	○	▲	◎	○

注：◎最好；○较好；▲可以；×不好。

表 7-34 各类有机硅建筑密封胶品种特点及应用范围

品种类型		应用范围	特点
脱酸型	通用级	玻璃接缝，框架缝隙，玻璃悬挂，玻璃水槽	高模量、透明、固化快 有臭味，对铁、铜有腐蚀性
	高级透明	内装玻璃用(陈列橱、橱窗)，要求透明的接缝	
	防霉级	浴室、台面、洗手间、卫生洁具的密封	
	结构密封级	SSG 施工法	
脱酮肟型	通用级	玻璃接缝，框架接缝，金属接缝，装配式住宅、瓦、砖石材的粘接	高模量、中速固化、对钢有腐蚀性
	防霉级	浴室、台面、洗手间、卫生洁具的密封	
	阻燃级	防火区缝隙的密封	
脱醇型	通用级	聚碳酸酯、有机玻璃板等透明塑料、玻璃、钢等易腐蚀材料的接缝的密封	无腐蚀性
	结构级	SSG 施工法，玻璃帘栅施工法	

品种类型		应用范围	特点
脱酰胺型	通用级	玻璃接缝,框架接缝,护墙板、栏杆等接缝的密封,公路桥梁、机场混凝土路面伸缩缝的填充密封	低模量、不透明、固化快、稍有气味、无腐蚀性
脱羟胺型	通用级	公路桥梁、机场混凝土路面伸缩缝的填充密封,大型少水槽的密封	

7.6 双组分硅橡胶密封、胶黏剂

双包装密封、胶黏剂是将羟基封端的生胶基料、填料、交联剂装在一起,缩合用催化剂另外包装。使用时必须使两组分充分混合。经混合好的胶料通常是用填隙枪或刮刀进行施工。根据使用要求,可把硫化前的胶料配成自动流平的灌封料或不流淌但可涂刮的腻子。

双包装室温胶本身具有很好的脱模性,它除了与硅酸盐材料如玻璃、搪瓷等具有较好的粘接性能外,对其他材料一概不粘。因此作为密封、胶黏剂使用时,在使用前必须对被黏着的材料表面进行处理。表面处理剂都用有机硅偶联剂,如 KH-550(γ-氨丙基三乙氧基硅烷)或南大-42(苯胺甲基三乙氧基硅烷)。用有机硅偶联剂处理被胶接材料的表面后,双包装胶就能与大多数的材料良好地胶接。此外,硅树脂也能作为双包装室温硫化硅橡胶密封、胶黏剂的一种有效的增黏剂。

国产双包装硅橡胶密封、胶黏剂的性能见表 7-35。

表 7-35 国产双包装硅橡胶密封、胶黏剂的性能

项目 \ 牌号	GPS-2	GT-4	SF-5
拉伸强度/(kgf/cm²)	≥23	25	57
伸长率/%	≥180	150~170	500
硬度(邵尔 A)	35~50	40~45	43
变形/%	≤3	0	
脆性温度/℃	−70	−70	−70
撕裂强度/(kgf/cm)	>15	15	16

双包装密封、胶黏剂的主要成分是羟基封端的线型聚硅氧烷。所用交联剂有原硅酸乙酯(或丙酯)、甲基三乙氧基硅烷等。

最常用的固化催化剂是金属有机盐,如二丁基二月桂酸锡、辛酸锡等,在配方中还包含有填料和其他助剂。

这类胶黏剂国内有多种牌号,如 GXJ-24、7011、7012、754、GPS-2 和 GPS-4 等。

7.6.1 双组分室温硫化硅橡胶密封胶配方举例

754 胶黏剂的配方见表 7-36。

表7-36 754胶黏剂的配方　　　　　　　　　　单位：质量份

甲组分		乙组分	
106（或107）硅橡胶	100	正硅酸乙酯	2.4
		二丁基二月桂酸锡回流液	0.6

754胶黏剂采用二丁基二月硅酸锡回流液作固化剂，不但可以防止有机锡产生游离酸腐蚀金属，而且可以提高橡胶对金属的粘接力。

GPS-2双组分硅橡胶胶黏剂配方见表7-37。

表7-37 GPS-2双组分硅橡胶胶黏剂配方　　　　　　　单位：质量份

	甲组分		乙组分	
配方	107硅橡胶	100	正硅酸乙酯	7
	D_4处理的气相二氧化硅	20	硼酸正丁酯	3
	钛白粉	4	二丁基二月桂酸锡	2
	氧化铁	2	正钛酸丁酯	3
	二苯基硅二醇	4		
	配比：甲组分∶乙组分＝9∶1			
性能	铝胶接剪切强度	20℃		2.5MPa
		150℃		2.2MPa

制备：在硅橡胶中加入各配合剂，混合均匀，即得到甲组分（主剂）；将乙组分中各物料混合，回流1h，冷却，得到乙组分（交联剂）。使用前将甲、乙二组分按比例调制均匀。

固化条件：本品室温固化时，施加0.1～0.2MPa压力，需3～7d，或室温固化1d再80℃×（4～5）h。

用途：本品可在60～200℃下长期使用，在250℃短期使用，具有良好电气性能和耐潮湿性能，可用于各种硅橡胶之间以及硅橡胶与金属、非金属的粘接，但粘接力不高。

GPS-4双组分硅橡胶黏剂配方见表7-38。

表7-38 GPS-4双组分硅橡胶胶黏剂配方　　　　　　　单位：质量份

	甲组分		乙组分	
配方	107硅橡胶	100	KH-560	8
	D_4处理的气相二氧化硅	20	正硅酸乙酯	5
	947有机硅树脂	20	硼酸丁酯	3
	硼酐	0.4	二丁基二月桂酸锡	1.8
			正钛酸丁酯	2
	配比：甲∶乙＝9∶1			
性能	铝胶接剪切强度	20℃		2.5MPa
		150℃		2.2MPa

固化条件：室温下3～7天，或者室温下1天；再在80～90℃下4～6h。

用途：用于各种硅橡胶、硅橡胶与金属，以及聚乙烯与镀铜表面的胶接。

GPS-4 胶黏剂的配方中，用 D_4 处理气相法白炭黑，可提高密封胶物理机械性能。加入端苯基二甲硅氧烷聚酯（947）的目的是提高密封胶的初黏力和活性。硼酐是促进剂，可改善硅氧烷与其他组分的相容性。偶联剂 γ-缩水甘油氧化丙基三甲基硅氧烷（KH-560），可提高密封胶与其他被粘材料间的粘接力。

一般说来，用硅橡胶、交联剂和催化剂组成的胶黏剂对多数材料都不容易胶接。为使密封胶与被密封材料具有良好的粘接性，除在密封胶中加入增黏剂外，还可用有机硅偶联剂处理被密封材料的表面，这样密封胶就能与除聚乙烯一类非极性材料以外的大多数材料有良好的粘接性，如铝、不锈钢、铜、天然橡胶、硅橡胶、硬质聚氯乙烯、环氧树脂、聚酯树脂、聚乙烯以及玻璃等有良好的胶接性能。

有机硅偶联剂结构的一般通式为 $RSiX_3$。其中 R 为有机基团，如—C_6H_5、—C =CH_2、—$CH_2CH_2CH_2NH_2$ 等。X 为易水解基团，如甲氧基、乙氧基、氯等。

从化学结构看，硅烷偶联剂的分子一般都含有两部分性质不同的基团：一部分基团（X）经水解能与无机物的表面很好地亲和；另一部分基团（R）能与有机树脂亲和，从而使两种不同性质的材料"偶联"起来，故称之为偶联剂。常用的偶联剂有：A-151（乙烯基三乙氧基硅烷）、KH-550（γ-氨丙基三甲氧基硅烷）、KH-560（γ-环氧丙烯醚丙基三甲氧基硅烷）、KH-570 [γ-(甲基丙烯基) 丙基三甲氧基硅烷]、KH-580（γ-巯醇基丙基三甲氧基硅烷）、KH-590（乙烯基三叔丁基三甲氧基硅烷）、南大-42（苯氨甲基三乙氧基硅烷）、南大-43（一氯甲基三乙氧基硅烷）、南大-73（苯胺甲基三甲氧基硅烷）、SBN-1（甲基三乙氧基硅烷）、A-172 [乙烯基三（β-甲氧乙氧基）硅烷]、γ-(N-乙二胺基) 丙基三甲氧基硅烷、乙烯基三氯硅烷、乙烯基三甲氧基硅烷等。

建筑用双组分硅橡胶密封胶配方见表 7-39。

表 7-39　建筑用双组分硅橡胶密封胶配方

组　分		用量/质量份
甲组分	端羟基二甲基硅橡胶	100
	无机微粒填料	50～80
	颜料	0～6
乙组分	含有二烷羟基硅氧烷	2～10

嵌缝用双组分硅橡胶密封胶配方见表 7-40。

表 7-40　嵌缝用双组分硅橡胶密封胶配方

组　分		用量/质量份
甲组分	端羟基二甲基硅橡胶(107#)(分子量 6 万～10 万)	100
	2# 气相法白炭黑	25
	氧化铁红	5
	甲基苯基二乙氧基硅烷	3
乙组分	缩硅酸乙酯	3
	甲基三乙氧基硅烷	3
	顺丁烯二酸辛酯二辛基锡	1.5

双组分硅橡胶密封胶性能见表 7-41。

GT-1 双组分硅橡胶密封胶配方及性能见表 7-42。

表 7-41 双组分硅橡胶密封胶性能

项　目	密封胶类型	
	普通型	高强度型
拉伸强度/MPa	1.96～4.91	3.92～6.87
伸长率/%	100～250	300～800
线性收缩率/%	0.2～0.5	0.2～0.5
使用温度/℃	-60～250	-60～250
硬度(邵尔 A)	30～70	30～80
体积电阻率/Ω·cm	$1 \times 10^{12} \sim 10^{14}$	
介电强度/(kV/mm)	18～25	
介电常数	3～4	
介电损耗角正切	3.1×10^{-3}	

表 7-42 GT-1 双组分硅橡胶密封胶配方及性能

	组分		质量份
配方	甲组分	硅橡胶 107(分子量 60000)	100
		沉淀法白炭黑	15
	乙组分	硼酸回流液	10
		二月桂酸二丁基锡	0.45
		甲苯	47.05
	配比:甲:乙=2:1		
性能	外观		乳白色黏稠液体
	黏度(涂-4)		12min～30s
	拉伸强度(铝-铝粘接)/MPa		2.35
	体积电阻率/Ω·cm		2.05×10^{14}

GT-1 表面密封胶的工艺条件:适用期 25℃,4h;固化 150℃/1h。

GT-1 表面密封胶可用于可控硅元件的表面密封。

7.6.2 双组分加成型室温硫化硅橡胶密封胶配方举例

双组分加成型室温硫化硅橡胶也是一种常用的硅橡胶密封、胶黏剂,它是利用一种含乙烯基聚硅氧烷、含氢聚硅氧烷以及二氧化硅补强剂在铂或铑等催化剂存在下发生硅氢加成反应固化而制得的,催化剂极少量就可有效。这种胶不仅有较好的化学性能,而且与各类材料如金属、塑料、陶瓷、玻璃等有很好的粘接力,是一种具有弹性的胶黏剂。国产 KH-80 型加成型硅橡胶密封、胶黏剂的综合性能见表 7-43。

美国产品研究和化学品公司为满足航天飞机的需要,研制成一种加成型的腈硅聚合物密封、胶黏剂,商品牌号为 PR-711。它是由不饱和腈与氢甲基硅氧烷通过催化加成而制得的,这种加成型的腈硅密封/胶黏剂具有优良的抗流淌性和低温柔软性,其玻璃化温度低于 -60℉。在 350℉、48h 下不变硬。长期在 350℉ 下只有少许失重,在 450℉ 有氧条件下也不硬化,在 450℉、48h 也没有降解现象;另外,该密封剂还具有优异的抗燃料油性能,在 -60℉ 下保持柔性,是一种优异的非固化型密封剂,现已用于航天飞机。

表 7-43 国产 KH-80 型加成型硅橡胶密封、胶黏剂的综合性能

性　　能	指　　标
硬度(邵尔 A)	28～33
拉伸强度/(kgf/cm²)	62
撕裂强度/(kgf/cm)	10
伸长率/%	400
失重/%	4.2
剪切强度/(kgf/cm²)(铝片)	56～65
剥离强度/(kgf/cm)(铝片)	6
介电常数 60 周(15℃)	2.5
介电常数 10^5 周	2.6
介电损耗 tanδ　10^4 周	3.47×10^{-4}
10^5 周	5.21×10^{-4}
体积电阻率(电压 1000V)/Ω·cm	7.1×10^{13}
表面电阻率(电压 1000V)/Ω·cm	1.5×10^{14}
介电强度/(kV/mm)(油中)	17

注：试样在室温固化五天，200℃，24h 处理后室温下测试。

此外，由于它的透明性和对玻璃具有亲和力，还可用于水族馆透明材料的粘接与密封，太阳能方阵的粘接与密封等。

双组分 RTV 的最大优点是表面和内部均匀硫化，即可深度硫化。但双组分 RTV 粘接性能差，常用硅烷偶联剂作底胶或用增黏剂可提高胶接强度。RTV 聚硅氧烷分子呈螺旋卷曲状，硅氢键的极性互相抵消，连接在硅原子上的非极性基团排在螺旋状硅氧主链的外侧，因此，RTV 自身的强度和对各种材料的黏附强度比较低，常用添加补强填料如气相二氧化硅来提高 RTV 强度，也有采用硅橡胶与其他有机聚合物共混或改变硅橡胶主链结构来提高其强度。

7.7　热固化硅橡胶胶黏剂

7.7.1　胶黏剂的组成

① 主体材料——胶料的品种。常用胶料的分子式为 $R_n SiO_{(4-n)/2}$，式中，R 是饱和或不饱和烃基。R 为烷基时可以是甲基、乙基、丙基等；为烯烃时可以是乙烯基、丙烯基；为环烷烃时可以是环己烷等，用量为 100 份。黏度小于 10^7 mPa·s/25℃；分子量 25×10^4 ～ 40×10^4。

② 补强剂。表面积大于 200m²/g，每分子含有两个以上甲氧基组分（作用是提高硅橡胶的机械强度）。要求含有 SiO_2 和有机硅氧烷，一般从 $R_3 SiO_{1/2}$，$R_2 SiO_{3/2}$ 的混合物中选取，硅氧烷和 SiO_2 的摩尔比为 0.08：2.10，补强剂的加入量为 5～100 份。

③ 增黏剂。有机氢化聚硅氧烷，每分子中至少含有 3 个连在 Si 上的 H 原子，这些 H 原子接在分子链的终端或在分支上，也可能 2 种位置都有，骨架物由单一烃基构成，如烷烃、甲基、乙基、丙基和辛基；芳烃如苯基；取代烷基如 3,3,3-三氟丙烷，但不饱和脂肪烃不包括在内。对于该化合物的分子量没有严格限制，通常黏度为 1～1000mPa·s/25℃，最好为 1～100mPa·s；常用的有：三甲基硅氧端基-二甲基硅氧与甲基氢化硅氧烷共聚物、二甲基氢化硅氧端基-二甲基聚硅氧烷和其他含有 $H(CH_3)_2 SiO_{1/2}$ 单元和 SiO_2 单元的有机

聚硅氧烷。

④ 固化催化剂。通常使用有机过氧化物或铂化合物，有时两者可同时使用，单独使用铂化合物时应严格注意胶料中的有机组分。有机过氧化物常见的如：DCP、DTBP、叔丁基过氧化异丙苯、双二五等，铂化合物常用的有铂酸、乙醇改性铂酸、铂配合物、铂酸链烯配合物和吸附在碳骨架上的微粒铂化合物。用量（以生胶为 100 份计）：过氧化物为 0.1～10份；铂化合物为 0.1～300 份。

7.7.2 配方与性能

热硫化硅橡胶胶黏剂的基本配方见表 7-44。

表 7-44 热硫化硅橡胶胶黏剂的基本配方

甲基乙烯基硅橡胶	100 份
填料	50 份
增黏树脂	0-20 份
DCP	0.8 份

实际配方中，主体材料硅橡胶的分子链上，乙烯基团增加，粘接强度增大。另外，主体材料选用时应注意交联度，应选用交联程度适中的硅胶，交联度太小或太大都会使性能下降。补强的 SiO_2 的 BET 表面积和组分含量对粘接强度有着明显的影响，应选用比表面积大和甲氧基含量高的组成。沉淀白炭黑比气相白炭黑效果好，选用的硅氧烷增黏剂中含有 Si_2H 基团能提高粘接强度。硅树脂和环氧树脂都能增加强度，用于粘接金属材料，具有良好的抗热性能；使用不同的过氧化物硫化剂对黏合强度有影响。

其他配方如下（表 7-45～表 7-47）。

例 1：热硫化硅橡胶胶黏剂

表 7-45 热硫化硅橡胶胶黏剂的配方及性能

	组分	质量份
配方	乙烯基硅氧烷	3.9
	甲基氢化硅氧烷	3.2
	Pt 化物/$\times 10^{-6}$	1～2500
性能	硬度(邵尔 A)	40
	伸长率/%	420
	拉伸强度/MPa	33
	剪切强度/MPa	14

例 2：热硫化硅橡胶金属胶黏剂

表 7-46 热硫化硅橡胶金属胶黏剂的配方及性能

	组分	质量份
配方	低苯基硅橡胶和处理白炭黑(5∶12)	100
	双二五	0.3
	$CH_3Si(OCH_3)_2O\text{-}\!\!\left[SiHCH_3O\right]_n$	1

性能	拉伸强度/MPa	铁	0.42
		不锈钢	4.8
		黄铜	2.1
		铝	1.1

例3：耐热性热硫化硅橡胶胶黏剂

表7-47　耐热性热硫化硅橡胶胶黏剂的配方

配方	质量份
苯基硅橡胶	100
[γ-(甲基丙烯酰氧基)丙基]三甲氧基硅烷(A2174)	100
二异丙氧钛二乙酰丙酮	10
甲苯	430
N-β-(氨乙基)-γ-氨丙基三甲氧基硅烷(A-1120)	10
双二五	0.2~1.0

性能：产品具有良好的耐热性能，用于金属和硅橡胶的粘接。

例4：

将 NH_3 与 $MeSiHCl_2$ 在己烷中反应，生成：

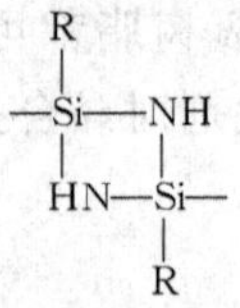

$$
\begin{array}{c}
R \\
| \\
-Si-NH \\
| \quad\quad | \\
HN-Si- \\
| \\
R
\end{array}
$$

以二戊基过氧化物作催化剂，涂于铁片和硅橡胶 KE7003（信越公司）上，初黏力15kgf/25mm，浸入200℃硅油中后为14kgf/25mm。

使用方法：合成胶黏剂涂覆于样品上，高温高压下硫化即可。

使用范围：主要用于提高不同材料间的粘接性能，如在高温下有良好的抗撕裂性，用于金属、玻璃与硅胶的黏着；塑料的粘接，以及机械制造中金属零件的紧固和结合。

由于热固化胶黏剂的工艺复杂，随着室温硫化型胶黏剂的问世，高温硫化型应用少了。

7.8　硅橡胶密封腻子

硅橡胶密封腻子为膏状无溶剂，有单组分或双组分，可室温固化，有较宽的使用温度范围（-80~250℃），短期能耐400℃，耐燃油件能不好，故不作油箱密封，而用于机身密封，发动机高温密封，用于宇航、电子、涂料等工业，也可用作压敏胶带的徐层密封。硅橡胶密封腻子具有良好的耐热性、防潮性和电绝缘性，能室温硫化，施工方便，收缩率低，也广泛用于电气插座和电子仪器仪表的防潮密封。

7.8.1　硫化硅橡胶密封腻子

高强力室温硫化硅橡胶密封腻子性能见表7-48。

表 7-48　高强力室温硫化硅橡胶密封腻子性能

组　分	双组分	单组分
适用温度范围/℃	$-65\sim+275$	$-65\sim+300$
200℃×24h 失重/%	$0.1\sim1.0$	<0.9
拉伸强度/MPa	$4.2\sim5.5$	$2.45\sim4.9$
伸长率/%	$300\sim400$	$300\sim600$
硬度(邵尔 A)	$30\sim60$	$25\sim35$
撕裂强度/(N/cm)	$360\sim450$	$200\sim450$
剥离强度/[N/(2.5cm)]	$230\sim450$	—

国产室温硫化硅橡胶密封腻子性能见表 7-49。

表 7-49　国产室温硫化硅橡胶密封腻子性能

项　目		716	G-3	耐烧蚀腻子	GD-405	G7-1	GD-402
外观 硫化条件		红褐色常温 $10\sim30$min	常温 30min	常温 7 天	草绿色膏状 物常温 30～ 60min	乳白色黏稠 液体　150℃ 1min	白或带绿色膏 状物接触面常温 $1\sim2$h
硫化后机械性能	拉伸强度/MPa	>1.5	>3.0	3.5	2.0		1.5
	伸长率/%	>60	>50	170	300	2.35	250
	硬度(邵尔 A)	$65\sim75$	70		35	2.05×10^{14}	35
	体积电阻率/Ω·cm						
	脆性温度/℃	<60	<-60		<-70		<-70
使用温度范围/℃				200	$60\sim200$		$-60\sim200$
用途		主要用于耐 烧蚀密封腻子 或耐高温绝缘 防潮密封材料	耐烧蚀密封 腻子或耐高低 温绝缘防潮密 封材料	作耐烧蚀材 料或做耐热弹 性密封胶及硅 橡胶与金属的 胶黏剂	用作耐高 温绝缘防潮、防 震的密封材料	用于可控硅 元件的表面 密封	可用做高低温 绝缘、防潮、防震 密封,如用于可 控硅元件的表面 保护、电子、光学 仪器的密封粘接

G-1 硅橡胶高温密封腻子配方及性能见表 7-50。

表 7-50　G-1 硅橡胶高温密封腻子配方及性能

	组分	质量份
配方	二甲基硅橡胶	100
	膏状过氧化二苯甲酰	6
	氧化锌	250
	二氧化钛	30
性能	剪切强度/MPa　　　　　　　　　　> 不锈铜或硬铝胶接	1.1

固化条件：200℃下 12h。

用途：用于 $-60\sim250$℃下长期使用的铆接和焊接结构的密封。

7.8.2 非硫化硅橡胶密封腻子

作为光学仪器产品用的非硫化硅橡胶密封腻子，常采用的有不用二级固化的二甲基硅橡胶、甲基乙烯基硅橡胶、苯醚基硅橡胶等为基料，添加各种配合添加剂及惰性填料。在炼胶机上混炼成均匀的胶料，然后用压延等方法制成非硫化硅橡胶密封腻子。

7.8.2.1 原料

（1）基料　二甲基硅橡胶、甲基乙烯基硅橡胶、苯醚基硅橡胶。

（2）增黏剂　用于提高硅橡胶对密封件的黏附性。常用的增黏剂是以乙基硅油为基料的乙基胶黏剂。

（3）补强剂　常用含硅填料，如经 D_4 处理过的气相法白炭黑，以提高密封腻子的物理机械性能。此外还要添加大量的滑石粉填料。

（4）结构控制剂　用于提高密封腻子的贮存稳定性和加工工艺性，使制品具有优良的物理机械性能，常用的结构控制剂有二苯基硅二醇。

（5）防霉剂　用于提高密封腻子的防霉性能。常用接触剂杀菌剂 8-羟基喹啉铜。

（6）着色剂　常采用化学惰性、热稳定性好的材料，如乙炔炭黑、三氧化二铬等，配制成黑色或军绿色密封腻子。

7.8.2.2 配方

硅橡胶密封腻子配方见表 7-51。

表 7-51　硅橡胶密封腻子配方

密封腻子		亚苯醚基硅橡胶		甲基硅橡胶		甲基乙烯基硅橡胶	
组分	作用	SF-604	SF-605	SF-608	SF-609	SF-610	SF-611
亚苯醚基硅橡胶	基料	100	100				
二甲基硅橡胶	基料			75～80	75～80		
甲基乙烯基硅橡胶	基料					80	80
乙基胶黏剂	增黏剂			25～20	25～20	20	20
D_4 4# 白炭黑	补强剂	60	50	25～30	30～35	25～30	20～25
滑石粉	填料	75	75	75	75	75	75
二苯基二硅醇	结构稳定剂	3	3	3	3	3	3
8-羟基喹啉铜	防霉剂	0.2	0.2	0.2	0.2	0.2	0.2
着色剂	着色剂	0.2～0.1	0.2～0.1			适量	适量
乙炔炭黑	着色剂			1	1		

7.8.2.3 制备工艺

将配合剂放在烘箱内于 110～120℃下烘干，并保温 2h 以上，烘干后密封保存备用。按配方称取所用硅橡胶及各种配合添加剂，在炼胶机上进行混炼。将混炼好的胶料取下，放在烘箱内于 160℃保温 1h，取出冷至室温。以辊距 1mm 薄层，通过 2～3 次，取下压紧成型，供密封用。

7.8.2.4 性能

最早选为密封腻子的基础胶是亚苯醚基硅橡胶，是在直链聚硅氧烷主链上，引入亚芳醚基基团，其黏附性能好，耐热、耐辐射性能好等特点。

二甲基硅橡胶密封腻子是以羟基封端的聚二甲基硅烷为基料，成本比前者降低较多，其基本性能也能满足光学仪器产品的密封要求。

甲基乙烯基硅橡胶密封腻子是以甲基乙烯基硅橡胶为基料，成本也较低。这种腻子耐热性能好，压缩永久变形好。

根据光学仪器产品的密封性能要求，非硫化硅橡胶密封腻子的耐低温、耐高温、耐老化、耐化学介质、防霉性能都比较好；并且无毒、无味，对人体无害；制备与使用方便。除亚苯醚基硅橡胶密封腻子价格较高外，其他价格都比较低廉。

7.8.2.5 应用

有机硅橡胶密封胶，是以双组分室温硫化硅橡胶密封胶开始，在此基础上逐步发展到使用单组分室温硫化硅橡胶，以及后来的非硫化硅橡胶密封腻子的应用，非硫化硅橡胶密封腻子高、低温性能显著优于原来的烃基密封蜡，其他指标均不低于烃基密封蜡。它改变了20世纪50年代沿用下来的烃基密封蜡的落后状态。这对进一步改善光学仪器产品密封材料，提高产品对环境的适应性，起到很好的作用。

采用非硫化硅橡胶密封腻子防雾光学仪器密封性好，对于防霉防雾都有重要作用。如光学零件与金属框座部位的密封，如目镜及物镜框座；金属与金属零件部位的密封，如仪器上的螺纹、压圈、固定盖板、镜身部件或整体组装后期的密封；金属与非金属零件部位的密封，如仪器外壳等。

7.9 有机硅压敏胶黏剂

压敏胶黏剂（PSA）是一种能长期处于黏弹状态的"半干性"特殊的胶黏剂，只需施加轻度指压即能与被黏物黏合牢固的胶黏剂。压敏胶黏剂发展至今，已形成很多配方体系。按主体材料的成分，可将压敏胶黏剂分成：天然橡胶压敏胶、合成橡胶和再生橡胶压敏胶、热塑弹性体压敏胶、丙烯酸酯压敏胶和有机硅压敏胶5大类。前4种压敏胶黏剂虽然各具不同的优点，但它们只能在温度不高的条件下使用（一般使用温度范围−5～75℃）。广泛用于生产压敏型标签、胶黏带、胶黏膜、卫生巾以及其他同类型产品，使用方便可靠，并且可赋予它各种各样的功能，在许多应用领域的发展日新月异，增长速度非常引人注目。

有机硅压敏胶黏剂从20世纪70年代开始国外就有人研究，至今已有许多公司和研究单位申请了专利。国外已有专业公司（例如道康宁公司、信越化学公司、东丽有机硅公司、3M公司等）生产经营各种性能、规格的PSA产品，而国内在有机硅PSA的基础研究与产品开发方面均十分薄弱，与国外差距很大，在品种、质量和数量方面远远不能适应高科技工业发展的需要，有机硅PSA还需进口。而汽车行业、电子行业和航天工业等部门对这种高性能的压敏胶需求量很大，所以高性能、耐高温压敏胶的研究开发一定会有很好的市场前景和经济效益。

7.9.1 有机硅压敏胶黏剂的基本组分及工艺流程

有机硅压敏胶黏剂主要是由硅橡胶生胶、与之不完全互溶的MQ型硅树脂（含有M单元 $R_2SiO_{1/2}$ 和Q链节 $SiO_{4/2}$），再加上综合催化剂和交联剂、填料和其他添加剂以及有机溶剂等相混合制成的合成产物，是一种新型的具有广阔发展前景的胶黏剂。

7.9.1.1 有机硅压敏胶黏剂的基本组分

（1）羟基封端硅橡胶 硅橡胶作为有机硅PSA的基体组分，是硅-氧原子交替排列成主链的线型聚硅氧烷。它包括一种或几种聚二有机硅氧烷，基本上是由羟基或乙烯基封端的 $R^1R_2^2SiO_{1/2}D$ 单元封端的 R^1R^2SiO 链节组成，最常含有的是 Me_2SiO 单元、$PhMeSiO$ 单元

和 Ph_2SiO 单元，或者兼有两种单元。硅橡胶分子中的硅氧键很容易自由旋转，分子链易弯曲，形成 6～8 个硅氧键为重复单元的螺旋形结构。这种螺旋形结构对温度比较敏感，当温度升高时，螺旋结构的分子链就舒展开来引起黏度增加。线型聚硅氧烷具有较低的结晶温度（-65～-55℃）、低的内聚能和表面张力以及其他的特殊表面性质等。

为了使有机硅压敏胶具有良好的粘接性能，对硅橡胶有以下三点要求：

① 高黏度、高分子量。分子量大小不同，应用也不同，分子量从 10000～80000（黏度 1000～15000mPa·s/25℃）的羟基封端聚二甲基硅氧烷是应用最广的产品之一，是室温硫化硅橡胶的基础胶料；分子量小于 2000 的羟基封端聚二甲基硅氧烷可用于与酰卤、异氰酸酯、酸酐等多种基团反应，制备高分子共聚物及日化产品的添加剂等。高分子量的羟基封端聚二甲基硅氧烷则主要用于有机硅压敏胶的生产中，黏度至少达到 5×10^5 mPa·s 以上，分子量达几十万，只有这样才能保证有机硅 PSA 具有良好的柔韧性、内聚强度和低迁移率。

② 一定的羟基含量，一般是羟基封端的 PDMS，以便和硅树脂发生缩合反应；根据需要制备的有机硅 PSA 性能不同，硅橡胶需带上不同的侧基官能团，如乙烯基、氢基、苯基、含氟基团等。

③ 硅橡胶为线型端羟基聚二甲基硅氧烷，是硅橡胶中的一类重要产品因为其两个端羟基具有较高的活性，能与各种功能性官能团反应，在涂料、胶黏剂、日化、医学等领域具有广泛的应用。它的基本结构：

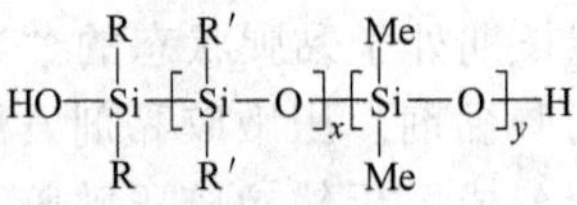

$$HO-\underset{\underset{R}{|}}{\overset{\overset{R}{|}}{Si}}-\left[\underset{\underset{R'}{|}}{\overset{\overset{R'}{|}}{Si}}-O\right]_x\left[\underset{\underset{Me}{|}}{\overset{\overset{Me}{|}}{Si}}-O\right]_y H$$

其中 R′可是苯基、乙烯基、含氟基团；R 可是乙烯基、氢基。

根据侧基的不同有机硅压敏胶可分为甲基型和苯基型两种。苯基型又分为低苯基型（6%，摩尔分数），黏度为 5×10^4～1×10^5 mPa·s，高苯基型（12%）黏度为 6×10^3～1.2×10^4 mPa·s，苯基型压敏胶的特点是具有高黏度、高剥离强度和高粘接性。

(2) MQ 树脂　MQ 硅树脂是一种由单官能团（M 基团）的有机硅氧烷封闭链节 $R_3SiO_{1/2}$ 和四官能团（Q 基团）的有机硅氧烷链节 $SiO_{4/2}$ 水解缩合而组成的 Si—O 键为骨架、构成的高度支化的立体（非线型）结构、性能特殊的聚有机硅氧烷。根据其支链上连接的基团不同，可分为甲基 MQ 树脂、乙烯基 MQ 树脂、氨基 MQ 树脂、含氢 MQ 树脂、苯基 MQ 树脂等，每种材料都具有其各自的特性，适用于不同的环境与场所。其性质硬而脆，在室温以上具有很宽的玻璃化温度（T_g）转变区域。MQ 树脂对硅橡胶具有增黏补强作用，与橡胶共混后不会使橡胶的脆化温度升高，而使压敏胶的低温黏附性变好，提供耐高温蠕变性。为提高硅树脂和硅橡胶的相容性，二者的主要基团应一致。MQ 硅树脂中至少 1/3 的有机基团应该是甲基。通常是由水解后的水玻璃与一、二、三氯硅烷的一种或多种混合或者与六甲基二硅氧烷等可水解的硅氧烷合成 MQ 树脂，例如，以水玻璃和六甲基二硅氧烷为基本原料可合成甲基 MQ 型聚硅氧烷树脂，其合成路线示意如下：

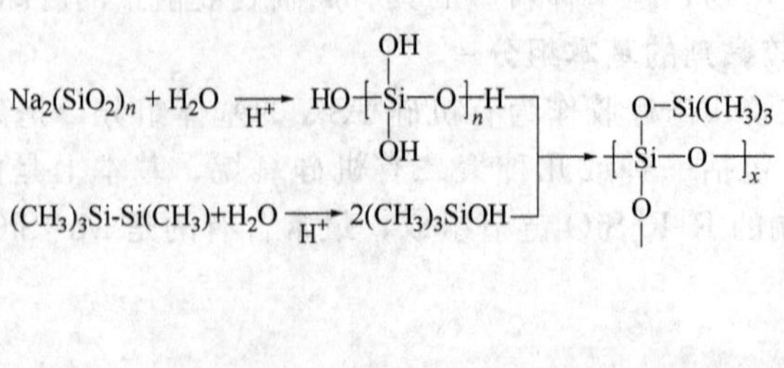

$$Na_2(SiO_2)_n + H_2O \xrightarrow{H^+} HO-\underset{\underset{OH}{|}}{\overset{\overset{OH}{|}}{Si}}-O-\Big]_n H$$

$$(CH_3)_3Si-Si(CH_3) + H_2O \xrightarrow{H^+} 2(CH_3)_3SiOH$$

$$\longrightarrow \Big[\underset{\underset{O}{|}}{\overset{\overset{O-Si(CH_3)_3}{|}}{Si}}-O\Big]_x$$

MQ 树脂外观为紧密的球形结构，球心部分为笼状的硅氧链结构，外围是 $Me_3SiO_{1/2}$ 层，呈现内部结构紧密，外部松散的结构。因 M/Q 比的不同，使 MQ 树脂具有不同的分子量，呈现从黏性流体到粉末状固体的状态，其物理性质包括质量、密度、透明度、黏度或软化点、增黏性及亲油亲水性等均会随之变化。

由于 MQ 树脂具有复杂的三维球形结构，且具有两种不同的链节，其中的有机链节可提高对硅橡胶的相容性并起增黏作用，硅氧烷链节对硅橡胶具有补强作用，可以提高压敏胶的内聚强度和耐高温性能，并使其胶层透明，又有压敏粘接性。MQ 树脂最大的特点是。这种增黏树脂与硅橡胶共混后不会使橡胶的脆化温度升高，从而使压敏胶黏剂的低温黏附性极好。一般的压敏胶黏剂在达到玻璃化温度时就失去压敏黏附性，而 MQ 树脂增黏硅橡胶形成的压敏胶黏剂在液氮（$-196℃$）温度时，还保持有可用的压敏黏附性。

① 甲基 MQ 树脂。甲基 MQ 树脂具有如下优良特性：

a. 优异的耐热性、耐低温性能，可在 $-60\sim+300℃$ 温度环境下使用，因此，适用于各种高温、低温工作场所，如制作耐高温涂料，用于 H 级电机的绝缘及接合、密封等。

b. 良好的成膜性、适度的柔韧性，硬而不脆，且耐老化，抗紫外线辐照，因而特别适用于对暴露于户外的重要物品（如文物、广告牌等）的表面进行涂饰、保护，可防腐、耐风化、防止褪色。

c. 很好的抗水性，是制作各种防水涂料，日化业制作唇膏等的理想材料。

d. 较好的粘接性能，可用于制作多种材料的脱模剂，且持久耐用，是一种半永久性脱模剂。

② 甲基乙烯基 MQ 硅树脂。甲基乙烯基 MQ 硅树脂是甲基 MQ 树脂中的部分 Me_3SiO 被 $ViMe_2SiO$ 取代后的产物，其组成结构为 $(Me_3SiO_{0.5})_a(ViMe_2Si_{0.5})_b(SiO_2)_c$。使用较多的是 $a+b/c=0.6\sim1.2$ 的产品。主要用作加成型液体硅橡胶的活性补强填料，加成型纸张隔离剂剥离力控制剂以及硅橡胶提高硬度及模量的添加剂。其制法同样也有硅酸钠法与硅酸酯法之分。

乙烯基 MQ 树脂除具有甲基 MQ 树脂的一般性能外，还具有良好的反应活性。乙烯基可参与反应，与多种有机材料共聚，生成各种有独特性能的新材料，用于些特殊领域。

改善、调节压敏胶的剥离力，因而可作为剥离力调节剂，用于制作压敏胶带等。

在硅橡胶中作为补强剂，补强后硅橡胶无色透明，机械强度高。

含氢 MQ 树脂除具有甲基 MQ 树脂的一般性能外，还具有良好的反应活性、较易于与某些有机材料（如：含有乙烯基的有机材料进行加成反应）。

MQ 树脂的软化点 $80\sim300℃$，用户直接添加时可加热使之成为液体，然后加入体系中，间接添加时可用溶剂（如苯、二甲苯、$120^\#$ 溶剂等）分散开然后加入体系中，需用于无色无味的环境的，应当用无色无味的分散剂（如硅油等）分散开后使用。

MQ 树脂作为有机硅压敏胶的主要成分，其影响有机硅压敏胶性能的主要因素有：

a. M/Q 比值决定了硅树脂的分子量、羟基含量，一般适宜的 M/Q 比在 $0.6\sim0.9$ 之间。

M/Q<0.6　易凝胶化，很难制取，且与硅橡胶的相容性差。

M/Q>0.9　与硅橡胶相容性好，但内聚力下降。

b. 羟基含量：它影响到硅树脂与硅橡胶的反应程度，及有机硅 PSA 对基材的黏附力和粘接强度。其范围一般 $1\%\sim5\%$。

c. 官能团含量：通过引入含不同官能团侧基的封端单体（MM），可以制得含乙烯基、H 基、苯基等不同基团的 MQ 树脂，从而赋予 MQ 树脂特殊的性能。如引入乙烯基，可提高其固化性能，可调节对基材的黏附力；引入苯基，可提高硅树脂的耐热性和柔韧性，使有机硅压敏胶在高温（260℃）和低温（-73℃）下均具有优异的黏合能力，具有高黏度、高剥离强度和高粘接性。

（3）催化剂　有机硅压敏胶黏剂的固化有两种催化剂。最常用的催化剂是有机过氧化物，如过氧化苯甲酰（BPO）。在要求较低温度（140℃）固化条件和（或者）胶黏剂黏附强度更高的场合，可用 2,4-二氯过氧化苯甲酰（DCBPO）代替 BPO。固化机理属于自由基固化，如图 7-1 示。

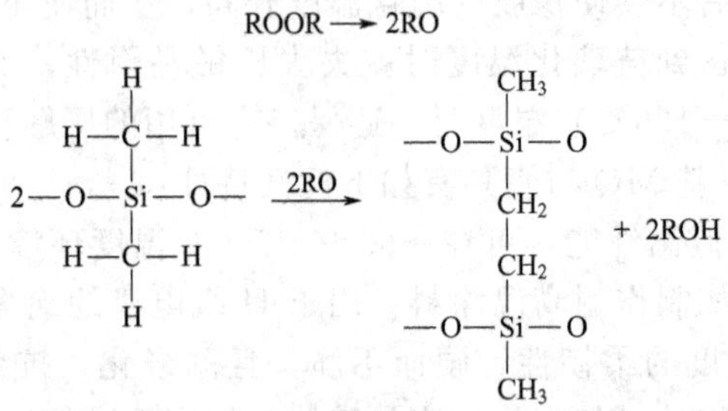

图 7-1　有机硅胶黏剂的固化反应

与不固化的有机硅压敏胶黏剂相比，固化的有机硅压敏胶黏剂改进了高温剪切性能，但剥离黏附力稍有损失。当使用 BPO 时，为了使催化剂完全分解，固化温度应高于 150℃。在低于 150℃ 的温度下，BPO 会在排气管中挥发缩合，并达到爆炸的范围。

由于发生了两个甲基之间形成亚甲基桥的反应，极大地提高了聚合物的内聚强度，赋予胶黏剂较大的内聚力，同时提高了耐热性和抗溶剂能力。若不用过氧化物催化，则聚合物分子之间只发生羟基间的缩合反应，不但固化温度高，而且内聚力低。

另一类催化剂是氨基硅烷，这类催化剂可在室温下起作用，因此在制造胶黏带或其他需要贮藏的产品时，不能长期贮存，限制了它的应用，不推荐使用这类催化剂。因为在室温下，氨基硅烷会继续与胶黏剂中的反应晶点反应，从而导致完全固化，造成压敏度损失。氨基硅烷主要用于除去溶剂后能迅速黏结或层压成材料的场合。当有机硅压敏胶黏剂用氨基硅烷交联时，其剥离强度高至 5000gf/cm。

（4）配比　由有机硅生胶和一种树脂（通常是 MQ 树脂，为水玻璃与三甲基氯硅烷的缩聚物）的合成产物，生胶是直链羟基封端聚硅氧烷，为连续相，其中的侧甲基可部分被苯基取代。生胶与树脂溶于溶剂中，通过羟基之间的缩合使它们相互之间发生化学反应。

MQ 树脂目前主要作为补强填料和增黏剂，与硅橡胶配合制成各种用途的胶黏剂，根据其用途的不同，树脂/胶的范围为 1～3.5；当树脂/橡胶为 1～2，合成的胶黏剂具有压敏性；当树脂/橡胶＝2～3.5，胶黏剂具有热压敏性。

7.9.1.2　有机硅压敏胶黏剂的工艺流程

硅橡胶是有机硅压敏胶黏剂的基本组分，为连续相，它能成膜、赋予压敏胶必要的内聚力；硅树脂为分散相，作为增黏剂起调节压敏胶黏剂的物理性质和增加黏性的作用。硅树脂与硅橡胶生胶的比例为 45～75 份（质量份）的硅树脂与 25～55 份（质量份）的硅橡胶生胶。有机硅压敏胶黏剂的性能随两者的比例变化而改变：硅树脂含量高的压敏胶黏剂，在室温下是干涸的（没有黏性），使用时通过升温、加压即变黏；而硅橡胶生胶含量高的压敏胶黏剂，在室温下黏性特别好。硅橡胶与硅树脂之间通过物理共混或化学交联而结合。其合成工艺流程如下：

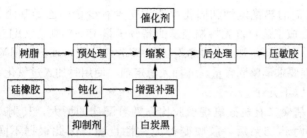

一般制造有机硅压敏胶黏剂的方法是先将有机硅橡胶切碎，放入混合釜中用部分溶剂搅拌溶解，再将有机硅树脂和缩合催化剂的溶液打入釜中，搅拌混合均匀。然后在一定温度下缩合反应一定时间，冷却至室温后中和残留的缩合催化剂，再加入填料等添加剂。充分搅拌混合均匀，最后用溶剂调节至所需的胶液黏度。

使用时，可直接在一般的涂布机上涂布。经 60～90℃ 的烘道干燥数分钟，除去有机溶剂后即可得到所需的压敏胶黏制品。

如生产交联型有机硅压敏胶黏制品、则需先加入适量的交联剂。一般先将过氧化苯甲酰配成 10% 浓度的溶液，搅拌下加入压敏胶液中，再充分搅拌 10～15min、混合均匀即可涂布。在涂布机上涂布后先经 60～90℃ 的烘道干燥数分钟，再在 150℃ 烘道热处理 5min。使有机硅橡胶交联，可得到性能较好的压敏胶制品。

以耐火云母带用有机硅胶黏剂制备为例说明。

耐火云母带用有机硅胶黏剂都是以有机硅压敏胶为基础发展起来的，可以看作是有机硅压敏胶的一个特殊应用，用它制作的耐火云母带具有优异的物理机械性能和电性能，完全可以满足国家和国际标准的要求。

耐火云母带作为耐火电缆中主要的绝缘耐火层起着最为重要的作用。构成耐火云母带的材料是云母纸、胶黏剂和补强材料玻璃丝布。其中，云母纸是真正起着电绝缘及耐火作用的材料；无碱玻璃丝布则属于补强材料，使耐火带具有足够的强度；而胶黏剂将云母纸和玻璃丝布结合成为一体，胶黏剂的选用必须满足云母纸与玻璃布间的粘接强度高，云母带具有一定的柔软性和边缘弯曲度和胶黏剂的无机物含量即 Si/R 比要大，燃烧后残碳量要低即燃烧不炭化的原则，三者缺一不可。燃烧不炭化至关重要。它直接影响到云母带燃烧后的绝缘电阻。由于胶黏剂在黏合云母纸和玻璃丝布时会渗入到两者的孔隙和微孔中，如果燃烧炭化，就会成为导电的通道。而有机硅胶黏剂燃烧之后生成粉状的白色的 SiO_2，则具备了良好的电绝缘性能，故常用作云母带胶黏剂的环氧树脂就不能胜任而必须选用专用的耐热有机硅胶黏剂。

耐火云母带用胶黏剂和有机硅压敏胶的不同要求：

① 云母带胶黏剂固化后对于初黏性的要求不像有机硅压敏胶那么严格，但要求具有较高的内聚强度和剥离强度。

② 由于耐火云母带是将两层玻璃丝布和一层云母纸黏合在一起，为便于施工，耐火云母带用胶黏剂要求具有较低的初黏性，较高的黏度和固含量。

③ 由于燃烧不炭化即低含碳量的要求，云母带胶黏剂主要由含甲基的硅树脂和硅橡胶组成。而有机硅压敏胶可以加入苯基、乙烯基或其他官能团进行改性，以适应不同的要求。

为此，在有机硅压敏胶的工艺基础上合成一种低初黏性的、高黏度和高剥离强度的耐火云母带胶黏剂。

为了使合成的耐火云母带用胶黏剂具有良好的粘接性能，对所用的硅橡胶有以下三点要求：

a. 高分子量，黏度至少达到 5×10^5 mPa·s 以上，分子量达几十万，以保证胶黏剂具有良好的柔韧性、内聚强度和低迁移率；

b. 一定的羟基含量，一般是羟基封端的 PDMS，用于和含羟基的硅树脂发生缩合反应；

　　c. 为了提高胶黏剂的热稳定性和固化性能，应含有少量的乙烯基团。

　　有机硅胶黏剂的合成工艺：首先将端羟基的高分子量 PDMS 和含 OH 基的 MQ 树脂在有机溶剂（甲苯、二甲苯）中溶解，加入有机胺作羟基缩合催化剂，加热至回流温度反应1～5h，使其缩合脱水，然后根据要求调整固含量，并加入稳定剂；使用时加入过氧化物作固化剂。

　　主要影响因素有以下几个。

　　MQ 树脂与端羟基聚二有机硅氧烷橡胶比：随着配比的增大，其剥离强度增大，初黏性降低，MQ 树脂含量大于 75％后，胶膜变得无黏性且脆，因此根据不同用处选择树脂 MQ 树脂含量在 55％～75％的范围内。

　　缩合反应时间：缩合反应时间对胶黏剂的黏度和黏结强度具有显著的影响。随反应时间增加，其黏度先增加后降低，呈凸状抛物线。这是因为反应前期主要发生的是 MQ 硅树脂和端羟基聚二有机硅氧烷硅橡胶之间的羟基缩合脱水反应，分子量增大，体系的黏度增大。到后期，硅氧烷链在碱性催化剂作用下的裂解反应占优，分子量逐渐减小，体系黏度降低。反应时间对剥离强度的影响呈相同的趋势。根据耐火云母带胶黏剂的高黏度高剥离强度的要求，一般选择反应时间在 2.5～3.5h 范围内。

　　催化剂的选择：碱、有机胺、有机羧酸盐都可以作为羟基缩合的催化剂，但对耐火云母带胶黏剂来说，需要考虑残余催化剂尤其是金属离子对云母带介电性能的影响，因此一般选择有机胺或能够产生氨的有机化合物作为催化剂，并根据不同催化剂对剥离强度的影响来选择催化剂。

　　稳定剂：由于缩合产物仍然含有一定量的羟基，在胶黏剂的存放期间会逐渐发生缩合，黏度增加，粘接强度降低。因此加入一定的羟基稳定剂使体系保持稳定。常用的有低级醇如异丙醇、六甲基二硅氮烷等。

7.9.2　有机硅压敏胶黏剂的特点及用途

7.9.2.1　有机硅压敏胶黏剂的特点

　　有机硅压敏胶是一种新型的具有广阔发展前景的胶黏剂。它不仅具有压敏胶所必须的良好的黏结强度和初黏性，还有许多独特的性能：

　　① 对高能和低能表面材料具有良好的黏附性，因此它对未处理的难黏附材料，如聚烯烃、聚四氟乙烯、聚酰亚胺、聚碳酸酯薄膜、有机硅脱膜纸等都有较好的黏结性能。

　　② 尤其在低温和高温方面显示出其他压敏胶黏剂所不及的特性，适应温度范围广，如于−50℃下不失其柔韧性，并保持良好的粘接强度；而在 200～260℃的高温下，仍然具有耐热老化和热氧化性能。

　　③ 具有良好的化学惰性，耐油、耐酸碱性好，使用寿命长，同时具有突出的电性能，耐电弧、漏电性特别好。耐水性、耐湿性和耐候性均优，都是其他胶黏剂不可比拟的。因此可作为制造 H 级电机绝缘胶带的压敏胶用；可用来制作飞机、船舶电动机的电器绝缘，提高其在严峻条件下使用的可靠性。

　　④ 具有一定的液体可渗透性和生物惰性，可用于治疗药物与人的皮肤的粘接。

　　同时，有机硅压敏胶黏剂与普通类型的压敏胶黏剂相比也有许多缺点和不足之处：

　　① 工艺复杂、成本比较高。其成本大约是丙烯酸酯压敏胶的 2～3 倍、天然橡胶压敏胶的 4～5 倍。

　　② 多数有机硅压敏胶是溶剂型，会造成空气污染。

　　③ 干燥和热处理温度比较高（一般在 100～180℃之间）。

　　④ 粘接力小，因此基材的处理技术非常重要。

　　⑤ 对于甲基型有机硅压敏胶，除价格很高的聚四氟乙烯等氟化物外，还没有找到合适的隔离纸。一般的有机硅隔离纸随时间延长会逐渐失去隔离效果。

由于以上种种特点，决定了有机硅压敏胶黏剂常常是作为一种特殊胶在高温、高湿、强腐蚀性等特殊环境中或在有特殊性能要求的场合下使用。可以根据需要选择不同的树脂/橡胶比例配制成各种压敏胶黏剂制品。

7.9.2.2 有机硅压敏胶黏剂的用途

有机硅 PSA 是压敏胶家族中一类优质高档的特种压敏胶。有机硅压敏胶具有化学惰性，对机体刺激性小，在高、低温下具有优良的使用性能（可在－73～260℃的温度范围内使用），还具有优良的耐候、耐水、电绝缘性、耐酸碱腐蚀和耐老化的性能，不仅具有压敏胶必需的良好的粘接强度和初黏性，还有出色的耐高温剪切强度、可以接受的探针初黏力和室温折叠剪切性能，广泛用于粘接金属、非金属乃至多种低表面能的难粘材料如未经表面处理的聚四氟乙烯、聚烯烃、聚碳酸酯、聚酯及聚酰亚胺等有较好的粘接性能。有机硅压敏胶在航天、航空、电子、电器、仪表、船舶、汽车、发电机和电动机的电气绝缘、化学刻蚀加工的掩蔽、气体屏蔽和化学屏蔽及医疗等行业中有众多的用途，特别适用于高温及苛刻条件下电气元件的捆扎、固定、粘接、密封、隔离及绝缘等。例如，在电子电气行业中用作绝缘带、表面保护板及光盘表面保护、阻燃带、焊锡或电镀屏蔽带、铜层压板黏合、电灶门薄膜贴合等；在汽车行业上用作涂装用屏蔽带及标记屏蔽膜；在医疗行业中用作经皮吸收剂及医疗用具（导尿管固定等），它还具有一定的液体可渗透性和生物惰性，可用于治疗药物与人体皮肤的粘接。其他如防隔离纸粘连、耐热（铝箔、聚酰亚胺）标签、硅橡胶之间的粘接，硅橡胶与金属之间的粘接等。

有机硅压敏胶黏剂有两种类型：一种为甲基有机硅压敏胶黏剂；另一种为苯基改性的有机硅压敏胶黏剂。它们的主要成分是含有端羟基的硅生胶（分子量 15 万～20 万）和 MQ 树脂（水玻璃与三甲基氯硅烷的缩聚物）。两者的结构如下。将这两种聚合物溶于溶剂中并以硅醇（Si—OH）缩聚的方式进行化学反应，当除去水分时，缩聚反应迅速进行：

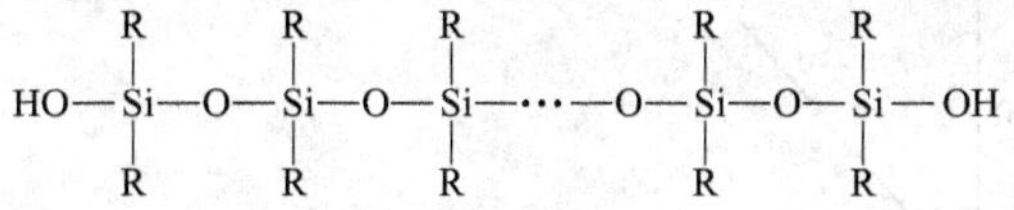

[R＝甲基(—CH₃)或苯基基团(—Ph₂SiO)]（硅生胶的结构）

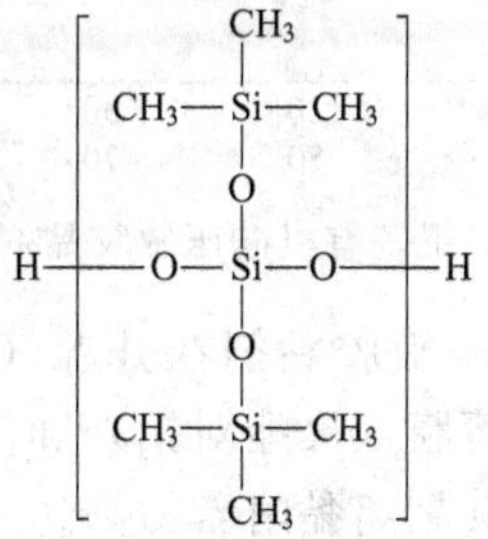

（MQ 树脂的结构）

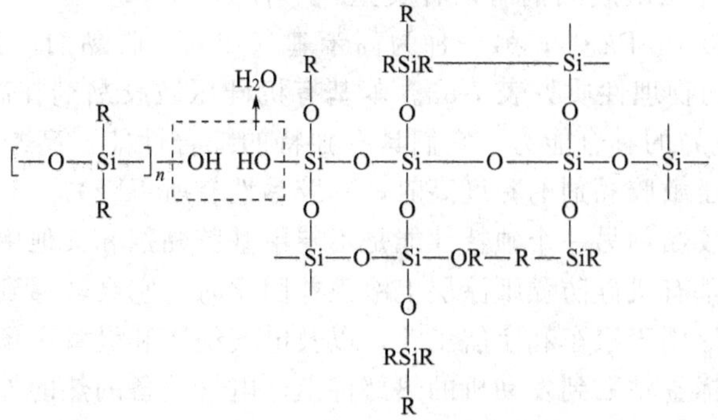

（MQ 树脂与硅生胶的缩聚反应）

甲基有机硅压敏胶黏剂具有宽的黏度和物理性质（表 7-52）。典型的甲基有机硅压敏胶黏剂，其固体含量为 $(55\pm1)\%$，黏度范围 1000～5000mPa·s 至 40000～90000mPa·s。因此胶黏剂配制者和用户可以使用范围很宽的填料和基材。

表 7-52　典型的甲基有机硅压敏胶黏剂的物理性质

黏度/mPa·s	剥离强度/(gf/cm)	搭接剪切强度(25℃)/(kgf/in²)	黏性[1]
65000	445	33	中等
3000	535	60	低
9000	1000	68	不黏
4800	714	50	高

[1] 在 Polyken 黏性测试机上测试。

甲基有机硅压敏胶黏剂是完全混溶性的，为了满足特殊需要，可以进行掺混。干涸（不黏的）的有机硅压敏胶黏剂（剥离强度为 1100gf/cm），可用来提高黏性的甲基有机硅敏胶黏剂（剥离强度为 440 至 771～880gf/cm）的剥离强度，且不损失其迅速粘接的特性见图 7-2。此外，黏性甲基有机硅压敏胶黏剂的剪切强度也因添加不黏的甲基有机硅压敏胶黏剂而有所增长。

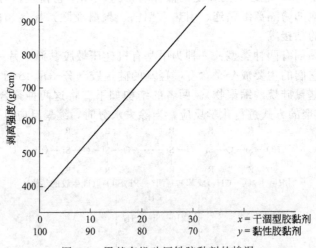

图 7-2　甲基有机硅压敏胶黏剂的掺混

不黏的（干涸的）甲基有机硅压敏胶黏剂在升温（93℃）和加压（7kgf/cm²）下涂敷时即成干胶黏剂，它特别适于制造薄膜（聚酯对铝）和箔（铝对铝）的层压件。过氧化苯甲酰催化的甲基有机硅压敏胶黏剂，其剥离黏附力高达 1100gf/cm。

苯基改性的有机硅压敏胶黏剂有两种类型：一种为低苯基（6%，摩尔分数）胶黏剂，其黏度为 50000～100000mPa·s；另一种为高苯基（12%）胶黏剂，其黏度范围为 6000～25000mPa·s。它们的物理性质见表 7-53。苯基有机硅压敏胶黏剂在高温（250℃）和低温（-73℃）下均具有优异的黏合能力，它们具有独特的综合性能：高黏度、高剥离强度和高胶黏性（甲基有机硅压敏胶黏剂的黏度高时，其胶黏性有所下降）。

苯基有机硅压敏胶黏剂另一个独特性能是不与甲基胶黏剂和其他甲基聚合物混溶。当这种高苯基胶黏剂在甲基有机硅防黏纸涂层上涂敷并固化时，它会转移到其他表面。目前，高苯基压敏胶黏剂已广泛用于汽车和宇航工业，以及电气绝缘和设备市场。例如，这些胶黏剂可用于将警告和资料标签粘贴到发动机的热部件上、电气设备的热的外壳上和太阳能收集器中的板上。

表 7-53 典型的苯基有机硅压敏胶黏剂的物理性质

黏度/mPa·s	剥离强度/(gf/cm)	搭接剪切强度 (25℃)/(kgf/in²)	黏性[①]
75000	500	30	高
15000	890	45	高

① 在 Polyken 黏性测试机上测试。

有机硅压敏胶黏剂可以配合多种耐高温的基材，制成特殊性能的胶黏带。其耐高温带基可以是聚四氟乙烯薄膜、聚四氟乙烯玻璃布、聚酰亚胺薄膜、玻璃布、耐高温聚酯薄膜（Myla）、铝箔、铜箔等，它既可胶接低能表面，也可以胶接高能表面，现已成功地用于阿拉斯加石油管线的胶接。表 7-54 列出几种有机硅压敏胶黏带的部分性能。

表 7-54 几种有机硅压敏胶黏带的部分性能

胶黏带	基材	厚度/mm	剥离强度/cm	击穿电压/(V/层)	耐热性能
美国3M公司 80# 胶带	聚四氟乙烯薄膜	0.088	334	9000	150℃长期,250℃效用
3M64# 胶带	聚四氟 乙烯玻璃布	0.150	502	4530	
3M90# 胶带	聚酰亚胺薄膜	0.070	279	7000	
晨光化工研究院 F-4G 胶带	聚四氟乙烯薄膜	0.09	150～250	75000	200～1000h

有材机硅压敏胶黏剂配以耐高温带基的胶黏带大量用于耐高低温的绝缘包扎、遮盖、粘贴、防黏、高温密封等场合。

例如，聚四氟乙烯带基的有机硅压敏胶带可用于聚四氟乙烯电容器芯组的包扎，经四年贮存以 200℃、240h 例行试验，包扎不会松开，用于高速动平衡器具上的增重粘贴，经液氮温度（-192℃）时的高速运转后不脱落；在用于电子仪器仪表的绝缘中，特别适用于井下器的绝缘包扎；也可用于电视机的保险丝包扎；在镀铬式铬酸加热腐蚀除锈中，对不需要镀或不要腐蚀的地方可用该胶带粘贴遮盖；在使用脱胶剂时，对不需要脱胶的地方可用该胶带保护起来；在聚乙烯包装袋热合条上，贴上聚四氟乙烯玻璃布的有机硅压敏胶带，可以防止热熔的聚乙烯粘在热合条上而拉破口袋。

涂有机硅压敏胶黏剂的聚酯薄膜（Myla）胶带具有耐高温、耐化学品性能，因而在印刷线路板镀敷操作中可用作遮盖膜；在此应用中，涂有机硅的胶黏带封件直排的锡线，胶黏剂不会从边缘流出。

由于有机硅防黏纸涂层的化学性能与甲基有机硅压敏胶黏剂相似，所以它能作该胶黏剂的底漆。当在聚酯薄膜上涂敷、固化时，这些底漆可以减少胶黏剂往带基上转移，同时减少"拉丝"（Legging）量（"拉丝"即在裁切过程中从底基材料和胶带边缘拉出胶黏剂的毛丝）。

以玻璃布为基材的有机硅压敏胶带，可用于电工器材的绝缘包扎，也可用于等离子喷镀中，对不需喷镀的地方进行遮盖。

铝箔基材的有机硅压敏胶带，可用作辐射热和光的反射面及电磁波的屏蔽等。

下面将已经在工业上得到应用的几种有机硅压敏胶制品及其主要用途总结列于表 7-55。

表 7-55　各种有机硅压敏胶黏剂制品及其主要用途

基材种类	使用温度范围/℃	主要用途
聚酯	−60～+160	各种遮盖带；各种蜡纸的粘贴、修补等
玻璃布(单面)	−75～+290	各种电机上的 H 级绝缘带、高温遮盖带等
玻璃布(双面)	−75～+290	各种高温零部件的连接和密封
含浸有机硅树脂的玻璃布	−75～+290	H 级绝缘带、高温遮盖带等
增强有机硅橡胶	−75～+290	粘接硅橡胶电缆、捆扎电器件等
含浸有机硅树脂的玻璃布	−75～+200	各种沟槽的护衬、造纸机的包覆等
铂箔箱	−75～+430	热处理用黏结带、宇宙飞船的高温粘贴等
背面有机氟处理的铝箔	−75～+200	高温防湿、防摩擦保护等
聚酰亚胺	−60～+260	H 级电气绝缘带
处理过的聚四氟乙烯	−75～+200	电绝缘带、防湿、防摩擦保护等
高分子量聚乙烯	−60～+150	防磨损和防污垢的保护

7.9.3　从环保的观点看有机硅压敏胶黏剂(SPSA)发展

有机硅 PSA 由低固含量向高固含量和无溶剂型发展，以适应当今越来越严格的环保要求，有机硅压敏胶主要有以下几种。

7.9.3.1　低固含量有机硅 PSA

这一类有机硅压敏胶发展最完善、性能优异，因此至今仍被广泛的应用。这一类的发展是以提高稳定性和改进性能为目的。典型的溶剂是苯、甲苯、二甲苯、二氯甲苯、石油醚及其混合物，实际应用上常选用甲苯、二甲苯和石油醚作溶剂。使用溶剂的首要目的是降低有机硅 PSA 的黏度以便于生产上的涂胶，溶剂在 PSA 烘干过程完全被蒸发，因此溶剂的加入量应以使胶液的黏度达到要求时的最低用量为宜。

1977 年，O′Malley 提出了一个 PSA 的组成，A：50 份的 MQ 树脂，B：38 份的 OH 封端的聚二甲基硅氧烷（PDMS），其中含有 5.8%（摩尔分数）二苯基硅氧烷，黏度大于 $1×10^7 mPa·s$，C：12 份含乙烯基和苯基的 PDMS，黏度大于 $1×10^7 mPa·s$（25℃）。将 A、B 和 C 三组分和溶剂混合，加入少量的伯胺作为缩合脱水催化剂，加热到 130℃，反应 2～4h，调整固含量 55% 左右。应用时加入 1%BPO 固化。

1986 年，Blizzard 为了改进有机硅压敏胶的黏度稳定性、剪切强度及其他性质随时间的稳定性，在 MQ 树脂和高黏度、端 OH 基的 PDMS 基础上，加入一定量的六甲基二硅氮烷和少量水，然后在 130℃甲苯溶液中脱水缩合 1～5h，得固含量 50%～60% 的有机硅压敏胶。其中六甲基二硅氮烷的作用是与反应物残留的 OH 反应，使 OH 的含量减至最少，从而提高其黏度稳定性。加入少量水是为了去除反应时产生的氨，从而提高其剪切强度的稳定性。

随后 Homan 提出用异丙醇等醇类代替水作为氨捕捉剂（0.001%～10%），将反应的氨除去，并指出：①MQ 硅树脂与硅橡胶（gum）的缩合反应和 Si—OH 与六甲基二硅氮烷的封端同时进行，可提高黏度和物理性能的时间稳定性；②有机硅 PSA 的初黏性、粘接强度等性能可通过改变封端剂的用量和种类来改变。

Hahn 等指出，为了使有机硅压敏胶具有优异的性能，必须选用高黏度的半固体状的硅橡胶（gum），如果 MQ 树脂和低分子量的聚硅氧烷反应，不能形成合格的有机硅压敏胶。因此，所合成的 SPSA 一般具有较高的黏度。为了施工时涂布方便，必须加入大量的溶剂稀释到所需要的黏度，因此这一类 SPSA 固含量较低。

关于溶剂型有机硅 PSA 已有许多专利报道。例如，美国专利介绍了一种耐高温有机硅 PSA，它是以芳烃为溶剂，将 MQ 树脂（含 $R_3SiO_{1/2}$ 单元和 $SiO_{4/2}$ 单元，R 为不超过 6C 的单价烃基，R 中不饱和烯烃为 $0\sim0.25\%$）与羟基或乙烯基为端基的二有机机硅氧烷混合，用稀土金属或过渡金属催化剂聚合得到。该压敏胶具有超强的粘接性和耐高温性。再如 Dow corning 公司选用高沸点的溶剂和增塑剂合成的有机硅 PSA 具有很好的初黏性和剥离强度，不需要分离硅醇缩合催化剂，该有机硅 PSA 可应用于制备标签、胶带、商标等。溶剂型有机硅 PSA 的性能尽管优异，但一般合成的有机硅 PSA 均为低固含量，因而要使用大量溶剂，耗费大量原料和能源，并造成环境污染。为适应环保要求，有机硅压敏胶由低固含量向高固含量和无溶剂型发展是必然的趋势。

7.9.3.2 高固含量有机硅 PSA

低固含量有机硅压敏胶的缺陷是显而易见的，由于其溶剂一般是用毒性较大的甲苯、二甲苯，如果施工时对挥发性组分的处理设备不完善，会造成很大的环境污染问题。近年来，随着人们环保意识的加强，如何减少压敏胶中的有机溶剂的含量，进而减小有害空气污染的挥发性有机化合物（VOC）的呼声越来越高，如何提高溶剂型有机硅 PSA 的固含量，降低 VOC 值被摆在比较突出的位置。减少胶中挥发性有机化合物（VOC）需要提高溶剂型有机硅压敏胶的固含量。

因此近几年发展的有机硅 PSA 一般都是高固含量型，即有机硅含量一般在 60% 以上，甚至可达到 80%～95%，与传统的固含量为 40%～50% 的有机硅 PSA 体系相比，极大地降低了 VOC 含量。高固含量有机硅 PSA 通常主要由胶黏剂基体（烷烯基聚二有机硅氧烷和羟基聚二有机硅氧烷）、增粘树脂（含 Si—H 键的 MQ 硅树脂）、交联剂和硅氢加成催化剂组成。带有反应活性的烯键和 Si—H 键的有机硅橡胶与高度相容的 MQ 硅树脂经铂催化硅氢加成反应制备得到。选用合适的引发剂和催化剂，高固含量有机硅 PSA 在 110℃ 或更低的温度得到有效固化。

Murakami 提出了一种具有优异的初黏性和粘接强度的加成型有机硅 PSA 组成，其组成：（A）含乙烯基（0.02%～0.1%）的 PDMS，黏度大于 $5\times10^5\,\mathrm{mPa\cdot s}$；（B）增黏的 MQ 树脂；（C）含 Si—H 基团的液体聚二甲基硅氧烷；（D）加成型铂催化剂；（E）芳香族溶剂。所得有机硅 PSA 固含量可调整范围 40%～80%。

法国专利介绍了一种单组分硅橡胶压敏胶黏剂，该压敏胶黏剂含有 Pt 交联催化剂，用加聚反应进行交联。另外，黑龙江石油化学研究院以硅酸钠、二甲基氯硅烷、异丙醇为原料合成出 MQ 树脂，再在催化剂和交联剂的存在下与硅橡胶作用合成出有机硅压敏胶黏剂，测试结果表明，压敏胶的初黏性和持黏性均较好。

在有机硅压敏胶的各组分中，对产品的黏度起决定作用的是高分子量的硅橡胶。若要提高固含量，必须使用低黏度的硅橡胶，即使用低分子量的硅橡胶，但会降低压敏胶的性能，甚至失去压敏性。为克服这一相互矛盾的因素，现在一般采用黏度相对较低的乙烯基聚二甲基硅氧烷和低黏度的氢基硅氧烷代替原来的高黏度硅橡胶，与 MQ 树脂构成加成型固化的有机硅压敏胶，既提高了固含量，又具有较好的粘接性能。

欧洲专利报道了固含量达 95% 的多组分有机硅压敏胶，其中 MQ 硅树脂不含链烯基，而是含有 1%～4% 的 Si—H 基，并且选用多官能团的有机硅氧烷作为交联剂，如 1,3,5,7-

四乙烯基-四甲基-环四硅氧烷。美国专利也报道了一种聚硅氧烷压敏胶黏剂，其特点是初黏力和搭接剪切强度都较高，其组成是（质量份）：（a）65～75 份含硅醇官能团的聚硅氧烷树脂，其 M 单元与 Q 单元之比为 1.1∶1，M 为 $R_3SiO—$，而 Q 为 $—OSi(R_2)O—$；（b）25～35 份具有硅醇基团的聚二有机硅氧烷；（c）0.5～4.0 份结构为 SiR_4 的多烷氧基硅烷交联剂。高固含量胶黏剂体系的显著优点在于只需少量或无需溶剂稀释，调配方便，生产设备简单，可在传统的低固含量胶黏剂涂布机上涂布和固化。

Lin Shaow B 报道了高固含量的有机硅 PSA，其主要组分如下：（A）MQ 硅树脂，其中羟基含量 0.2%～0.5%，链烯基含量 0～0.5%，M 单元/Q 单元为 0.6～0.9；（B）通式为 $R^2R^1_2SiO(R^1_2SiO)_mSiR^1_2R^2$ 的聚二有机硅氧烷，其中 R^1 为烷基或芳基，R^2 为链烯基，R^3 中绝大部分是 R^1，只有小于 0.5% 的 R^2；（C）通式为 $R^4_2HSiO(R^5_2SiO)_nSiHR^4_2$ 的含氢硅油，其中 R^4 为烷基或芳基，R^5 含有小于 0.5% 的 $—SiH$ 基，分子链上每个硅原子最多只连接一个氢原子；（D）铂催化剂；（E）有机溶剂。

高固含量胶黏剂体系的显著优点在于只需少量或无需溶剂稀释，性能广泛，调配方便，并且生产设备要求简单，亦可在传统的低固含量胶黏剂涂布机上得到很好的涂布和固化，处理和存贮方便。有人用 DSC 研究了高固含量有机硅 PSA 铂催化硅氢加成反应的固化动力学，结果表明 SiH/Si—烯键含量比从 1.12 增加到 2.17，固化反应热为 95% 时的反应温度从 136℃ 降低到 93℃，证明高固含量有机硅 PSA 在低温下具有出色的固化性能。

典型的高固含量有机硅 PSA 的特点及优点如表 7-56 所示。

表 7-56　高固含量有机硅 PSA 的特点及优点

特　点	优　点
高含量硅酮固体分	减少 VOC 释放
	减少材料和溶剂的处理
	与脂肪族、非有害大气污染溶剂相溶
加成固化有机硅化学	不须进行过氧化物的处理
	无副反应
	潜在的洁净体系
"指令"固化动力学	可调的固化条件(例如温度、时间)
	提高生产率
	更适合对温度敏感的薄膜
多组分体系配方	可调范围和方式更灵活
	性能可随意调控
	具有可用于特殊反应的功能化聚硅氧烷

7.9.3.3　无溶剂型有机硅压敏胶黏剂

Vengrovious 用喷雾干燥法制备了一种具有良好分散性的粒度直径为 10～200μm 的 MQ 树脂，它能够直接分散到液体硅橡胶中形成透明稳定的液体，从而制得一种无溶剂的加成型有机硅压敏胶。

另一专利将 MQ 树脂有机溶液预先和含乙烯基或 H 基团的有机硅氧烷液体混合，然后蒸出溶剂，得到无溶剂的中间体，再与其他组成混合，也制备了一种无溶剂的有机硅压敏胶。美国专利介绍了一种乳液型聚硅氧烷压敏胶黏剂，其制法是：在水相中用表面活性剂将聚硅氧烷分散，分散相组成主要为聚硅氧烷 40%～80%（质量分数）。它是一种端硅烷基的聚二有机硅氧烷（$T_g < -20℃$）和含硅烷醇的聚硅氧烷（$T_g > 0℃$）的混合物，分散在 20%～60%（质量分数）的挥发性聚硅氧烷液体（沸点＞300℃）中，这种乳液基本上不含任何无硅原子的挥发性有机溶剂。

同时无溶剂型有机硅 PSA 及用其他无毒可回收的溶剂代替芳香族类溶剂的有机硅 PSA 也逐渐发展完善起来。

Medford 研制了一种加成型 SPSA，其特点是：既具有高的初黏性和粘接强度，而溶剂含量不超过 5%～10%。其组成：30～50 份乙烯基封端的 PDMS，黏度 500～10000mPa·s（25℃）；50～70 份 MQ 树脂（或加有少量 MHQ 树脂）；低黏度的含 H 原子的聚二甲基硅氧烷液体；铂催化剂。

Hamada 报道了一种具有高的粘接强度的加成型的 PSA 组成，其主要成分与上述配方基本相同，即含乙烯基的硅氧烷聚合物，增粘的 MQ 树脂（OH 含量＜1%），含 H 原子的聚二甲基硅氧烷和铂催化剂。他同时指出：

① 加成型 SPSA 可在较低的温度下固化，过氧化物型 SPSA 需要较高的固化温度（大于 130℃）。但前者的粘接强度低于后者。

② 当硅橡胶的黏度小于 1×10^5 mPa·s 时，可用来制备无溶剂 SPSA；当黏度大于 1×10^6 mPa·s 时，必须加入一定量的溶剂稀释。

③ MQ 树脂中 OH 含量须小于 1%，否则不能得到高强度的 SPSA。

Boardman 介绍了一种固含量达 95%～98% 的加成型 SPSA。它的组成为：（A）含 Si—OH 1%～3% 的 MQ 树脂；（B）乙烯基封端和氢基封端的液体聚二甲基硅氧烷，其重复结构单元数 0～1000；（C）含两个以上组分的能同 B 中的乙烯基和 H 基团发生反应的硅氧烷作交联剂；（D）加成型铂催化剂，并加入 D_4^{Vi} 作外部交联剂。

7.9.3.4 非芳香族溶剂型有机硅压敏胶黏剂

1997 年，Gross 提出了用线型和环型的有机硅氧烷单体代替挥发性的有机溶剂合成有机硅 PSA。有机硅氧烷可作为一种非污染型、可循环利用的载体使用，其基本组成：将—OH 基封端的高黏度的 PDMS 和 MQ 树脂分别溶于 D_4 或 D_5 中，将两者混合直接作有机硅 PSA 使用，或加入 15×10^{-6} 的 KOH 作催化剂，加热到 130℃ 反应 2h，进行缩合脱水后，调节至一定固含量和黏度即可。其缺点是成本太高，不利于推广。

1998 年，Cifuentes 提出采用高沸点的羧酸和有机胺作为溶剂和增塑剂，它的作用是：一方面可以提高有机硅压敏胶的物理性能；另一方面可以作为缩合脱水的催化剂。主要成分为：

① 37～47 份含—OH 的聚二有机硅氧烷，运动黏度为 100～1×10^8 mm²/s；

② 56～63 份—OH 含量 2.9% 的 MQ 树脂；

③ 5～30 份沸点＞200℃ 的含 6 个以上 C 原子的羧酸和含 9 个以上 C 原子的有机胺；

④ 过氧化物作固化剂。

7.9.3.5 热熔型有机硅压敏胶黏剂

热熔型有机硅 PSA 在近十年发展很快。顾名思义，热熔型 PSA 是指 PSA 在常温下为固态，一旦加热到一定温度，就由固态熔化为可涂布黏度的流体，经涂布、冷却后又变成为固态。

热熔型有机硅 PSA 制品的主要制造步骤是：①合成热熔型有机硅 PSA。它的主要组分是硅树脂、液体硅橡胶以及二者的缩聚物，还有 1%～15%（质量分数）的添加剂。添加剂用于降低 PSA 体系的动态黏度和赋予 PSA 一些其他性能，已报道有甲基硅烷基聚醚酯、低黏度苯基液体硅橡胶、平均分子量为 $300\sim1500$ 的不燃烃基物。②加热 PSA 使之成为可涂布的胶液。加热温度一般在 $85\sim200℃$ 范围内。③将胶液涂布到基材上。涂布温度一般为 $100\sim150℃$，它取决于涂布设备、PSA 组成及对成品的要求。根据需要可选用不同基材，可使用的基材有布、玻璃布、硅橡胶、聚酯（PET）、聚四氟乙烯、聚乙烯、玻璃、木头、金属和皮肤等。④冷却热熔胶至成为非流动体。当热熔胶组分需固化时，则 PSA 组分中应包含一种固化催化剂，这种催化剂在通常状态不具有活性，然而在高于热熔温度或高能辐射状态下可有效促使 PSA 组分的固化，催化剂用量一般占 PSA 总质量的 $0.1\%\sim1.0\%$。

近些年，许多科研人员和生产厂家均对此抱有浓厚兴趣。例如，Dow Corning 公司研制成功一种含苯基硅氧烷流体的热熔型有机硅 PSA，主要成分是硅氧烷共聚体和端羟基聚二甲基硅氧烷混合物与 10% 苯基甲基硅氧烷流体（$25℃$ 黏度为 $22.5\times10^6 m^2/s$），所制胶黏带的剥离力 $0.14N/cm$，黏不锈钢 $4.8N/cm$，此胶黏带还具有不燃性。松下电器产业株式会社以硅氧烷 $HOCH_2(SiCH_3CH_3O)_5SiCH_3CH_2OH$ 80%，硅烷 $H_2N(CH_2)_2NH(CH_2)_3(OCH_3)$ 3%，硬脂酰胺 17% 配成热熔型有机硅 PSA，用于固定电子件到基材，然后可焊接导线制造电子器件，黏合 $150℃$、$2min$，胶耐温 $121℃$、大于 $300h$。埃克森化学专利公司报道一种硅烷改性的石油树脂，可制备热熔型有机硅 PSA，适用于路标线组合物，提高玻璃珠对路面的黏合力，延长使用时间。

湿固化热熔型有机硅 PSA 的研究也较引人注目。在其组分中除了 MQ 硅树脂、聚有机硅氧烷外，还有通式为 $R_{4y}SiX_y$（y 为可水解基团）的硅烷和湿固化催化剂等。整个组分在室温不流挂，无溶剂，在潮气环境热熔后即固化产生很强的黏力。可以用羧酸的锡盐或有机钛化合物作催化剂，例如二月桂酸二丁基锡、钛酸四丁酯等。

热熔型有机硅 PSA 的优点是不使用有机溶剂、安全、环保和应用方便，并且可以采用传统设备进行涂布、成本低、无污染。它的主要缺点是在其制备过程中，每批产品的"加热历史"情况起着重要作用。由于每批热熔胶必须在限定的熔融期加工，一旦涂布过程出现机械故障，那么整批产品只有报废。

7.9.3.6 乳液型有机硅压敏胶黏剂

乳液型压敏胶的开发一般都集中于聚丙烯酸酯上，单纯的有机硅压敏胶乳液还未见报道，只有少量有机硅改性丙烯酸酯压敏胶的专利报道。例如最近日本的 Yamauchi 研制成功硅氧烷改性丙烯酸酯聚合物乳液，可用作制备压敏胶。丙烯酸酯 PSA 一般低温柔韧性和高温稳定性较差，难以粘接低表面能材料，而有机硅 PSA 却具有出色的耐候性、低温柔韧性、高温稳定性和对低能表面材料粘接力强，通过物理共混或化学共聚合成丙烯酸酯/有机硅复合 PSA 具有很大潜力。专利 US 50914823 报道应用含有烯链不饱和键和氢质子供给能力的端基官能团化合物，合成了厚胶层可快速完全固化的丙烯酸酯/有机硅复合 PSA。

7.9.4 从节能的观点看有机硅压敏胶黏剂发展

固化形式逐渐由高温固化（过氧化物型）向较低温固化（加成型）和常温固化（湿固化型）发展。

7.9.4.1 过氧化物固化型

最早的有机硅压敏胶都采用这种形式固化，这种压敏胶的固化剂主要有两种：过氧化苯甲酸和过氧化 2,4-二氯苯甲酰。它们的固化温度分别是 $119℃$ 和 $80℃$，其固化机理可表示为：

$$ROOR \longrightarrow 2RO$$

$$2 \begin{array}{c} H \\ | \\ H-C-H \\ | \\ -O-Si-O- \\ | \\ H-C-H \\ | \\ H \end{array} \xrightarrow{2RO} \begin{array}{c} CH_3 \\ | \\ -O-Si-O \\ | \\ CH_2 \\ | \\ CH_2 \\ | \\ -O-Si-O \end{array} + 2ROH$$

有时也使用辛酸铅等有机金属盐以及氨基硅烷等。使用过氧化物时，热处理必须采用高温短时间的工艺，使其快速分解，否则，过氧化物会升华，凝结在通气口，容易引起爆炸。因过氧化物的自由基固化，由于发生了两个甲基之间形成亚甲基桥的反应，极大地提高了聚合物的内聚强度，赋予胶黏剂较大的内聚力，使得压敏胶的耐高温蠕变性能有了很大改进，初黏性、剥离力、高温持黏性都达到了很高的标准同时提高了抗溶剂能力。若不用过氧化物固化，则聚合物分子之间只发生羟基间的缩合反应，不但固化温度高，而且内聚力低。但它仍有缺点：

① 此体系仍然需用高分子量硅橡胶，所以仍有操作困难和污染环境的问题。

② 交联必须在至少 150℃的高温下进行。

③ 因为交联点不宜控制，所以粘接强度易变。

7.9.4.2 硅氢加成固化型

高固含量的有机硅压敏胶通常都采用乙烯基-H 基加成体系。它的主要构成是：（A）树脂类增黏剂即含 OH 基的 MQ 硅树脂；（B）含乙烯基的聚二有机硅氧烷；（C）作交联剂用的含 H 原子的液体硅氧烷；（D）硅氢化加成铂催化剂。

其固化机理为：在铂的催化下，双键和 Si—H 发生加成反应，形成一个交联网络，使胶黏剂固化。而压敏胶的初黏性和剥离强度是通过 MQ 树脂的用量来控制的。

这种固化形式的主要特点：①固化温度低，可使用许多不耐热的材料作基材，扩大了其应用范围；②催化剂用量极少，不会对有机硅橡胶的性能产生不利的影响；③可制得高固含量的 SPSA。

对这类 SPSA 主要组成的要求是：

① 胶黏剂内部所含的 H 基/乙烯基的摩尔比为 1～20，才能有较好的交联密度。

② 当各组分与催化剂混合之后，可能在室温下起反应，因此为提高其室温稳定性，需加入一定的阻聚剂，如胺类、炔类，它在较低的温度下起阻聚作用，当加热到一定的温度，如 80℃时，则失去阻聚性，不影响加成反应。

③ 在此体系中，端烯基硅橡胶与硅树脂需要高度相容，由于带有反应活性烯键的硅橡胶和带有 Si—H 键的有机硅烷经铂催化可以很容易发生硅氢加成反应、进行扩链，所以反应后的体系分子量很大。这样就可以选择小分子量的硅橡胶作基料，极大地降低了体系黏度；溶剂的使用量也大幅下降，可以制成高固含量的压敏胶（硅酮含量一般在 60% 以上，甚至可以达到 80%～95%，而传统的固含量为 40%～50%），甚至可制成无溶剂的压敏胶。如果选用合适的引发剂和催化剂，高固含量有机硅 PSA 在 110℃或更低的温度就可以固化。同时，由于体系中—OH 含量的减少，使得胶液稳定性得到了提高。

在硅树脂合成方面也采用了另一种体系，即用正硅酸乙酯或硅酸钠水溶液与 R_3SiCl 反应，这样的工艺更简单、性能更加优越。通过控制适当的 M/Q 的比例，可生产出满足不同性能的硅树脂。

在这种有机硅压敏胶体系中，硅橡胶间通过交联提高了内聚强度，改善了高温蠕变性能，所以耐温性能好于其他体系。但由于硅橡胶与硅树脂间是物理混合，所以粘接强度不如端羟基硅橡胶体系高。

7.9.4.3　常温固化型压敏胶黏剂

常温固化有机硅压敏胶主要有三种类型：

① 在有机硅压敏胶中加入室温固化催化剂，如氨基硅烷。它能与含官能团的有机硅氧烷发生交联。它的缺点是：a. 配制好的胶黏剂不能长时间贮存，必须尽快用完；b. 由于氨基硅烷与胶黏剂中活性基团的反应，会导致 SPSA 压敏性的消失。但由于它具有很高的剥离强度，因此可用于不同质材料之间的复合。

② 可湿固化的有机硅压敏胶。它的主要原理是在含羟基的 MQ 树脂和含羟基、烷氧基或其他可水解基团的聚硅氧烷中加入多官能团的烷氧基硅烷作交联剂，如乙烯基三乙（甲）氧基硅烷，同时加入固化促进剂如有机锡或金属羧酸盐，加速烷氧基与空气中的水分发生水解缩合形成硅氧键。

③ 湿固化加成型。在加成型有机硅压敏胶的基础上引入含烷氧基团的多官能团交联剂和湿固化促进剂，它首先通过加成型固化机理形成压敏胶，然后该胶中的烷氧基团继续与空气中的水汽发生反应。Mealey 提出了这样一种组成：（A）50～80 份 MQ 树脂（OH 含量小于 1%）；（B）20～50 份含乙烯基官能团的高分子量的聚二甲基硅氧烷；（C）含 H 原子的有机硅氧烷；（D）交联剂乙烯基三乙氧基硅烷；（E）加成反应铂催化剂；（F）湿固化用有机锡或羧酸盐催化剂。它的目的一方面可以提高压敏胶的粘接性能；另一方面有机硅压敏胶通过进一步的湿固化可以形成一种永久性的不可剥离的胶黏剂。这类胶黏剂主要用于玻璃幕墙等需要预固定的材料间的粘接。Krahnke，Clark，Krhnke 等，都报道了类似机理的有机硅压敏胶。

7.9.4.4　辐射固化型

辐射固化主要包括紫外辐射（UV）固化和电子束（EB）固化。辐射固化型有机硅 PSA 是一类新颖的、无污染、低能耗和高效率的压敏胶，其主要组分有：带烯键聚硅氧烷、可与烯键聚硅氧烷共聚合的单官能团烯类单体和有机硅 MQ 增黏树脂，此外还包括质量分数为 0.5%～15% 的填充剂、0.05%～2% 的多官能团烯类单体交联剂、0.1%～5% 的光引发剂和少量溶剂。由于 PSA 体系不含或只含少量溶剂，因此，辐射固化避免了溶剂型高温烘干的工序，也就避免了对一些热敏感基材的破坏。

用含有 SiO、$Si(CH_3)O_2$、$CH\!=\!CHCO_2C_3H_6SiO_{3/2}$ 结构单元的聚有机硅氧烷，配合二叔丁基过氧化物、糖精、2-羟基-2-甲基-1-苯基丙酮等组分，经 UV 固化制得耐热的有机硅 PSA。UV 引发阳离子固化体系使用的是经选择乳液型鎓盐，例如碘鎓盐或硫鎓盐，固化速度依赖于盐的反离子 X^- 的性能。研究表明，聚硅氧烷高分子在 UV 作用下产生甲基硅烷基 $R_3Si\!-\!$ 和硅烯基 $R_2Si:$，可能存在两种光引发聚合机理，通过红外光谱对产物结构的分析，发现主要是由硅烷基 $R_3Si\!-\!$ 引发烯类单体聚合，同时还发生接枝（或嵌段）作用。

目前，辐射固化型有机硅 PSA 还处于探索阶段，辐射固化过程应该尽可能在无氧环境中进行，固化速度取决于引发剂和辐射固化官能团。为获得好的弹性性能，辐射固化官能团间的链段分子量应该足够大，然而固化官能团间的分子链增长，相当于交联官能团的浓度被稀释，辐射固化的速度和程度降低。

此外，对于大量用在压敏胶制品上的改性聚硅氧烷防黏剂（离型剂）的文献中有些采用辐射固化的方法。例如，以二甲苯二氯硅烷和八甲基环四硅氧烷为原料合成了 α,ω-二氯二甲基硅氧烷，然后使之与含羟基的丙烯酸酯反应，获得了丙烯酸酯基封端的改性硅氧烷作为防黏剂的主体预聚物，经 UV 辐射引发聚合使防粘剂预聚物由液态转变为固体膜。再如，专用由可辐射聚合的有机硅氧烷、甲基丙烯酸基化合物、光引发剂叔胺（R_3N）为主要组分，涂在压敏胶背面，然后在一个大气压并不完全隔绝氧的情况下用紫外线固化。

7.9.5 从功能性的观点看有机硅压敏胶黏剂发展

通过有机硅 PSA 合成的原料组成的改变，由物理共混或接枝、嵌段、共聚等化学方法，引入不同种类的官能团，可以把有机硅和其他功能基团连接起来，或采用不同的合成工艺，可以制得具有许多特殊性质的有机硅 PSA 和降低它的生产成本，扩大其应用范围。

1984 年，Abber 等人利用有机硅压敏胶所具有的良好的液体可渗透性和对皮肤的粘接性，将其应用于迁移性治疗上，使液体药物透过压敏胶胶膜到达皮肤，被皮肤吸收。由于 SPSA 具有良好的生物惰性，经过一定时间后移去粘接层，不会引起皮肤的发炎和感染。

Lin 等人将含氟有机硅氧烷单体用于压敏胶的合成中，克服其与 MQ 树脂相容性差的问题，从而使这种 PSA 具有突出的抗溶剂性。

传统的压敏胶没有或很少有触变性。Heying 等人合成了一种具有良好触变性的有机硅 PSA，适用于对涂层胶有严格位置和空间限制的电子加工领域。方法是在加成型 PSA 的基础上，加入 2%～15% 的气相 SiO_2（预先用羟基硅油预处理的）。

Lutz 等人通过在加成型 PSA 的配方中加入大量的 SiO_2 作填料，减小了 SPSA 的较高的温度膨胀系数，消除了由于冷热循环，胶体和基材间由于温度膨胀系数不同产生的应力对粘接强度的破坏，延长了使用寿命。并采取特殊工艺克服了加入大量填料所引起黏度的显著增加同时减弱 SPSA 的初黏性的缺点。

Merrill 指出，用甲基 MQ 树脂和端羟基 PDMS 制备出一种高黏度、无初黏性、很高的剥离强度和剪切强度的胶黏剂，适用于多种不同材料间的复合，特别适用于玻璃丝布与云母带的粘接，制造性能优异的绝缘耐火云母带。

美国专利报道一种热塑性多嵌段共聚物有机硅 PSA，除了基本组成 MQ 树脂和硅橡胶外，还有一种由软、硬段构成的热塑性多嵌段共聚物，其中硬段由二异氰酸酯与有机二醇和二胺组成，占 40%（质量分数）；软段为羟基聚二有机硅氧烷，占 60%（质量分数）。

欧洲专利报道的有机硅压敏胶中除了 MQ 树脂、硅橡胶等基本组分外，还加入了一种由二异氰酸酯与有 2 个反应性基团的聚有机硅氧烷反应制备的软、硬链段交替的热塑性共聚物。硬段来自二异氰酸酯部分，软段则由聚有机硅氧烷疏水部分和聚乙烯氧化物亲水部分组成。此胶明显改善了有机硅压敏胶的"冷流性"。

德国希尔斯股份公司通过接枝的方法来改善有机硅压敏胶的性能。它是在硅氧烷主链上接枝无定形聚 α-烯烃。该胶可湿气固化，具有较高的粘接力、内聚力和热稳定性。

欧洲专利是在传统配方基础上加入油溶的金属盐作稳定剂来提高耐温性。产品能通过 288℃ 老化实验。其配方为：（A）MQ 树脂，其中 M/Q 为 0.6～0.9；（B）端羟基聚二有机硅氧烷；（C）稳定剂，一种油溶的稀有金属盐，例如铈盐、镧盐等，加入的量为 (A+B) 总量的 $(200～500)×10^{-6}$；（D）有机溶剂。此胶在 150～200℃ 固化。

此外，还可通过共聚、共混制成热熔型有机硅压敏胶。它在近十年发展很快，例如 Dow coming 公司研制的一种热熔型有机硅压敏胶是由硅氧烷共聚体和端羟基聚二甲基硅氧烷组成，用苯基甲基硅氧烷作软化剂，所制胶带的剥离强度（黏不锈钢）4.8N/cm。

在有机硅压敏胶的固化方式上，也在进行多方面的研究。其中对紫外线（UV）固化和电子束（EB）固化研究比较多。它具有无污染、低能耗和高效率等优点。其基本组分是：带烯键聚硅氧烷、可与烯键聚硅氧烷共聚合的单官能团烯类单体、MQ 硅树脂、光引发剂、多官能团烯类单体交联剂和少量溶剂。由于 PSA 体系不含或只含少量溶剂，因此，辐射固化取消了溶剂型压敏胶高温烘干工序，也就避免了对一些热敏基材的破坏。

硅氧烷可以改善聚酰亚胺的耐冲击性，耐候性，减少吸湿、而且保持良好耐热、力学性能和粘接强度。文献用两端具有氨基的聚二甲基硅氧烷（PDMS）、3，4-二氨基二苯基醚（3，4-DAPE）和间苯二甲酸氯化物（JPC），采用改良的低温缩合法合成了聚硅氧烷（软段）和芳香聚酰胺（硬段）组成的多嵌段共聚物有机硅 PSA。用电子探针显微分析器（EP-MA）电子探针观察到聚硅氧烷链段与芳香聚酰胺链段存在相分离，并且用 X 射线光电子能谱（XPS）测定了膜表面的 Si/C 值，与 HNMR 算出的 Si/C 值不一致，认为有部分聚硅氧烷漂移到数纳米的表层中。压敏胶的接触角与聚硅氧烷含量有关，呈现高疏水性。德国希尔斯股份公司合成了硅氧烷接枝的无定形聚 α-烯烃压敏胶，该胶湿气固化，具有较高黏合力、内聚力和热稳定性。Minnesota Mining and Mfg 公司在丙烯酸异辛酯-丙烯酸-丙烯酰胺基硅氧烷接枝共聚物中加入硅酸盐 MQ 增黏树脂，涂于基材上制备压敏胶带，90°剥离力 361N/dm，改进对汽车漆面的黏性和抗低温冲击性能。

亦有生物降解的有机硅压敏胶研究，例如专利报道一种由含聚乙烯醇的有机硅乳液和天然橡胶为主要组分的压敏胶，涂在无纺人造丝基材上制成胶带，在土壤中不到一年即完全分解。

此外，在有机硅 $SiO_{1/2}$ 分子链中引入了 P、B、N、Ti、Al、Sn、Pb、Ge 等其他元素的杂硅氧烷有机硅胶黏剂也可制成压敏胶带。一种由四乙氧基硅烷和三氯氧化磷等合成的含 Si—O—P 键的胶黏剂，胶膜透明，粘接剪切强度 0.27～1.25MPa，剥离强度 1.0～3.0kN/m，能用于粘接金属和玻璃。Hughes Aircraft 公司由卡硼烷双二甲基硅醇、甲苯基双脲基硅烷、二甲基双脲基硅烷和甲基乙烯基脲基硅烷制备聚卡硼烷硅氧烷，配合铂催化剂等制成透明、热稳定的胶黏剂。

医用有机硅压敏胶近十几年发展迅速，因其具有无毒、无臭、无刺激、生理惰性，使用温度范围宽，合适的粘接强度和药物透释性等特点，在医疗上和经皮治疗系统制剂中获得广泛应用。例如，防治心血管病硝酸甘油控释贴片、降血压贴片、镇痛镇静药膜、止血贴片、避孕药膜、眼用控释药膜和手术治疗等，医用有机硅压敏胶应用面日益扩大，需求量不断增加。GE 公司公布 2 种甲基有机硅产品，用作工业压敏胶带，分别命名为 PSA800-D1 和 PSA825-D1。这 2 种产品在 325℃下耐压缩和氧化达 72h，260℃下暴露 4h 仍能从金属表面顺利地除去。目前东芝公司生产的有机硅压敏胶产品的型号主要有 PSA518、PSA529、PSA590、PSA595、PSA596、PSA600、PSA6573A 和 PSA6574。

KRL6250S 有机硅压敏胶带，是以聚酰亚胺薄膜为基材，涂以进口耐高温有机硅压敏胶，再覆以杜邦聚酯膜而成，具有极好的耐高温性、电绝缘性、耐化学性，无毒、无异味，对人体及环境无害，由于具有极低的剥离强度，模切后可作为 PCB、手机及各种电子电器产品用及时贴，并可制成各种 Kapton 标签，使用十分方便，是近年发展起来的新型压敏胶带品种。

Avalon 等研制的一种胶膜在 188℃时的剥离强度＞3.6N/cm。Gordon G V 等研制的胶膜浸泡在 JP-8 煤油或流水中 21d 或 120℃的润滑油中 24h 仍具有＞3.6N/cm 的剥离强度。可用于制作电机绝缘胶黏带、飞机和船舶电动机的电气绝缘，提高其在严峻条件下使用的可靠性。

有机硅压敏胶可用作表面保护胶带，使用面广，数量大，如汽车、飞机、机械零件、建筑增强板、家用电器、木制品、玻璃制品、塑料及塑料成型制品等。RieglerBill 等研制了一种用于航空领域的低放气、热稳定性好、粘接性能良好的有机硅压敏胶，总失重＜1%，挥发分含量＜0.1%，满足 ASTM E-595 的指标要求。美国专利报道了一种导电聚硅氧烷压敏胶黏剂，它能较好地粘接在硅橡胶上，胶膜在硅橡胶的应用温度下，显示出稳定的导电性和粘接性。

绝缘有机硅压敏胶用于变压器线圈、电气设备的接线、电线电缆的组合绝缘等，与普通压敏胶相比，它对低能表面有很好的粘接性，耐候性、低温柔韧性和高温化学稳定性优异，其主要缺点是价格很贵，并以溶剂型为主，造成环境污染。

参 考 文 献

[1] 章基凯. 精细化学品系列丛书之一：有机硅材料 [M]. 北京：中国物资出版社，1999.

[2] 晨光化工研究院编. 有机硅单体及聚合物 [M]. 北京：化学工业出版社，1986.

[3] 杜作栋，陈剑华. 有机硅化学 [M]. 1990 年.

[4] 李光亮编著. 有机硅高分子化学 [M]. 北京：科学出版社，1998.

[5] 黄应昌. 弹性密封胶与胶黏剂 [M]. 2003 年第四章：硅酮密封胶.

[6] 罗穗莲，潘慧铭，王跃林. 有机硅胶黏剂的研究进展 [J]. 粘接，2003，24（4）：21-24.

[7] 尹朝辉，潘慧铭，李建宗. 有机硅压敏胶的研究进展 [J]，中国胶黏剂，2001，10（6）：36-40.

[8] 高群，王国建. 安普杰. 有机硅压敏胶的研究进展. 中国胶黏剂，2003，12（1）：59-63.

[9] Donatas S. Handbook of Pressure sensitive Adhesive Technology. Printed in USA Van Nostrand Reinhold，1989，46-49.

[10] DONATAS Satas. Handbook of pressurc sensitive adhesive technolgy [M]. 2nd ed. Printed in USAVanNostrand Reinhold，1989.

[11] 杨玉昆著. 压敏胶黏剂，北京：科学出版社，1980.

[12] USP 2003 166818.

[13] 王东红，齐暑华，杨辉，张剑，武鹏. 有机硅压敏胶的研究进展 [J]. 粘接，2006，27（2）：49-51.

[14] Ciarson S J. Siloxane Polymers. New jersey：Englewood Clirrs，1993，56-61.

[15] S J C1ARSON and J A SEMLYEN. Siloxane polymers [M]. PTR Prentice Hall，Englewood Clirrs，New Jersey，1993.

[16] MERRILL D F. Silicone PSAs：Types，Properties，and Uses [J]. Adhesives Age，1979，22（3）：39.

[17] 罗运军，桂红星. 有机硅树脂及其应用. 北京：化学工业出版社，2002.

[18] 潘慧铭，谭必恩，黄素娟，等. 中国胶黏剂，1999，8（6）：1-4.

[19] 王惠祖，水玻璃有机化树脂-MQ 树脂 [J]. 化工新型材料，1992，（3）：35-37.

[20] 陈永芬，等. 有机硅耐高温胶粘剂的研究 [J]. 四川联合大学学报（工程科学版），1999，（5）：1-5.

[21] 黄伟，黄英. MQ 硅树脂增强缩合型室温硫化硅橡胶 [J]. 合成橡胶工业，1999，22（5）：281-284.

[22] 卢凤才，杨桂生. 耐高温胶黏剂 [M]. 北京：科学出版社，1993：229-231.

[23] ABBER et al. USP 4460371，1984.

[24] BLIZZARD et al. USP 4584355，USP 4591622.1986.

[25] HOMAN. et al. USP 4585836，1986.

[26] Mealey，et al. USP 5545700，1996.

[27] Cifuentes，et al. USP 5，776，614（1998，7，7）.

[28] MURAKAMI. et al. USP 4774297，1998.

[29] Rhodia Chimie. 法国专利：2848215，2004.

[30] Boaroman. EP 0355991.

[31] LIN S. B. J Appl Polym Sci，1994：2135-2145.

[32] LIN S. B. Adhesives Age，1996，39（8）：14-24.

[33] USP 2003 065086.

[34] HAMSDA et al. USP 5110882，1992.

[35] Gross，et al. USP 5612400，1997.

[36] JP 04，175.393（1992.6.23）.

[37] CN 1，177，971（1998.4.1）.

[38] US Patent 5，852，095（1998，11，22）.

[39] Lin，Shaow B. Silicone Pressure sensitive adhesives with selective adhesion characteristics. Journal of Adhesion Sci-

ence and Technology，1996，10（6）：559-571.

[40] 陆宪良，展红卫. 有机硅胶黏剂在耐火云母带中的应用 [J]. 华东理工大学学报，1997，23（4）：472-476.

[41] Eur. Patent 0506372. 1992-09-30.

[42] Lin，Shaow B. A new generation silicone pressure-sensitive adhesive. Polymeric Materials Science and Engineering，1992，67：11-12.

[43] STRONG. et al. USP 5473026，1995.

[44] CLARK et al. USP 5210156，1993.

[45] KRHNKE et al. USP 5470923，1995.

[46] 潘慧铭，陈晓晖，姚似玉，等. 中国胶黏剂，1997，6（5）：29-34.

[47] US Patent 6，013，693（2000，1，11）.

[48] LIN et al. USP 5436303，1995.

[49] HEYING et al. USP 6121368. 2000.

[50] HUTZ et al. USP 6201055. 2001.

[51] US Patent 5，756，572（1998，5，2）.

[52] Eur. Patent 0667382. 1995-08-16.

[53] Kzaumune Nakaot. Release Mechanisms for Pressure Sensitive Adhesive Tape on Silicone-coated Glass. Adhesion，1994（46）：117-130.

[54] CN 1177964. 1998-10-4.

[55] Eur. Patent 0576164. 1993-12-29.

[56] US Patent 5346980. 1994-09-13.

[57] KRENCESKIMA. RevMacromol Chem Phys.，1986，C26（1）：143-182.

[58] 胡耀全，徐镰祥，丁秀英，等. 医用有机硅氧烷压敏胶及其应用的研究 [J]. 华南理工大学学报（自然科学版），1994，22（6）：52-59.

[59] Avalon，Gary A，Bradshaw，MichaelA. PSA problem solving Paper [J]. Film and Foil Converter，2003，77（2）：18-19.

[60] CushmanMichae，OrbeyNese，Gilmanova Nina，et al High temperature applique films for advanced aircraft coatings [J]. International SAMPE Technical Conference，SAMPLE 2004，1619-1630.

[61] Gordon G V，SchmidtR G. PSA release force profiles from silicone liners，probing viscoelastic contributions from release system components Journal ofAdhesion [J]. 2000，72（2）：133-156.

[62] RieglerBil，Meyer Joan. Low outgas silicone pressure sensitive adhesive for aerospace applications [J]. International SAMPE TechnicalConference，SAMPLE 2004，2004，3869-3883.

[63] USP 2004 041131.

[64] 高群，王国建，谢晶. 有机硅粘合剂在耐火云母带上的应用 [J]. 中国胶黏剂，2002，12（5）：56-60.

[65] 徐应麟. 耐火电缩的现状及问题 [J]. 绝缘材料通讯. 1991，（3）：2-11.

[66] 唐传林，饶宝琳. 多胶粉云母带胶黏剂的结构及性能分析 [J]. 哈尔滨电工学院学报，1990，13（3）.

[67] 王玮，谢万春. 耐火电缆中云母带的应用选择 [J]. 电线电缆，1999，（3）.

[68] MERRILE D F. Silicone PSAS：Types，properties and uses [J]. Adhesives Age，1979，22（3）：39-41.

[69] Sakayanasi，et al. USP5079077，1992.

[70] 张孝天，刘桂云. 电统用大鳞片云母纸耐火云母的研究 [J]. 绝缘材料通讯，1991，（3）.

[71] 陆宪良，展红卫. 有机硅胶黏荆在耐火云母带中的应用 [J]. 华东理工大学学报，1997，23（4）.

[72] SHIRAHATA，et al. USP4707531，1987.

[73] 王志目，张安亿. 电线电统用 NHP 耐火云母带的研制 [J]. 电线电缆，1999，（3）.

[74] 王月眉. 有机硅压敏胶的研制 [J]. 有机硅材料及应用，1993，（6）：17-19.

[75] 王毫祖. 水玻璃有机化树脂-MQ 树脂 [J]. 化工新型材料. 1992，（3）：35-37.

[76] 黄伟，黄英. MQ 树脂增强缩合型室温硫化硅橡胶 [J]. 合成橡胶工业，1999，22（5）：281-284.

[77] 方少明，王昊. α,ω-二羟基二甲基硅氧烷齐聚物的合成与研究 [J]. 郑州轻工业学院学报. 1992，7（1）.

[78] 吕伟，杨峰. α,ω-二羟基聚二甲基硅氧烷制备新工艺研究 [J]. 吉化科技，1997，5（4）：30-35.

[79] BI ZARD，et al，USP 4591622，1986.

[80] H0MAN. et al，USP 4585836，1986.

[81] BI ZARD，et al，USP 4584355，1986.

[82] LIN. et al. USP 5 602214，1997.
[83] MURAKAMI USP 4774297，1988.
[84] MEDF0RD. et al. USP 4988779，1991.
[85] HAMSDA. et al. USP 5110882，1992.
[86] VENGROVIOUS et al. USP 5357007，1994.
[87] VENGROVIOUS et al. USP 5466532，1995.

第8章
硅橡胶在生命科学、宇宙工业、汽车工业的应用

8.1 在生命科学中的应用

随着医疗事业的发展，人体医用材料的使用越来越多。早先供人体医用的材料主要是金属（不锈钢、钛合金等）和陶瓷，然而这些材料坚硬有余而缺乏挠性和弹性，对于人体组织的某些部位就根本不能代用和修补。

二十多年来，许多高分子材料的涌现为人体医用材料开辟了新来源，从聚氯乙烯、聚四氟乙烯、聚乙烯、尼龙、涤纶等到弹性体包括改性的天然橡胶、聚氨酯、硅橡胶等不下十多个品种都得到了应用。作为医用的高分子材料，它在机体内部应用时必须具备如下的条件：

① 在化学和生理方面里惰性，不会使血液和体液等机体内的组织液受其影响而引起变性。

② 对周围组织相适应，不发生炎症和异物反应等机体反应。

③ 无致癌性。

④ 长时间放在机体内其物理机械性能不丧失或较小程度地丧失。

⑤ 不因各种消毒措施而发生变性。

⑥ 加工和造型容易。

在上述这些合成高分子材料中，对医用高分子材料的要求虽然不像机械、电气、航空、火箭所要求的那样耐高低温、耐燃、耐辐射，但作为植入人体的材料有其特殊要求。例如，酶可以"消灭"许多有机材料，吞噬细胞对外来物质的细小颗粒有吞食作用，这些吞噬细胞并不能分辨有害细菌和植入物，它的攻击会导致植入器官的失效。

有机硅是指含有元素硅的高分子化合物，它是数千种有机硅化合物的总称。在有机硅聚合物中，环绕着一条由硅原子和氧原子交替组成的稳定的中心链式骨骼（Si—O—Si），侧链上连接着其他有机基团。由于它结构中既含有"有机基团"，又含有"无机结构"，因此它既有无机物的安全、无毒、无污染、无腐蚀、使用寿命长、难燃、耐高低温、耐老化等特点，又具有高分子材料易加工的特点。此外，无论从异物反应，生理惰性、血液相容性、对周围组织不发生炎症，不致癌，耐生物老化，尤其是抗血凝性和组织相容性等方面，有机硅材料（特别是硅橡胶）均表现出独特的优越性，加之硅橡胶长期植入人体内不丧失强力、弹性等机械性能，无形胀性，在煮沸、高压消毒、药液或气体消毒时性能不变，易加工成型。由于硅橡胶具有上述优点，因而它成为目前应用最广，价值最大的一种医用高分子材料。

硅橡胶除了较大程度地符合上述的六点要求外，还具有一些独特的性能。例如，它植入

人体组织后，在表面形成一层新生的薄壁细胞组织，这层新生的组织膜与硅橡胶不会粘连。这种现象表明，硅橡胶植入人体组织内，不仅不会产生相互排斥的异物反应，而且还会带来一些有益的作用。另外，利用硅橡胶所具有的独特的对气体和溶液的渗透性，制成的薄膜可广泛地应用于医疗器械上作渗透膜，在医疗上还可作为一些植入人体的药物释放载体。

医用硅橡胶的制备较之工业级硅橡胶必须更加严格地控制原料的纯度、催化剂的种类及用量、环境和设备的清洁度以及聚合物中低分子挥发物的含量、重金属的含量等。一般要求医用硅橡胶除具有工业级通用型硅橡胶的性能外，还必须兼备有杂质含量少、低分子物含量低、催化剂含量少、重金属含量少等特点，同时胶料加工件能要良好，可模压、挤出和压延制成各种医疗制品。

医疗卫生领域对硅橡胶材料性能的使用要求见表 8-1。

表 8-1 医疗卫生领域对硅橡胶材料性能的使用要求

应用部位	性能要求			
蒸汽消毒器	耐热	耐蒸汽	耐化学品	憎水性
人体	生物相容性	耐化学品	可重复消毒、不引起过敏	不透 X 射线应用
呼吸器	生物相容性、不引起皮肤过敏	可重复消毒、不引起过敏	长期有效可靠	
麻醉	可重复消毒、不引起过敏	长期有效可靠	透明	
电气设备	电绝缘	耐热	高介电强度	憎水性

不同类型硅橡胶在医疗卫生领域的应用情况见表 8-2。

表 8-2 不同类型硅橡胶在医疗护理中的应用

应用场合	硅橡胶类型			
	RTV-1	RTV-2	LSR	HTV
导管	×		×	×
呼吸面罩	×		×	×
呼吸风箱			×	×
麻醉用管系统				×
身体接触电极			×	
不透 X 射线的导管、导管标识			×	
操作间软垫	×	×		
各种软塞			×	×
电及电子元器件		×		
渗析设备垫			×	
操作器械垫板			×	
注射器活塞			×	×
配药阀			×	×
吸药辅助器			×	
矫形术构件		×		
理疗健身腻子		×		
各种医疗用膜			×	×
短期置入物		×		×
牙科造型材料		×		
有机硅凝胶软垫		×		

注：×表示有应用。

8.1.1 有机硅材料在医疗上的应用概括

有机硅材料是现今合成材料中生物兼容性最好的材料之一。早期的医学文献认为有机硅具有良好的生物兼容性，可安全植入人体。20 世纪 60 年代的医学教科书已将有机硅确定为重要植入材料，并有各种实际应用。有许多文章报道有机硅植入体在动物试验中表现令人满意，包括在老鼠和狗体内长达三年的植入试验。

在 20 世纪 60 年代至 80 年代，在动物和人体临床上进行的有机硅和有机硅制成的植入体的安全性和功效性研究一直没有间断过。直至 20 世纪 90 年代大量的人类流行病统计研究文章发表达到高峰。1994 年 2 月出版的关节炎和风湿病杂志有一篇总结文章提到，在 1965 年至 1968 年间发表的七篇动物试验研究文章中，都未发现有机硅有任何不利反应。在 1991 年向美国 FDA（美国食品和食物管理局）申请继续生产和销售有机硅凝胶植入体的许可证时，美国道康宁公司向 FDA 提交了二百三十多篇研究报告，证明硅凝胶乳房植入体的安全性。有机硅材料在医疗上的应用越来越广泛，并取得十分理想的效果，越来越引起人们的重视，过去半个世纪发表的有机硅或有机硅制成的植入体文章有近三千篇。目前有机硅材料作为人体医用材料，应用可大体归纳为下列几个方面。

8.1.2 长期留置于人体内作为器官或组织代用品

这是医用有机硅材料（主要是硅橡胶）制品中最重要的一大类，像人造球形二尖瓣、人造喉头、人造气管和支气管、人工肺、人造角膜、视网膜植入物、人造晶体、人造硬脑膜、脑积水引流装置、整形材料托牙齿印模及牙组织面软衬垫、人工手指、手掌关节、人造鼓膜、人工肌腱、人造上下颌、人造皮肤、人工心脏瓣膜附件等（见表 8-3）。

表 8-3 有机硅植入人体内作为器官或组织代用品

人体部位	医用材料名称	治疗目的
脑	脑积水引流装置	排除脑积水
眼	人工角膜支架	恢复视力
鼻耳、上下颌、面庞、乳房	人造鼻、人造耳、人造上下颌、人造乳房、面部	整形，外伤或先天缺陷
关节	人工手指，手掌关节	恢复手功能
心脏	心脏小球（人工心脏瓣膜附件）心脏起搏器	二尖瓣缺损，刺激心脏搏跳功能使之恢复正常
牙齿	托牙组织面软衬垫	防止牙齿松动，脱落，解决修复体对黏膜的压痛提高咀嚼功能

这里就几种重要的硅橡胶制品介绍其临床实效。

（1）人造球形二尖瓣　以金属作外框，内嵌硅橡胶球的球状人造瓣已得到广泛的应用。用硅橡胶制的尖叶瓣，植入人体内 20 年仍能正常工作。对主动脉出口狭窄者极为适应，硅橡胶已用于心脏起搏器的包封。

（2）脑积水引流装置和人造硬脑膜　脑积水引流装置主要用于治疗俗称"大头病"的绝症，即脑脊液由于先天性的、后天性的或外伤引起流通受阻产生脑积水的绝症，取得十分理想的医疗效果。聚酯增强的硅橡胶可以用作人造硬脑膜。进行动脉瘤的周围，形成一保护套以防止手术时动脉瘤破裂。

（3）人工角膜、人工晶体　视网膜脱落可用一小片硅橡胶安于眼内，强使脱落，部位恢复正常位置，它具有透气性，同时又能阻止大量房水渗入角膜保持较为良好的生理状态，减少出现坏死的可能，在长时间内保持一定的透明度，在玻璃体后部位注入一定黏度规格的硅油也有良好效果。用硅橡胶制成的人工晶体已普遍用来治疗各种类型的角膜病。

（4）整形外科材料 近20年来硅橡胶在整容和修复术方面也得到了广泛的应用。其优点是：对皮肤黏膜无影响；不易老化；材料硬度可任意调节的，达到与周围组织同样的软硬程度；可着色；易加工成型在整形外科上，用硅橡胶来修补面容的缺陷，如修补前额、人造鼻、人造耳、人造眼眶、人造上下腭颈、人造乳房等。在骨科方面用硅橡胶堵塞于下肢断骨与肌肉之间、断端处平滑不疼且能接受这种手术，手术时截去病变关节，将手指拉直，人造关节的末端分别置入手骨和指骨，而其中央部位留在被截关节的地方。手术后，可作正常的手指活动。这种人造关节经100万次弯曲试验没有折断。有机硅可以填补脚的残缺部分，制作人工筋头，用硅橡胶修复和医疗耳咽管的损伤，效果很好，用硅橡胶托牙组织面软衬垫是一种新型的口矫修复软衬垫材料，这种软衬垫材料具有牙龈的弹性感觉，不但使人感到舒适，而且防止了松动、脱落，它能解决修复体时黏膜的压痛，增强修复体的固位，提高病员的咀嚼功能。在乳房成型外科上最多用的是在去除乳腺之后，有时也为使乳房丰满和使乳房有所想有的式样，硅橡胶制成的函袋、内装液体硅橡胶，可以以假乱真。硅橡胶也用于修补和医疗膀胱、尿道和胆囊。

（5）肝腹水引流 从腹腔内将腹水通过管道阀门经过颈内静脉引入上腔静脉，使腹水回流吸收，以达到使腹水消退的目的。

8.1.3 短期留置于人体某个部位，起到补液、抢救、引流、注入等作用

这类产品有静脉插管、导尿管、动静脉外瘘管、腹膜透析管、接触眼镜、输血管、泄压管、胸腔引流管、胃镜套管、中耳炎通气管、导液管和鼻插管等。

（1）医用硅橡胶管 利用有机硅材料的抗黏性能，能在杀菌热压器内消毒对生物液体的稳定性和抗老化性能，把它作为抢救和治疗各种病例的重要辅助材料和手段。例如腹膜透析管、静脉插管、外瘘管、导液管、肠瘘内堵片，以及肺气肿消泡剂、隐形眼镜等。见表8-4。如动静脉外瘘管，它用来治疗急、慢性肾功能衰竭和急性药物中毒，挽救了病人的生命，争取了时间，还为开展肾移植奠定良好的基础。

表 8-4 体内短期留置的硅橡胶片

名　称	用　途
静脉插管	为肝功能不全，肠瘘，烧伤等危急病人进行补液用
腹膜透析管	抢救肾功能衰竭病人，解除药肠中毒
导尿管	导出尿液，因管体柔软，可减少病人痛苦
长效避孕环	利用药物能缓慢透过硅橡胶的原理，达到长效避孕的硅橡胶载体
动静脉外瘘管	治疗急、慢性肾功能衰竭加急性药物中毒
接触眼镜	几乎可完全透过氧气，可用于正常近视和远视眼及切除白内障者

（2）有机硅消泡剂和药剂 有机硅材料用于治疗胃溃疡、胃出血和消化不良。利用有机硅消泡剂的消泡性能，用于胃镜检查，消除泡沫，不使之妨碍黏膜的检视，同时可用于鼓肠，开刀后腹内疼痛以及其他由于胃肠积气引起的类似疼痛。有机硅消泡剂用于抢救急性肺水肿，可迅速疏通呼吸道，改善缺氧状况，减少或避免因泡沫阻塞气流通过而导致的窒息死亡，如用于抢救因心脏病刺激性气体中毒的肺水肿患者，死亡率由48.6％下降为13.5％。

此外，有机硅消泡剂可缓解消化不良和肝炎患者的腹胀、减轻呼吸道病人的咳嗽等症状。服用硅油消泡剂可使胃部 X 射线片清晰，有利于诊断治疗。硅油水乳剂与毛果碱等配成的药剂有助于治疗青光眼，硅油通过增补关节滑液细胞防止关节炎恶化，医用有机硅抗凝血剂也解决了医疗上血液输送的凝结问题。

（3）接触眼镜　硅橡胶制成的接触眼镜在国外已批准使用，与其他接触眼镜相比，其特点是它几乎可以完全透过氧气，有更稳定的光学性能而且耐久、易加工。用镊子夹经弯曲和拉伸均不会撕裂或破裂。这种新产品可用于正常的近视或远视及切除白内障者。对于因眼液部分流出造成的眼压不足，可以用硅橡胶条来做手术缝合挤压，使眼压恢复正常。

8.1.4　作为药物载体留置于体内，长期发挥药效

延长药物疗效和提高药物作用的专一性和安全性是药学研究中的一项重要课题。硅橡胶胶囊，通过其囊壁缓慢扩散药剂，可用以作为渐渐释放各种抗生素、菌苗和麻醉剂等的供应库，利用药物能透过硅橡胶的性能而有效地控制其释放量和缓慢扩散的原理，长期发挥药效，有包封型和微粒分散型两种剂型。

（1）通过皮肤吸收的剂型　典型的例子是治疗心绞痛的硝酸甘油酯，经过精确计算释放剂量制得的贴剂敷在皮肤上，能使吸收药物的剂量 24h 保持稳定，有较好的治疗效果。由于长期口服该药物会造成肝功能减退，通过皮肤吸收缓释药物是很好的解决方法，药物释放系统由药物贮存源和粘于机体的渗透元件组成，用硅油分散药物，通过贴在皮肤上的有机硅材料将药物渗透入体内。另一种方法是将硅橡胶与药物一起混合固化成型，用压敏胶贴敷在皮肤上，药物透过皮肤吸收。

（2）植入缓释剂型　这类有机硅材料典型的例子是可再充注的输药泵和硅橡胶长效避孕环等。最近在保健与医学领域上对需要连续治病的病人设计了一种装在硅橡胶内的可再充注的输药泵，这种药泵一经植入体内就会自动向病人供给需用药剂，从而避免打针的疼痛和污染。而硅橡胶长效避孕环则是女性激素甾酮包于室温硫化硅橡胶中，可使药物按需要量持续均匀地在子宫内释放，达到长效避孕的效果，有效期可达一年。利用硅橡胶生物材料为基质的可控缓释剂已应用于避孕药和抗癌药中，并取得了良好的效果。释放体系也可用于其他许多药物在动物体内的控制释放。

8.1.5　作为医疗器械上的关键性组成部件之一

例如人工心肺机轮血泵管、膜式人工肺、胎儿吸引器头和人工血液循环装置等。由于硅橡胶透气性高于其他合成材料，因而成功应用于膜式人工心肺机和膜式人工肺。胎头吸引器用于产科，在难产的情况下使用该器由于硅橡胶的柔软性，弹性，可避免使用其他助产器引起新生儿颅内出血与损伤。有机硅血液消泡剂用于消除人工血液循环装置中的血液凝结和泡沫。

8.1.6　作保护皮肤涂层

各种聚硅氧烷油膏可用以保护皮肤，不使之受盐、酸、碱溶液和肥皂、合成洗涤剂的损害。如硅油及硅树脂复合物涂于手上可保护皮肤，有机硅保护层耐洗、不黏、无毒。硅油膏涂在皮肤上可以防止因太阳曝晒而灼伤，可抵抗海水的侵蚀。硅油不仅可有效保护皮肤不受有害物质损伤，而且在治疗烧伤和各种皮肤病（如皮炎、干裂、皲裂、湿疹、儿童发疹和褥疮等）方面都有良好的效果。含硅油的软膏及纱布用于烧伤患者可使疼痛及浮肿较快消失，并能控制感染，促进肉芽生成。硅油可作严重烧伤的无菌环境材料，用以保护皮肤的创伤

面。这时是将烧伤部位置于硅油槽内，即用一透明塑料袋将硅油倒在里面，使创伤浸泡其中，然后密封。这样病人可以自己活动。无菌，无应力、无疼痛、无刺激，较过去的方法更为有效，更为方便。

8.1.7 其他应用

医用硅橡胶除了上述应用外，还应用于生物医学工程领域，主要包括医疗用装置、医用电极、生物植入传感器的外包装材料。

腹腔内化疗输药装置是一种全硅胶植入式腹腔内化疗导管系统。该装置以医用硅橡胶为原料，由贮药盒和导管组成。

医用电极（板）与人体接触，因此要求材料柔软、舒适、呈生理惰性、对人体无毒、对皮肤无刺激、透气性能好。在使用过程中还要承受高温高压、溶剂消毒，且性能不受影响。要满足上述要求，硅橡胶作为基材较为合适。

生物传感器应用广泛，不仅在基础研究、临床医学、食品发酵、环境保护等方面显示了美好的前景，而且在活体应用方面也已成为可能。其中，两种生物传感器——生物医学电极和植入传感器是活体应用较为典型的例子。供移植使用的生物传感器外面通常需要一层包装材料，用来隔开周围的生理环境。因此，活体应用尤其是植入人体的生物医学设备对材料的可靠性、耐久性、生物相容性等提出了更高的要求。而硅橡胶具有弹性好、生物相容性佳等特点，因此在电极外的硅橡胶层可以很薄，水和其他小分子可以自由通过。这种硅橡胶可以作为一种葡萄糖敏感电极的外包装，用来监控和调节糖尿病人血液中的葡萄糖水平。

8.2 在宇宙工业的应用

现代高空高速飞机飞行条件十分恶劣，不仅要求各种橡胶密封条件应能在-70～200℃温度范围内长期工作。而且还要求具有抵御臭氧、耐紫外线破坏的能力。航天器运行环境更加苛刻，温度为-150～150℃、强紫外线、宇宙射线。

对此一般有机橡胶是无法适应的，而硅橡胶可以耐受极限温度，在极端的应力条件及苛刻的环境下保持良好的稳定性能，它能承受太空的超冷和返回大气层的灼热，不影响使用，增加飞机零件寿命，降低检修保养费用，减少意外事件，硅橡胶已经成为航天及宇航工业中重要的不可缺少的高性能材料之一，其应用十分广泛。

硅橡胶可以用于制造垫圈垫片、密封开关、电接头、发动机和液压装置的密封圈、防尘和防水罩、橡胶防护套、喷气式引擎和液压装置的"O"形密封环、调控膜片、氧气系统减震控制垫，雷达天线减震器、电缆绝缘层等多种部件。

为此飞机上大部分的外露系统部分的绝热、密封都使用硅橡胶制品，如飞机或航天器内外部的门窗及面板密封件、机体空穴密封件、座舱、炸弹舱、起落架舱、高空摄影舱、飞机机翼后缘和副翼间的密封、发动机舱门等的密封件。硅橡胶密封圈还广泛用在飞船液压油、燃油及润滑系统及油箱密封垫、皮碗、活门、薄膜等方面。由玻璃布增强的硅橡胶热空气导管，是机翼前缘及喷气发动机进气口防结冰装置及启动发动机使蜗轮转动的重要部件。

室温硫化硅橡胶也可作为机体气密性密封、窗框密封和防潮防震用灌封料。耐烧蚀硅橡胶可以用于火箭燃油阀、发射井盖涂层及动力源电缆等，以免受火箭喷射流的烧蚀。

它取代了传动的金属管用于座舱及发动机加热保温，不仅避免了以往因振动而引起管道破裂问题，而且简化了安装及降低了飞行噪声。高温硅橡胶热空气导管具有很高的抗疲劳温度，它能再 300℃ 以上长期工作，国外许多重要的机种均已采用这类热空气导管，并取得了良好的效果。

由聚酯纤维织物与硅橡胶复合制成的空气动力平衡密封垫，用作分级机翼后缘和副翼间的密封，它在 -55℃ 仍很柔软，并能承受较大的空气动力负载，还兼有良好的冲击强度，撕裂强度，抗磨耗性，耐油性及防毒菌性等，因而在运输装卸口及发动机舱门等方面多用其作密封垫。

硅橡胶广泛用作活塞式发动机汽缸内散热片的防震材料。为了提高冷却效果，应使用长而薄的散热片，但长而薄的散热片在受震下，容易产生裂纹及断裂，还将引起严重事故，对此需用硅橡胶减震、仪表减震系统阻尼材料。

飞机速度越快其外露部分表面的光滑性越显重要。但操纵飞行的铰接装置常影响机翼及尾翼的空气动力平滑性。当机翼及尾翼活动部位包覆一层织物增强的硅橡胶后，即可校正空气动力表面，这种增强的硅橡胶在 -75℃ 低温下仍保持弹性，并允许分级在 18000m 高空中连续飞行。

飞机上安装了数以百计的终点开关，用于开闭指示器、断电器及马达等。襟翼、起落架、油门、水平安定面、弹舱盖等，都靠终点开关控制，因而要求开关质量准确可靠，并能安全连续工作，为此开关外部需用硅橡胶作柔软保护套，使开关免受潮气及脏物的侵蚀。地面及空间站电脑均使用有机硅橡胶制造的键盘。

使用高撕裂强度硅橡胶制成的飞行员氧气面罩，具有柔软、耐臭氧、不开裂、使用寿命长、不刺激皮肤等优点，飞行员长期使用无不舒适感觉。由生理惰性、无毒又无味的硅橡胶制成的食用胶管，为驾驶员饮用饮料提供了方便。

氟硅橡胶有极佳的耐油性，是燃油控制隔膜、液压管线以及电缆夹板的理想材料。

8.2.1 弹性密封剂

油箱密封赋予在燃料内至少有 50% 的伸长率在 54～149℃ 耐各种百分比含量的芳香族喷气燃料，在 149～371℃ 耐燃油蒸汽几千小时，在上述温度范围内，必须保持强力、伸长率和耐撕裂性能。要求施工方便，能低温硫化，最好是室温硫化，此外，最好含有较高的固体成分，能在较广的温度范围内保持黏着强度，而且对结构材料或其他合金材料不引起腐蚀作用。油箱密封剂中，改性硅橡胶占了很重要的地位，聚酯基材料和氟硅橡胶是应用最普遍的材料，聚酯已经用于像 F-111 这样的高性能飞机中，它仍属于 204℃ 的材料，而且在高温下使用，需要经常修补，耗资大，氟硅橡胶密封剂在 232℃ 下显示了良好的长期性能，并在 260～316℃，其效力至少是聚酯的二倍，然而这仍不能满足飞机的需要，例如氟硅橡胶在 177℃ 以上就易"还原""返原"成液态。

由美国道康宁公司研制的氟硅/氟碳杂交共聚物，是一种综合性能良好的密封材料，可在 260℃ 下使用，既保持了氟硅的低温和加工特性，同时又显示氟碳的高温性能。

随着宇航飞行器的研制工作的进展，对油箱密封剂要求越来越苛刻，例如要求在 232℃ 下有效密封数千小时，要求在 -157℃ 能短期暴露随着对使用温度要求的提高，能充分满足性能要求的密封弹性体越来越少，除了氟碳硅橡胶外，有聚氰基硅氧烷为基料的两种密封 PR-711 和 PR-719 也是性能较好的有机硅密封剂，它们除了在高温下耐航空燃油极佳外尚具有极低的玻璃化温度，由于其独特性能已成功用于空间渡船中，聚合物结构式如下：

$$
\begin{array}{c}
\underset{\mathrm{CH_3}}{\overset{\mathrm{CH_3}}{}} \quad \underset{}{\overset{\mathrm{CH_3}}{}} \quad \underset{}{\overset{\mathrm{CH_3}}{}} \quad \underset{}{\overset{\mathrm{CH_3}}{}} \\
\mathrm{CH_3\!-\!Si\!-\!O\!\!\left[\!-\!Si\!-\!O\!\right]\!-\!Si\!-\!O\!-\!Si\!-\!CH_3} \\
\underset{}{\overset{\mathrm{CH_3}}{}} \quad \underset{}{\overset{(\mathrm{CH_2})_3}{}} \quad \underset{}{\overset{\mathrm{O}}{}} \quad \underset{}{\overset{\mathrm{CH_3}}{}}
\end{array}
$$

8.2.2 弹性黏结剂

在宇航工业广泛采用室温硫化硅橡胶作为弹性黏结剂，它能将高分子材料或陶瓷牢固地粘到金属上，也能将玻璃粘到塑料上去，它具有耐热、耐寒、对温度不敏感，电绝缘和介电性好，耐紫外线及臭氧，远于在室外长时期使用。例如硅橡胶在太阳能收集器的使用就是一个很好例证。

太阳能收集器的内部必须有水和潮气，因为稍有一点水分进入平板式太阳能收集器，都将引起收器片上的收热涂层降解，并且也将严重地降低元件的绝缘效率，另外太阳能收集器需承受无休止的冷热循环，而且时间间隔没有规律，由于选择硅橡胶作为最终密封，使太阳能收集器能经受在各种气候下的长期暴露。

8.2.3 航空液压系统用密封剂、胶管、软管、胶罐与胶囊

航空液压系统要求密封件，软连接器在 $-54\sim371℃$，温度范围内工作几千小时，要求耐各种燃料、液压油、润滑油、耐高压 $3.43\mathrm{MPa}$，并能保证良好物理性能。主要是由改进杂环化合物性能的液压系统用弹性体，形成耐高低温、耐燃料性能优良的硅橡胶。

宇航和导弹上用的胶罐和胶囊材料必须耐空气动力摩擦生热引起的高温，能耐 $-54\sim371℃$，要具有低温硫化性能，对宇航系统来说，要求所用材料在密闭系统或真空情况下还原，在某些用途中要求耐辐射，载人宇航飞船用的胶罐和胶囊要求不燃烧、无毒、除上述要求之外胶罐和胶囊材料在非常环境下暴露之后，必须保持良好的电性能，目前胶罐和胶囊主要用聚硫、聚氨基甲酸酯和硅橡胶。

8.2.4 温控涂层

温控涂层是航天器（包括卫星、空间站和航天飞机）温控系统的重要组成部分，其原理是调节物体表面的太阳吸收率（α_s）和红外辐射率（ε）来控制物体的热量平衡。几乎每一个航天器外表面均需涂覆温控涂层，以保障星体安全和星内仪器的正常工作。有机型温控涂层的 α_s/ε 值易调节，柔韧性好，耐高低温，抗冲击性能好，是不可替代的温控涂层。有机硅温控涂层由黏料和颜料两部分组成，黏料多采用甲基型有机硅，硫化方式为缩合硫化。由于缩合硫化在高温时残存的催化剂会引发硅橡胶的主链降解而放出低分子环硅氧烷，影响到温控涂层的质量损失（TML）和可凝挥发物（CVCM）两项指标的重要性。而加成型有机硅可深层硫化，硫化过程中无小分子放出，具有更低的真空热失重，涂层的抗收缩性好，更适合作为空间级材料使用。

有机型温控涂层有白色和黑色两种。目前俄罗斯的白色和黑色有机温控涂层所用的树脂主要是丙烯酸树脂和有机硅类，白色颜料有 ZnO、TiO_2 和 ZrO_2，黑色颜料主要为 Co_2O_3、炭黑等。我国和美国目前主要用 ZnO。我国采用的白色温控涂层主要有 S956、SR107、S781 等品种。它们都是由硅橡胶或硅树脂和 ZnO 配制而成。近年来国内研究人员也研究了

新型的温控涂层，如加成型硅橡胶温控涂层及抗静电白色温控涂层 ACR-1。

8.2.5　太阳能电池黏接剂

太阳能电池片若直接暴露于空间，会受到原子氧、带电粒子、紫外线、温度交变等空间环境因素的作用，导致光电转换机能衰减。因此需采用透明、耐辐射、黏性好及能承受空间环境因素作用的黏接剂将硅晶片包封，并和上层防护玻璃、下层材料（常为聚酰亚胺薄膜）黏合为一体，构成太阳能电池板。

国外从 20 世纪 60 年代就已开始使用硅橡胶作为太阳能电池的黏接剂。目前国际上公认的空间级硅橡胶黏接剂是美国的 DC-93500 及德国的 RTV-S691 和 RTV-S695。经地面模拟和空间搭载实验表明，它们的综合性能好，但其组成及制备工艺未见报道。我国自行研制的硅橡胶黏接剂也已成功应用于卫星太阳能电池的粘接中，如一种新的空间级加成型室温硫化硅橡胶 KH-SP-B，它的特点在于具有低的热真空失重，在 $125℃×24h$，$1×10^{-10}MPa$ 下的热真空失重可小于 0.3%；高的粘接强度，与金属及聚酰亚胺等的黏结强度可达到 2MPa 以上；高的热稳定性能，分解温度可达 524℃；优异的低温性能，脆性温度为 $-114℃$；良好的电性能，体积电阻率可达 $1.3×10^{16}Ω·cm$。

8.2.6　硅橡胶在宇航电子、仪表的应用

硅橡胶在宇航电子、仪表的应用十分广泛，可归纳如下几个方面。

(1) 电子元件、电子组合件和整机的灌封材料　集成电路、薄膜元件、厚膜元件、电子组合元件到整机都采用室温硫化硅橡胶或泡沫硅橡胶灌封，灌封后胶层里的元件清晰可见，并可用针刺方法测量元件的参数，还可以从胶层里挖出损坏的元件，调换后的组件或整机具有优良的绝缘、防震、防潮性能，可以保证在苛刻的环境下使用。

(2) 电子元件的密封绝缘和防震材料　各种高温硫化硅橡胶可制成各种密封的按钮、插座、电仪器绝缘衬套、耐高温电位器、密封圈、软波导管密封外套、微波通信软皮导管，以及固定、防震和密封电子积分器壳件或电子管用的各种耐高温垫片。

(3) 功率晶体管和半导体管绝缘散热的填充料　在功率晶体管与机架之间涂以导热硅脂，将功率晶体管放出的热量及时传递至机架，达到散热效果，以使晶体管能耐受高压，而且电性能稳定，此时导热硅脂还可涂敷于各种仪器、仪表和固体电路组件，起到绝缘和散热作用，以提高仪器、仪表的精度。

(4) 电子器件的电子计算器的导电连接片　导电硅橡胶具有光亮、表面弹性的耐热性好，使用温度范围很宽，使用寿命长等优点，目前它已广泛代替金属弹簧，用于电子计算器和电子器件等的导电连接片。

(5) 各种电子元件和仪表零件的复制模型　在加工电子元件和仪表零件时须经常复制模型，采用硅橡胶制造模具特别适合，其设备十分简单，不需要金工方面的加工设备，不但能准确复制形状相当复杂的零件，而且大大缩短了制模时间和节约金属材料。有机硅材料在宇航工业应用尚有很多，上面只是列举了几种主要用途。

8.3　在汽车工业的应用

从汽车诞生以来，生产技术、汽车的安全性、舒适性、功能性一直在发展、提高和进步。近年来，汽车朝着更多保证与更长使用寿命、减轻重量、更高的引擎效率、提高车速、更多电子控制、节约燃料、新能源、排气法规的更严格及提高可靠性的方向发展，而其核心

是缩小发动机尺寸，所有这些要求都促进对有机硅弹性体材料的需求和应用发展，部分传统的橡胶（NR、EPDM、ACM、FKM 等）向硅橡胶 VMQ 发展，固体硅橡胶 HCE 向液体硅橡胶 LSR 发展，固体氟硅橡胶 FSE 向全氟液体硅橡胶 FFSL 发展。

硅橡胶加工工艺与生产简便灵活，具有高温下稳定、低温下柔软，在宽广温度范围内性能变化较小，优异的耐候性，很好的介电性能、良好的阻燃特性，耐多种溶剂，优异的密封性，使用寿命长，与大多数材料不反应，大多数情况下易着色，低硬度无增塑剂等诸多性能优点。随着应用涡轮增压器后，汽车马力的加大，发动机罩下的旋转温度及各部件工作温度愈来愈高，20 世纪 70 年代为 100℃，80 年代为 150℃，进入 90 年代超过 200℃。特别是具有各种特性的硅橡胶制品，可以提高汽车各部件的使用性能，降低维修费用，几乎可用于汽车行业的各个方面，因而硅橡胶在关键部位的使用量日益增多。表 8-5 为汽车制造业对汽车关键部位所用橡胶材料性能的要求。

表 8-5　汽车关键部位对橡胶材料性能的要求

应用部位	性能要求			
发动机	耐热	低温柔性	耐油及化学品	施工方便
传动及运动部件	耐热	低温柔性	耐油及化学品	施工方便
安全气囊	耐热	低温柔性	低压缩变形	长期有效可靠
电子部件	电绝缘	耐高低温	长期有效可靠	憎水性好
电绝缘	电绝缘	耐高低温	高介电强度	憎水性好
车体及照明	低压缩变形	施工方便	耐紫外光	耐高低温

不同种类硅橡胶在汽车中的应用见表 8-6。

表 8-6　不同种类硅橡胶在汽车不同部位的应用

应用部位	硅橡胶类型			
	RTV-1	RTV-2	LSR	HTV
排气管吊挂器				×
曲轴密封				×
水箱垫片			×	×
点火电缆				×
电池电缆				×
连接器密封		×	×	×
火花塞帽			×	×
开关盖			×	×
ABS 系统密封	×	×		
安全气囊涂料	×	×		
安全气囊起动装置及电子系统	×	×		
波纹管			×	×
电及电子元器件	×	×		×
就地成型垫片	×	×		
抗震阻尼器				×
排气口活板垫			×	×

续表

应用部位	硅橡胶类型			
	RTV-1	RTV-2	LSR	HTV
水箱软管				×
空调垫片及电子装置		×	×	×
车灯垫	×	×	×	×
天窗垫				×
涡轮增压器软管				×
点火线圈保护		×	×	×
雨刷器胶片			×	×
动力锁垫片			×	
汽缸垫		×		
齿轮箱垫片			×	×
油盘垫	×		×	×
空气流质量传感器	×	×		

注：×表示可用。

8.3.1　硅橡胶应用于汽车工业的规格

HCR 固态硅橡胶：高强度、高抗撕、挤出用、耐矿物油、耐冷冻液、耐 300℃ 高温、加成硫化、氟硅橡胶耐燃油。

LR 液态硅橡胶：通用规格、高抗撕、高绝缘、耐矿物油、无需二段硫化、自黏合、自润滑、渗油、液体氟硅橡胶耐燃油。

8.3.2　汽车零部件硅橡胶产品应用

8.3.2.1　汽车动力系统中

（1）防逆流油滤阀　当引擎熄火时，防止机油从水平安装的机滤中逆流排出，这样当引擎再次启动时确保机油瞬间被输送到引擎上部最敏感的部位，从而延长使用寿命。

固体或液体硅橡胶经过模压、注射成型。它具有耐油、耐热，宽广使用稳定范围，综合了高温稳定性和低温柔性、低压缩永久变形。

（2）汽缸头垫片　缸盖和引擎之间的垫片可以阻止机油和冷却液的渗漏。

硅橡胶具有耐高温，耐油。

（3）进气歧管垫片、排气阀密封垫片　在进气歧管和汽缸盖之间起密封作用能同时对机油，冷却液和空气起密封作用。

硅橡胶经模压/注压、注射成型，具有加工性、耐介质性能（油、燃油、OEM 油等）、在高温燃油蒸汽中能持久保持其功能，具有优良的低压缩永久变形率、低温柔顺性。

（4）油底壳垫片　连在汽缸底部的引擎润滑油贮油器中，起密封作用的垫片。

硅橡胶具有耐油、具有优良的压缩永久变形率。

（5）摇臂盖垫片（汽缸盖垫片）　覆盖并保护顶置凸轮轴发动机的气门机构各部件（凸轮、轴、液压挺杆、气门等），并提供对润滑机油的密封作用。

硅橡胶具有耐油，并具有优良的压缩永久变形率。

(6) 涡轮增压器胶管　涡轮增压器胶管的主要要求是具有良好的耐热性能。

涡轮增压胶管采用全橡胶结构，即内胶层由氟橡胶和耐热性较好的硅橡胶组成，增强层用高强度的芳酰胺纤维针织组成，外胶层采用硅橡胶。优异耐热性，可在230℃长期使用；生胶强度高，方便挤出成型；能与织物层，耐油内层及外胶层有效的黏合；长期的耐动态疲劳性能。

8.3.2.2　汽车车身系统中

(1) 恒速万向节套管　恒速万向节套管用于保护作为汽车传动轴的恒速万向节中的润滑脂不流失，同时防止外界异物进入，从而保护恒速万向节以大幅提高其使用寿命。

硅橡胶具有高疲劳寿命。

(2) 散热器/水箱密封件　在水箱和水箱底板间起密封作用。

硅橡胶具有耐冷却液，低压缩永久变形，有时还要有良好的粘接性，耐蒸汽。

(3) 中冷器软管（或称为进气软管，横跨管道）　将空气从涡轮增压器传送到引擎高温一侧的冷却器的软管，或连接冷却器的出口到引擎较冷一侧的歧管入口的软管。

高性能硅橡胶、耐热硅橡胶经帘线压延成型工艺，挤出缠绕工艺，及热空气/蒸汽硫化成型。其性能特点：高温稳定性、耐冷却液，耐燃油、胶料良好的加工性，良好的黏合性。

(4) 冷却软管（水箱软管）、暖器管　冷却软管（水箱软管）将低压冷却液从引擎输送至冷却系统；暖器管热水导入加热系统为驾驶员和乘客创造舒适车内环境的低压软管。

硅橡胶具有经济性，耐高温并耐冷却液，无论是将压延的半成品用芯轴缠绕法，非连续生产还是采用现代挤出工艺连续生产，都要求胶料具有较高的生胶强度。

8.3.2.3　汽车底盘系统中

(1) 消声器吊耳（排气管吊耳）　应用于降噪，减震。

硅橡胶取代传统的合成橡胶的演变过程：EPDM→通用 HCE→HCE-ccc→LSP。

硅橡胶具有高撕裂强度，低 NVH（噪声，振动，刺耳不悦声），降低噪声提高车的乘用舒适性；宽广的使用温度（-60~200℃），耐高温（由催化式排气净化器或高性能引擎所引起的），无论引擎是冷是热，处于高速还是低速运转，都可以可靠地降低振动；耐候性，耐老化性优异；耐高温优异；长期使用稳定性；弹性好，耐油性；易加工。

(2) 引擎支架　减震橡胶降噪被公认具有卓越的吸收震动和噪声的功能。

硅橡胶具有低 NVH，耐热老化、耐低温、可调节的减震性能、广泛的适用频率、出色降低噪声功能、适用温度范围宽、高耐动态疲劳性能，可以长效保持高力学强度。

8.3.2.4　汽车电子电器部件系统中

(1) 电器连接器线束密封　对这些部件的密封可以保护连接器，令它不受外界和车内部极端温度及流体环境的影响，保障工作的稳定性。

采用自润滑硅橡胶用于汽车电子连接器密封，它是由 HCE→低压变 LSR→超低压变 LSR→FSL 逐步取代。硅橡胶具有排水性及自润滑性以利于装配，高安全和稳定性；宽广的使用温度（-60~200℃）；优异的耐热性能；优异稳定的电性能；抗外界电场干扰强；密封性能优异；耐候性，耐老化性优异；LSR 加工容易，高效。

(2) 无分电盘式点火系统　这一系统不需要通过点火分电盘将高压电流传送到火花塞，高压插线直接从点火线圈通到火花塞，DLI 点火系统省却了分电盘，可以更加准确地控制点火时间，从而可以由非高压的火花塞点火电缆获得更高的喷射和燃油效率，提高汽车的总功率。

硅橡胶具有耐候性。

(3) 点火系统火花塞护套　一种绝缘体，它能将高压电流输送到火花塞，从而产生燃烧火花，需要使用一种高温润滑剂，以利于插拔操作。

硅橡胶自黏合/渗油胶：高安全稳定性；宽广的使用温度（－60～200℃）；耐候性，耐老化、低压缩永久变形、持久地密封效应、优化的渗油性能、能形成一层油膜来防止湿气的侵蚀、提供良好的防水防尘、优良的电气绝缘性能、高介电强度、耐热性、耐电晕放电、抗外界电场干扰强特性，润滑效果有方便接头的拔插，加工容易，能使用注射机进行高效率的生产，无需二段硫化。它是由 EPDM→HCE-GP→HCE-spec→LSP 逐步取代。

（4）点火高压线缆　硅橡胶作为导体，绝缘体，和防护套被应用于点火电缆上。其主要功能是把高压电流由能量源传送至火花塞，令燃油完成在缸体内的燃烧。

硅橡胶具有经济性。

8.3.2.5　汽车燃油系统中

（1）膜片　膜片用于燃油传输系统，例如控制燃料供给，降低震动和压力波动，隔离/传送并同时防止液态和气态介质泄漏的燃油喷射泵和加速泵。

硅橡胶具有在较宽的使用温度范围内、耐燃料、高屈挠性，低滞后性，对压力变化的敏感度高。

（2）废气再循环阀膜片　在燃油系统内，各种传输燃油蒸汽或液体的部件。

硅橡胶具有耐燃油。

（3）快速连接器密封件　燃油管的连接；快速接头密封；燃油箱-燃油密封、进入阀、控制阀；在塑料油路连接处的密封，防止燃油泄漏，使连接处便于连接和分离。

氟硅橡胶用于燃油系统需要密封和耐油的部件，具有耐燃油、耐低温、抗渗透、低压缩永久变形、低应力松弛、低溶胀、高撕裂强度。

8.3.2.6　汽车其他系统中

（1）波纹管是一种伸缩自如的部件，用于覆盖并保护活动零件。

硅橡胶具有高力学强度和高撕裂强度，耐候性优良。

（2）适用于双色注胶的自黏合液体硅橡胶　主要应用：膜片、雨刷传感器、接插件接头、多功能按键。

（3）超高透明 LSR 用于照相驾驶辅助系统　超透明液体硅橡胶潜在的汽车光学应用。基于照相技术的驾驶辅助系统，集成了雨水和光传感器为一体，使用超高透明液体硅橡胶。

（4）氟硅橡胶在汽车中的应用　通用低压缩变形、高抗撕裂、超低压缩永久变形等性能的氟硅橡胶-高温硫化固体氟硅橡胶，可用于密封圈与密封垫、伞阀、薄垫片、燃油阀、O形圈、连接器、隔膜等。

8.3.3　热硫化半固态硅橡胶与液体硅橡胶的加工工艺

高温硫化固体硅橡胶与液体硅橡胶的加工工艺比较见表 8-7。

表 8-7　高温硫化固体硅橡胶与液体硅橡胶的加工工艺比较

HCE/HCR 高温硫化固体硅橡胶	LIM/LSR　液体硅橡胶
高性能热固性弹性体	高性能热固性弹性体
很高的黏度不能泵送料	均匀流动性黏稠液体可泵送料
适用于传统的橡胶加工方法	自动化生产高效率
过氧化物或铂金催化硫化	两组分铂金加成硫化
过氧化物硫化产生	很低的副产物
通常 3～6min 硫化周期	通常 15～30s 硫化周期
	适合制作复杂的部件

具有成本优势的液体硅橡胶 LSR 加工工艺特点：

① 全自动化工艺，自动生产单元；

② 生产周期短；

③ 流动性优异，可充满长模具流道；

④ 单模可多达 256 模腔；

⑤ 制品无废边；

⑥ 冷流道技术，无注胶口胶或注胶损失；

⑦ 单件成本可能低；

⑧ 最低模具磨损，可达 100 万次。

有机硅弹性体取代合成橡胶在发动机部件中的一些应用：

① LSR 取代 ACM 用于中冷器密封中；

② LSR 取代 ACM 用于曲轴密封（静态唇口）；

③ LSR 取代 EPDM 与 HNBR 用于油冷却模块；

④ LSR 取代 EPDM 用于 ABS 密封；

⑤ LSR 取代金属弹簧用于 ESP 传感器；

⑥ LSR 取代 TPU 用于连接器密封；

⑦ 硅橡胶 HCE 取代天然胶用于引擎支架；

⑧ 氟硅橡胶取代曲柄轴箱换气阀天然胶用于引擎支架。

所以，液体硅橡胶 LSR 是发展的方向。

8.3.4 实例

实例 1：单组分室温硫化（RTV）硅橡胶被作为免垫密封胶或液体垫圈，具有装配工序简单、材料成本低廉，密封效果好等优点，在汽车制造工业中已经形成标准施工方法，得到越来越广泛的应用。

RTV 硅橡胶对环境友好，弹性、耐高低温性（−60～250℃）、耐候性优良，使用方便且成型不受模具限制，装配工序简单、材料成本低，而且对机件加工精度要求低，密封效果好，同时还具有抗震减震作用。随着汽车工业的发展，RTV 免垫密封胶已经成为汽车制造的标准施工方法，得到广泛的应用，技术也日趋成熟。

RTV 密封胶大多应用于汽车平面密封部位，如油底壳、变速箱、车桥结合面、发动机盖罩，以及大型客车车窗玻璃填缝密封等，对以上部位的 RTV 密封胶有如下要求。

① 施工工艺：黏度适中，施胶流畅，有利于配合自动生产线上涂胶设备的应用；胶液呈触变性膏体或半流淌状态；胶体细腻无杂质。

② 力学性能：中等硬度，较高的拉伸强度及伸长率。

③ 耐机油性：耐机油、润滑油性能优良，在高温浸泡一定时间后其拉伸强度及伸长率变化率小于 15%。

④ 耐热氧老化性：耐热氧老化性能优良，在高温下烘烤一定时间后力学性能变化率小于 15%。

为了能提高和改进 RTV 密封胶的耐油性，采用物理共混改性方法，将各有效组分通过物理作用达到提高耐油性的效果。①使用特殊性能的 MDT 硅油替换传统的甲基硅油。传统的甲基硅油在热油浸泡的过程中会逐渐从胶体内部迁移析出，同时热油浸入胶体内部，使得胶体耐油性很差。但是含有三官能团或四官能团的 MDT 硅油，由于含有一定比例的羟基可参与硫化反应接枝到聚合物三维网络结构中，因此不存在析出问题，可提高耐油性。②大量使用低吸油值填料。高吸油值填料表面积小，因此表面会吸附大量油分子，不断浸入胶体内部，从而破坏胶体结构。③交联剂的选择。提高交联度，使得在硫化过程中得到更加致密的三维网络结构，有利阻止油分子的浸入。实验证明这种方法可使密封胶长期耐受机油、润滑油。

耐油 RTV-1 的实例：由 100 份 α,ω-二羟基聚二甲基硅氧烷（生胶），黏度 5100 mPa·s，10 份带羟基的支链聚二甲基硅氧烷［三甲基硅氧单元（$Me_3SiO_{0.5}$）和四官能单元（SiO_2 单元）的摩尔比为 0.7：1］，8 份乙烯基三（甲基乙基酮肟基）硅烷交联剂，10 份气相法白炭黑，50 份粉状碳酸锌，0.2 份二丁基二辛酸锡等组成。

施胶工艺：RTV-1 是表面固化型密封粘接剂，依赖大气中的水分与 RTV-1 的表面接触发生生胶的活性端基与交联剂之间的脱出低分子物的缩合反应而交联固化，固化过程由表面向深部发展，胶层越厚，固化越慢，因而在使用 RTV-1 时，胶层厚度不宜超过 6mm，固化的厚度受到限制。不同交联体系及不同配方的表面消黏时间和固化速度有很大差异，一般地说表面消黏时间在 20～60min 之间。完全固化并达到性能的最佳值需要 1～3 周。环境的温度和湿度对固化速度有非常明显的影响，在寒冷干燥的环境下 RTV 密封胶固化困难，因此低于-10℃时不宜施工；相反在温暖潮湿的环境下固化迅速。

在选用 RTV-1 时，要按不同部位的施工要求及性能要求选用不同种类的 RTV-1。例如：汽车前风挡玻璃的密封、前灯和尾灯组件的封装均需触变型（腻子型）和粘接性好的 RTV-1，常选用脱酸型触变型 RTV-1。变速箱、发动机油盘的密封宜选用耐油性好、半流动型和粘接性差的 RTV-1，以便有好的耐油密封性和可拆卸性，这种场合宜选用脱酮肟型耐油 RTV-1。

RTV-1 一般以 10mL 的牙膏管或 30mL 左右的塑管包装，施工时用手挤或用挤出枪（腻子枪）挤出涂布于密封部位。在大型汽车厂的发动机和变速箱生产线上普遍采用连续涂胶机，采用半自动的涂胶机，腻子枪（机头）的移动路线由机座上的导轨决定，只要按就地成型垫片所要求的形状制成导轨，机头就能按此形状自动涂胶，或是采用全自动的涂胶机，由计算机控制机头的移动涂胶。

在用 RTV-1 作汽车的荷重端面的密封时，在涂胶后装配时容易把涂布于端面上的尚未硫化的大部分胶液挤压到端面以外，影响密封效果，而且运行时容易产生噪声。也可把有弹性的橡胶或塑料颗粒混入 RTV-1 中，作为密封膜的支撑。这些弹性颗粒可以是再生胶或聚氯乙烯树脂颗粒。

实例 2：硅橡胶汽车油封。旋转轴密封，无论是机床、汽车、工程机械、船舶、飞机、采矿机械等都使用橡胶油封，其中用量最大的是汽车及其他车辆。过去，绝大多数汽车油封是用丁腈橡胶制造（也有用氟橡胶、氯醇胶和聚丙烯酸酯橡胶油封）。

随着汽车速度的提高，对油封线速度要求不断提高，特别是曲轴后油封，转速高，温升大，丁腈胶油封的唇口严重龟裂，改用高抗撕硅橡胶油封后，解决了问题。硅橡胶油封具有如下优点：

①耐热性高。在 120℃以上使用的密封矿物油的油封，硅橡胶最适宜（通过加入耐油添加剂，还可改善硅橡胶的耐油性）。在此温度下，丁腈橡胶唇口硬化、龟裂、丧失弹性，使用寿命极短；而硅橡胶使用寿命极长。从图 8-1 可以看出在高温矿物油中硅橡胶的稳定性最好，保持良好的弹性。

②摩擦扭矩低。硅橡胶油封具有独特的"自润滑性"，对轴的摩擦小。图 8-2 表明，硅橡胶油封的摩擦转矩最低，因此，使用硅橡胶的油封可大大节约动力消耗。由于摩擦力小，油封的寿命可大大提高。

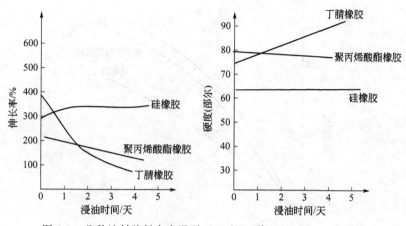

图 8-1　几种油封胶料在高温下（150℃）耐 ASTMNo.2 油性能

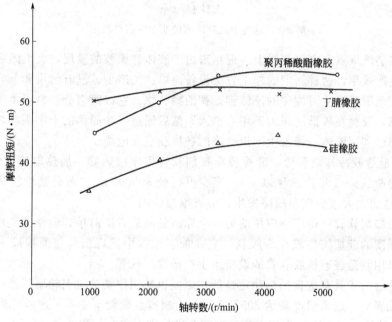

图 8-2　三种橡胶油封的摩擦扭矩

③ 唇口温升最低。由于唇部与高速旋转轴摩擦，热量积聚，使唇部温度比油温高得多，因此，丁腈橡胶油封在高速或温的条件下，唇口严重龟裂和硬化。图 8-3 表明，硅橡胶油封唇口温升最低，因此，硅橡胶油封可以在很高的速度（线速度 20～30m/min）和较高的油温（150℃）下使用。

实例 3：硅橡胶点火电缆。硅橡胶点火电缆是 1970 年年初由美国 OEM 公司首先引进到汽车中应用的，继而，Chrylser 公司采用了由三元乙丙橡胶（EPDM）绝缘体和硅橡胶外套所组成的点火电缆。1975 年福特公司提出了一些全硅橡胶电缆的式样。硅橡胶点火电线的发展是由于它在较高的温度下耐油、耐电晕、耐臭氧、节省燃料及不污染环境等优点，使用寿命长，且安全可靠。

半导体硅橡胶点火电缆是由硅橡胶直接挤压在玻璃纤维粗纱上做成，它具有较高的温度等级和 3000～7000Ω/ft（1ft=0.3048m）的电阻范围，符合美国消防规程（FCC）和汽车工程师学会（SAE）标准 J-551C。另一种制作方法是使硅橡胶在溶剂中溶解，然后涂覆在

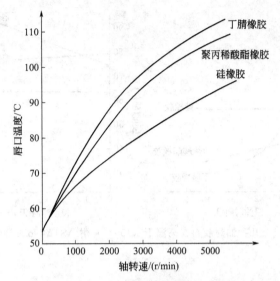

图 8-3　运转中几种硅橡胶油封的唇口温度

石墨浸渍的玻璃纤维点火电缆芯线上。近年来由于液体硅橡胶的发展，大大地提高了硅橡胶点火电缆的生产效率，这种新型的加工方法设备简单、工序少、没有污染和节省能量。液体硅橡胶的稠度范围可以从可浇注的液体到黏稠的糊状物。它以两组分胶料提供使用，不需要预软化或混炼，胶料在较低的压力下用泵抽入，然后通过一个简单的十字头模具直接作用在芯线上。目前已利用液体硅橡胶生产出合格的硅橡胶点火电缆。

实例 4：硅橡胶冷却剂软管。硅橡胶冷却剂软管用作散热器、加热器等方面主要部件，具有长使用寿命（4～5 年或 5 年以上），至少可行驶 800000km；而普通橡胶软管只能行驶 120000km，从而大大减少汽车故障发生，节省维修费用。

硅橡胶冷却剂软管获得广泛应用的另一个原因是制造方法简单，通常是使用一种特殊性能的具有高强度的硅橡胶生胶作为胶料，它在加工过程中呈现出与普通橡胶一样的物理行径，因而可采用制造普通橡胶软管的设备来生产硅橡胶软管。

硅橡胶软管由于具有优良的热稳定性能，因而也被用作柴油机涡轮增压器空气管道和回油管道的柔性接头，这里温度高达 205℃，通用有机橡胶软管承受不了这样苛刻的环境。

实例 5：其他。硅橡胶用于汽车密封垫圈及其他密封件，可以为汽车从头灯到滤油器等所有装置，如驱动轴、嵌盖、油盘、冷却器加水盖、车前灯、滑动顶板、可开式车顶、消声器接头密封、耐高、低温、耐候接插件以及通风仪等方面，提供强劲、持久的密封防护，防漏耐用，在极限温度及压力下不会出现裂缝或破裂；美国福特汽车公司在发动机（4.6L，V-8）中使用了硅橡胶垫片及衬套，使发动机运转噪声降低了 50%。

用于连接器，可以保护汽车插接件包括电气插头插座在内的电气连接，避免受潮及腐蚀；用于火花塞保护罩、汽车点火线、蓄电池接头、分配器、点火线圈、塞子、车前灯等，可避免火花塞溅水、受潮及黏附灰尘，这对于点火系统良好运转至关重要，同时还具有良好的电气绝缘特性及耐热性能。

硅橡胶制件在无钥匙门锁、电气系统保护罩、车灯卤素灯罩、遮阳棚等方面都取得了成功的应用，并还会有越来越多的应用。

用于散热器、热交换器及水泵垫圈，可保证这些部件在传送防冻剂过程中不受腐蚀；还可以用于汽缸盖密封垫片、引擎盖、阀门盖、油泵或油盘，提高其耐油性。用氟硅橡胶制的加油泵、进油阀用于汽车汽化器代替了金属密封件。此外织物增强的硅橡胶气袋作为驾驶员及乘客的防撞安全措施也已用于汽车上。

随着车辆电子电器化的发展，室温硫化硅橡胶广泛用于电子零件、电气装配件的灌封料、挡风玻璃、车体四周密封及反射镜等处的粘接密封剂。

参 考 文 献

[1] 章基凯. 精细化学品系列丛书之一：有机硅材料 [M]. 北京：中国物资出版社，1999.

[2] Egerton M T. "Prosthetic Surgery", In Modern Trends in Plastic Surgery. London：Butterworthand Co.，Ltd.，1963.

[3] Agnew W F, Todd E M, Richmond H Chronister W S. Biological Evaluation of Silicone Rubber for Surgical Prosthesis. Journal of Surgical Research，1962，6 (1)：357-363.

[4] Sanchez-Guerrero J, Schur P H, Sergent J S, Liang M H. Silicone Breast Implants and Rheumatic Disease：Clinical，Immunologic，and Epidemiological Studies. Arthritis and Rheumatology，1994，2 (37)：158-168.

[5] Food，Drug Administration. Background Information on the Possible Health Risks of Silicone Breast Implants. FDA Background Document of Jan，1989，30.

[6] Sherine E，Gabriel，et al. Risk of Connective-Tissue Diseases and Other Disorder after Breast Implantation. New England Journey of Medicine，1994，16 (330).

[7] Hochberg M C, Perlmutter D I, White B, Steen V, Medsger T A, Weisman M, Wigley F W. The Association of Augmentation Mammoplasty With Systemic Sclerosis：Results From A Multi-Center Case-Control Study. Abstract presented at the 58th Annual Meeting of the American College of Rheumatology，1994，Minneapolis，MN.

[8] Jorge Sanchez-Guerrero et al. Silicone Breast Implants and the risk of Connective-Tissue Diseases and Symptoms. New England Journey of Medicine，1995，22 (332)：25.

[9] American College of Rheumatology. Statement On Silicone Breast Implants，issued October 24，1995.

[10] Diamond B A, Hulka B S, Kerkvliet N I, Tugwell P. Silicone Breast Implants in Relation to Connective Tissue Diseases and Immunologic Dysfucntion. A Report by a National Science Panel to the Honorable Sam C. Pointer Jr.，Coordinating Judge for the Federal Breast Implant Multi-District Litigation，Nov. 17，1998.

[11] 史文红，赵成如. 医用硅橡胶及其制品 [J]. 中国医疗器械信息，2009，(11)：12-19.

[12] 余土根. 美化人类现代生活的硅橡胶 [J]. 今日科技，2006-10-17 (1).

[13] 谭英杰，梁玉蓉. 生物医用高分子材料 [J]. 山西化工，2005，25 (4).

[14] 邓传禹. 医用硅橡胶的最新发展 [J]. 医疗保健器具. 2003. (02)：86-87.

[15] 刘爱堂. 医用硅橡胶：提升人类生存质量的保障 [N]. 中国化工报，2002-10-15 (1).

[16] 刘爱堂，高桂芝. 医用硅橡胶的最新进展 [J]. 特种橡胶制品，2003，(02)：60-61.

[17] 张承焱. 医用硅橡胶应用广泛潜力巨大 [N]. 中国化工报，2002-10-15 (1).

[18] 孙明亭，唐明扬. 医用硅橡胶及其制品 [J]. 有机硅材料及应用，1994，(05)：31-32.

[19] 张承焱. 医用硅橡胶产品应用广泛 [J]. 有机硅氟资讯，2005，(01)：13-14.

[20] 陈根度. 医用硅橡胶及其材料 [J]. 橡胶参考资料，1998，(05)：1-1.

[21] 张俊彦，潘光明. 医用硅橡胶的发展 [J]. 化学世界，1995，(04)：56-57.

[22] 张丽新，刘海，杨士勤等. 航天器太阳能电池用硅橡胶粘结剂的低温性能. 合成橡胶工业，2002，25 (1)：9-11.

[23] Po llard H E，BaronW R. Technical aspects of the intelsat Vsolarassay. Conference Record of the Sixteenth IEEE Photovoltaic Specia lists Conference. Moscow，1982：31-35.

[24] Koch J. RTV- S695 a new adhesive for solar cell cover-glasses. In：Proceeding of an international symposium on spacecraft materials inspace environment，ESA-SP-18，1982：3-7.

[25] 郭勇，杨立明. 空间级有机硅橡胶. 高分子通报，2000，(2)：79-83.

[26] 杨始燕，汪倩，谢择民. 空间级加成型室温硫化硅橡胶粘结剂的研究. 宇航材料工艺，2000，30 (1)：42-45.

[27] 杨始燕，谢择民. 系列空间级室温硫化硅橡胶. 有机硅材料，2000，14 (3)：3-6.

[28] 杨始燕，谢择民，高伟等. 高性能多功能硅橡胶的研究. 橡胶工业，2000，47 (12)：716-719.

[29] 曾一兵，张廉正，胡连成. 俄罗斯空间有机热控涂层发展的现状及动向. 宇航材料工艺，1999，29 (6)：57-59.

[30] 江经善. 卫星控制技术. 北京：宇航出版社，1991：147.

[31] 谭必恩，郝志永，曾一兵等. 低太阳吸收率加成型有机硅热控涂层的研制. 中国空间科学技术，2001，21 (3)：

16-22.

[32] 曾一兵，熊春晓，王慧等. 防静电白色热控涂层的空间环境性能试验. 中国空间科学技术，2002，22（2）：63-66.

[33] 幸松明，王一璐. 有机硅合成工艺及产品应用 [M]. 北京：化学工业出版社，2000.

[34] 周卫清，严解洪. RTV有机硅密封胶的耐介质性 [J]. 有机硅材料，2002，16（2）：4-6.

[35] 黄文润. 支链硅油 [J]. 有机硅材料，2005，19（1）：36-39.

[36] Alfred A DeCato，Lester D Bennington. Oil resistant compositions：US6444740B1 [P]. 2002-09.

[37] Hans E Haas，Frank L Kovacs. Oil resistant silicones：US 6413354B1 [P]. 2002-07.

[38] 张树永，罗小雯，李善. 环氧树脂的吸水研究 [J]. 化学通报，1997（8）：31-35.

[39] Han S O，Drzal L T. Water absorption effects on hydrophilic cpolymer matrix of carboxyl functionalized glucose resin and epoxy resin [J]. European Polymer Journal，2003，39（9）：1791-1799.

[40] Gonon P，Pham Hong T，Lesaint O. Influence of high levels of water absorption on the resistivity and dielectric permittivity of epoxy composites [J]. PolymerTesting，2005，24（6）：799-804.

[41] 张怡平，白南燕，白乃东. 单包装中温固化耐湿热老化环氧胶黏剂的研制 [J]. 环氧树脂，1986（1）.

[42] 胡玉明，吴良义. 固化剂 [M]. 北京：化学工业出版社，2004.

[43] 欧阳霜，刘东勋. 取代脲促进剂的选用对碳纤维/环氧-双氰胺复合材料湿热性能的影响 [J]. 材料工程，1998（3）：23-24.

第9章
各类型硅橡胶主要品种性能与指标

9.1 热硫化硅橡胶主要品种性能与指标

9.1.1 热硫化型硅橡胶主要品种、结构和特性

热硫化型硅橡胶主要是指只有经过加热才能进行硫化的硅橡胶。热硫化型硅橡胶主要品种、结构和特性见表9-1。

表 9-1 热硫化型硅橡胶主要品种、结构和特性

名称	结构式	特性	国外商品牌号
二甲基硅橡胶	$\left[\begin{array}{c}CH_3 \\ Si-O \\ CH_3\end{array}\right]_n$ $n=5000\sim10000$	耐温 $-60\sim+250℃$	美国：DC-400，DC-401，SE-76，E-30，W-95，DC-50，DC-80 等；英国：E-300，E-301，MS-50，MS-80，Silastomer221 等；法国：Si-50，Si-80 等；俄罗斯：CKT；日本：KE-76，TS-959，TSE-200 等
甲基乙烯基硅橡胶	$\left[\begin{array}{c}CH_3 \\ Si-O \\ CH_3\end{array}\right]_m\left[\begin{array}{c}CH_3 \\ Si-O \\ CH=CH_2\end{array}\right]_n$ $m=5000\sim10000, n=10\sim20$	耐温 $-70\sim+300℃$	美国：DC-410，DC-430，SE-31，SE-33，SE-40，SE-404，W-96，Silastic430 等；英国：E-302，Silastomer2430 等；俄罗斯：CKTB，CKTB-1；日本：KE-75，KE-77，TS-95913，TSE-201
甲基苯基乙烯基硅橡胶	$\left[\begin{array}{c}CH_3 \\ Si-O \\ CH_3\end{array}\right]_m\left[\begin{array}{c}C_6H_5 \\ Si-O \\ C_6H_5\end{array}\right]_n\left[\begin{array}{c}CH_3 \\ Si-O \\ CH=CH_2\end{array}\right]_p$	(1)低苯基硅橡胶[苯基含量(C_6H_5/Si)6%～11%]耐温$-100\sim+350℃$ (2)中苯基硅橡胶[苯基含量(C_6H_5/Si)20%～40%]耐烧蚀 (3)高苯基硅橡胶[苯基含量(C_6H_5/Si)40%～50%]耐γ射线1×10^8R	美国：DC-440，SE-51，SE-52，SE-53，SE-54，W-97，X-97，Silastic440；英国：E-350；俄罗斯：CKTФ，CKTФB-803；日本：SE-651，SE-675，SH-6557

名称	结构式	特性	国外商品牌号
氟硅橡胶	$\left[\begin{array}{c} CH_3 \\ \mid \\ Si-O \\ \mid \\ CH_2CH_2CF_3 \end{array}\right]_m \left[\begin{array}{c} CH_3 \\ \mid \\ Si-O \\ \mid \\ CH=CH_2 \end{array}\right]_n$	耐温-50～+250℃，耐燃料油，耐溶剂	美国：LS-420，Silastic LS-53；俄罗斯：CKTФT-50
腈硅橡胶	$\left[\begin{array}{c} CH_3 \\ \mid \\ Si-O \\ \mid \\ CH_3 \end{array}\right]_m \left[\begin{array}{c} CH_3 \\ \mid \\ Si-O \\ \mid \\ (CH_2)_{n'}CN \end{array}\right]_n \left[\begin{array}{c} CH_3 \\ \mid \\ Si-O \\ \mid \\ HC=CH_2 \end{array}\right]_p$	耐温-70～+200℃，耐油，耐溶剂性能与氟硅橡胶相近	美国：NSR-X5602、4803、870（以上为混炼胶）俄罗斯：HCKT
亚苯基硅橡胶	$\left[\begin{array}{c} CH_3 \\ \mid \\ Si \\ \mid \\ CH_3 \end{array}\!\!\begin{array}{c} \\ \bigcirc \\ \\ \end{array}\!\!\begin{array}{c} CH_3 \\ \mid \\ Si-O \\ \mid \\ CH_3 \end{array}\right]_m \left[\begin{array}{c} C_6H_5 \\ \mid \\ Si-O \\ \mid \\ C_6H_5 \end{array}\right]_n$ $\left[\begin{array}{c} CH_3 \\ \mid \\ Si-O \\ \mid \\ CH_3 \end{array}\right]_p \left[\begin{array}{c} CH_3 \\ \mid \\ Si-O \\ \mid \\ CH=CH_2 \end{array}\right]_p$	耐γ射线 1×10^9 R，耐高温250～300℃ 耐低温-10～20℃	
硼硅橡胶	$\left[\begin{array}{c} CH_3 \\ \mid \\ Si-CB_{10}H_{15}C-Si-O \\ \mid \\ CH_3 \end{array}\begin{array}{c} CH_3 \\ \mid \\ \\ \mid \\ CH_3 \end{array}\right]_m$	耐温-60～+400℃	Dexil 200、201、402

9.1.2 热硫化型硅橡胶主要性能指标及特性用途

热硫化型硅橡胶主要性能指标及特性用途见表9-2。

表9-2 热硫化型硅橡胶主要性能指标及特性用途

名称	101甲基硅橡胶	110甲基乙烯基硅橡胶			120甲基苯基乙烯基硅橡胶	
		110-1	110-2	110-3	120-1	120-2
外观	无色、透明、无机械杂质				透明或带乳白色，无机械杂质	

续表

名称		101甲基硅橡胶	110甲基乙烯基硅橡胶			120甲基苯基乙烯基硅橡胶	
			110-1	110-2	110-3	120-1	120-2
分子量/万		40~65	50~80	45~70	60~85	45~80	40~80
挥发物含量/% <				(150℃×3h)3		(200±2)℃ 3h	
						3	4
溶解性		苯中全溶		甲苯中全溶		氯苯中溶解性:全溶	
酸碱性				中性			
乙烯基含量(摩尔分数)/%			0.07~0.12	0.13~0.22		0.15~0.25	0.25~0.35
苯基含量(C_6H_5/Si)/%						6.0~11.0	20.0~40.0
物理机械性能	伸长率/% ≥	225					
	拉伸强度/(kgf/cm²) ≥	38					
	经200℃×72h橡皮热老化系数 K_1 ≥ K_2 ≥	0.95 0.70					
特性及用途		具有耐高低温、耐老化、防震、绝缘憎水及生理惰性等特性。 供制耐热橡皮制品,根据不同配方可在-60~+250℃温度范围内长期使用,广泛用于机电、航空、汽车及医疗等行业	适用于聚二甲基硅氧烷中部分甲基被甲基乙烯基所取代的端基为二甲基乙烯基的高聚体。除具有一般橡胶的性能外,还具备耐高温、耐低温、耐老化和抗氧化性能。工作温度为-70~+250℃,可作为高级绝缘、密封、防震、脱模、耐高低温变化的橡胶制品等用			该产品由聚二甲基硅氧烷中部分甲基被双苯基和甲基乙烯基所取代的端基为二甲基乙烯基的高聚体。其中120-1为低苯基硅橡胶,120-2为中苯基硅橡胶 可作为高级绝缘,防震、耐高低温、耐烧蚀、耐辐照等用。其中以低苯基硅橡胶的耐低温和中苯基硅橡胶的耐烧蚀性能较佳	
贮存期		一年		三年		一年	

9.2 热硫化硅橡胶胶料主要品种性能与指标

9.2.1 热硫化硅橡胶胶料的主要品种性能与指标

热硫化硅橡胶胶料的工艺性能及硫化胶的使用条件见表9-3。

表 9-3 国防工业用热硫化硅橡胶胶料的工艺性能及硫化胶的使用条件

胶料牌号	色泽	工艺性能			工作条件		主要用途
		模压	压延	压出	介质	温度℃	
6141	白色	+	+	+	空气、臭氧、电场	−60～250℃	衬垫、垫圈、胶管、胶绳及其他零件
					8#滑油	150(工作100h)	
6142		+	+				衬垫、垫圈、帽盖及其他零件
6143	红、黄、绿、蓝、黑、白色	+	+	+			衬垫、垫圈、帽盖、胶管、胶绳、型材、引线
6144	红色	+	+	+	空气、臭氧、电场	−60～250℃	衬垫、垫圈、胶管、胶绳、型材及其他零件
6145	半透明红色	+	+				衬垫、垫圈、帽盖及其他零件
6146	红色	+	+	+			衬垫、垫圈、胶管及厚制品
G105	粉红色	+		+	对银无腐蚀空气、臭氧、电场	−70～250℃ 300℃下短期使用	气密环、胶绳、胶管、胶板门、垫片等
G106		+			空气、臭氧、电场	−60～250℃	气密环、活门等
G108	白色	+			空气、臭氧、电场	−70～250℃	密封件、可泡制胶浆做浸布涂布用,具有较好密封性能
G109		+	+	+	空气、臭氧、电场辐射	−60～250℃	垫片、垫圈、帽盖、胶管等
G120	白透色	+			空气、臭氧、电场	−70～250℃	薄膜制品胶板具有硬度低,压制产品灵敏度高
G201		+			空气、臭氧、电场	−60～250℃	垫片、垫圈、帽盖
G202	白色	+			空气、三氯联苯	−50～250℃	各种形状模压制品
302		+			空气、臭氧、电场	−55～200℃	活门及其他胶件

注:贮存期均为4个月,+表示可采用。

9.2.2 热硫化硅橡胶硫化胶的物理机械性能

热硫化硅橡胶硫化胶的物理机械性能见表 9-4。

9.2.3 国产的硅橡胶胶料

硅橡胶的品种较多,在国内以甲基乙烯基硅橡胶占主导地位,但对苯基硅橡胶,氟硅橡胶、亚苯基硅橡胶也有一定批量生产,适应国防、军工、国民经济各部门的配套需用。生产的各种胶料牌号以国产硅橡胶为主体材料配以各类配合剂以混炼胶形式提供,经过模压定型硫化、烘箱硫化后,即可形成各类硅橡胶制品。

硅橡胶的命名原则,以汉语字母 G 和三位阿拉伯数字表示。

第一位数字　　表示硅橡胶的种类

第二位数字　　表示硅橡胶胶料的特点

第三位数字　　表示配方序号

① 硅橡胶编号规定见表 9-5。

表9-4　热硫化硅橡胶硫化胶的物理机械性能

胶料牌号	一段/℃×min(平板)	二段号①	拉伸强度/(kgf/cm²)≥	伸长率/%≥	拉断永久变形/%≥	硬度(邵尔)	脆性温度/℃≤	介电强度/(kV/mm)≥	体积电阻率/Ω·cm≥	200℃×48h(压缩30%)≤	200℃×72h(压缩20%)≤	70℃×72h≤	压缩耐寒系数-70℃≥	表面电阻/Ω≥	介电常数≤	250℃×72h拉伸强度/(kgf/cm²)≥	250℃×72h伸长率/%≥	200℃×200h拉伸强度/(kgf/cm²)≥	200℃×200h伸长率/%≥	8#滑油150℃×24h质量变化/%≤	三氯联苯130℃×24h质量变化/%≤
6141	125×10	1	25	160		45~65		12	1×10¹¹	90						25	100			40	
6142			30	170		40~60	-65	15		50								30	160		
6143			40	200						积累						积累	积累				
6144	158×15		60	220		45~65		20	1×10¹⁴	65						35	180				
6145			50	100		40~60				60						40	170				
6146			35	70		55~75				50						积累	200				
G105	135×10	2	30	200		70~90															
G106			25	170		35~50															
G108			35	200		45~65										25	150				
G109			50	170		40~60		20	1×10¹⁴					10¹⁴			100				
G113			40	250		55~75															
G116			60	200		30~50										40	120	积累			
G120			50	150	10	50~70	-65												积累		
G127			25	350		40~60															
G128	151×10	2	45	290	5	35~50										25	150				
G130	135×10		30	300	25	50~70	-65														
G131	151×10	4	15			40~60		20	1×10¹⁴					10¹⁴	4	45	250				
G201			40		20	42~62															
G202			50			50~70															12
G302	135×10	3	60	150	6	45~65	-100						0.45								
G305				220	7	40~60						12	0.35			35	100				
G401				150		40~60	-60				70										

① 硅橡胶胶料二段硫化条件：1号—室温升至150℃后，保持1h，150℃升至250℃用1h，250℃保持1h，共计6h。（连续生产时可直接放入150℃恒温箱中）；2号—150℃×1h→250℃×4h；3号—150℃×1h→200℃×4h；4号—200℃×3h。

注：表中G105至G401小豆硫化时间比试片延长5min。

表 9-5 硅橡胶编号规定

编号	胶 种	胶料性能特点
0		通用型
1	甲基乙烯基硅橡胶	压出用型
2	二甲基硅橡胶	低压缩永久变形
3	低苯基硅橡胶	导电型
4	氟硅橡胶	高抗撕型
5	腈硅橡胶	海绵型
6	亚苯基硅橡胶	热收缩型
7	苯醚基硅橡胶	
8	硼硅橡胶	

② 硅橡胶胶料硫化条件见表 9-6。

表 9-6 硅橡胶胶料硫化条件

胶料名称	定型硫化/(℃×min)		二段硫化		共计
	试片	压缩变形试样	升温	恒温	
G100、G102 G300、G600	160×15	160×20	室温～150℃,1h 150～200℃,1h 200～250℃,1h	250℃恒 3h	6h
G110	125×15				
G101、G130 G131、G401	160×15	160×20	室温～100℃,1h 100～150℃,1h 150～200℃,1h	200℃恒 3h	
G111、G140、G141 G160、G340、G410	125×15				
G150	120℃×2min 15s 后 再 160℃×10min		室温～100℃,1h 100～160℃,1h	160℃恒 2h	4h
G151	160～170℃×2min(盐溶)				

③ 国产硅橡胶胶料工艺性能及使用条件见表 9-7。
④ 硅橡胶胶料物理机械性能见表 9-8。

9.2.4 部分橡胶胶料

① 部分胶料工艺性能及主要特性用途见表 9-9。
② 部分硅胶料主要性能指标见表 9-10。

表 9-7 国产硅橡胶胶料工艺性能及使用条件

序号	胶料牌号	胶种	原胶牌号	色泽	模压	压出	工作条件	胶料特点	主要用途	保管期/月
1	G100	甲苯乙烯基硅橡胶	6146	红	+		工作介质:空气、臭氧和电场中 工作温度:-60～+250℃	有较好的通用性	衬垫、垫圈、帽盖及其他零件	6
2	G101	甲苯乙烯基硅橡胶	6146(白)	白	+		工作介质:空气、臭氧和电场中 工作温度:-60～+200℃	浅色制品及彩色制品(加着色剂后)		6
3	G102	各种硅杂胶	再生胶	红	+		工作介质:空气、臭氧和电场中 工作温度:-60～+250℃	价格便宜	胶板	仅提供制品
4	G110		压出胶管(红)	红		+		适宜各种压出制品可连续热空气硫化	胶管、胶条、及其他型材	
5	G111		压出胶管(白)	白		+	工作介质:空气、臭氧和电场中 工作温度:-60～+200℃	适宜浅色及彩色色制品的连续热空气硫化		
6	G130		导电硅胶	黑	+		工作介质:空气、臭氧和电场中 工作温度:-60～+200℃	用于要求导电性能的制品	衬垫、胶片及其他制品	6
7	G131	甲苯乙烯基硅橡胶	高回弹导电硅	红	+			高回弹及导电性的制品	胶片、按捏钮、键盘开关	
8	G140		高抗撕硅	红	+	+		高抗撕性	衬垫、垫圈、帽盖及其他制品	
9	G141		高抗撕硅	红	+	+			耐针刺刻胶板及其他制品	
10	G150		模压硅海绵	白	+		工作介质:空气、臭氧中	供模压海绵用	海绵板、海绵条及其他型材	仅提供制品
11	G151		盐浴硫化海绵		+			供盐浴硫化海绵用	海绵型衬	
12	G160		热收缩管	灰		+	工作介质:空气、臭氧和电场中 工作温度:-60～+200℃	供制造热收缩管用	电线、电缆的绝缘层和护套、电气接头	
13	G300	苯基硅橡胶	6361	红	+		工作介质:空气、臭氧和电场中 工作温度:-90～+250℃	低温性能优良、耐一定的电子质中子射线	衬垫、垫圈、帽盖及其他制品	6
14	G401	氟硅橡胶	氟硅通用型	红	+		工作介质:空气、臭氧、多种油类和溶剂 工作温度:-50～+200℃	模压通用性、耐油、耐溶剂	衬垫、垫圈、胶片及其他制品	2
15	G410	亚硅橡胶	氟硅压出型	红		+		可供连续热空气硫化压出、耐油、耐溶剂	胶管、胶条及其他型材	仅提供制品
16	G609	亚硅橡胶	6661	红	+	+	工作介质:空气、臭氧和辐射场中 工作温度:-15～+250℃	供模压、挤出、耐辐射	电线、电缆、垫圈及其他制品	6

表9-8　硅橡胶胶料物理机械性能

序号	胶料牌号	拉伸强度/(kgf/cm²)≥	扯断伸长率/%≥	硬度(邵尔)	撕裂强度/(kgf/cm)≥	低温性 脆性温度/℃≤	低温性 压缩耐寒系数(−50℃)≥	恒定压缩永久变形 压缩率% 150℃×24h≤	200℃×24h≤	200℃×48h≤	2#航空爆油体积膨胀% 室温×24h≤	150℃×24h≤	电性能 击穿电压强度/(kV/mm)≥	体积电阻系数/Ω·cm≥	冲击弹性/%≥	γ1×10³仓输照后 扯断强度/(kgf/cm²)≥	扯断伸长率/%≥	热空气老化 200℃×72h 扯断强度/(kgf/cm²)≥	扯断伸长率/%≥	250℃×72h 扯断强度/(kgf/cm²)≥	扯断伸长率/%≥	250℃×4h 扯断强度/(kgf/cm²)≥	伸长率/%≥	视密度	备注
1	G100	50	210	40~60						50															
2	G101									50			20	1×10¹⁴				40	200	40	200				
3	G102	20	130	45~65					待定				15					25	100						
4	G110	50	180	50~65					60				20												
5	G111					−65		30										40	150	40	150				
6	G130	40	150	40~50				40	40					1×10³~1×10⁴				35		50	200				
7	G131	30	500	45~60										<1×10³	38			30							
8	G140	90	200	40~60	35			50																	
9	G141												20	1×10¹⁴				70	400	40	200				
10	G150																								
11	G151					−65																			
12	G160	50	220	50~70									20	1×10¹⁴				45	150						
13	G300	60	150	40~60		−90	待定		40			18								35	150				
14	G401			50~65			0.4	25					14	1×10¹⁴											
15	G410	50	200	45~60		−50					10					40	100					30		0.2~0.4	海棉
16	G600			40~60		−25			45				20	1×10¹⁴								35	105		

表 9-9 部分胶料工艺性能及主要特性用途

胶料牌号	色泽	工艺性能			工作条件		主要特性及用途
		模压	压延	压出	介质	温度/℃	
G130-1	白色透明						用于涂复各种织物或纤维,制造加热片,适于热空气硫化
G139	红色	+				−60~+250	用于制造高温下使用的密封厚制品
G159	咖啡色或褐色						可制造各种耐热密封制品
G160	灰色						阻燃性硅橡胶。阻燃性达到 UL-94V-0 级,耐200℃老化,介电性能优良,适用制造电视机用的各种配件及阻燃制品
G162	杏仁色或乳白色			+			可以热空气连续硫化,该胶无毒无味,可制造接触食品或饮料的胶管及其他制品
G305		+				−100	工艺性能良好,具有优良的低温性能,可在−100℃下使用,一般供作模压密封制品
G309	红色	+					具有较好的耐高、低温性能和耐老化性能,有较好的耐燃性和自熄性
G401		+				−55~+200	具有耐燃袖、燃油蒸气滑油的特性,用于制造膜片,胶圈或其他耐燃油制品
G409	绿色	+			空气、煤油蒸气	−60~+200	与铜铝有较牢固的辅合,用子制造各种机械、仪表中的"O"形圈与活门件
					煤油	−60~+150	

表 9-10 部分胶料主要性能指标

胶料牌号	硬度(邵尔)	拉伸强度/(kgf/cm²)≥	伸长率/% ≥	脆性温度/℃	拉断永久变形/% ≤
G130-1	35~50	25	150	−65	5
G139	50~70	50	250		10
G159	50±10	40	200		
G160		30	150		
G162	60~80	35			
G309	60±10	70	270		12
G409		56	180		15

9.3 热硫化高强度硅橡胶主要品种性能与指标

9.3.1 高强度高抗撕硅橡胶胶料牌号、特点及配比

高强度高抗撕硅橡胶胶料牌号、特点及配比见表 9-11。

表 9-11　高强度高抗撕硅橡胶胶料牌号、特点及配比

胶料牌号	特　点	胶料与硫化剂质量配比
6213	适用于制造模压零件,可制成不同颜色	100∶1(6213),100∶125(6214)的比例在使用前混炼成混炼胶备用
6213-1	半透明琥珀色	
6213-2	红色	
6214	适用于制造挤出型材	

9.3.2　高强度高抗撕硅橡胶硫化胶物理机械性能及特性用途

高强度高抗撕硅橡胶硫化胶物理机械性能及特性用途见表 9-12。

表 9-12　高强度高抗撕硅橡胶硫化胶物理机械性能及特性用途

项　目	牌号	
	6213	6214
拉伸强度/(kgf/cm^2)　≥	80	
伸长率/%　≥	500	
拉断永久变形/%　≥	25	
撕裂强度/(kgf/cm)　≤	30	
硬度(邵尔 A)	40±8	
脆性温度/℃　≤	−65	
特性及用途	此胶料系甲基乙烯基为基础的硅橡胶。具有较高的拉伸强度、伸长率和撕裂强度。适于在−60～+200℃的温度范围内于空气系统、氧气系统及电气系统中工作 胶料应混炼均匀,不允许有外来杂质(木屑、金属屑、纤维、砂砾等)	
保管期	胶料各组分保管期,暂定 8 个月	
保管条件	胶料应放在 0～30℃的仓库,避免阳光直接照射,并禁止油类、酸、碱及其他有害物质侵蚀	

9.4　单组分包装 RTV 主要品种性能与指标

9.4.1　单包装室温硫化硅橡胶

单包装室温硫化硅橡胶主要性能指标及特性用途见表 9-13。

表 9-13　单包装室温硫化硅橡胶主要性能指标及特性用途

名称 标准号 型号 / 项目	单包装室温固化硅橡胶		
	703	704	705
固化前 / 外观	白色膏状物		透明稀稠体
固化前 / 表面固化时间/min	15～75	10～70	
固化前 / 黏度	(稠) (中) (稀)		稀

续表

项目	名称 标准号 型号		单包装室温固化硅橡胶		
			703	704	705
固化后	拉伸强度/(kgf/cm²) ≥		11	10	3
	伸长率/% ≥		150	90	150
	硬度(邵尔)		18	38	
	室温下对铝黏合剪切强度/(kgf/cm²) ≥		11	10	3
	耐温/℃		−60～+150	−60～+200	
特性及用途			单包装室温硫化硅橡胶由端羟基聚二甲基硅氧烷、填料、交联剂等调配而成,包装于金属软管之中,在密闭条件下是稳定的,当暴露于空气中能吸收微量潮气而交链固化。对玻璃、钢、铝和铜应有较好黏着性 具有优良的电学、防潮、防震和耐老化等性能外,还具有对材料有良好的黏附性和使用极为方便的特点,扩大了室温硫化硅橡胶的使用范围,可用作耐高低温、绝缘、防潮、防震、黏合密封的材料		
贮存期			一年		

9.4.2 单包装室温固化硅橡胶电性能

单包装室温固化硅橡胶电性能见表 9-14。

表 9-14 单包装室温固化硅橡胶电性能

项目	性 能		型 号		
			703	704	705
固化后	表面电阻率/Ω·cm >		2×10¹²		
	体积电阻率/Ω·cm >		1×10¹³		
	介电常数 ε		3.04	3.71	3.4
	介质损耗角正切(tanδ) <		9×10⁻³	6×10⁻³	2×10⁻³
	介电强度/(kV/mm) ≥		12		

9.5 缩合型双组分 RTV 主要品种性能与指标

9.5.1 缩合型双组分室温硫化甲基硅橡胶的主要性能指标及特性用途

缩合型双组分室温硫化甲基硅橡胶的主要性能指标及特性用途见表 9-15。

表 9-15 缩合型双组分室温硫化甲基硅橡胶的主要性能指标及特性用途

型号	107		106	SD-33	SDL-1-35	SDL-1-44	SDL-1-43
	A	B					
外观	无色透明流动液体		灰白色流动膏状物	乳白色流动液体	白色流动液体	乳白色流动液体	白色流动液体
黏度(25℃)/mPa·s	2000～7000	7000～12000	<200000	2500～3500	6000～12000		20000～35000

续表

型号	107 A	107 B	106	SD-33	SDL-1-35	SDL-1-44	SDL-1-43
挥发分(150℃，3h)/%	2.0		3.0	1.0	2.0	1.0	2.0
表面硫化时间/h ≤	2						
硬度(邵尔) ≥			25	20	30		35
拉伸强度			11	4	11		20
伸长率/% ≤			150	100	150		120
有效贮存期	一年半						
介电系数(10⁶Hz) ≤	3.0		3.3	3.0	3.5	3.0	3.5
介质损耗角正切(10⁶Hz) ≤	5×10^{-4}		5×10^{-3}	8×10^{-4}	5×10^{-3}		
体积电阻率/Ω·cm ≤	1×10^{13}						
介电强度/(kV/mm) ≤	17		18	15	17		
特性及用途	具有优良的介电性能．耐水、耐臭氧、耐电弧、电晕、耐气候老化等优点，可在室温下硫化，耐高低温(−60～+200℃)，广泛用于印模浸渍、脱模、保护涂层、无线电元件，电视机中密封及填充等方面。还可作医用材料		以羟基二甲基甲硅氧基为端基的聚二甲基硅氧烷生胶。混有填料及助剂而成的混炼胶。在胶料中混入交联剂和催化剂后，在室温下硫化成弹性体				

9.5.2 具有特殊性能的双组分室温硫化硅橡胶

具有特殊性能的双组分室温硫化硅橡胶的主要性能指标及特性用途见表 9-16。

表 9-16 甲基双苯基室温硫化硅橡胶

牌号		108-1	108-2
外观		无色透明或乳白色流动液体	
黏度(25℃)/cP		2000～7000	3000～10000
苯基含量	$[C_6H_5/(C_6H_5+CH_3)]$/%	2.5～5.0	10.0～20.0
	$[C_6H_5/Si]$/%	5.0～10.0	20.0～40.0
挥发分(150℃×3h)/% ≤		4.00	6.00
表面硫化时间/h ≤ (温度15～35℃相对湿度60%以上)		4	

续表

牌号	108-1	108-2
特性及用途	以二甲基羟基为端基的聚二苯基二甲基硅氧烷,在催化剂(有机金属盐)及交联剂(正硅酸乙酯)作用下,于室温下可硫化成弹性体	
	具有耐水、耐臭氧、耐电晕、耐气候老化、耐低温等特点,在−120℃低温条件下仍可使用,应用于电子元件及组合件的绝缘、防震、防潮、密封等方面。还可用于人造卫星上,组合硅光电池与玻璃钢布或氧化粘接及其他特殊用途	具有耐高温、耐烧蚀、耐电子辐射等特性,并具有较好的自熄性,作为国防军工方面的特种材料及投影电视机变压器的阻燃绝缘灌装材料等
贮存期	一年	

9.6 缩合型单组分 RTV 主要品种性能与指标

9.6.1 单组分室温硫化硅橡胶的主要性能指标及特性用途

单组分室温硫化硅橡胶的主要性能指标及特性用途见表 9-17。

表 9-17 单组分型室温硫化硅橡胶

	牌号	GD401	GD402	GD404	GD405	GD406	GD407	GD414
硫化前	外观	流动性液体	膏状物	流动性液体	膏状物	白色流动性液体	白色流动性膏状物	白色、黑色、红色
	表面硫化时间/min	30～180		15～60		≤200	≤240	10～70
硫化后	拉伸强度/(kgf/cm²) ≥	6	10	7	19		20	40
	伸长率/% ≥	200			250		200	300
	硬度(邵尔 A) ≥	25	30	25	30			
	剪切强度/(kgf/cm²) ≥					8	15	15
	撕裂强度/(kgf/cm²) ≥							12
	体积电阻率/Ω·cm ≥	$1×10^{13}$				$1×10^{14}$		
	介电系数(10^6 Hz)	≤3.2	≤3.5	≤3.2	≤3.5	3.0～3.5	≤3.5	
	介质损耗角正切(10^6 Hz) ≤	$5×10^{-3}$	$5×10^{-2}$	$5×10^{-3}$	$5×10^{-2}$	$5×10^{-3}$		
	介电强度/(kV/mm) ≥	12	10			15		
特性及用途		单组分室温硫化硅橡胶是一种"遥爪"预聚物。主链由二甲基硅氧烷链节[(CH₃)₂SiOH]构成。端部各带有两个活性基团羟基(OH)₂,再加上一定的填料和助剂配合而成。产品接触空气后,不需要加催化剂,能自己硫化成弹性体 它能在−60～+200℃温度范围内长期保持弹性。具有优良的电气性能和化学稳定性。能耐水、耐臭氧、耐气候老化。还具有使用简便,对材料粘接性好的特点,对金属、玻璃、陶瓷、塑料等都有较好粘接。广泛用于表面保护材料、填隙剂、密封剂及弹性粘接剂等。GD406 是专为硅元件表面保护而设计的,适用于耐高电压,高结温管子的表面保护材料 适用于对各种电子元件、半导体器件及工业电气设备可用此们来涂覆、包封,可起绝缘、防潮、防震作用						
贮存期		一年				6 个月		

注: $[(CH_3)_2SiOH]$

9.6.2 单组分室温硫化硅橡胶的优缺点

单组分室温硫化硅橡胶的优缺点见表 9-18。

表 9-18 单组分室温硫化硅橡胶的优缺点

型号	类别	优 点	缺 点
GD401 GD402	脱酮肟型	无腐蚀性、贮存期长,硫化速度一般	粘接性略差于以下两种
GD404 GD405	脱醋酸型	粘接性好、价格便宜、贮存期长,硫化快	有醋酸味,对铜、金属略有腐蚀(在硫化初期)
GD406 GD407 GD414	脱乙醇型	粘接性好,无腐蚀性 GD406 流动性好 GD414 具有高强度、高抗撕	硫化时放出甲醇。GD406、407 硫化速度较慢,GD414 黏度较大,贮存期较短

9.7 硅凝胶(加成型)主要品种性能与指标

有机硅凝胶的主要性能指标及特性用途见表 9-19。

表 9-19 硅凝胶(加成型)主要品种性能与指标

项目	名称 标准号	有机硅凝胶				航空透明 有机硅凝胶	粘接性有机硅凝胶		
	型号	GN501	GN502	GN511	GN512	GN581	GN521	GN521D	GN522
硫化前	外观	无色或浅黄色		微黄或 微白色透明			M:无色或微白色透明 N:微黄色透明		A:微黄或微 白色透明 B:无色或微 白色透明
	运动黏度 (25℃)/cSt[①]	1500~2500		5000~6000		N 组分 3000~8000 M 组分 2000~7000	黏度/cP		
							M:2000~4000 N:5000~7000	M:600~900 N:1100~1600	A:5000~7000 B:≤10
	机械杂质					在 50g 样品中,不允许有大于 3mm 的绒毛和直径大于 0.5mm 的杂质。允许直径 0.3~0.5mm 的机械杂质 2 个	配比		
							M:N= 50:50		A:B= 100:7.5
	凝胶时间 (25℃)/h					4~8	25℃允许操作时间		
							5h		5h
							固化温度/℃		
							80	35	
							中温(加热) 固化	低黏度中 温固化	室温固化
							固化时间		
							4h		7d

续表

项目	名称 标准号	有机硅凝胶		航空透明 有机硅凝胶	粘接性有机硅凝胶		
硫化后	拉伸强度 /(kgf/cm²)≥	45		20	45	15	30
	伸长率/% ≥	70		180	80	70	80
	硬度(邵尔 A)≥	40			35	25	30
	体积电阻率 /Ω·cm≤	1×10¹⁴	1×10¹³		1×10¹³		
	介质损耗角 正切(10⁶Hz) ≤	1×10⁻³			(60Hz)3×10⁻³		
	介电系数 (10⁶Hz)≤	3.2	3.3		(60Hz)3.5		
	介电强度 (50Hz) /(kV/mm)≥	18	15		15		
	透光度/%≥			88			
特性及用途		本产品按加入交联剂、催化剂和增补剂的不同分为四个型号,可在隔绝空气条件下硫化,没有腐蚀性,电气性能优良,耐气候老化性能优异。适用于电子元件的防潮、防震、绝缘等		可在隔绝空气条件下硫化,没有腐蚀性,具有很高的透光度,适用于飞机防弹玻璃的有机胶合层及耐鸟撞玻璃的有机胶合层。也可用于电子及其他行业	固化后胶层即与基材有较好粘接力,如金属(铝、铜、钢等)和某些非金属(玻璃、陶瓷等)粘接效果更好。也被作为点焊粘接剂在重点工程上应用。在电子工业上可作为涂复、封装材料 还可用于粘接加热片、封装低温元件、局部防热密封材料等。也可掺入银粉等作为粘接导电胶使用。是一种较好的涂复、浸渍、封装以及耐高低温的胶黏材料		
贮存期		一年					

① 1cSt＝10⁻⁶m²/s。

参 考 文 献

[1] 章基凯. 精细化学品系列丛书之一：有机硅材料 [M]. 北京：中国物资出版社，1999.
[2] 于清溪. 橡胶原材料手册 [M]. 北京：化学工业出版社，1996.
[3] 来国桥，幸松民等. 有机硅产品合成工艺及应用 [M]. 北京：化学工业出版社，2010.
[4] 黄文润. 加成型液体硅橡胶 [M]. 成都：四川科学技术出版社，2009.
[5] 李光亮. 有机硅高分子化学. 北京：科学技术出版社，1998.
[6] 晨光化工研究院，有机硅单体及聚合物 [M]. 北京：化学工业出版社，1986.
[7] 冯圣玉等. 有机硅高分子及其应用 [M]. 北京：化学工业出版社，2004.
[8] 吴森纪. 有机硅应用 [M]. 成都：电子科技大学出版社，2000.